云计算与虚拟化技术丛书

KVM in Action

Theory, Advanced Practice and Performance Tuning

KVM实战

原理、进阶与性能调优

任永杰 程舟 著

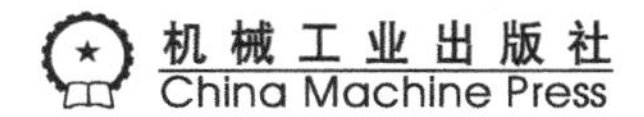

图书在版编目（CIP）数据

KVM 实战：原理、进阶与性能调优 / 任永杰，程舟著．—北京：机械工业出版社，2019.2（2022.1 重印）
（云计算与虚拟化技术丛书）

ISBN 978-7-111-61981-9

I. K…　II. ①任…　②程…　III. 虚拟处理机　IV. TP338

中国版本图书馆 CIP 数据核字（2019）第 025068 号

KVM 实战：原理、进阶与性能调优

出版发行：机械工业出版社（北京市西城区百万庄大街 22 号　邮政编码：100037）

责任编辑：孙海亮　　责任校对：李秋荣

印　　刷：北京捷迅佳彩印刷有限公司　　版　　次：2022 年 1 月第 1 版第 7 次印刷

开　　本：186mm × 240mm　1/16　　印　　张：28.5

书　　号：ISBN 978-7-111-61981-9　　定　　价：89.00 元

凡购本书，如有缺页、倒页、脱页，由本社发行部调换

客服热线：（010）88379426　88361066　　投稿热线：（010）88379604

购书热线：（010）68326294　88379649　68995259　　读者信箱：hzjsj@hzbook.com

版权所有 · 侵权必究

封底无防伪标均为盗版

本书法律顾问：北京大成律师事务所　韩光 / 邹晓东

Preface 前　言

为什么要写这本书

自《KVM虚拟化技术：实战与原理解析》（以下简称“上一本书”）出版以来，受到了读者的热烈欢迎，几度脱销重印。这给了笔者强烈的鼓舞和责任感，觉得有必要与时俱进给读者介绍最新的KVM虚拟化技术的相关知识。

从上一本书出版后到现在近5年时间里，国内虚拟化技术迅速普及，云计算应用风起云涌，阿里云、腾讯云、华为云等国内云服务提供商迅速崛起，使得云计算、虚拟化不再是原来象牙塔里虚无缥缈的技术概念，而是与普通大众日常生活息息相关的新名词，KVM被这几大云服务提供商广泛采用[1]，使得它成为云计算世界里事实上的虚拟化标准。在这样的市场背景下，以Intel为代表的x86硬件厂商，这些年也愈加重视虚拟化技术的硬件支持与创新[2]，ARM平台的硬件虚拟化支持也愈加完善。硬件层面的创新也促使QEMU、KVM在软件层面日新月异。比如，从2013年第1版发行至今，KVM（内核）版本从3.5发展到了4.8；QEMU版本从1.3发展到了2.7；专门针对KVM的qemu-kvm代码树已经废弃（被合并到了主流QEMU中）……因此，上一本书中的很多用例、方法和结论等，在新的代码环境下已经有些不合时宜，甚至会出错。我们有必要给读者提供最新且正确的信息。

相对于上一本书的修改

总体来说，我们对上一本书里所有的用例、图例都做了大量修改更新，实验环境采用笔者写作时的最新技术：硬件平台采用Intel Broadwell Xeon Server，KVM（内核）为4.8版本，QEMU为2.7版本，操作系统环境是RHEL 7.3。文中注释改成脚注的形式，而不是

---

[1] 全球最大的云服务提供商Amazon，在2017年11月也宣布开始采用KVM作为它的虚拟化技术，大有启用KVM而放弃Xen之势。

[2] 硬件虚拟化支持是每一代Intel CPU的最核心功能之一，也是每一代新平台新功能和性能提升的领域。

像上一本书那样出现在每章末尾。我们认为这样更方便读者阅读。当然，文字表述上也进行了许多修改。

另外，我们对章节的结构也进行了重新组织，全书共分3篇，10章：第一篇“KVM虚拟化基础”（第1章～第5章），第二篇“KVM虚拟化进阶”（第6章～第9章），第三篇“性能测试与调优”（第10章）。

除了上述的总体修改外，各章主要修改内容如下。

第1章，我们重新组织了结构，精简了一些文字介绍，加入了一些数据图表以便于读者的理解。加入了云计算几种服务模型的描述和图示。加入了一节关于容器（Container）的简介，以便读者对比学习。

第2章，对上一本书相关章节进行了更为系统的梳理，介绍了硬件虚拟化技术、KVM、QEMU、与KVM配合的组件以及相关工具链。

第5章，着重对其中的网络配置一节进行了更新。将上一本书中的第5章拆分成了第6章、第7章、第8章和第9章，并分别进行了内容扩充。

第6章，对应上一本书中的第5章的半虚拟化、设备直接分配、热插拔这3节，并分别进行了补充。在半虚拟化驱动一节中，我们新增了“内核态的vhost-net后端以及网卡多队列”“使用用户态的vhost-user作为后端驱动”“对Windows客户机的优化”这3小节。在设备直接分配一节中，我们使用VFIO替换掉了已经被废弃的Legacy passthrough。在热插拔一节，我们将内存热插拔独立出来，并着重更新，因为在上一本书出版时它还未被完全支持。除此之外，我们还新增了磁盘热插拔和网络接口的热插拔两节。

第7章，我们将上一本书中的第4章中内存大页部分和上一本书中的第5章中的KSM、透明大页等内容凑在一起，组成了KVM内存管理高级技巧，同时新增了NUMA(非统一内存访问架构）一节。

第8章，由上一本书中的第5章的“动态迁移”和“迁移到KVM虚拟化环境”两节组成。

第9章，在上一本书中的第5章的“嵌套虚拟化”“KVM安全”等内容的基础上，新增了“CPU指令相关的性能优化”一节，着重介绍了最近几年Intel的一些性能优化新指令在虚拟化环境中的应用。

第10章，对应上一本书中的第8章，专门讲KVM性能测试与优化。我们在最新的软硬件环境中重做了CPU、内存、网络、磁盘的性能测试，获取了最新的数据，尤其对一些测试工具（benchmark）进行了重新选取，比如磁盘性能测试，我们放弃了IOzone和Bonnie++，而选用业界更认可的fio。另外，我们还加入了“CPU指令集对性能的提升”和“其他的影响客户机性能的因素”两节进行分析，希望对读者进行虚拟化系统能调优有所启示。

上一本书中的第7章“Linux发行版中的KVM”和第9章“参与KVM开源社区”分别作为本书的附录A和附录B，并进行了相应的内容更新。

其他章节的内容保持不变，即第3章为上一本书的第3章且内容不变；第4章为上一本书的第6章，内容不变。

读者对象

本书适合对Linux下虚拟化或云计算基础技术感兴趣的读者阅读，包括Linux运维工程师、KVM开发者、云平台开发者、虚拟化方案决策者、KVM的用户以及其他对KVM虚拟机感兴趣的计算机爱好者。希望本书对这些读者了解KVM提供以下帮助。

- Linux运维工程师：了解KVM的使用方法、功能和基本的性能数据，能够搭建高性能的KVM虚拟化系统，并应用于生产环境中。
- KVM开发者：了解KVM的基本原理和功能，也了解其基本用法和一些调试方法，以及如何参与到KVM开源社区中去贡献代码。
- 云平台开发者：了解底层KVM虚拟化的基本原理和用法，以促进云平台上层应用的开发和调试的效率。
- 虚拟化方案决策者：了解KVM的硬件环境需求和它的功能、性能概况，以便在虚拟化技术选型时做出最优化的决策。
- 普通用户：了解KVM的功能和如何使用KVM，用掌握的KVM虚拟化技术来促进其他相关的学习、开发和测试。

如何阅读本书

前面已经提到，本书相比上一本书内容更加集中，分类更加合理。如果读者朋友对KVM没有什么了解，笔者建议按本书章节顺序阅读，通读一遍之后再对感兴趣的章节进行仔细阅读。对于已有一定KVM知识基础的读者，可以根据自己的兴趣和已经掌握的知识情况来有选择地阅读各个章节。当然，笔者建议今后可能会经常使用KVM的读者，在阅读本书时，可以根据书中示例或者其他示例来进行实际操作。如果是开发者，也可以查看相应的源代码。

勘误和支持

KVM、QEMU等开源社区非常活跃，QEMU/KVM发展迅速，每天都有新的功能加进去，或者原有功能被改进。特别是qemu命令行参数很可能会有改动，故本书中qemu命令行参数只能完全适用于本书中提及的QEMU版本，读者若使用不同的版本，命令行参数可能并不完全相同。例如，本书写作时，“-enable-kvm”已经被社区标为“将要废弃”，很可能在读者拿到本书的时候，需要用“-accel kvm”来代替它。

由于KVM和QEMU的发展变化比较快，加之笔者的技术水平有限，编写时间仓促，书中难免会出现一些错误或者不准确的地方，恳请读者朋友批评指正。读者朋友对本书相关内容有任何的疑问、批评和建议，都可以通过笔者之一（任永杰）的博客网站 http://

smilejay.com/ 进行讨论。也可以发邮件给我们（smile665@gmail.com、Robert.Ho@outlook.com)，笔者会尽力回复并给读者以满意的答案。全书中涉及的示例代码程序（不包含单行的命令）和重要的配置文件，都可以从网站 https://github.com/smilejay/kvm-book 查看和下载。

如果读者朋友们有更多的宝贵意见或者任何关于 KVM 虚拟化技术的讨论，也都欢迎发送电子邮件至邮箱 smile665@gmail.com、Robert.Ho@outlook.com，我们非常期待能够得到朋友们的真挚反馈。

Contents 目　录

第二篇 KVM 虚拟化进阶

第三篇 性能测试与调优

第一篇 Part 1

KVM 虚拟化基础

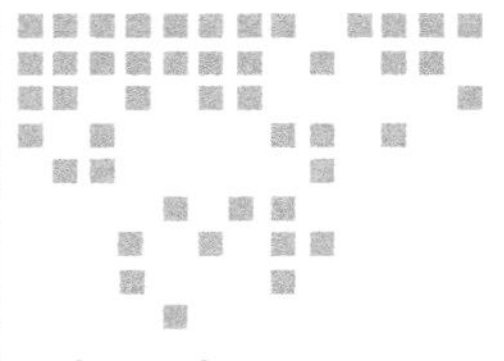

Chapter 1 第 1 章

虚拟化简介

在写作上一本书的时候（2013 年），云计算虽然已经在国际上提出多年，但在国内还是刚刚兴起。到写作本书时这短短 4 年内，国内云计算已经翘首追赶，紧跟国际的步伐。例如阿里云，截至笔者写作时，阿里云已经连续 7 个季度 3 位数的同比增长率。老牌公司微软也在这几年加速追赶，在这个新的领域跻身一线。

1.1 云计算概述

1.1.1 什么是云计算

一直以来，云计算（Cloud Computing）的定义也如同它的名字一样，云里雾里，说不清楚。维基百科里是这样定义的：**是一种基于互联网的计算方式，通过这种方式，共享的软硬件资源和信息可以按需求提供给计算机各种终端和其他设备**[⊖]。以前，我们的信息处理（计算）是由一个实实在在的计算机来完成的，它看得见，摸得着。后来，随着计算硬件、网络技术、存储技术的飞速发展，人们发现，每个人独自拥有一台计算机似乎有些浪费，因为它大多数时候是空闲的。那么，如果将计算资源集中起来，大家共享，类似现代操作系统那样分时复用，将是对资源的极大节省和效率的极大提升，经济学上的解释也就是边际效应（成本）递减。科技行业的发展，根源也是经济利益的推动。在这样的背景下，云计算应运而生了。它就是把庞大的计算资源集中在某个地方或是某些地方，而不再是放在身边的那台计算机了；用户的每一次计算，都发生在那个被称为云的他看不见摸不着的某个地方。

以 CPU 为例，图 1-1 和图 1-2 摘选了从 2000 年到 2017 年上市的 Intel 桌面 CPU 的参数

⊖ https://zh.wikipedia.org/wiki/%E9%9B%B2%E7%AB%AF%E9%81%8B%E7%AE%97。

（主频、核数、LLC[⊖]、制造工艺），从中可以大概看到 CPU 处理能力的飞速提升。它的另一面也就意味着，个人单独拥有一台计算机，从资源利用效率角度来看，被大大闲置了的。

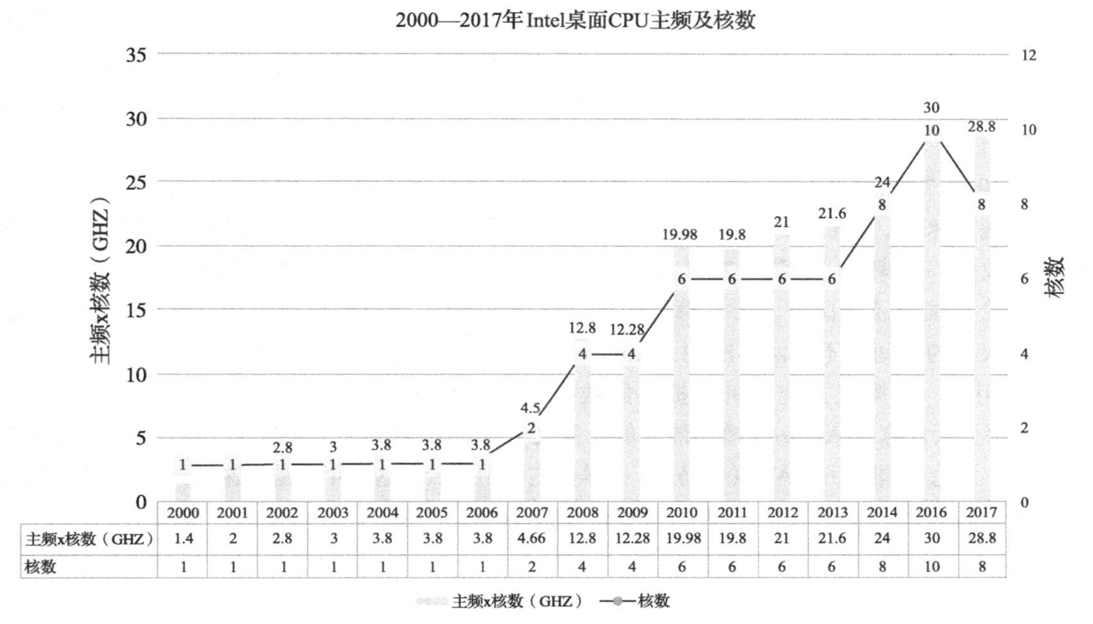

	2000	2001	2002	2003	2004	2005	2006	2007	2008	2009	2010	2011	2012	2013	2014	2016	2017
主频x核数（GHZ）	1.4	2	2.8	3	3.8	3.8	3.8	4.66	12.8	12.28	19.98	19.8	21	21.6	24	30	28.8
核数	1	1	1	1	1	1	1	2	4	4	6	6	6	6	8	10	8

图 1-1　Intel CPU 处理能力的主要参数

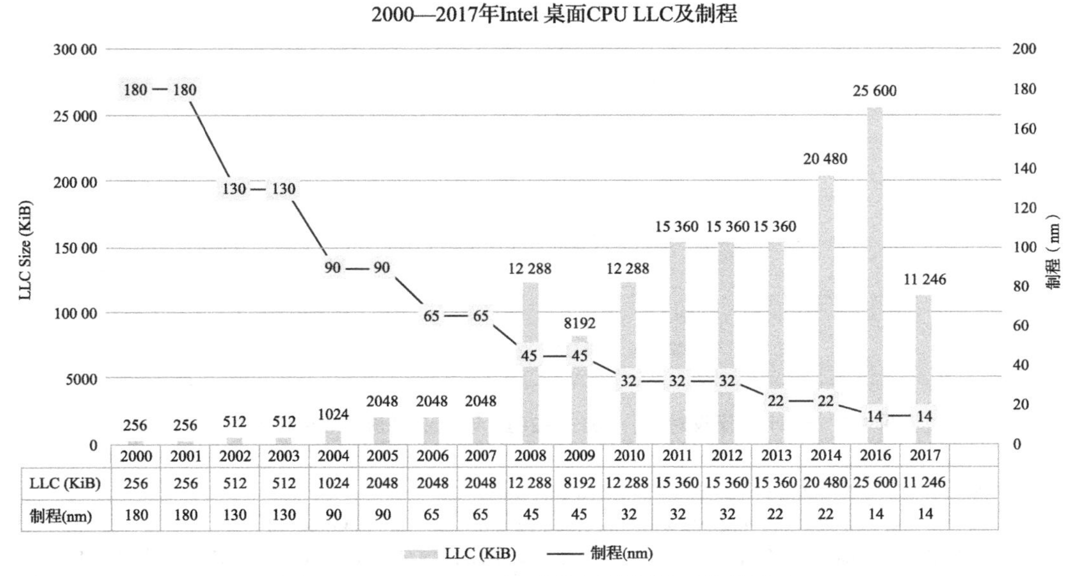

	2000	2001	2002	2003	2004	2005	2006	2007	2008	2009	2010	2011	2012	2013	2014	2016	2017
LLC (KiB)	256	256	512	512	1024	2048	2048	2048	12 288	8192	12 288	15 360	15 360	15 360	20 480	25 600	11 246
制程(nm)	180	180	130	130	90	90	65	65	45	45	32	32	32	22	22	14	14

图 1-2　Intel CPU LLC 的发展及制造工艺的演进

⊖ Last Level Cache 指介于 CPU core 和 RAM 之间的最后一层缓存。Pentium 时代通常最多到 L2 Cache。现在的 Core i3/i5/i7 都有 L3 Cache，并且越来越大。

1.1.2 云计算的历史

正式的云计算的产品始发于2006年，那年8月，亚马逊（Amazon）发布了"弹性计算云"（Elastic Compute Cloud）。2008年10月，微软宣布了名为Azure的云计算产品，并在2010年2月正式发布Windows Azure㊀。Google也从2008年开始进入云计算时代，那年4月，其发布了Google App Engine Beta，但直到2013年12月，其Google Compute Engine对标AWS EC2才正式可用。

2010年7月，NASA和Rackspace共同发布了著名的开源项目Openstack。

从国内来看，2009年，阿里巴巴率先成立了阿里云部门，一开始只对内服务于其自身的电商业务，如淘宝、天猫。2011年7月，阿里云开始正式对外销售云服务。

无论是国内还是国外，云计算的市场都快速发展。"Amazon把云计算做成一个大生意没有花太长的时间：不到两年时间，Amazon上的注册开发人员达44万人，还有为数众多的企业级用户。有第三方统计机构提供的数据显示，Amazon与云计算相关的业务收入已达1亿美元。云计算是Amazon增长最快的业务之一。"㊁国内的阿里云也在2013年以后快速蓬勃发展。无论是国际巨头AWS(亚马逊)还是国内的阿里云，这些年都是快速增长，尤其阿里云，虽然体量暂时还远不及AWS，但一直都是超过100%的增长，让人侧目，如图1-3所示。

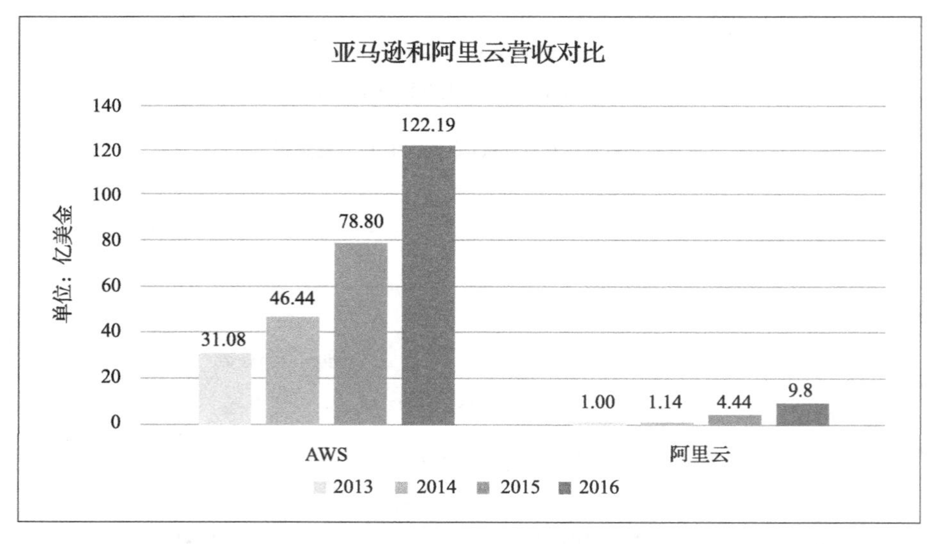

图1-3 云计算营收对比：2013—2017年度亚马逊AWS和阿里云㊂

㊀ 2014年3月，Windows Azure更名为Microsoft Azure。

㊁ 刘鹏：云计算发展现状。http://www.chinacloud.cn/show.aspx?id=754&cid=11。

㊂ 数据整理自网络。阿里财年始于前一年4月，这里以大约自然年表示，比如2015年数据来自于阿里2016财报。另外阿里云2013、2014年度数据包括其internet infrastructure收入，2015年开始才将阿里云单独出来。换算时，美元兑人民币汇率假设为6.8。微软的Azure营收没有单独披露。Google cloud营收也未能单独获得。

1.1.3　云计算的几种服务模型

“云计算是推动 IT 转向以业务为中心模式的一次重大变革。它着眼于运营效率、竞争力和快速响应等实际成果。这意味着 IT 的作用正在从提供 IT 服务逐步过渡到根据业务需求优化服务的交付和使用。这种全新的模式将以前的信息孤岛转化为灵活高效的资源池和具备自我管理能力的虚拟基础架构，从而以更低的成本和以服务的形式提供给用户。IT 即服务将提供业务所需要的一切，并在不丧失对系统的控制力的同时，保持系统的灵活性和敏捷性。”[1]

云计算的模型是以服务为导向的，根据提供的服务层次不同，可分为：IaaS（Infrastructure as a Service，基础架构即服务）、PaaS（Platform as a Service，平台即服务）、SaaS（Software as a Service，软件即服务）。它们提供的服务越来越抽象，用户实际控制的范围也越来越小，如图 1-4 所示。

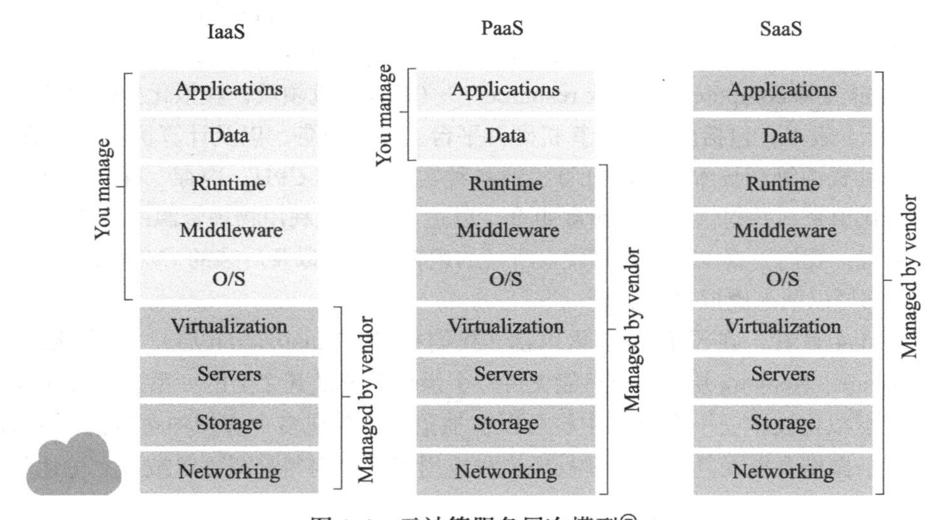

图 1-4　云计算服务层次模型[2]

1. SaaS，软件即服务

云服务提供商提供给客户直接使用软件服务，如 Google Docs、Microsoft CRM、Salesforce.com 等。用户不必自己维护软件本身，只管使用软件提供的服务。用户为该软件提供的服务付费。

2. PaaS，平台即服务

云服务提供商提供给客户开发、运维应用程序的运行环境，用户负责维护自己的应用程序，但并不掌控操作系统、硬件以及运作的网络基础架构。如 Google App Engine 等。平台是指应用程序运行环境（图 1-4 中的 Runtime）。通常，这类用户在云环境中运维的应用程序会再提供软件服务给他的下级客户。用户为自己的程序的运行环境付费。

---

[1] 虚拟化和云计算技术回顾与展望。http://www.ctosay.cn/content/40797008418208146787.html。

[2] 图片来源 http://inspira.co.in/blog/benefits-iaas-vs-paas-vs-saas/。

3. IaaS，基础设施即服务

用户有更大的自主权，能控制自己的操作系统、网络连接（虚拟的）、硬件（虚拟的）环境等，云服务提供商提供的是一个虚拟的主机环境。如 Google Compute Engine、AWS EC2 等。用户为一个主机环境付费。

从图 1-4 中可以看到，无论是哪种云计算服务模型，虚拟化（Virtualization）都是其基础。那么什么是虚拟化呢?

1.2 虚拟化技术

1.2.1 什么是虚拟化

维基百科关于虚拟化的定义是：" In computing, virtualization refers to the act of creating a virtual (rather than actual) version of something, including virtual computer hardware platforms, storage devices, and computer network resources。"（在计算机领域，虚拟化指创建某事物的虚拟（而非实际）版本，包括虚拟的计算机硬件平台、存储设备，以及计算机网络资源）可见，虚拟化是一种资源管理技术，它将计算机的各种实体资源（CPU、内存、存储、网络等）予以抽象和转化出来，并提供分割、重新组合，以达到最大化利用物理资源的目的。

广义来说，我们一直以来对物理硬盘所做的逻辑分区，以及后来的 LVM（Logical Volume Manager），都可以纳入虚拟化的范畴。

结合图 1-4 来看，在没有虚拟化以前（我们抽掉 Virtualization 层），一个物理的主机（Sever、Storage、Network 层）上面只能支持一个操作系统及其之上的一系列运行环境和应用程序；有了虚拟化技术，一个物理主机可以被抽象、分割成多个虚拟的逻辑意义上的主机，向上支撑多个操作系统及其之上的运行环境和应用程序，则其资源可以被最大化地利用。

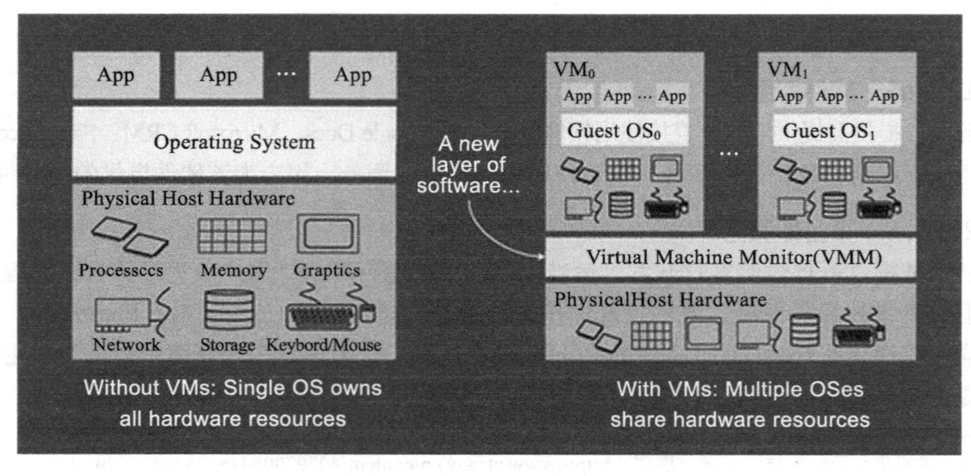

图 1-5 物理资源虚拟化示意

如图1-5所示的Virtual Machine Monitor（VMM，虚拟机监控器，也称为Hypervisor）层，就是为了达到虚拟化而引入的一个软件层。它向下掌控实际的物理资源（相当于原本的操作系统）；向上呈现给虚拟机N份逻辑的资源。为了做到这一点，就需要将虚拟机对物理资源的访问“偷梁换柱”——截取并重定向，让虚拟机误以为自己是在独享物理资源。虚拟机监控器运行的实际物理环境，称为宿主机；其上虚拟出来的逻辑主机，称为客户机。

虚拟化技术有很多种实现方式，比如软件虚拟化和硬件虚拟化，再比如准虚拟化和全虚拟化。下面将针对每种实现方式做一个简单的介绍。

1.2.2 软件虚拟化和硬件虚拟化

1. 软件虚拟化技术

软件虚拟化，顾名思义，就是通过软件模拟来实现VMM层，通过纯软件的环境来模拟执行客户机里的指令。

最纯粹的软件虚拟化实现当属QEMU。在没有启用硬件虚拟化辅助的时候，它通过软件的二进制翻译[一]仿真出目标平台呈现给客户机，客户机的每一条目标平台指令都会被QEMU截取，并翻译成宿主机平台的指令，然后交给实际的物理平台执行。由于每一条都需要这么操作一下，其虚拟化性能是比较差的，同时其软件复杂度也大大增加。但好处是可以呈现各种平台给客户机，只要其二进制翻译支持。

2. 硬件虚拟化技术

硬件虚拟化技术就是指计算机硬件本身提供能力让客户机指令独立执行，而不需要（严格来说是不完全需要）VMM截获重定向。

以x86架构为例，它提供一个略微受限制的硬件运行环境供客户机运行（non-root mode[二]），在绝大多数情况下，客户机在此受限环境中运行与原生系统在非虚拟化环境中运行没有什么两样，不需要像软件虚拟化那样每条指令都先翻译再执行，而VMM运行在root mode，拥有完整的硬件访问控制权限。仅仅在少数必要的时候，某些客户机指令的运行才需要被VMM截获并做相应处理，之后客户机返回并继续在non-root mode中运行。可以想见，硬件虚拟化技术的性能接近于原生系统[三]，并且，极大地简化了VMM的软件设计架构。

Intel从2005年就开始在其x86 CPU中加入硬件虚拟化的支持——Intel Virtualization Technology，简称Intel VT。到目前为止，在所有的Intel CPU中，都可以看到Intel VT的身影。并且，每一代新的CPU中，都会有新的关于硬件虚拟化支持、改进的feature加入。也因如此，Intel x86平台是对虚拟化支持最为成熟的平台，本书将以Intel x86平台为例介绍KVM的虚拟化。

[一] 二进制翻译（binary translation）是指将使用某套指令集的二进制代码转换成基于另一套指令集的。它既可以通过硬件来完成，也可以通过软件来完成。

[二] root与non-root mode是Intel为了硬件虚拟化而引入的与原来的Ring0~Ring3正交的权限控制机制。详见Intel Sefnare Development Manual第15章。

[三] 本书中，原生系统（Native）是指不使用虚拟化技术的主机系统，即原本的一个物理主机安装一个操作系统的方式。

1.2.3 半虚拟化和全虚拟化

1. 半虚拟化[㊀]

通过上一节的描述，大家可以理解，最理想的虚拟化的两个目标如下：

1）客户机完全不知道自己运行在虚拟化环境中，还以为自己运行在原生环境里。

2）完全不需要 VMM 介入客户机的运行过程。

纯软件的虚拟化可以做到第一个目标，但性能不是很好，而且软件设计的复杂度大大增加。

那么如果放弃第一个目标呢？让客户机意识到自己是运行在虚拟化环境里，并做相应修改以配合 VMM，这就是半虚拟化（Para-Virtualization）。一方面，可以提升性能和简化 VMM 软件复杂度；另一方面，也不需要太依赖硬件虚拟化的支持，从而使得其软件设计（至少是 VMM 这一侧）可以跨平台且是优雅的。“本质上，准虚拟化弱化了对虚拟机特殊指令的被动截获要求，将其转化成客户机操作系统的主动通知。但是，准虚拟化需要修改客户机操作系统的源代码来实现主动通知。”典型的半虚拟化技术就是 virtio，使用 virtio 需要在宿主机 /VMM 和客户机里都相应地装上驱动。

2. 全虚拟化

与半虚拟化相反的，全虚拟化（Full Virtualization）坚持第一个理想化目标：客户机的操作系统完全不需要改动。敏感指令在操作系统和硬件之间被 VMM 捕捉处理，客户操作系统无须修改，所有软件都能在虚拟机中运行。因此，全虚拟化需要模拟出完整的、和物理平台一模一样的平台给客户机，这在达到了第一个目标的同时也增加了虚拟化层（VMM）的复杂度。

性能上，2005 年硬件虚拟化兴起之前，软件实现的全虚拟化完败于 VMM 和客户机操作系统协同运作的半虚拟化，这种情况一直延续到 2006 年。之后以 Intel VT-x、VT-d[㊁]为代表的硬件虚拟化技术的兴起，让由硬件虚拟化辅助的全虚拟化全面超过了半虚拟化。但是，以 virtio 为代表的半虚拟化技术也一直在演进发展，性能上只是略逊于全虚拟化，加之其较少的平台依赖性，依然受到广泛的欢迎。

1.2.4 Type1 和 Type2 虚拟化

从软件框架的角度上，根据虚拟化层是直接位于硬件之上还是在一个宿主操作系统之上，将虚拟化划分为 Typel 和 Type2，如图 1-6 所示。

Type1（类型 1）Hypervisor 也叫 native 或 bare-metal Hypervisor。这类虚拟化层直接运行在硬件之上，没有所谓的宿主机操作系统。它们直接控制硬件资源以及客户机。典型地如

㊀ 在《KVM 虚拟化技术：实战与原理解析》中称为“准虚拟化”

㊁ https://www.intel.com/content/www/us/en/virtualization/virtualization-technology/intel-virtualization-technology.html。

Xen（见 1.4.1 节）和 VMware ESX。

Type2（类型 2）Hypervisor 运行在一个宿主机操作系统之上，如 VMware Workstation；或系统里，如 KVM。这类 Hypervisor 通常就是宿主机操作系统的一个应用程序，像其他应用程序一样受宿主机操作系统的管理。比如 VMware Workstation 就是运行在 Windows 或者 Linux 操作系统上的一个程序而已[㊀]。客户机是在宿主机操作系统上的一个抽象，通常抽象为进程。

1.3 KVM 简介

1.3.1 KVM 的历史

KVM 全称是 Kernel-based Virtual Machine，即基于内核的虚拟机，是采用硬件虚拟化技术的全虚拟化解决方案[㊁]。

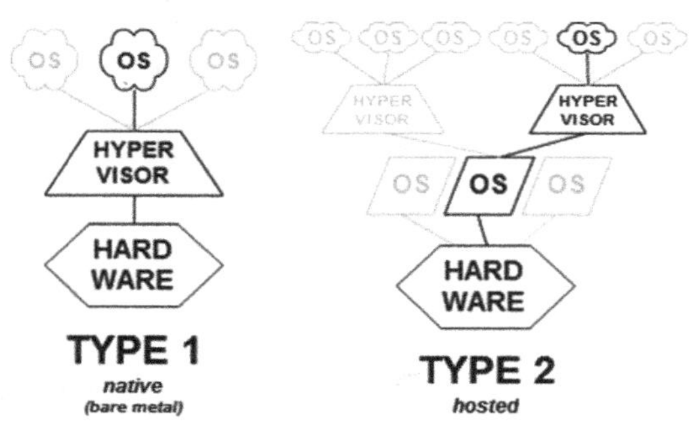

图 1-6 类型 1 和类型 2 的 Hypervisor

KVM 最初是由 Qumranet[㊂]公司的 Avi Kivity 开发的，作为他们的 VDI 产品的后台虚拟化解决方案。为了简化开发，Avi Kivity 并没有选择从底层开始新写一个 Hypervisor，而是选择了基于 Linux kernel，通过加载模块使 Linux kernel 本身变成一个 Hypervisor。2006 年 10 月，在先后完成了基本功能、动态迁移以及主要的性能优化之后，Qumranet 正式对外宣布了 KVM 的诞生。同月，KVM 模块的源代码被正式纳入 Linux kernel，成为内核源代码的一部分。作为一个功能和成熟度都逊于 Xen 的项目[㊃]，在这么快的时间内被内核社区接纳，主要原因在于：

1）在虚拟化方兴未艾的当时，内核社区急于将虚拟化的支持包含在内，但是 Xen 取代内核由自身管理系统资源的架构引起了内核开发人员的不满和抵触。

2）Xen 诞生于硬件虚拟化技术出现之前，所以它在设计上采用了半虚拟化的方式，这让 Xen 采用硬件虚拟化技术有了更多的历史包袱，不如 KVM 新兵上阵一身轻。

2008 年 9 月 4 日，Redhat 公司以 1.07 亿美元收购了 Qumranet 公司，包括它的 KVM 开源项目和开发人员。自此，Redhat 开始在其 RHEL 发行版中集成 KVM，逐步取代 Xen，并

㊀ 将 KVM 归为 Type1 或 Type2 是有争议的，一方面，它是以 kernel module 的形式加载于 kernel，与 kernel 融为一体，可以认为它将 Linux kernel 转变为一个 Type1 的 Hypervisor。另一方面，在逻辑上，它受制于 kernel，所有对硬件资源的管理都是通过 kernel 去做的，所以归为 Type2。

㊁ 对于某些设备，如硬盘、网卡，KVM 也支持 virtio 的半虚拟化方式。

㊂ 这是一家以色列的创业公司，提供桌面虚拟化产品（VDI），KVM 就是其后台虚拟化的 VMM。

㊃ Xen 先于 KVM 出现，并且在 KVM 出现时已经是一个成熟的开源 VMM。

从 RHEL7 开始，正式不支持 Xen。

1.3.2 KVM 的功能概览

KVM 从诞生开始就定位于基于硬件虚拟化支持的全虚拟化实现。它以内核模块的形式加载之后，就将 Linux 内核变成了一个 Hypervisor，但硬件管理等还是通过 Linux kernel 来完成的，所以它是一个典型的 Type 2 Hypervisor，如图 1-7 所示。

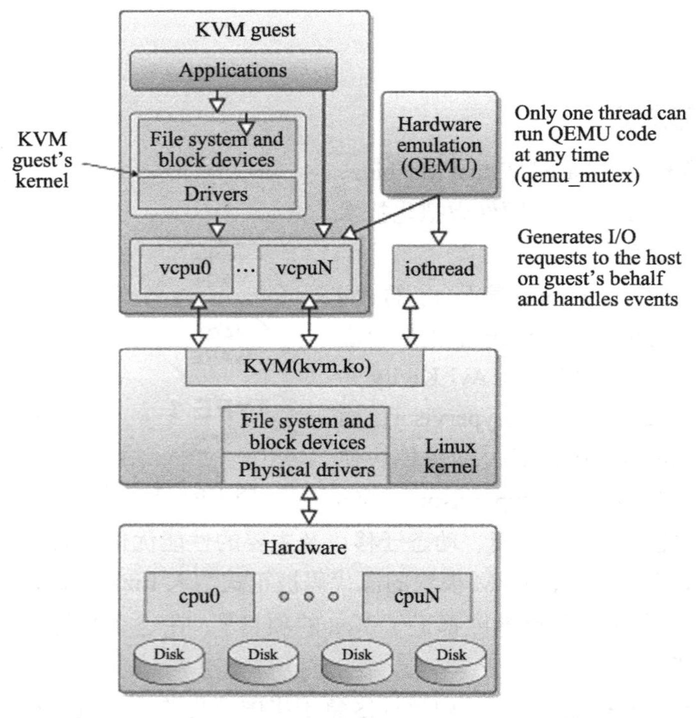

图 1-7 KVM 功能框架[⊖]

一个 KVM 客户机对应于一个 Linux 进程，每个 vCPU 则是这个进程下的一个线程，还有单独的处理 IO 的线程，也在一个线程组内。所以，宿主机上各个客户机是由宿主机内核像调度普通进程一样调度的，即可以通过 Linux 的各种进程调度的手段来实现不同客户机的权限限定、优先级等功能。

客户机所看到的硬件设备是 QEMU 模拟出来的（不包括 VT-d 透传的设备，详见 6.2 节），当客户机对模拟设备进行操作时，由 QEMU 截获并转换为对实际的物理设备（可能设置都不实际物理地存在）的驱动操作来完成。

下面介绍一些 KVM 的功能特性。

⊖ 图片来源：https://en.wikipedia.org/wiki/File:Kernel-based_Virtual_Machine.svg。

1. 内存管理

KVM 依赖 Linux 内核进行内存管理。上面提到，一个 KVM 客户机就是一个普通的 Linux 进程，所以，客户机的“物理内存”就是宿主机内核管理的普通进程的虚拟内存。进而，Linux 内存管理的机制，如大页、KSM（Kernel Same Page Merge，内核的同页合并）、NUMA（Non-Uniform Memory Arch，非一致性内存架构）[1]、通过 mmap 的进程间共享内存，统统可以应用到客户机内存管理上。

早期时候，客户机自身内存访问落实到真实的宿主机的物理内存的机制叫影子页表（Shadow Page Table）。KVM Hypervisor 为每个客户机准备一份影子页表，与客户机自身页表建立一一对应的关系。客户机自身页表描述的是 GVA → GPA[2]的映射关系；影子页表描述的是 GPA → HPA 的映射关系。当客户机操作自身页表的时候，KVM 就相应地更新影子页表。比如，当客户机第一次访问某个物理页的时候，由于 Linux 给进程的内存通常都是拖延到最后要访问的一刻才实际分配的，所以，此时影子页表中这个页表项是空的，KVM Hypervisor 会像处理通常的缺页异常那样，把这个物理页补上，再返回客户机执行的上下文中，由客户机继续完成它的缺页异常。

影子页表的机制是比较拗口，执行的代价也是比较大的。所以，后来，这种靠软件的 GVA → GPA → HVA → HPA 的转换被硬件逻辑取代了，大大提高了执行效率。这就是 Intel 的 EPT 或者 AMD 的 NPT 技术，两家的方法类似，都是通过一组可以被硬件识别的数据结构，不用 KVM 建立并维护额外的影子页表，由硬件自动算出 GPA → HPA。现在的 KVM 默认都打开了 EPT/NPT 功能。

2. 存储和客户机镜像的格式

严格来说，这是 QEMU 的功能特性。

KVM 能够使用 Linux 支持的任何存储来存储虚拟机镜像，包括具有 IDE、SCSI 和 SATA 的本地磁盘，网络附加存储（NAS）（包括 NFS 和 SAMBA/CIFS），或者支持 iSCSI 和光线通道的 SAN。多路径 I/O 可用于改进存储吞吐量和提供冗余。

由于 KVM 是 Linux 内核的一部分，它可以利用所有领先存储供应商都支持的一种成熟且可靠的存储基础架构，它的存储堆栈在生产部署方面具有良好的记录。

KVM 还支持全局文件系统（GFS2）等共享文件系统上的虚拟机镜像，以允许客户机镜像在多个宿主机之间共享或使用逻辑卷共享。磁盘镜像支持稀疏文件形式，支持通过仅在虚拟机需要时分配存储空间，而不是提前分配整个存储空间，这就提高了存储利用率。KVM 的原生磁盘格式为 QCOW2，它支持快照，允许多级快照、压缩和加密。

---

[1] 见本书第 7 章。

[2] GVA：Guest Virtual Address，客户机虚拟地址。
GPA：Guest Physical Address，客户机物理地址。
HVA：Host Virtual Address，宿主机虚拟地址。
HPA：Host Physical Address，宿主机物理地址。

3. 实时迁移

KVM支持实时迁移，这提供了在宿主机之间转移正在运行的客户机而不中断服务的能力。实时迁移对用户是透明的，客户机保持打开，网络连接保持活动，用户应用程序也持续运行，但客户机转移到了一个新的宿主机上。

除了实时迁移，KVM支持将客户机的当前状态（快照，snapshot）保存到磁盘，以允许存储并在以后恢复它。

4. 设备驱动程序

KVM支持混合虚拟化，其中半虚拟化的驱动程序安装在客户机操作系统中，允许虚拟机使用优化的I/O接口而不使用模拟的设备，从而为网络和块设备提供高性能的I/O。

KVM使用的半虚拟化的驱动程序是IBM和Redhat联合Linux社区开发的VirtIO标准；它是一个与Hypervisor独立的、构建设备驱动程序的接口，允许多种Hypervisor使用一组相同的设备驱动程序，能够实现更好的对客户机的互操作性。

同时，KVM也支持Intel的VT-d技术，通过将宿主机的PCI总线上的设备透传（pass-through）给客户机，让客户机可以直接使用原生的驱动程序高效地使用这些设备。这种使用是几乎不需要Hypervisor的介入的。

5. 性能和可伸缩性

KVM也继承了Linux的性能和可伸缩性。KVM在CPU、内存、网络、磁盘等虚拟化性能上表现出色，大多都在原生系统的95%以上[1]。KVM的伸缩性也非常好，支持拥有多达288个vCPU和4TB RAM的客户机，对于宿主机上可以同时运行的客户机数量，软件上无上限[2]。

这意味着，任何要求非常苛刻的应用程序工作负载都可以运行在KVM虚拟机上。

1.3.3 KVM的现状

至本书写作时，KVM已经10周岁了。10年之间，得益于与Linux天然一体以及Redhat的倾力打造，KVM已经成为Openstack用户选择的最主流的Hypervisor（因为KVM是Openstack的默认Hypervisor）。来自Openstack的调查显示，KVM占到87%以上的部署份额[3]，并且（笔者认为）还会继续增大。可以说，KVM已经主宰了公有云部署的Hypervisor市场；而在私有云部署方面，尤其大公司内部私有云部署，还是VMware的地盘，目前受到HyperV的竞争。

功能上，虚拟化发展到今天，各个Hypervisor的主要功能都趋同。KVM作为后起之秀，并且在公有云上广泛部署，其功能的完备性是毋庸置疑的。并且由于其开源性，反而较少一

---

[1] 本书第10章有详细测试。

[2] https://access.redhat.com/articles/906543。

[3] http://superuser.openstack.org/articles/openstack-user-survey-insights-november-2014/。

些出于商业目的的限制，比如一篇文章（ftp://public.dhe.ibm.com/linux/pdfs/Clabby_Analytics_-_VMware_v_KVM.pdf）中比较 VMware EXS 与 KVM，就是一个例子[㊀]。

性能上，作为同样开源的 Hypervisor，KVM 和 Xen 都很优秀，都能达到原生系统 95% 以上的效率（CPU、内存、网络、磁盘等 benchmark 衡量），KVM 甚至还略微好过 Xen 一点点[㊁]。与微软的 Hyper-V 相比，KVM 似乎略逊于最新的 Windows 2016 上的 HyperV，而好于 Windows 2012 R2 上的 HyperV[㊂]，但这是微软的一家之言，笔者没有重新测试验证。其他与诸如 VMware EXS 等的性能比较，网上也可以找到很多，读者可以自行搜索。总的来说，即使各有优劣，虚拟化技术发展到今天已经成熟，KVM 也是如此。

1.3.4　KVM 的展望

经过 10 年的发展，KVM 已经成熟。那么，接下来 KVM 会怎样进一步发展呢？

1）大规模部署尚有挑战。KVM 是 Openstack 和 oVirt[㊃]选择的默认 Hypervisor，因而实际的广泛部署常常是大规模的（large scale, scalability）。这种大规模，一方面指高并发、高密度，即一台宿主机上支持尽可能多的客户机；另一方面，也指大规模的单个客户机，即单个客户机配备尽可能多的 vCPU 和内存等资源，典型的，这类需求来自高性能计算（HPC）领域。随着硬件尤其是 CPU 硬件技术的不停发展（物理的 processor 越来越多），这种虚拟化的大规模方面的需求也在不停地增大[㊄]，并且这不是简单数量的增加，这种增加会伴随着新的挑战等着 KVM 开发者去解决，比如热迁移的宕机时间（downtime）就是其中一例。

2）实时性（Realtime）。近几年一个新的趋势就是 NFV（Network Functions Virtualization，网络功能的虚拟化），它指将原先物理的网络设备搬到一个个虚拟的客户机上，以便更好地实现软件定义网络的愿景。网络设备对实时性的要求是非常高的；而不巧，NFV 的开源平台 OPNFV[㊅]选择了 Openstack，尽管 Openstack 向下支持各种 Hypervisor，但如前文所说，KVM 是其默认以及主要部署的选择，所以 NFV 实时性的要求责无旁贷地落到了 KVM 头上，NFV-KVM[㊆]项目应运而生，它作为 OPNFV 的子项目主要解决 KVM 在实时性方面受到的挑战。

3）安全是永恒的主题 / 话题。就像网络病毒永远不停地演变推陈出新一样，新时代的 IT 架构的主体，云 / 虚拟化，也会一直受到各类恶意攻击的骚扰，从而陷入道高一尺魔高一丈的循环。Hypervisor 的开发者、应用者会一直从如何更好地隔离客户机、更少的

㊀ 事实上，作为商业软件，RHEL、RHEV 对 KVM 的功能也有一些限制，比如客户机数目，RHEL7 限制最多只能启动 4 个客户机而 RHEV 则没有。而原生的开源 KVM 是没有这些限制的。

㊁ https://major.io/2014/06/22/performance-benchmarks-kvm-vs-xen/。

㊂ https://blogs.msdn.microsoft.com/virtual_pc_guy/2017/02/03/hyper-v-vs-kvm-for-openstack-performance/。

㊃ https://www.ovirt.org。

㊄ 比如，就在本书完稿前不久，KVM 对客户机 CPU 数量的支持就从 240 个增加到了 288 个，以顺应 Intel 新的 Xeon-Phi 产品线的功能和性能。

㊅ https://www.opnfv.org。

㊆ https://wiki.opnfv.org/display/kvm/Nfv-kvm。

Hypervisor干预等方面入手，增加虚拟化的安全性。KVM作为Type 2的Hypervisor，天然地与Host OS有关联，安全性方面的话题更引人注目。同时，硬件厂商如Intel，也会从硬件层面不停地推出新的安全方面的功能（feature），KVM从软件方面也要跟上脚步，使能（enable）之。

4）性能调优。如同一句广告词说的："进无止境"。一方面，新的功能代码的不停引入总会给性能调优开辟新的空间；另一方面，老的功能的实现也许还有更好的方法。还有，新的硬件功能的出现，也是性能调优永恒的动力源泉。

1.4 其他的虚拟化解决方案简介

1.4.1 Xen

Xen的出现要早于KVM，可以追溯到20世纪90年代。剑桥大学的Ian Pratt和Keir Fraser在一个叫作Xenoserver的研究项目中开发了Xen虚拟机。在那个年代，硬件虚拟化还没有出现，所以Xen最开始采用的是半虚拟化的解决方案。

Xen在2002年开源，并在2003年发布了1.0版本、2004年发布了2.0版本，随即被Redhat、Novell和Sun的Linux发行版集成，作为其虚拟化组件。2005年的3.0版本开始加入Intel和AMD的硬件虚拟化的支持，以及Intel的IA64架构，从此，Xen也提供全虚拟化解决方案（HVM），可以运行完全没有修改的客户机操作系统。2007年10月，思杰公司出资5亿美元收购了XenSource，变成了Xen项目的东家。2013年，Xen成为Linux基金会赞助的合作项目。

Xen在架构上是一个典型的Type 1 Hypervisor，与KVM形成鲜明对比，如图1-8所示。严格来说，它没有宿主机的概念，而是由Xen Hypervisor（VMM）完全管控硬件，但用户却看不见、摸不着它，只能通过特殊的0号虚拟机（Dom0），通过其中xl工具栈（tool stack）与Xen Hypervisor交互来管理其他普通虚拟机（DomU）。0号虚拟机是一个运行修改过的半虚拟化的内核的Linux虚拟机。从架构上，Xen的虚拟化方案既利用了Linux内核的IO部分（Dom0的内核），将Linux内核的CPU、内存管理等核心部分排除在外由自己接手（Xen Hypervisor），所以，一开始就受到了Linux内核开发人员的抵制，致使Linux内核作为Dom0对Xen的支持部分一直不能合入Linux内核社区。一直到2010年，在采用基于内核的PVOPs方式大量重写了Xen代码以后，才勉强合入Linux内核社区。2011年，从Linux内核2.6.37版本开始，正式支持Xen Dom0。

1.4.2 VMware

VMware成立于1998年，是最早专注于虚拟化商业软件（并成功）的公司，从它的名字也可以看出它对自己的定位和目标。从十几年前虚拟化软件兴起开始，它就是这个市场的霸主。笔者早年的认知也是虚拟化 =VMware。直到最近，在公有云兴起的背景之下，VMware 开始受到 KVM 和 Xen 等开源项目以及微软 Azure/HyperV 的挑战。VMware 最初是由一对夫妇等几人创立的，2004 年被 EMC 收购。2016 年，EMC 又被 Dell 收购，所以现在 VMware 是 Dell 旗下的子公司。

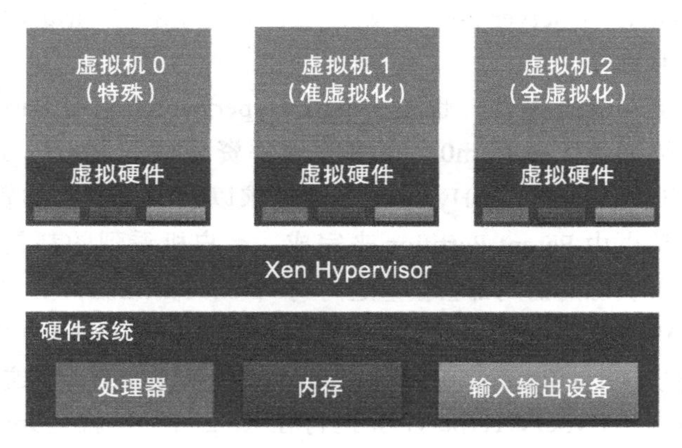

图 1-8　Xen 的架构

VMware 从诞生起就一直专注于虚拟化，其产品线非常全，既有 PaaS 产品，也有 IaaS 产品；既有 Hypervisor，也有应用管理、存储管理等配套软件；既有面向个人用户的桌面级虚拟化产品，也有面向企业的服务器级产品；既有运行于 Linux 平台上的产品，也有 Windows 和 Mac 平台上的产品。本书只选择最著名的两款产品给大家简单介绍下，更多更详细的信息大家可以到它的官网查看。

1. VMware Workstation

VMware Workstation 是 VMware 最早的产品，也是最广为人知的产品，1999 年发布。在刚开始的时候，还没有硬件虚拟化技术，所以它是采用二进制翻译的方式实现虚拟化的。但是由于它的二进制翻译技术独步当时，性能还很出色，尤其跟当时同类产品相比。可以说，是 VMware Workstation 奠定了 VMware 在虚拟化软件行业的地位。VMware Workstation 是桌面级虚拟化产品，运行在 Windows、Linux 和 Mac 操作系统上，是 Type 2 Hypervisor。使用它需要购买 License，但 VMware 同时提供了与 Workstation 功能类似，只是有所删减的 Workstation Player，供大家非商业化地免费使用。

2. VMware ESXi

VMware ESXi 是服务器级的虚拟化软件。与 Workstation 不同，它直接运行在硬件平台上，是 Type1 Hypervisor。在架构上与 Xen 有些相像，是现在 VMware 的拳头产品，大多数大公司的私有云都是用它搭建的。除了 vMotion（即 Live Migration 功能）、HA（High Availability，指软硬件运行的不间断地冗余备份）等业界常见功能外，ESXi 还支持 Cisco

Nexus 1000v ㊀，作为分布式虚拟交换机运行在 ESXi 集群中。

1.4.3 HyperV

与 VMware 一样，HyperV 也是闭源（Close Source，与 Opensource 相对）的商业软件。微软从 Windows 8/Windows Server 2008 开始，用它取代原来的 Virtual PC，成为 Server OS 版本自带的平台虚拟化软件。

HyperV 在架构上与 Xen 类似，也是 Type 1 Hypervisor。它有 Partition 的概念，有一个 Parent Partition，类似于 Xen Dom0，有管理硬件资源的权限；HyperV 的 Child Partion 就类似于普通的客户机 DomU。对 Hypervisor 的请求以及对客户机的管理都要通过 Parent Partition，硬件的驱动也由 Parent Partition 来完成。客户机看到的都是虚拟出来的硬件资源，它们对其虚拟硬件资源的访问都会被重定向到 Parent Partition，由它来完成实际的操作，这种重定向是通过 VMBus 连接 Parent Partition 的 VSP（Virtualization Service Provider）和 child partition 的 VSC（Virtualization Service Consumer）来完成的，而这个过程对客户机 OS 都是透明的。图 1-9 中，HyperV Hypervisor 运行在 Ring -1，也就是 Intel VMX 技术的 root mode（特权模式），而 parent partition 和 child partition 的内核都运行在 non-root mode 的 Ring 0 和 Ring 3，也就是非特权模式的内核态和用户态。这样的架构安全性是比较好的。性能上如 1.3.3 节提到的那样，据微软自己说是略好于 KVM 的。

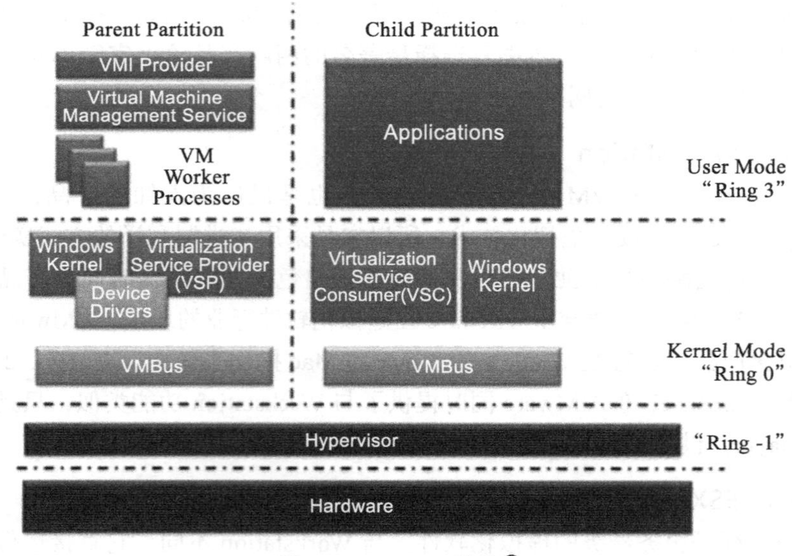

图 1-9 HyperV 架构㊁

㊀ Nexus 1000v 是 Cisco 和 VMWare 合作的产物。https://www.vmware.com/company/news/releases/2008/cisco_vmworld08.html。

㊁ 图片来源：https://en.wikipedia.org/wiki/File:Hyper-V.png。

1.4.4 Container

Container 严格来说与前面提到的虚拟化软件不是一个大类，首先，它不是某个虚拟化软件，而是某类软件的统称，包括 Docker 和 LXC 等；其次，它不是硬件平台级的虚拟化技术，而是软件运行环境的虚拟化，是一种操作系统级的虚拟化技术，与前面提到的不是一个层次的。

Container 技术利用了 Linux kernel 提供的 cgroup、namespace 等机制，将应用之间隔离起来，好像自己是操作系统上的唯一一个应用似的。而 Linux kernel 除了封装出这些应用单独的运行环境以外，还可以控制分配给各个应用的资源配额，比如 CPU 利用率、内存、网络带宽等。

与平台虚拟化技术相比，Container 技术省去了启动和维护整个虚拟客户机的开销（硬件初始化、Kernel boot、init 等），因而它非常轻量级，非常适用于 PaaS 服务模型。但另一方面，由于各个 Contained instance 其实还是共用一个 OS、一个 Kernel，所以安全性比不上平台虚拟化技术。总而言之，Container 和 KVM 等平台虚拟化技术，目前还是各有所长，还处在相互取长补短的过程中。

1.5 本章小结

本章从云计算的基本概念入手，给读者讲解了 SaaS、PaaS、IaaS 这 3 种云服务类型，还讲到了作为云计算底层的虚拟化技术。对于虚拟化技术，着重对 KVM 的基础架构进行了介绍，同时对 Xen、VMware、HyperV 等虚拟化技术以及容器技术也进行了简介。本章目的在于让读者在开始学习 KVM 虚拟化技术之前，对虚拟化技术有一个整体的简明扼要的认识。

Chapter 2 第2章

KVM原理简介

2.1 硬件虚拟化技术

通过第1章的介绍，大家已经知道KVM虚拟化必须依赖于硬件辅助的虚拟化技术，本节就来介绍一下硬件虚拟化技术。

最早的硬件虚拟化技术出现在1972年的大型机IBM System/370系统上，而真正让硬件虚拟化技术“走入寻常百姓家”的是2005年年末Intel发布的VT-x硬件虚拟化技术，以及AMD于2006年发布的AMD-V。本书中除了特别说明，默认以Intel的硬件虚拟化技术作为代表来介绍。

2.1.1 CPU虚拟化

CPU是计算机系统最核心的模块，我们的程序执行到最后都是翻译为机器语言在CPU上执行的。在没有CPU硬件虚拟化技术之前，通常使用指令的二进制翻译（binary translation）来实现虚拟客户机中CPU指令的执行，很早期的VMware就使用这样的方案，其指令执行的翻译比较复杂，效率比较低。所以Intel最早发布的虚拟化技术就是CPU虚拟化方面的，这才为本书的主角——KVM的出现创造了必要的硬件条件。

Intel在处理器级别提供了对虚拟化技术的支持，被称为VMX（virtual-machine extensions）。有两种VMX操作模式：VMX根操作（root operation）与VMX非根操作（non-root operation）。作为虚拟机监控器中的KVM就是运行在根操作模式下，而虚拟机客户机的整个软件栈（包括操作系统和应用程序）则运行在非根操作模式下。进入VMX非根操作模式被称为“VM Entry”；从非根操作模式退出，被称为“VM Exit”。

VMX的根操作模式与非VMX模式下最初的处理器执行模式基本一样，只是它现在支持了新的VMX相关的指令集以及一些对相关控制寄存器的操作。VMX的非根操作模式是一个相对受限的执行环境，为了适应虚拟化而专门做了一定的修改；在客户机中执行的一些特殊的敏感指令或者一些异常会触发“VM Exit”退到虚拟机监控器中，从而运行在VMX根模式。正是这样的限制，让虚拟机监控器保持了对处理器资源的控制。

一个虚拟机监控器软件的最基础的运行生命周期及其与客户机的交互如图2-1所示。

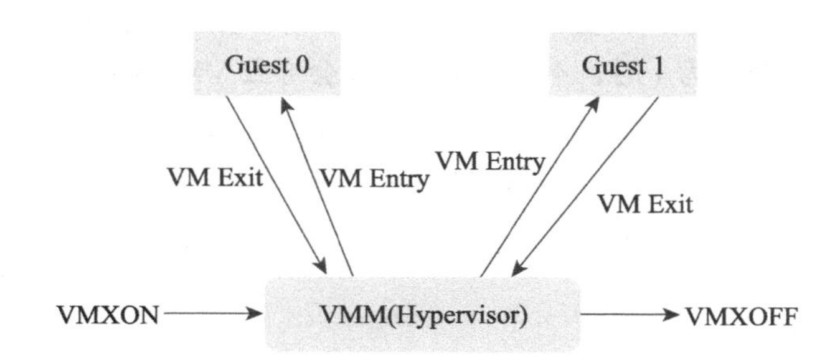

图2-1　VMM与Guest之间的交互

软件通过执行VMXON指令进入VMX操作模式下；在VMX模式下通过VMLAUNCH和VMRESUME指令进入客户机执行模式，即VMX非根模式；当在非根模式下触发VM Exit时，处理器执行控制权再次回到宿主机的虚拟机监控器上；最后虚拟机监控可以执行VMXOFF指令退出VMX执行模式。

逻辑处理器在根模式和非根模式之间的切换通过一个叫作VMCS（virtual-machine control data structure）的数据结构来控制；而VMCS的访问是通过VMCS指针来操作的。VMCS指针是一个指向VMCS结构的64位的地址，使用VMPTRST和VMPTRLD指令对VMCS指针进行读写，使用MREAD、VMWRITE和VMCLEAR等指令对VMCS实现配置。

对于一个逻辑处理器，它可以维护多个VMCS数据结构，但是在任何时刻只有一个VMCS在当前真正生效。多个VMCS之间也是可以相互切换的，VMPTRLD指令就让某个VMCS在当前生效，而其他VMCS就自然成为不是当前生效的。一个虚拟机监控器会为一个虚拟客户机上的每一个逻辑处理器维护一个VMCS数据结构。

根据Intel的官方文档，我们这里列举部分在非根模式下会导致“VM Exit”的敏感指令和一些异常供读者朋友参考，这对于理解KVM的执行机制是必要的，因为KVM也必须按照CPU的硬件规范来实现虚拟化软件逻辑。

1）一定会导致VM Exit的指令：CPUID、GETSEC、INVD、XSETBV等，以及VMX模式引入的INVEPT、INVVPID、VMCALL、VMCLEAR、VMLAUNCH、VMPTRLD、VMPTRST、VMRESUME、VMXOFF、VMXON等。

2）在一定的设置条件下会导致VM Exit的指令[⊖]：CLTS、HLT、IN、OUT、INVLPG、INVPCID、LGDT、LMSW、MONITOR、MOV from CR3、MOV to CR3、MWAIT、

⊖ 并没有完全列举导致VM Exit的所有指令，感兴趣的读者可以进一步阅读Intel软件开发者手册中“VMX NON-ROOT OPERATION”章节中的详细描述。

MWAIT、RDMSR、RWMSR、VMREAD、VMWRITE、RDRAND、RDTSC、XSAVES、XRSTORS等。如在处理器的虚拟机执行控制寄存器中的“HLT exiting”比特位被置为1时，HLT的执行就会导致VM Exit。

3）可能会导致VM Exit的事件：一些异常、三次故障（Triple fault）、外部中断、不可屏蔽中断（NMI）、INIT信号、系统管理中断（SMI）等。如在虚拟机执行控制寄存器中的“NMI exiting”比特位被置为1时，不可屏蔽中断就会导致VM Exit。

最后提一下，由于发生一次VM Exit的代价是比较高的（可能会消耗成百上千个CPU执行周期，而平时很多指令是几个CPU执行周期就能完成），所以对于VM Exit的分析是虚拟化中性能分析和调优的一个关键点。

2.1.2 内存虚拟化

内存虚拟化的目的是给虚拟客户机操作系统提供一个从0地址开始的连续物理内存空间，同时在多个客户机之间实现隔离和调度。在虚拟化环境中，内存地址的访问会主要涉及以下4个基础概念，图2-2形象地展示了虚拟化环境中内存地址。

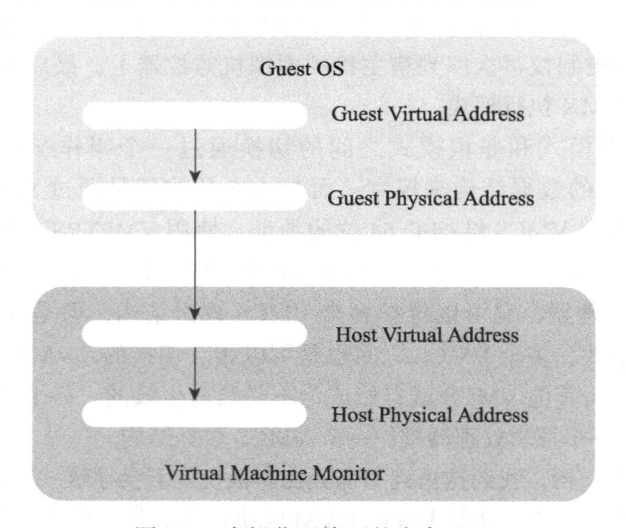

图2-2 虚拟化环境下的内存地址

1）客户机虚拟地址，GVA（Guest Virtual Address）

2）客户机物理地址，GPA（Guest Physical Address）

3）宿主机虚拟地址，HVA（Host Virtual Address）

4）宿主机物理地址，HPA（Host Physical Address）

内存虚拟化就是要将客户机虚拟地址（GVA）转化为最终能够访问的宿主机上的物理地址（HPA）。对于客户机操作系统而言，它不感知内存虚拟化的存在，在程序访问客户机中虚拟地址时，通过CR3寄存器可以将其转化为物理地址，但是在虚拟化环境中这个物理地址只是客户机的物理地址，还不是真实内存硬件上的物理地址。所以，虚拟机监控器就需要维护从客户机虚拟地址到宿主机物理地址之间的一个映射关系，在没有硬件提供的内存虚拟化之前，这个维护映射关系的页表叫作影子页表（Shadow Page Table）。内存的访问和更新通常是非常频繁的，要维护影子页表中对应关系会非常复杂，开销也较大。同时需要为每一个客户机都维护一份影子页表，当客户机数量较多时，其影子页表占用的内存较大也会是一个问题。

Intel CPU 在硬件设计上就引入了 EPT（Extended Page Tables，扩展页表），从而将客户机虚拟地址到宿主机物理地址的转换通过硬件来实现。当然，这个转换是通过两个步骤来实现的，如图 2-3 所示。首先，通过客户机 CR3 寄存器将客户机虚拟地址转化为客户机物理地址，然后通过查询 EPT 来实现客户机物理地址到宿主机物理地址的转化。EPT 的控制权在虚拟机监控器中，只有当 CPU 工作在非根模式时才参与内存地址的转换。使用 EPT 后，客户机在读写 CR3 和执行 INVLPG 指令时不会导致 VM Exit，而且客户页表结构自身导致的页故障也不会导致 VM Exit。所以通过引入硬件上 EPT 的支持，简化了内存虚拟化的实现复杂度，同时也提高了内存地址转换的效率。

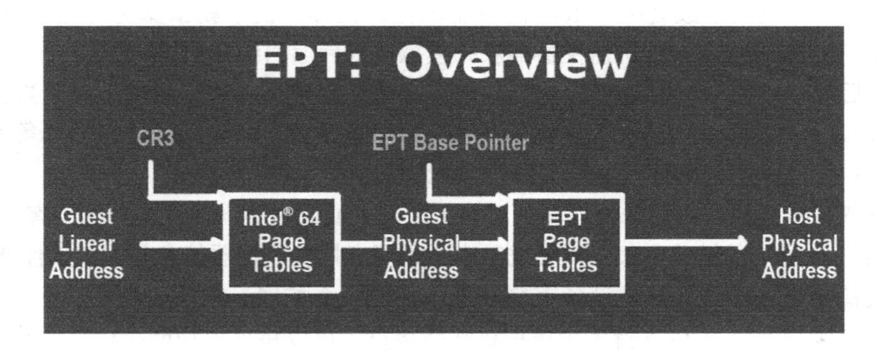

图 2-3　基于 EPT 的内存地址转换

除了 EPT，Intel 在内存虚拟化效率方面还引入了 VPID（Virtual-processor identifier）特性，在硬件级对 TLB 资源管理进行了优化。在没有 VPID 之前，不同客户机的逻辑 CPU 在切换执行时需要刷新 TLB，而 TLB 的刷新会让内存访问的效率下降。VPID 技术通过在硬件上为 TLB 增加一个标志，可以识别不同的虚拟处理器的地址空间，所以系统可以区分虚拟机监控器和不同虚拟机上不同处理器的 TLB，在逻辑 CPU 切换执行时就不会刷新 TLB，而只需要使用对应的 TLB 即可。VPID 的示意图如图 2-4 所示。当 CPU 运行在非根模式下，且虚拟机执行控制寄存器的“enable VPID”比特位被置为 1 时，当前的 VPID 的值是 VMCS 中的 VPID 执行控制域的值，其值是非 0 的。VPID 的值在 3 种情况下为 0，第 1 种是在非虚拟化环境中执行时，第 2 种是在根模式下执行时，第 3 种情况是在非根模式下执行但“enable VPID”控制位被置 0 时。

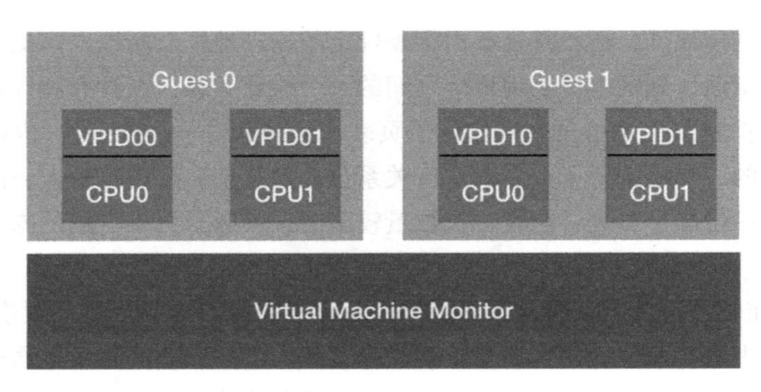

图 2-4 VPID 示意图

2.1.3 I/O 虚拟化

在虚拟化的架构下，虚拟机监控器必须支持来自客户机的 I/O 请求。通常情况下有以下 4 种 I/O 虚拟化方式。

1）设备模拟：在虚拟机监控器中模拟一个传统的 I/O 设备的特性，比如在 QEMU 中模拟一个 Intel 的千兆网卡或者一个 IDE 硬盘驱动器，在客户机中就暴露为对应的硬件设备。客户机中的 I/O 请求都由虚拟机监控器捕获并模拟执行后返回给客户机。

2）前后端驱动接口：在虚拟机监控器与客户机之间定义一种全新的适合于虚拟化环境的交互接口，比如常见的 virtio 协议就是在客户机中暴露为 virtio-net、virtio-blk 等网络和磁盘设备，在 QEMU 中实现相应的 virtio 后端驱动。

3）设备直接分配：将一个物理设备，如一个网卡或硬盘驱动器直接分配给客户机使用，这种情况下 I/O 请求的链路中很少需要或基本不需要虚拟机监控器的参与，所以性能很好。

4）设备共享分配：其实是设备直接分配方式的一个扩展。在这种模式下，一个（具有特定特性的）物理设备可以支持多个虚拟机功能接口，可以将虚拟功能接口独立地分配给不同的客户机使用。如 SR-IOV 就是这种方式的一个标准协议。

表 2-1 展示了这 4 种 I/O 虚拟化方式的优缺点，给读者一个概括性的认识。在这 4 种方式中，前两种都是纯软件的实现，后两种都需要特定硬件特性的支持。

表 2-1 常见 I/O 虚拟化方式的优缺点

	优 点	缺 点
设备模拟	兼容性好，不需额外驱动	1. 性能较差 2. 模拟设备的功能特性支持不够多
前后端接口	性能有所提升	1. 兼容性差一些：依赖客户机中安装特定驱动 2. I/O 压力大时，后端驱动的 CPU 资源占用较高
设备直接分配	性能非常好	1. 需要硬件设备的特性支持 2. 单个设备只能分配一个客户机 3. 很难支持动态迁移
设备共享分配	1. 性能非常好 2. 单个设备可共享	1. 需要设备硬件的特性支持 2. 很难支持动态迁移

设备直接分配在 Intel 平台上就是 VT-d(Virtualization Technology For Directed I/O) 特性，一般在系统 BIOS 中可以看到相关的参数设置。Intel VT-d 为虚拟机监控器提供了几个重要的能力：I/O 设备分配、DMA 重定向、中断重定向、中断投递等。图 2-5 描述了在 VT-d 硬件特性的帮助下实现的设备直接分配的架构，并与最传统的、通过软件模拟设备的 I/O 设备虚拟化进行了对比。

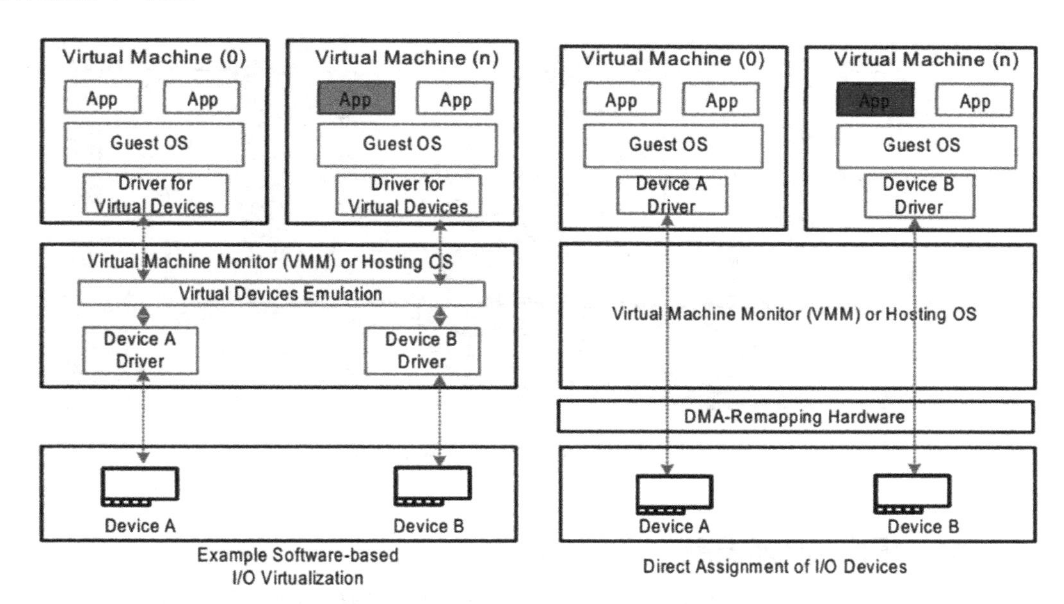

图 2-5 使用 VT-d 与传统设备完全模拟的虚拟化架构对比㊀

尽管 VT-d 特性支持的设备直接分配方式性能可以接近物理设备在非虚拟化环境中的性能极限，但是它有一个缺点：单个设备只能分配给一个客户机，而在虚拟化环境下一个宿主机上往往运行着多个客户机，很难保证每个客户机都能得到一个直接分配的设备。为了克服这个缺点，设备共享分配硬件技术就应运而生，其中 SR-IOV（Single Root I/O Virtualization and Sharing）就是这样的一个标准。实现了 SR-IOV 规范的设备，有一个功能完整的 PCI-e 设备成为物理功能（Physical Function，PF）。在使能了 SR-IOV 之后，PF 就会派生出若干个虚拟功能（Virtual Function，VF）。VF 看起来依然是一个 PCI-e 设备，它拥有最小化的资源配置，有用独立的资源，可以作为独立的设备直接分配给客户机使用。Intel 的很多高级网卡如 82599 系列网卡就支持 SR-IOV 特性，一个 85299 网卡 PF 就即可配置出多达 63 个 VF，基本可满足单个宿主机上的客户机分配使用。当然，SR-IOV 这种特性可以看作 VT-d 的一个特殊例子，所以 SR-IOV 除了设备本身要支持该特性，同时也需要硬件平台打开 VT-d 特性支持。图 2-6 展示了一个 Intel 以太网卡支持 SR-IOV 的硬件基础架构。

㊀ 该图摘自文档 Intel Virtualization Technology for Directed I/O Architecture Specification。

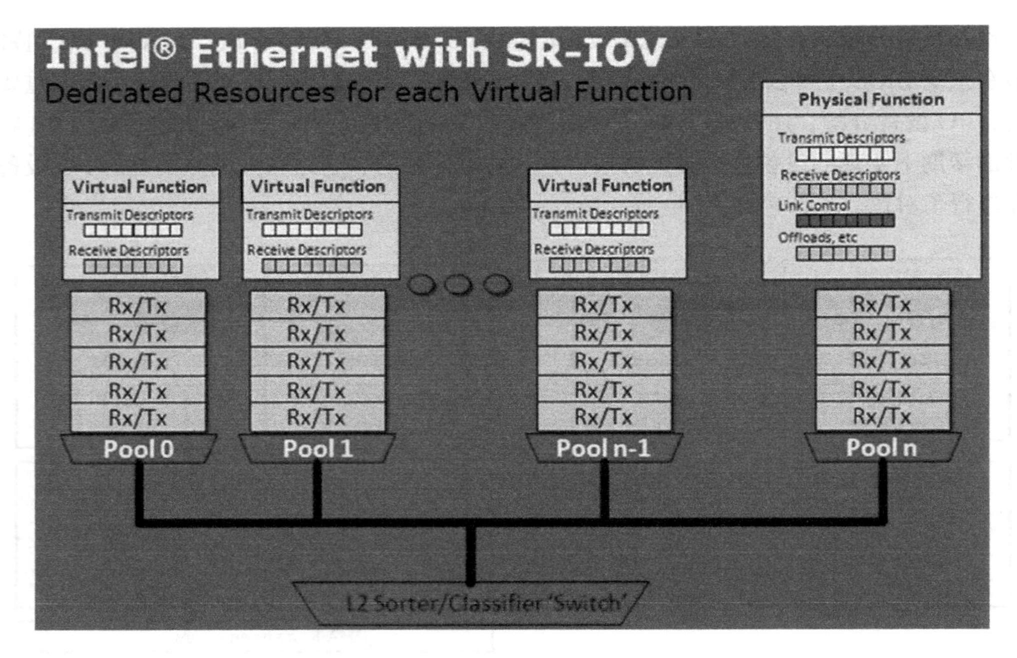

图 2-6 支持 SR-IOV 的 Intel 网卡架构图

2.1.4 Intel 虚拟化技术发展

虚拟化技术从最初的纯软件的虚拟化技术，逐步发展到硬件虚拟化技术的支持，时至今日硬件虚拟化技术已比较成熟。前面 3 小节已经分别就各种硬件虚拟化技术进行了介绍，这里以 Intel 平台为例，再对其做一个小结。

Intel 硬件虚拟化技术大致分为如下 3 个类别（这个顺序也基本上是相应技术出现的时间先后顺序）。

1）VT-x 技术：是指 Intel 处理器中进行的一些虚拟化技术支持，包括 CPU 中引入的最基础的 VMX 技术，使得 KVM 等硬件虚拟化基础的出现成为可能。同时也包括内存虚拟化的硬件支持 EPT、VPID 等技术。

2）VT-d 技术：是指 Intel 的芯片组的虚拟化技术支持，通过 Intel IOMMU 可以实现对设备直接分配的支持。

3）VT-c 技术：是指 Intel 的 I/O 设备相关的虚拟化技术支持，主要包含两个技术：一个是借助虚拟机设备队列（VMDq）最大限度提高 I/O 吞吐率，VMDq 由 Intel 网卡中的专用硬件来完成；另一个是借助虚拟机直接互连（VMDc）大幅提升虚拟化性能，VMDc 主要就是基于 SR-IOV 标准将单个 Intel 网卡产生多个 VF 设备，用来直接分配给客户机。

图 2-7 展示了 Intel 的硬件虚拟化技术的发展线路图，从中我们可以看到从 2005 年开始支持 VT-x 硬件虚拟化，到现在较多的 SR-IOV 等 VT-d 的虚拟化技术，硬件虚拟化技术家族

有了越来越多的成员，技术特性也逐步完善。如何在具体业务的生产环境中充分利用硬件虚拟化技术带来的技术红利，构建高性能、可扩展、易维护的虚拟化环境，可能是大家学习虚拟化的一个主要目标。通过本书，希望大家也能够了解一些实践经验和受到一些启发。

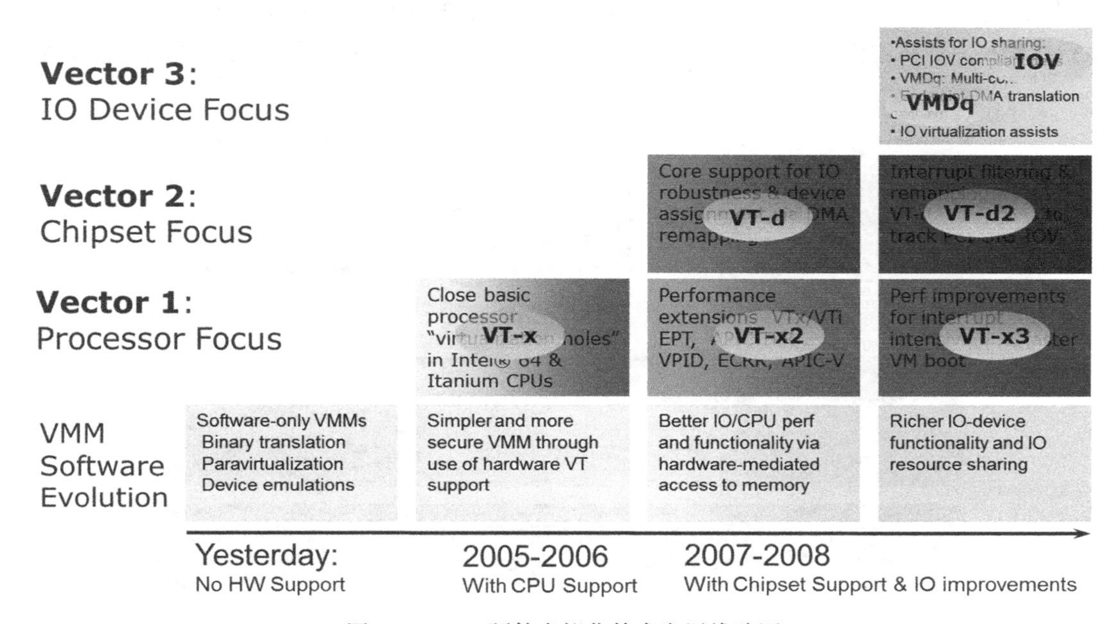

图 2-7　Intel 硬件虚拟化技术发展线路图

2.2　KVM 架构概述

上一节介绍了 CPU、内存、I/O 等硬件虚拟化技术。KVM 就是在硬件辅助虚拟化技术之上构建起来的虚拟机监控器。当然，并非要所有这些硬件虚拟化都支持才能运行 KVM 虚拟化，KVM 对硬件最低的依赖是 CPU 的硬件虚拟化支持，比如：Intel 的 VT 技术和 AMD 的 AMD-V 技术，而其他的内存和 I/O 的硬件虚拟化支持，会让整个 KVM 虚拟化下的性能得到更多的提升。

KVM 虚拟化的核心主要由以下两个模块组成：

1）KVM 内核模块，它属于标准 Linux 内核的一部分，是一个专门提供虚拟化功能的模块，主要负责 CPU 和内存的虚拟化，包括：客户机的创建、虚拟内存的分配、CPU 执行模式的切换、vCPU 寄存器的访问、vCPU 的执行。

2）QEMU 用户态工具，它是一个普通的 Linux 进程，为客户机提供设备模拟的功能，包括模拟 BIOS、PCI/PCIE 总线、磁盘、网卡、显卡、声卡、键盘、鼠标等。同时它通过 ioctl 系统调用与内核态的 KVM 模块进行交互。

KVM是在硬件虚拟化支持下的完全虚拟化技术，所以它能支持在相应硬件上能运行的几乎所有的操作系统，如：Linux、Windows、FreeBSD、MacOS等。KVM的基础架构如图2-8所示。在KVM虚拟化架构下，每个客户机就是一个QEMU进程，在一个宿主机上有多少个虚拟机就会有多少个QEMU进程；客户机中的每一个虚拟CPU对应QEMU进程中的一个执行线程；一个宿主机中只有一个KVM内核模块，所有客户机都与这个内核模块进行交互。

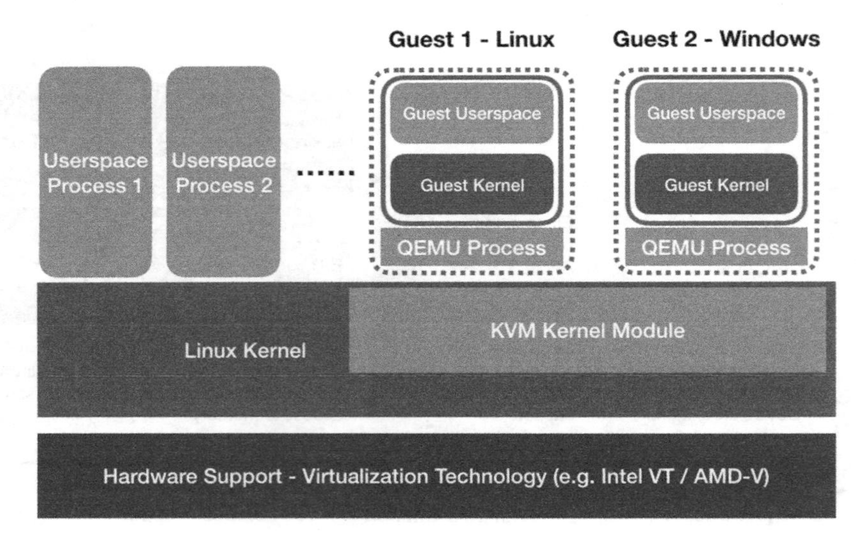

图2-8 KVM虚拟化基础架构

2.3 KVM内核模块

KVM内核模块是标准Linux内核的一部分，由于KVM的存在让Linux本身就变成了一个Hypervisor，可以原生地支持虚拟化功能。目前，KVM支持多种处理器平台，它支持最常见的以Intel和AMD为代表的x86和x86_64平台，也支持PowerPC、S/390、ARM等非x86架构的平台。

KVM模块是KVM虚拟化的核心模块，它在内核中由两部分组成：一个是处理器架构无关的部分，用lsmod命令中可以看到，叫作kvm模块；另一个是处理器架构相关的部分，在Intel平台上就是kvm_intel这个内核模块。KVM的主要功能是初始化CPU硬件，打开虚拟化模式，然后将虚拟客户机运行在虚拟机模式下，并对虚拟客户机的运行提供一定的支持。

KVM仅支持硬件辅助的虚拟化，所以打开并初始化系统硬件以支持虚拟机的运行，是KVM模块的职责所在。以KVM在Intel公司的CPU上运行为例，在被内核加载的时候，KVM模块会先初始化内部的数据结构；做好准备之后，KVM模块检测系统当前的CPU，然后打开CPU控制寄存器CR4中的虚拟化模式开关，并通过执行VMXON指令将宿主操作系统（包括 KVM 模块本身）置于 CPU 执行模式的虚拟化模式中的根模式；最后，KVM 模块创建特殊设备文件 /dev/kvm 并等待来自用户空间的命令。接下来，虚拟机的创建和运行将是一个用户空间的应用程序（QEMU）和 KVM 模块相互配合的过程。

/dev/kvm 这个设备可以被当作一个标准的字符设备，KVM 模块与用户空间 QEMU 的通信接口主要是一系列针对这个特殊设备文件的 loctl 调用。当然，每个虚拟客户机针对 /dev/kvm 文件的最重要的 loctl 调用就是"创建虚拟机"。在这里，"创建虚拟机"可以理解成 KVM 为了某个特定的虚拟客户机（用户空间程序创建并初始化）创建对应的内核数据结构。同时，KVM 还会返回一个文件句柄来代表所创建的虚拟机。针对该文件句柄的 loctl 调用可以对虚拟机做相应的管理，比如创建用户空间虚拟地址和客户机物理地址及真实内存物理地址的映射关系，再比如创建多个可供运行的虚拟处理器（vCPU）。同样，KVM 模块会为每一个创建出来的虚拟处理器生成对应的文件句柄，对虚拟处理器相应的文件句柄进行相应的 loctl 调用，就可以对虚拟处理器进行管理。

针对虚拟处理器的最重要的 loctl 调用就是"执行虚拟处理器"。通过它，用户空间准备好的虚拟机在 KVM 模块的支持下，被置于虚拟化模式中的非根模式下，开始执行二进制指令。在非根模式下，所有敏感的二进制指令都会被处理器捕捉到，处理器在保存现场之后自动切换到根模式，由 KVM 决定如何进一步处理（要么由 KVM 模块直接处理，要么返回用户空间交由用户空间程序处理）。

除了处理器的虚拟化，内存虚拟化也是由 KVM 模块实现的，包括前面提到的使用硬件提供的 EPT 特性，通过两级转换实现客户机虚拟地址到宿主机物理地址之间的转换。

处理器对设备的访问主要是通过 I/O 指令和 MMIO，其中 I/O 指令会被处理器直接截获，MMIO 会通过配置内存虚拟化来捕捉。但是，外设的模拟一般不由 KVM 模块负责。一般来说，只有对性能要求比较高的虚拟设备才会由 KVM 内核模块来直接负责，比如虚拟中断控制器和虚拟时钟，这样可以大量减少处理器模式切换的开销。而大部分的输入输出设备交给下一节将要介绍的用户态程序 QEMU 来负责。

2.4　QEMU 用户态设备模拟

QEMU 原本就是一个著名的开源虚拟机软件项目，而不是 KVM 虚拟化软件的一部分。与 KVM 不同，QEMU 最初实现的虚拟机是一个纯软件的实现，通过二进制翻译来实现虚拟化客户机中的 CPU 指令模拟，所以性能比较低。但是，其优点是跨平台，QEMU 支持在 Linux、Windows、FreeBSD、Solaris、MacOS 等多种操作系统上运行，能支持在 QEMU 本身编译运行的平台上就实现虚拟机的功能，甚至可以支持客户机与宿主机并不是同一个架构（比如在 x86 平台上运行 ARM 客户机）。作为一个存在已久的虚拟机监控器软件，QEMU 的代码中有完整的虚拟机实现，包括处理器虚拟化、内存虚拟化，以及 KVM 也会用到的虚拟设备模拟（比如网卡、显卡、存储控制器和硬盘等）。

除了二进制翻译的方式，QEMU也能与基于硬件虚拟化的Xen、KVM结合，为它们提供客户机的设备模拟。通过与KVM的密切结合，让虚拟化的性能提升得非常高，在真实的企业级虚拟化场景中发挥重要作用，所以我们通常提及KVM虚拟化时就会说“QEMU/KVM”这样的软件栈。

最早期的KVM开发者们为了简化软件架构和代码重用，根据KVM特性在QEMU的基础上进行了修改（当然这部分修改已经合并回QEMU的主干代码，故现在的QEMU已原生支持KVM虚拟化特性）。从图2-8可以看出，每一个虚拟客户机在宿主机中就体现为一个QEMU进程，而客户机的每一个虚拟CPU就是一个QEMU线程。虚拟机运行期间，QEMU会通过KVM模块提供的系统调用进入内核，由KVM模块负责将虚拟机置于处理器的特殊模式下运行。遇到虚拟机进行I/O操作时，KVM模块会从上次的系统调用出口处返回QEMU，由QEMU来负责解析和模拟这些设备。

从QEMU角度来看，也可以说QEMU使用了KVM模块的虚拟化功能，为自己的虚拟机提供硬件虚拟化的加速，从而极大地提高了虚拟机的性能。除此之外，虚拟机的配置和创建，虚拟机运行依赖的虚拟设备，虚拟机运行时的用户操作环境和交互，以及一些针对虚拟机的特殊技术（如：动态迁移），都是由QEMU自己实现的。

QEMU除了提供完全模拟的设备（如：e1000网卡、IDE磁盘等）以外，还支持virtio协议的设备模拟。virtio是一个沟通客户机前端设备与宿主机上设备后端模拟的比较高性能的协议，在前端客户机中需要安装相应的virtio-blk、virtio-scsi、virtio-net等驱动，而QEMU就实现了virtio的虚拟化后端。QEMU还提供了叫作virtio-blk-data-plane的一种高性能的块设备I/O方式，它最初在QEMU 1.4版本中被引入。virtio-blk-data-plane与传统virtio-blk相比，它为每个块设备单独分配一个线程用于I/O处理，data-plane线程不需要与原QEMU执行线程同步和竞争锁，而且它使用ioeventfd/irqfd机制，同时利用宿主机Linux上的AIO（异步I/O）来处理客户机的I/O请求，使得块设备I/O效率进一步提高。

总之，QEMU既是一个功能完整的虚拟机监控器，也在QEMU/KVM的软件栈中承担设备模拟的工作。

2.5 与QEMU/KVM结合的组件

在KVM虚拟化的软件栈中，毋庸置疑的是KVM内核模块与QEMU用户态程序是处于最核心的位置，有了它们就可通过qemu命令行操作实现完整的虚拟机功能，本书中多数的实践范例正是通过qemu命令行来演示的。然而，在实际的云计算的虚拟化场景中，为了更高的性能或者管理的方便性，还有很多的软件可以作为KVM虚拟化实施中的组件，这里简单介绍其中的几个。

1. vhost-net

vhost-net是Linux内核中的一个模块，它用于替代QEMU中的virtio-net用户态的virtio

网络的后端实现。使用vhost-net时，还支持网卡的多队列，整体来说会让网络性能得到较大提高。在6.1.6节中对vhost-net有更多的介绍。

2. Open vSwitch

Open vSwitch是一个高质量的、多层虚拟交换机，使用开源Apache2.0许可协议，主要用可移植性强的C语言编写的。它的目的是让大规模网络自动化可以通过编程扩展，同时仍然支持标准的管理接口和协议（例如NetFlow、sFlow、SPAN、RSPAN、CLI、LACP、802.1ag）。同时也提供了对OpenFlow协议的支持，用户可以使用任何支持OpenFlow协议的控制器对OVS进行远程管理控制。Open vSwitch被设计为支持跨越多个物理服务器的分布式环境，类似于VMware的vNetwork分布式vswitch或Cisco Nexus 1000 V。Open vSwitch支持多种虚拟化技术，包括Xen/XenServer、KVM和VirtualBox。在KVM虚拟化中，要实现软件定义网络（SDN），那么Open vSwitch是一个非常好的开源选择。

3. DPDK

DPDK全称是Data Plane Development Kit，最初是由Intel公司维护的数据平面开发工具集，为Intel x86处理器架构下用户空间高效的数据包处理提供库函数和驱动的支持，现在也是一个完全独立的开源项目，它还支持POWER和ARM处理器架构。不同于Linux系统以通用性设计为目的，它专注于网络应用中数据包的高性能处理。具体体现在DPDK应用程序是运行在用户空间上，利用自身提供的数据平面库来收发数据包，绕过了Linux内核协议栈对数据包处理过程。其优点是：性能高、用户态开发、出故障后易恢复。在KVM架构中，为了达到非常高的网络处理能力（特别是小包处理能力），可以选择DPDK与QEMU中的vhost-user结合起来使用。

4. SPDK

SPDK全称是Storage Performance Development Kit，它可为编写高性能、可扩展的、用户模式的存储程序提供一系列工具及开发库。它与DPDK非常类似，其主要特点是：将驱动放到用户态从而实现零拷贝、用轮询模式替代传统的中断模式、在所有的I/O链路上实现无锁设计，这些设计会使其性能比较高。在KVM中需要非常高的存储I/O性能时，可以将QEMU与SPDK结合使用。

5. Ceph

Ceph是Linux上一个著名的分布式存储系统，能够在维护POSIX兼容性的同时加入复制和容错功能。Ceph由储存管理器（Object storage cluster对象存储集群，即OSD守护进程）、集群监视器（Ceph Monitor）和元数据服务器（Metadata server cluster，MDS）构成。其中，元数据服务器MDS仅仅在客户端通过文件系统方式使用Ceph时才需要。当客户端通过块设备或对象存储使用Ceph时，可以没有MDS。Ceph支持3种调用接口：对象存储，块存储，文件系统挂载。在libvirt和QEMU中都有Ceph的接口，所以Ceph与KVM虚拟化集成是非常容易的。在OpenStack的云平台解决方案中，Ceph是一个非常常用的存储后端。

6. libguestfs

libguestfs 是用于访问和修改虚拟机的磁盘镜像的一组工具集合。libguestfs 提供了访问和编辑客户机中的文件、脚本化修改客户机中的信息、监控磁盘使用和空闲的统计信息、P2V、V2V、创建客户机、克隆客户机、备份磁盘内容、格式化磁盘、调整磁盘大小等非常丰富的功能。libguestfs 还提供了共享库，可以在 C/C++、Python 等编程语言中对其进行调用。libguestfs 不需要启动 KVM 客户机就可以对磁盘镜像进行管理，功能强大且非常灵活，是管理 KVM 磁盘镜像的首选工具。

2.6 KVM 上层管理工具

一个成熟的虚拟化解决方案离不开良好的管理和运维工具，部署、运维、管理的复杂度与灵活性是企业实施虚拟化时重点考虑的问题。KVM 目前已经有从 libvirt API、virsh 命令行工具到 OpenStack 云管理平台等一整套管理工具，尽管与老牌虚拟化巨头 VMware 提供的商业化虚拟化管理工具相比在功能和易用性上有所差距，但 KVM 这一整套管理工具都是 API 化的、开源的，在使用的灵活性以及对其做二次开发的定制化方面仍有一定优势。根据笔者的实践经验，本节给大家概括性地介绍 KVM 软件栈中常见的几个管理运维工具，在第 4 章将会详细介绍相关内容。

1. libvirt

libvirt 是使用最广泛的对 KVM 虚拟化进行管理的工具和应用程序接口，已经是事实上的虚拟化接口标准，本节后部分介绍的其他工具都是基于 libvirt 的 API 来实现的。作为通用的虚拟化 API，libvirt 不但能管理 KVM，还能管理 VMware、Hyper-V、Xen、VirtualBox 等其他虚拟化方案。

2. virsh

virsh 是一个常用的管理 KVM 虚拟化的命令行工具，对于系统管理员在单个宿主机上进行运维操作，virsh 命令行可能是最佳选择。virsh 是用 C 语言编写的一个使用 libvirt API 的虚拟化管理工具，其源代码也是在 libvirt 这个开源项目中的。

3. virt-manager

virt-manager 是专门针对虚拟机的图形化管理软件，底层与虚拟化交互的部分仍然是调用 libvirt API 来操作的。virt-manager 除了提供虚拟机生命周期（包括：创建、启动、停止、打快照、动态迁移等）管理的基本功能，还提供性能和资源使用率的监控，同时内置了 VNC 和 SPICE 客户端，方便图形化连接到虚拟客户机中。virt-manager 在 RHEL、CentOS、Fedora 等操作系统上是非常流行的虚拟化管理软件，在管理的机器数量规模较小时，virt-manager 是很好的选择。因其图形化操作的易用性，成为新手入门学习虚拟化操作的首选管理软件。

4. OpenStack

OpenStack 是一个开源的基础架构即服务（IaaS）云计算管理平台，可用于构建共有云和私有云服务的基础设施。OpenStack 是目前业界使用最广泛的功能最强大的云管理平台，它不仅提供了管理虚拟机的丰富功能，还有非常多其他重要管理功能，如：对象存储、块存储、网络、镜像、身份验证、编排服务、控制面板等。OpenStack 仍然使用 libvirt API 来完成对底层虚拟化的管理。

2.7 本章小结

本节主要介绍了 KVM 虚拟化的基本原理，从硬件到软件、从底层到上层都做了一些介绍，包括：硬件虚拟化技术简介、KVM 软件架构概况、KVM 内核模块、QEMU 用户态设备模拟、与 KVM 结合的 vhost-net 等组件、KVM 的管理工具等。由于 KVM 是基于硬件辅助的虚拟化软件，故在 2.1 节又分别介绍了 CPU 虚拟化、内存虚拟化、I/O 虚拟化以及 Intel 的虚拟化技术发展情况，以帮助读者理解虚拟化原理。同时，通过对 QEMU/KVM 相结合的组件和 KVM 上层管理工具的介绍，让读者在实施 KVM 虚拟化之前有概括性的认识，对于提高虚拟化的性能和提供工程实施效率都会有所帮助。

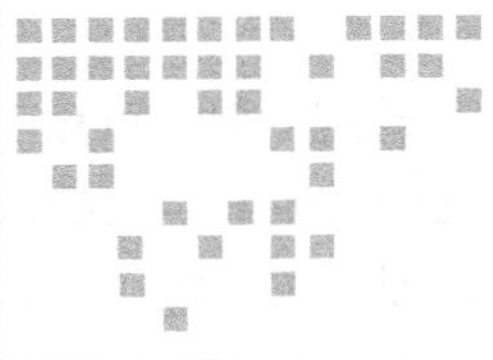

Chapter 3 第3章

构建KVM环境

通过第2章了解KVM的基本原理之后，你是否迫不及待地想实践一下如何使用KVM来构建自己的虚拟化环境呢？

本章将介绍如何通过整套的流程与方法来构建KVM环境，其中包括：硬件系统的配置、宿主机（Host）操作系统的安装、KVM的编译与安装、QEMU的编译与安装、客户机（Guest）的安装，直到最后启动你的第一个KVM客户机。

3.1 硬件系统的配置

我们知道，KVM从诞生伊始就需要硬件虚拟化扩展的支持，所以这里需要特别讲解一下硬件系统的配置。

KVM最初始的开发是基于x86和x86-64处理器架构上的Linux系统进行的，目前，KVM被移植到多种不同处理器架构之上，包括AIM联盟（Apple–IBM–Motorola）的PowerPC架构、IBM的S/390架构、ARM架构（2012年开始[1]）等。其中，在x86-64上面的功能支持是最完善的（主要原因是Intel/AMD的x86-64架构在桌面和服务器市场上的主导地位及其架构的开放性，以及它的开发者众多），本书也采用基于Intel x86-64架构的处理器作为基本的硬件环境[2]。

在x86-64架构的处理器中，KVM需要的硬件虚拟化扩展分别为Intel的虚拟化技术（Intel VT）和AMD的AMD-V技术。其中，Intel在2005年11月发布的奔腾四处理器（型号：

[1] KVM在ARM处理器上的第一次正式实现，可以参考链接http://comments.gmane.org/gmane.comp.emulators.kvm.devel/87136中主题为[PATCH v6 00/12] KVM/ARM Implementation的邮件。

[2] 在本书中，若无特别注明，所有理论和实验都是基于Intel x86-64处理器的。

662 和 672）中第一次正式支持 VT 技术（Virtualization Technology），之后不久的 2006 年 5 月 AMD 也发布了支持 AMD-V 的处理器。现在比较流行的针对服务器和桌面的 Intel 处理器多数都是支持 VT 技术的，本节着重讲述与英特尔的 VT 技术相关的硬件设置。

首先处理器（CPU）要在硬件上支持 VT 技术，还要在 BIOS 中将其功能打开，KVM 才能使用到。目前，多数流行的服务器和部分桌面处理器的 BIOS 都默认将 VT 打开了。

在 BIOS 中，VT 的选项通过“Advanced → Processor Configuration”来查看和设置，它的标识通常为“Intel(R) Virtualization Technology”或“Intel VT”等类似的文字说明。

除了支持必需的处理器虚拟化扩展以外，如果服务器芯片还支持 VT-d（Virtualization Technology for Directed I/O），建议在 BIOS 中将其打开，因为后面一些相对高级的设备的直接分配功能会需要硬件 VT-d 技术的支持。VT-d 是对设备 I/O 的虚拟化硬件支持，在 BIOS 中的位置可能为“Advanced → Processor Configuration”或“Advanced → System Agent (SA) Configuration”，它在 BIOS 中的标志一般为“Intel(R) VT for Directed I/O”或“Intel VT-d”。

下面以一台 Intel Haswell-UP 平台的服务器为例，来说明在 BIOS 中的设置。

1）BIOS 中的 Advanced 选项，如图 3-1 所示。

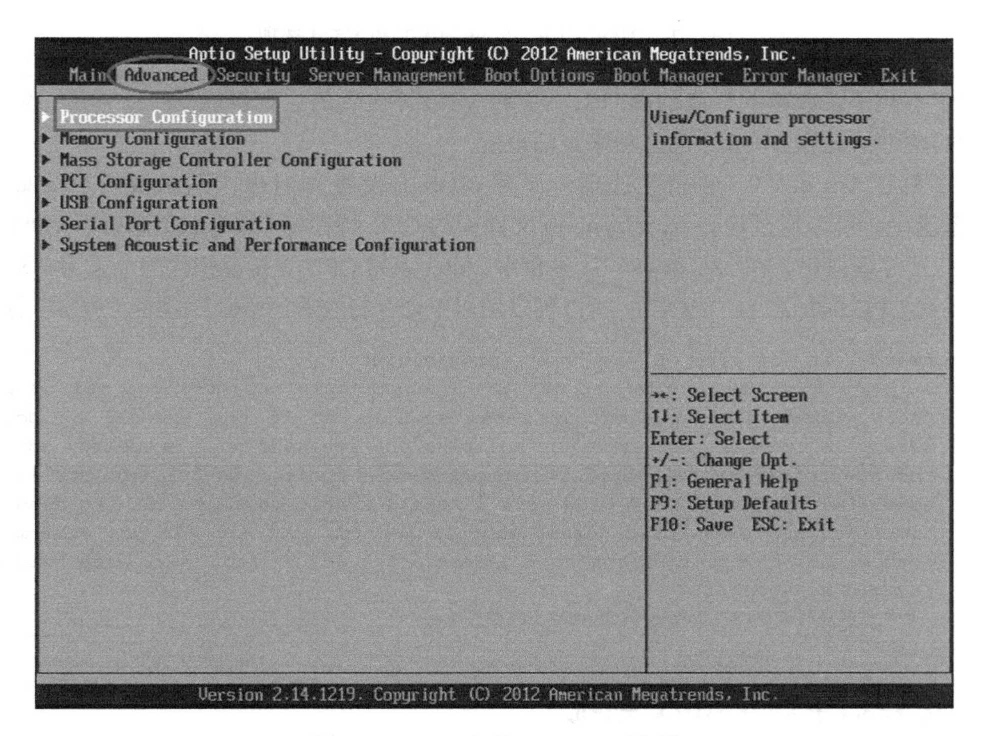

图 3-1 BIOS 中的 Advanced 选项

2）BIOS 中 Enabled 的 VT 和 VT-d 选项，如图 3-2 所示。

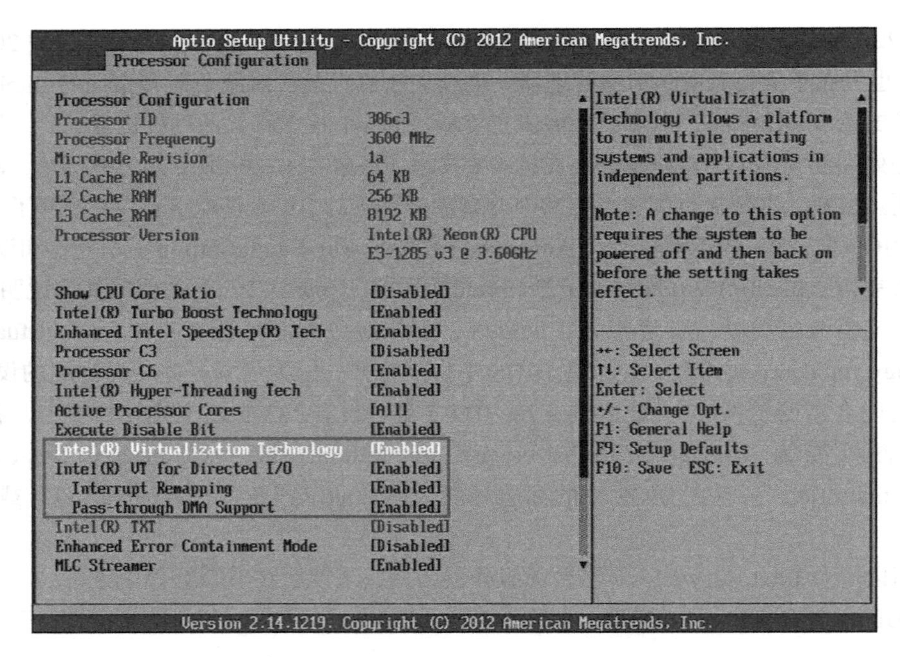

图 3-2 BIOS 中 Enabled 的 VT 和 VT-d 选项

对于不同平台或不同厂商的 BIOS，VT 和 VT-d 等设置的位置可能是不一样的，需要根据实际的硬件情况和 BIOS 中的选项来灵活设置。

设置好了 VT 和 VT-d 的相关选项，保存 BIOS 的设置并退出，系统重启后生效。在 Linux 系统中，可以通过检查 /proc/cpuinfo 文件中的 CPU 特性标志（flags）来查看 CPU 目前是否支持硬件虚拟化。在 x86 和 x86-64 平台中，Intel 系列 CPU 支持虚拟化的标志为“vmx”，AMD 系列 CPU 的标志为“svm”。所以可以用以下命令行查看“vmx”或者“svm”标志：

```
[root@kvm-host ~]# grep -E "svm|vmx" /proc/cpuinfo
flags      : fpu vme de pse tsc msr pae mce cx8 apic sep mtrr pge mca cmov pat
    pse36 clflush dts acpi mmx fxsr sse sse2 ss ht tm pbe syscall nx pdpe1gb
    rdtscp lm constant_tsc arch_perfmon pebs bts rep_good nopl xtopology nonstop_
    tsc aperfmperf eagerfpu pni pclmulqdq dtes64 monitor ds_cpl vmx smx est tm2
    ssse3 fma cx16 xtpr pdcm pcid sse4_1 sse4_2 x2apic movbe popcnt tsc_deadline_
    timer aes xsave avx f16c rdrand lahf_lm abm ida arat epb pln pts dtherm tpr_
    shadow vnmi flexpriority ept vpid fsgsbase tsc_adjust bmi1 avx2 smep bmi2 erms
    invpcid xsaveopt
<!-- 此处省略多行其余CPU或core的flags输出信息 -->
```

3.2 安装宿主机 Linux 系统

KVM 是基于内核的虚拟化技术的，要运行 KVM 虚拟化环境，安装一个 Linux 操作系统的宿主机（Host）是必需的。由于 Redhat 公司是目前对 KVM 项目投入最多的企业之一，从RHEL 6（RedHat Enterprise Linux 6）开始，其系统自带的虚拟化方案就采用了KVM；而从RHEL 7开始，更是只支持KVM的虚拟化。而且RHEL也是最流行的企业级Linux发行版之一，所以本节选用RHEL来讲解Linux系统的安装步骤和过程，并且本章后面的编译和运行都是在这个系统上进行的。

当然，KVM作为流行的开源虚拟机之一，可以在绝大多数流行的Linux系统上编译和运行，所以依然可以选择RHEL之外的其他Linux发行版，如CentOS、Fedora、Ubuntu、Debian、OpenSuse等系统都是不错的选择。

本节内容基于目前最新的RHEL版本——RHEL 7.3 Server版的系统来简单介绍[⊖]，普通Linux安装的基本过程不再详细描述，这里主要说明安装过程中一些值得注意的地方。

在选择哪些安装包（SOFTWARE SELECTION）时（图3-3），点进去选择“Server with GUI”[⊜]，而不是默认的“Minimal Install”，如图3-4所示。

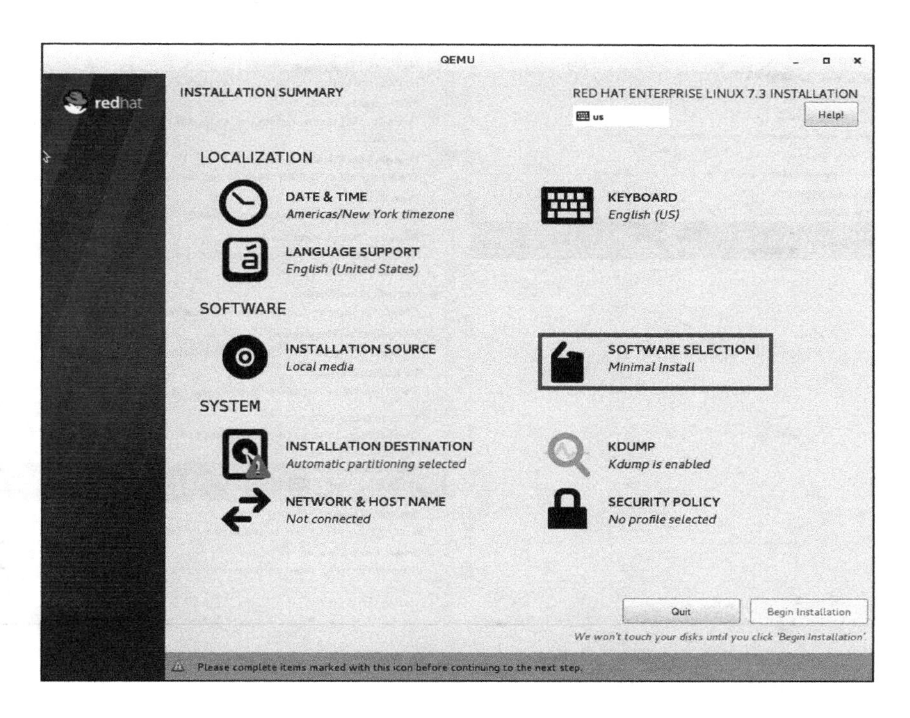

图3-3 在RHEL 7.3安装过程中的安装包的选择

⊖ 一些安装步骤可参考Redhat的英文文档：https://access.redhat.com/documentation/en-US/Red_Hat_Enterprise_Linux/7/html/Installation_Guide/index.html。

⊜ 这里不选择“Virtualization Host”是因为后面会自己编译安装QEMU。当然选择“Virtualization Host”并在后面加装GUI软件包也没有关系。自己编译安装的QEMU等工具会覆盖系统自带的。但无论选择哪种，都要再选上“Development Tools”额外环境包，这是我们后面编译所需要的。

在选择了“Server with GUI”之后，右侧还有可以额外增加的组件供选择（见图 3-4），我们需要选上“Development Tools”，因为在本书的 KVM 编译过程中以及其他实验中可能会用到，其中包括一些比较重要的软件包，比如：gcc、git、make 等（一般被默认选中）。可以看到还有“Virtualization Hypervisor”“Virtualization Tools”，这里可以暂时不选它们（选上也没有关系），因为在本章中会自己编译 KVM 和 QEMU，而在附录 A 介绍发行版中的 KVM 时，我们会安装 Virtualization Host 环境，并使用发行版中自带的 KVM Virtualization 功能。

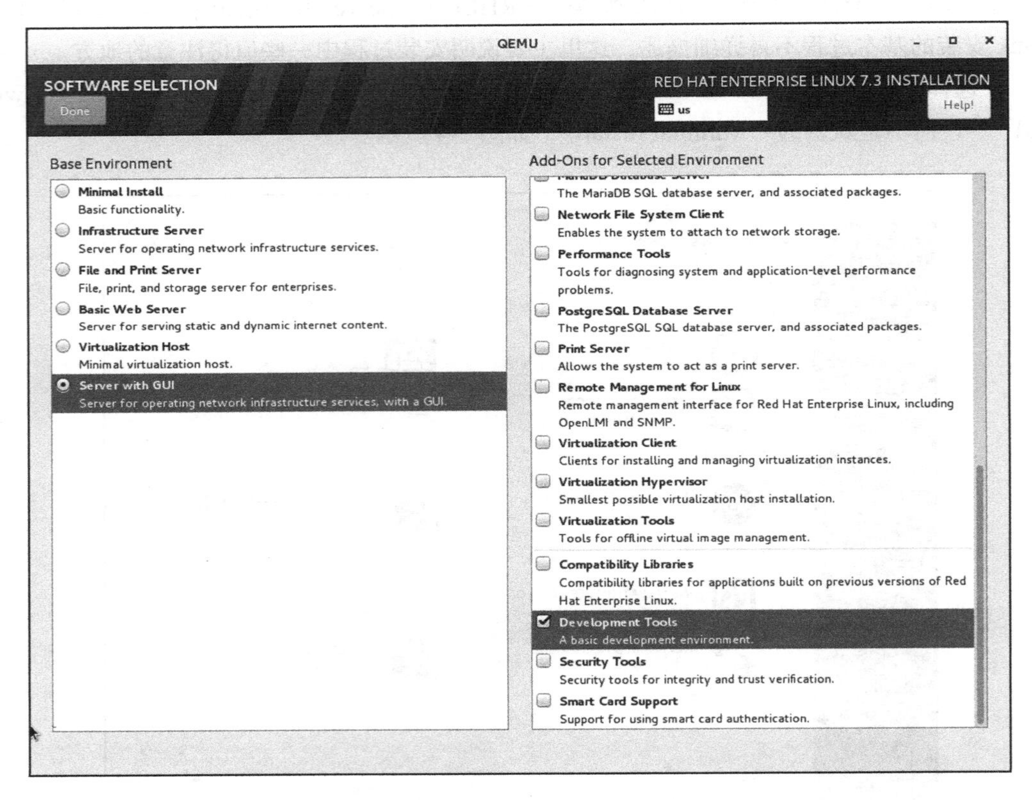

图 3-4　Base Environment 选择 Server with GUI

然后，单击“Done”按钮并继续进行后面的安装流程。可以安装相应的软件包，安装过程的一个快照如图 3-5 所示。

在安装完所有软件包后，系统会提示安装完成需要重启系统，重启后即可进入 RHEL 7.3 系统中。至此，Linux 系统就安装完毕了，这就是在本书中作为宿主机（Host）的操作系统，后面的编译和实验都是在这个宿主机上进行的（当然，我们会使用本章讲述的自己编译的 kernel 和 QEMU 来进行实验）。

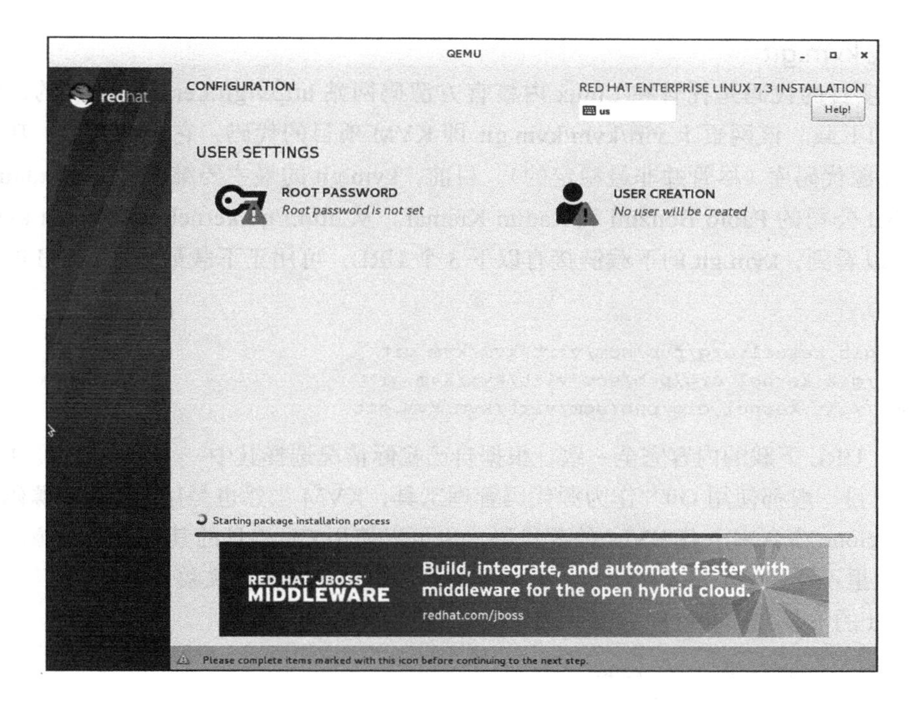

图3-5 RHEL 7.3安装过程快照

3.3 编译和安装KVM

3.3.1 下载KVM源代码

KVM作为Linux kernel中的一个module而存在，是从Linux 2.6.20版本开始被完全正式加入内核的主干开发和正式发布代码中。所以，只需要下载2.6.20版本，Linux kernel代码即可编译和使用KVM。当然，如果是为了学习KVM，推荐使用最新正式发布或者开发中的kernel版本，如果是实际部署到生产环境中，还需要自己选择适合的稳定版本进行详尽的功能和性能测试。如果你想使用最新的处于开发中的KVM代码，需要自己下载KVM的代码仓库，本节就是以此为例来讲解的。

总的来说，下载最新KVM源代码，主要有以下3种方式：

1）下载KVM项目开发中的代码仓库kvm.git。

2）下载Linux内核的代码仓库linux.git。

3）打包下载Linux内核的源代码（Tarball ⊖格式）。

⊖ Tarball是UNIX/Linux世界中的一个术语，用于指代tar档案（通过tar命令打包归档后的文件，如常见的.tar、.tar.gz、.tar.bz2结尾的档案文件）。

1. 下载 kvm.git

KVM项目的代码是托管在Linux内核官方源码网站http://git.kernel.org上的，可以到上面查看和下载。该网页上virt/kvm/kvm.git即KVM项目的代码，它是最新的、功能最丰富的KVM源代码库（尽管并非最稳定的）。目前，kvm.git的最主要维护者（maintainer）是来自Redhat公司的Paolo Bonzini和Radim Krčmář。从http://git.kernel.org/?p=virt/kvm/kvm.git网页可以看到，kvm.git的下载链接有以下3个URL，可用于下载最新的KVM的开发代码仓库。

```
git://git.kernel.org/pub/scm/virt/kvm/kvm.git
http://git.kernel.org/pub/scm/virt/kvm/kvm.git
https://git.kernel.org/pub/scm/virt/kvm/kvm.git
```

这3个URL下载的内容完全一致，根据自己实际情况选择其中一个下载即可。Linux内核相关的项目一般都使用Git[1]作为源代码管理工具，KVM当然也是用Git管理源码的。可以使用git clone命令来下载KVM的源代码，也可以使用Git工具的其他命令对源码进行各种管理。这里不详述Git的各种命令，有兴趣的读者可以参考其他文稿。

kvm.git的下载方式和过程为以下命令行所示：

```
[root@kvm-host ~]# git clone
git://git.kernel.org/pub/scm/virt/kvm/kvm.git
Cloning into 'kvm'...
remote: Counting objects: 5017872, done.
remote: Compressing objects: 100% (938249/938249), done.
Receiving objects: 100% (5017872/5017872), 1006.69 MiB | 60.72 MiB/s, done.
remote: Total 5017872 (delta 4229078), reused 4826094 (delta 4038351)
Resolving deltas: 100% (4229078/4229078), done.
Checking out files: 100% (55914/55914), done.
[root@kvm-host ~]# cd kvm/
[root@kvm-host kvm]# pwd
/root/kvm
```

2. 下载 linux.git

Linux内核的官方网站为http://kernel.org，其中源代码管理网站为http://git.kernel.org，可以在那里找到最新的linux.git代码。在源码管理网站上，我们看到有多个linux.git，我们选择Linus Torvalds[2]的源码库（也即是Linux内核的主干）。在内核源码的网页http://git.kernel.org/?p=linux/kernel/git/torvalds/linux.git中可以看到，其源码仓库也有以下3个链接可用：

---

[1] Git是一个高效、快速的分布式的版本控制工具和源代码管理工具，最初是Linus Torvalds为Linux内核开发而设计和开发的工具，是Linux中最广泛使用的SCM工具。另外，一个基于Git的非常著名的源码托管网站https://github.com也值得推荐一下。

[2] Linus Torvalds，就是那个著名的Linux创始人，从芬兰移民到美国，是著名的软件工程师和黑客。1991年，在芬兰赫尔辛基大学读书的Linus发布了后来最流行的开源操作系统内核Linux的第一个版本。

```
git://git.kernel.org/pub/scm/linux/kernel/git/torvalds/linux.git
http://git.kernel.org/pub/scm/linux/kernel/git/torvalds/linux.git
https://git.kernel.org/pub/scm/linux/kernel/git/torvalds/linux.git
```

这3个URL中源码内容是完全相同的，可以使用git clone命令复制到本地，其具体操作方式与前一种（kvm.git）的下载方式完全一样。

3. 下载Linux的Tarball

在Linux官方网站（http://kernel.org）上，也提供Linux内核的Tarball文件下载。除了在其首页上单击一些Tarball之外，也可以到以下网址下载Linux内核的各个版本的Tarball：

- ftp://ftp.kernel.org/pub/linux/kernel。
- http://www.kernel.org/pub/linux/kernel。

kernel.org还提供一种rsync的方式下载，此处不详细叙述，请参见其官网首页的提示。

以用wget下载linux-4.8.1.tar.xz为例，命令行代码如下：

```
[root@kvm-host ~]# wget
https://cdn.kernel.org/pub/linux/kernel/v4.x/linux-4.8.1.tar.xz
<!-此处省略输出->
```

4. 通过kernel.org的镜像站点下载

由于Linux的源代码量比较大，如果只有美国一个站点可供下载，那么速度会较慢，服务器压力也较大。所以，kernel.org在世界上多个国家和地区都有一些镜像站点，而且一些Linux开源社区的爱好者们也自发建立了不少kernel.org的镜像，在中国的镜像站点中，推荐大家从以下两个镜像站点下载Linux相关的代码及其他源码，访问速度比较快。

- 清华大学开源镜像站：http://mirror.tuna.tsinghua.edu.cn，其中的链接地址https://mirror.tuna.tsinghua.edu.cn/kernel与http://www.kernel.org/pub/linux/kernel是同步的，用起来比较方便。
- 北京交通大学的一个开源镜像站：http://mirror.bjtu.edu.cn/kernel/linux/kernel。

还有以下两个镜像站推荐给大家：

- 网易开源镜像站，http://mirrors.163.com。
- 搜狐开源镜像站，http://mirrors.sohu.com。

3.3.2 配置KVM

上面3种方式下载的源代码都可以同样地进行配置和编译，本章以开发中的最新源代码仓库kvm.git来讲解KVM的配置和编译等。KVM是作为Linux内核中的一个module而存在的，而kvm.git是一个包含了最新的KVM模块开发中代码的完整的Linux内核源码仓库。它的配置方式与普通的Linux内核配置完全一样，只是需要注意将KVM相关的配置选择为编译进内核或者编译为模块。

在kvm.git（Linux kernel）代码目录下，运行“make help”命令可以得到一些关于如何配置和编译kernel的帮助手册。命令行如下：

```
[root@kvm-host kvm]# make help
Cleaning targets:
    clean           - Remove most generated files but keep the config and enough
                      build support to build external modules
    mrproper        - Remove all generated files + config + various backup files
    distclean       - mrproper + remove editor backup and patch files

Configuration targets:
    config          - Update current config utilising a line-oriented program
    nconfig         - Update current config utilising a ncurses menu based program
    menuconfig      - Update current config utilising a menu based program
    xconfig         - Update current config utilising a Qt based front-end
    gconfig         - Update current config utilising a GTK+ based front-end
    oldconfig       - Update current config utilising a provided .config as base
    localmodconfig  - Update current config disabling modules not loaded
    localyesconfig  - Update current config converting local mods to core
    silentoldconfig - Same as oldconfig, but quietly, additionally update deps
    defconfig       - New config with default from ARCH supplied defconfig
    savedefconfig   - Save current config as ./defconfig (minimal config)
    allnoconfig     - New config where all options are answered with no
    allyesconfig    - New config where all options are accepted with yes
    allmodconfig    - New config selecting modules when possible
    alldefconfig    - New config with all symbols set to default
    randconfig      - New config with random answer to all options
    listnewconfig   - List new options
    olddefconfig    - Same as silentoldconfig but sets new symbols to their default
                      value
    kvmconfig       - Enable additional options for kvm guest kernel support
    xenconfig       - Enable additional options for xen dom0 and guest kernel support
    tinyconfig      - Configure the tiniest possible kernel
<!- 此处省略数十行帮助信息 ->
```

对KVM或Linux内核配置时常用的一些配置命令解释如下。

1）make config：基于文本的最为传统也是最为枯燥的一种配置方式，但是它可以适用于任何情况之下。这种方式会为每一个内核支持的特性向用户提问，如果用户回答“y”，则把特性编译进内核；回答“m”，则把特性作为模块进行编译；回答“n”，则表示不对该特性提供支持；输入“?”则显示该选项的帮助信息。在了解之后再决定处理该选项的方式。在回答每个问题前必须考虑清楚，如果在配置过程中因为失误而给了错误的回答，就只能按“Ctrl+c”组合键强行退出然后重新配置了。

2）make oldconfig：make oldconfig和make config类似，但是它的作用是在现有的内核

设置文件基础上建立一个新的设置文件，只会向用户提供有关新内核特性的问题。在新内核升级的过程中，make oldconfig 非常有用，用户将现有的配置文件 .config 复制到新内核的源码中，执行 make oldconfig，此时，用户只需要回答那些针对新增特性的问题。

3）make silentoldconfig：和上面 make oldconfig 一样，只是额外悄悄地更新选项的依赖关系。

4）make olddefconfig：和上面 make silentoldconfig 一样，但不需要手动交互，而是对新选项以其默认值配置。

5）make menuconfig：基于终端的一种配置方式，提供了文本模式的图形用户界面，用户可以通过移动光标来浏览所支持的各种特性。使用这种配置方式时，系统中必须安装 ncurses 库，否则会显示“Unable to find the ncurses libraries”的错误提示。其中“Y”“N”“M”“?”输入键的选择功能与前面 make config 中介绍的一致。

6）make xconfig：基于 X Window 的一种配置方式，提供了漂亮的配置窗口，不过只能在 X Server 上运行 X 桌面应用程序时使用。它依赖于 QT，如果系统中没有安装 QT 库，则会出现“Unable to find any QT installation”的错误提示。

7）make gconfig：与 make xconfig 类似，不同的是 make gconfig 依赖于 GTK 库。

8）make defconfig：按照内核代码中提供的默认配置文件对内核进行配置（在 Intel x86-64 平台上，默认配置为 arch/x86/configs/x86_64_defconfig），生成 .config 文件可以用作初始化配置，然后再使用 make menuconfig 进行定制化配置。

9）make allyesconfig：尽可能多地使用“y”输入设置内核选项值，生成的配置中包含了全部的内核特性。

10）make allnoconfig：除必需的选项外，其他选项一律不选（常用于嵌入式 Linux 系统的编译）。

11）make allmodconfig：尽可能多地使用“m”输入设置内核选项值来生成配置文件。

12）make localmodconfig：会执行 lsmod 命令查看当前系统中加载了哪些模块（Modules），并最终将原来的 .config 中不需要的模块去掉，仅保留前面 lsmod 命令查出来的那些模块，从而简化了内核的配置过程。这样做确实方便了很多，但是也有个缺点：该方法仅能使编译出的内核支持当前内核已经加载的模块。因为该方法使用的是 lsmod 查询得到的结果，如果有的模块当前没有被加载，那么就不会编到新的内核中。

下面以 make menuconfig 为例，介绍一下如何选择 KVM 相关的配置（系统中要安装好 ncurses-devel 包）。运行 make menuconfig 后显示的界面如图 3-6 所示。

选择了 Virtualization 之后，进入其中进行详细配置，包括选中 KVM、选中对处理器的支持（比如：KVM for Intel processors support，KVM for AMD processors support）等，如图 3-7 所示。

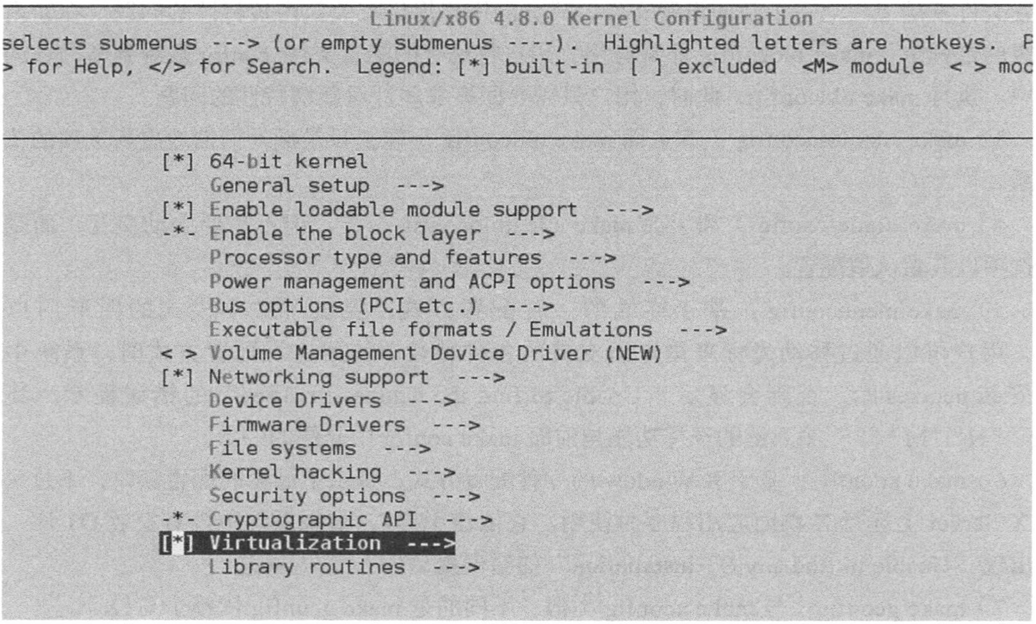

```
Linux/x86 4.8.0 Kernel Configuration
selects submenus ---> (or empty submenus ----).  Highlighted letters are hotkeys.  P
> for Help, </> for Search.  Legend: [*] built-in  [ ] excluded  <M> module  < > moc

            [*] 64-bit kernel
                General setup  --->
            [*] Enable loadable module support  --->
            -*- Enable the block layer  --->
                Processor type and features  --->
                Power management and ACPI options  --->
                Bus options (PCI etc.)  --->
                Executable file formats / Emulations  --->
            < > Volume Management Device Driver (NEW)
            [*] Networking support  --->
                Device Drivers  --->
                Firmware Drivers  --->
                File systems  --->
                Kernel hacking  --->
                Security options  --->
            -*- Cryptographic API  --->
            [*] Virtualization  --->
                Library routines  --->
```

图 3-6 make menuconfig 命令的选择界面

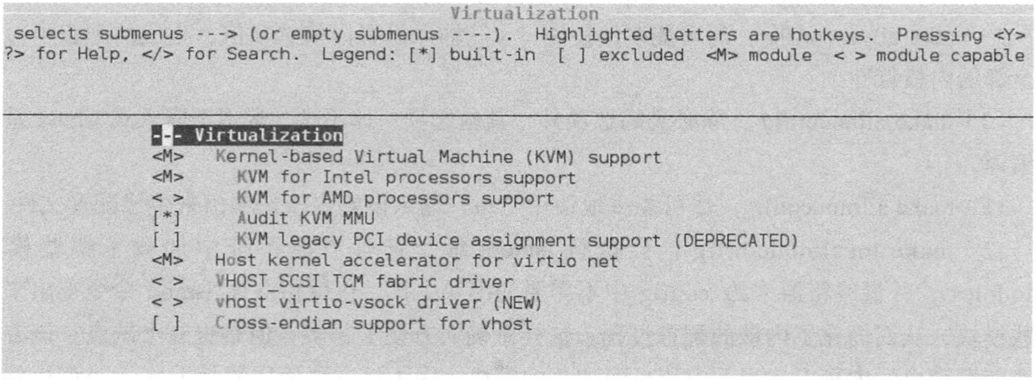

```
Virtualization
selects submenus ---> (or empty submenus ----).  Highlighted letters are hotkeys.  Pressing <Y>
?> for Help, </> for Search.  Legend: [*] built-in  [ ] excluded  <M> module  < > module capable

            --- Virtualization
            <M>   Kernel-based Virtual Machine (KVM) support
            <M>     KVM for Intel processors support
            < >     KVM for AMD processors support
            [*]     Audit KVM MMU
            [ ]     KVM legacy PCI device assignment support (DEPRECATED)
            <M>   Host kernel accelerator for virtio net
            < >   VHOST_SCSI TCM fabric driver
            < >   vhost virtio-vsock driver (NEW)
            [ ]   Cross-endian support for vhost
```

图 3-7 Virtualization 中的配置选项

提示：为了确保生成的 .config 文件生成的 kernel 是实际可以工作的（直接 make defconfig 生成的 .config 文件编译出来的 kernel 常常是不能工作的），最佳实践是以你当前使用的 config（比如，我们安装好 RHEL 7.3 的 OS 以后，/boot/config-3.10.0-xxx.x86_64）为基础，将它复制到你的 linux 目录下，重命名为 .config，然后通过 make olddefconfig 更新补充一下这个 .config。

在配置完成之后，就会在kvm.git目录下面生成一个.config文件。最好检查一下KVM相关的配置是否正确。在本次配置中，与KVM直接相关的几个配置项主要情况如下：

```
CONFIG_HAVE_KVM=y
CONFIG_HAVE_KVM_IRQCHIP=y
CONFIG_HAVE_KVM_EVENTFD=y
CONFIG_KVM_APIC_ARCHITECTURE=y
CONFIG_KVM_MMIO=y
CONFIG_KVM_ASYNC_PF=y
CONFIG_HAVE_KVM_MSI=y
CONFIG_VIRTUALIZATION=y
CONFIG_KVM=m
CONFIG_KVM_INTEL=m
# CONFIG_KVM_AMD is not set
CONFIG_KVM_MMU_AUDIT=y
```

3.3.3 编译KVM

在对KVM源代码进行了配置之后，编译KVM就是一件比较容易的事情了。它的编译过程完全是一个普通Linux内核编译的过程，需要经过编译kernel、编译bzImage和编译module等3个步骤。编译bzImage这一步不是必需的，在本章示例中，config中使用了initramfs，所以这里需要这个bzImage，用于生成initramfs image。另外，在最新的Linux kernel代码中，根据makefile中的定义可以看出，直接执行“make”或“make all”命令就可以将这里提及的3个步骤全部包括在内。本节是为了更好地展示编译的过程，才将编译的步骤分为这3步来解释。

1）编译kernel的命令为“make vmlinux”，其编译命令和输出如下：

```
[root@kvm-host kvm]# make vmlinux -j 20
<!- 此处省略数千行编译时的输出信息 ->
    LINK    vmlinux
    LD      vmlinux.o
    MODPOST vmlinux.o
    GEN     .version
    CHK     include/generated/compile.h
    UPD     include/generated/compile.h
    CC      init/version.o
    LD      init/built-in.o
    KSYM    .tmp_kallsyms1.o
    KSYM    .tmp_kallsyms2.o
    LD      vmlinux #这里就是编译、链接后生成了启动所需的Linux kernel文件
    SORTEX  vmlinux
    SYSMAP  System.map
```

其中，编译命令中的“-j”参数并非必需的，它是让make工具用多任务（job）来编译。比如，上面命令中提到的“-j 20”，会让make工具最多创建20个GCC进程，同时来执行编译任务。在一个比较空闲的系统上，有一个推荐值作为-j参数的值，即大约为2倍于系统上

的 CPU 的 core 的数量（CPU 超线程也算 core）。如果 -j 后面不跟数字，则 make 会根据现在系统中的 CPU core 的数量自动安排任务数（通常比 core 的数量略多一点）。

2）执行编译 bzImage 的命令“make bzImage”，其输出如下：

```
[root@kvm-host kvm]# make bzImage
    CHK     include/config/kernel.release
    CHK     include/generated/uapi/linux/version.h
    CHK     include/generated/utsrelease.h
<!- 此处省略数十行编译时的输出信息 ->
    LD      arch/x86/boot/setup.elf
    OBJCOPY arch/x86/boot/setup.bin
    OBJCOPY arch/x86/boot/vmlinux.bin
    HOSTCC  arch/x86/boot/tools/build
    BUILD   arch/x86/boot/bzImage #这里生成了我们需要的bzImage文件
Setup is 17276 bytes (padded to 17408 bytes).
System is 5662 kB
CRC 3efff614
Kernel: arch/x86/boot/bzImage is ready  (#2)
```

3）编译 kernel 和 bzImage 之后编译内核的模块，命令为“make modules”，其命令行输出如下：

```
[root@kvm-host kvm]# make modules -j 20
<!- 此处省略数千行编译时的输出信息 ->
    IHEX2FW firmware/emi26/loader.fw
    IHEX2FW firmware/emi26/firmware.fw
    IHEX2FW firmware/emi26/bitstream.fw
    IHEX2FW firmware/emi62/loader.fw
    IHEX2FW firmware/emi62/bitstream.fw
    IHEX2FW firmware/emi62/spdif.fw
    IHEX2FW firmware/emi62/midi.fw
    H16TOFW firmware/edgeport/boot2.fw
    H16TOFW firmware/edgeport/boot.fw
    H16TOFW firmware/edgeport/down.fw
    H16TOFW firmware/edgeport/down2.fw
    IHEX2FW firmware/whiteheat_loader.fw
    IHEX2FW firmware/whiteheat.fw
    IHEX2FW firmware/keyspan_pda/keyspan_pda.fw
    IHEX2FW firmware/keyspan_pda/xircom_pgs.fw
```

3.3.4 安装 KVM

编译完 KVM 之后，下面介绍如何安装 KVM。

KVM 的安装包括两个步骤：安装 module，安装 kernel 与 initramfs。

1. 安装 module

通过“make modules_install”命令可以将编译好的 module 安装到相应的目录中，默认情况下 module 被安装到 /lib/modules/$kernel_version/kernel 目录中。

```
[root@kvm-host kvm]# make modules_install
<!- 此处省略千余行安装时的输出信息 ->
    INSTALL /lib/firmware/whiteheat.fw
    INSTALL /lib/firmware/keyspan_pda/keyspan_pda.fw
    INSTALL /lib/firmware/keyspan_pda/xircom_pgs.fw
    DEPMOD  4.8.0+
```

安装好module之后，可以查看一下相应的安装路径，可看到kvm模块也已经安装。如下所示：

```
[root@kvm-host kvm]# ll /lib/modules/4.8.0+/kernel/
total 16
drwxr-xr-x  3 root root   16 Oct 15 15:05 arch
drwxr-xr-x  3 root root 4096 Oct 15 15:05 crypto
drwxr-xr-x 66 root root 4096 Oct 15 15:06 drivers
drwxr-xr-x 26 root root 4096 Oct 15 15:06 fs
drwxr-xr-x  3 root root   18 Oct 15 15:06 kernel
drwxr-xr-x  4 root root  152 Oct 15 15:06 lib
drwxr-xr-x  2 root root   31 Oct 15 15:06 mm
drwxr-xr-x 32 root root 4096 Oct 15 15:06 net
drwxr-xr-x 10 root root  135 Oct 15 15:06 sound
drwxr-xr-x  3 root root   16 Oct 15 15:06 virt
[root@kvm-host kvm]# ll /lib/modules/4.8.0+/kernel/arch/x86/kvm/
total 11256
-rw-r--r-- 1 root root 1940806 Oct 15 15:05 kvm-intel.ko
-rw-r--r-- 1 root root 9583878 Oct 15 15:05 kvm.ko
```

2. 安装kernel和initramfs

通过“make install”命令可以安装kernel和initramfs，命令行输出如下：

```
[root@kvm-host kvm]# make install
sh ./arch/x86/boot/install.sh 4.8.0+ arch/x86/boot/bzImage \
    System.map "/boot"
[root@kvm-host kvm]# ll /boot -t
......
drwx------. 6 root root      103 Oct 15 15:12 grub2
-rw-r--r--  1 root root 58106303 Oct 15 15:11 initramfs-4.8.0+.img
lrwxrwxrwx  1 root root       23 Oct 15 15:10 System.map -> /boot/System.map-4.8.0+
lrwxrwxrwx  1 root root       20 Oct 15 15:10 vmlinuz -> /boot/vmlinuz-4.8.0+
-rw-r--r--  1 root root  3430941 Oct 15 15:10 System.map-4.8.0+
-rw-r--r--  1 root root  5815104 Oct 15 15:10 vmlinuz-4.8.0+
```

可见，在/boot目录下生成了内核（vmlinuz）和initramfs等内核启动所需的文件。

在运行make install之后，在grub配置文件（如：/boot/grub2/grub.cfg）中也自动添加了一个grub选项，如下所示：

```
menuentry 'Redhat Enterprise Linux Server (4.8.0+) 7.2 (Maipo)' ... {
    load_video
    insmod gzio
    insmod part_msdos
    insmod xfs
```

```
    set root='hd1,msdos1'
    if [ x$feature_platform_search_hint = xy ]; then
        search --no-floppy --fs-uuid --set=root --hint-bios=hd1,msdos1 --hint-efi=hd1,
            msdos1 --hint-baremetal=ahci1,msdos1  da2e2d53-4b33-4bfe-a649- 73fba55a7a9d
    else
        search --no-floppy --fs-uuid --set=root da2e2d53-4b33-4bfe-a649-73fba55a7a9d
    fi
    linux16 /vmlinuz-4.8.0+ root=/dev/mapper/rhel-root ro rd.lvm.lv=rhel/root
        crashkernel=auto rd.lvm.lv=rhel/swap vconsole.font=latarcyrheb-sun16 vconsole.
        keymap=us rhgb /dev/disk/by-uuid/19d79b0d-898f-4d34-a895-c842fa65e9b9 LANG=en_
        US.UTF-8 console=ttyS0,115200 console=tty0 intel_iommu=on
    initrd16 /initramfs-4.8.0+.img
}
```

检查了 grub 之后，重新启动系统，选择刚才为了 KVM 而编译、安装的内核启动。

系统启动后，登录进入系统，通常情况下，系统启动时默认已经加载了 kvm 和 kvm_intel 这两个模块。如果没有加载，手动用 modprobe 命令依次加载 kvm 和 kvm_intel 模块。

```
[root@kvm-host kvm]# modprobe kvm
[root@kvm-host kvm]# modprobe kvm_intel
[root@kvm-host kvm]# lsmod | grep kvm
kvm_intel               192512  0
kvm                     577536  1 kvm_intel
```

确认 KVM 相关的模块加载成功后，检查 /dev/kvm 这个文件，它是 kvm 内核模块提供给用户空间的 QEMU 程序使用的一个控制接口，它提供了客户机（Guest）操作系统运行所需要的模拟和实际的硬件设备环境。

```
[root@kvm-host kvm]# ls -l /dev/kvm
crw-rw-rw-+ 1 root kvm 10, 232 Oct  9 15:22 /dev/kvm
```

3.4 编译和安装 QEMU

除了在内核空间的 KVM 模块之外，在用户空间需要 QEMU [⊖] 来模拟所需要的 CPU 和设备模型，以及启动客户机进程，这样才有了一个完整的 KVM 运行环境。

在编译和安装了 KVM 并且启动到编译的内核之后，下面来看一下 QEMU 的编译和安装。

3.4.1 曾经的 qemu-kvm

在上一版中，我们是以 qemu-kvm 为例来讲解 QEMU/KVM 的。qemu-kvm 原本是 kernel 社区维护的专门用于 KVM 的 QEMU 的分支。

在 2012 年年末的时候，这个分支并入了主流的 QEMU（git://git.qemu-project.org/qemu.git）。从此，不再需要特殊的 qemu-kvm，而只是通用的 QEMU 加上 --enable-kvm 选项就可

⊖ 关于 QEMU 项目，可以参考其官方网站：http://wiki.qemu.org/Main_Page。

以创建KVM guest了。

3.4.2 下载QEMU源代码

在并入主流QEMU以后，目前的QEMU项目针对KVM/x86的部分依然是由Redhat公司的Paolo Bonzini作为维护者（Maintainer），代码的git url托管在qemu-project.org上。

QEMU开发代码仓库的网页连接为：http://git.qemu.org/qemu.git。

其中，可以看到有如下2个URL链接可供下载开发中的最新qemu-kvm的代码仓库。

```
git://git.qemu.org/qemu.git
http://git.qemu.org/git/qemu.git
```

可以根据自己实际需要选择当中任一个，用git clone命令下载即可，它们是完全一样的。

另外，也可以到以下下载链接中根据需要下载最近几个发布版本的代码压缩包。

```
http://wiki.qemu.org/Download
```

在本节后面讲解编译时，是以下载开发中的最新的qemu.git为例的。获取其代码仓库过程如下：

```
[root@kvm-host ~]# git clone git://git.qemu.org/qemu.git
Cloning into 'qemu'...
remote: Counting objects: 294725, done.
remote: Compressing objects: 100% (59425/59425), done.
remote: Total 294725 (delta 238595), reused 289874 (delta 234513)
Receiving objects: 100% (294725/294725), 94.23 MiB | 37.66 MiB/s, done.
Resolving deltas: 100% (238595/238595), done.
[root@kvm-host ~]# cd qemu
[root@kvm-host qemu]# ls
accel.c     CODING_STYLE     dtc     kvm-all.c     numa.c     qemu-io.c     README
    target-mips              trace
<!- 此处省略qemu文件夹下众多文件及子文件夹 ->
```

3.4.3 配置和编译QEMU

QEMU的配置并不复杂，通常情况下，直接运行代码仓库中configure文件进行配置即可。当然，如果对其配置不熟悉，可以运行“./configure --help”命令查看配置的一些选项及其帮助信息。

显示配置的帮助信息如下：

```
[root@kvm-host qemu]# ./configure --help

Usage: configure [options]
Options: [defaults in brackets after descriptions]

Standard options:
    --help                    print this message
```

```
  --prefix=PREFIX          install in PREFIX [/usr/local]
  --interp-prefix=PREFIX   where to find shared libraries, etc.
                           use %M for cpu name [/usr/gnemul/qemu-%M]
  --target-list=LIST       set target list (default: build everything)
                           Available targets: aarch64-softmmu alpha-softmmu
                           arm-softmmu cris-softmmu i386-softmmu lm32-softmmu
                           m68k-softmmu microblazeel-softmmu microblaze-softmmu
                           mips64el-softmmu mips64-softmmu mipsel-softmmu
                           mips-softmmu moxie-softmmu or32-softmmu
                           ppc64-softmmu ppcemb-softmmu ppc-softmmu
                           s390x-softmmu sh4eb-softmmu sh4-softmmu
                           sparc64-softmmu sparc-softmmu tricore-softmmu
                           unicore32-softmmu x86_64-softmmu xtensaeb-softmmu
                           xtensa-softmmu aarch64-linux-user alpha-linux-user
                           armeb-linux-user arm-linux-user cris-linux-user
                           i386-linux-user m68k-linux-user
                           microblazeel-linux-user microblaze-linux-user
                           mips64el-linux-user mips64-linux-user
                           mipsel-linux-user mips-linux-user
                           mipsn32el-linux-user mipsn32-linux-user
                           or32-linux-user ppc64abi32-linux-user
                           ppc64le-linux-user ppc64-linux-user ppc-linux-user
                           s390x-linux-user sh4eb-linux-user sh4-linux-user
                           sparc32plus-linux-user sparc64-linux-user
                           sparc-linux-user tilegx-linux-user
                           unicore32-linux-user x86_64-linux-user

Advanced options (experts only):
<!- 此处省略百余行帮助信息的输出 ->
NOTE: The object files are built at the place where configure is launched
```

以上 configure 选项中我们特别提一下“--target-list”，它指定 QEMU 对客户机架构的支持。可以看到，对应的选项非常多，表面上 QEMU 对客户机的架构类型的支持是非常全面的。由于在本书中（也是多数的实际使用场景）我们只使用 x86 架构的客户机，因此指定“--target-list= x86_64-softmmu”，可以节省大量的编译时间。

执行 configure 文件进行配置的过程如下：

```
[root@kvm-host qemu]# ./configure --target-list=x86_64-softmmu
Install prefix    /usr/local
BIOS directory    /usr/local/share/qemu
...
ELF interp prefix /usr/gnemul/qemu-%M
Source path       /root/qemu
<!-- 以上是指定一些目录前缀，省略十几行。可以由configure的--prefix选项影响 -->
C compiler        cc
Host C compiler   cc
...
QEMU_CFLAGS        -I/usr/include/pixman-1     -Werror -pthread -I/usr/include/
    glib-2.0 -I/usr/lib64/glib-2.0/include    -fPIE -DPIE -m64 -D_GNU_SOURCE -D_
```

```
    FILE_OFFSET_BITS=64 -D_LARGEFILE_SOURCE -Wstrict-prototypes -Wredundant-
    decls -Wall -Wundef -Wwrite-strings -Wmissing-prototypes -fno-strict-
    aliasing -fno-common -fwrapv  -Wendif-labels -Wmissing-include-dirs -Wempty-
    body -Wnested-externs -Wformat-security -Wformat-y2k -Winit-self -Wignored-
    qualifiers -Wold-style-declaration -Wold-style-definition -Wtype-limits
    -fstack-protector-strong
LDFLAGS           -Wl,--warn-common -Wl,-z,relro -Wl,-z,now -pie -m64 -g
<!-- 以上显示了后续编译qemu时会采用的编译器及编译选项。也可以由configure对应选项控制。-->
...
host CPU          x86_64
host big endian   no
target list       x86_64-softmmu  #这里就是我们--target-list指定的
...
VNC support       yes             #通常需要通过VNC连接到客户机中。默认
...
KVM support       yes             #这是对KVM的支持。默认
...
```

在配置完以后，qemu 目录下会生成 config-host.mak 和 config.status 文件。config-host.mak 里面可以查看你通过上述 configure 之后的结果，它会在后续 make 中被引用。config.status 是为用户贴心设计的，便于后续要重新 configure 时，只要执行“./config.status”就可以恢复上一次 configure 的配置。这对你苦心配置了很多选项，而后又忘了的情况非常有用。

经过配置之后，编译就很简单了，直接执行 make 即可。

最后，编译生成 x86_64-softmmu /qemu-system-x86_64 文件，就是我们需要的用户空间用于其 KVM 客户机的工具了（在多数 Linux 发行版中自带的 qemu-kvm 软件包的命令行是 qemu-kvm，只是名字不同的 downstream，用户可以等同视之）。

3.4.4 安装 QEMU

编译完成之后，运行“make install”命令即可安装 QEMU。

QEMU 安装过程的主要任务有这几个：创建 QEMU 的一些目录，复制一些配置文件到相应的目录下，复制一些 firmware 文件（如：sgabios.bin、kvmvapic.bin）到目录下，以便 qemu 命令行启动时可以找到对应的固件供客户机使用；复制 keymaps 到相应的目录下，以便在客户机中支持各种所需键盘类型；复制 qemu-system-x86_64、qemu-img 等可执行程序到对应的目录下。下面的一些命令行检查了 QEMU 被安装之后的系统状态。

```
[root@kvm-host qemu]# ls /usr/local/share/qemu/
acpi-dsdt.aml    efi-eepro100.rom    keymaps         openbios-sparc32  pxe-e1000.rom
    QEMU,cgthree.bin                 slof.bin        vgabios-qxl.bin
bamboo.dtb       efi-ne2k_pci.rom    kvmvapic.bin               openbios-sparc64
    pxe-eepro100.rom                 qemu-icon.bmp              spapr-rtas.bin
    vgabios-stdvga.bin
bios-256k.bin    efi-pcnet.rom       linuxboot.bin              palcode-clipper
    pxe-ne2k_pci.rom                 qemu_logo_no_text.svg      trace-events-all
    vgabios-virtio.bin
```

```
bios.bin        efi-rtl8139.rom    linuxboot_dma.bin       petalogix-ml605.dtb
    pxe-pcnet.rom                  QEMU,tcx.bin            u-boot.e500
    vgabios-VMware.bin
efi-e1000e.rom  efi-virtio.rom     multiboot.bin           petalogix-s3adsp1800.dtb
    pxe-rtl8139.rom                s390-ccw.img            vgabios.bin
efi-e1000.rom   efi-vmxnet3.rom    openbios-ppc            ppc_rom.bin
    pxe-virtio.rom                 sgabios.bin             vgabios-cirrus.bin
[root@kvm-host qemu]# ls /usr/local/share/qemu/keymaps/
ar  bepo  common  cz  da  de  de-ch  en-gb  en-us  es  et  fi  fo  fr  fr-be  fr-
     ca  fr-ch  hr  hu  is  it  ja  lt  lv  mk  modifiers  nl  nl-be  no  pl  pt
     pt-br  ru  sl  sv  th  tr
```

由于 QEMU 是用户空间的程序，安装之后不用重启系统，直接用 qemu-system-x86_64、qemu-img 这样的命令行工具就可以了。

3.5 安装客户机

安装客户机（Guest）之前，我们需要创建一个镜像文件或者磁盘分区等，来存储客户机中的系统和文件。关于客户机镜像有很多种制作和存储方式（将在第 4 章中进行详细的介绍），本节只是为了快速地演示安装一个客户机，采用了本地创建一个镜像文件，然后将镜像文件作为客户机的硬盘，将客户机操作系统（以 RHEL 7 为例）安装在其中。

首先，需要创建一个镜像文件。我们使用上节中生成好的 qemu-img 工具来完成这个任务。它不仅用于创建 guest，还可以在后续管理 guest image。详见“qemu-img --help”及“man qemu-img”。

```
[root@kvm-host ~]# qemu-img create -f raw rhel7.img 40G
Formatting 'rhel7.img', fmt=raw size=42949672960
```

上述就是用 qemu-img create 命令创建了一个空白的 guest image，以 raw 格式，image 文件的名字是“rhel7.img”，大小是 40G。虽然我们看到它的大小是 40G，但是它并不占用任何磁盘空间。

```
[root@kvm-host ~]# ls -lh rhel7.img
-rw-r--r-- 1 root root 40G Oct 15 10:44 rhel7.img
[root@kvm-host ~]# du -h rhel7.img
0   rhel7.img
```

这是因为 qemu-img 聪明地为你按实际需求分配文件的实际大小，它将随着 image 实际的使用而增大。qemu-img 也支持设置参数让你可以一开始就实际占有 40G（当然建立的过程也就比较耗时，还会占用你更大空间。所以 qemu-img 默认的方式是按需分配的），如下：

```
[root@kvm-host ~]# qemu-img create -f raw -o preallocation=full rhel7.img 40G
Formatting 'rhel7.img', fmt=raw size=42949672960 preallocation=full
[root@kvm-host ~]# ls -lh rhel7.img
-rw-r--r-- 1 root root 40G Oct 15 10:58 rhel7.img
```

```
[root@kvm-host ~]# du -h rhel7.img
40G rhel7.img
```

除raw格式以外，qemu-img还支持创建其他格式的image文件，比如qcow2，甚至是其他虚拟机用到的文件格式，比如VMware的vmdk、vdi、vhd等。不同的文件格式会有不同的“-o”选项。

创建完空白guest image之后，我们将RHEL 7安装所需的ISO文件准备好。

```
[root@kvm-host ~]# ls -l  RHEL-7.2-20151030.0-Server-x86_64-dvd1.iso
-rw-r--r-- 1 root root 4043309056 Oct 30  2015 RHEL-7.2-20151030.0-Server-x86_64-dvd1.iso
```

启动客户机，并在其中用准备好的ISO安装系统，命令行如下：

```
qemu-system-x86_64 -enable-kvm -m 8G -smp 4 -boot once=d -cdrom RHEL-7.2-
    20151030.0-Server-x86_64-dvd1.iso rhel7.img
```

其中，-m 8G是给客户机分配8G内存，-smp 4是指定客户机为对称多处理器结构并分配4个CPU，-boot once=d是指定系统的启动顺序为首次光驱，以后再使用默认启动项（硬盘）[⊖]，-cdrom ** 是分配客户机的光驱。默认情况下，QEMU会启动一个VNC server端口（5900），可以用vncviwer[⊜]工具来连接到QEMU的VNC端口查看客户机。

通过启动时的提示，这里可以使用“vncviewer :5900”命令连接到QEMU启动的窗口。根据命令行指定的启动顺序，当有CDROM时，客户机默认会从光驱引导，启动后即可进入客户机系统安装界面，如图3-8所示。

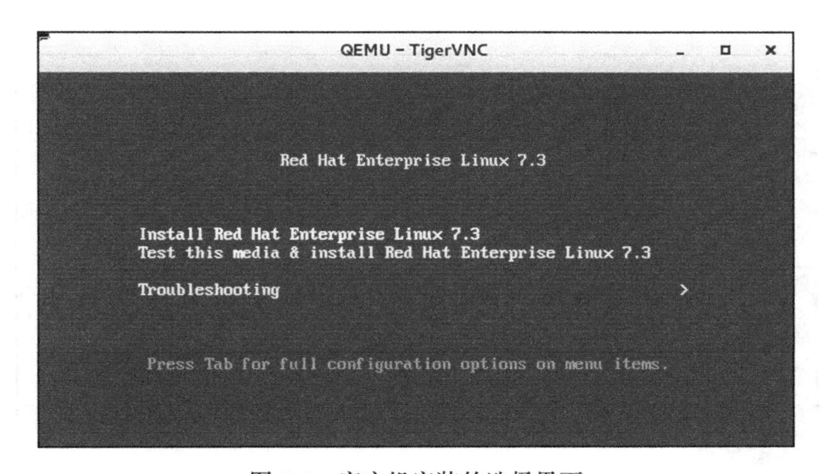

图3-8　客户机安装的选择界面

可以选择Install安装客户机操作系统，和安装普通Linux系统类似，根据需要做磁盘分区、选择需要的软件包等。安装过程中的一个快照如图3-9所示。

⊖ 这里这样选择是因为RHEL 7首次安装好以后需要从硬盘重启。

⊜ 在宿主机中需要安装包含vncserver和vncviewer工具的软件包，如在RHEL 7系统中，可以安装tigervnc-server和tigervnc这两个RPM软件包。

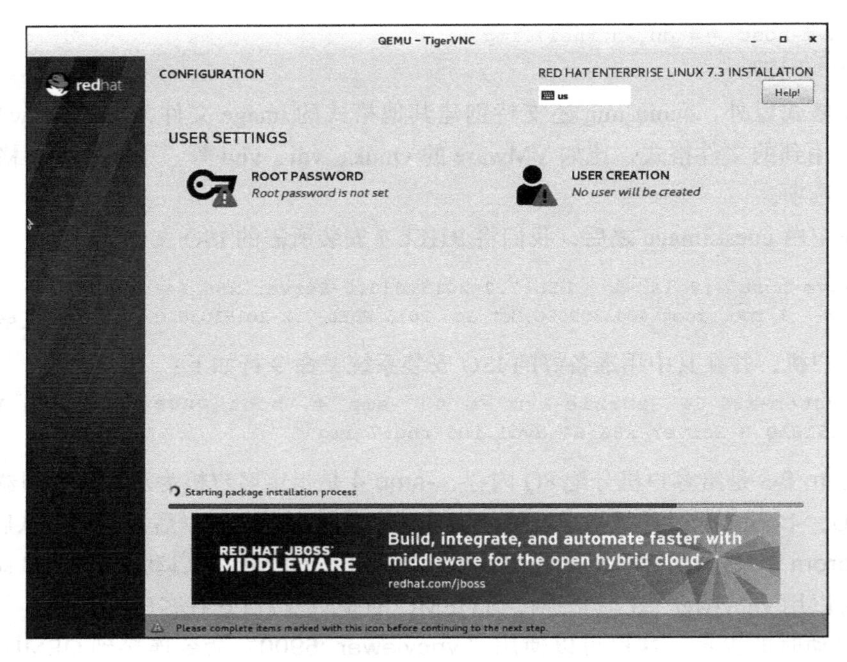

图 3-9 客户机安装过程的快照

在系统安装完成后，客户机中安装程序提示信息，如图 3-10 所示。

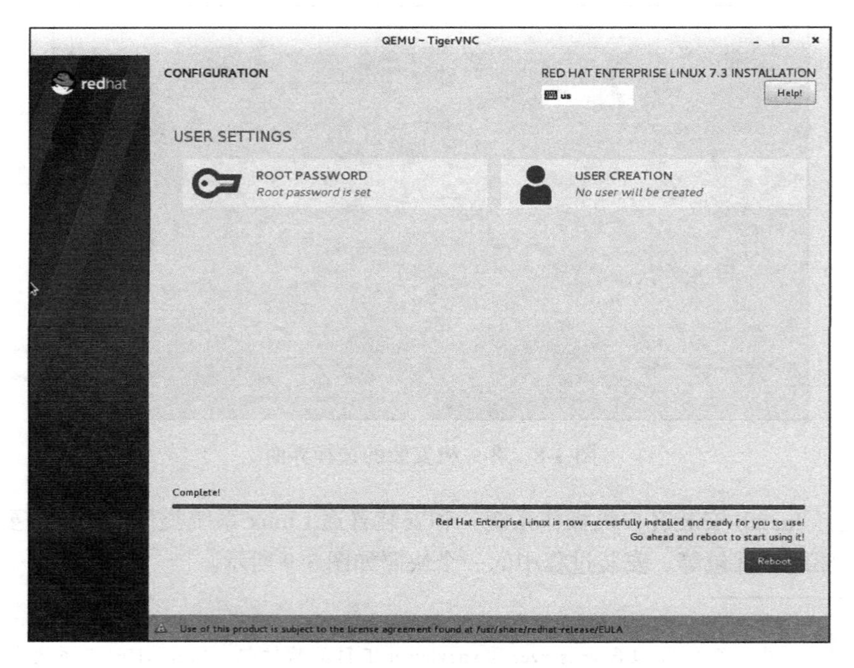

图 3-10 客户机安装完成后的提示信息

和普通的 Linux 系统安装一样，安装完成后，重启系统即可进入刚才安装的客户机操作系统。

3.6　启动第一个 KVM 客户机

在安装好了系统之后，就可以使用镜像文件来启动并登录到自己安装的系统之中了。通过如下的简单命令行即可启动一个 KVM 的客户机。

```
[root@kvm-host ~]#qemu-system-x86_64 -m 8G -smp 4 /root/rhel7.img
VNC server running on  '::1:5900'
```

用 vncviwer 命令（此处命令为 vncviwer :5900）查看客户机的启动情况。

客户机启动完成后的登录界面如图 3-11 所示。

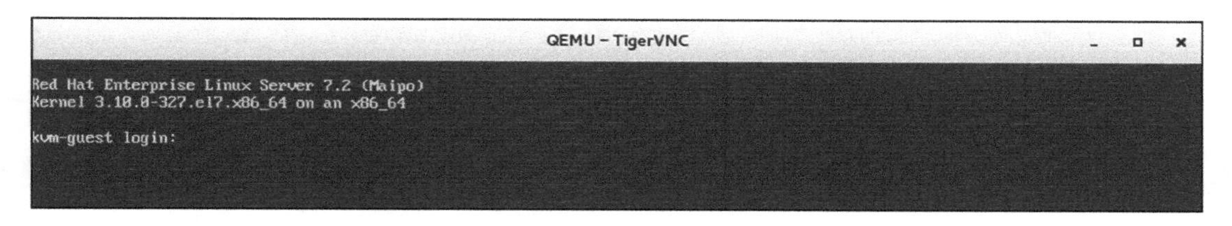

图 3-11　客户机启动后的登录界面

在通过 VNC 链接到 QEMU 窗口后，可以按组合键 Ctrl+Alt+2 切换到 QEMU 监视器窗口。在监视器窗口中可以执行一些命令，比如执行"info kvm"命令来查看当前 QEMU 是否使用 KVM，如图 3-12 所示（显示为 kvm support: enabled）。

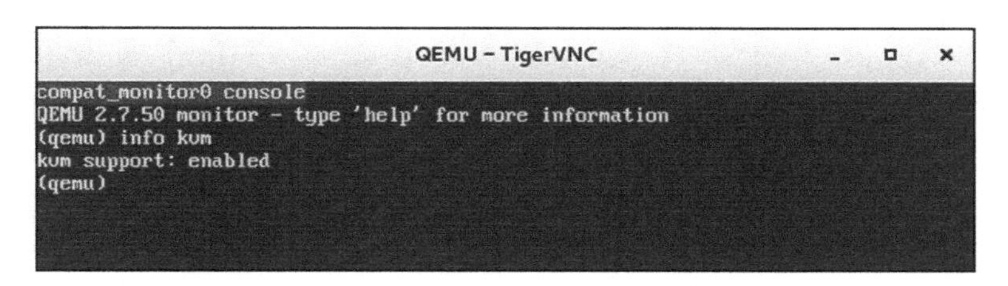

图 3-12　QEMU Monitor 中"info kvm"命令

用组合键 Ctrl+Alt+1 切换回普通的客户机查看窗口，就可以登录或继续使用客户机系统了。至此，你就已经启动属于自己的第一个 KVM 客户机了，尽情享受 KVM 虚拟化带来的快乐吧！

3.7　本章小结

本章主要讲解了如何一步一步地构建属于自己的 KVM 虚拟化环境。硬件和 BIOS 中虚拟化技术的支持是 KVM 运行的先决条件，编译 KVM 和 QEMU 是掌握 KVM 必需的、最基础的也是不可或缺的技能。其中的配置和编译 KVM（或 Linux kernel）是最复杂也是非常重要的环节，理解这些环节对 Linux kernel 相关技术（包括 KVM）的学习具有非常重要的价值。

通过本章，相信你已经对 KVM 的虚拟化环境的构建比较了解了，请自己动手构建一套自己的 KVM 虚拟化系统吧。也许在构建环境过程中你会碰到这样那样的问题，不过只有当你把它们都解决之后才能真正理解。然后，继续看后面的章节来了解 KVM 虚拟化都提供了哪些功能、命令行，以及它们的基本原理。

第 4 章 Chapter 4

KVM 管理工具

通过第 2 章、第 3 章的介绍，相信读者已经基本理解了 KVM 的基本原理和使用方法。在前面的章节中，所有的示例都是直接使用 qemu 命令行工具（qemu-system-x86_64）来配置和启动客户机的，其中有各种各样的配置参数，这些参数对于新手来说很难记忆，更不要说熟练配置了。本章将介绍能够更加方便地配置和使用 KVM 的一些管理工具，它们一般都对 qemu 命令进行了封装和功能增强，从而提供了比原生的 qemu 命令行更加友好、高效的用户交互接口。

4.1 libvirt

4.1.1 libvirt 简介

提到 KVM 的管理工具，首先不得不介绍的就是大名鼎鼎的 libvirt，因为 libvirt 是目前使用最为广泛的对 KVM 虚拟机进行管理的工具和应用程序接口，而且一些常用的虚拟机管理工具（如 virsh、virt-install、virt-manager 等）和云计算框架平台（如 OpenStack、ZStack、OpenNebula、Eucalyptus 等）都在底层使用 libvirt 的应用程序接口。

libvirt 是为了更方便地管理平台虚拟化技术而设计的开放源代码的应用程序接口、守护进程和管理工具，它不仅提供了对虚拟化客户机的管理，也提供了对虚拟化网络和存储的管理。libvirt 支持多种虚拟化方案，既支持包括 KVM、QEMU、Xen、VMware、VirtualBox、Hyper-V 等在内的平台虚拟化方案，也支持 OpenVZ、LXC 等 Linux 容器虚拟化系统，还支持用户态 Linux（UML）的虚拟化。libvirt 是一个免费的开源的软件，使用的许可证是 LGPL [⊖]

⊖ LGPL（Lesser General Public License）是自由软件基金会（FSF）发布的一种自由软件许可证。GNU LGPL 是介于完全公共版权（copyleft）的 GNU GPL 许可证和完全宽松的 BSD、MIT 许可证之间的一种折中许可证。在 Linux 世界中，有很多软件库（library）都采用 GNU LGPL 许可证发布。

（GNU 宽松的通用公共许可证），使用 libvirt 库进行链接的软件程序不一定要选择开源和遵守 GPL 许可证。和 KVM、Xen 等开源项目类似，libvirt 也有自己的开发者社区，而且随着虚拟化、云计算等成为近年来的技术热点，libvirt 项目的社区也比较活跃。目前，libvirt 的开发主要由 Redhat 公司作为强大的支持，由于 Redhat 公司在虚拟化方面逐渐偏向于支持 KVM（而不是 Xen），故 libvirt 对 QEMU/KVM 的支持是非常成熟和稳定的。当然，IBM、Novell 等公司以及众多的个人开发者对 libvirt 项目的代码贡献量也是非常大的。

libvirt 本身提供了一套较为稳定的 C 语言应用程序接口，目前，在其他一些流行的编程语言中也提供了对 libvirt 的绑定，在 Python、Perl、Java、Ruby、PHP、OCaml 等高级编程语言中已经有 libvirt 的程序库可以直接使用。libvirt 还提供了为基于 AMQP(高级消息队列协议) 的消息系统（如 Apache Qpid）提供 QMF 代理，这可以让云计算管理系统中宿主机与客户机、客户机与客户机之间的消息通信变得更易于实现。libvirt 还为安全地远程管理虚拟客户机提供了加密和认证等安全措施。正是由于 libvirt 拥有这些强大的功能和较为稳定的应用程序接口，而且它的许可证（license）也比较宽松，所以 libvirt 的应用程序接口已被广泛地用在基于虚拟化和云计算的解决方案中，主要作为连接底层 Hypervisor 和上层应用程序的一个中间适配层。

libvirt 对多种不同的 Hypervisor 的支持是通过一种基于驱动程序的架构来实现的。libvirt 对不同的 Hypervisor 提供了不同的驱动：对 Xen 有 Xen 的驱动，对 QEMU/KVM 有 QEMU 驱动，对 VMware 有 VMware 驱动。在 libvirt 源代码中，可以很容易找到 qemu_driver.c、xen_driver.c、xenapi_driver.c、VMware_driver.c、vbox_driver.c 这样的驱动程序源代码文件。

libvirt 作为中间适配层，可以让底层 Hypervisor 对上层用户空间的管理工具是完全透明的，因为 libvirt 屏蔽了底层各种 Hypervisor 的细节，为上层管理工具提供了一个统一的、较稳定的接口（API）。通过 libvirt，一些用户空间管理工具可以管理各种不同的 Hypervisor 和上面运行的客户机，它们之间基本的交互框架如图 4-1 所示。

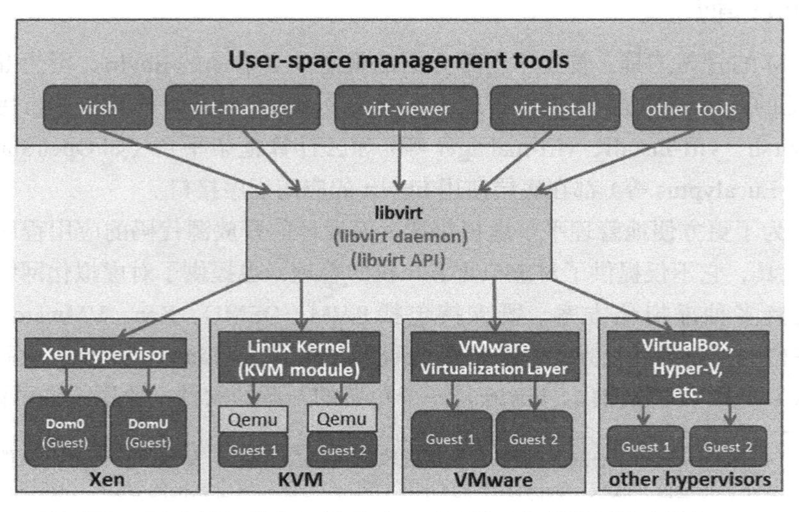

图 4-1 虚拟机管理工具通过 libvirt 管理各种类型的虚拟机

在 libvirt 中涉及几个重要的概念，解释如下：

- 节点（Node）是一个物理机器，上面可能运行着多个虚拟客户机。Hypervisor 和 Domain 都运行在节点上。
- Hypervisor 也称虚拟机监控器（VMM），如 KVM、Xen、VMware、Hyper-V 等，是虚拟化中的一个底层软件层，它可以虚拟化一个节点让其运行多个虚拟客户机（不同客户机可能有不同的配置和操作系统）。
- 域（Domain）是在 Hypervisor 上运行的一个客户机操作系统实例。域也被称为实例（instance，如在亚马逊的 AWS 云计算服务中客户机就被称为实例）、客户机操作系统（guest OS）、虚拟机（virtual machine），它们都是指同一个概念。

节点、Hypervisor 和域的关系可以简单地用图 4-2 来表示。

在了解了节点、Hypervisor 和域的概念之后，用一句话概括 libvirt 的目标，那就是：为了安全高效地管理节点上的各个域，而提供一个公共的稳定的软件层。当然，这里的管理，既包括本地的管理，也包含远程的管理。具体地讲，libvirt 的管理功能主要包含如下 5 个部分。

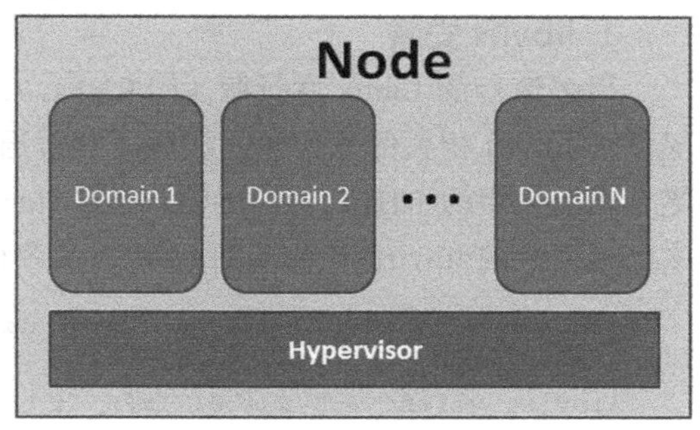

图 4-2　节点、Hypervisor 和域之间的关系

1）**域的管理**。包括对节点上的域的各个生命周期的管理，如启动、停止、暂停、保存、恢复和动态迁移。还包括对多种设备类型的热插拔操作，包括磁盘、网卡、内存和 CPU。当然不同的 Hypervisor 上对这些热插拔的支持程度有所不同。

2）**远程节点的管理**。只要物理节点上运行了 libvirtd 这个守护进程，远程的管理程序就可以连接到该节点进程管理操作，经过认证和授权之后，所有的 libvirt 功能都可以被访问和使用。libvirt 支持多种网络远程传输类型，如 SSH、TCP 套接字、Unix domain socket、TLS 的加密传输等。假设使用了最简单的 SSH，不需要额外的配置工作，比如，在 example.com 节点上运行了 libvirtd，而且允许 SSH 访问，在远程的某台管理机器上就可以用如下的命令行来连接到 example.com 上，从而管理其上的域。

```
virsh -c qemu+ssh://root@example.com/system
```

3）**存储的管理**。任何运行了 libvirtd 守护进程的主机，都可以通过 libvirt 来管理不同类型的存储，如创建不同格式的客户机镜像（qcow2、raw、qde、vmdk 等）、挂载 NFS 共享存储系统、查看现有的 LVM 卷组、创建新的 LVM 卷组和逻辑卷、对磁盘设备分区、挂载 iSCSI 共享存储、使用 Ceph 系统支持的 RBD 远程存储，等等。当然在 libvirt 中，对存储的管理也是支持远程的。

4）**网络的管理**。任何运行了 libvirtd 守护进程的主机，都可以通过 libvirt 来管理物理的和逻辑的网络接口。包括列出现有的网络接口卡，配置网络接口，创建虚拟网络接口，网络接口的桥接，VLAN 管理，NAT 网络设置，为客户机分配虚拟网络接口，等等。

5）**提供一个稳定、可靠、高效的应用程序接口，以便可以完成前面的 4 个管理功能。**

libvirt 主要由 3 个部分组成，分别是：应用程序编程接口库、一个守护进程（libvirtd）和一个默认命令行管理工具（virsh）。应用程序接口是为其他虚拟机管理工具（如 virsh、virt-manager 等）提供虚拟机管理的程序库支持。libvirtd 守护进程负责执行对节点上的域的管理工作，在用各种工具对虚拟机进行管理时，这个守护进程一定要处于运行状态中。而且这个守护进程可以分为两种：一种是 root 权限的 libvirtd，其权限较大，可以完成所有支持的管理工作；一种是普通用户权限的 libvirtd，只能完成比较受限的管理工作。virsh 是 libvirt 项目中默认的对虚拟机管理的一个命令行工具，将在 4.2 节中详细介绍。

4.1.2 libvirt 的安装与配置

1. libvirt 安装

很多流行的 Linux 发行版（如 RHEL 7.x、CentOS 7.x、Fedora 24、Ubuntu 16.04 等）都提供了 libvirt 相关的软件包，按照安装普通软件包的方式安装 libvirt 相关的软件包即可。在笔者当前使用的 RHEL 7.3 中可以使用 yum 或 rpm 工具来安装对应的 RPM 包。查看某系统中已经安装的 libvirt 相关的 RPM 包，命令行如下：

```
[root@kvm-host ~]# rpm -qa | grep libvirt
libvirt-2.0.0-4.el7.x86_64
libvirt-client-2.0.0-4.el7.x86_64
libvirt-python-2.0.0-2.el7.x86_64
libvirt-daemon-2.0.0-4.el7.x86_64
libvirt-daemon-driver-qemu-2.0.0-4.el7.x86_64
libvirt-daemon-kvm-2.0.0-4.el7.x86_64
libvirt-daemon-config-network-2.0.0-4.el7.x86_64
# 省略其余libvirt相关的软件包；安装时直接运行 yum install libvirt 即可
```

当然，RHEL 7.3 默认采用 QEMU/KVM 的虚拟化方案，所以应该安装 QEMU 相关的软件包。查看这些软件包的命令行操作如下：

```
[root@kvm-host ~]# rpm -qa | grep '^qemu'
qemu-kvm-common-1.5.3-121.el7.x86_64
qemu-img-1.5.3-121.el7.x86_64
qemu-kvm-1.5.3-121.el7.x86_64
# 安装时，运行命令 yum install qemu-kvm 即可
```

由于 libvirt 是跨平台的，而且还支持微软公司的 Hyper-V 虚拟化，所以在 Windows 上也可以安装 libvirt，甚至可以编译 libvirt。可以到 libvirt 官方的网页（https://libvirt.org/windows.html）中查看更多关于 libvirt 对 Windows 的支持。

2. libvirt 的配置文件

以 RHEL 7.3 为例，libvirt 相关的配置文件都在 /etc/libvirt/ 目录之中，如下：

```
[root@kvm-host libvirt]# cd /etc/libvirt/
[root@kvm-host libvirt]# ls
libvirt.conf  libvirtd.conf  lxc.conf  nwfilter  qemu  qemu.conf  qemu-lockd.conf
    storage  virtlockd.conf
[root@kvm-host libvirt]# cd qemu
[root@kvm-host qemu]# ls
networks  centos7u2-1.xml  centos7u2-2.xml
```

下面简单介绍其中几个重要的配置文件和目录。

（1）/etc/libvirt/libvirt.conf

libvirt.conf文件用于配置一些常用libvirt连接（通常是远程连接）的别名。和Linux中的普通配置文件一样，在该配置文件中以井号（#）开头的行是注释，如下：

```
[root@kvm-host kvm_demo]# cat /etc/libvirt/libvirt.conf
#
# This can be used to setup URI aliases for frequently
# used connection URIs. Aliases may contain only the
# characters  a-Z, 0-9, _, -.
#
# Following the '=' may be any valid libvirt connection
# URI, including arbitrary parameters

#
# This can be used to prevent probing of the hypervisor
# driver when no URI is supplied by the application.

#uri_default = "qemu:///system"
#为了演示目录，配置了如下这个别名
uri_aliases = [
    "remote1=qemu+ssh://root@192.168.93.201/system",
]
```

其中，配置了remote1这个别名，用于指代qemu+ssh://root@192.168.93.201/system这个远程的libvirt连接。有这个别名后，就可以在用virsh等工具或自己写代码调用libvirt API时使用这个别名，而不需要写完整的、冗长的URI连接标识了。用virsh使用这个别名，连接到远程的libvirt上查询当前已经启动的客户机状态，然后退出连接。命令行操作如下：

```
[root@kvm-host kvm_demo]# systemctl reload libvirtd
[root@kvm-host kvm_demo]# virsh -c remote1
root@192.168.93.201's password:
Welcome to virsh, the virtualization interactive terminal.

Type:  'help' for help with commands
       'quit' to quit

virsh # list
 Id    Name                           State
----------------------------------------------------
 1     rhel7u2-remote                 running
```

```
virsh # quit

[root@kvm-host kvm_demo]#
```

在代码中调用 libvirt API 时也可以使用这个别名来建立连接，如下的 python 代码行就实现了使用这个别名来建立连接。

```
conn = libvirt.openReadOnly('remote1')
```

（2）/etc/libvirt/libvirtd.conf

libvirtd.conf 是 libvirt 的守护进程 libvirtd 的配置文件，被修改后需要让 libvirtd 重新加载配置文件（或重启 libvirtd）才会生效。在 libvirtd.conf 文件中，用井号（#）开头的行是注释内容，真正有用的配置在文件的每一行中使用“配置项 = 值”（如 tcp_port = "16509"）这样配对的格式来设置。在 libvirtd.conf 中配置了 libvirtd 启动时的许多设置，包括是否建立 TCP、UNIX domain socket 等连接方式及其最大连接数，以及这些连接的认证机制，设置 libvirtd 的日志级别等。

例如，下面的几个配置项表示关闭 TLS 安全认证的连接（默认值是打开的），打开 TCP 连接（默认是关闭 TCP 连接的），设置 TCP 监听的端口，TCP 连接不使用认证授权方式，设置 UNIX domain socket 的保存目录等。

```
listen_tls = 0
listen_tcp = 1
tcp_port = "16666"
unix_sock_dir = "/var/run/libvirt"
auth_tcp = "none"
```

注意 要让 TCP、TLS 等连接生效，需要在启动 libvirtd 时加上 --listen 参数（简写为 -l）。而默认的 systemctl start libvirtd 命令在启动 libvirtd 服务时并没带 --listen 参数。所以如果要使用 TCP 等连接方式，可以使用 libvirtd --listen -d 命令来启动 libvirtd。

以上配置选项实现将 UNIX socket 放到 /var/run/libvirt 目录下，启动 libvirtd 并检验配置是否生效。命令行操作如下：

```
[root@kvm-host ~]# libvirtd --listen -d

[root@kvm-host ~]# virsh -c qemu+tcp://localhost:16666/system
Welcome to virsh, the virtualization interactive terminal.

Type:  'help' for help with commands
       'quit' to quit

virsh # quit

[root@kvm-host ~]# ls /var/run/libvirt/libvirt-sock*
/var/run/libvirt/libvirt-sock  /var/run/libvirt/libvirt-sock-ro
```

（3）/etc/libvirt/qemu.conf

qemu.conf 是 libvirt 对 QEMU 的驱动的配置文件，包括 VNC、SPICE 等，以及连接它们时采用的权限认证方式的配置，也包括内存大页、SELinux、Cgroups 等相关配置。

（4）/etc/libvirt/qemu/ 目录

在 qemu 目录下存放的是使用 QEMU 驱动的域的配置文件。查看 qemu 目录如下：

```
[root@kvm-host ~]# ls /etc/libvirt/qemu/
networks  centos7u2-1.xml  centos7u2-2.xml
```

其中包括了两个域的 XML 配置文件（centos7u2-1.xml 和 centos7u2-2.xml），这就是笔者用 virt-manager 工具创建的两个域，默认会将其配置文件保存到 /etc/libvirt/qemu/ 目录下。而其中的 networks 目录保存了创建一个域时默认使用的网络配置。

3. libvirtd 的使用

libvirtd 是一个作为 libvirt 虚拟化管理系统中的服务器端的守护程序，要让某个节点能够利用 libvirt 进行管理（无论是本地还是远程管理），都需要在这个节点上运行 libvirtd 这个守护进程，以便让其他上层管理工具可以连接到该节点，libvirtd 负责执行其他管理工具发送给它的虚拟化管理操作指令。而 libvirt 的客户端工具（包括 virsh、virt-manager 等）可以连接到本地或远程的 libvirtd 进程，以便管理节点上的客户机（启动、关闭、重启、迁移等）、收集节点上的宿主机和客户机的配置和资源使用状态。

在 RHEL 7.3 中，libvirtd 是作为一个服务（service）配置在系统中的，所以可以通过 systemctl 命令来对其进行操作（RHEL 6.x 等系统中使用 service 命令）。常用的操作方式有："systemctl start libvirtd" 命令表示启动 libvirtd，"systemctl restart libvirtd" 表示重启 libvirtd，"systemctl reload libvirtd" 表示不重启服务但重新加载配置文件（即 /etc/libvirt/libvirtd.conf 配置文件），"systemctl status libvirtd" 表示查询 libvirtd 服务的运行状态。对 libvirtd 服务进行操作的命令行演示如下：

```
[root@kvm-host ~]# systemctl start libvirtd
[root@kvm-host ~]#
[root@kvm-host ~]# systemctl reload  libvirtd
[root@kvm-host ~]#
[root@kvm-host ~]# systemctl status libvirtd
● libvirtd.service - Virtualization daemon
   Loaded: loaded (/usr/lib/systemd/system/libvirtd.service; enabled; vendor
       preset: enabled)
   Active: active (running) since Sun 2016-11-06 20:49:45 CST; 16s ago
     Docs: man:libvirtd(8)
           http://libvirt.org
  Process: 7387 ExecReload=/bin/kill -HUP $MAINPID (code=exited, status=0/SUCCESS)
 Main PID: 7170 (libvirtd)
   CGroup: /system.slice/libvirtd.service
           ├─2267 /sbin/dnsmasq --conf-file=/var/lib/libvirt/dnsmasq/default.
               conf --leasefile-ro --dhcp-script=/usr/...
```

```
           ├─2268 /sbin/dnsmasq --conf-file=/var/lib/libvirt/dnsmasq/default.
             conf --leasefile-ro --dhcp-script=/usr/...
           └─7170 /usr/sbin/libvirtd
[root@kvm-host ~]#
[root@kvm-host ~]# systemctl stop libvirtd
[root@kvm-host ~]#
[root@kvm-host ~]# systemctl status libvirtd
● libvirtd.service - Virtualization daemon
   Loaded: loaded (/usr/lib/systemd/system/libvirtd.service; enabled; vendor
       preset: enabled)

Active: inactive (dead) since Sun 2016-11-06 20:50:08 CST; 5s ago
```

在默认情况下，libvirtd 在监听一个本地的 Unix domain socket，而没有监听基于网络的 TCP/IP socket，需要使用“ -l 或 --listen”的命令行参数来开启对 libvirtd.conf 配置文件中 TCP/IP socket 的配置。另外，libvirtd 守护进程的启动或停止，并不会直接影响正在运行中的客户机。libvirtd 在启动或重启完成时，只要客户机的 XML 配置文件是存在的，libvirtd 会自动加载这些客户的配置，获取它们的信息。当然，如果客户机没有基于 libvirt 格式的 XML 文件来运行（例如直接使用 qemu 命令行来启动的客户机），libvirtd 则不能自动发现它。

libvirtd 是一个可执行程序，不仅可以使用“ systemctl”命令调用它作为服务来运行，而且可以单独地运行 libvirtd 命令来使用它。下面介绍几种 libvirtd 命令行的参数。

（1）-d 或 --daemon

表示让 libvirtd 作为守护进程（daemon）在后台运行。

（2）-f 或 --config *FILE*

指定 libvirtd 的配置文件为 *FILE*，而不是使用默认值（通常是 /etc/libvirt/libvirtd.conf ）。

（3）-l 或 --listen

开启配置文件中配置的 TCP/IP 连接。

（4）-p 或 --pid-file *FILE*

将 libvirtd 进程的 PID 写入 *FILE* 文件中，而不是使用默认值（通常是 /var/run/libvirtd.pid）。

（5）-t 或 --timeout *SECONDS*

设置对 libvirtd 连接的超时时间为 SECONDS 秒。

（6）-v 或 --verbose

执行命令输出详细的输出信息。特别是在运行出错时，详细的输出信息便于用户查找原因。

（7）--version

显示 libvirtd 程序的版本信息。

关于 libvirtd 命令的使用，几个简单的命令行操作演示如下：

```
#使用libvirtd 命令前，先停止已运行的服务
[root@kvm-host ~]# systemctl stop libvirtd

[root@kvm-host ~]# libvirtd --version
```

```
libvirtd (libvirt) 2.0.0

[root@kvm-host ~]# libvirtd
^C  #没有以daemon的形式启动，标准输出被libvirtd占用；这里用Ctrl+C组合键结束libvirtd进程，
    以便继续进行后续操作

[root@kvm-host ~]# libvirtd -l -d -p /root/libvirtd.pid
[root@kvm-host ~]# cat /root/libvirtd.pid
8136
```

4.1.3 libvirt 域的 XML 配置文件

在使用 libvirt 对虚拟化系统进行管理时，很多地方都是以 XML 文件作为配置文件的，包括客户机（域）的配置、宿主机网络接口配置、网络过滤、各个客户机的磁盘存储配置、磁盘加密、宿主机和客户机的 CPU 特性，等等。本节只针对客户机的 XML 进行较详细介绍，因为客户机的配置是最基本的和最重要的，了解了它之后就可以使用 libvirt 管理客户机了。

1. 客户机的 XML 配置文件格式的示例

在 libvirt 中，客户机（即域）的配置是采用 XML 格式来描述的。下面展示了笔者使用 virt-manager 创建的一个客户机的配置文件（即在 4.1.2 节中看到的 centos7u2-1.xml 文件），后面几节将会分析其中的主要配置项目。

```
<!--
WARNING: THIS IS AN AUTO-GENERATED FILE. CHANGES TO IT ARE LIKELY TO BE
OVERWRITTEN AND LOST. Changes to this xml configuration should be made using:
    virsh edit centos7u2-1
or other application using the libvirt API.
-->

<domain type='kvm'>
    <name>centos7u2-1</name>
    <uuid>2f6260bf-1283-4933-aaef-fa82148537ba</uuid>
    <memory unit='KiB'>2097152</memory>
    <currentMemory unit='KiB'>2097152</currentMemory>
    <vcpu placement='static'>2</vcpu>
    <os>
        <type arch='x86_64' machine='pc-i440fx-rhel7.0.0'>hvm</type>
        <boot dev='hd'/>
        <boot dev='cdrom'/>
    </os>
    <features>
        <acpi/>
        <apic/>
    </features>
    <cpu mode='custom' match='exact'>
        <model fallback='allow'>Haswell-noTSX</model>
```

```
</cpu>
<clock offset='utc'>
    <timer name='rtc' tickpolicy='catchup'/>
    <timer name='pit' tickpolicy='delay'/>
    <timer name='hpet' present='no'/>
</clock>
<on_poweroff>destroy</on_poweroff>
<on_reboot>restart</on_reboot>
<on_crash>restart</on_crash>
<pm>
    <suspend-to-mem enabled='no'/>
    <suspend-to-disk enabled='no'/>
</pm>
<devices>
    <emulator>/usr/libexec/qemu-kvm</emulator>
    <disk type='file' device='disk'>
        <driver name='qemu' type='qcow2' cache='none'/>
        <source file='/var/lib/libvirt/images/centos7u2.qcow2'/>
        <target dev='vda' bus='virtio'/>
        <address type='pci' domain='0x0000' bus='0x00' slot='0x07' function='0x0'/>
    </disk>
    <controller type='usb' index='0' model='ich9-ehci1'>
        <address type='pci' domain='0x0000' bus='0x00' slot='0x06' function=
            '0x7'/>
    </controller>
    <controller type='usb' index='0' model='ich9-uhci1'>
        <master startport='0'/>
        <address type='pci' domain='0x0000' bus='0x00' slot='0x06' function=
            '0x0' multifunction='on'/>
    </controller>
    <controller type='usb' index='0' model='ich9-uhci2'>
        <master startport='2'/>
        <address type='pci' domain='0x0000' bus='0x00' slot='0x06' function=
            '0x1'/>
    </controller>
    <controller type='usb' index='0' model='ich9-uhci3'>
        <master startport='4'/>
    <address type='pci' domain='0x0000' bus='0x00' slot='0x06' function='0x2'/>
        </controller>
    <controller type='pci' index='0' model='pci-root'/>
    <controller type='virtio-serial' index='0'>
        <address type='pci' domain='0x0000' bus='0x00' slot='0x05' function=
            '0x0'/>
    </controller>
    <interface type='network'>
        <mac address='52:54:00:36:32:aa'/>
        <source network='default'/>
        <model type='virtio'/>
        <address type='pci' domain='0x0000' bus='0x00' slot='0x03' function=
            '0x0'/>
    </interface>
```

```
        <serial type='pty'>
            <target port='0'/>
        </serial>
        <console type='pty'>
            <target type='serial' port='0'/>
        </console>
        <channel type='unix'>
            <source mode='bind' path='/var/lib/libvirt/qemu/channel/target/domain-
                centos7u2/org.qemu.guest_agent.0'/>
            <target type='virtio' name='org.qemu.guest_agent.0'/>
            <address type='virtio-serial' controller='0' bus='0' port='1'/>
        </channel>
        <channel type='spicevmc'>
            <target type='virtio' name='com.redhat.spice.0'/>
            <address type='virtio-serial' controller='0' bus='0' port='2'/>
        </channel>
        <input type='tablet' bus='usb'/>
        <input type='mouse' bus='ps2'/>
        <input type='keyboard' bus='ps2'/>
        <graphics type='vnc' port='-1' autoport='yes'/>
        <sound model='ich6'>
            <address type='pci' domain='0x0000' bus='0x00' slot='0x04' function=
                '0x0'/>
        </sound>
        <video>
            <model type='qxl' ram='65536' vram='65536' vgamem='16384' heads='1'/>
            <address type='pci' domain='0x0000' bus='0x00' slot='0x02' function=
                '0x0'/>
        </video>
        <redirdev bus='usb' type='spicevmc'>
        </redirdev>
        <redirdev bus='usb' type='spicevmc'>
        </redirdev>
        <memballoon model='virtio'>
            <address type='pci' domain='0x0000' bus='0x00' slot='0x08' function=
                '0x0'/>
        </memballoon>
    </devices>
</domain>
```

由上面的配置文件示例可以看到，在该域的XML文件中，所有有效配置都在<domain>和</domain>标签之间，这表明该配置文件是一个域的配置。（XML文档中的注释在两个特殊的标签之间，如<!-- 注释 -->。）

通过libvirt启动客户机，经过文件解析和命令参数的转换，最终也会调用qemu命令行工具来实际完成客户机的创建。用这个XML配置文件启动的客户机，它的qemu命令行参数是非常详细、非常冗长的一行。查询qemu命令行参数的操作如下：

```
[root@kvm-host ~]# ps -ef | grep qemu | grep centos7u2-1
qemu       5865      1 60 21:21 ?        00:00:13 /usr/libexec/qemu-kvm -name
```

```
centos7u2-1 -S -machine pc-i440fx-rhel7.0.0,accel=kvm,usb=off -cpu Haswell,-
rtm,-hle -m 2048 -realtime mlock=off -smp 2,sockets=2,cores=1,threads=1 -uuid
68ec2ee0-2f50-4189-bbfc-ac5d990fc93a -no-user-config -nodefaults -chardev
socket,id=charmonitor,path=/var/lib/libvirt/qemu/domain-centos7u2-1/monitor.
sock,server,nowait -mon chardev=charmonitor,id=monitor,mode=control -rtc
base=utc,driftfix=slew -global kvm-pit.lost_tick_policy=discard -no-hpet -no-
shutdown #... 省略了更多的命令行参数
```

这里 RHEL 7.3 系统中默认的 QEMU 工具为 /usr/libexec/qemu-kvm，与第 3 章中从源代码编译和安装的 qemu-system-x86_64 工具是类似的，它们的参数也基本一致（当然如果二者版本差异较大，参数和功能可能有一些不同）。对于 qemu 命令的这么多参数，本书其他章节中会介绍，本节主要针对域的 XML 配置文件进行介绍和分析。

2. CPU、内存、启动顺序等基本配置

（1）CPU 的配置

在前面介绍的 centos7u2-1.xml 配置文件中，关于 CPU 的配置如下：

```
<vcpu placement='static'>2</vcpu>
<features>
    <acpi/>
    <apic/>
</features>
<cpu mode='custom' match='exact'>
    <model fallback='allow'>Haswell-noTSX</model>
</cpu>
```

vcpu 标签，表示客户机中 vCPU 的个数，这里为 2。features 标签，表示 Hypervisor 为客户机打开或关闭 CPU 或其他硬件的特性，这里打开了 ACPI、APIC 等特性。当然，CPU 的基础特性是在 cpu 标签中定义的，这里是之前创建客户机时，libvirt 自动检测了 CPU 硬件平台，默认使用了 Haswell 的 CPU 给客户机。对于这里看到的 CPU 模型：Haswell-noTSX，可以在文件 /usr/share/libvirt/cpu_map.xml 中查看详细描述。该 CPU 模型中的特性（如 SSE2、LM、NX、TSC、AVX2、SMEP 等）也是该客户机可以看到和使用的特性。

对于 CPU 模型的配置，有以下 3 种模式。

1）custom 模式：就是这里示例中表示的，基于某个基础的 CPU 模型，再做个性化的设置。

2）host-model 模式：根据物理 CPU 的特性，选择一个与之最接近的标准 CPU 型号，如果没有指定 CPU 模式，默认也是使用这种模式。xml 配置文件为：<cpu mode='host-model' />。

3）host-passthrough 模式：直接将物理 CPU 特性暴露给虚拟机使用，在虚拟机上看到的完全就是物理 CPU 的型号。xml 配置文件为：<cpu mode='host-passthrough'/> 。

对 vCPU 的分配，可以有更细粒度的配置，如下：

```
<domain>
    ...
    <vcpu placement='static' cpuset="1-4,^3,6" current="1">2</vcpu>
    ...
</domain>
```

cpuset 表示允许到哪些物理 CPU 上执行，这里表示客户机的两个 vCPU 被允许调度到 1、2、4、6 号物理 CPU 上执行（^3 表示排除 3 号）；而 current 表示启动客户机时只给 1 个 vCPU，最多可以增加到使用 2 个 vCPU。

当然，libvirt 还提供 cputune 标签来对 CPU 的分配进行更多调节，如下：

```
<domain>
    ...
    <cputune>
        <vcpupin vcpu="0" cpuset="1"/>
        <vcpupin vcpu="1" cpuset="2,3"/>
        <vcpupin vcpu="2" cpuset="4"/>
        <vcpupin vcpu="3" cpuset="5"/>
        <emulatorpin cpuset="1-3"/>
        <shares>2048</shares>
        <period>1000000</period>
        <quota>-1</quota>
        <emulator_period>1000000</emulator_period>
        <emulator_quota>-1</emulator_quota>
    </cputune>
    ...
</domain>
```

这里只简单解释其中几个配置：vcpupin 标签表示将虚拟 CPU 绑定到某一个或多个物理 CPU 上，如"<vcpupin vcpu="2" cpuset="4"/>"表示客户机 2 号虚拟 CPU 被绑定到 4 号物理 CPU 上；"<emulatorpin cpuset="1-3"/>"表示将 QEMU emulator 绑定到 1~3 号物理 CPU 上。在不设置任何 vcpupin 和 cpuset 的情况下，客户机的虚拟 CPU 可能会被调度到任何一个物理 CPU 上去运行。"<shares>2048</shares>"表示客户机占用 CPU 时间的加权配置，一个配置为 2048 的域获得的 CPU 执行时间是配置为 1024 的域的两倍。如果不设置 shares 值，就会使用宿主机系统提供的默认值。

另外，还可以配置客户机的 NUMA 拓扑，以及让客户机针对宿主机 NUMA 的策略设置等，读者可参考 <numa> 标签和 <numatune> 标签。

（2）内存的配置

在该域的 XML 配置文件中，内存大小的配置如下：

```
<memory unit='KiB'>2097152</memory>
<currentMemory unit='KiB'>2097152</currentMemory>
```

可知，内存大小为 2 097 152KB（即 2GB），memory 标签中的内存表示客户机最大可使用的内存，currentMemory 标签中的内存表示启动时即分配给客户机使用的内存。在使用 QEMU/KVM 时，一般将二者设置为相同的值。

另外，内存的 ballooning 相关的配置包含在 devices 这个标签的 memballoon 子标签中，该标签配置了该客户机的内存气球设备，如下：

```
<memballoon model='virtio'>
    <address type='pci' domain='0x0000' bus='0x00' slot='0x08' function='0x0'/>
</memballoon>
```

该配置将为客户机分配一个使用 virtio-balloon 驱动的设备，以便实现客户机内存的 ballooning 调节。该设备在客户机中的 PCI 设备编号为 0000:00:08.0。

（3）客户机系统类型和启动顺序

客户机系统类型及其启动顺序在 os 标签中配置，如下：

```
<os>
    <type arch='x86_64' machine='pc-i440fx-rhel7.0.0'>hvm</type>
    <boot dev='hd'/>
    <boot dev='cdrom'/>
</os>
```

这样的配置表示客户机类型是 hvm 类型，HVM（hardware virtual machine，硬件虚拟机）原本是 Xen 虚拟化中的概念，它表示在硬件辅助虚拟化技术（Intel VT 或 AMD-V 等）的支持下不需要修改客户机操作系统就可以启动客户机。因为 KVM 一定要依赖于硬件虚拟化技术的支持，所以在 KVM 中，客户机类型应该总是 hvm，操作系统的架构是 x86_64，机器类型是 pc-i440fx-rhel7.0.0(这是 libvirt 中针对 RHEL 7 系统的默认类型，也可以根据需要修改为其他类型)。boot 选项用于设置客户机启动时的设备，这里有 hd（即硬盘）和 cdrom（光驱）两种，而且是按照硬盘、光驱的顺序启动的，它们在 XML 配置文件中的先后顺序即启动时的先后顺序。

3. 网络的配置

（1）桥接方式的网络配置

在域的 XML 配置中，使用桥接方式的网络的相关配置如下：

```
<devices>
    ...
    <interface type='bridge'>
        <mac address='52:54:00:e9:e0:3b'/>
        <source bridge='br0'/>
        <model type='virtio'/>
        <address type='pci' domain='0x0000' bus='0x00' slot='0x03' function='0x0'/>
    </interface>
    ...
</devices>
```

type='bridge' 表示使用桥接方式使客户机获得网络，address 用于配置客户机中网卡的 MAC 地址，<source bridge='br0'/> 表示使用宿主机中的 br0 网络接口来建立网桥，<model type='virtio'/> 表示在客户机中使用 virtio-net 驱动的网卡设备，也配置了该网卡在客户机中的 PCI 设备编号为 0000:00:03.0。

（2）NAT 方式的虚拟网络配置

在域的 XML 配置中，NAT 方式的虚拟网络的配置示例如下：

```
<devices>
    ...
    <interface type='network'>
        <mac address='52:54:00:32:7d:f6'/>
        <source network='default'/>
        <address type='pci' domain='0x0000' bus='0x00' slot='0x03' function='0x0'/>
    </interface>
    ...
</devices>
```

这里 type='network' 和 <source network='default'/> 表示使用 NAT 的方式，并使用默认的网络配置，客户机将会分配到 192.168.122.0/24 网段中的一个 IP 地址。当然，使用 NAT 必须保证宿主机中运行着 DHCP 和 DNS 服务器，一般默认使用 dnsmasq 软件查询。查询 DHCP 和 DNS 服务的运行的命令行如下：

```
[root@kvm-host ~]# ps -ef | grep dnsmasq
nobody    1863     1  0 Dec08 ?        00:00:03 /usr/sbin/dnsmasq --strict-order
    --bind-interfaces --pid-file=/var/run/libvirt/network/default.pid --conf-
    file= --except-interface lo --listen-address 192.168.122.1 --dhcp-range
    192.168.122.2,192.168.122.254 --dhcp-leasefile=/var/lib/libvirt/dnsmasq/
    default.leases --dhcp-lease-max=253 --dhcp-no-override
```

由于配置使用了默认的 NAT 网络配置，可以在 libvirt 相关的网络配置中看到一个 default.xml 文件（/etc/libvirt/qemu/networks/default.xml），它具体配置了默认的连接方式，如下：

```
<network>
    <name>default</name>
    <bridge name="virbr0" />
    <forward/>
    <ip address="192.168.122.1" netmask="255.255.255.0">
        <dhcp>
            <range start="192.168.122.2" end="192.168.122.254" />
        </dhcp>
    </ip>
</network>
```

在使用 NAT 时，查看宿主机中网桥的使用情况如下：

```
[root@kvm-host ~]# brctl show
bridge name     bridge id               STP enabled     interfaces
virbr0          8000.525400b45ba5       yes             virbr0-nic
                                                             vnet0
```

其中 vnet0 这个网络接口就是客户机和宿主机网络连接的纽带。

（3）用户模式网络的配置

在域的 XML 文件中，如下的配置即实现了使用用户模式的网络。

```
<devices>
    ...
    <interface type='user'>
```

```
        <mac address="00:11:22:33:44:55"/>
    </interface>
    ...
</devices>
```

其中，type='user' 表示该客户机的网络接口是用户模式网络，是完全由 QEMU 软件模拟的一个网络协议栈。在宿主机中，没有一个虚拟的网络接口连接到 virbr0 这样的网桥。

（4）网卡设备直接分配（VT-d）

在客户机的网络配置中，还可以采用 PCI/PCI-e 网卡将设备直接分配给客户机使用。关于设备直接分配的细节，可以参考 6.2 节中的介绍，本节只介绍其在 libvirt 中的配置方式。对于设备直接分配的配置在域的 XML 配置文件中有两种方式：一种是较新的方式，使用 <interface type='hostdev'/> 标签；另一种是较旧但支持设备很广泛的方式，直接使用 <hostdev> 标签。

<interface type='hostdev'/> 标签是较新的配置方式，目前仅支持 libvirt 0.9.11 以上的版本，而且仅支持 SR-IOV 特性中的 VF 的直接配置。在 <interface type='hostdev'/> 标签中，用 <driver name='vfio'/> 指定使用哪一种分配方式（默认是 VFIO，如果使用较旧的传统的 device assignment 方式，这个值可配为 'kvm'），用 <source> 标签来指示将宿主机中的哪个 VF 分配给宿主机使用，还可使用 <mac address='52:54:00:6d:90:02'> 来指定在客户机中看到的该网卡设备的 MAC 地址。一个示例配置如下所示，它表示将宿主机的 0000:08:10.0 这个 VF 网卡直接分配给客户机使用，并规定该网卡在客户机中的 MAC 地址为“52:54:00:6d:90:02”。

```
<devices>
    ...
    <interface type='hostdev'>
        <driver name='vfio'/>
        <source>
            <address type='pci' domain='0x0000' bus='0x08' slot='0x10' function=
                '0x0'/>
        </source>
        <mac address='52:54:00:6d:90:02'>
    </interface>
    ...
</devices>
```

在 <devices> 标签中使用 <hostdev> 标签来指定将网卡设备直接分配给客户机使用，这是较旧的配置方式，是 libvirt 0.9.11 版本之前对设备直接分配的唯一使用方式，而且对设备的支持较为广泛，既支持有 SR-IOV 功能的高级网卡的 VF 的直接分配，也支持无 SR-IOV 功能的普通 PCI 或 PCI-e 网卡的直接分配。这种方式并不支持对直接分配的网卡在客户机中的 MAC 地址的设置，在客户机中网卡的 MAC 地址与宿主机中看到的完全相同。在域的 XML 配置文件中，使用 <hostdev> 标签配置网卡设备直接分配的示例如下所示，它表示将宿主机中的 PCI 0000:08:00.0 设备直接分配给客户机使用。

```
<devices>
    ...
    <hostdev mode='subsystem' type='pci' managed='yes'>
        <source>
            <address domain='0x0000' bus='0x08' slot='0x00' function='0x0'/>
        </source>
    </hostdev>
    ...
</devices>
```

4. 存储的配置

在示例的域的 XML 配置文件中，关于客户机磁盘的配置如下：

```
<devices>
    ...
    <disk type='file' device='disk'>
        <driver name='qemu' type='qcow2' cache='none'/>
        <source file='/var/lib/libvirt/images/centos7u2.qcow2'/>
        <target dev='vda' bus='virtio'/>
        <address type='pci' domain='0x0000' bus='0x00' slot='0x07' function='0x0'/>
    </disk>
    ...
</devices>
```

上面的配置表示，使用 qcow2 格式的 centos7u2.qcow 镜像文件作为客户机的磁盘，其在客户机中使用 virtio 总线（使用 virtio-blk 驱动），设备名称为 /dev/vda，其 PCI 地址为 0000:00:07.0 。

<disk> 标签是客户机磁盘配置的主标签，其中包含它的属性和一些子标签。它的 type 属性表示磁盘使用哪种类型作为磁盘的来源，其取值为 file、block、dir 或 network 中的一个，分别表示使用文件、块设备、目录或网络作为客户机磁盘的来源。它的 device 属性表示让客户机如何来使用该磁盘设备，其取值为 floppy、disk、cdrom 或 lun 中的一个，分别表示软盘、硬盘、光盘和 LUN（逻辑单元号），默认值为 disk（硬盘）。

在 <disk> 标签中可以配置许多子标签，这里仅简单介绍一下上面示例中出现的几个重要的子标签。<driver> 子标签用于定义 Hypervisor 如何为该磁盘提供驱动，它的 name 属性用于指定宿主机中使用的后端驱动名称，QEMU/KVM 仅支持 name='qemu' ，但是它支持的类型 type 可以是多种，包括 raw、qcow2、qed、bochs 等。而这里的 cache 属性表示在宿主机中打开该磁盘时使用的缓存方式，可以配置为 default、none、writethrough、writeback、directsync 和 unsafe 等多种模式。在 5.4.1 节中已经详细地介绍过磁盘缓存的各种配置方式的区别。

<source> 子标签表示磁盘的来源，当 <disk> 标签的 type 属性为 file 时，应该配置为 <source file='/var/lib/libvirt/images/centos7u2-1.img'/> 这样的模式，而当 type 属性为 block 时，应该配置为 <source dev='/dev/sda'/> 这样的模式。

<target> 子标签表示将磁盘暴露给客户机时的总线类型和设备名称。其 dev 属性表示在客户机中该磁盘设备的逻辑设备名称，而 bus 属性表示该磁盘设备被模拟挂载的总线类型，bus 属性的值可以为 ide、scsi、virtio、xen、usb、sata 等。如果省略了 bus 属性，libvirt 则会根据 dev 属性中的名称来"推测"bus 属性的值，例如，sda 会被推测是 scsi ，而 vda 被推测是 virtio。

<address> 子标签表示该磁盘设备在客户机中的 PCI 总线地址，这个标签在前面网络配置中也是多次出现的，如果该标签不存在，libvirt 会自动分配一个地址。

5. 其他配置简介

（1）域的配置

在域的整个 XML 配置文件中，<domain> 标签是范围最大、最基本的标签，是其他所有标签的根标签。在示例的域的 XML 配置文件中，<domain> 标签的配置如下：

```
<domain type='kvm'>
    ...
</domain>
```

在 <domain> 标签中可以配置两个属性：一个是 type，用于表示 Hypervisor 的类型，可选的值为 xen、kvm、qemu、lxc、kqemu、VMware 中的一个；另一个是 id ，其值是一个数字，用于在该宿主机的 libvirt 中唯一标识一个运行着的客户机，如果不设置 id 属性，libvirt 会按顺序分配一个最小的可用 ID。

（2）域的元数据配置

在域的 XML 文件中，有一部分是用于配置域的元数据（meta data）。元数据用于表示域的属性（用于区别其他的域）。在示例的域的 XML 文件中，元数据的配置如下：

```
<name>centos7u2-1</name>
<uuid>2f6260bf-1283-4933-aaef-fa82148537ba</uuid>
```

其中，name 用于表示该客户机的名称，uuid 是唯一标识该客户机的 UUID。在同一个宿主机上，各个客户机的名称和 UUID 都必须是唯一的。

当然，域的元数据还有其他很多配置，例如 Xen 上的一个域的元数据配置如下：

```
<domain type='xen' id='3'>
    <name>fv0</name>
    <uuid>4dea22b31d52d8f32516782e98ab3fa0</uuid>
    <title>A short description - title - of the domain</title>
    <description>Some human readable description</description>
    <metadata>
        <app1:foo xmlns:app1="http://app1.org/app1/">..</app1:foo>
        <app2:bar xmlns:app2="http://app1.org/app2/">..</app2:bar>
    </metadata>
    ...
</domain>
```

（3）QEMU 模拟器的配置

在域的配置文件中，需要制定使用的设备模型的模拟器，在 emulator 标签中配置模拟器的绝对路径。在示例的域的 XML 文件中，模拟器的配置如下：

```
<devices>
    <emulator>/usr/libexec/qemu-kvm</emulator>
    ...
</devices>
```

假设自己编译了一个最新的 QEMU，要使用自己编译的 QEMU 作为模拟器，只需要将这里修改为 /usr/local/bin/qemu-system-x86_64 即可。不过，创建客户机时可能会遇到如下的错误信息：

```
[root@kvm-host ~]# virsh create rhel7u2-1.xml
error: Failed to create domain from rhel7u2-1.xml
error: internal error Process exited while reading console log output: Supported
    machines are:
pc                   Standard PC (alias of pc-1.1)
pc-1.1               Standard PC (default)
pc-1.0               Standard PC
pc-0.15              Standard PC
pc-0.14              Standard PC
pc-0.13              Standard PC
```

这是因为自己编译的 qemu-system-x86_64 并不支持配置文件中的 pc-i440fx-rhel7.0.0 机器类型。做如下修改即可解决这个问题：

```
<type arch='x86_64' machine='pc'>hvm</type>
```

（4）图形显示方式

在示例的域的 XML 文件中，对连接到客户机的图形显示方式的配置如下：

```
<devices>
    ...
    <graphics type='vnc' port='-1' autoport='yes'/>
    ...
</devices>
```

这表示通过 VNC 的方式连接到客户机，其 VNC 端口为 libvirt 自动分配。

也可以支持其他多种类型的图形显示方式，以下就配置了 SDL、VNC、RDP、SPICE 等多种客户机显示方式。

```
<devices>
    ...
    <graphics type='sdl' display=':0.0'/>
    <graphics type='vnc' port='5904'>
        <listen type='address' address='1.2.3.4'/>
    </graphics>
    <graphics type='rdp' autoport='yes' multiUser='yes' />
```

```
    <graphics type='desktop' fullscreen='yes'/>
    <graphics type='spice'>
        <listen type='network' network='rednet'/>
    </graphics>
    ...
</devices>
```

(5)客户机声卡和显卡的配置

在示例的域的 XML 文件中，该客户机的声卡和显卡的配置如下：

```
<devices>
    ...
    <sound model='ich6'>
        <address type='pci' domain='0x0000' bus='0x00' slot='0x04' function='0x0'/>
    </sound>
        <video>
        <model type='qxl' ram='65536' vram='65536' vgamem='16384' heads='1'/>
        <address type='pci' domain='0x0000' bus='0x00' slot='0x02' function='0x0'/>
    </video>
...
</devices>
```

<sound> 标签表示的是声卡配置，其中 model 属性表示为客户机模拟出来的声卡的类型，其取值为 es1370、sb16、ac97 和 ich6 中的一个。

<video> 标签表示的是显卡配置，其中 <model> 子标签表示为客户机模拟的显卡的类型，它的类型（type）属性可以为 vga、cirrus、vmvga、xen、vbox、qxl 中的一个，vram 属性表示虚拟显卡的显存容量（单位为 KB），heads 属性表示显示屏幕的序号。本示例中，KVM 客户机的显卡的配置为 qxl 类型、显存为 65536（即 64 MB）、使用在第 1 号屏幕上。

(6)串口和控制台

串口和控制台是非常有用的设备，特别是在调试客户机的内核或遇到客户机宕机的情况下，一般都可以在串口或控制台中查看到一些利于系统管理员分析问题的日志信息。在示例的域的 XML 文件中，客户机串口和控制台的配置如下：

```
<devices>
    ...
    <serial type='pty'>
        <target port='0'/>
    </serial>
    <console type='pty'>
        <target type='serial' port='0'/>
    </console>
    ...
</devices>
```

设置了客户机的编号为 0 的串口（即 /dev/ttyS0），使用宿主机中的伪终端（pty），由于这里没有指定使用宿主机中的哪个虚拟终端，因此 libvirt 会自己选择一个空闲的虚拟终端（可能为 /dev/pts/ 下的任意一个）。当然也可以加上 <source path='/dev/pts/1'/> 配置来明确指定使用宿主机中的哪一个虚拟终端。在通常情况下，控制台（console）配置在客户机中的类型为 'serial'，此时，如果没有配置串口（serial），则会将控制台的配置复制到串口配置中，如果已经配置了串口（本例即是如此），则 libvirt 会忽略控制台的配置项。

当然为了让控制台有输出信息并且能够与客户机交互，也需在客户机中配置将信息输出到串口，如在 Linux 客户机内核的启动行中添加 “console=ttyS0” 这样的配置。在 9.5.2 节对 -serial 参数的介绍中有更多和串口配置相关的内容。

（7）输入设备

在示例的 XML 文件中，在客户机图形界面下进行交互的输入设备的配置如下：

```
<devices>
    ...
    <input type='tablet' bus='usb'/>
    <input type='mouse' bus='ps2'/>
    <input type='keyboard' bus='ps2'/>
    ...
</devices>
```

这里的配置会让 QEMU 模拟 PS2 接口的鼠标和键盘，还提供了 tablet 这种类型的设备，让光标可以在客户机获取绝对位置定位。在 5.6.3 节中将介绍 tablet 设备的使用及其带来的好处。

（8）PCI 控制器

根据客户机架构的不同，libvirt 默认会为客户机模拟一些必要的 PCI 控制器（而不需要在 XML 配置文件中指定），而一些 PCI 控制器需要显式地在 XML 配置文件中配置。在示例的域的 XML 文件中，一些 PCI 控制器的配置如下：

```
<controller type='usb' index='0' model='ich9-ehci1'>
    <address type='pci' domain='0x0000' bus='0x00' slot='0x06' function='0x7'/>
</controller>
<controller type='usb' index='0' model='ich9-uhci1'>
    <master startport='0'/>
    <address type='pci' domain='0x0000' bus='0x00' slot='0x06' function='0x0'
        multifunction='on'/>
</controller>
<controller type='usb' index='0' model='ich9-uhci2'>
    <master startport='2'/>
    <address type='pci' domain='0x0000' bus='0x00' slot='0x06' function='0x1'/>
</controller>
<controller type='usb' index='0' model='ich9-uhci3'>
    <master startport='4'/>
    <address type='pci' domain='0x0000' bus='0x00' slot='0x06' function='0x2'/>
</controller>
<controller type='pci' index='0' model='pci-root'/>
<controller type='virtio-serial' index='0'>
    <address type='pci' domain='0x0000' bus='0x00' slot='0x05' function='0x0'/>
</controller>
```

这里显式指定了 4 个 USB 控制器、1 个 pci-root 和 1 个 virtio-serial 控制器。libvirt 默认还会为客户机分配一些必要的 PCI 设备，如 PCI 主桥（Host bridge）、ISA 桥等。使用示例的域的 XML 配置文件启动客户机，在客户机中查看到的 PCI 信息如下：

```
[root@rhel7u2-1 ~]# lspci
00:00.0 Host bridge: Intel Corporation 440FX - 82441FX PMC [Natoma] (rev 02)
00:01.0 ISA bridge: Intel Corporation 82371SB PIIX3 ISA [Natoma/Triton II]
00:01.1 IDE interface: Intel Corporation 82371SB PIIX3 IDE [Natoma/Triton II]
00:01.3 Bridge: Intel Corporation 82371AB/EB/MB PIIX4 ACPI (rev 03)
00:02.0 VGA compatible controller: Redhat, Inc. QXL paravirtual graphic card (rev 04)
00:03.0 Ethernet controller: Redhat, Inc Virtio network device
00:04.0 Audio device: Intel Corporation 82801FB/FBM/FR/FW/FRW (ICH6 Family) High
    Definition Audio Controller (rev 01)
00:05.0 Communication controller: Redhat, Inc Virtio console
00:06.0 USB controller: Intel Corporation 82801I (ICH9 Family) USB UHCI
    Controller #1 (rev 03)
00:06.1 USB controller: Intel Corporation 82801I (ICH9 Family) USB UHCI
    Controller #2 (rev 03)
00:06.2 USB controller: Intel Corporation 82801I (ICH9 Family) USB UHCI
    Controller #3 (rev 03)
00:06.7 USB controller: Intel Corporation 82801I (ICH9 Family) USB2 EHCI
    Controller #1 (rev 03)
00:07.0 SCSI storage controller: Redhat, Inc Virtio block device
00:08.0 Unclassified device [00ff]: Redhat, Inc Virtio memory balloon
```

4.1.4 libvirt API 简介

libvirt 的核心价值和主要目标就是提供一套管理虚拟机的、稳定的、高效的应用程序接口（API）。libvirt API[⊖]本身是用 C 语言实现的，本节以其提供的最核心的 C 语言接口的 API 为例进行简单的介绍。

libvirt API 大致可划分为如下 8 个部分。

1）**连接 Hypervisor 相关的 API**：以 virConnect 开头的一系列函数。

只有在与 Hypervisor 建立连接之后，才能进行虚拟机管理操作，所以连接 Hypervisor 的 API 是其他所有 API 使用的前提条件。与 Hypervisor 建立的连接为其他 API 的执行提供了路径，是其他虚拟化管理功能的基础。通过调用 virConnectOpen 函数可以建立一个连接，其返回值是一个 virConnectPtr 对象，该对象就代表到 Hypervisor 的一个连接；如果连接出错，则返回空值（NULL）。而 virConnectOpenReadOnly 函数会建立一个只读的连接，在该连接上可以使用一些查询的功能，而不使用创建、修改等功能。virConnectOpenAuth 函数提供了根据认证建立的连接。virConnectGetCapabilities 函数返回对 Hypervisor 和驱动的功能描述的 XML 格式的字符串。virConnectListDomains 函数返回一列域标识符，它们代表该 Hypervisor 上的活动域。

⊖ libvirt 官方网站上关于 libvirt API 的详细描述：http://libvirt.org/html/libvirt-libvirt.html。

2）**域管理的 API**：以 virDomain 开头的一系列函数。

虚拟机最基本的管理职能就是对各个节点上的域的管理，故在 libvirt API 中实现了很多针对域管理的函数。要管理域，首先要获取 virDomainPtr 这个域对象，然后才能对域进行操作。有很多种方式来获取域对象，如 virDomainPtr virDomainLookupByID (virConnectPtr conn, int id) 函数是根据域的 id 值到 conn 这个连接上去查找相应的域。类似的，virDomainLookupByName、virDomainLookupByUUID 等函数分别是根据域的名称和 UUID 去查找相应的域。在得到某个域的对象后，就可以进行很多操作，可以查询域的信息（如 virDomainGetHostname、virDomainGetInfo、virDomainGetVcpus、virDomainGetVcpusFlags、virDomainGetCPUStats 等），也可以控制域的生命周期（如 virDomainCreate、virDomainSuspend、virDomainResume、virDomainDestroy、virDomainMigrate 等）。

3）**节点管理的 API**：以 virNode 开头的一系列函数。

域运行在物理节点之上，libvirt 也提供了对节点进行信息查询和控制的功能。节点管理的多数函数都需要使用一个连接 Hypervisor 的对象作为其中的一个传入参数，以便可以查询或修改该连接上的节点信息。virNodeGetInfo 函数是获取节点的物理硬件信息，virNodeGetCPUStats 函数可以获取节点上各个 CPU 的使用统计信息，virNodeGetMemoryStats 函数可以获取节点上的内存的使用统计信息，virNodeGetFreeMemory 函数可以获取节点上可用的空闲内存大小。还有一些设置或者控制节点的函数，如 virNodeSetMemoryParameters 函数可以设置节点上的内存调度的参数，virNodeSuspendForDuration 函数可以让节点（宿主机）暂停运行一段时间。

4）**网络管理的 API**：以 virNetwork 开头的一系列函数和部分以 virInterface 开头的函数。

libvirt 也对虚拟化环境中的网络管理提供了丰富的 API。libvirt 首先需要创建 virNetworkPtr 对象，然后才能查询或控制虚拟网络。查询网络相关信息的函数有，virNetworkGetName 函数可以获取网络的名称，virNetworkGetBridgeName 函数可以获取该网络中网桥的名称，virNetworkGetUUID 函数可以获取网络的 UUID 标识，virNetworkGetXMLDesc 函数可以获取网络的以 XML 格式的描述信息，virNetworkIsActive 函数可以查询网络是否正在使用中。控制或更改网络设置的函数有，virNetworkCreateXML 函数可以根据提供的 XML 格式的字符串创建一个网络（返回 virNetworkPtr 对象），virNetworkDestroy 函数可以销毁一个网络（同时也会关闭使用该网络的域），virNetworkFree 函数可以回收一个网络（但不会关闭正在运行的域），virNetworkUpdate 函数可根据提供 XML 格式的网络配置来更新一个已存在的网络。另外，virInterfaceCreate、virInterfaceFree、virInterfaceDestroy、virInterfaceGetName、virInterfaceIsActive 等函数可以用于创建、释放和销毁网络接口，以及查询网络接口的名称和激活状态。

5）**存储卷管理的 API**：以 virStorageVol 开头的一系列函数。

libvirt 对存储卷（volume）的管理主要是对域的镜像文件的管理，这些镜像文件的格式可能是 raw、qcow2、vmdk、qed 等。libvirt 对存储卷的管理，首先需要创建 virStorageVolPtr

这个存储卷对象，然后才能对其进行查询或控制操作。libvirt 提供了 3 个函数来分别通过不同的方式来获取存储卷对象，如 virStorageVolLookupByKey 函数可以根据全局唯一的键值来获得一个存储卷对象，virStorageVolLookupByName 函数可以根据名称在一个存储资源池（storage pool）中获取一个存储卷对象，virStorageVolLookupByPath 函数可以根据它在节点上的路径来获取一个存储卷对象。有一些函数用于查询存储卷的信息，如 virStorageVolGetInfo 函数可以查询某个存储卷的使用情况，virStorageVolGetName 函数可以获取存储卷的名称，virStorageVolGetPath 函数可以获取存储卷的路径，virStorageVolGetConnect 函数可以查询存储卷的连接。一些函数用于创建和修改存储卷，如 virStorageVolCreateXML 函数可以根据提供的 XML 描述来创建一个存储卷，virStorageVolFree 函数可以释放存储卷的句柄（但是存储卷依然存在），virStorageVolDelete 函数可以删除一个存储卷，virStorageVolResize 函数可以调整存储卷的大小。

6）**存储池管理的 API**：以 virStoragePool 开头的一系列函数。

libvirt 对存储池（pool）的管理包括对本地的基本文件系统、普通网络共享文件系统、iSCSI 共享文件系统、LVM 分区等的管理。libvirt 需要基于 virStoragePoolPtr 这个存储池对象才能进行查询和控制操作。一些函数可以通过查询获取一个存储池对象，如 virStoragePoolLookupByName 函数可以根据存储池的名称来获取一个存储池对象，virStoragePoolLookupByVolume 可以根据一个存储卷返回其对应的存储池对象。virStoragePoolCreateXML 函数可以根据 XML 描述来创建一个存储池（默认已激活），virStoragePoolDefineXML 函数可以根据 XML 描述信息静态地定义一个存储池（尚未激活），virStorage PoolCreate 函数可以激活一个存储池。virStoragePoolGetInfo、virStoragePoolGetName、virStoragePoolGetUUID 函数可以分别获取存储池的信息、名称和 UUID 标识。virStoragePool IsActive 函数可以查询存储池状态是否处于使用中，virStoragePoolFree 函数可以释放存储池相关的内存（但是不改变其在宿主机中的状态），virStoragePoolDestroy 函数可以用于销毁一个存储池（但并没有释放 virStoragePoolPtr 对象，之后还可以用 virStoragePoolCreate 函数重新激活它），virStoragePoolDelete 函数可以物理删除一个存储池资源（该操作不可恢复）。

7）**事件管理的 API**：以 virEvent 开头的一系列函数。

libvirt 支持事件机制，在使用该机制注册之后，可以在发生特定的事件（如域的启动、暂停、恢复、停止等）时得到自己定义的一些通知。

8）**数据流管理的 API**：以 virStream 开头的一系列函数。

libvirt 还提供了一系列函数用于数据流的传输。

对于 libvirt API 一些细节的使用方法和实现原理，可以参考其源代码。

4.1.5 建立到 Hypervisor 的连接

要使用 libvirt API 进行虚拟化管理，就必须先建立到 Hypervisor 的连接，因为有了连接才能管理节点、Hypervisor、域、网络等虚拟化中的要素。本节就介绍一下建立到 Hypervisor

连接的一些方式。

对于一个libvirt连接，可以使用简单的客户端-服务器端（C/S）的架构模式来解释，一个服务器端运行着Hypervisor，一个客户端去连接服务器端的Hypervisor，然后进行相应的虚拟化管理。当然，如果通过libvirt API实现本地的管理，则客户端和服务器端都在同一个节点上，并不依赖于网络连接。一般来说（如基于QEMU/KVM的虚拟化方案），不管是基于libvirt API的本地管理还是远程管理，在服务器端的节点上，除了需要运行相应的Hypervisor以外，还需要让libvirtd这个守护进程处于运行中的状态，以便让客户端连接到libvirtd，从而进行管理操作。不过，也并非所有的Hypervisor都需要运行libvirtd守护进程，比如VMware ESX/ESXi就不需要在服务器端运行libvirtd，依然可以通过libvirt客户端以另外的方式[1]连接到VMware。

由于支持多种Hypervisor，libvirt需要通过唯一的标识来指定如何才能准确地连接到本地或远程的Hypervisor。为了达到这个目的，libvirt使用了在互联网应用中广泛使用的URI[2]（Uniform Resource Identifier，统一资源标识符）来标识到某个Hypervisor的连接。libvirt中连接的标识符URI，其本地URI和远程URI有一些区别，下面分别介绍一下它们的使用方式。

1. 本地URI

在libvirt的客户端使用本地的URI连接本系统范围内的Hypervisor，本地URI的一般格式如下：

```
driver[+transport]:///[path][?extral-param]
```

其中，driver是连接Hypervisor的驱动名称（如qemu、xen、xbox、lxc等），transport是选择该连接所使用的传输方式（可以为空，也可以是“unix”这样的值），path是连接到服务器端上的某个路径，?extral-param是可以额外添加的一些参数（如Unix domain sockect的路径）。

在libvirt中KVM使用QEMU驱动。QEMU驱动是一个多实例的驱动，它提供了一个系统范围内的特权驱动（即“system”实例）和一个用户相关的非特权驱动（即“session”实例）。通过“qemu:///session”这样的URI可以连接到一个libvirtd非特权实例，但是这个实例必须是与本地客户端的当前用户和用户组相同的实例，也就说，根据客户端的当前用户和用户组去服务器端寻找对应用户下的实例。在建立session连接后，可以查询和控制的域或其他资源都仅仅是在当前用户权限范围内的，而不是整个节点上的全部域或其他资源。而使用“qemu:///system”这样的URI连接到libvirtd实例，是需要系统特权账号“root”权

[1] 关于VMware的API、驱动和libvirt客户端连接VMWare的介绍，可以参考：http://libvirt.org/drvesx.html。

[2] URI是一个字符序列，它用于唯一标识Web上抽象的或物理的资源。读者比较熟悉的在浏览器中输入的URL就属于URI中的一种表现形式。URI包括统一资源名称（URN）和统一资源定位器（URL）。关于URI的语法标准，可以参考RFC3986规范文档：http://www.ietf.org/rfc/rfc3986.txt。

限的。在建立system连接后，由于它是具有最大权限的，因此可以查询和控制整个节点范围内的域，还可以管理该节点上特权用户才能管理的块设备、PCI设备、USB设备、网络设备等系统资源。一般来说，为了方便管理，在公司内网范围内建立到system实例的连接进行管理的情况比较常见，当然为了安全考虑，赋予不同用户不同的权限就可以使用建立到session实例的连接。

在libvirt中，本地连接QEMU/KVM的几个URI示例如下：

- qemu:///session：连接到本地的session实例，该连接仅能管理当前用户的虚拟化资源。
- qemu+unix:///session：以Unix domain sockect的方式连接到本地的session实例，该连接仅能管理当前用户的虚拟化资源。
- qemu:///system：连接到本地的system实例，该连接可以管理当前节点的所有特权用户可以管理的虚拟化资源。
- qemu+unix:///system：以Unix domain sockect的方式连接到本地的system实例，该连接可以管理当前节点的所有特权用户可以管理的虚拟化资源。

2. 远程URI

除了本地管理，libvirt还提供了非常方便的远程的虚拟化管理功能。libvirt可以使用远程URI来建立到网络上的Hypervisor的连接。远程URI和本地URI是类似的，只是会增加用户名、主机名（或IP地址）和连接端口来连接到远程的节点。远程URI的一般格式如下：

```
driver[+transport]://[user@][host][:port]/[path][?extral-param]
```

其中，transport表示传输方式，其取值可以是ssh、tcp、libssh2等；user表示连接远程主机使用的用户名，host表示远程主机的主机名或IP地址，port表示连接远程主机的端口。其余参数的意义与本地URI中介绍的完全一样。

在远程URI连接中，也存在使用system实例和session实例两种方式，这二者的区别和用途，与本地URI中介绍的内容是完全一样的。

在libvirt中，远程连接QEMU/KVM的URI示例如下：

- qemu+ssh://root@example.com/system：通过ssh通道连接到远程节点的system实例，具有最大的权限来管理远程节点上的虚拟化资源。建立该远程连接时，需要经过ssh的用户名和密码验证或者基于密钥的验证。
- qemu+ssh://user@example.com/session：通过ssh通道连接到远程节点的使用user用户的session实例，该连接仅能对user用户的虚拟化资源进行管理，建立连接时同样需要经过ssh的验证。
- qemu://example.com/system：通过建立加密的TLS连接与远程节点的system实例相连接，具有对该节点的特权管理权限。在建立该远程连接时，一般需要经过TLS x509安全协议的证书验证。

- qemu+tcp://example.com/system ：通过建立非加密的普通 TCP 连接与远程节点的 system 实例相连接，具有对该节点的特权管理权限。在建立该远程连接时，一般需要经过 SASL/ Kerberos 认证授权。

3. 使用 URI 建立到 Hypervisor 的连接

在某个节点启动 libvirtd 后，一般在客户端都可以通过 ssh 方式连接到该节点。而 TLS 和 TCP 等连接方式却不一定都处于开启可用状态，如 RHEL 7.3 系统中的 libvirtd 服务在启动时就默认没有打开 TLS 和 TCP 这两种连接方式。关于 libvirtd 的配置可以参考 4.1.2 节中的介绍。而在服务器端的 libvirtd 打开了 TLS 和 TCP 连接方式，也需要一些认证方面的配置，当然也可直接关闭认证功能（这样不安全），可以参考 libvirtd.conf 配置文件。

我们看到，URI 这个标识还是比较复杂的，特别是在管理很多远程节点时，需要使用很多的 URI 连接。为了简化系统管理的复杂程度，可以在客户端的 libvirt 配置文件中为 URI 命名别名，以方便记忆，这在 4.1.2 节中已经介绍过了。

在 4.1.4 节中已经介绍过，libvirt 使用 virConnectOpen 函数来建立到 Hypervisor 的连接，所以 virConnectOpen 函数就需要一个 URI 作为参数。而当传递给 virConnectOpen 的 URI 为空值（NULL）时，libvirt 会依次根据如下 3 条规则去决定使用哪一个 URI。

1）试图使用 LIBVIRT_DEFAULT_URI 这个环境变量。

2）试用使用客户端的 libvirt 配置文件中的 uri_default 参数的值。

3）依次尝试用每个 Hypervisor 的驱动去建立连接，直到能正常建立连接后即停止尝试。

当然，如果这 3 条规则都不能够让客户端 libvirt 建立到 Hypervisor 的连接，就会报出建立连接失败的错误信息（“failed to connect to the hypervisor”）。

在使用 virsh 这个 libvirt 客户端工具时，可以用“-c”或“--connect”选项来指定建立到某个 URI 的连接。只有连接建立之后，才能够操作。使用 virsh 连接到本地和远程的 Hypervisor 的示例如下：

```
[root@kvm-host ~]# virsh -c qemu:///system
Welcome to virsh, the virtualization interactive terminal.
virsh # list
 Id    Name                           State
----------------------------------------------------
 1     rhel7u1-1                      running
 2     rhel7u2-2                      running

virsh # quit

[root@kvm-host ~]# virsh -c qemu+ssh://root@192.168.158.31/system
root@192.168.158.31's password:
Welcome to virsh, the virtualization interactive terminal.

Type:  'help' for help with commands
       'quit' to quit
```

```
virsh # list
 Id    Name                           State
----------------------------------------------------
 1     rhel7u2-remote                 running

virsh # quit
```

其实，除了针对 QEMU、Xen、LXC 等真实 Hypervisor 的驱动之外，libvirt 自身还提供了一个名叫“test”的傀儡 Hypervisor 及其驱动程序。test Hypervisor 是在 libvirt 中仅仅用于测试和命令学习的目的，因为在本地的和远程的 Hypervisor 都连接不上（或无权限连接）时，test 这个 Hypervisor 却一直都会处于可用状态。使用 virsh 连接到 test Hypervisor 的示例操作如下：

```
[root@kvm-host ~]# virsh -c test:///default list
 Id    Name                           State
----------------------------------------------------
 1     test                           running

[root@kvm-host ~]# virsh -c test:///default
Welcome to virsh, the virtualization interactive terminal.

Type:  'help' for help with commands
       'quit' to quit

virsh # list
 Id    Name                           State
----------------------------------------------------
 1     test                           running

virsh # quit
```

4.1.6 libvirt API 使用示例

经过前面几节对 libvirt 的配置、编译、API、建立连接等内容的介绍，相信大家对 libvirt 已经有了大致的了解。学习 API 的最好方法就是通过代码来调用 API 实现几个小功能，所以本节主要通过两个示例来分别演示如何调用 libvirt 的由 C 语言和 Python 语言绑定的 API。

1. libvirt 的 C API 的使用

在使用 libvirt API 之前，必须要在远程或本地的节点上启动 libvirtd 守护进程。在使用 libvirt 的客户端前，先安装 libvirt-devel 软件包。本次示例中安装的是 RHEL 7.3 自带的 libvirt-devel 软件包，如下：

```
[root@kvm-host ~]# rpm -q libvirt-devel
libvirt-devel-2.0.0-4.el7.x86_64
```

如下一个简单的 C 程序（文件名为 dominfo.c）就是通过调用 libvirt 的 API 来查询一些关于某个域的信息。该示例程序比较简单易懂，它仅仅是使用 libvirt API 的一个演示程序，这里不做过多的介绍。不过，这里有三点需要注意：

1）需要在示例代码的开头引入 <libvirt/libvirt.h> 这个头文件；

2）由于只是实现查询信息的功能，所以可以使用 virConnectOpenReadOnly 来建立只读连接；

3）这里使用了空值（NULL）作为 URI，是让 libvirt 自动根据 4.1.5 节中介绍的默认规则去建立到 Hypervisor 的连接。这里由于本地已经运行了 libvirtd 守护进程，并启动了两个 QEMU/KVM 客户机，所以它默认会建立到 QEMU/KVM 的连接。

```
/**
 * Get domain information via libvirt C API.
 * Tested with libvirt-devel-2.0.0 on a RHEL 7.3 host system.
 */

#include <stdio.h>
#include <libvirt/libvirt.h>

int getDomainInfo(int id) {
    virConnectPtr conn = NULL; /* the hypervisor connection */
    virDomainPtr dom = NULL;   /* the domain being checked */
    virDomainInfo info;        /* the information being fetched */

    /* NULL means connect to local QEMU/KVM hypervisor */
    conn = virConnectOpenReadOnly(NULL);
    if (conn == NULL) {
        fprintf(stderr, "Failed to connect to hypervisor\n");
        return 1;
    }

    /* Find the domain by its ID */
    dom = virDomainLookupByID(conn, id);
    if (dom == NULL) {
        fprintf(stderr, "Failed to find Domain %d\n", id);
        virConnectClose(conn);
        return 1;
    }

    /* Get virDomainInfo structure of the domain */
    if (virDomainGetInfo(dom, &info) < 0) {
        fprintf(stderr, "Failed to get information for Domain %d\n", id);
        virDomainFree(dom);
        virConnectClose(conn);
        return 1;
    }

    /* Print some info of the domain */
```

```
    printf("Domain ID: %d\n", id);
    printf("    vCPUs: %d\n", info.nrVirtCpu);
    printf("   maxMem: %d KB\n", info.maxMem);
    printf("   memory: %d KB\n", info.memory);

    if (dom != NULL)
            virDomainFree(dom);
    if (conn != NULL)
        virConnectClose(conn);

    return 0;
}

int main(int argc, char **argv)
{
    int dom_id = 3;
    printf("-----Get domain info by ID via libvirt C API -----\n");
    getDomainInfo(dom_id);
    return 0;
}
```

在获得 dominfo.c 这个示例程序之后，用 virsh 命令查看当前节点中的情况，再编译和运行这个示例程序去查询一些域的信息。将二者得到的一些信息进行对比，可以发现得到的信息是匹配的。命令行操作如下：

```
[root@kvm-host kvm_demo]# virsh list
 Id    Name                           State
----------------------------------------------------
 3     kvm-guest                      running

[root@kvm-host kvm_demo]# virsh dommemstat 3
actual 1048576
rss 680228

[root@kvm-host kvm_demo]# virsh vcpucount 3
maximum      config         2
maximum      live           2
current      config         2
current      live           2

[root@kvm-host kvm_demo]# gcc dominfo.c -o dominfo -lvirt

[root@kvm-host kvm_demo]# ./dominfo
-----Get domain info by ID via libvirt C API -----
Domain ID: 3
    vCPUs: 2
    maxMem: 1048576 KB
    memory: 1048576 KB
```

这里需要注意的是，在使用 GCC 编译 dominfo.c 这个示例程序时，加上了“ -lvirt”这个参数来指定程序链接时依赖的库文件，如果不指定 libvirt 相关的共享库，则会发生链接时错误。在本次示例的 RHEL 7.3 系统中，需要依赖的 libvirt 共享库文件是 /usr/lib64/libvirt.so，如下：

```
[root@kvm-host ~]# ls /usr/lib64/libvirt.so
/usr/lib64/libvirt.so
```

2. libvirt 的 Python API 的使用

在 4.1.1 节中已经介绍过，许多种编程语言都提供了 libvirt 的绑定。Python 作为一种在 Linux 上比较流行的编程语言，也提供了 libvirt API 的绑定。在使用 Python 调用 libvirt 之前，需要安装 libvirt-python 软件包，或者自行编译和安装 libvirt 及其 Python API。

本次示例是基于 RHEL 7.3 系统自带的 libvirt 和 libvirt-python 软件包来进行的，对 libvirt-python 及 Python 中的 libvirt API 文件的查询，命令行如下：

```
[root@kvm-host ~]# rpm -q libvirt-python
libvirt-python-2.0.0-2.el7.x86_64
[root@kvm-host ~]# ls /usr/lib64/python2.7/site-packages/libvirt*
/usr/lib64/python2.7/site-packages/libvirt_lxc.py          /usr/lib64/python2.7/
    site-packages/libvirt.py
/usr/lib64/python2.7/site-packages/libvirt_lxc.pyc         /usr/lib64/python2.7/
    site-packages/libvirt.pyc
/usr/lib64/python2.7/site-packages/libvirt_lxc.pyo         /usr/lib64/python2.7/
    site-packages/libvirt.pyo
/usr/lib64/python2.7/site-packages/libvirtmod_lxc.so       /usr/lib64/python2.7/
    site-packages/libvirt_qemu.py
/usr/lib64/python2.7/site-packages/libvirtmod_qemu.so      /usr/lib64/python2.7/
    site-packages/libvirt_qemu.pyc
/usr/lib64/python2.7/site-packages/libvirtmod.so           /usr/lib64/python2.7/
    site-packages/libvirt_qemu.pyo
```

如下是本次示例使用的一个 Python 小程序（libvirt-test.py），用于通过调用 libvirt 的 Python API 来查询域的一些信息。该 Python 程序示例的源代码如下：

```
#!/usr/bin/python
# Get domain info via libvirt python API.
# Tested with python2.7 and libvirt-python-2.0.0 on a KVM host.

import libvirt
import sys

def createConnection():
    conn = libvirt.openReadOnly(None)
    if conn == None:
        print 'Failed to open connection to QEMU/KVM'
        sys.exit(1)
    else:
        print '-----Connection is created successfully-----'
        return conn
```

```
def closeConnnection(conn):
    print ''
    try:
        conn.close()
    except:
        print 'Failed to close the connection'
        return 1

    print 'Connection is closed'

def getDomInfoByName(conn, name):
    print ''
    print '----------- get domain info by name ----------"'
    try:
        myDom = conn.lookupByName(name)
    except:
        print 'Failed to find the domain with name "%s"' % name
        return 1

    print "Dom id: %d   name: %s" % (myDom.ID(), myDom.name())
    print "Dom state: %s" % myDom.state(0)
    print "Dom info: %s" % myDom.info()
    print "memory: %d MB" % (myDom.maxMemory()/1024)
    print "memory status: %s" % myDom.memoryStats()
    print "vCPUs: %d" % myDom.maxVcpus()

def getDomInfoByID(conn, id):
    print ''
    print '----------- get domain info by ID ----------"'
    try:
        myDom = conn.lookupByID(id)
    except:
        print 'Failed to find the domain with ID "%d"' % id
        return 1

    print "Domain id is %d ; Name is %s" % (myDom.ID(), myDom.name())

if __name__ == '__main__':
    name1 = "kvm-guest"
    name2 = "notExist"
    id1 = 3
    id2 = 9999
    print "---Get domain info via libvirt python API---"
    conn = createConnection()
    getDomInfoByName(conn, name1)
getDomInfoByName(conn, name2)
    getDomInfoByID(conn, id1)
    getDomInfoByID(conn, id2)
closeConnection(conn)
```

该示例程序比较简单，只是简单地调用 libvirt Python API 获取一些信息。这里唯一需要注意的是“ import libvirt ”语句引入了 libvirt.py 这个 API 文件，然后才能够使用 libvirt.openReadOnly、conn.lookupByName 等 libvirt 中的方法。在本次示例中，必须被引入的 libvirt.py 这个 API 文件的绝对路径是 /usr/lib64/python2.7/site-packages/libvirt.py ，它实际调用的是 /usr/lib64/python2.7/site-packages/libvirtmod.so 这个共享库文件。

在获得该示例 Python 程序后，运行该程序（libvirt-test.py），查看其运行结果，命令行操作如下：

```
[root@kvm-host kvm_demo]# python libvirt-test.py 2>/dev/null
---Get domain info via libvirt python API---
-----Connection is created successfully-----

----------- get domain info by name ----------"
Dom id: 3   name: kvm-guest
Dom state: [1, 1]
Dom info: [1, 1048576L, 1048576L, 2, 257070000000L]
memory: 1024 MB
memory status: {'actual': 1048576L, 'rss': 680228L}
vCPUs: 2

----------- get domain info by name ----------"
Failed to find the domain with name "notExist"

----------- get domain info by ID ----------"
Domain id is 3 ; Name is kvm-guest

----------- get domain info by ID ----------"
Failed to find the domain with ID "9999"

Connection is closed
```

4.2 virsh

4.2.1 virsh 简介

libvirt 项目的源代码中就包含了 virsh 这个虚拟化管理工具的代码。virsh ⊖是用于管理虚拟化环境中的客户机和 Hypervisor 的命令行工具，与 virt-manager 等工具类似，它也是通过调用 libvirt API 来实现虚拟化的管理的。virsh 是完全在命令行文本模式下运行的用户态工具，它是系统管理员通过脚本程序实现虚拟化自动部署和管理的理想工具之一。

virsh 是用 C 语言编写的一个使用 libvirt API 的虚拟化管理工具。virsh 程序的源代码在 libvirt 项目源代码的 tools 目录下，实现 virsh 工具最核心的一个源代码文件是 virsh.c，其路径如下：

⊖ libvirt 官方网站上关于 virsh 命令行的参考手册：http://libvirt.org/sources/virshcmdref/html/。

```
[root@kvm-host ~]# cd libvirt-2.0.0
[root@kvm-host libvirt-2.0.0]# ls tools/virsh.c
tools/virsh.c
```

在使用 virsh 命令行进行虚拟化管理操作时，可以使用两种工作模式：交互模式和非交互模式。交互模式，是连接到相应的 Hypervisor 上，然后输入一个命令得到一个返回结果，直到用户使用“quit”命令退出连接。非交互模式，是直接在命令行中在一个建立连接的 URI 之后添加需要执行的一个或多个命令，执行完成后将命令的输出结果返回到当前终端上，然后自动断开连接。

使用 virsh 的交互模式，命令行操作示例如下：

```
[root@kvm-host ~]# virsh -c qemu+ssh://root@192.168.158.31/system
root@192.168.158.31's password:
Welcome to virsh, the virtualization interactive terminal.

Type:  'help' for help with commands
       'quit' to quit

virsh # list
 Id    Name                           State
----------------------------------------------------
 3     rhel7u2-remote                 running

virsh # quit
```

使用 virsh 的非交互模式，命令行操作示例如下：

```
[root@kvm-host ~]# virsh -c qemu+ssh://root@192.168.158.31/system "list"
root@192.168.158.31's password:
 Id    Name                           State
----------------------------------------------------
 3     rhel7u2-remote                 running
```

另外，在某个节点上直接使用“virsh”命令，就默认连接到本节点的 Hypervisor 之上，并且进入 virsh 的命令交互模式。而直接使用“virsh list”命令，就是在连接本节点的 Hypervisor 之后，在使用 virsh 的非交互模式中执行了“list”命令操作。

4.2.2 virsh 常用命令

virsh 这个命令行工具使用 libvirt API 实现了很多命令来管理 Hypervisor、节点和域，实现了 qemu 命令行中的大多数参数和 QEMU monitor 中的多数命令[⊖]。这里只能说，virsh 实现了对 QEMU/KVM 中的大多数而不是全部功能的调用，这是和开发模式及流程相关的，libvirt 中实现的功能和最新的 QEMU/KVM 中的功能相比有一定的滞后性。一般来说，一个

⊖ QEMU 中的命令行参数及其 monitor 中的命令，在 virsh 中的对应关系，可以参考：http://wiki.libvirt.org/page/QEMUSwitchToLibvirt。

功能都是先在 QEMU/KVM 代码中实现，然后再修改 libvirt 的代码来实现的，最后由 virsh 这样的用户空间工具添加相应的命令接口去调用 libvirt 来实现。当然，除了 QEMU/KVM 以外，libvirt 和 virsh 还实现了对 Xen、VMware 等其他 Hypervisor 的支持，如果考虑到这个因素，virsh 等工具中有部分功能也可能是 QEMU/KVM 中本身就没有实现的。

virsh 工具有很多命令和功能，本节仅针对 virsh 的一些常见命令进行简单介绍。一些更详细的参考文档可以在 Linux 系统中通过 "man virsh" 命令查看帮助文档。这里将 virsh 常用命令划分为 5 个类别来分别进行介绍，在介绍 virsh 命令时，使用的是 RHEL 7.3 系统中的 libvirt 2.0.0 版本，假设已经通过交互模式连接到本地或远程的一个 Hypervisor 的 system 实例上了（拥有该节点上最高的特权），以在介绍交互模式中使用的命令作为本节的示例。对于与域相关的管理，一般都需要使用域的 ID、名称或 UUID 这样的唯一标识来指定是对某个特定的域进行的操作。为了简单起见，在本节中，一般使用 "<ID>" 来表示一个域的唯一标识（而不专门指定为 "<ID or Name or UUID>" 这样冗长的形式）。另外，介绍一个输入 virsh 命令的小技巧：在交互模式中输入命令的交互方式与在终端中输入 Shell 命令进行的交互类似，可以使用 <Tab> 键根据已经输入的部分字符（在 virsh 支持的范围内）进行联想，从而找到匹配的命令。

1. 域管理的命令

virsh 的最重要的功能之一就是实现对域（客户机）的管理，当然其相关的命令也是最多的，而且后面的网络管理、存储管理也都有很多是对域的管理。

表 4-1 列出了域管理中的一小部分常用的 virsh 命令。

表 4-1 virsh 中域管理相关的常用命令

命 令	功能描述
list	获取当前节点上所有域的列表
domstate <ID or Name or UUID>	获取一个域的运行状态
dominfo <ID>	获取一个域的基本信息
domid <Name or UUID>	根据域的名称或 UUID 返回域的 ID 值
domname <ID or UUID>	根据域的 ID 或 UUID 返回域的名称
dommemstat <ID>	获取一个域的内存使用情况的统计信息
setmem <ID> <mem-size>	设置一个域的内存大小（默认单位为 KB）
vcpuinfo <ID>	获取一个域的 vCPU 的基本信息
vcpupin <ID> <vCPU> <pCPU>	将一个域的 vCPU 绑定到某个物理 CPU 上运行
setvcpus <ID> <vCPU-num>	设置一个域的 vCPU 的个数
vncdisplay <ID>	获取一个域的 VNC 连接 IP 地址和端口
create <dom.xml>	根据域的 XML 配置文件创建一个域（客户机）
define <dom.xml>	定义一个域（但不启动）
start <ID>	启动一个（预定义的）域

（续）

命　令	功能描述
suspend <ID>	暂停一个域名
resume <ID>	唤醒一个域名
shutdown <ID>	让一个域执行关机操作
reboot <ID>	让一个域重启
reset <ID>	强制重启一个域，相当于在物理机器上按“reset”按钮（可能会损坏该域的文件系统）
destroy <ID>	立即销毁一个域，相当于直接拔掉物理机器的电源线（可能会损坏该域的文件系统）
save <ID> <file.img>	保存一个运行中的域的状态到一个文件中
restore <file.img>	从一个被保存的文件中恢复一个域的运行
migrate <ID> <dest_url>	将一个域迁移到另外一个目的地址
dump <ID> <core.file>	coredump 一个域保存到一个文件
dumpxml <ID>	以 XML 格式转存出一个域的信息到标准输出中
attach-device <ID> <device.xml>	向一个域添加 XML 文件中的设备（热插拔）
detach-device <ID> <device.xml>	将 XML 文件中的设备从一个域中移除
console <ID>	连接到一个域的控制台

对上面表格中提及域管理的几个命令，在 virsh 的交互模式中进行操作的示例如下：

```
virsh # list
 Id    Name                           State
----------------------------------------------------
 10    rhel7u2-1                      running
 11    rhel7u2-2                      running

virsh # domname 10
rhel7u2-1

virsh # vcpucount 10
maximum      config         2
maximum      live           2
current      config         2
current      live           2

virsh # setmem 10 1G

virsh # dommemstat 10
actual 1048576
rss 1183060

virsh # console 10
Connected to domain rhel7u2-1
Escape character is ^]
```

2. 宿主机和 Hypervisor 的管理命令

一旦建立有特权的连接，virsh 也可以对宿主机和 Hypervisor 进行管理，主要是对宿主机和 Hypervisor 信息的查询。

表 4-2 列出了对宿主机和 Hypervisor 进行管理的部分常用的 virsh 命令。

表 4-2　virsh 中宿主机和 Hypervisor 管理相关的常用命令

命　令	功 能 描 述
version	显示 libvirt 和 Hypervisor 的版本信息
sysinfo	以 XML 格式打印宿主机系统的信息
nodeinfo	显示该节点的基本信息
uri	显示当前连接的 URI
hostname	显示当前节点（宿主机）的主机名
capabilities	显示该节点宿主机和客户机的架构和特性
freecell	显示当前 MUMA 单元的可用空闲内存
nodememstats <cell>	显示该节点的（某个）内存单元使用情况的统计
connect <URI>	连接到 URI 指示的 Hypervisor
nodecpustats <cpu-num>	显示该节点的（某个）CPU 使用情况的统计
qemu-attach <pid>	根据 PID 添加一个 QEMU 进程到 libvirt 中
qemu-monitor-command domain [--hmp] command	向域的 QEMU monitor 中发送一个命令，一般需要“--hmp”参数，以便直接传入 monitor 中的命令而不需要转换

对于宿主机和 Hypervisor 管理的命令，选择其中的几个，命令行操作示例如下：

```
virsh # version
Compiled against library: libvirt 2.0.0
Using library: libvirt 2.0.0
Using API: QEMU 2.0.0
Running hypervisor: QEMU 1.5.3

virsh # nodeinfo
CPU model:           x86_64
CPU(s):              8
CPU frequency:       2494 MHz
CPU socket(s):       1
Core(s) per socket:  4
Thread(s) per core:  2
NUMA cell(s):        1
Memory size:         3870556 kB

virsh # uri
qemu:///system

virsh # hostname
```

```
kvm-host

virsh # qemu-monitor-command 11 --hmp "info kvm"
kvm support: enabled
```

3. 网络的管理命令

virsh 可以对节点上的网络接口和分配给域的虚拟网络进行管理。

表 4-3 列出了网络管理中的一小部分常用的 virsh 命令。

表 4-3 virsh 中网络管理相关的常用命令

命 令	功能描述
iface-list	显示出物理主机的网络接口列表
iface-mac <if-name >	根据网络接口名称查询其对应的 MAC 地址
iface-name <MAC>	根据 MAC 地址查询其对应的网络接口名称
iface-edit <if-name-or-uuid>	编辑一个物理主机的网络接口的 XML 配置文件
iface-dumpxml <if-name-or-uuid>	以 XML 格式转存出一个网络接口的状态信息
iface-destroy <if-name-or-uuid>	关闭宿主机上一个物理网络接口
net-list	列出 libvirt 管理的虚拟网络
net-info <net-name-or-uuid>	根据名称查询一个虚拟网络的基本信息
net-uuid <net-name>	根据名称查询一个虚拟网络的 UUID
net-name <net-UUID>	根据 UUID 查询一个虚拟网络的名称
net-create <net.xml>	根据一个网络 XML 配置文件创建一个虚拟网络
net-edit <net-name-or-uuid>	编译一个虚拟网络的 XML 配置文件
net-dumpxml <net-name-or-uuid>	转存出一个虚拟网络的 XML 格式化的配置信息
net-destroy <net-name-or-uuid>	销毁一个虚拟网络

在 virsh 命令中关于网络管理的几个命令的命令行操作如下：

```
virsh # iface-list
Name                 State      MAC Address
--------------------------------------------
br0                  active     88:88:88:88:87:88
eth0                 active     88:88:88:88:87:88
lo                   active     00:00:00:00:00:00

virsh # iface-mac eth0
88:88:88:88:87:88

virsh # net-list
Name                 State      Autostart
-----------------------------------------
default              active     yes

virsh # net-info default
```

```
Name            default
UUID            6ac4e5e9-c351-414f-a6a7-9a45d8304ccb
Active:         yes
Persistent:     yes
Autostart:      yes
Bridge:         virbr0

virsh # net-uuid default
6ac4e5e9-c351-414f-a6a7-9a45d8304ccb
```

4. 存储池和存储卷的管理命令

virsh 也可以对节点上的存储池和存储卷进行管理。

表 4-4 列出了对存储池和存储卷管理的部分常用的 virsh 命令。

表 4-4　virsh 中存储管理相关的常用命令

命　令	功 能 描 述
pool-list	显示 libvirt 管理的存储池
pool-info <pool-name>	根据一个存储池名称查询其基本信息
pool-uuid <pool-name>	根据存储池名称查询其 UUID
pool-create <pool.xml>	根据 XML 配置文件的信息创建一个存储池
pool-edit <pool-name-or-uuid>	编辑一个存储池的 XML 配置文件
pool-destroy <pool-name-or-uuid>	关闭一个存储池（在 libvirt 可见范围内）
pool-delete <pool-name-or-uuid>	删除一个存储池（不可恢复）
vol-list <pool-name-or-uuid>	查询一个存储池中的存储卷的列表
vol-name < vol-key-or-path>	查询一个存储卷的名称
vol-path --pool <pool> <vol-name-or-key>	查询一个存储卷的路径
vol-create <vol.xml>	根据 XML 配置文件创建一个存储池
vol-clone <vol-name-path> <name>	克隆一个存储卷
vol-delete <vol-name-or-key-or-path>	删除一个存储卷

在 virsh 中关于存储池和存储卷管理的几个常用命令的命令行操作如下：

```
virsh # vol-list
error: command 'vol-list' requires <pool> option
virsh # pool-list
Name                 State      Autostart
-----------------------------------------
default              active     yes

virsh # pool-info default
Name:           default
UUID:           4ec0d276-4601-8b33-fe40-31882b3c1837
State:          running
Persistent:     yes
```

```
Autostart:      yes
Capacity:       98.43 GB
Allocation:     21.83 GB
Available:      76.60 GB

virsh # vol-list default
Name                 Path
-----------------------------------------
RHEL7.2.iso          /var/lib/libvirt/images/RHEL7.2.iso
rhel7.2-new.img      /var/lib/libvirt/images/rhel7u2-new.img
rhel7u2.qcow2        /var/lib/libvirt/images/rhel7u2.qcow2

virsh # vol-info --pool default rhel7u2.qcow2
Name:           rhel7u2.qcow2
Type:           file
Capacity:       20.00 GB
Allocation:     1.96 GB

virsh # vol-path --pool default rhel7u2.qcow2
/var/lib/libvirt/images/rhel7u2.qcow2

virsh # vol-name /var/lib/libvirt/images/rhel7u2.qcow2
rhel7u2.qcow2
```

5. 其他常用命令

除了对节点、Hypervisor、域、虚拟网络、存储池等的管理之外，virsh还有一些其他的命令。表4-5列出了部分其他的常用命令。

表4-5 virsh中部分其他常用命令

命 令	功能描述
help	显示出virsh的命令帮助文档
pwd	打印出当前的工作目录
cd <your-dir>	改变当前工作目录
echo "test-content"	回显echo命令后参数中的内容
quit	退出virsh的交互终端
exit	退出virsh的交互终端（与quit命令功能相同）

上面表格中的部分命令的命令行操作如下：

```
virsh # pwd
/root

virsh # cd /root/kvm_demo/

virsh # pwd
/root/kvm_demo
virsh # help
```

```
Grouped commands:

Domain Management (help keyword 'domain'):
        attach-device                   attach device from an XML file
<!-- 省略百余行输出信息 -->

virsh # help list
    NAME
        list - list domains

    SYNOPSIS
<!-- 省略十余行输出信息 -->

virsh # echo "just for fun"
just for fun
virsh # quit

[root@kvm-host ~]#       #这里已经退出virsh的交互终端了
```

4.3 virt-manager

4.3.1 virt-manager 简介

virt-manager [⊖]是虚拟机管理器（Virtual Machine Manager）这个应用程序的缩写，也是该管理工具的软件包名称。virt-manager 是用于管理虚拟机的图形化的桌面用户接口，目前仅支持在 Linux 或其他类 UNIX 系统中运行。和 libvirt、oVirt 等类似，virt-manager 是由 Redhat 公司发起的项目，在 RHEL 7.x、Fedora、CentOS 等 Linux 发行版中有较广泛的使用，当然在 Ubuntu、Debian、OpenSuse 等系统中也可以正常使用 virt-manager。为了实现快速开发而不太多地降低程序运行性能的需求，virt-manager 项目选择使用 Python 语言开发其应用程序部分，使用 GNU AutoTools（包括 autoconf、automake 等工具）进行项目的构建。virt-manager 是一个完全开源的软件，使用 Linux 界广泛采用的 GNU GPL 许可证发布。virt-manager 依赖的一些程序库主要包括 Python（用于应用程序逻辑部分的实现）、GTK+PyGTK（用于 UI 界面）和 libvirt（用于底层的 API）。

virt-manager 工具在图形界面中实现了一些易用且丰富的虚拟化管理功能。已经为用户提供的功能如下：

1）对虚拟机（即客户机）生命周期的管理，如创建、修改、启动、暂停、恢复和停止虚拟机，还包括虚拟快照、动态迁移等功能。

2）对运行中客户机实时性能、资源利用率等监控，统计结果的图形化展示。

3）对创建客户机的图形化的引导，对客户机的资源分配和虚拟硬件的配置和调整等功能也提供了图形化的支持。

⊖ virt-manager 的官方网站：http://virt-manager.org/。

4）内置了一个 VNC 和 SPICE 客户端，可以用于连接到客户机的图形界面进行交互。

5）支持本地或远程管理 KVM、Xen、QEMU、LXC、ESX 等 Hypervisor 上的客户机。

在没有成熟的图形化的管理工具之时，由于需要记忆大量的命令行参数，QEMU/KVM 的使用和学习曲线比较陡峭，常常让部分习惯于 GUI 界面的初学者望而却步。不过现在情况有所改观，已经出现了一些开源的、免费的、易用的图形化管理工具，可以用于 KVM 虚拟化管理。virt-manager 作为 KVM 虚拟化管理工具中最易用的工具之一，其最新的版本已经提供了比较成熟的功能、易用的界面和不错的性能。对于习惯于图形界面或不需要了解 KVM 原理和 qemu-kvm 命令细节的部分读者来说，通过 virt-manager 工具来使用 KVM 是一个不错的选择。

4.3.2 virt-manager 编译和安装

virt-manager 的源代码开发仓库是用 Linux 世界中著名的版本管理工具 Git 进行管理的，使用 autoconf、automake 等工具进行构建。如果想从源代码编译和安装 virt-manager，可以到其官方网站（http://virt-manager.org/download.html）下载最新发布的 virt-manager 源代码。或者使用 Git 工具克隆其开发中的代码仓库：git://git.fedorahosted.org/git/virt-manager.git 。

virt-manager 源代码的编译与 Linux 下众多的开源项目类似，主要运行“./configure”“make”“make install”等几个命令分别进行配置、编译和安装即可。在 3.3 节、3.4 节中分别介绍了对 KVM 内核、qemu-kvm 等开源项目的编译，这里不赘述 virt-manager 源代码编译和安装的过程。

许多流行的 Linux 发行版（如 RHEL、CentOS、Fedora、Ubuntu 等）中都提供了 virt-manager 软件包供用户自行安装。例如，在 RHEL 7.3 系统中，使用“yum install virt-manager”命令即可安装 virt-manager 的 RPM 软件包了，当然 YUM 工具也会检查并同时安装它所依赖的一些软件包，包括 python、pygtk2、libvirt-python、libxml2-python、python-virtinst 等。

4.3.3 virt-manager 使用

在本节中，将以 RHEL 7.3（英文版）系统中的 virt-manager 1.4.0 版本为例，来简单介绍它的一些基本用法和技巧。

1. 在 RHEL 7.3 中打开 virt-manager

在本节的示例系统中，查看 virt-manager 的版本，命令行操作如下：

```
[root@kvm-host ~]# rpm -q virt-manager
virt-manager-1.4.0-1.el7.noarch
```

登录到 RHEL 7.3 的图形用户界面中，用鼠标选择“Applications → System Tools → Virtual Machine Manager”，即可打开 virt-manager 的使用界面。

也可以在桌面系统的终端（terminal）中直接运行"virt-manager"命令来打开 virt-manager 管理界面，而且使用该命令还可以像 virsh 那样添加"-c URI"参数，来指定启动时连接到本地或远程的 Hypervisor，在没有带"-c URI"参数时，默认连接到本地的 Hypervisor。对于远程连接，当然需要用户名密码的验证或使用数字证书的验证后才能建立连接，实现远程管理。在图形界面的终端中用命令行启动 virt-manager 并远程连接到某个 Hypervisor，命令行示例如下：

```
virt-manager -c qemu+ssh://192.168.158.31/system
```

在 RHEL 7.3 中启动 virt-manager，其管理界面如图 4-3 所示。在此图中，virt-manager 默认连接到了本地的 QEMU/KVM 上，可以看到有两个客户机（centos7u2-1、centos7u2-2），在客户机名称的右边是客户机 CPU 使用率统计的图形展示。

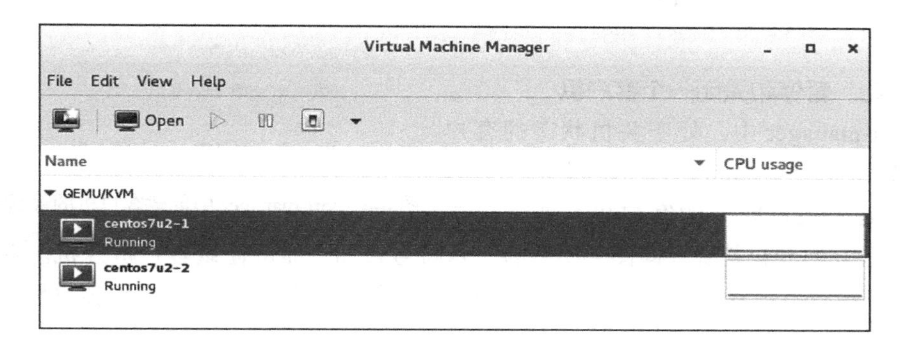

图 4-3　RHEL 7.3 中的 virt-manager 界面

另外，还可以在本地图形界面终端上通过"ssh -X remoge-host"命令连接到远程主机，并开启 ssh 中的 X11 转发，然后可以在本机终端上直接运行"virt-manager"命令，来使用远程主机上的 virt-manager 工具。这种使用方式的命令行操作如下：

```
[root@kvm-host ~]# ssh -X 192.168.158.31
root@192.168.158.31's password:
Last login: Sun Dec 25 10:39:47 2016 from 192.168.185.145
[root@remote-host ~]# virt-manager
```

2. 创建一个客户机

在如图 4-3 所示的 virt-manager 界面中，依次单击"File"→"New Virtual Machine"菜单，即可进入创建客户机流程的向导之中。

根据 virt-manager 中的向导指引，可以比较方便地创建一个客户机。主要需要输入或选择一些必要的设置项目，包括：客户机名称、安装介质的选择（如本地的 ISO 文件）、客户机类型和版本、虚拟 CPU 个数、内存大小、创建的磁盘镜像文件的空间大小、是否立即分配空间、虚拟网络的配置，等等。在完成了这些必要的步骤之后，最后一步是一个确认的界面，如图 4-4 所示。单击其中的"Finish"按钮确认即可。确认之后，virt-manager 会自动连接到客户机中，客户机系统启动进入普通的安装流程，这之后的安装过程就与在非虚拟化环境中安装操作系统的过程完全一样了。

在图 4-4 中单击 "Finish" 按钮完成配置之后，libvirt 和 virt-manager 工具会默认创建以客户机名称来命名的客户机的 XML 配置文件和磁盘镜像文件。查看 XML 配置和镜像文件的命令行如下：

```
[root@kvm-host ~]# ls /etc/libvirt/qemu/
    rhel7u2.xml
/etc/libvirt/qemu/rhel7u2.xml
[root@kvm-host ~]# ls /var/lib/libvirt/
    images/rhel7u2.qcow2
/var/lib/libvirt/images/rhel7u2.qcow2
```

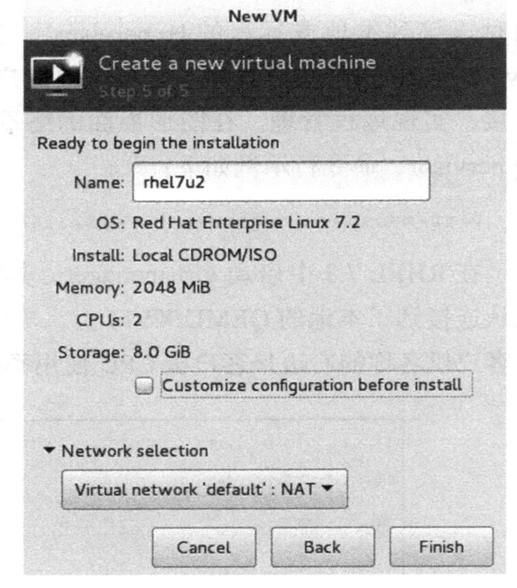

图 4-4 virt-manager 中创建客户机的最后一个步骤

3. 启动、暂停和关闭一个客户机

在 virt-manager 中，处于关机状态的客户机的状态标识为 "Shutoff"，如图 4-5 所示。选中一个处于关机状态的客户机，然后单击管理界面上方的开机按钮（即图 4-5 中的三角符号按钮）即可让该客户机开机。双击已经开启的客户机，可以连接到客户机的图形界面的控制台，然后可以登录到客户机中正常使用客户机系统。

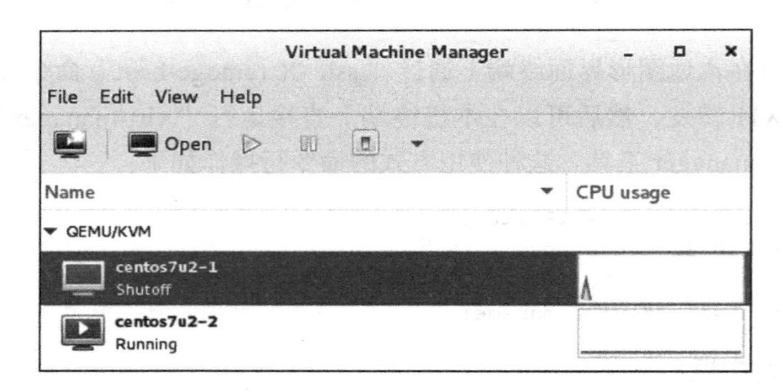

图 4-5 virt-manager 中的开机按钮

除了上面的开机方法之外，还可以双击某个客户机进入对该客户机的管理窗口中，这里同样有开机的按钮。如果一个客户机处于正常的开机运行状态，那么 virt-manager 可以选择对其进行重启和关机等操作。如图 4-6 所示，在某个客户机的管理窗口中，可以选择 "Reboot" 选项来重启，也可以选择 "Shut Down" 来关机，选择 "Force Reset" 来强制重启，选择 "Force Off" 来强制关机，选择 "Save" 来保存客户机的当前运行状态。注意，一般尽量

避免使用“ Force Reset”或“ Force Off”来实施强制重启和关机，因为这样可能损坏客户机的磁盘镜像。一般只有在客户机完全失去响应而不能正常关机时才采用强制重启或关机。

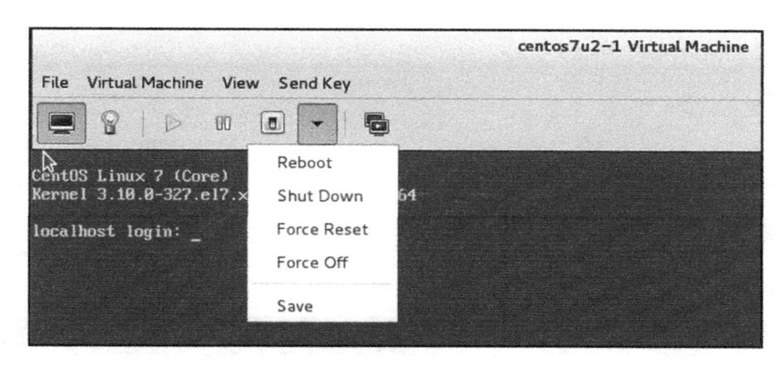

图 4-6　virt-manager 中的关机选项

4. 连接到本地和远程的 Hypervisor

在一般情况下，启动 virt-manager 时会默认通过 libvirt API 试图连接本地的 Hypervisor，如果 libvirtd 守护进程没有在运行，则会有连接失败的错误提示。在重启 libvirtd 服务之后，需要在 virt-manager 中重新建立连接，否则连接处于未连接（Not Connected）状态。

在 virt-manager 系统界面中建立一个到本地或远程主机的连接，选择“ File”→“ Add Connection”菜单即可。如图 4-7 所示，选择相应的 Hypervisor（QEMU/KVM、Xen、LXC 等），选择远程连接方式（SSH、TCP、TLS 等），填写好用户名、主机名（或 IP 地址），然后单击“Connect”按钮，经过密码或证书验证之后，即可建立好到远程主机的连接。

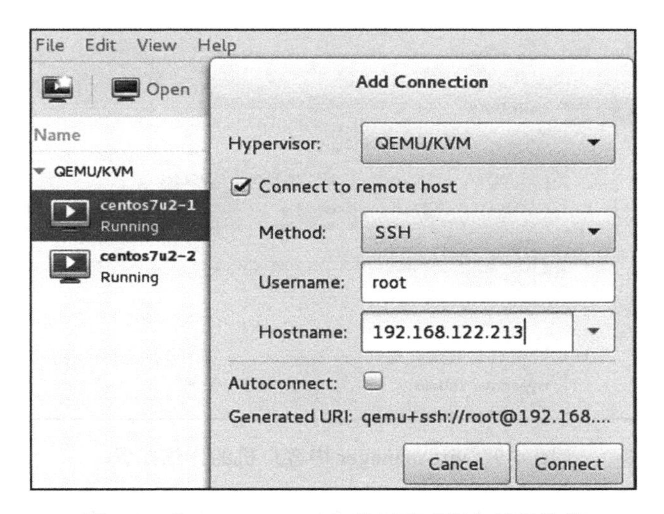

图 4-7　在 virt-manager 中建立到远程主机的连接

建立了远程连接后，在 virt-manager 的主界面中可以看到远程主机和本地主机上运行着的客户机，然后可以对其进行相应的管理，如图 4-8 所示。

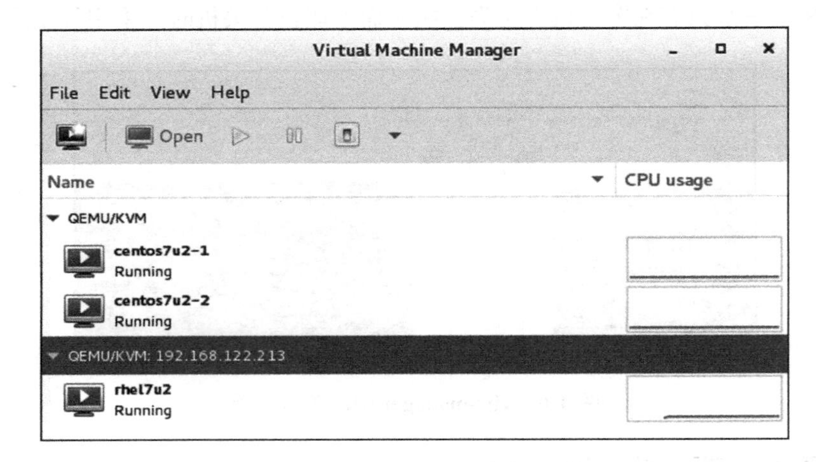

图 4-8 在 virt-manager 中管理本地和远程主机

5. 查看和修改客户机的详细配置

在 virt-manager 的主界面中，双击某个客户机标识，可以进入这个客户机的详细界面。在此处单击 virt-manager 窗口上工具栏中的提示信息为“Show virtual hardware details”的图标，即可进入该客户机的虚拟硬件的详细设置界面。如图 4-9 所示，在客户机硬件详细配置界面中，可以查看也可以修改该客户机的配置参数。

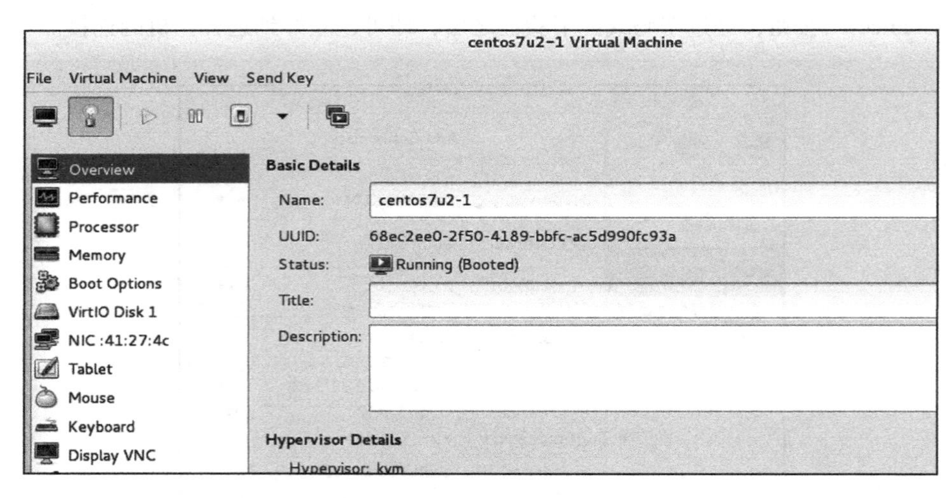

图 4-9 virt-manager 中客户机的详细配置

图 4-9 中对客户机详细配置的设置，包括对客户机的名称、描述信息、处理器、内存、启动选项、磁盘、网卡、鼠标、VNC 显示、声卡、显卡、串口等许多信息的配置。根据界面上的提示，设置起来还是比较方便的，这里不再详细介绍它们的配置。

需要注意的是，这里的详细设置都会在 libvirt 管理的该客户机的 XML 配置文件中表现出来，对运行中的客户机的设置并不能立即生效，而是在重启客户机后才会生效。

6. 动态迁移

在 KVM 虚拟环境中，如果遇到宿主机负载过高或需要升级宿主机硬件等需求时，可以选择将部分或全部客户机动态迁移到其他的宿主机上继续运行。virt-manager 也提供了这个功能，而且可以方便使用图形界面的方式进行操作。不过，在做动态迁移之前，一般来说（如对 RHEL 7.3 系统中的 libvirt 和 virt-manager 来说），需要满足如下前提条件才能使动态迁移成功实施。

1）源宿主机和目的宿主机使用共享存储，如 NFS、iSCSI、基于光纤通道的 LUN、GFS2 等，而且它们挂载共享存储到本地的挂载路径需要完全一致，被迁移的客户机就是使用该共享存储上的镜像文件。

2）硬件平台和 libvirt 软件的版本要尽可能的一致，如果软硬件平台差异较大，可能会增加动态迁移失败的概率。

3）源宿主机和目的宿主机的网络通畅并且打开了对应的端口。

4）源宿主机和目的宿主机必须有相同的网络配置，否则可能出现动态迁移之后客户机的网络不能正常工作的情况。

5）如果客户机使用了和源宿主机建立桥接的方式获得网络，那么只能在同一个局域网（LAN）中进行迁移，否则客户机在迁移后，其网络将无法正常工作。

在准备配置环境且满足上面的所有前提条件后，在 virt-manager 中可以完成动态迁移。在本节示例中，源宿主机 IP 地址为 192.168.122.64，目的宿主机 IP 地址为 192.168.122.213，被动态迁移的客户机名称为“centos7u2-1”。下面介绍动态迁移过程中的关键操作步骤。

1）在目的宿主机的 virt-manager 中查看当前目的宿主机上没有运行任何客户机，如图 4-10 所示。

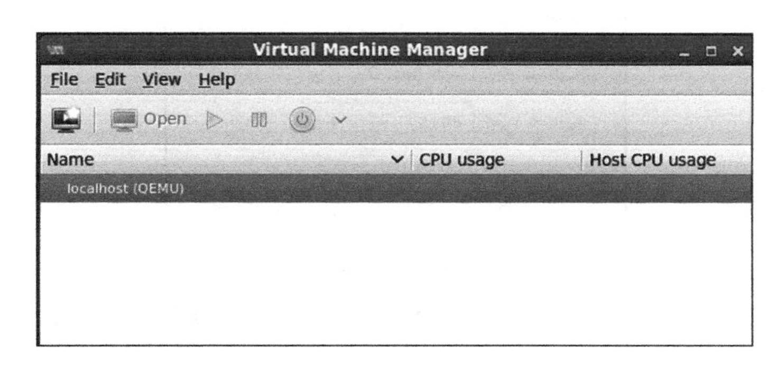

图 4-10 查看目的宿主机上没有运行客户机

2）在源宿主机的 virt-manager 管理界面中，选中名为“centos7u2-1”的客户机，右键单击，可以看到“Migrate”选项，如图 4-11 所示。该选项会实现动态迁移的功能。

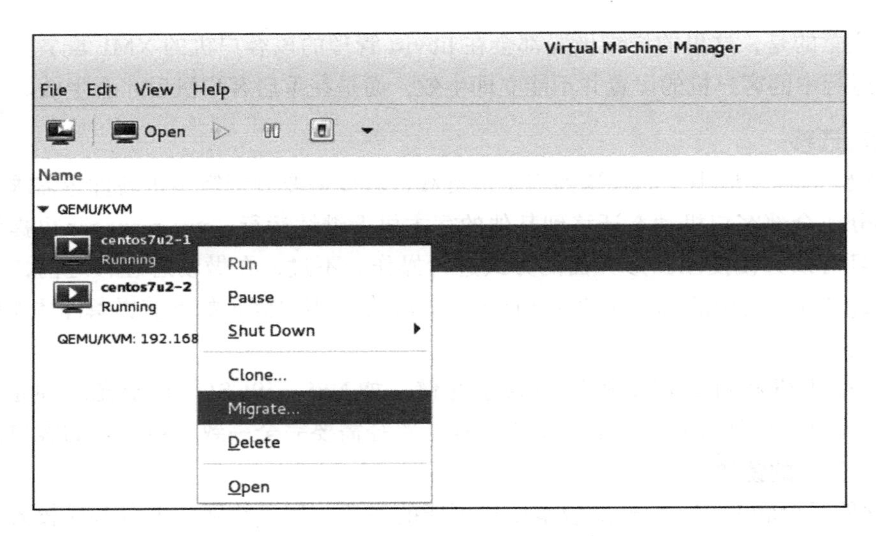

图 4-11 选择“Migrate 选项

选择“Migrate”选项进入与动态迁移相关的选项设置界面，填写目的宿主机的 IP 或主机名、端口等信息，其余选项可以不填写，一般使用默认值即可，如图 4-12 所示。

图 4-12 virt-manager 中动态迁移选项的设置

填写好动态迁移的设置信息后，单击“Migrate”按钮即进入正式的动态迁移过程。这里可能需要输入目的宿主机的 root 用户的密码，密码验证成功之后，将会出现如图 4-13 所示的动态迁移的进度图。

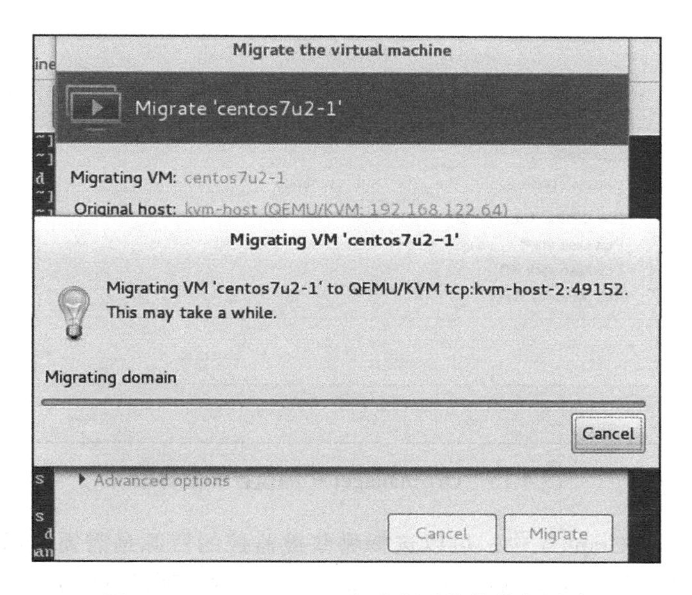

图 4-13 virt-manager 中动态迁移的进度展示

3）待动态迁移的进度完成之后，在目的客户机的 virt-manager 主界面中可以看到动态迁移过来的“centos7u2-1”客户机系统，如图 4-14 所示。如果登录到该客户机系统，该系统可以正常使用（包括网络配置），就说明了本示例的动态迁移是成功的。

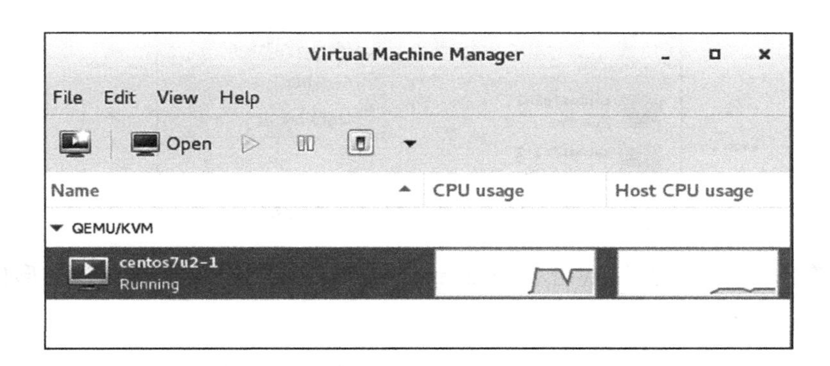

图 4-14 在目的宿主机上查看迁移过来的客户机

7. 性能统计图形界面

virt-manager 还提供了对宿主机和客户机的资源使用情况的监控，如 RHEL 7.3 中的 virt-manager 就提供了对宿主机 CPU 利用率、客户机 CPU 利用率、客户机的磁盘 I/O、客户机的网络 I/O 等项目的图形化监控。

在 virt-manager 中，对资源监控频率和保存采样数量的设置位于主界面的“Edit”→“Preferences”→“Polling”标签中，如图 4-15 所示。

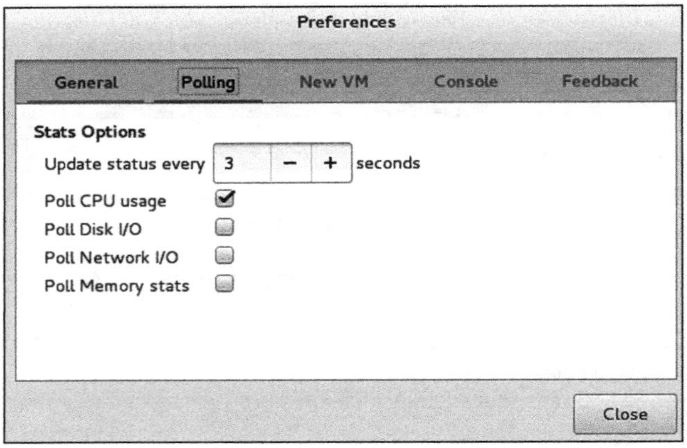

图 4-15 virt-manager 中的监控参数界面

在“View”→“Graph”中，可以选择哪些被监控的资源是需要显示在界面上的，如图 4-16 所示。如果发现“Disk I/O”和“Network I/O”两个项目不可选，则需要检查图 4-15 中是否开启了对磁盘和网络 I/O 的轮询。

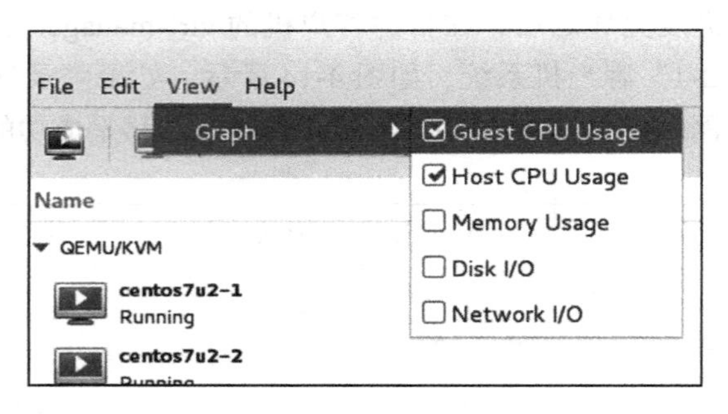

图 4-16 选择需要显示的资源

选中所有监控图，让其显示在 virt-manager 中，就可以尽可能多地通过图形化的方式了解客户机和宿主机的资源使用率，如图 4-17 所示。

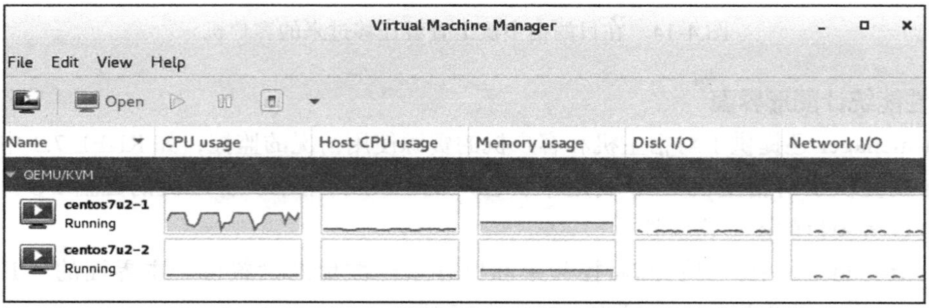

图 4-17 virt-manager 中对客户机和宿主机资源的监控

4.4 virt-viewer、virt-install、virt-top 和 libguestfs

4.4.1 virt-viewer

virt-viewer 是“Virtual Machine Viewer”（虚拟机查看器）工具的软件包和命令行工具名称，它是一个显示虚拟化客户机的图形界面的工具。virt-viewer 使用 GTK-VNC 或 SPICE-GTK 作为它的显示能力，使用 libvirt API 去查询客户机的 VNC 或 SPICE 服务器端的信息。virt-viewer 经常用于替换传统的 VNC 客户端查看器，因为后者通常不支持 x509 认证授权的 SSL/TLS 加密，而 virt-viewer 是支持的。在 4.3 节讲到的在 virt-manager 中查看客户机图形界面进行交互时，其实已经间接地使用过 virt-viewer 工具了。

在 RHEL 7.3 系统中查看 virt-viewer 的 RPM 包信息，命令行如下：

```
[root@kvm-host ~]# rpm -q virt-viewer
virt-viewer-2.0-11.el7.x86_64
```

virt-viewer 的使用语法如下：

```
virt-viewer [OPTION...] -- DOMAIN-NAME|ID|UUID
```

virt-viewer 连接到的客户机可以通过客户机的名称、域 ID、UUID 等表示来唯一指定。virt-viewer 还支持“-c *URI*”或“--connection *URI*”参数来指定连接到远程宿主机上的一个客户机，当然远程连接时一些必要的认证还是必需的。关于 virt-viewer 工具更多详细的参数和解释，可以通过“man virt-viewer”命令查看使用手册。

在图形界面的一个终端中，用“virt-viewer centos7u2-1”连接到本地宿主机上名为“centos7u2-1”的客户机，其显示效果如图 4-18 所示。

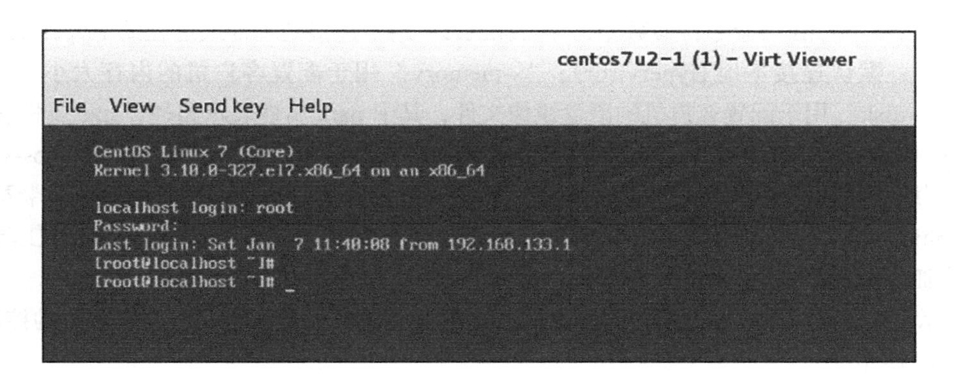

图 4-18 virt-viewer 连接到本地的一个客户机

在 virt-viewer 打开的客户机窗口中（见图 4-18），其工具栏的“File”菜单下有保存屏幕快照的功能，“View”菜单下有使用全屏和放大（或缩小）屏幕的功能，“Send key”菜单下可以向客户机发送一些特殊的按键（如 Ctrl+Alt+Del、Ctrl+Alt+F2 等）。

4.4.2 virt-install

virt-install 是“Virt Install”工具的命令名称和软件包名称（在 RHEL 6.x 系统中，包名是 python-virtinst）。virt-install 命令行工具为虚拟客户机的安装提供了一个便捷易用的方式，它也是用 libvirt API 来创建 KVM、Xen、LXC 等各种类型的客户机，同时，它也为 virt-manager 的图形界面创建客户机提供了安装系统的 API。virt-install 工具使用文本模式的串口控制台和 VNC（或 SPICE）图形接口，可以支持基于文本模式和图形界面的客户机安装。virt-install 中使用到的安装介质（如光盘、ISO 文件）可以存放在本地系统上，也可以存放在远程的 NFS、HTTP、FTP 服务器上。virt-install 支持本地的客户机系统，也可以通过“--connect URI”（或“-c URI”）参数来支持在远程宿主机中安装客户机。使用 virt-install 中的一些选项（--initrd-inject、--extra-args 等）和 Kickstart [⊖]文件，可以实现无人值守的自动化安装客户机系统。

在 RHEL 中，virt-install 工具存在于“virt-install”RPM 包中，查询的命令行如下：

```
[root@kvm-host ~]# rpm -q virt-install
virt-install-1.4.0-2.el7.noarch
```

使用 virt-install 命令启动一个客户机的安装过程，其命令行操作如下：

```
[root@kvm-host ~]# virt-install --connect qemu:///system --name centos7u2-3
    --memory 1024 --disk path=/var/lib/libvirt/images/centos7u2-3.img,size=10
    --network network:default --cdrom /var/lib/libvirt/images/CentOS7.2.iso --os-
    variant rhel7 --graphics vnc

Starting install...
Creating domain...                              |    0 B  00:00:00
```

上面 virt-install 的命令行参数中，“--connect”用于连接到本地或远程的 Hypervisor（无该参数时，默认连接本地 Hypervisor）；“--memory”用于配置客户机的内存大小（单位是 MB）；“--disk”用于配置客户机的磁盘镜像文件，其中 path 属性表示路径，size 属性表示磁盘大小（默认单位为 GB）；“--cdrom”用于指定用于安装的 ISO 光盘镜像文件；“--os-variant rhel7”表示客户机是 RHEL 7 类型的系统（virt-install 会根据这个值自动优化一些安装配置）；“--graphics vnc”表示使用 VNC 图形接口连接到客户机的控制台。关于 virt-install 工具的更多更详细参数配置，可以通过“man virt-install”命令查看相应的帮助文档。

在示例中使用 VNC 接口连接到客户机，会默认用 virt-viewer 自动打开客户机的控制台，如图 4-19 所示。

⊖ Kickstart 配置文件是在 Redhat 公司的 RHEL 系统中用于无人值守的系统安装和配置的文件，当然其他一些系统（如 Fedora、Ubuntu）也支持使用 Kickstart 的方式安装系统。在需要方便地安装和配置大量操作系统之时，Kickstart 的方式将会非常有用。可以通过手动方式编写 Kickstart 配置文件，也可以通过“system-config-kickstart”这个 GUI 工具来生成 Kickstart 配置文件，还可以使用 Redhat 的标准安装程序“Anaconda”来生成 Kickstart 配置文件。

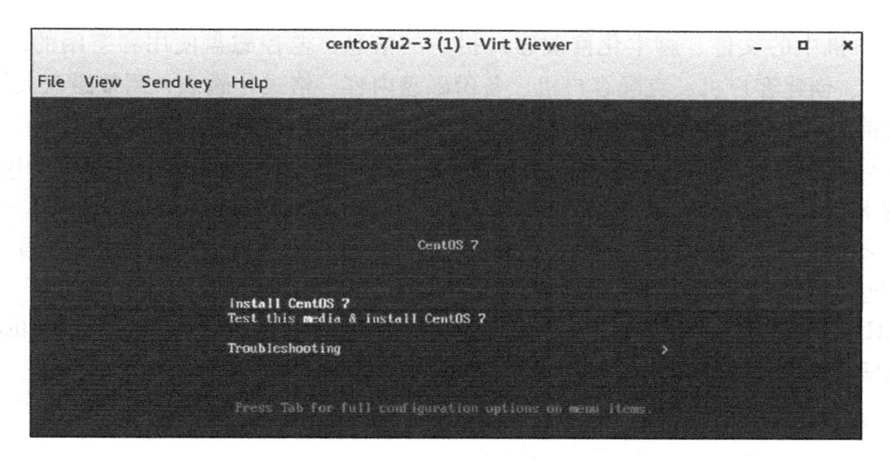

图 4-19　自动打开客户机的控制台

4.4.3　virt-top

virt-top 是一个用于展示虚拟化客户机运行状态和资源使用率的工具，它与 Linux 系统上常用的“top”工具类似，而且它的许多快捷键和命令行参数的设置都与“top”工具相同。virt-top 也是使用 libvirt API 来获取客户机的运行状态和资源使用情况的，所以只要是 libvirt 支持的 Hypervisor，就可以用 virt-top 监控该 Hypervisor 上的客户机状态。

在 RHEL 7.3 系统上，virt-top 命令就是在名为 virt-top 的 RPM 包中用命令行查看：

```
[root@kvm-host ~]# rpm -q virt-top
virt-top-1.0.8-8.el7.x86_64
```

直接运行“virt-top”命令后，将会显示出当前宿主机上各个客户机的运行情况，其中包括宿主机的 CPU、内存的总数，也包括各个客户机的运行状态、CPU、内存的使用率，如图 4-20 所示。关于 virt-top 工具的更多更详细参数配置，可以通过“man virt-top”命令查看相应的帮助文档。

```
virt-top 18:58:07 - x86_64 16/16CPU 2494MHz 64266MB 0.3% 0.7% 0.2% 0.1% 0.1% 0.1%
2 domains, 2 active, 2 running, 0 sleeping, 0 paused, 0 inactive D:0 O:0 X:0
CPU: 0.3%  Mem: 6144 MB (6144 MB by guests)

   ID S RDRQ WRRQ RXBY TXBY %CPU %MEM    TIME   NAME
    3 R    0   24  236 4892  0.3  6.0 218:35.33 centos7u2-2
   10 R    0    0  104    0  0.1  3.0  70:24.02 centos7u2-1
```

图 4-20　运行“virt-top”命令查看客户机的状态和资源利用率

4.4.4　libguestfs

libguestfs [1]是用于访问和修改虚拟机的磁盘镜像的一组工具集合。libguestfs 提供了访问

[1] libguestfs 的官方网站：http://libguestfs.org/。

和编辑客户机中的文件、脚本化修改客户机中的信息、监控磁盘使用和空闲的统计信息、P2V、V2V、创建客户机、克隆客户机、备份磁盘内容、格式化磁盘、调整磁盘大小等非常丰富的功能。libguestfs 支持大部分的主流客户机操作系统，如：CentOS、Fedora、Ubuntu、Windows 等操作系统；libguestfs 除了支持 KVM 虚拟机，它甚至支持 VMware、Hyper-V 等非开源的虚拟机。同时，libguestfs 还提供了一套 C 库以方便被链接到自己用 C/C++ 开发的管理程序之中。它还有对其他很多流程编程语言（如：Python）的绑定，让开发者可以方便地使用 libgeustfs 提供的功能构建自己的虚拟机磁盘镜像管理程序。

在 RHEL 7.3 系统上，查看 libguestfs 的常用工具在一个名为 libguestfs-tools 的 RPM 包中，可以使用如下命令查看：

```
[root@kvm-host ~]# rpm -q libguestfs-tools libguestfs-tools-c
libguestfs-tools-1.32.7-3.el7.noarch
libguestfs-tools-c-1.32.7-3.el7. x86_64
```

libguestfs-tools 提供了很多工具，可以分别对应不同的功能和使用场景，如：virt-ls 用于列出虚拟机中的文件，virt-copy-in 用于往虚拟机中复制文件或目录，virt-copy-out 用于从虚拟机往外复制文件或目录，virt-resize 用于调整磁盘大小，virt-cat 用于显示虚拟机中的一个文件的内容，virt-edit 用于编辑虚拟机中的文件，virt-df 用于查看虚拟机中文件系统空间使用情况，等等。

下面演示 virt-df、virt-copy-out 命令来操作一个 Linux 客户机：

```
[root@kvm-host ~]# virt-df -d centos7u2-1
Filesystem                  1K-blocks     Used     Available  Use%
centos7u2-1:/dev/sda1       508588        105328     403260    21%
centos7u2-1:/dev/centos/root 18307072     9764840   8542232    54%

[root@kvm-host ~]# virt-copy-out -d centos7u2-1 /tmp/test-linux.txt /tmp

[root@kvm-host ~]# cat /tmp/test-linux.txt
Hi. This is a text file in a Linux guest.
```

libguestfs 的一些工具用于 Windows 客户机镜像的操作时，需要先安装 libguestfs-winsupport 这个软件包；当使用 guestmount 来挂载 Windows 镜像时，还需要安装 ntfs-3g 软件包（可以到 EPEL 中找 RPM，也可以自行编译安装）。下面是使用 virt-ls、virt-cat 命令对 Windows 客户机操作的演示：

```
[root@kvm-host ~]# virt-ls -d win2012 /  #查看Windows中系统盘C盘目录
Documents and Settings
PerfLogs
Program Files
Program Files (x86)
ProgramData
my-test.txt

[root@kvm-host ~]# virt-cat -d win2012 /my-test.txt
Hi. This is a text file inside a Windows guest.
```

本节演示的命令中，使用的是“-d centos7u2-1”来指定对哪一个客户机进行操作，这里的客户机都是在运行状态的；也可以使用“-a /images/centos7u2.qcow2”这样的选项来指定一个镜像文件进行操作。

4.5 云计算管理平台

在计算设备（包括 PC、智能手机、平板电脑等）、互联网技术、智能家电设备等非常普及的今天，从技术热点上看，云计算无疑是其中最热门的概念之一。公共云计算服务的主要优势是，向用户提供按需付费的弹性的计算能力，以及简化软硬件计算环境的搭建，让用户更专注于自身的计算任务或应用程序的开发。而私有云计算服务的主要优势是，让一个公司或组织的计算资源得到充分整合，从而实现按需分配计算资源，提升现有硬件资源的利用率，而且更加方便管理，降低资源管理成本。

云计算的强烈需求，一方面推动了包括 VMware、KVM、Xen 等虚拟化技术的迅速发展，另一方面也促进了云计算管理平台的产生和发展。在众多的开源云计算平台中，OpenStack、CloudStack、CloudFoundry、OpenNebula、Eucalyptus 等无疑是其中的佼佼者，在国内，ZStack 也是这两年发展起来的云管理平台。本节将简单介绍其中的 OpenStack 和 ZStack 云计算平台。

4.5.1 OpenStack 简介

OpenStack[1]是一个开源的基础架构即服务（IaaS）云计算平台，可以为公有云和私有云服务提供云计算基础架构平台。OpenStack 使用的开发语言是 Python，采用 Apache 许可证发布项目源代码。OpenStack 支持多种不同的 Hypervisor（如 QEMU/KVM、Xen、VMware、Hyper-V、LXC 等），通过调用各个底层 Hypervisor 的 API 来实现对客户机的创建和关闭等操作，使用 libvirt API 来管理 QEMU/KVM 和 LXC，使用 XenAPI 来管理 XenServer/XCP，使用 VMwareAPI 来管理 VMware，等等。OpenStack 开源项目是在 2010 年由 Rackspace 公司和美国国家航空航天局（NASA）发起的云计算项目，大约每半年，OpenStack 社区会发布一个新的版本。OpenStack 项目在这几年发展得非常迅猛，目前，有超过 500 家公司和成千上万的个人开发者已经宣布加入该项目的开发社区。在支持 OpenStack 开发的一些大公司中，包括 AT&T、Canonical、IBM、HP、Redhat、Suse、Intel、Cisco、VMware、Yahoo!、新浪、华为、中国电信等一批在 IT 业界非常知名的公司。

OpenStack 的使命是为大规模的公有云和小规模的私有云提供一个易于扩展的、弹性云计算服务，从而让云计算的实现更加简单，让云计算架构具有更好的扩展性。也可以说，OpenStack[2]是一个云计算操作系统，它仅仅通过一个使用 Web 交互接口的控制面板（Dashboard）来管理一个或多个数据中心的所有计算资源池、存储资源池、网络资源池等硬件资源。

---

[1] OpenStack 的官方参考文档：http://docs.openstack.org/。

[2] Openstack 的安装和配置的入门文档：http://www.openstack.org/software/start/。

OpenStack的作用是整合各种底层硬件资源，为系统管理员提供Web界面的控制面板，以方便资源管理，为开发者的应用程序提供统一管理接口API，为终端用户提供无缝的透明的云计算服务。OpenStack在云计算软硬件架构的主要作用与一个操作系统类似，如图4-21所示（该图来源于OpenStack的官方网站）。

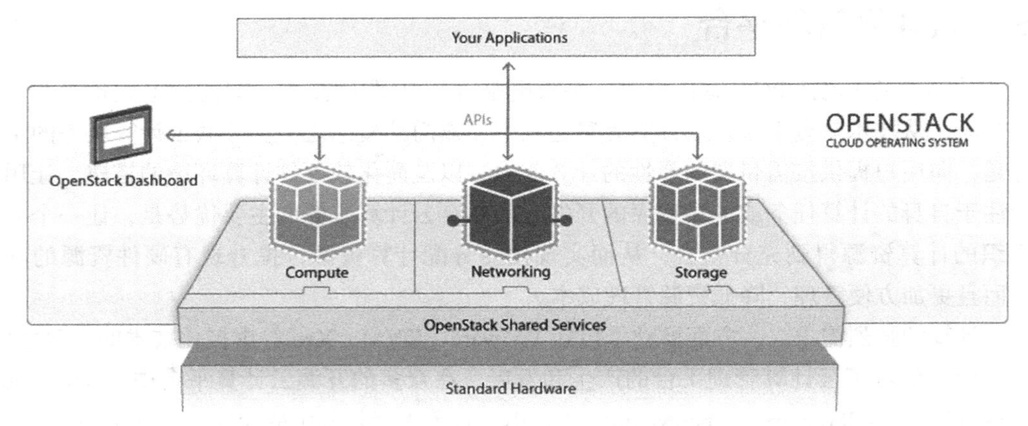

图4-21 OpenStack在云计算架构中的位置

OpenStack包含6个核心服务：计算、对象存储、块存储、镜像、网络、身份认证，也包含10多个可选服务，如控制面板、编排服务、消息服务、数据库服务等。在OpenStack中，这几个核心服务的逻辑架构如图4-22所示。

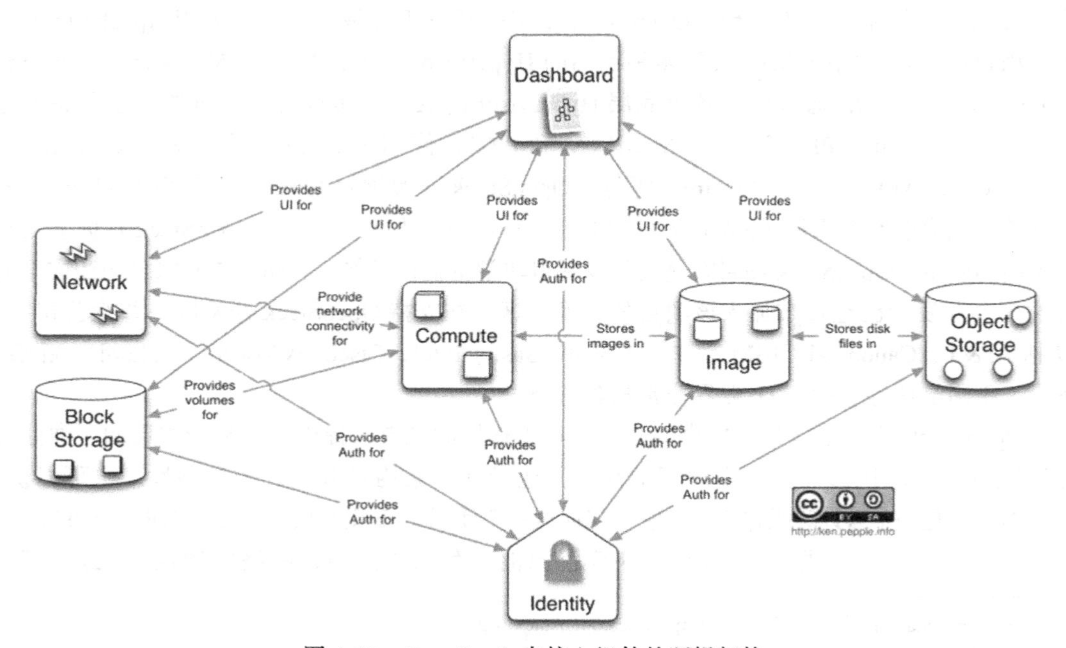

图4-22 OpenStack中核心组件的逻辑架构

更多的 OpenStack 的信息，请参考其官方网站：https://www.openstack.org/。

4.5.2　ZStack 简介

ZStack[㊀]是 2015 年在国内创立的一个开源 IaaS 项目，其核心系统使用 Java 语言开发。ZStack 创始人认为，OpenStack 等 IaaS 管理软件都过于复杂，导致其部署、维护、二次开发的成本都比较高，所以 ZStack 的首要目标是部署简单和稳定性强。ZStack 的主要特点是：容易部署和升级、可扩展性（可以管理成千上万个物理节点和支持高并发的 API 访问）、快速（启动虚拟机速度非常快）、默认网络就是 NFV（Network Functions Virtualization）、全 API 的管理功能（当然也提供一个 Web UI 管理界面）、插件系统（添加或删除某个特性不会影响核心功能）等。

ZStack 在 GitHub 上的地址是：https://github.com/zstackorg/zstack。

4.6　本章小结

经过这几年的发展，KVM 虚拟化方案的功能完善、性能良好、架构清晰而简单。不过由于其用户空间的 qemu 命令行工具的参数有一定的复杂度，提高了初学者和系统管理员学习和部署 KVM 的难度。然而，本章中介绍的一些比较流行的虚拟化管理工具，可以让用户更加方便地使用 KVM，也可使上层应用程序更方便地调用 KVM 的功能。在这些工具中，有 libvirt API 为其他虚拟化管理工具提供一套通用的 API 来管理包括 QEMU/KVM 在内的多种 Hypervisor，有基于 libvirt API 的 virsh 这个命令行管理工具，有 virt-manager 这个图形化的虚拟机管理器，也有 virt-install、virt-viewer、virt-top 等分别用于安装客户机、查看客户机控制台、查看资源占用率的工具，还有 libguestfs 这个用于管理客户机磁盘镜像的工具。本章还简单介绍了 OpenStack、ZStack 这两个基于 libvirt API 来实现 KVM 虚拟化管理的云计算平台。虚拟化和云计算以其在当今 IT 产业中的用途和优势，成为近年来的技术热点之一，发展非常迅速。目前，已经出现了很多与 KVM 相关的管理工具和云计算平台，在本章没有提及的工具中，比较知名和流行的也有不少，如面向数据中心虚拟化的管理工具——oVirt[㊁]，Redhat 的基于其企业级 Linux 版本 RHEL 的虚拟化管理服务器——RHEV，与 OpenStack 类似的开源云计算平台——CloudStack、Eucalyptus、OpenNebula、CloudFoundry 等。读者可以根据自己实际的生产环境或者学习研究的需要，选择适当的虚拟化管理工具来使用 KVM。

㊀ ZStack 官方网站：http://zstack.org/。

㊁ oVirt 官方网站：http://www.ovirt.org/。

Chapter 5 第5章

KVM 核心基础功能

KVM 采用的是完全虚拟化（Full Virtualizaiton）技术，在 KVM 环境中运行的客户机（Guest）操作系统是未经过修改的普通操作系统。在硬件虚拟化技术的支持下，内核的 KVM 模块与 QEMU 的设备模拟协同工作，从而构成了一整套与物理计算机系统完全一致的虚拟化的计算机软硬件系统。

要运行一个完整的计算机系统，必不可少的也是最重要的子系统包括：处理器（CPU）、内存（Memory）、存储（Storage）、网络（Network）、显示（Display）等。本章将介绍 KVM 环境中这些基本子系统的基本概念、原理、配置和实践。

5.1 硬件平台和软件版本说明

在本章及第 6 章中，除非特别注明，否则默认使用的硬件平台（CPU）是 Intel Xeon CPU E5 或者 E3，软件系统中宿主机和客户机都是 RHEL 7.3 系统，而宿主机内核是 Linux stable tree 4.8.5 版本，用户态的 QEMU 是 QEMU 2.7.0 版本。在正式开始本章内容之前，先分别对软硬件环境进行较为详细的说明，其中涉及的编译和配置过程请参考第 3 章。

（1）硬件平台

一般来说，使用支持硬件辅助虚拟化（如 Intel 的 VT-x）的硬件平台即可，在第 6 章中介绍的一些特性（如 AVX、SMEP、VT-d 等）需要某些特定的 CPU 或芯片组的支持，在具体介绍时会进行说明。在第 5 章、第 6 章中，笔者默认使用 CPU 平台是 Intel Xeon CPU E5-2699 系列，在 BIOS 中打开 VT-x 和 VT-d 的支持，可参考 3.1 节中对硬件系统的配置说明。

（2）KVM 与内核

选取一个较新的又较稳定的正式发布版本，这里选择的是 2016 年 10 月发布的 Linux

4.8.5 版本。可以通过如下链接下载 Linux 4.8.5 版本：

```
https://cdn.kernel.org/pub/linux/kernel/v4.x/linux-4.8.5.tar.xz
```

如果是在 linux-stable.git 的源代码仓库中，可以查询到 v4.8.5 这个标签，然后以这个标签 checkout。命令行如下：

```
[root@kvm-host linux-stable]# git tag -l | grep v4.8
v4.8
v4.8-rc1
v4.8-rc2
v4.8-rc3
v4.8-rc4
v4.8-rc5
v4.8-rc6
v4.8-rc7
v4.8-rc8
v4.8.1
v4.8.2
v4.8.3
v4.8.4
v4.8.5
[root@kvm-host linux-stable]# git checkout v4.8.5
Checking out files: 100% (10672/10672), done.
Note: checking out 'v4.8.5'.

You are in 'detached HEAD' state. You can look around, make experimental
changes and commit them, and you can discard any commits you make in this
state without impacting any branches by performing another checkout.

If you want to create a new branch to retain commits you create, you may
do so (now or later) by using -b with the checkout command again. Example:

    git checkout -b new_branch_name

HEAD is now at 3cf0296... Linux 4.8.5
```

切换到合适的源码版本之后进行配置、编译、安装等操作，可参考 3.3 节中的内容。

（3）QEMU

QEMU 的版本使用的是 2016 年 9 月初发布的 QEMU 2.7.0 版本，下载链接如下：

```
http://wiki.qemu-project.org/download/qemu-2.7.0.tar.bz2
```

在 qemu.git 的 GIT 代码仓库中，可以先通过"git tag"命令查看有哪些标签，然后找到"v2.7.0"标签，用"git checkout v2.7.0"（或"git reset --hard v2.7.0"）命令切换到 2.7.0 的 QEMU 版本。此过程的命令行演示如下：

```
[root@kvm-host qemu]# git tag -l | grep 2.7
v2.7.0
v2.7.0-rc0
```

```
v2.7.0-rc1
v2.7.0-rc2
v2.7.0-rc3
v2.7.0-rc4
v2.7.0-rc5
[root@kvm-host qemu]# git checkout v2.7.0
Note: checking out 'v2.7.0'.

You are in 'detached HEAD' state. You can look around, make experimental
changes and commit them, and you can discard any commits you make in this
state without impacting any branches by performing another checkout.

If you want to create a new branch to retain commits you create, you may
do so (now or later) by using -b with the checkout command again. Example:

    git checkout -b new_branch_name

HEAD is now at 1dc33ed... Update version for v2.7.0 release
```

对QEMU进行编译和安装，参考3.4节中的内容。

在使用qemu命令行启动客户机时，不一定需要超级用户（root）来操作，但是需要让当前用户对/dev/kvm这个接口具有可读可写的权限。另外，在涉及网络配置、设备分配等特权操作时，还是需要root的权限，所以为了简单起见，本书都采用root用户来进行操作。

（4）qemu命令行开启KVM加速功能

需要在qemu启动的命令行加上“-enable-kvm”这个参数来使用KVM硬件加速功能。

另外，如果已经安装了支持KVM的Linux发行版，则不一定需要自己重新编译内核（包括KVM模块）和用户态程序QEMU。如果已经安装了RHEL 7.3系统且选择了其中的虚拟化组件，则只需检查当前内核是否支持KVM（查看/boot/config-xx文件中的KVM相关配置，默认是打开的），以及kvm和kvm_intel模块是否正确加载（命令为lsmod | grep kvm）。然后找到qemu-kvm的命令行工具（通常位于/usr/libexec/qemu-kvm），就用这个qemu-kvm命令行工具来进行后面的具体实践，以便了解KVM，将本书中使用“qemu-system-x86_64”命令的地方替换为系统中实际的qemu-kvm的路径即可。关于qemu命令行参数基本都是一致的，不需要做特别的改变，如果遇到参数错误的提示，可查阅当前版本的QEMU帮助手册。

5.2 CPU配置

CPU作为计算机系统的“大脑”，是最重要的部分，负责计算机程序指令的执行。在QEMU/KVM中，QEMU提供对CPU的模拟，展现给客户机一定的CPU数目和CPU的特性。在KVM打开的情况下，客户机中CPU指令的执行由硬件处理器的虚拟化功能（如Intel VT-x和AMD AMD-V）来辅助执行，具有非常高的执行效率。

5.2.1　vCPU 的概念

QEMU/KVM 为客户机提供一套完整的硬件系统环境，在客户机看来，其所拥有的 CPU 即是 vCPU（virtual CPU）。在 KVM 环境中，每个客户机都是一个标准的 Linux 进程（QEMU 进程），而每一个 vCPU 在宿主机中是 QEMU 进程派生的一个普通线程。

在普通的 Linux 系统中，进程一般有两种执行模式：内核模式和用户模式。而在 KVM 环境中，增加了第 3 种模式：客户模式。vCPU 在 3 种执行模式下的不同分工如下。

（1）用户模式（User Mode）

主要处理 I/O 的模拟和管理，由 QEMU 的代码实现。

（2）内核模式（Kernel Mode）

主要处理特别需要高性能和安全相关的指令，如处理客户模式到内核模式的转换，处理客户模式下的 I/O 指令或其他特权指令引起的退出（VM-Exit），处理影子内存管理（shadow MMU）。

（3）客户模式（Guest Mode）

主要执行 Guest 中的大部分指令，I/O 和一些特权指令除外（它们会引起 VM-Exit，被 Hypervisor 截获并模拟）。

vCPU 在 KVM 中的这 3 种执行模式下的转换如图 5-1 所示。

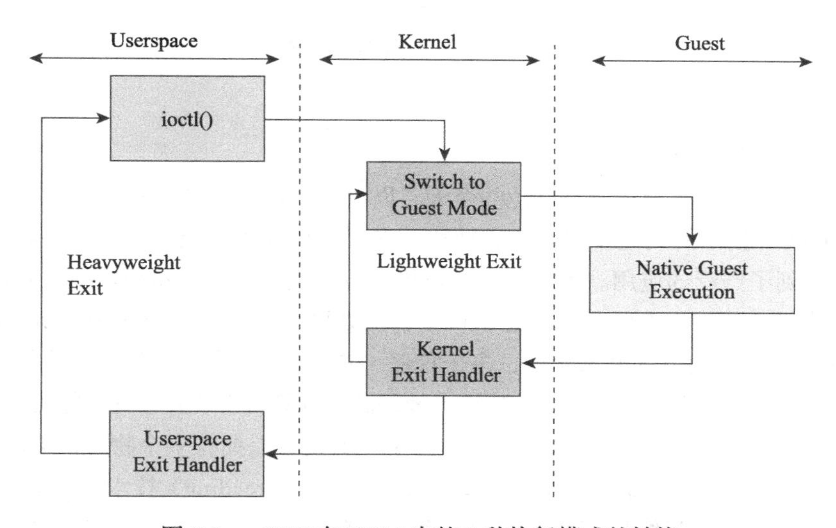

图 5-1　vCPU 在 KVM 中的 3 种执行模式的转换

在 KVM 环境中，整个系统的基本分层架构如图 5-2 所示。

在系统的底层 CPU 硬件中需要有硬件辅助虚拟化技术的支持（Intel VT 或 AMD-V 等），宿主机就运行在硬件之上，KVM 的内核部分是作为可动态加载内核模块运行在宿主机中的，其中一个模块是与硬件平台无关的实现虚拟化核心基础架构的 kvm 模块，另一个是硬件平台相关的 kvm_intel（或 kvm_amd）模块。而 KVM 中的一个客户机是作为一个用户空间进程（qemu）运行的，它和其他普通的用户空间进程（如 gnome、kde、firefox、chrome 等）一样由内核来调度，使其运行在物理 CPU 上，不过它由 kvm 模块的控制，可以在前面介绍的 3 种执行模式下运行。多个客户机就是宿主机中的多个 QEMU 进程，而一个客户机的多个 vCPU 就是一个 QEMU 进程中的多个线程。和普通操作系统一样，在客户机系统中，同样分别运行着客户机的内核和客户机的用户空间应用程序。

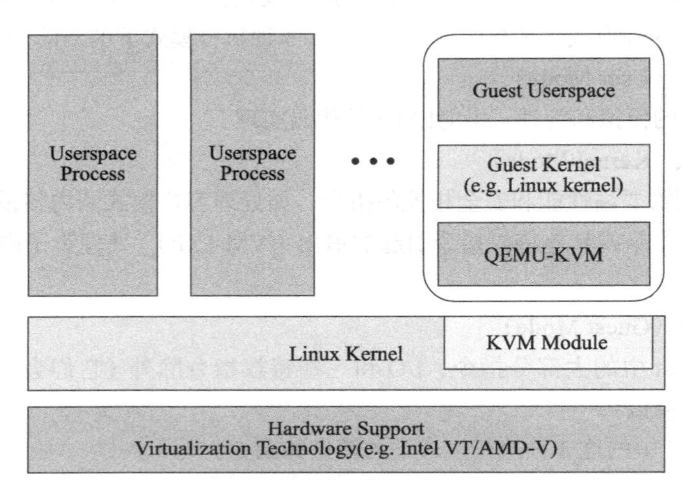

图 5-2 KVM 系统的分层架构

5.2.2 SMP[㊀]的支持

在计算机技术非常普及和日益发达的今天，以 Intel、IBM 为代表的一些大公司推动着中央处理器（CPU）技术的飞速发展和更新换代，在现代计算机系统中，多处理器、多核、超线程等技术得到了广泛的应用。无论是在企业级和科研应用的服务器领域中，还是个人消费者使用的台式机、笔记本电脑甚至智能手机上，随处可见 SMP（Symmetric Multi-Processor，对称多处理器）系统。在 SMP 系统中，多个程序（进程）可以真正做到并行执行，而且单个进程的多个线程也可以得到并行执行，这极大地提高了计算机系统并行处理能力和整体性能。

在硬件方面，早期的计算机系统更多的是在一个主板上拥有多个物理的 CPU 插槽，来实现 SMP 系统。后来，随着多核技术、超线程（Hyper-Threading）技术的出现，SMP 系统使用多处理器、多核、超线程等技术中的一个或多个。多数的现代 CPU 都支持多核或超线程[㊁]技术，如 Intel 的 Xeon（至强）、Pentium D（奔腾 D）、Core Duo（酷睿双核）、Core 2 Duo

㊀ Symetric Multi-Processor，指共享内存资源的多处理器系统，其上只运行一个 OS。与其相对的是另一个概念 NUMA（Non-Uniform Memory Acess/Architecture），详见第 7 章。

㊁ 在 CPU 支持超线程（HT）技术，还需要在 BIOS 中打开它的开关才能使用。在 BIOS 中，超线程的设置可能会在“Advanced → CPU Configuration”下设置，通常标识为“Hyper-Threading”。Intel 从 2002 年的 Xeon 产品开始就引入 HT；AMD 在 2017 年的 Zen 架构平台上也开始引入这个技术。

（酷睿二代双核）等系列的处理器和 AMD 的 Athlon64 X2、Quad FX、Opteron 200、Opteron 2000 等系列的处理器。

在操作系统软件方面，多数的现代操作系统都提供了对 SMP 系统的支持，如主流的 Linux 操作系统（内核 2.6 及以上对 SMP 的支持比较完善）、微软的 Windows NT 系列（包括：Windows 2000、Windows XP、Windows 7、Windows 8 等）、MacOS 系统、BSD 系统、HP-UX 系统、IBM 的 AIX 系统，等等。

例如，在 Linux 中，下面的 Bash 脚本（cpu-info.sh）可以根据 /proc/cpuinfo 文件来检查当前系统中的 CPU 数量、多核及超线程的使用情况。

```
#!/bin/bash
#filename: cpu-info.sh
#this script only works in a Linux system which has one or more identical
    physical CPU(s).

echo -n "logical CPU number in total: "
#逻辑CPU个数
cat /proc/cpuinfo | grep "processor" | wc -l

#有些系统没有多核也没有打开超线程，就直接退出脚本
cat /proc/cpuinfo | grep -qi "core id"
if [ $? -ne 0 ]; then
    echo "Warning. No multi-core or hyper-threading is enabled."
    exit 0;
fi

echo -n "physical CPU number in total: "
#物理CPU个数
cat /proc/cpuinfo | grep "physical id" | sort | uniq | wc -l

echo -n "core number in a physical CPU: "
#每个物理CPU上core的个数(未计入超线程)
core_per_phy_cpu=$(cat /proc/cpuinfo | grep "core id" | sort | uniq | wc -l)
echo $core_per_phy_cpu

echo -n "logical CPU number in a physical CPU: "
#每个物理CPU中逻辑CPU(可能是core、threads或both)的个数
logical_cpu_per_phy_cpu=$(cat /proc/cpuinfo | grep "siblings" | sort | uniq | awk-
    F: '{print $2}')
echo $logical_cpu_per_phy_cpu

#是否打开超线程，以及每个core上的超线程数目
#如果在同一个物理CPU上的两个逻辑CPU具有相同的”core id”，那么超线程是打开的
#此处根据前面计算的core_per_phy_cpu和logical_core_per_phy_cpu的比较来查看超线程
if [ $logical_cpu_per_phy_cpu -gt $core_per_phy_cpu ]; then
    echo "Hyper threading is enabled. Each core has $(expr $logical_cpu_per_phy_
        cpu / $core_per_phy_cpu ) threads."
elif [ $logical_cpu_per_phy_cpu -eq $core_per_phy_cpu ]; then
    echo "Hyper threading is NOT enabled."
```

```
else
    echo "Error. There's something wrong."
fi
```

SMP 是如此的普及和被广泛使用，而 QEMU 在给客户机模拟 CPU 时，也可以提供对 SMP 架构的模拟，让客户机运行在 SMP 系统中，充分利用物理硬件的 SMP 并行处理优势。由于每个 vCPU 在宿主机中都是一个线程，并且宿主机 Linux 系统是支持多任务处理的，因此可以通过两种操作来实现客户机的 SMP，一是将不同的 vCPU 的进程交换执行（分时调度，即使物理硬件非 SMP，也可以为客户机模拟出 SMP 系统环境），二是将在物理 SMP 硬件系统上同时执行多个 vCPU 的进程。

在 qemu 命令行中，“-smp”参数即是配置客户机的 SMP 系统，其具体参数如下：

```
-smp [cpus=]n[,maxcpus=cpus][,cores=cores][,threads=threads][,sockets=sockets]
```

其中：

- n 用于设置客户机中使用的逻辑 CPU 数量（默认值是 1）。
- maxcpus 用于设置客户机中最大可能被使用的 CPU 数量，包括启动时处于下线（offline）状态的 CPU 数量（可用于热插拔 hot-plug 加入 CPU，但不能超过 maxcpus 这个上限）。
- cores 用于设置每个 CPU 的 core 数量（默认值是 1）。
- threads 用于设置每个 core 上的线程数（默认值是 1）。
- sockets 用于设置客户机中看到的总的 CPU socket 数量。

下面通过 KVM 中的几个 qemu 命令行示例，来看一下如何将 SMP 应用于客户机中。

示例 1：

```
qemu-system-x86_64 -m 1G rhel7.img⊖
```

不加 smp 参数，使用其默认值 1，在客户机中查看 CPU 情况，如下：

```
[root@kvm-guest ~]# cat /proc/cpuinfo
processor       : 0
vendor_id       : AuthenticAMD
cpu family      : 6
model           : 6
model name      : QEMU Virtual CPU version 2.5+
stepping        : 3
cpu MHz         : 3591.617
cache size      : 512 KB
physical id     : 0
siblings        : 1
core id         : 0
cpu cores       : 1
```

⊖ RHEL 7 的最低内存要求是每 processor 1G。此处几个示例故意不使用‘-enable-kvm’参数，读者可以体会到没有硬件加速之慢。

```
apciid          : 0
initial apicid  : 0
fpu             : yes
fpu_exception   : yes
cpuid level     : 13
wp              : yes
flags           : fpu de pse tsc msr pae mce cx8 apic sep mtrr pge mca cmov pat pse36
                  clflush mmx fxsr sse sse2 syscall nx lm nopl pni cx16 hypervisor
                  lahf_lm svm
bogomips        : 7183.23
TLB size        : 1024 4K pages
clflush size    : 64
cache_alignment : 64
address sizes   : 40 bits physical, 48 bits virtual
power management:
[root@kvm-guest ~]# ls /sys/devices/system/cpu/
cpu0 isolated modalias offline possible present
cpuidle kernel_max nohz_full online power uevent
```

由上面的输出信息可知，客户机系统识别到1个QEMU模拟的CPU（cpu0），并且在QEMU monitor（默认按Alt+Ctrl+2组合键切换到monitor）中用“info cpus”命令可以看到客户机中的CPU数量及其对应QEMU线程的ID，如下所示：

```
(qemu) info cpus
* CPU #0: pc=0xffffffff81058e96 (halted) thread_id=10747
```

在宿主机中看到相应的QEMU进程和线程如下：

```
[root@kvm-host ~]# ps -eLf | grep qemu
root   10744  9335 10744  0  4 15:30 pts/0  00:00:11 qemu-system-x86_64 rhel7.img -m 1G
root   10744  9335 10745  0  4 15:30 pts/0  00:00:00 qemu-system-x86_64 rhel7.img -m 1G
root   10744  9335 10747 32  4 15:30 pts/0  00:07:51 qemu-system-x86_64 rhel7.img -m 1G
root   10744  9335 10748  0  4 15:30 pts/0  00:00:01 qemu-system-x86_64 rhel7.img -m 1G
root   11394  9766 11394  0  1 15:54 pts/2  00:00:00 grep --color=auto qemu
```

由以上信息可以看出，PID（Process ID）为10744的进程是客户机的进程，它产生了1个线程（线程ID为10747）作为客户机的vCPU运行在宿主机中[⊖]。其中，ps命令的-L参数指定打印出线程的ID和线程的个数，-e参数指定选择所有的进程，-f参数指定选择打印出完全的各列。

示例2：

```
qemu-system-x86_64 -smp 8 -m 8G rhel7.img
```

“-smp 8”表示分配了8个虚拟的CPU给客户机，在客户机中用前面提到的“cpu-info.sh”脚本查看CPU情况，如下：

⊖ 细心的读者会发现，QEMU主进程派生出来的线程数目多于客户机的vCPU数目，这是因为QEMU动态地需要一些单独的进程来处理一些专门的任务，比如I/O。

```
[root@kvm-guest ~]# cat /proc/cpuinfo
<! --  此处省略/proc/cpuinfo的输出细节 -->
[root@kvm-guest ~]# ./cpu-info.sh          #这个是前面提到的Bash脚本
logical CPU number in total: 8
physical CPU number in total: 8
core number in a physical CPU: 1
logical CPU number in a physical CPU: 1
Hyper threading is NOT enabled.
[root@kvm-guest ~]# ls /sys/devices/system/cpu/
cpu0 cpu1 cpu2 cpu3 cpu4 cpu5 cpu6 cpu7 cpuidle isolated kernel_max modalias
    nohz_full offline online possible power present uevent
```

由上面的输出信息可知，客户机使用了 8 个 CPU（cpu0~cpu7），系统识别的 CPU 数量也总共是 8 个，是 8 个物理 CPU，而没有多核、超线程之类的架构。

在 QEMU monitor 中查询 CPU 状态，如下：

```
QEMU 2.7.0 monitor - type 'help' for more information
(qemu) VNC server running on ::1:5900
(qemu) info cpus
* CPU #0: pc=0xffffffff81060eb6 (halted) thread_id=186374
  CPU #1: pc=0xffffffff81060eb6 (halted) thread_id=186375
  CPU #2: pc=0xffffffff81060eb6 (halted) thread_id=186376
  CPU #3: pc=0xffffffff81060eb6 (halted) thread_id=186377
  CPU #4: pc=0xffffffff81060eb6 (halted) thread_id=186378
  CPU #5: pc=0xffffffff81060eb6 (halted) thread_id=186379
  CPU #6: pc=0xffffffff81060eb6 (halted) thread_id=186380
  CPU #7: pc=0xffffffff81060eb6 (halted) thread_id=186381
```

在宿主机中看到相应的 QEMU 进程和线程如下：

```
[root@kvm-host ~]# ps -eLf | grep qemu
root      186360  96470 186360  0   12 21:43 pts/4     00:00:01 qemu-system-x86_64
    ia32e_rhel7u3_kvm.img -smp 8 -m 8G
root      186360  96470 186361  0   12 21:43 pts/4     00:00:00 qemu-system-x86_64
    ia32e_rhel7u3_kvm.img -smp 8 -m 8G
root      186360  96470 186374  7   12 21:43 pts/4     00:00:15 qemu-system-x86_64
    ia32e_rhel7u3_kvm.img -smp 8 -m 8G
root      186360  96470 186375  1   12 21:43 pts/4     00:00:03 qemu-system-x86_64
    ia32e_rhel7u3_kvm.img -smp 8 -m 8G
root      186360  96470 186376  1   12 21:43 pts/4     00:00:03 qemu-system-x86_64
    ia32e_rhel7u3_kvm.img -smp 8 -m 8G
root      186360  96470 186377  1   12 21:43 pts/4     00:00:03 qemu-system-x86_64
    ia32e_rhel7u3_kvm.img -smp 8 -m 8G
root      186360  96470 186378  1   12 21:43 pts/4     00:00:03 qemu-system-x86_64
    ia32e_rhel7u3_kvm.img -smp 8 -m 8G
root      186360  96470 186379  1   12 21:43 pts/4     00:00:03 qemu-system-x86_64
    ia32e_rhel7u3_kvm.img -smp 8 -m 8G
root      186360  96470 186380  1   12 21:43 pts/4     00:00:04 qemu-system-x86_64
    ia32e_rhel7u3_kvm.img -smp 8 -m 8G
root      186360  96470 186381  1   12 21:43 pts/4     00:00:03 qemu-system-x86_64
    ia32e_rhel7u3_kvm.img -smp 8 -m 8G
```

```
root       186360   96470 186383   0    12 21:43 pts/4     00:00:01 qemu-system-x86_64
    ia32e_rhel7u3_kvm.img -smp 8 -m 8G
root       186360   96470 186492   0    12 21:46 pts/4     00:00:00 qemu-system-x86_64
    ia32e_rhel7u3_kvm.img -smp 8 -m 8G
root      186519 178215 186519   0     1 21:47 pts/6    00:00:00 grep --color=auto qemu
```

由以上信息可知，PID 为 186360 的进程是 QEMU 启动客户机的进程，它产生了 8 个线程作为客户机的 8 个 vCPU 在运行。

示例 3：

```
qemu-system-x86_64 -m 8G -smp 8,sockets=2,cores=2,threads=2 rhel7.img
```

通过 -smp 参数详细定义了客户机中 SMP 的架构，在客户中得到的 CPU 信息如下：

```
[root@kvm-guest ~]# cat /proc/cpuinfo
<! --  此处省略/proc/cpuinfo的输出细节 -->
[root@kvm-guest ~]# sh cpu-info.sh
logical CPU number in total: 8
physical CPU number in total: 2
core number in a physical CPU: 2
logical CPU number in a physical CPU: 4
Hyper threading is enabled. Each core has 2 threads.
[root@kvm-guest ~]# ls /sys/devices/system/cpu/
cpu0   cpu1   cpu2   cpu3   cpu4   cpu5   cpu6   cpu7   cpuidle   isolated   kernel_max
    microcode  modalias  nohz_full  offline  online  possible  power  present  uevent
```

从上面的输出信息可知，客户机中共有 8 个逻辑 CPU（cpu0~cpu7），2 个 CPU socket，每个 socket 有 2 个核，每个核有 2 个线程（超线程处于打开状态）。

示例 4：

```
qemu-system-x86_64 -m 8G -smp 4,maxcpus=8 rhel7.img -enable-kvm
```

通过 -smp 参数详细定义了客户机中最多有 8 个 CPU 可用，在系统启动之时有 4 个处于开启状态，在客户中得到的 CPU 信息如下：

```
[root@kvm-guest ~]# sh cpu-info.sh
logical CPU number in total: 4
physical CPU number in total: 4
core number in a physical CPU: 1
logical CPU number in a physical CPU: 1
Hyper threading is NOT enabled.
[root@kvm-guest ~]# lscpu
Architecture:          x86_64
CPU op-mode(s):        32-bit, 64-bit
Byte Order:            Little Endian
CPU(s):                4
On-line CPU(s) list:   0-3
Thread(s) per core:    1
Core(s) per socket:    1
Socket(s):             4
NUMA node(s):          1
```

```
Vendor ID:             GenuineIntel
CPU family:            6
Model:                 6
Model name:            QEMU Virtual CPU version 2.5+
Stepping:              3
CPU MHz:               2194.980
BogoMIPS:              4389.69
Hypervisor vendor:     KVM
Virtualization type:   full
L1d cache:             32K
L1i cache:             32K
L2 cache:              4096K
NUMA node0 CPU(s):     0-3
```

可以看到，客户机启动之后有 4 个 CPU，分别位于 4 个 socket 的单一 core 上。

下面我们来做热插拔操作，切换到 QEMU monitor 执行“cpu-add[⊖] <id>”的指令。

```
(qemu) info cpus
* CPU #0: pc=0xffffffff81060eb6 (halted) thread_id=190609
  CPU #1: pc=0xffffffff81060eb6 (halted) thread_id=190610
  CPU #2: pc=0xffffffff81060eb6 (halted) thread_id=190611
  CPU #3: pc=0xffffffff81060eb6 (halted) thread_id=190612
(qemu) cpu-add 7
(qemu) info cpus
* CPU #0: pc=0xffffffff81060eb6 (halted) thread_id=190609
  CPU #1: pc=0xffffffff81060eb6 (halted) thread_id=190610
  CPU #2: pc=0xffffffff81060eb6 (halted) thread_id=190611
  CPU #3: pc=0xffffffff81060eb6 (halted) thread_id=190612
  CPU #7: pc=0xffffffff81060eb6 (halted) thread_id=190690
```

我们热插入 7 号 CPU（0～7 中最后一个），可以在 QEMU monitor 中看到 #7 号 CPU 上线了。再在客户机里面检查：

```
[root@kvm-guest ~]# lscpu
Architecture:          x86_64
CPU op-mode(s):        32-bit, 64-bit
Byte Order:            Little Endian
CPU(s):                5
On-line CPU(s) list:   0-4
Thread(s) per core:    1
Core(s) per socket:    1
Socket(s):             5
NUMA node(s):          1
Vendor ID:             GenuineIntel
CPU family:            6
Model:                 6
Model name:            QEMU Virtual CPU version 2.5+
Stepping:              3
```

⊖ 从 QEMU 1.5 版本开始有这个命令。

```
CPU MHz:                 2194.980
BogoMIPS:                4389.69
Hypervisor vendor:       KVM
Virtualization type:     full
L1d cache:               32K
L1i cache:               32K
L2 cache:                4096K
NUMA node0 CPU(s):       0-4
[root@kvm-guest ~]# sh cpu-info.sh
logical CPU number in total: 5
physical CPU number in total: 5
core number in a physical CPU: 1
logical CPU number in a physical CPU: 1
Hyper threading is NOT enabled.
[root@kvm-guest ~]# ls /sys/devices/system/cpu/
cpu0  cpu1  cpu2  cpu3  cpu4  cpuidle  isolated  kernel_max  microcode  modalias
    nohz_full  offline  online  possible  power  present  uevent
```

可以看到客户机变成有 5 个 CPU 了。但是可以看到，新增的 CPU 编号却是连续的（cpu4），尽管我们热插入的是 #7 号 CPU。

5.2.3 CPU 过载使用

KVM 允许客户机过载使用（over-commit）物理资源，即允许为客户机分配的 CPU 和内存数量多于物理上实际存在的资源。

物理资源的过载使用能带来资源充分利用方面的好处。试想在一台强大的硬件服务器中运行 Web 服务器、图片存储服务器、后台数据统计服务器等作为虚拟客户机，但是它们不会在同一时刻都负载很高，如 Web 服务器和图片服务器在白天工作时间负载较重，而后台数据统计服务器主要在晚上工作，所以对物理资源进行合理的过载使用，给这几个客户机分配的系统资源总数多余实际拥有的物理资源，就可能在白天和夜晚都充分利用物理硬件资源，而且由于几个客户机不会同时对物理资源造成很大的压力，它们各自的服务质量（QoS）也能得到保障。

CPU 的过载使用是让一个或多个客户机使用 vCPU 的总数量超过实际拥有的物理 CPU 数量。QEMU 会启动更多的线程来为客户机提供服务，这些线程也被 Linux 内核调度运行在物理 CPU 硬件上。

关于 CPU 的过载使用，推荐的做法是对多个单 CPU 的客户机使用 over-commit，比如，在拥有 4 个逻辑 CPU 的宿主机中，同时运行多于 4 个（如 8 个、16 个）客户机，其中每个客户机都分配一个 vCPU。这时，如果每个宿主机的负载不是很大，宿主机 Linux 对每个客户机的调度是非常有效的，这样的过载使用并不会带来客户机的性能损失。

关于 CPU 的过载使用，最不推荐的做法是让某一个客户机的 vCPU 数量超过物理系统上存在的 CPU 数量。比如，在拥有 4 个逻辑 CPU 的宿主机中，同时运行一个或多个客户机，其中每个客户机的 vCPU 数量多于 4 个（如 16 个）。这样的使用方法会带来比较明显的性能下降，其性能反而不如为客户机分配2个（或4个）vCPU的情况。而且如果客户机负载过重，可能会让整个系统运行不稳定。不过，在并非100%满负载的情况下，一个（或多个）有4个vCPU的客户机运行在拥有4个逻辑CPU的宿主机中并不会带来明显的性能损失。

总的来说，KVM允许CPU的过载使用，但是并不推荐在实际的生产环境（特别是负载较重的环境）中过载使用CPU。在生产环境中过载使用CPU，有必要在部署前进行严格的性能和稳定性测试。

5.2.4 CPU模型

每一种虚拟机管理程序（Virtual Machine Monitor，简称VMM或Hypervisor）都会定义自己的策略，让客户机看起来有一个默认的CPU类型。有的Hypervisor会简单地将宿主机中CPU的类型和特性直接传递给客户机使用，而QEMU/KVM在默认情况下会向客户机提供一个名为qemu64或qemu32的基本CPU模型。QEMU/KVM的这种策略会带来一些好处，如可以对CPU特性提供一些高级的过滤功能，还可以将物理平台根据提供的基本CPU模型进行分组（如将几台IvyBridge和Sandybridge硬件平台分为一组，都提供相互兼容的SandyBridge或qemu64的CPU模型），从而使客户机在同一组硬件平台上的动态迁移更加平滑和安全。

通过如下的命令行可以查看当前的QEMU支持的所有CPU模型。

```
[root@kvm-host ~]# qemu-system-x86_64 -cpu ?
x86           qemu64  QEMU Virtual CPU version 2.5+
x86           phenom  AMD Phenom(tm) 9550 Quad-Core Processor
x86         core2duo  Intel(R) Core(TM)2 Duo CPU     T7700  @ 2.40GHz
x86            kvm64  Common KVM processor
x86           qemu32  QEMU Virtual CPU version 2.5+
x86            kvm32  Common 32-bit KVM processor
x86          coreduo  Genuine Intel(R) CPU           T2600  @ 2.16GHz
x86              486
x86          pentium
x86         pentium2
x86         pentium3
x86           athlon  QEMU Virtual CPU version 2.5+
x86             n270  Intel(R) Atom(TM) CPU N270   @ 1.60GHz
x86           Conroe  Intel Celeron_4x0 (Conroe/Merom Class Core 2)
x86           Penryn  Intel Core 2 Duo P9xxx (Penryn Class Core 2)
x86          Nehalem  Intel Core i7 9xx (Nehalem Class Core i7)
x86         Westmere  Westmere E56xx/L56xx/X56xx (Nehalem-C)
x86      SandyBridge  Intel Xeon E312xx (Sandy Bridge)
x86        IvyBridge  Intel Xeon E3-12xx v2 (Ivy Bridge)
x86    Haswell-noTSX  Intel Core Processor (Haswell, no TSX)
x86          Haswell  Intel Core Processor (Haswell)
x86  Broadwell-noTSX  Intel Core Processor (Broadwell, no TSX)
x86        Broadwell  Intel Core Processor (Broadwell)
```

```
x86   Skylake-Client  Intel Core Processor (Skylake)
x86       Opteron_G1  AMD Opteron 240 (Gen 1 Class Opteron)
x86       Opteron_G2  AMD Opteron 22xx (Gen 2 Class Opteron)
x86       Opteron_G3  AMD Opteron 23xx (Gen 3 Class Opteron)
x86       Opteron_G4  AMD Opteron 62xx class CPU
x86       Opteron_G5  AMD Opteron 63xx class CPU
x86       host  KVM processor with all supported host features (only available in KVM mode)
...
```

这些CPU模型是在源代码qemu.git/target-i386/cpu.c中的结构体数组builtin_x86_defs[]中定义的。

在x86-64平台上编译和运行的QEMU，在不加“-cpu”参数启动时，采用“qemu64”作为默认的CPU模型，命令行演示如下：

```
qemu-system-x86_64 rhel7.img
```

在客户机中看到的CPU信息如下：

```
[root@kvm-guest ~]# cat /proc/cpuinfo
processor         : 0
vendor_id         : AuthenticAMD
cpu family        : 6
model             : 6
model name        : QEMU Virtual CPU version 2.5+
stepping          : 3
cpu MHz           : 3591.617
cache size        : 512 KB
physical id       : 0
siblings          : 1
core id           : 0
cpu cores         : 1
apicid            : 0
initial apicid    : 0
fpu               : yes
fpu_exception     : yes
cpuid level       : 13
wp                : yes
flags             : fpu de pse tsc msr pae mce cx8 apic sep mtrr pge mca cmov pat pse36
                    clflush mmx fxsr sse sse2 syscall nx lm nopl pni cx16 hypervisor
                    lahf_lm svm
bogomips          : 7183.23
TLB size          : 1024 4K pages
clflush size      : 64
cache_alignment   : 64
address sizes     : 40 bits physical, 48 bits virtual
power management:
```

由上面信息可知，在客户机中看到的CPU模型的名称为“QEMU Virtual CPU version 2.5+”，这就是当前版本QEMU的“qemu64”CPU模型的名称。

在 qemu 命令行中，可以用“-cpu *cpu_model*”来指定在客户机中的 CPU 模型。如下的命令行就在启动客户机时指定了 CPU 模型为 Broadwell。

```
qemu-system-x86_64 rhel7.img -cpu Broadwell -smp 8 -m 16G -enable-kvm
```

在客户机中查看 CPU 信息如下：

```
[root@kvm-guest ~]# cat /proc/cpuinfo
processor           : 0
vendor_id           : GenuineIntel
cpu family          : 6
model               : 61
model name          : Intel Core Processor (Broadwell)
stepping            : 2
microcode           : 0x1
cpu MHz             : 2194.655
cache size          : 4096 KB
physical id         : 0
siblings            : 1
core id             : 0
cpu cores           : 1
apicid              : 0
initial apicid      : 0
fpu                 : yes
fpu_exception       : yes
cpuid level         : 13
wp                  : yes
flags               : fpu vme de pse tsc msr pae mce cx8 apic sep mtrr pge mca
                      cmov pat pse36 clflush mmx fxsr sse sse2 syscall nx rdtscp lm
                      constant_tsc rep_good nopl xtopology eagerfpu pni pclmulqdq
                      ssse3 fma cx16 pcid sse4_1 sse4_2 x2apic movbe popcnt tsc_
                      deadline_timer aes xsave avx f16c rdrand hypervisor lahf_lm
                      abm 3dnowprefetch arat fsgsbase bmi1 hle avx2 smep bmi2 erms
                      invpcid rtm rdseed adx smap xsaveopt
bogomips            : 4389.69
clflush size        : 64
cache_alignment     : 64
address sizes       : 40 bits physical, 48 bits virtual
power management:
```

由上面的信息可知，在客户机中看到的 CPU 是基于 Broadwell 的 Intel Xeon 处理器。其中的 vendor_id、cpu family、flags、cpuid level 等都是在 target-i386/cpu.c 的 buildin_x86_defs[] 中定义好的，具体的关于 Broadwell 这个 CPU 模型的定义如下：

```
{
    .name = "Haswell",
    .level = 0xd,
    .vendor = CPUID_VENDOR_INTEL,
    .family = 6,
    .model = 60,
```

```
        .stepping = 1,
        .features[FEAT_1_EDX] =
            CPUID_VME | CPUID_SSE2 | CPUID_SSE | CPUID_FXSR | CPUID_MMX |
            CPUID_CLFLUSH | CPUID_PSE36 | CPUID_PAT | CPUID_CMOV | CPUID_MCA |
            CPUID_PGE | CPUID_MTRR | CPUID_SEP | CPUID_APIC | CPUID_CX8 |
            CPUID_MCE | CPUID_PAE | CPUID_MSR | CPUID_TSC | CPUID_PSE |
            CPUID_DE | CPUID_FP87,
        .features[FEAT_1_ECX] =
            CPUID_EXT_AVX | CPUID_EXT_XSAVE | CPUID_EXT_AES |
            CPUID_EXT_POPCNT | CPUID_EXT_X2APIC | CPUID_EXT_SSE42 |
            CPUID_EXT_SSE41 | CPUID_EXT_CX16 | CPUID_EXT_SSSE3 |
            CPUID_EXT_PCLMULQDQ | CPUID_EXT_SSE3 |
            CPUID_EXT_TSC_DEADLINE_TIMER | CPUID_EXT_FMA | CPUID_EXT_MOVBE |
            CPUID_EXT_PCID | CPUID_EXT_F16C | CPUID_EXT_RDRAND,
        .features[FEAT_8000_0001_EDX] =
            CPUID_EXT2_LM | CPUID_EXT2_RDTSCP | CPUID_EXT2_NX |
            CPUID_EXT2_SYSCALL,
        .features[FEAT_8000_0001_ECX] =
            CPUID_EXT3_ABM | CPUID_EXT3_LAHF_LM,
        .features[FEAT_7_0_EBX] =
            CPUID_7_0_EBX_FSGSBASE | CPUID_7_0_EBX_BMI1 |
            CPUID_7_0_EBX_HLE | CPUID_7_0_EBX_AVX2 | CPUID_7_0_EBX_SMEP |
            CPUID_7_0_EBX_BMI2 | CPUID_7_0_EBX_ERMS | CPUID_7_0_EBX_INVPCID |
            CPUID_7_0_EBX_RTM,
        .features[FEAT_XSAVE] =
            CPUID_XSAVE_XSAVEOPT,
        .features[FEAT_6_EAX] =
            CPUID_6_EAX_ARAT,
        .xlevel = 0x80000008,
        .model_id = "Intel Core Processor (Haswell)",
    }
```

5.2.5　进程的处理器亲和性和 vCPU 的绑定

通常在 SMP 系统中，Linux 内核的进程调度器根据自有的调度策略将系统中的一个进程调度到某个 CPU 上执行。一个进程在前一个执行时间是在 cpuM（M 为系统中的某 CPU 的 ID）上运行，而在后一个执行时间是在 cpuN（N 为系统中另一 CPU 的 ID）上运行。这样的情况在 Linux 中是很可能发生的，因为 Linux 对进程执行的调度采用时间片法则（即用完自己的时间片即被暂停执行），而在默认情况下，一个普通进程或线程的处理器亲和性体现在所有可用的 CPU 上，进程或线程有可能在这些 CPU 之中的任何一个（包括超线程）上执行。

进程的处理器亲和性（Processor Affinity）即 CPU 的绑定设置，是指将进程绑定到特定的一个或多个 CPU 上去执行，而不允许将进程调度到其他的 CPU 上。Linux 内核对进程的调度算法也是遵守进程的处理器亲和性设置的。设置进程的处理器亲和性带来的好处是可以减少进程在多个 CPU 之间交换运行带来的缓存命中失效（cache missing），从该进程运行的角度来看，可能带来一定程度上的性能提升。换个角度来看，对进程亲和性的设置也可能带来一定的问题，如破坏了原有SMP系统中各个CPU的负载均衡（load balance），这可能会导致整个系统的进程调度变得低效。特别是在使用多处理器、多核、多线程技术的情况下，在NUMA[⊖]结构的系统中，如果不能对系统的CPU、内存等有深入的了解，对进程的处理器亲和性进行设置可能导致系统的整体性能的下降而非提升。

每个vCPU都是宿主机中一个普通的QEMU线程，可以使用taskset工具对其设置处理器亲和性，使其绑定到某一个或几个固定的CPU上去调度。尽管Linux内核的进程调度算法已经非常高效了，在多数情况下不需要对进程的调度进行干预，不过，在虚拟化环境中有时有必要将客户机的QEMU进程或线程绑定到固定的逻辑CPU上。下面举一个云计算应用中需要绑定vCPU的示例。

作为IaaS（Infrastructure as a Service）类型的云计算提供商的A公司（如Amazon、Google、Azure、阿里云等），为客户提供一个有两个逻辑CPU计算能力的一个客户机。要求CPU资源独立被占用，不受宿主机中其他客户机的负载水平的影响。为了满足这个需求，可以分如下两个步骤来实现。

1）启动宿主机时隔离出两个逻辑CPU专门供一个客户机使用。在Linux内核启动的命令行中加上“isolcpus=”参数，可以实现CPU的隔离，使得在系统启动后普通进程默认都不会被调度到被隔离的CPU上执行。例如，隔离cpu4和cpu5的内核启动命令行如下：

```
[root@kvm-host ~]# cat /proc/cmdline
BOOT_IMAGE=/vmlinuz-3.10.0-514.el7.x86_64 root=/dev/mapper/rhel-root ro
    crashkernel=auto rd.lvm.lv=rhel/root rd.lvm.lv=rhel/swap rhgb quiet LANG=en_
    US.UTF-8 intel_iommu=on isolcpus=4,5
```

在系统启动后，在宿主机中检查是否隔离成功的命令行如下：

```
[root@kvm-host ~]# ps -eLo psr | grep -e "^[[:blank:]]*0$" | wc -l
23
[root@kvm-host ~]# ps -eLo psr | grep -e "^[[:blank:]]*1$" | wc -l
10
[root@kvm-host ~]# ps -eLo psr | grep -e "^[[:blank:]]*2$" | wc -l
28
[root@kvm-host ~]# ps -eLo psr | grep -e "^[[:blank:]]*3$" | wc -l
23
[root@kvm-host ~]# ps -eLo psr | grep -e "^[[:blank:]]*4$" | wc -l
5
[root@kvm-host ~]# ps -eLo psr | grep -e "^[[:blank:]]*5$" | wc -l
6
[root@kvm-host ~]# ps -eLo ruser,pid,ppid,lwp,psr,args | awk '{if($5==5) print
$0}'
root         32      2     32    5 [watchdog/5]
root         33      2     33    5 [migration/5]
```

[⊖] NUMA（Non-Uniform Memory Access，非一致性内存访问）是一种在多处理系统中的内存设计架构，在多处理器中，CPU访问系统上各个物理内存的速度可能不一样，一个CPU访问其本地内存的速度比访问（同一系统上）其他CPU对应的本地内存快一些。

```
root          34      2      34    5 [ksoftirqd/5]
root          35      2      35    5 [kworker/5:0]
root          36      2      36    5 [kworker/5:0H]
root        5439      2    5439    5 [kworker/5:1]
[root@kvm-host ~]# ps -eLo ruser,pid,ppid,lwp,psr,args | awk '{if($5==4) print $0}'
root          27      2      27    4 [watchdog/4]
root          28      2      28    4 [migration/4]
root          29      2      29    4 [ksoftirqd/4]
root          30      2      30    4 [kworker/4:0]
root          31      2      31    4 [kworker/4:0H]
[root@kvm-host ~]# ps -eLo ruser,pid,ppid,lwp,psr,args | awk '{if($5==1) print $0}'
root          12      2      12    1 [watchdog/1]
root          13      2      13    1 [migration/1]
root          14      2      14    1 [ksoftirqd/1]
root          16      2      16    1 [kworker/1:0H]
root         491      2     491    1 [kworker/1:1]
root        1220      2    1220    1 [kworker/1:1H]
gdm         4050   4009    4050    1 /usr/libexec/gnome-settings-daemon
root        6374   6008    6374    1 /usr/libexec/tracker-miner-apps
root        7521      2    7521    1 [kworker/1:2]
root        8332   6623    8332    1 ps -eLo ruser,pid,ppid,lwp,psr,args
```

由上面的命令行输出信息可知，cpu0~cpu3 上分别有 23 个、10 个、18 个、23 个线程在运行，而 cpu4 和 cpu5 上分别只有 5 个、6 个线程在运行。而且，根据输出信息中 cpu4 和 cpu5 上运行的线程信息（也包括进程在内），分别有 migration 线程（用于进程在不同 CPU 间迁移）、两个 kworker 线程（用于处理 workqueues）、ksoftirqd 线程（用于调度 CPU 软中断的进程）、watchdog 线程，这些进程都是内核对各个 CPU 的守护进程。没有其他的普通进程在 cup4 和 cpu5 上运行（对比 cpu0 上，可以看到它有一些普通进程），说明对它们的隔离是生效的。

这里简单解释一下上面的一些命令行工具及其参数的意义。ps 命令显示当前系统的进程信息的状态，它的“-e”参数用于显示所有的进程，“-L”参数用于将线程（light-weight process，LWP）也显示出来，“-o”参数表示以用户自定义的格式输出（其中“psr”这列表示当前分配给进程运行的处理器编号，“lwp”列表示线程的 ID，“ruser”表示运行进程的用户，“pid”表示进程的 ID，“ppid”表示父进程的 ID，“args”表示运行的命令及其参数）。结合 ps 和 awk 工具的使用，是为了分别将在处理器 cpu4 和 cpu5 上运行的进程打印出来。

2）启动一个拥有两个 vCPU 的客户机，并将其 vCPU 绑定到宿主机中两个 CPU 上。此操作过程的命令行如下：

```
#启动一个客户机
[root@kvm-host ~]# qemu-system-x86_64 -enable-kvm -smp 2 -m 4G rhel7.img -daemonize

#查看代表vCPU的QEMU线程
[root@kvm-host ~]# ps -eLo ruser,pid,ppid,lwp,psr,args | grep qemu | grep -v grep
root        8645      1    8645    6 qemu-system-x86_64 -enable-kvm -smp 2 -m 4G
    rhel7.img -daemonize
```

```
root        8645      1    8646   25 qemu-system-x86_64 -enable-kvm -smp 2 -m 4G
    rhel7.img -daemonize
root        8645      1    8647    2 qemu-system-x86_64 -enable-kvm -smp 2 -m 4G
    rhel7.img -daemonize
root        8645      1    8648    0 qemu-system-x86_64 -enable-kvm -smp 2 -m 4G
    rhel7.img -daemonize
root        8645      1    8649    3 qemu-system-x86_64 -enable-kvm -smp 2 -m 4G
    rhel7.img -daemonize
root        8645      1    8651   17 qemu-system-x86_64 -enable-kvm -smp 2 -m 4G
    rhel7.img -daemonize

#绑定代表整个客户机的QEMU进程，使其运行在cpu4上
[root@kvm-host ~]# taskset -pc 4 8645
pid 8645's current affinity list: 0-3,6-87
pid 8645's new affinity list: 4
#绑定第1个vCPU的线程，使其运行在cpu4上
[root@kvm-host ~]# taskset -pc 4 8649
pid 8649's current affinity list: 0-3,6-87
pid 8649's new affinity list: 4
#绑定第2个vCPU的线程，使其运行在cpu5上
[root@kvm-host ~]# taskset -pc 5 8651
pid 8651's current affinity list: 0-3,6-87
pid 8651's new affinity list: 5

#查看QEMU线程的绑定是否生效，下面的第5列为处理器亲和性
[root@kvm-host ~]# ps -eLo ruser,pid,ppid,lwp,psr,args | grep qemu | grep -v grep
root        8645      1    8645    4 qemu-system-x86_64 -enable-kvm -smp 2 -m 4G
    rhel7.img -daemonize
root        8645      1    8646   25 qemu-system-x86_64 -enable-kvm -smp 2 -m 4G
    rhel7.img -daemonize
root        8645      1    8647    2 qemu-system-x86_64 -enable-kvm -smp 2 -m 4G
    rhel7.img -daemonize
root        8645      1    8649    4 qemu-system-x86_64 -enable-kvm -smp 2 -m 4G
    rhel7.img -daemonize
root        8645      1    8651    5 qemu-system-x86_64 -enable-kvm -smp 2 -m 4G
    rhel7.img -daemonize
#执行vCPU的绑定后，查看在cpu4上运行的线程
[root@kvm-host ~]# ps -eLo ruser,pid,ppid,lwp,psr,args | awk '{if($5==4) print $0}'
root          27      2      27    4 [watchdog/4]
root          28      2      28    4 [migration/4]
root          29      2      29    4 [ksoftirqd/4]
root          30      2      30    4 [kworker/4:0]
root          31      2      31    4 [kworker/4:0H]
root        8645      1    8645    4 qemu-system-x86_64 -enable-kvm -smp 2 -m 4G
    rhel7.img -daemonize
root        8645      1    8649    4 qemu-system-x86_64 -enable-kvm -smp 2 -m 4G
    rhel7.img -daemonize
root        9478      2    9478    4 [kworker/4:1H]
root        9490      2    9490    4 [kworker/4:1]
#执行vCPU的绑定后，查看在cpu5上运行的线程
[root@kvm-host ~]# ps -eLo ruser,pid,ppid,lwp,psr,args | awk '{if($5==5) print $0}'
```

```
root          32      2      32    5 [watchdog/5]
root          33      2      33    5 [migration/5]
root          34      2      34    5 [ksoftirqd/5]
root          35      2      35    5 [kworker/5:0]
root          36      2      36    5 [kworker/5:0H]
root        5439      2    5439    5 [kworker/5:1]
root        8645      1    8651    5 qemu-system-x86_64 -enable-kvm -smp 2 -m 4G
    rhel7.img -daemonize
```

由上面的命令行及其输出信息可知，在 CPU 进行绑定之前，代表这个客户机的 QEMU 进程和代表各个 vCPU 的 QEMU 线程分别被调度到 cpu6、cpu3 和 cpu17 上。使用 taskset 命令将 QEMU 进程和第 1 个 vCPU 的线程绑定到 cpu4，将第 2 个 vCPU 线程绑定到 cpu5 上。在绑定之后即可查看到绑定结果生效，代表两个 vCPU 的 QEMU 线程分别运行在 cpu4 和 cpu5 上（即使再过一段时间，它们也不会被调度到其他 CPU 上去）。

对于 taskset 命令，此处使用的语法是：taskset -pc cpulist pid 。根据上面的输出，在运行 taskset 命令之前，QEMU 线程的处理器亲和性是除 cpu4 和 cpu5 以外的其他所有 cpu；而在运行“taskset -pc 4 8645”命令后，提示该进程就只能被调度到 cpu4 上去运行，即通过 taskset 工具实现了将 vCPU 进程绑定到特定的 CPU 上。

在上面命令行中，根据 ps 命令可以看到 QEMU 的线程和进程的关系，但如何查看 vCPU 与 QEMU 线程之间的关系呢？可以切换（使用“Ctrl+Alt+2”组合键）到 QEMU monitor 中进行查看，运行“info cpus”命令即可（还记得 3.6 节中运行过的“info kvm”命令吧），其输出结果如下：

```
(qemu) info cpus
* CPU #0: pc=0xffffffff81060eb6 (halted) thread_id=8649
  CPU #1: pc=0xffffffff81060eb6 (halted) thread_id=8651
```

由上面的输出信息可知，客户机中的 cpu0 对应的线程 ID 为 8649，cpu1 对应的线程 ID 为 8651。另外，“CPU #0”前面有一个星号（*），表示 cpu0 是 BSP（Boot Strap Processor，系统最初启动时在 SMP 生效前使用的 CPU）。

总的来说，在 KVM 环境中，一般并不推荐手动设置 QEMU 进程的处理器亲和性来绑定 vCPU，但是，在非常了解系统硬件架构的基础上，根据实际应用的需求，可以将其绑定到特定的 CPU 上，从而提高客户机中的 CPU 执行效率或实现 CPU 资源独享的隔离性。

5.3　内存配置

在计算机系统中，内存是一个非常重要的部件，它是与 CPU 沟通的一个桥梁，其作用是暂时存放 CPU 中将要执行的指令和数据，所有程序都必须先载入内存中才能够执行。内存的大小及其访问速度也直接影响整个系统性能，所以在虚拟机系统中，对内存的虚拟化处理和配置也是比较关键的。本节主要介绍 KVM 中内存的配置。

5.3.1 内存设置基本参数

在通过 qemu 命令行启动客户机时设置内存大小的参数如下：

```
-m megs      #设置客户机的内存为megs MB大小
```

默认的单位为 MB，也支持加上 “M” 或 “G” 作为后缀来显式指定使用 MB 或 GB 作为内存分配的单位。如果不设置 -m 参数，QEMU 对客户机分配的内存大小默认值为 128MB（参见源代码中 hw/core/machine.c 中的函数 machine_class_init），这个大小对于 RHEL OS 来说是不够的（见 https://access.redhat.com/articles/rhel-limits），所以笔者在尝试不指定内存大小而启动 RHEL7 guest，guest 启动过程中会失败，告警内存不足。

一般我们启动客户机，这个参数都是必不可少的。下面通过两个示例来进一步说明 “-m” 参数设置内存的具体用法。

示例 1：

```
qemu-system-x86_64 rhel7.img -m 1024 -enable-kvm
```

在客户机中，查看内存信息如下：

```
[root@kvm-guest ~]# dmesg
<!-- 此处省略百余行输出信息  -->
[    0.000000] PID hash table entries: 4096 (order: 3, 32768 bytes)
[    0.000000] Memory: 985464k/1048448k available (6762k kernel code, 392k absent,
                    62592k reserved, 4434k data, 1676k init)
<!-- 此处省略数百行输出信息  -->
[root@kvm-guest ~]# cat /proc/meminfo
MemTotal:          1016416 kB
MemFree:             95668 kB
MemAvailable:       448148 kB
...
```

由上面输出信息可知，dmesg 中看到的内存总量为 1 048 448KB，约等于 1024×1024KB，而通过 /proc/meminfo 看到的 “MemTotal” 的大小为 1 048 568KB，比 1024MB 稍小，其原因与前面 free 命令输出的总内存是一样的。

示例 2：

```
qemu-system-x86_64 rhel7.img -m 2G -enable-kvm
```

在客户机中查看内存信息如下：

```
[root@kvm-guest ~]# dmesg
<!-- 此处省略数百行输出信息  -->
[    0.000000] PID hash table entries: 4096 (order: 3, 32768 bytes)
[    0.000000] Memory: 1852792k/2097024k available (6762k kernel code, 392k absent,
                    243840k reserved, 4434k data, 1676k init)
<!-- 此处省略数百行输出信息  -->
[root@kvm-guest ~]# cat /proc/meminfo
MemTotal:          1883744 kB
```

```
MemFree:           1271716 kB
MemAvailable:      1489424 kB
```

由上面输出信息可知，在 dmesg 中看到的内存总量为 2 097 024KB，约等于 2GB，说明使用“G”作为 -m 参数的内存的单位已经生效。

5.3.2 EPT 和 VPID 简介

EPT（Extended Page Tables，扩展页表），属于 Intel 的第二代硬件虚拟化技术，它是针对内存管理单元（MMU）的虚拟化扩展。EPT 降低了内存虚拟化的难度（与影子页表相比），也提升了内存虚拟化的性能。从基于 Intel 的 Nehalem[⊖]架构的平台开始，EPT 就作为 CPU 的一个特性加入 CPU 硬件中了。

和运行在真实物理硬件上的操作系统一样，在客户机操作系统看来，客户机可用的内存空间也是一个从零地址开始的连续的物理内存空间。为了达到这个目的，Hypervisor（即 KVM）引入了一层新的地址空间，即客户机物理地址空间，这个地址空间不是真正的硬件上的地址空间，它们之间还有一层映射。所以，在虚拟化环境下，内存使用就需要两层的地址转换，即客户机应用程序可见的客户机虚拟地址（Guest Virtual Address，GVA）到客户机物理地址（Guest Physical Address，GPA）的转换，再从客户机物理地址（GPA）到宿主机物理地址（Host Physical Address，HPA）的转换。其中，前一个转换由客户机操作系统来完成，而后一个转换由 Hypervisor 来负责。

在硬件 EPT 特性加入之前，影子页表（Shadow Page Tables）从软件上维护了从客户机虚拟地址（GVA）到宿主机物理地址（HPA）之间的映射，每一份客户机操作系统的页表也对应一份影子页表。有了影子页表，在普通的内存访问时都可实现从 GVA 到 HPA 的直接转换，从而避免了上面前面提到的两次地址转换。Hypervisor 将影子页表载入物理上的内存管理单元（Memory Management Unit，MMU）中进行地址翻译。图 5-3 展示了 GVA、GPA、HPA 之间的转换，以及影子页表的作用。

尽管影子页表提供了在物理 MMU 硬件中能使用的页表，但是其缺点也是比较明显的。首先影子页表的实现非常复杂，导致其开发、调试和维护都比较困难。其次，影子页表的内存开销也比较大，因为需要为每个客户机进程对应的页表的都维护一个影子页表。

为了解决影子页表存在的问题，Intel 的 CPU 提供了 EPT 技术（AMD 提供的类似技术叫作 NPT，即 Nested Page Tables），直接在硬件上支持 GVA → GPA → HPA 的两次地址转换，从而降低内存虚拟化实现的复杂度，也进一步提升了内存虚拟化的性能。图 5-4 展示了 Intel EPT 技术的基本原理。

⊖ Nehalem 是 Intel 的第二代 45nm 微处理器架构，通过如下的网址可以了解更多关于 Nehalem 平台的知识：http://www.realworldtech.com/nehalem/。

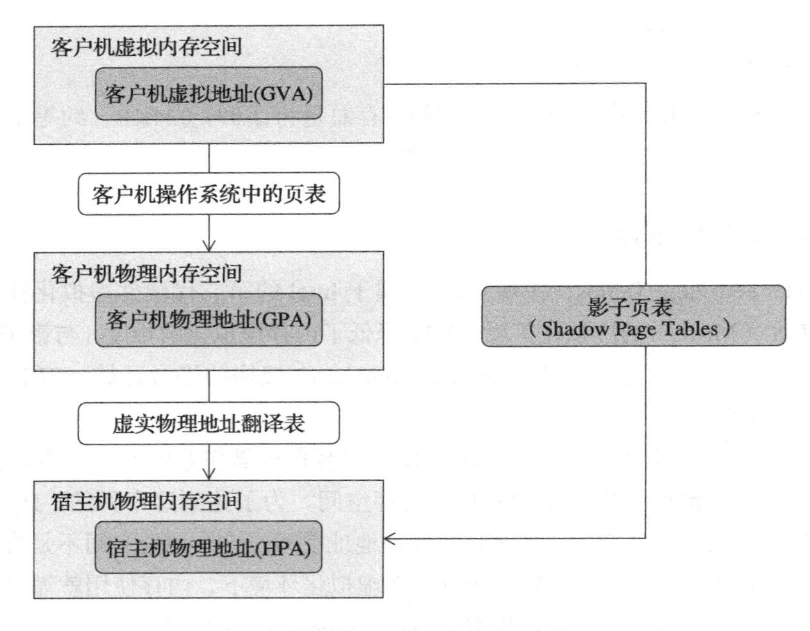

图 5-3 影子页表的作用

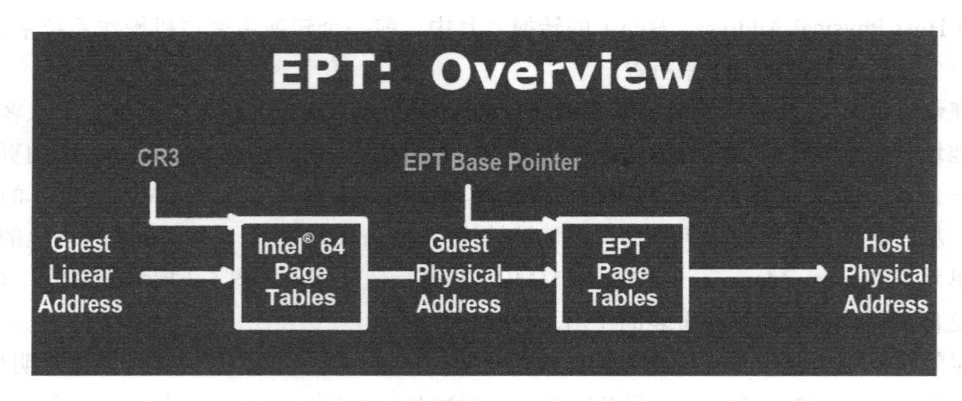

图 5-4 EPT 基本原理

CR3（控制寄存器 3）将客户机程序所见的客户机虚拟地址（GVA）转化为客户机物理地址（GPA），然后再通过 EPT 将客户机物理地址（GPA）转化为宿主机物理地址（HPA）。这两次地址转换都是由 CPU 硬件来自动完成的，其转换效率非常高。在使用 EPT 的情况下，客户机内部的 Page Fault、INVLPG（使 TLB[⊖]项目失效）指令、CR3 寄存器的访问等都不会

⊖ TLB（translation lookaside buffer，旁路转换缓冲）是内存管理硬件以提高虚拟地址转换速度的缓存。TLB 是页表（page table）的缓存，保存了一部分页表。关于 TLB 的更多信息，可以查看 wikipedia 中的介绍：http://en.wikipedia.org/wiki/Translation_lookaside_buffer。

引起VM-Exit，因此大大减少了VM-Exit的数量，从而提高了性能。另外，EPT只需要维护一张EPT页表，而不需要像“影子页表”那样为每个客户机进程的页表维护一张影子页表，从而也减少了内存的开销。VPID（Virtual Processor Identifiers，虚拟处理器标识）是在硬件上对TLB资源管理的优化，通过在硬件上为每个TLB项增加一个标识，用于不同的虚拟处理器的地址空间，从而能够区分Hypervisor和不同处理器的TLB。硬件区分了不同的TLB项分别属于不同虚拟处理器，因此可以避免每次进行VM-Entry和VM-Exit时都让TLB全部失效，提高了VM切换的效率。由于有了这些在VM切换后仍然继续存在的TLB项，硬件减少了一些不必要的页表访问，减少了内存访问次数，从而提高了Hypervisor和客户机的运行速度。VPID也会对客户机的实时迁移（Live Migration）有很好的效率提升，会节省实时迁移的开销，提升实时迁移的速度，降低迁移的延迟（Latency）。VPID与EPT是一起加入CPU中的特性，也是Intel公司在2009年推出Nehalem系列处理器上新增的与虚拟化相关的重要功能。

在Linux操作系统中，可以通过如下命令查看/proc/cpuinfo中的CPU标志，来确定当前系统是否支持EPT和VPID功能。

```
[root@kvm-host ~]# grep -E “ept|vpid” /proc/cpuinfo
flags       : fpu vme de pse tsc msr pae mce cx8 apic sep mtrr pge mca cmov pat
              pse36 clflush dts acpi mmx fxsr sse sse2 ss ht tm pbe syscall nx
              pdpe1gb rdtscp lm constant_tsc arch_perfmon pebs bts rep_good nopl
              xtopology nonstop_tsc aperfmperf eagerfpu pni pclmulqdq dtes64
              monitor ds_cpl vmx smx est tm2 ssse3 fma cx16 xtpr pdcm pcid dca
              sse4_1 sse4_2 x2apic movbe popcnt tsc_deadline_timer aes xsave avx
              f16c rdrand lahf_lm abm 3dnowprefetch ida arat epb pln pts dtherm
              intel_pt tpr_shadow vnmi flexpriority ept vpid fsgsbase tsc_adjust
              bmi1 hle avx2 smep bmi2 erms invpcid rtm cqm rdseed adx smap xsaveopt
              cqm_llc cqm_occup_llc cqm_mbm_total cqm_mbm_local
```

在宿主机中，可以根据sysfs[⊖]文件系统中kvm_intel模块的当前参数值来确定KVM是否打开EPT和VPID特性。在默认情况下，如果硬件支持了EPT、VPID，则kvm_intel模块加载时默认开启EPT和VPID特性，这样KVM会默认使用它们。

```
[root@kvm-host ~]# cat /sys/module/kvm_intel/parameters/ept
Y
[root@kvm-host ~]# cat /sys/module/kvm_intel/parameters/vpid
Y
```

在加载kvm_intel模块时，可以通过设置ept和vpid参数的值来打开或关闭EPT和VPID。当然，如果kvm_intel模块已经处于加载状态，则需要先卸载这个模块，在重新加载之时加入所需的参数设置。当然，一般不要手动关闭EPT和VPID功能，否则会导致客户机

⊖ sysfs是一个虚拟的文件系统，它存在于内存之中，它将Linux系统中设备和驱动的信息从内核导出到用户空间。sysfs也用于配置当前系统，此时其作用类似于sysctl命令。systfs通常是挂载在/sys目录上的，通过“mount”命令可以查看sysfs的挂载情况。

中内存访问的性能下降。

```
[root@kvm-host ~]# modprobe kvm_intel ept=0,vpid=0
[root@kvm-host ~]# rmmod kvm_intel
[root@kvm-host ~]# modprobe kvm_intel ept=1,vpid=1
```

5.3.3 内存过载使用

同 5.2.3 节中介绍的 CPU 过载使用类似，在 KVM 中内存也是允许过载使用（over-commit）的，KVM 能够让分配给客户机的内存总数大于实际可用的物理内存总数。由于客户机操作系统及其上的应用程序并非一直 100% 地利用其分配到的内存，并且宿主机上的多个客户机一般也不会同时达到 100% 的内存使用率，所以内存过载分配是可行的。一般来说，有如下 3 种方式来实现内存的过载使用。

1）**内存交换（swapping）**：用交换空间（swap space）来弥补内存的不足。

2）**气球（ballooning）**：通过 virio_balloon 驱动来实现宿主机 Hypervisor 和客户机之间的协作。

3）**页共享（page sharing）**：通过 KSM（Kernel Samepage Merging）合并多个客户机进程使用的相同内存页。

其中，第 1 种内存交换的方式是最成熟的（Linux 中很早就开始应用），也是目前广泛使用的，不过，相比 KSM 和 ballooning 的方式效率较低一些。ballooning 和 KSM 将分别在其他章介绍，本章主要介绍利用 swapping 这种方式实现内存过载使用。

KVM 中客户机是一个 QEMU 进程，宿主机系统没有特殊对待它而分配特定的内存给 QEMU，只是把它当作一个普通 Linux 进程。Linux 内核在进程请求更多内存时才分配给它们更多的内存，所以也是在客户机操作系统请求更多内存时，KVM 才向其分配更多的内存。

用 swapping 方式来让内存过载使用，要求有足够的交换空间（swap space）来满足所有的客户机进程和宿主机中其他进程所需内存。可用的物理内存空间和交换空间的大小之和应该等于或大于配置给所有客户机的内存总和，否则，在各个客户机内存使用同时达到较高比率时，可能会有客户机（因内存不足）被强制关闭。

下面通过一个实际的例子来说明如何计算应该分配的交换空间大小以满足内存的过载使用。

某个服务器有 32GB 的物理内存，想在其上运行 64 个内存配置为 1GB 的客户机。在宿主机中，大约需要 4GB 大小的内存来满足系统进程、驱动、磁盘缓存及其他应用程序所需内存（不包括客户机进程所需内存）。计算过程如下：

客户机所需交换分区为：64×1GB+4GB－32GB=36GB。

根据 Redhat 的建议[⊖]，对于 32GB 物理内存的 RHEL 系统，推荐使用至少 4GB 的交换分区。

⊖ https://access.redhat.com/documentation/en-US/Red_Hat_Enterprise_Linux/7/html/Storage_Administration_Guide/ch-swapspace.html#tb-recommended-system-swap-space，表 14.1。

所以，在宿主机中总共需要建立至少 40GB（36GB+4GB）的交换分区，来满足安全实现客户机内存的过载使用。

从下面的简单实验可以看出，客户机并非一开始就在宿主机中占用其启动时配置的内存：分配 4G，但启动后实际消耗掉系统内存 1G。

在宿主机中，在启动客户机之前和之后查看到的系统内存情况如下：

```
[root@kvm-host ~]# free -g
              total        used        free      shared  buff/cache   available
Mem:            125           3         116           0           6         121
Swap:            31           0          31
[root@kvm-host ~]# qemu-system-x86_64 -enable-kvm -smp 2 -m 4G rhel7.img -daemonize
[root@kvm-host ~]# free -g
              total        used        free      shared  buff/cache   available
Mem:            125           3         115           0           6         121
Swap:            31           0          31
```

在客户机中，查看内存使用情况如下（它确实有 3G 没有用，所以宿主机并不急于分配这 3G 给它）：

```
[root@kvm-guest ~]# free -g
              total        used        free      shared  buff/cache   available
Mem:              3           0           3           0           0           3
Swap:             3           0           3
```

从理论上来说，供客户机过载使用的内存可以达到实际物理内存的几倍甚至几十倍，不过除非特殊情况，一般不建议过多地过载使用内存。一方面，交换空间通常是由磁盘分区来实现的，其读写速度比物理内存读写速度慢得多，性能并不好；另一方面，过多的内存过载使用也可能导致系统稳定性降低。所以，KVM 允许内存过载使用，但在生产环境中配置内存的过载使用之前，仍然应该根据实际应用进行充分的测试。

5.4　存储配置

在计算机系统中，存储设备中存储着系统内的数据、程序等内容，是系统中不可或缺的一部分。特别是在海量数据时代的今天，一些大型公司的数据量非常巨大，动辄以 PB（1PB=10^15 Bytes）来计量，所以对磁盘的存储容量和存取速度都有越来越高的要求。和内存相比，磁盘存取速度要慢得多，不过磁盘的容量一般要比内存大得多，而且磁盘上的数据是永久存储的，不像内存中的内容在掉电后就会消失。本节主要以磁盘、光盘等为例介绍 KVM 中的存储配置。

5.4.1　存储配置和启动顺序

QEMU 提供了对多种块存储设备的模拟，包括 IDE 设备、SCSI 设备、软盘、U 盘、virtio 磁盘等，而且对设备的启动顺序提供了灵活的配置。

1. 存储的基本配置选项

在 qemu 命令行工具中，主要有如下的参数来配置客户机的存储。

（1）-hda *file*

将 *file* 镜像文件作为客户机中的第 1 个 IDE 设备（序号 0），在客户机中表现为 /dev/hda 设备（若客户机中使用 PIIX_IDE 驱动）或 /dev/sda 设备（若客户机中使用 ata_piix 驱动）。如果不指定 -hda 或 -hdb 等参数，那么在前面一些例子中提到的“qemu-system-x86_64/root/kvm_demo/rhel6u3.img”就与加上 -hda 参数来指定镜像文件的效果是一样的。另外，也可以将宿主机中的一个硬盘（如 /dev/sdb）作为 -hda 的 *file* 参数来使用，从而让整个硬盘模拟为客户机的第 1 个 IDE 设备。如果 *file* 文件的文件名中包含有英文逗号（“,”），则在书写 file 时应该使用两个逗号（因为逗号是 qemu 命令行中的特殊间隔符，例如用于“ -cpu qemu64,+vmx”这样的选项），如使用“ -hda my,,file”将“ my,file”这个文件作为客户机的第 1 个 IDE 设备。

（2）-hdb *file*

将 *file* 作为客户机中的第 2 个 IDE 设备（序号 1），在客户机中表现为 /dev/hdb 或 /dev/sdb 设备。

（3）-hdc *file*

将 *file* 作为客户机中的第 3 个 IDE 设备（序号 2），在客户机中表现为 /dev/hdc 或 /dev/sdc 设备。

（4）-hdd *file*

将 *file* 作为客户机中的第 4 个 IDE 设备（序号 3），在客户机中表现为 /dev/hdd 或 /dev/sdd 设备。

（5）-fda *file*

将 *file* 作为客户机中的第 1 个软盘设备（序号 0），在客户机中表现为 /dev/fd0 设备。也可以将宿主机中的软驱（/dev/fd0）作为 -fda 的 *file* 来使用。

（6）-fdb *file*

将 *file* 作为客户机中的第 2 个软盘设备（序号 1），在客户机中表现为 /dev/fd1 设备。

（7）-cdrom *file*

将 *file* 作为客户机中的光盘 CD-ROM，在客户机中通常表现为 /dev/cdrom 设备。也可以将宿主机中的光驱（/dev/cdrom）作为 -cdrom 的 *file* 来使用。注意，-cdrom 参数不能和 -hdc 参数同时使用，因为“ -cdrom”就是客户机中的第 3 个 IDE 设备。在通过物理光驱中的光盘或磁盘中 ISO 镜像文件安装客户机操作系统时（参见 3.5 节），一般会使用 -cdrom 参数。

（8）-mtdblock *file*

使用 *file* 文件作为客户机自带的一个 Flash 存储器（通常说的闪存）。

（9）-sd *file*

使用 *file* 文件作为客户机中的 SD 卡（Secure Digital Card）。

（10）-pflash *file*

使用 *file* 文件作为客户机的并行 Flash 存储器（Parallel Flash Memory）。

2. 详细配置存储驱动器的 -drive 参数

QEMU 还提供了“-drive”参数来详细定义一个存储驱动器，该参数的具体形式如下：

```
-drive option[,option[,option[,...]]]
```

为客户机定义一个新的驱动器，它有如下一些选项：

（1）file=*file*

使用 *file* 文件作为镜像文件加载到客户机的驱动器中。

（2）if=interface

指定驱动器使用的接口类型，可用的类型有：ide、scsi、sd、mtd、floppy、pflash、virtio，等等。其中，除了 virtio、scsi 之外，其余几种类型都在本节的前面介绍过了。virtio 将在第 6 章中介绍。

（3）bus=*bus*,unit=*unit*

设置驱动器在客户机中的总线编号和单元编号。

（4）index=*index*

设置在同一种接口的驱动器中的索引编号。

（5）media=*media*

设置驱动器中媒介的类型，其值为“disk”或“cdrom”。

（6）snapshot=*snapshot*

设置是否启用“-snapshot”选项，其可选值为“on”或“off”。当 snapshot 启用时，QEMU 不会将磁盘数据的更改写回镜像文件中，而是写到临时文件中。当然可以在 QEMU monitor 中使用“commit”命令强制将磁盘数据的更改保存回镜像文件中。

（7）cache=*cache*

设置宿主机对块设备数据（包括文件或一个磁盘）访问中的 cache 情况，可以设置为“none”（或“off”）“writeback”“writethrough”等。其默认值是“writethrough”，即“直写模式”，它是在调用 write 写入数据的同时将数据写入磁盘缓存（disk cache）和后端块设备（block device）中，其优点是操作简单，其缺点是写入数据速度较慢。而“writeback”即“回写模式”，在调用 write 写入数据时只将数据写入磁盘缓存中即返回，只有在数据被换出缓存时才将修改的数据写到后端存储中。其优点是写入数据速度较快，其缺点是一旦更新数据在写入后端存储之前遇到系统掉电，数据会无法恢复。“writethrough”和“writeback”在读取数据时都尽量使用缓存，若设置了“cache=none”关闭缓存的方式，QEMU 将在调用 open 系统调用打开镜像文件时使用“O_DIRECT”标识，所以其读写数据都是绕过缓存直接从块设备中读写的。一些块设备文件（如后面即将介绍的 qcow2 格式文件）在“writethrough”模式下性能表现很差，如果这时对性能要求比正确性更高，建议使用“writeback”模式。

（8）aio=*aio*

选择异步 IO（Asynchronous IO）的方式，有“threads”和“native”两个值可选。其默认值为“threads”，即让一个线程池去处理异步 IO。而“native”只适用于“cache=none”的情况，就是使用 Linux 原生的 AIO。

（9）format=*format*

指定使用的磁盘格式，在默认情况下 QEMU 自动检测磁盘格式。

（10）serial=*serial*

指定分配给设备的序列号。

（11）addr=*addr*

分配给驱动器控制器的 PCI 地址，该选项只有在使用 virtio 接口时才适用。

（12）id=*name*

设置该驱动器的 ID，这个 ID 可以在 QEMU monitor 中用“info block”看到。

（13）readonly=on|off

设置该驱动器是否只读。

3. 配置客户机启动顺序的参数

前面介绍了各种存储设备的使用参数，它们在客户机中的启动顺序可以用如下的参数设定：

```
-boot  [order=drives][,once=drives][,menu=on|off]  [,splash=splashfile]  [,splash-
    time=sp-time]
```

在 QEMU 模拟的 x86 PC 平台中，用“a”“b”分别表示第 1 个和第 2 个软驱，用“c”表示第 1 个硬盘，用“d”表示 CD-ROM 光驱，用“n”表示从网络启动。其中，默认从硬盘启动，要从光盘启动可以设置“-boot order=d”。“once”表示设置第 1 次启动的启动顺序，在系统重启（reboot）后该设置即无效，如“-boot once=d”设置表示本次从光盘启动，但系统重启后从默认的硬盘启动。“memu=on|off”用于设置交互式的启动菜单选项（前提是使用的客户机 BIOS 支持），它的默认值是“menu=off”，表示不开启交互式的启动菜单选择。“splash=*splashfile*”和“splash-time=*sp-time*”选项都是在“menu=on”时才有效，将名为 *splashfile* 的图片作为 logo 传递给 BIOS 来显示；而 *sp-time* 是 BIOS 显示 splash 图片的时间，其单位是毫秒（ms）。图 5-5 展示了在使用“-boot order=dc,menu=on”设置后，在客户机启动窗口中按 F12 键进入的启动菜单。

4. 存储配置的示例

在介绍完基本的参数与启动顺序后，通过示例来看一下磁盘实际配置和在客户机中的效果。通过如下的 3 个等价命令之一启动一个客户机。

```
qemu-system-x86_64 -m 1024 -smp 2 rhel7.img
qemu-system-x86_64 -m 1024 -smp 2 -hda rhel7.img
qemu-system-x86_64 -m 1024 -smp 2 -drive file=rhel7.img,if=ide
```

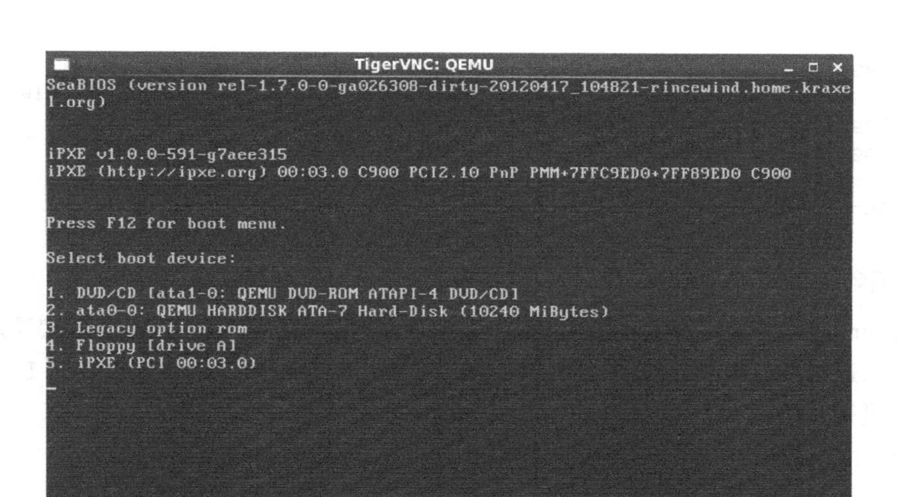

图 5-5　进入启动菜单

然后在客户机中查看磁盘情况，如下：

```
[root@kvm-guest ~]# fdisk -l

Disk /dev/sda: 34.4 GB, 34359738368 bytes, 67108864 sectors
Units = sectors of 1 * 512 = 512 bytes
Sector size (logical/physical): 512 bytes / 512 bytes
I/O size (minimum/optimal): 512 bytes / 512 bytes
Disk label type: dos
Disk identifier: 0x0009d364

   Device Boot      Start         End      Blocks   Id  System
/dev/sda1            2048     4202495     2100224   8e  Linux LVM
/dev/sda2   *     4202496    67108863    31453184   83  Linux

Disk /dev/mapper/rhel-swap: 2147 MB, 2147483648 bytes, 4194304 sectors
Units = sectors of 1 * 512 = 512 bytes
Sector size (logical/physical): 512 bytes / 512 bytes
I/O size (minimum/optimal): 512 bytes / 512 bytes
[root@kvm-guest ~]# lspci | grep -i ide
00:01.1 IDE interface: Intel Corporation 82371SB PIIX3 IDE [Natoma/Triton II ]
[root@kvm-guest ~]# lspci -vvv -s 00:01.1
00:01.1 IDE interface: Intel Corporation 82371SB PIIX3 IDE [Natoma/Triton II]
    (prog-if 80 [Master])
    Subsystem: Redhat, Inc Qemu virtual machine
    Control: I/O+ Mem+ BusMaster+ SpecCycle- MemWINV- VGASnoop- ParErr- Stepping-
            SERR+ FastB2B- DisINTx-
    Status: Cap- 66MHz- UDF- FastB2B+ ParErr- DEVSEL=medium >TAbort- <TAbort-
           <MAbort- >SERR- <PERR- INTx-
    Latency: 0
    Region 0: [virtual] Memory at 000001f0 (32-bit, non-prefetchable) [size=8]
```

```
    Region 1: [virtual] Memory at 000003f0 (type 3, non-prefetchable)
    Region 2: [virtual] Memory at 00000170 (32-bit, non-prefetchable) [size=8]
    Region 3: [virtual] Memory at 00000370 (type 3, non-prefetchable)
    Region 4: I/O ports at c020 [size=16]
    Kernel driver in use: ata_piix
    Kernel modules: ata_piix, pata_acpi, ata_generic
```

5.4.2 qemu-img 命令

qemu-img 是 QEMU 的磁盘管理工具，在完成 QEMU 源码编译后就会默认编译好 qemu-img 这个二进制文件。qemu-img 也是 QEMU/KVM 使用过程中一个比较重要的工具，本节对其用法进行介绍。

qemu-img 工具的命令行基本用法如下：

```
qemu-img [standard options] command [command options]
```

它支持的命令分为如下几种。

（1）check [-f *fmt*] *filename*

对磁盘镜像文件进行一致性检查，查找镜像文件中的错误，目前仅支持对“qcow2”“qed”“vdi”格式文件的检查。其中，qcow2 是目前使用最广泛的格式。qed[⊖]（QEMU enhanced disk）是从 QEMU 0.14 版开始加入的增强磁盘文件格式，它可以在不支持空洞（hole）的文件系统和存储媒介上压缩 image，避免了 qcow2 格式的一些缺点，也提高了性能。而 vdi（Virtual Disk Image）是 Oracle 的 VirtualBox 虚拟机中的存储格式。参数 -f fmt 是指定文件的格式，如果不指定格式，qemu-img 会自动检测。*filename* 是磁盘镜像文件的名称（包括路径）。

如下命令行演示了 qemu-img 的 check 命令的使用方法。

```
[root@kvm-host ~]# qemu-img check rhel7.3.qcow2
No errors were found on the image.
Image end offset: 262144
```

（2）create [-f *fmt*] [-o *options*] *filename* [*size*]

创建一个格式为 *fmt*，大小为 *size*，文件名为 *filename* 的镜像文件。根据文件格式 *fmt* 的不同，还可以添加一个或多个选项（*options*）来附加对该文件的各种功能设置。可以使用“-o ?”来查询某种格式文件支持哪些选项，在“-o”选项中各个选项用逗号来分隔。

如果在“-o”选项中使用了 backing_file 这个选项来指定其后端镜像文件，那么这个创建的镜像文件仅记录与后端镜像文件的差异部分。后端镜像文件不会被修改，除非在 QEMU monitor 中使用“commit”命令或使用“qemu-img commit”命令去手动提交这些改动。在这种情况下，size 参数不是必需的，其值默认为后端镜像文件的大小。另外，直接使用“-b backfile”参数效果也与“-o backing_file=*backfile*”相同。

⊖ 关于 QEMU 的 QED 文件格式，可以参考：http://wiki.qemu.org/Features/QED。

size 选项用于指定镜像文件的大小，其默认单位是字节（bytes），也可以支持 k（即 K）、M、G、T 来分别表示 kB、MB、GB、TB 大小。另外，镜像文件的大小（size）也并非必须写在命令的最后，也可以写在“-o”选项中作为其中一个选项。

对 create 命令的演示如下所示，其中包括查询 qcow2 格式支持的选项、创建有 backing_file 的 qcow2 格式的镜像文件、创建没有 backing_file 的 10GB 大小的 qcow2 格式的镜像文件。

```
[root@kvm-host qemu]# qemu-img create -f qcow2 -o ?
Supported options:
size                Virtual disk size
compat              Compatibility level (0.10 or 1.1)
backing_file        File name of a base image
backing_fmt         Image format of the base image
encryption          Encrypt the image
cluster_size        qcow2 cluster size
preallocation       Preallocation mode (allowed values: off, metadata, falloc, full)
lazy_refcounts      Postpone refcount updates
refcount_bits       Width of a reference count entry in bits

[root@kvm-host ~]# qemu-img create -f qcow2 -b rhel7.img  rhel7.qcow2
Formatting 'rhel7.qcow2', fmt=qcow2 size=42949672960 backing_file=rhel7.img
    encryption=off cluster_size=65536 lazy_refcounts=off refcount_bits=16

[root@kvm-host ~]# qemu-img create -f qcow2 -o backing_file=rhel7.img  rhel7-1.qcow2
Formatting 'rhel7-1.qcow2', fmt=qcow2 size=42949672960 backing_file=rhel7.img
    encryption=off cluster_size=65536 lazy_refcounts=off refcount_bits=16

[root@kvm-host ~]# qemu-img create -f qcow2 -o backing_file=rhel7.img,size=20G
    rhel7-2.qcow2
Formatting 'rhel7-2.qcow2', fmt=qcow2 size=21474836480 backing_file=rhel7.img
    encryption=off cluster_size=65536 lazy_refcounts=off refcount_bits=16

[root@kvm-host ~]# qemu-img create -f qcow2 ubuntu.qcow2 10G
Formatting 'ubuntu.qcow2', fmt=qcow2 size=10737418240 encryption=off cluster_
    size=65536 lazy_refcounts=off refcount_bits=16
```

（3）commit [-f *fmt*] *filename*

提交 *filename* 文件中的更改到后端支持镜像文件（创建时通过 backing_file 指定的）中。

（4）convert [-c] [-f *fmt*] [-O *output_fmt*] [-o *options*] *filename* [*filename2* [...]] *output_filename*

将 *fmt* 格式的 *filename* 镜像文件根据 *options* 选项转换为格式为 *output_fmt* 的、名为 *output_filename* 的镜像文件。这个命令支持不同格式的镜像文件之间的转换，比如可以用 VMware 使用的 vmdk 格式文件转换为 qcow2 文件，这对从其他虚拟化方案转移到 KVM 上的用户非常有用。一般来说，输入文件格式 *fmt* 由 qemu-img 工具自动检测到，而输出文件格式 *output_fmt* 根据自己需要来指定，默认会被转换为 raw 文件格式（且默认使用稀疏文件的方式存储，以节省存储空间）。

其中，“-c”参数表示对输出的镜像文件进行压缩，不过只有 qcow2 和 qcow 格式的镜像文件才支持压缩，并且这种压缩是只读的，如果压缩的扇区被重写，则会被重写为未压缩的数据。同样，可以使用“-o *options*”来指定各种选项，如后端镜像、文件大小、是否加密等。使用 backing_file 选项来指定后端镜像，使生成的文件成为 copy-on-write 的增量文件，这时必须让在转换命令中指定的后端镜像与输入文件的后端镜像的内容相同，尽管它们各自后端镜像的目录和格式可能不同。

如果使用 qcow2、qcow 等作为输出文件格式来转换 raw 格式的镜像文件（非稀疏文件格式），镜像转换还可以将镜像文件转化为更小的镜像，因为它可以将空的扇区删除，使之在生成的输出文件中不存在。

下面的命令行演示了两个转换：将 VMware 的 vmdk 格式镜像转换为 KVM 可以使用的 raw 格式的镜像，将一个 raw 镜像文件转化为 qcow2 格式的镜像。

```
[root@kvm-host ~]# qemu-img convert -O raw my-VMware.vmdk my-kvm.img
#此处并无实际存在vmdk文件，仅演示其命令行操作

[root@kvm-host ~]# qemu-img convert -O qcow2 rhel7.img rhel7-a.qcow2
```

（5）info [-f *fmt*] *filename*

展示 *filename* 镜像文件的信息。如果文件使用的是稀疏文件的存储方式，也会显示出它本来分配的大小及实际已占用的磁盘空间大小。如果文件中存放有客户机快照，快照的信息也会被显示出来。下面的命令行演示了前面进行文件转换的输入、输出文件的信息。

```
[root@kvm-host ~]# qemu-img info rhel7.img
image: rhel7.img
file format: raw
virtual size: 40G (42949672960 bytes)
disk size: 40G
[root@kvm-host ~]# qemu-img info rhel7-a.qcow2
image: rhel7-a.qcow2
file format: qcow2
virtual size: 40G (42949672960 bytes)
disk size: 24G
cluster_size: 65536
Format specific information:
    compat: 1.1
    lazy refcounts: false
    refcount bits: 16
    corrupt: false
```

（6）snapshot [-l | -a *snapshot* | -c *snapshot* | -d *snapshot*] *filename*

“-l”选项表示查询并列出镜像文件中的所有快照，“-a *snapshot*”表示让镜像文件使用某个快照，“-c *snapshot*”表示创建一个快照，“-d”表示删除一个快照。

（7）rebase [-f *fmt*] [-t *cache*] [-p] [-u] -b *backing_file* [-F *backing_fmt*] *filename*

改变镜像文件的后端镜像文件，只有 qcow2 和 qed 格式支持 rebase 命令。使用“-b

backing_file”中指定的文件作为后端镜像，后端镜像也被转化为“-F *backing_fmt*”中指定的后端镜像格式。

这个命令可以工作于两种模式之下，一种是安全模式（Safe Mode），这是默认的模式，qemu-img 会根据比较原来的后端镜像与现在的后端镜像的不同进行合理的处理；另一种是非安全模式（Unsafe Mode），是通过“-u”参数来指定的，这种模式主要用于将后端镜像重命名或移动位置后对前端镜像文件的修复处理，由用户去保证后端镜像的一致性。

（8）resize *filename* [+ | –]size

改变镜像文件的大小，使其不同于创建之时的大小。“+”和“–”分别表示增加和减少镜像文件的大小，size 也支持 K、M、G、T 等单位的使用。缩小镜像的大小之前，需要在客户机中保证其中的文件系统有空余空间，否则数据会丢失。另外，qcow2 格式文件不支持缩小镜像的操作。在增加了镜像文件大小后，也需启动客户机在其中应用“fdisk”“parted”等分区工具进行相应的操作，才能真正让客户机使用到增加后的镜像空间。不过使用 resize 命令时需要小心（做好备份），如果失败，可能会导致镜像文件无法正常使用，而造成数据丢失。

如下命令行演示了两个镜像的大小改变：将一个 8GB 的 qcow2 镜像增加 2GB 的空间，将一个 8GB 大小的 raw 镜像减少 1GB 的空间。

```
[root@kvm-host ~]# qemu-img resize rhel7-a.qcow2 +2G
Image resized.
[root@kvm-host ~]# qemu-img info rhel7-a.qcow2
image: rhel7-a.qcow2
file format: qcow2
virtual size: 42G (45097156608 bytes)
disk size: 24G
cluster_size: 65536
Format specific information:
    compat: 1.1
    lazy refcounts: false
    refcount bits: 16
    corrupt: false
[root@kvm-host ~]# qemu-img resize rhel7-b.img -10G
Image resized.
[root@kvm-host ~]# qemu-img info rhel7-b.img
image: rhel7-b.img
file format: raw
virtual size: 30G (32212254720 bytes)
disk size: 30G
```

5.4.3 QEMU 支持的镜像文件格式

qemu-img 支持非常多种的文件格式，可以通过“qemu-img -h”查看其命令帮助得到，它支持 20 多种格式：file，quorum，blkverify，luks，dmg，sheepdog，parallels，nbd，vpc，bochs，blkdebug，qcow2，vvfat，qed，host_cdrom，cloop，vmdk，host_device，qcow， vdi，null-aio，blkreplay，null-co，raw 等。

下面对其中的几种文件格式做简单的介绍。

1. raw

原始的磁盘镜像格式，也是 qemu-img 命令默认的文件格式。这种格式的文件的优势在于它非常简单，且非常容易移植到其他模拟器（emulator，QEMU 也是一个 emulator）上去使用。如果客户机文件系统（如 Linux 的 ext2/ext3/ext4、Windows 的 NTFS）支持“空洞”（hole），那么镜像文件只有在被写有数据的扇区才会真正占用磁盘空间，从而节省磁盘空间，就如前面用“ qemu-img info”命令查看镜像文件信息中看到的那样。qemu-img 默认的 raw 格式的文件其实是稀疏文件[㊀]（sparse file），可以用 preallocation 参数 =full 来禁用稀疏文件方式而完全预分配空间。尽管一开始就实际占用磁盘空间的方式没有节省磁盘的效果，不过这种方式在写入新的数据时不需要宿主机从现有磁盘中分配空间，因此在第一次写入数据时，这种方式的性能会比稀疏文件的方式更好一点。

raw 格式只有一个参数选项：preallocation。它有 3 个值：off，falloc，full。off 就是禁止预分配空间，即采用稀疏文件方式，这是默认值。falloc 是 qemu-img 创建镜像时候调用 posix_fallocate() 函数来预分配磁盘空间给镜像文件（但不往其中写入数据，所以也能瞬时完成）。full 是除了实实在在地预分配空间以外，还逐字节地写 0，所以很慢。

我们通过实验来看一下。

```
[root@kvm-host ~]# time㊁qemu-img create -f raw test.img -o preallocation=off 100G
Formatting 'test.img', fmt=raw size=107374182400 preallocation=off

real        0m0.003s
user        0m0.001s
sys 0m0.003s

[root@kvm-host ~]# time qemu-img create -f raw test_falloc.img -o preallocation=falloc 10G
Formatting 'test_falloc.img', fmt=raw size=10737418240 preallocation=falloc

real        0m0.041s
user        0m0.001s
sys 0m0.002s

[root@kvm-host ~]# time qemu-img create -f raw test_full.img -o preallocation=full 10G
Formatting 'test_full.img', fmt=raw size=10737418240 preallocation=full

real        1m26.129s
user        0m0.009s
sys         0m7.356s
```

㊀ 稀疏文件是计算机系统块设备中能有效利用磁盘空间的文件类型，它用元数据（metadata）中的简要描述来标识哪些块是空的，只有在空间被实际数据占用时，才将数据实际写到磁盘中。可以参考 wikipedia 上的“sparse file”词条，网址是：http://en.wikipedia.org/wiki/Sparse_file。

㊁ time 命令用于计量后面命令花费的时间。

```
[root@kvm-host ~]# du -h test*.img
10G         test_falloc.img
10G         test_full.img
0           test.img
```

可以看到，off 和 falloc 都是瞬时返回，而 full 要花 1 分多钟时间。

文件所占磁盘空间，off 的情况下，不占任何空间，而 falloc 和 full 则都实际预分配了空间。

在不追求性能的情况下，我们推荐使用默认的 off 方式。

2. qcow2

qcow2 是 QEMU 目前推荐的镜像格式，它是使用最广、功能最多的格式。它支持稀疏文件（即支持空洞）以节省存储空间，它支持可选的 AES 加密以提高镜像文件安全性，支持基于 zlib 的压缩，支持在一个镜像文件中有多个虚拟机快照。

在 qemu-img 命令中，qcow2 支持如下几个选项：

- size，指定镜像文件的大小。等同于 qemu-img create -f fmt < 文件名 > size。
- compat（兼容性水平，compatibility level），可以等于 0.10 或者 1.1，表示适用于 0.10 版本以后的 QEMU，或者是 1.1 版本以后的 QEMU。

```
[root@kvm-host ~]# qemu-img create -f qcow2 -o compat=0.10,size=10G test.qcow2
Formatting 'test.qcow2', fmt=qcow2 size=10737418240 compat=0.10 encryption=off
    cluster_size=65536 lazy_refcounts=off refcount_bits=16
[root@kvm-host ~]# qemu-img info test.qcow2
image: test.qcow2
file format: qcow2
virtual size: 10G (10737418240 bytes)
disk size: 196K
cluster_size: 65536
Format specific information:
    compat: 0.10
    refcount bits: 16
[root@kvm-host ~]# qemu-img create -f qcow2 -o compat=1.1,size=10G test.qcow2
Formatting 'test.qcow2', fmt=qcow2 size=10737418240 compat=1.1 encryption=off
    cluster_size=65536 lazy_refcounts=off refcount_bits=16
[root@kvm-host ~]# qemu-img info test.qcow2
image: test.qcow2
file format: qcow2
virtual size: 10G (10737418240 bytes)
disk size: 196K
cluster_size: 65536
Format specific information:
    compat: 1.1
    lazy refcounts: false
    refcount bits: 16
    corrupt: false
```

- backing_file，用于指定后端镜像文件。

- backing_fmt，设置后端镜像的镜像格式。
- cluster_size，设置镜像中簇的大小，取值为 512B～2MB，默认值为 64kB。较小的簇可以节省镜像文件的空间，而较大的簇可以带来更好的性能，需要根据实际情况来平衡。一般采用默认值即可。
- preallocation，设置镜像文件空间的预分配模式，其值可为 off、falloc、full、metadata。前 3 种与 raw 格式的类似，metadata 模式用于设置为镜像文件预分配 metadata 的磁盘空间，所以这种方式生成的镜像文件稍大一点，不过在其真正分配空间写入数据时效率更高。生成镜像文件的大小依次是 off<metadata<falloc=full，性能上 full 最好，其他 3 种依次递减。
- encryption，用于设置加密，该选项将来会被废弃，不推荐使用。对于需要加密镜像的需求，推荐使用 Linux 本身的 Linux dm-crypt / LUKS 系统。
- lazy_refcounts，用于延迟引用计数（refcount）的更新，可以减少 metadata 的 I/O 操作，以达到提高 performance 的效果。适用于 cache=writethrough 这类不会自己组合 metadata 操作的情况。它的缺点是一旦客户机意外崩溃，下次启动时会隐含一次 qemu-img check -r all 的操作，需要额外花费点时间。它是当 compact=1.1 时才有的选项。
- refcount_bits，一个引用计数的比特宽度，默认为 16。

3. qcow

这是较旧的 QEMU 镜像格式，现在已经很少使用了，一般用于兼容比较老版本的 QEMU。它支持 size、backing_file（后端镜像）和 encryption（加密）3 个选项。

4. vdi

兼容 Oracle（Sun）VirtualBox1.1 的镜像文件格式（Virtual Disk Image）。

5. vmdk

兼容 VMware 4 版本以上的镜像文件格式（Virtual Machine Disk Format）。

6. vpc

兼容 Microsoft 的 Virtual PC 的镜像文件格式（Virtual Hard Disk format）。

7. vhdx

兼容 Microsoft Hyper-V 的镜像文件格式。

8. sheepdog

sheepdog 项目是由日本 NTT 实验室发起的、为 QEMU/KVM 做的一个开源的分布式存储系统，为 KVM 虚拟化提供块存储。它无单点故障（无类似于元数据服务器的中央节点），方便扩展（已经支持上千个节点数量），配置简单，运维成本较低。总的来说，它具有高可用性、易扩展性、易管理性等优势。sheepdog 项目的官方网站为：http://www.osrg.net/sheepdog/。

5.4.4　客户机存储方式

前面介绍了存储的配置和 qemu-img 工具来管理镜像，在 QEMU/KVM 中，客户机镜像文件可以由很多种方式来构建，其中几种如下：

- 本地存储的客户机镜像文件。
- 物理磁盘或磁盘分区。
- LVM（Logical Volume Management），逻辑分区。
- NFS（Network File System），网络文件系统。
- iSCSI(Internet Small Computer System Interface)，基于 Internet 的小型计算机系统接口。
- 本地或光纤通道连接的 LUN（Logical Unit Number）。
- GFS2（Global File System 2）。

本地存储的客户机镜像文件是最常用的一种方式，它有预分配空间的 raw 文件、稀疏文件类型的 raw 文件、qcow2 等多种格式。预分配空间的 raw 文件不随镜像的使用而增长，而是在创建之初即完全占用磁盘空间，其消耗磁盘空间较多，不过运行效率较高。稀疏文件（包括 raw 和 qcow2 格式）在一开始时并不占用多的磁盘空间，而是随着实际写入数据才占用物理磁盘，比较灵活且节省磁盘空间，不过其在第一次写入数据时需要额外在宿主机中分配空间，因此其效率较低一些。而 qcow2 具有加密的安全性，所以在对磁盘 I/O 性能要求并非很高时建议选择 qcow2 类型的镜像文件。

使用文件来做镜像的优点如下：

1）存储方便，在一个物理存储设备上可以存放多个镜像文件；

2）易用性，管理多个文件比管理多个磁盘、分区、逻辑分区等都要方便；

3）可移动性，可以非常方便地将镜像文件移动到另外一个本地或远程的物理存储系统中去；

4）可复制性，可以非常方便地复制或修改一个镜像文件，从而供另一个新的客户机使用；

5）稀疏文件可以节省磁盘空间，仅占用实际写入过数据的空间；

6）网络远程访问，镜像文件可以方便地存储在通过网络连接的远程文件系统（如 NFS）中。

不仅一个文件可以分配给客户机作为镜像文件系统，而且一个完整的磁盘或 LVM 分区也可以作为镜像分配给客户机使用。一般来说，磁盘或 LVM 分区会有较好的性能，读写的延迟较低、吞吐量较高。不过为了防止客户机破坏物理磁盘分区，一般不将整个磁盘作为镜像分配给客户机使用。使用磁盘或 LVM 分区的劣势在于管理和移动性方面都不如镜像文件方便，而且不方便通过网络远程使用。

而 NFS 作为使用非常广泛的分布式文件系统，可以使客户端挂载远程 NFS 服务器中的共享目录，然后像使用本地文件系统一样使用 NFS 远程文件系统。如果 NFS 服务器端向客户端开放了读写的权限，那么可以直接挂载 NFS，然后使用其中的镜像文件作为客户启动磁盘。如果没有向客户端开放写权限，也可以在 NFS 客户端系统中将远程 NFS 系统上的镜像文件作为后端镜像（backing file），以建立 qcow2 格式 Copy-On-Write 的本地镜像文件供客户机使用。这样做还有一个好处是保持NFS服务器上的镜像一致性、完整性，从而可以供给多个客户端同时使用。而且由于NFS的共享特性，因此NFS方式为客户机的动态迁移（第8章会介绍）提供了非常方便的共享存储系统。下面的命令行演示了NFS作为后端镜像的应用，在本地用qcow2格式镜像文件启动一个客户机。

在宿主机中，挂载NFS文件系统，建立qcow2镜像，然后启动客户机，如下所示（my-nfs就是网络上的NFS server）：

```
[root@kvm-host ~]# mount my-nfs:/images /images/
[root@kvm-host ~]# qemu-img create -f qcow2 -o backing_file=/images/linux/ia32e_
    rhel7.img,size=20G rhel7.qcow2
Formatting 'rhel7.qcow2', fmt=qcow2 size=21474836480 backing_file='/images/linux/
    ia32e_rhel7.img' encryption=off cluster_size=65536
[root@kvm-host ~]# qemu-system-x86_64 -smp 2 -m 1024 -net nic -net tap -hda
    rhel7.qcow2 -vnc :0 -daemonize
```

在客户机中，查看磁盘文件系统，如下所示：

```
[root@kvm-guest ~]# fdisk -l

Disk /dev/sda: 21.5 GB, 21474836480 bytes
255 heads, 63 sectors/track, 2610 cylinders
Units = cylinders of 16065 * 512 = 8225280 bytes
Sector size (logical/physical): 512 bytes / 512 bytes
I/O size (minimum/optimal): 512 bytes / 512 bytes
Disk identifier: 0x000726b0

   Device Boot      Start         End      Blocks   Id  System
/dev/sda1   *           1         931     7471104   83  Linux
Partition 1 does not end on cylinder boundary.
/dev/sda2             931        1045      916480   82  Linux swap / Solaris
```

iSCSI是一套基于IP协议的网络存储标准，真正的物理存储放在目标端（target），而使用iSCSI磁盘的是初始端（initiator），它们之间实现了SCSI标准的命令，让目标端使用起来就与使用本地的SCSI硬盘一样，只是数据是在网络上进行读写操作的。光纤通道（Fibre Channel）也可以实现与iSCSI类似的存储区域网络（storage area network，SAN），不过它需要光纤作为特殊的网络媒介。而GFS2是由Redhat公司主导开发的主要给Linux计算机集群使用的共享磁盘文件系统，一般在Redhat的RHEL系列系统中有较多使用，它也可被用作QEMU/KVM的磁盘存储系统。

另外，如果需要获得更高性能的磁盘I/O，可以使用半虚拟化的virtio作为磁盘驱动程序，第6章中将会详细介绍virtio的相关内容。

5.5 网络配置

在现代计算机系统中，网络功能是一个非常重要的功能，特别在这个互联网、云计算盛行的时代，一个计算机如果没有网络连接，它就与外界隔离起来，失去了一半的价值。在一个普通的现代企业中，不管是员工的办公计算机，还是存储客户数据、处理工作流的服务器，都存在于计算机网络之中，一旦网络瘫痪将会给企业带来较大的经济损失。而一些大型互联网公司（如 Google、Amazon、百度、淘宝、腾讯等）拥有成千上万数十万台各种服务器，它们都基于计算机网络（不管是内部网络还是外部网络）为客户提供服务。因此在使用 KVM 部署虚拟化解决方案时，关于网络的配置也是非常重要的环节。

5.5.1　用 QEMU 实现的网络模式

网络是现代计算机系统不可或缺的一部分，QEMU 也对虚拟机提供了丰富的网络支持[1]。通过 QEMU 的支持，常见的可以实现以下 4 种网络形式：

1）基于网桥（bridge）的虚拟网络。

2）基于 NAT（Network Addresss Translation）的虚拟网络。

3）QEMU 内置的用户模式网络（user mode networking）。

4）直接分配网络设备从而直接接入物理网络（包括 VT-d 和 SR-IOV）。

这里主要讲述前 3 种模式，第 4 种网络设备的直接分配将在第 6 章中详细讲述。除了特别的需要 iptables 配置端口映射、数据包转发规则的情况，一般默认将防火墙所有规则都关闭，以避免妨碍客户机中的网络畅通。在实际生产环境中，可根据实际系统的特点进行配置。

在 qemu 命令行中，对客户机网络的配置（除了网络设备直接分配之外）都是用“-net”参数进行配置的，如果没有设置任何的“-net”参数，则默认使用“-net nic -net user[2]”参数，进而使用完全基于 QEMU 内部实现的用户模式下的网络协议栈（将在 5.5.4 节详细介绍）。在新的 QEMU 中，推荐用 -device + -netdev 组合的方式。因为 QEMU 正逐渐规范统一的设备模型的参数使用，-device 囊括了所有 QEMU 模拟的前端的参数指定，也就是客户机里看到的设备（包括本章的网卡设备）；-netdev 指定的是网卡模拟的后端方式，也就是本节后面要讲的各种 QEMU 实现网络的方式。本书沿用上一版的用法，依然保留传统的 -net + -net 的参数组合，但同时也会介绍等价的新方式的参数方法。

QEMU 提供了对一系列主流和兼容性良好的网卡的模拟，通过“-net nic,model=?”参数可以查询到当前的 QEMU 工具实现了哪些网卡的模拟。如以下实验所示：

```
[root@kvm-host linux-stable]# qemu-system-x86_64 -net nic,model=?
qemu: Supported NIC models: ne2k_pci,i82551,i82557b,i82559er,rtl8139,e1000,pcnet,virtio
```

“e1000”是提供 Intel e1000 系列的网卡模拟，如果不显式指定，QEMU 默认就是模拟 Intel e1000 系列的虚拟网卡。而 virtio 类型是 QEMU 对半虚拟化 I/O（virtio）驱动的支持（将会在第 6 章中详细介绍 virtio 的基本原理、配置和使用）。

[1] 关于 QEMU 的网络，也可参考：http://people.gnome.org/~markmc/qemu-networking.html。

[2] 假设 QEMU 编译配置时，没有 disable-slirp。

qemu 命令行在不加任何网络相关的参数启动客户机后，在客户机中可以看到它有一个默认的 e1000 系列的网卡，当然由于没有进行更多的网络配置，这个模拟的网卡虽然在客户机中可见，但是它使用的是用户模式的网络，其功能非常有限（将在 5.5.4 节中详述）。

在客户机中看到的 e1000 系列网卡如下所示，默认是 Intel 82540EM 系列的网卡。

```
[root@kvm-guest ~]# lspci | grep Eth
00:03.0 Ethernet controller: Intel Corporation 82540EM Gigabit Ethernet Controller
    (rev 03)
```

在 QEMU monitor 中用"info qtree"可以看到它的被模拟的详细信息。

```
...
dev: e1000, id ""
     mac = "52:54:00:12:34:56"
     vlan = 0
     netdev = "hub0port0"
     autonegotiation = true
     mitigation = true
     extra_mac_registers = true
     addr = 03.0
     romfile = "efi-e1000.rom"
     rombar = 1 (0x1)
     multifunction = false
     command_serr_enable = true
     x-pcie-lnksta-dllla = true
     class Ethernet controller, addr 00:03.0, pci id 8086:100e (sub 1af4:1100)
     bar 0: mem at 0xfebc0000 [0xfebdffff]
     bar 1: i/o at 0xc000 [0xc03f]
     bar 6: mem at 0xffffffffffffffff [0x3fffe]
......
```

qemu 命令行中基本的"-net"参数的细节如下：

```
-net nic[,vlan=n][,macaddr=mac][,model=type][,name=name][,addr=addr][,vectors=v]
```

执行这个命令行会让 QEMU 模拟出一块网卡，并将其连接到 VLAN n 上。

其中：

- "-net nic"是必需的参数，表明这是一个网卡的配置。
- vlan=*n*，表示将网卡连入 VLAN n，默认为 0（即没有 VLAN）。
- macaddr=*mac*，设置网卡的 MAC 地址，默认根据宿主机中网卡的地址来分配。若局域网中客户机太多，建议自己设置 MAC 地址，以防止 MAC 地址冲突。请大家在实际使用中最好配置自己的 MAC 地址，否则 QEMU 会默认分配一个相同的 MAC 地址（如前面 info qtree 代码中看到的 52:54:00:12:34:56[⊖]），几个虚拟机同时运行则可能会通过 DHCP 分配到相同的 IP，从而引发 IP 地址冲突。

⊖ 52:54:00 是 QEMU 注册的 OUI。建议读者在自定义 MAC 地址时候采用这个，以区别于网络中的实际网卡。

- model=*type*，设置模拟的网卡的类型，默认为 e1000。
- name=*name*，为网卡设置一个易读的名称，该名称仅在 QEMU monitor 中可能用到。
- addr=*addr*，设置网卡在客户机中的 PCI 设备地址为 *addr*。
- vectors=*v*，设置该网卡设备的 MSI-X 向量的数量为 *v*，该选项仅对使用 virtio 驱动的网卡有效。设置为“vectors=0”是关闭 virtio 网卡的 MSI-X 中断方式。

如果需要向一个客户机提供多个网卡，可以多次使用“-net”参数。

在宿主机中用如下命令行启动一个客户机，并使用上面的一些网络参数。

```
[root@kvm-host ~]# qemu-system-x86_64 -m 1024 rhel7.img -net nic,vlan=0,macaddr=
    52:54:00:12:34:22,model=e1000,addr=08 -net user
```

在客户机中用一些工具查看网卡相关的信息如下（这里使用了用户模式的网络栈，其详细介绍可参考 5.5.4 节），由此可知上面的网络设置都已生效。

```
[root@kvm-guest ~]# lspci | grep Eth
00:08.0 Ethernet controller: Intel Corporation 82540EM Gigabit Ethernet Controller
   (rev 03)
[root@kvm-guest ~]# ethtool -i eth1
driver: e1000
version: 7.3.21-k8-NAPI
firmware-version:
bus-info: 0000:00:08.0
[root@kvm-guest ~]# ifconfig
eth1      Link encap:Ethernet  HWaddr 52:54:00:12:34:22
          inet addr:10.0.2.15  Bcast:10.0.2.255  Mask:255.255.255.0
          inet6 addr: fe80::5054:ff:fe12:3422/64 Scope:Link
          UP BROADCAST RUNNING MULTICAST  MTU:1500  Metric:1
          RX packets:10 errors:0 dropped:0 overruns:0 frame:0
          TX packets:47 errors:0 dropped:0 overruns:0 carrier:0
          collisions:0 txqueuelen:1000
          RX bytes:1890 (1.8 KiB)  TX bytes:6380 (6.2 KiB)

lo        Link encap:Local Loopback
          inet addr:127.0.0.1  Mask:255.0.0.0
          inet6 addr: ::1/128 Scope:Host
          UP LOOPBACK RUNNING  MTU:16436  Metric:1
          RX packets:12 errors:0 dropped:0 overruns:0 frame:0
          TX packets:12 errors:0 dropped:0 overruns:0 carrier:0
          collisions:0 txqueuelen:0
          RX bytes:720 (720.0 b)  TX bytes:720 (720.0 b)
```

在 QEMU monitor 中查看网络的信息，如下：

```
(qemu) info network
VLAN 0 devices:
    user.0: type=user,net=10.0.2.0,restrict=off
   e1000.0: type=nic,model=e1000,macaddr=52:54:00:12:34:22
Devices not on any VLAN:
```

本节只介绍了网络设置的基本参数，没有详细配置具体的网络工作模式，所以这里得到的虚拟网卡在客户机中可能并不能连接到外部网络。接下来的 3 个小节将详细介绍各个网络工作模式的原理和配置方法。

5.5.2 使用直接的网桥模式

在 QEMU/KVM 的网络使用中，网桥（bridge）模式可以让客户机和宿主机共享一个物理网络设备连接网络，客户机有自己的独立 IP 地址，可以直接连接与宿主机一模一样的网络，客户机可以访问外部网络，外部网络也可以直接访问客户机（就像访问普通物理主机一样）。即使宿主机只有一个网卡设备，使用 bridge 模式也可让多个客户机与宿主机共享网络设备。bridge 模式使用非常方便，应用也非常广泛。

virt-manager/libvirt 创建网络时，Network source（也就是后端）的“Specify shared device name”方式，就是由 QEMU 的 bridge 方式来实现的，如图 5-6 所示。

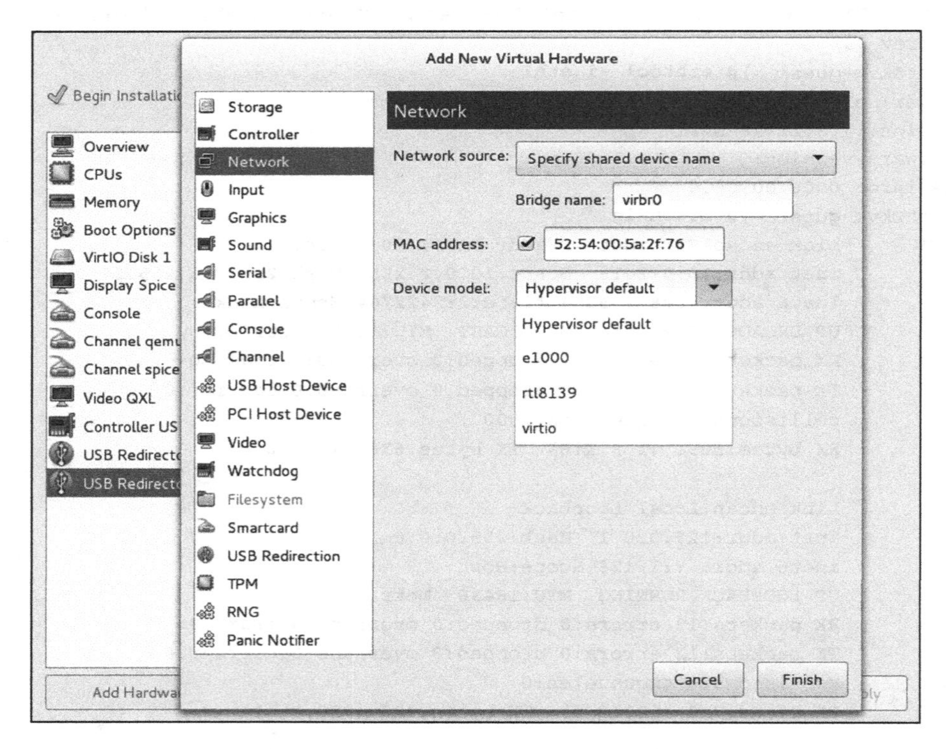

图 5-6　libvirt Network source 方式的指定

在 qemu 命令行中，关于配置 bridge 模式的网络（后端）参数如下：

```
-netdev tap,id=id[,fd=h][,ifname=name][,script=file][,downscript=dfile][,helper=helper]
```

或者，

```
-net  tap[,vlan=n][,name=name][,fd=h][,ifname=name][,script=file][,downscript=dfile]
    [,helper=helper]
```

这两个配置方法效果等价，但用于不同场合：

- -netdev tap,id=*id*[,...] 与 -device 参数配套使用[⊖]。
- -net tap[,...] 与 -net nic 参数配套使用。

第 2 种方法可以认为是第一种的简化版，因为免去了后端设备 id 的指定。如果不小心搞错了，以“ -net nic[,...] + -netdev tap,id=*id*[,...]”这样组合来配置网卡，QEMU 会报如下错误，以为 -netdev 指定的后端设备找不到前端设备与它配对。

```
(qemu) Warning: vlan 0 is not connected to host network
Warning: netdev tapdev0 has no peer
```

无论哪种组合方式都表示创建或者使用宿主机的 TAP 网络接口与“ -net nic”模拟给客户机的前端网卡相连，并将其连接到 VLAN n 中。使用 file 和 dfile 两个脚本分别在启动客户机时配置网络和在关闭客户机时取消网络配置，使用 helper 程序帮助在非 root 权限的情况下创建配置上述网络设备。说起来比较拗口，我们一个参数一个参数地来看。

- tap 参数，表明使用 TAP 设备。TAP 是虚拟网络设备，它仿真了一个数据链路层设备（ISO 七层网络结构的第 2 层），它像一个网桥一样处理第 2 层数据报。而 TUN 与 TAP 类似，也是一种虚拟网络设备，它是对网络层设备的仿真。TAP 用于创建一个网桥，而 TUN 则与路由相关（工作在 IP 层）。
- vlan=*n*，设置该设备连入 VLAN n，默认值为 0（即没有 VLAN）。
- name=*name*，设置名称，在 QEMU monior 中可能用到，一般由系统自动分配即可。与后面“ifname=*name*”的 *name* 没有关系。
- fd=h，连接到现在已经打开着的 TAP 接口的文件描述符。一般不要设置该选项，而是让 QEMU 自动创建一个 TAP 接口。在使用了 fd=*h* 选项后，ifname、script、downscript、helper、vnet_hdr 等选项都不可用了（不能与 fd 选项同时出现在命令行中）。
- ifname=*name*，设置在宿主机中添加的 TAP 虚拟设备的名称（如 tap1、tap5 等）。当不设置这个参数时，QEMU 会根据系统中目前的情况，产生一个 TAP 接口的名称。
- script=*file*，设置宿主机在启动客户机时自动执行的网络配置脚本。如果不指定，其默认值为“ /etc/qemu-ifup”这个脚本。可指定自己的脚本路径以取代默认值；如果不需要执行脚本，则设置为“script=no”。
- downscript=*dfile*，设置宿主机在客户机关闭时自动执行的网络配置脚本。如果不设置，其默认值为“ /etc/qemu-ifdown”；若客户机关闭时宿主机不需要执行脚本，则设置为“downscript=no”。

⊖ 可以用 qemu-system-x86_64 -device help 来查看有哪些 device 种类可以指定，所有的 nic,model= 都有 -device 种类与之对应。比如 -net nic,model=e1000 等价于 -device e1000。

- helper=*helper*，设置启动客户机时在宿主机中运行的辅助程序，包括建立一个 TAP 虚拟设备，默认值为 /usr/local/libexec/qemu-bridge-helper。此处一般不用定义[1]。

上面介绍了使用 TAP 设备的一些选项，接下来通过在宿主机中执行如下步骤来实现网桥方式的网络配置。

1）要采用 bridge 模式的网络配置，首先需要安装 bridge-utils 软件包，它提供 brctl 工具，用于配置网桥。

```
[root@kvm-host ~]# yum install bridge-utils tunctl
```

2）查看 tun 模块和 bridge 模块是否加载，如下：

```
[root@kvm-host ~]# lsmod | grep tun
tun                    12197  2
[root@kvm-host ~]# lsmod | grep bridge
bridge                119560  0
stp                    12976  1 bridge
llc                    14552  2 stp,bridge
```

如果 tun 模块没有加载，则运行“modprobe tun”命令来加载。当然，如果已经将 tun 编译到内核（可查看内核 config 文件中是否有“CONFIG_TUN=y”选项），则不需要加载了。如果内核完全没有配置 TUN 模块，则需要重新编译内核才行。

3）检查 /dev/net/tun 的权限，需要让当前用户拥有可读写的权限。

```
[root@kvm-host ~]# ll /dev/net/tun
crw-rw-rw- 1 root root 10, 200 Jul 20 16:23 /dev/net/tun
```

4）建立一个 bridge，并将其绑定到一个可以正常工作的网络接口上，同时让 bridge 成为连接本机与外部网络的接口。主要的配置命令如下：

```
[root@kvm-host ~]# brctl addbr virbr0     #添加virbr0这个bridge
```

创建 virbr0 的接口配置文件如下（/etc/sysconfig/network-scripts/ifcfg-virbr0），与其他物理的接口一样，网桥也是一个虚拟的接口，它也需要有自己的接口配置文件。系统启动的时候会根据这个配置文件来配置接口。关于更多的 RHEL 系统的网络接口的配置，可以参考其官方文档：

```
https://access.redhat.com/documentation/en-US/Red_Hat_Enterprise_Linux/7/html/
      Networking_Guide/sec-Network_Bridging_Using_the_Command_Line_Interface.
      html#sec-Create_a_Network_Bridge
[root@kvm-host ~]# cat /etc/sysconfig/network-scripts/ifcfg-virbr0
DEVICE=virbr0
STP=yes              #STP需要打开，以防止环路
TYPE=Bridge          #指定这个接口类型是bridge
BOOTPROTO=dhcp       #指定这个接口用DHCP方式启动
```

---

[1] 用 tap 模式时候，helper 方式很不好用，因为没法在参数里指定 bridge 名字，而它默认是用名为 br0 的 bridge 连接 tap 设备的，所以，除非用户的 host 环境里的 bridge 刚好叫 br0，否则是用不起来的。

```
DEFROUTE=no          #在笔者网络环境中，不需要网桥成为默认路由的出口
PEERDNS=yes
PEERROUTES=yes
NAME="virbr0"
ONBOOT=yes           #系统启动时候自动启动
NM_CONTROLLED=no     #不要network manager来管
```

修改需要绑定到网桥的物理接口（eno2）的配置文件如下（它将成为网桥以及连接到网桥的 Tap 接口的与外界联系的桥梁）：

```
[root@kvm-host ~]  # cat /etc/sysconfig/network-scripts/ifcfg-eno2
TYPE=Ethernet
BOOTPROTO=none       #作为网桥的slave接口，不需要boot protocol
DEFROUTE=no          #同网桥设置，不需要default路由
NAME=eno2
UUID=d51cac95-203b-46c1-8c27-5fd935323c1c  #这个不是必需的
DEVICE=eno2
ONBOOT=yes
PEERDNS=yes
PEERROUTES=yes
BRIDGE=virbr0        #这个非常重要，指定这个接口成为哪个网桥的slave
NM_CONTROLLED=no
```

此时，我们看到网桥（virbr0）还是没有 slave 接口的。

```
[root@kvm-host ~]# brctl show
bridge name     bridge id               STP enabled     interfaces
virbr0          8000.000000000000       yes
```

我们用 brctl 工具将 eno2 绑定到 virbr0 上。

```
[root@kvm-host ~]# brctl addif virbr0 eno2
[root@kvm-host ~]# brctl show virbr0
bridge name     bridge id               STP enabled     interfaces
virbr0          8000.001e67afe8a4       yes             eno2
```

最后，我们将网桥接口 up 起来，它就获得 IP 地址并与外部网络连通了。进一步地，当有客户机启动，QEMU 创建的 tap 设备绑定到网桥上以后，客户机也就和外部网络连通了。

```
[root@kvm-host ~]# ifup virbr0

Determining IP information for virbr0... done.
[root@kvm-host ~]# ifconfig virbr0
virbr0: flags=4163<UP,BROADCAST,RUNNING,MULTICAST>  mtu 1500
        inet 192.168.102.168  netmask 255.255.252.0  broadcast 192.168.103.255
        inet6 fe80::21e:67ff:feaf:e8a4  prefixlen 64  scopeid 0x20<link>
        ether 00:1e:67:af:e8:a4  txqueuelen 0  (Ethernet)
        RX packets 528  bytes 40646 (39.6 KiB)
        RX errors 0  dropped 0  overruns 0  frame 0
        TX packets 29  bytes 4751 (4.6 KiB)
        TX errors 0  dropped 0 overruns 0  carrier 0  collisions 0
```

此时，作为网桥接口的附庸（slave），eno2 接口是没有自己的 IP 地址的，网桥寄生在它身上（与它的 MAC 地址相同），与外界通讯。

```
[root@kvm-host ~]# ifconfig eno2
eno2: flags=4163<UP,BROADCAST,RUNNING,MULTICAST>  mtu 1500
      inet6 fe80::21e:67ff:feaf:e8a4  prefixlen 64  scopeid 0x20<link>
      ether 00:1e:67:af:e8:a4  txqueuelen 1000  (Ethernet)
      RX packets 3473864  bytes 1853969607 (1.7 GiB)
      RX errors 0  dropped 0  overruns 0  frame 0
      TX packets 69  bytes 10672 (10.4 KiB)
      TX errors 0  dropped 0 overruns 0  carrier 0  collisions 0
      device memory 0xb1100000-b117ffff
```

上述网桥创建完成后，笔者的主机上的接口逻辑拓扑如图 5-7 所示。

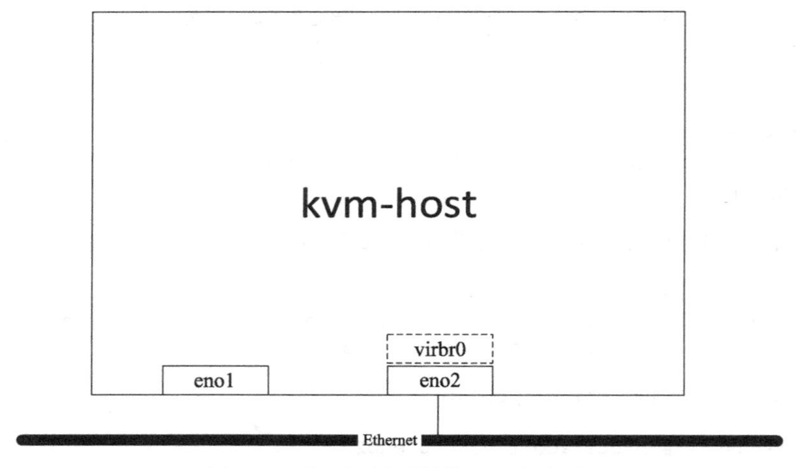

图 5-7 建立网桥后的接口逻辑拓扑

5）准备 qemu-ifup 和 qemu-ifdown 脚本。

在客户机启动网络前执行的脚本是由“script”选项配置的（默认为 /etc/qemu-ifup）。该脚本的内容就是将 QEMU 自动创建的 TAP 设备绑定到上一步创建好的网桥上。

如下是 qemu-ifup 脚本的示例，其中“$1”是 QEMU 调用脚本时传入的参数，它是 QEMU 为客户机创建的 TAP 设备名称（前面提及的 ifname 选项的值或者系统自动选择的 tap0、tap1 等）。

```
#!/bin/sh

switch=$(brctl show| sed -n 2p |awk '{print $1}')
/sbin/ifconfig $1 0.0.0.0 up
/usr/sbin/brctl addif ${switch} $1
```

由于 QEMU 在客户机关闭时会解除 TAP 设备的 bridge 绑定，也会自动删除已不再使用的 TAP 设备，所以 qemu-ifdown 这个脚本不是必需的，最好设置为“downscript=no”。

如下列出一个 qemu-ifdown 脚本的示例，是为了说明清理 bridge 模式网络环境的步骤，在 QEMU 没有自动处理时可以使用。

```
#!/bin/bash
#This is a qemu-ifdown script for bridging.
#You can use it when starting a KVM guest with bridge mode network.
#Don't use this script in most cases; QEMU will handle it automatically.

switch=$(brctl show| sed -n 2p |awk '{print $1}')
if [ -n "$1" ]; then
        # Delete the specified interfacename
        tunctl -d $1
        #release TAP interface from bridge
        brctl delif ${switch} $1
        #shutdown the TAP interface
        ip link set $1 down
        exit 0
else
        echo "Error: no interface specified"
        exit 1
fi
```

6）用 qemu 命令行启动 bridge 模式的网络。

在宿主机中，用命令行启动客户机并检查 bridge 的状态，如下：

```
[root@kvm-host ~]# qemu-system-x86_64 rhel7.img -enable-kvm -smp 4 -m 8G -net nic -net
    tap,script=/etc/qemu-ifup
[root@kvm-host ~]# brctl show
bridge name     bridge id               STP enabled     interfaces
virbr0          8000.001e67afe8a4       yes             eno2
                                                             tap0
[root@kvm-host ~]# ll /sys/devices/virtual/net/
total 0
drwxr-xr-x 5 root root 0 Nov 12 09:46 lo
drwxr-xr-x 6 root root 0 Nov 17 21:38 tap0
drwxr-xr-x 7 root root 0 Nov 17 20:54 virbr0
```

由上面信息可知，在创建客户机后，添加了一个名为 tap0 的 TAP 虚拟网络设备，将其绑定在 br0 这个 bridge 上。查看到的 3 个虚拟网络设备依次为：网络回路设备 lo（就是一般 IP 为 127.0.0.1 的设备）、前面建立好的 bridge 设备 vibr0、为客户机提供网络的 TAP 设备 tap0。

在客户机中，如下的几个命令用于检查网络是否配置好：

```
[root@kvm-guest ~]# ifconfig
ens3: flags=4163<UP,BROADCAST,RUNNING,MULTICAST>  mtu 1500
      inet 192.168.100.153  netmask 255.255.252.0  broadcast 192.168.103.255
      inet6 fe80::5054:ff:fe12:3456  prefixlen 64  scopeid 0x20<link>
      ether 52:54:00:12:34:56  txqueuelen 1000  (Ethernet)
      RX packets 672  bytes 78889 (77.0 KiB)
      RX errors 121  dropped 0  overruns 0  frame 121
      TX packets 132  bytes 17621 (17.2 KiB)
```

```
        TX errors 0  dropped 0 overruns 0  carrier 0  collisions 0

lo: flags=73<UP,LOOPBACK,RUNNING>  mtu 65536
    inet 127.0.0.1  netmask 255.0.0.0
    inet6 ::1  prefixlen 128  scopeid 0x10<host>
        loop  txqueuelen 0  (Local Loopback)
        RX packets 76  bytes 5948 (5.8 KiB)
        RX errors 0  dropped 0  overruns 0  frame 0
        TX packets 76  bytes 5948 (5.8 KiB)
        TX errors 0  dropped 0 overruns 0  carrier 0  collisions 0

virbr0: flags=4099<UP,BROADCAST,MULTICAST>  mtu 1500
        inet 192.168.122.1  netmask 255.255.255.0  broadcast 192.168.122.255
        ether 52:54:00:48:d8:d1  txqueuelen 0  (Ethernet)
        RX packets 0  bytes 0 (0.0 B)
        RX errors 0  dropped 0  overruns 0  frame 0
        TX packets 0  bytes 0 (0.0 B)
        TX errors 0  dropped 0 overruns 0  carrier 0  collisions 0
[root@kvm-guest ~]# route -n
Kernel IP routing table
Destination     Gateway         Genmask         Flags Metric Ref    Use Iface
0.0.0.0         192.168.100.1   0.0.0.0         UG    100    0        0 ens3
192.168.100.0   0.0.0.0         255.255.252.0   U     100    0        0 ens3
192.168.122.0   0.0.0.0         255.255.255.0   U     0      0        0 virbr0
[root@kvm-guest ~]# ping 192.168.100.1
PING 192.168.100.1 (192.168.100.1) 56(84) bytes of data.
64 bytes from 192.168.100.1: icmp_seq=1 ttl=255 time=0.560 ms
64 bytes from 192.168.100.1: icmp_seq=2 ttl=255 time=0.577 ms
^C
--- 192.168.100.1 ping statistics ---
2 packets transmitted, 2 received, 0% packet loss, time 1000ms
rtt min/avg/max/mdev = 0.560/0.568/0.577/0.025 ms
```

此时我们的客户机和主机之间的网络连接如图 5-8 所示。

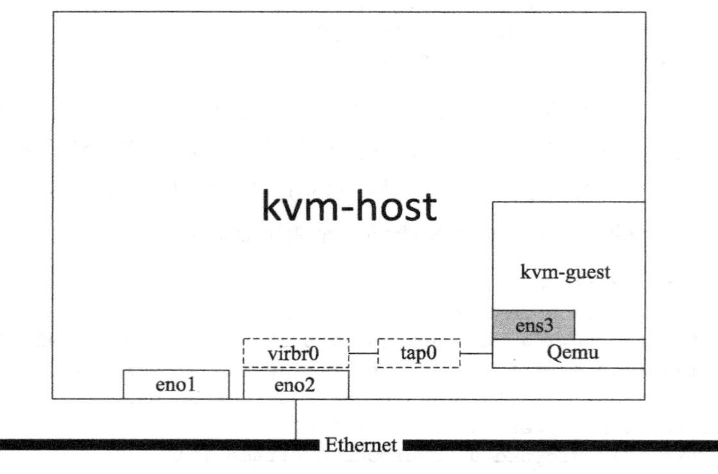

图 5-8 启动客户机后的网桥逻辑拓扑

将客户机关机后，在宿主机中再次查看 bridge 状态和虚拟网络设备的状态，如下：

```
[root@kvm-host ~]# brctl show
bridge name     bridge id               STP enabled     interfaces
virbr0          8000.001e67afe8a4       yes             eno2
```

由上面的输出信息可知，QEMU 已经将 tap0 设备删除了。

细心的读者会发现，现在的 QEMU 已经有更直接的网桥模式的配置选项。

```
-netdev bridge,id=id[,br=bridge][,helper=helper]
```

或者，

```
-net bridge[,vlan=n][,name=name][,br=bridge][,helper=helper]
```

它们比上面的方式省掉了关于 tap name、script 等的参数指定，而只需要指定网桥就可以了。其他的都封装在 helper 程序里面自动帮忙做掉了，包括自动命名和创建 tap 设备、自动启动 tap 设备（即原来的 script 脚本要完成的工作）、绑定网桥等。这些本来在多数应用场景中就不需要特别指定的。

下面两条启动命令与上面的完全等价：

```
qemu-system-x86_64 rhel7.img -enable-kvm -smp 4 -m 8G -net nic -net bridge,br=virbr0
```

或者，

```
qemu-system-x86_64 rhel7.img -enable-kvm -smp 4 -m 8G -device e1000,netdev=brdev0
    -netdev bridge,id=brdev0,br=virbr0
```

5.5.3 用网桥实现 NAT 模式

NAT（Network Addresss Translation，网络地址转换）属于广域网接入技术的一种，它将内网地址转化为外网的合法 IP 地址，它被广泛应用于各种类型的 Internet 接入方式和各种类型的网络之中。NAT 将来自内网 IP 数据包的包头中的源 IP 地址转换为一个外网的 IP 地址。众所周知，IPv4 的地址资源已几近枯竭，而 NAT 使内网的多个主机可以共用一个 IP 地址接入网络，这样有助于节约 IP 地址资源，这也是 NAT 最主要的作用。另外，通过 NAT 访问外部网络的内部主机，其内部 IP 对外是不可见的，这就隐藏了 NAT 内部网络拓扑结构和 IP 信息，也就能够避免内部主机受到外部网络的攻击。客观事物总是有正反两面性的，没有任何技术是十全十美的。NAT 技术隐藏了内部主机细节，从而提高了安全性。但是如果 NAT 内的主机作为 Web 或数据库服务器需要接受来自外部网络的主动连接，这时 NAT 就表现出了局限性。不过，可以在拥有外网 IP 的主机上使用 iptables 等工具实现端口映射，从而让外网将这个外网 IP 的一个端口的访问被重新映射到 NAT 内网的某个主机的相应端口上去。

在 QEMU/KVM 中，默认使用 IP 伪装的方式实现 NAT，而不是使用 SNAT（Source-NAT）或 DNAT（Destination-NAT）的方式。图 5-9 展示了 KVM 中的 NAT 模式网络的结构

图，宿主机在外网的 IP 是 10.10.10.190，其上运行的各个客户机的 IP 属于内网的网络段 192.168.122.0/24。

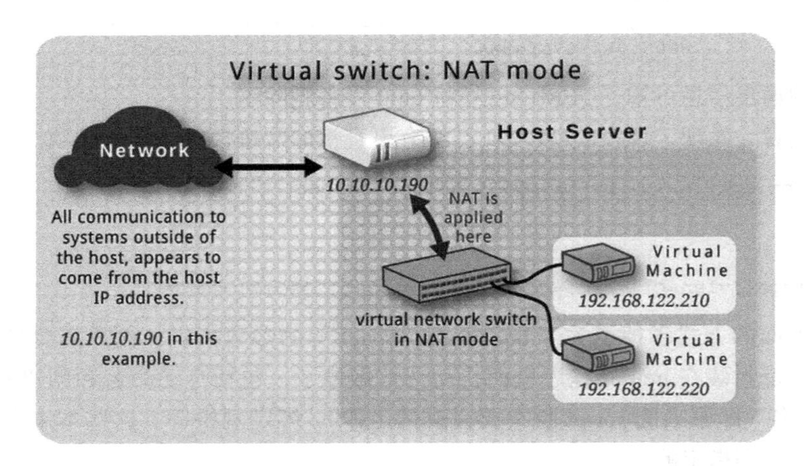

图 5-9 KVM 中的 NAT 模式网络

在 KVM 中配置客户机的 NAT 网络方式，需要在宿主机中运行一个 DHCP 服务器给宿主机分配 NAT 内网的 IP 地址，可以使用 dnsmasq 工具来实现。在 KVM 中，DHCP 服务器为客户机提供服务的基本架构如图 5-10 所示。

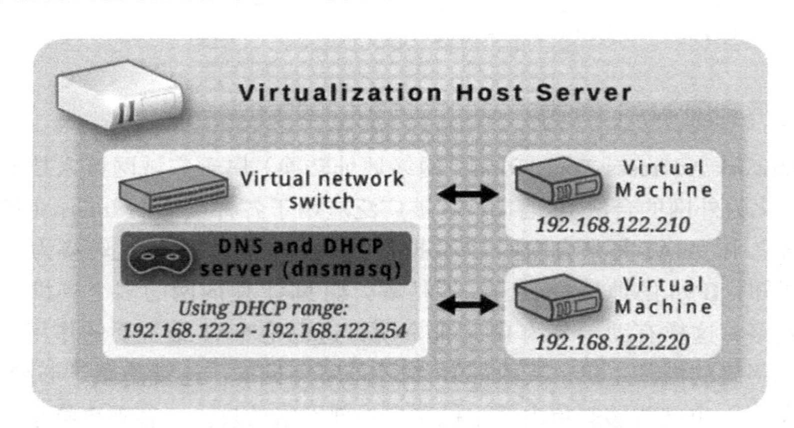

图 5-10 宿主机中的 dnsmasq 为客户机提供 DHCP 服务

通过下面几步可以使客户机启动，并以 NAT 方式配置好它的网络。

1）检查宿主机内核编译的配置，将网络配置选项中与 NAT 相关的选项配置好，否则在启动客户机使用 NAT 网络配置时可能会遇到类似如下错误提示，因为无法按需加载“iptable_nat”和“nf_nat”等模块。

```
iptables v1.4.7: can't initialize iptables table `nat': Table does not exist (do you
    need to insmod?)
```

遇到这样的情况，只能重新配置和编译内核了。下面截取的一小段内核配置，是一般情况下NAT的部分相关配置。

```
#
# IP: Netfilter Configuration
#
CONFIG_NF_DEFRAG_IPV4=m
CONFIG_NF_CONNTRACK_IPV4=m
CONFIG_NF_CONNTRACK_PROC_COMPAT=y
CONFIG_IP_NF_QUEUE=m
CONFIG_IP_NF_IPTABLES=m
CONFIG_IP_NF_MATCH_AH=m
CONFIG_IP_NF_MATCH_ECN=m
CONFIG_IP_NF_MATCH_RPFILTER=m
CONFIG_IP_NF_MATCH_TTL=m
CONFIG_IP_NF_FILTER=m
CONFIG_IP_NF_TARGET_REJECT=m
CONFIG_IP_NF_TARGET_ULOG=m
CONFIG_NF_NAT=m
CONFIG_NF_NAT_NEEDED=y
CONFIG_IP_NF_TARGET_MASQUERADE=m
CONFIG_IP_NF_TARGET_NETMAP=m
CONFIG_IP_NF_TARGET_REDIRECT=m
```

2）安装必要的软件包：bridge-utils、iptables和dnsmasq等。其中bridge-utils包含管理bridge的工具brctl（在5.5.2节中已使用过），iptables是对内核网络协议栈中IPv4包的过滤工具和NAT管理工具，dnsmasq是一个轻量级的DHCP和DNS服务器软件。当然，如有其他满足类似功能的软件包，也可以选用。在宿主机中，查看所需软件包的情况，如下：

```
[root@kvm-host ~]# rpm -q bridge-utils
bridge-utils-1.5-9.el7.x86_64
[root@kvm-host ~]# rpm -q iptables
iptables-1.4.21-17.el7.x86_64
[root@kvm-host ~]# rpm -q dnsmasq
dnsmasq-2.66-21.el7.x86_64
```

3）准备一个为客户机建立NAT用的qemu-ifup脚本及关闭网络用的qemu-ifdown脚本。这两个脚本中的$1（传递给它们的第1个参数）就是在客户机中使用的网络接口在宿主机中的虚拟网络名称（如tap0、tap1等）。

其中，在启动客户机时建立网络的脚本示例（/etc/qemu-ifup-NAT）如下。主要功能是：建立bridge，设置bridge的内网IP（此处为192.168.122.1），并且将客户机的网络接口与其绑定，然后打开系统中网络IP包转发的功能，设置iptables的NAT规则，最后启动dnsmasq作为一个简单的DHCP服务器。

```
#!/bin/bash
# qemu-ifup script for QEMU/KVM with NAT netowrk mode

# set your bridge name
```

```
BRIDGE=virbr0

# Network information
NETWORK=192.168.122.0
NETMASK=255.255.255.0
# GATEWAY for internal guests is the bridge in host
GATEWAY=192.168.122.1
DHCPRANGE=192.168.122.2,192.168.122.254

# Optionally parameters to enable PXE support
TFTPROOT=
BOOTP=

function check_bridge()
{
    if brctl show | grep "^$BRIDGE" &> /dev/null; then
            return 1
    else
            return 0
    fi
}

function create_bridge()
{
        brctl addbr "$BRIDGE"
        brctl stp "$BRIDGE" on
        brctl setfd "$BRIDGE" 0
        ifconfig "$BRIDGE" "$GATEWAY" netmask "$NETMASK" up
}

function enable_ip_forward()
{
    echo 1 > /proc/sys/net/ipv4/ip_forward
}

function add_filter_rules()
{
    iptables -t nat -A POSTROUTING -s "$NETWORK"/"$NETMASK" \
            ! -d "$NETWORK"/"$NETMASK" -j MASQUERADE
}

function start_dnsmasq()
{
    # don't run dnsmasq repeatedly
    ps -ef | grep "dnsmasq" | grep -v "grep" &> /dev/null
    if [ $? -eq 0 ]; then
            echo "Warning:dnsmasq is already running."
            return 1
    fi

    dnsmasq \
```

```
                --strict-order \
                --except-interface=lo \
                --interface=$BRIDGE \
                --listen-address=$GATEWAY \
                --bind-interfaces \
                --dhcp-range=$DHCPRANGE \
                --conf-file="" \
                --pid-file=/var/run/qemu-dhcp-$BRIDGE.pid \
                --dhcp-leasefile=/var/run/qemu-dhcp-$BRIDGE.leases \
                --dhcp-no-override \
                ${TFTPROOT:+"--enable-tftp"} \
                ${TFTPROOT:+"--tftp-root=$TFTPROOT"} \
                ${BOOTP:+"--dhcp-boot=$BOOTP"}
}

function setup_bridge_nat()
{
    check_bridge "$BRIDGE"
    if [ $? -eq 0 ]; then
            create_bridge
    fi
    enable_ip_forward
    add_filter_rules "$BRIDGE"
    start_dnsmasq "$BRIDGE"
}

# need to check $1 arg before setup
if [ -n "$1" ]; then
    setup_bridge_nat
    ifconfig "$1" 0.0.0.0 up
    brctl addif "$BRIDGE" "$1"
    exit 0
else
    echo "Error: no interface specified."
    exit 1
fi
```

关闭客户机时调用的网络脚本示例（/etc/qemu-ifdown-NAT）如下。它主要完成解除 bridge 绑定、删除 bridge 和清空 iptalbes 的 NAT 规则。

```
#!/bin/bash
# qemu-ifdown script for QEMU/KVM with NAT network mode

# set your bridge name
BRIDGE="virbr0"

if [ -n "$1" ]; then
    echo "Tearing down network bridge for $1"
    ip link set $1 down
    brctl delif "$BRIDGE" $1
    ip link set "$BRIDGE" down
```

```
    brctl delbr "$BRIDGE"
    iptables -t nat -F
    exit 0
else
    echo "Error: no interface specified"
    exit 1
fi
```

当然，对于这两个脚本中实现的功能，可以根据实际情况进行修改。另外，手动来完成这样的功能而不依赖于这两个脚本一样是可行的。

4）当启动客户机时，使用上面提到的启动脚本（注意要事先赋予脚本可执行权限）。创建客户机的 qemu 命令行如下：

```
[root@kvm-host ~]# qemu-system-x86_64 -enable-kvm -smp 2 -m 4G -net nic, netdev=nic0
    -netdev  tap,id=nic0,script=/etc/qemu-ifup-NAT,downscript=/etc/qemu-ifdown-NAT
    rhel7.img
```

在启动客户机后，检查脚本中描述的宿主机中的各种配置生效的情况，如下：

```
[root@kvm-host ~]# brctl show
bridge name        bridge id               STP enabled    interfaces
br0         8000.92b3c4e817fb      yes             tap0
virbr0      8000.001e67edfbdd      yes             eno2
#注意区别这两个bridge的不同：virbr0是前面提到的网桥模式使用的，它与一个物理上的网络接口eth0绑
 定；而br0是这里介绍的NAT方式的bridge，它没有绑定任何物理网络接口，只是绑定了tap0这个客户机使
 用的虚拟网络接口
[root@kvm-host ~]# iptables -t nat -L
Chain PREROUTING (policy ACCEPT)
target     prot opt source               destination

Chain INPUT (policy ACCEPT)
target     prot opt source               destination

Chain OUTPUT (policy ACCEPT)
target     prot opt source               destination

Chain POSTROUTING (policy ACCEPT)
target     prot opt source               destination
MASQUERADE  all  --  192.168.122.0/24    !192.168.122.0/24

[root@kvm-host ~]# ifconfig br0
br0: flags=4163<UP,BROADCAST,RUNNING,MULTICAST>  mtu 1500
     inet 192.168.122.1  netmask 255.255.255.0  broadcast 192.168.122.255
     inet6 fe80::90b3:c4ff:fee8:17fb  prefixlen 64  scopeid 0x20<link>
     ether 92:b3:c4:e8:17:fb  txqueuelen 1000  (Ethernet)
     RX packets 167  bytes 17161 (16.7 KiB)
     RX errors 0  dropped 0  overruns 0  frame 0
     TX packets 133  bytes 17247 (16.8 KiB)
     TX errors 0  dropped 0 overruns 0  carrier 0  collisions 0
[root@kvm-host ~]# ps -eLf | grep dnsmasq | grep -v grep
```

```
nobody   176580      1 176580  0    1 19:12 ?        00:00:00 dnsmasq --strict-
    order --except-interface=lo --interface=br0 --listen-address=192.168.122.1
    --bind-interfaces --dhcp-range=192.168.122.2,192.168.122.254 --conf-file=
    --pid-file=/var/run/qemu-dhcp-br0.pid --dhcp-leasefile=/var/run/qemu-dhcp-br0.
    leases --dhcp-no-override
```

5）在客户机中，通过 DHCP 动态获得 IP，并且检查网络是否畅通，如下：

```
[root@kvm-guest ~]# ifconfig
ens3: flags=4163<UP,BROADCAST,RUNNING,MULTICAST>  mtu 1500
      inet 192.168.122.89  netmask 255.255.255.0  broadcast 192.168.122.255
      inet6 fe80::5054:ff:fe12:3456  prefixlen 64  scopeid 0x20<link>
      ether 52:54:00:12:34:56  txqueuelen 1000  (Ethernet)
      RX packets 92  bytes 13375 (13.0 KiB)
      RX errors 133  dropped 0  overruns 0  frame 133
      TX packets 159  bytes 19513 (19.0 KiB)
      TX errors 0  dropped 0 overruns 0  carrier 0  collisions 0

lo: flags=73<UP,LOOPBACK,RUNNING>  mtu 65536
    inet 127.0.0.1  netmask 255.0.0.0
    inet6 ::1  prefixlen 128  scopeid 0x10<host>
    loop  txqueuelen 1  (Local Loopback)
    RX packets 4  bytes 340 (340.0 B)
    RX errors 0  dropped 0  overruns 0  frame 0
    TX packets 4  bytes 340 (340.0 B)
    TX errors 0  dropped 0 overruns 0  carrier 0  collisions 0

[root@kvm-guest ~]# route -n
Kernel IP routing table
Destination     Gateway         Genmask         Flags Metric Ref    Use Iface
0.0.0.0         192.168.122.1   0.0.0.0         UG    100    0        0 ens3
192.168.122.0   0.0.0.0         255.255.255.0   U     100    0        0 ens3
[root@kvm-guest ~]# ping 192.168.122.1 -c 1
PING 192.168.122.1 (192.168.122.1) 56(84) bytes of data.
64 bytes from 192.168.122.1: icmp_seq=1 ttl=64 time=0.109 ms

--- 192.168.122.1 ping statistics ---
1 packets transmitted, 1 received, 0% packet loss, time 0ms
rtt min/avg/max/mdev = 0.109/0.109/0.109/0.000 ms
[root@kvm-guest ~]# ping 192.168.199.1 -c 1
PING 192.168.199.1 (192.168.199.1) 56(84) bytes of data.
64 bytes from 192.168.199.1: icmp_seq=1 ttl=63 time=0.323 ms

--- 192.168.199.1 ping statistics ---
1 packets transmitted, 1 received, 0% packet loss, time 0ms
rtt min/avg/max/mdev = 0.323/0.323/0.323/0.000 ms
```

从上面的命令行输出可知，客户机可以通过 DHCP 获得网络 IP（192.168.122.0/24 子网中），其默认网关是宿主机的 bridge 的 IP（192.168.122.1），并且可以 ping 通网关（192.168.122.1）和子网外的另外一个主机（192.168.199.1），说明其与外部网络的连接正常。

另外，客户机中的 DNS 服务器默认配置为宿主机（192.168.122.1），如果宿主机没有启动 DNS 服务，则可能导致在客户机中无法解析域名。这时需要将客户机中 /etc/resolv.conf 修改为与宿主机中一致的可用的 DNS 配置，然后就可以正常解析外部的域名（主机名）了，如下：

```
[root@kvm-guest ~]# vi /etc/resolv.conf
[root@kvm-guest ~]# cat /etc/resolv.conf
; generated by /sbin/dhclient-script
search tsp.org
nameserver 192.168.199.3
[root@kvm-guest ~]# nslookup vt-snb9
Server:         192.168.199.3
Address:        192.168.199.3#53

Name:   vt-snb9.tsp.org
Address: 192.168.199.99
[root@kvm-guest ~]# ping vt-snb9 -c 1
PING vt-snb9.tsp.org (192.168.199.99) 56(84) bytes of data.
64 bytes from 192.168.199.99: icmp_seq=1 ttl=63 time=0.741 ms

--- vt-snb9.tsp.org ping statistics ---
1 packets transmitted, 1 received, 0% packet loss, time 2ms
rtt min/avg/max/mdev = 0.741/0.741/0.741/0.000 ms
```

6）添加 iptables 规则进行端口映射，让外网主机也能访问客户机。

到步骤 5）为止，客户机已可以正常连通外部网络，但是外部网络（除宿主机外）无法直接连接到客户机。其中一个解决方案是，在宿主机中设置 iptables 的规则进行端口映射，使外部主机对宿主机 IP 的一个端口的请求转发到客户机中的某一个端口。

在宿主机中，查看网络配置情况，然后 iptables 设置端口映射将如下。将宿主机的 80 端口（常用于 HTTP 服务）映射到客户机的 80 端口。

```
[root@kvm-host ~]# route -n
Kernel IP routing table
Destination     Gateway         Genmask         Flags Metric Ref    Use Iface
0.0.0.0         192.168.199.1   0.0.0.0         UG    100    0        0 eno1
192.168.96.0    0.0.0.0         255.255.240.0   U     0      0        0 virbr0
192.168.122.0   0.0.0.0         255.255.255.0   U     0      0        0 br0
[root@kvm-host ~]# ifconfig eno1
eno1: flags=4163<UP,BROADCAST,RUNNING,MULTICAST>  mtu 1500
      inet 192.168.199.176  netmask 255.255.255.0  broadcast 192.168.199.255
      inet6 fe80::21e:67ff:feed:fbdc  prefixlen 64  scopeid 0x20<link>
      ether 00:1e:67:ed:fb:dc  txqueuelen 1000  (Ethernet)
      RX packets 249885  bytes 18082213 (17.2 MiB)
      RX errors 0  dropped 0  overruns 0  frame 0
      TX packets 274878  bytes 322965088 (308.0 MiB)
      TX errors 0  dropped 0 overruns 0  carrier 0  collisions 0
      device memory 0x91d20000-91d3ffff
[root@kvm-host ~]# iptables -t nat -A PREROUTING -p tcp -d \ 192.168.199.176
    --dport 80 -j DNAT --to 192.168.122.89:80
```

```
[root@kvm-host ~]# iptables -t nat -L
Chain PREROUTING (policy ACCEPT)
target     prot opt source               destination
DNAT       tcp  --  anywhere             p-demo4.tsp.org      tcp dpt:http to:192.168.122.89:80

Chain INPUT (policy ACCEPT)
target     prot opt source               destination

Chain OUTPUT (policy ACCEPT)
target     prot opt source               destination

Chain POSTROUTING (policy ACCEPT)
target     prot opt source               destination
MASQUERADE  all  --  192.168.122.0/24     !192.168.122.0/24
```

在客户机中，编辑一个在 HTTP 服务中被访问的示例文件（/var/www/html/index.html，Apache 默认根目录为 /var/www/html），然后启动 Apache 服务。

```
[root@kvm-guest ~]# cat /var/www/html/index.html
This http index file in kvm-guest
[root@kvm-guest ~]# systemctl start httpd.service
```

在外部网络某主机上测试连接宿主机（192.168.199.176）的 80 端口，就会被映射到客户机（192.168.122.29）中的 80 端口。如图 5-11 所示，外部网络已经可以正常访问在 NAT 内网中的那台客户机 80 端口上的 HTTP 服务了。

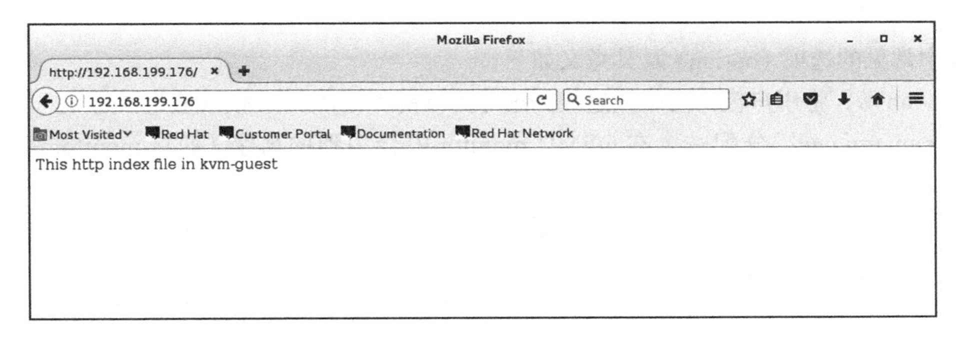

图 5-11　外部网络主机访问客户机中相应的端口

在上面的示例中，NAT 的配置涉及的一些 iptables 配置规则仅用于实验演示，在实际生产环境中需要根据实际情况进行更细粒度的配置。如果将访问规则和数据包转发规则设置得过于宽松，可能会带来网络安全方面的隐患。

熟悉 libvirt 的读者会发现，上面实现的不就是 libvirt 的虚拟网络的 NAT 模式吗？是的，libvirt 的 3 种虚拟网络的实现（NAT、Routed、Isolated），在 Hypervisor 是 QEMU/KVM 的情况下，就是通过 QEMU 的 bridge 网络模式来实现的。Routed 和 Isolated 的具体实验我们就不在这里赘述了，感兴趣的读者可以自行探索。

5.5.4 QEMU 内部的用户模式网络

前面 5.5.1 节中提到，在没有任何“-net”参数时，QEMU 默认使用的是“-net nic -net user”的参数，提供了一种用户模式（user-mode）的网络模拟。使用用户模式的网络的客户机可以连通宿主机及外部的网络。用户模式网络完全是由 QEMU 自身实现的，不依赖于其他的工具（如前面提到的 bridge-utils、dnsmasq、iptables 等），而且不需要 root 用户权限（前面介绍过的 bridge 模式和 NAT 模式在配置宿主机网络和设置 iptables 规则时一般都需要 root 用户权限）。QEMU 使用 Slirp[⊖]实现了一整套 TCP/IP 协议栈，并且使用这个协议栈实现了一套虚拟的 NAT 网络。

由于其使用简单、独立性好、不需 root 权限、客户机网络隔离性好等优势，用户模式网络是 QEMU 的默认网络配置。不过，用户模式网络也有以下 3 个缺点：

1）由于其在 QEMU 内部实现所有网络协议栈，因此其性能较差。

2）不支持部分网络功能（如 ICMP），所以不能在客户机中使用 ping 命令测试外网连通性。

3）不能从宿主机或外部网络直接访问客户机。

使用用户模式的网络，其 qemu 命令行参数为：

```
-netdev user,id=id[,option][,option][,...]
```

或者，

```
-net user[,option][,option][,...]
```

其中常见的选项（option）及其意义如下：

- vlan=*n*，将用户模式网络栈连接到编号为 *n* 的 VLAN 中（默认值为 0）。
- name=*name*，分配一个在 QEMU monitor 中会用到的名字（如在 monitor 的“info network”命令中 可看到这个网卡的 *name*）。
- net=*addr*[/*mask*]，设置客户机可以看到的网络地址（客户机所在子网），其默认值是 10.0.2.0/24。其中，子网掩码（mask）有两种形式可选，一种是类似于 255.255.255.0 这样的地址，另一种是 32 位 IP 地址中前面被置位为 1 的位数（如 10.0.2.0/24）。
- host=*addr*，指定客户机可见宿主机的地址，默认值为客户机所在网络的第 2 个 IP 地址（如 10.0.2.2）。
- ipv6-net=*addr*[/*int*]，设置客户机看到的 IPv6 网络地址，默认是 fec0::/64。
- ipv6-host=*addr*，设置客户机的 IPv6 地址，默认是第 2 个 IP 地址 xxxx::2。
- restrict=y|yes|n|no，如果将此选项打开（为 y 或 yes），则客户机将会被隔离，客户机

⊖ 在 QEMU 的源代码中有一个专门的“slirp”目录使用了 Slirp 的实现。Slirp 是通过普通的终端模拟 PPP、SLIP 等连接到 Internet 的开源软件程序，更多信息请参考其官方网站：http://slirp.sourceforge.net/。

不能与宿主机通信，其 IP 数据包也不能通过宿主机而路由到外部网络中。这个选项不会影响“hostfwd”显式地指定的转发规则，“hostfwd”选项始终会生效。默认值为 n 或 no，不会隔离客户机。

- hostname=*name*，设置在内置的 DHCP 服务器中保存的客户机主机名。
- dhcpstart=*addr*，设置能够分配给客户机的第 1 个 IP，在 QEMU 内嵌的 DHCP 服务器有 16 个 IP 地址可供分配。在客户机中 IP 地址范围的默认值是子网中的第 15～30 个 IP 地址（如 10.0.2.15～10.0.2.30）。
- dns=*addr*，指定虚拟 DNS 的地址，这个地址必须与宿主机地址（在“host=*addr*”中指定的）不相同，其默认值是网络中的第 3 个 IP 地址（如 10.0.2.3）。
- tftp=*dir*，激活 QEMU 内嵌的 TFTP 服务器，目录 *dir* 是 TFTP 服务的根目录。不过，在客户机使用 TFTP 客户端连接 TFTP 服务后需要使用 binary 模式来操作。
- bootfile=*file*，与 tftp=*dir* 配合使用，可以实现虚拟的 PXE boot。比如“-boot n -net user,tftp=/path/to/tftp/files,bootfile=/pxelinux.0”就指定了客户机 PXE 启动文件，它位于 QEMU 虚拟的 tftp 服务器路径下。
- smb=*dir[,smbserver=addr]*。QEMU 可以激活（模拟）一个内置的 Samba[⊖]服务器，作为连接 host 和 Windows 客户机的文件传输的纽带。“*dir*”指示的就是 host 上存放共享文件的文件夹，“*smbserver*”（可选）指定对客户机而言的 Samba server 的 IP 地址，默认是 net 的第 4 个 IP，即 x.x.x.4。注意，Windows 客户机需要把这个 Samba server 的 IP 地址静态解析（“10.0.2.4 smbserver”这样一行）写入它的 LMHOSTS 文件中，比如 Windows 10 系统的 C:\Windows\System32\drivers\etc\lmhosts.sam 文件。这样，在客户机中，就可以通过 \\smbserver\qemu 访问宿主机的“*dir*”文件夹了。注意，宿主机要求安装好 Samba 服务并启动。
- ipv6-dns=*addr*，指定虚拟的 IPv6 DNS 的地址，这个地址必须与宿主机地址（在“ipv6-host=*addr*”中指定的）不相同，其默认值是网络中的第 3 个 IP 地址（如 xxxx::3）。
- dnssearch=*domain*。内置的 DHCP server 在分配 IP 给客户机的时候，会附带 DNS 域的信息。这个参数就是指定域列表（可以是多个）。
- hostfwd=[tcp|udp]:[*hostaddr*]:*hostport*-[*guestaddr*]:*guestport*，将访问宿主机的 *hostpot* 端口的 TCP/UDP 连接重定向到客户机（IP 为 *guestaddr*）的 *guestport* 端口上。如果没有设置 *guestaddr*，那么默认使用 x.x.x.15（DHCP 服务器可分配的第 1 个 IP 地址）。如果指定了 *hostaddr* 的值，则可以根据宿主机上的一个特定网络接口的 IP 端口来重定向。如果没有设置连接类型为 TCP 或 UDP，则默认使用 TCP 连接。“hostfwd=…”这个选项在一个命令行中可以多次重复使用。

⊖ Samba 是类 UNIX（包括 Linux）系统与 Windows 系统进行相互操作的标准软件，主要用于文件的跨系统共享。其官方网址为：http://www.samba.org/。

- guestfwd=[tcp]:*server:port-dev* 及 guestfwd=[tcp]:*server:port-cmd:command*，将客户机中访问 IP 地址为 *server* 的 *port* 端口的连接转发到宿主机的 *dev* 这个字符设备上。或者每次访问这个 server:port 就执行一次命令（*cmd*：具体命令）。“guestfwd=…”这个选项也可以在一个命令行中多次重复使用。

下面用一个示例来介绍用户模式网络的使用。

1）通过如下的命令行启动了一个客户机，为它配置用户模式网络，并且开启 TFTP 服务。还将宿主机的 5022 端口转发到客户机的 22 端口（SSH 服务默认端口），将宿主机的 5080 端口转发到客户机的 80 端口（HTTP 服务默认端口）。

```
qemu-system-x86_64 -smp 4 -m 4G -enable-kvm rhel7.img -device e1000,netdev=usernet0
    -netdev  user,id=usernet0,tftp=/root/tftp_root,hostfwd=tcp::5022-:22,hostfwd=
    tcp::5080-:80
```

客户机启动后，检查其网络连接。

```
[root@kvm-guest ~]# ifconfig
ens3: flags=4163<UP,BROADCAST,RUNNING,MULTICAST>  mtu 1500
        inet 10.0.2.15  netmask 255.255.255.0  broadcast 10.0.2.255
        inet6 fe80::5054:ff:fe12:3456  prefixlen 64  scopeid 0x20<link>
        inet6 fec0::5054:ff:fe12:3456  prefixlen 64  scopeid 0x40<site>
        ether 52:54:00:12:34:56  txqueuelen 1000  (Ethernet)
        RX packets 309  bytes 49276 (48.1 KiB)
        RX errors 0  dropped 0  overruns 0  frame 0
        TX packets 380  bytes 33347 (32.5 KiB)
        TX errors 0  dropped 0 overruns 0  carrier 0  collisions 0

lo: flags=73<UP,LOOPBACK,RUNNING>  mtu 65536
        inet 127.0.0.1  netmask 255.0.0.0
        inet6 ::1  prefixlen 128  scopeid 0x10<host>
        loop  txqueuelen 0  (Local Loopback)
        RX packets 4  bytes 340 (340.0 B)
        RX errors 0  dropped 0  overruns 0  frame 0
        TX packets 4  bytes 340 (340.0 B)
        TX errors 0  dropped 0 overruns 0  carrier 0  collisions 0

virbr0: flags=4099<UP,BROADCAST,MULTICAST>  mtu 1500
        inet 192.168.122.1  netmask 255.255.255.0  broadcast 192.168.122.255
        ether 52:54:00:48:d8:d1  txqueuelen 0  (Ethernet)
        RX packets 0  bytes 0 (0.0 B)
        RX errors 0  dropped 0  overruns 0  frame 0
        TX packets 0  bytes 0 (0.0 B)
        TX errors 0  dropped 0 overruns 0  carrier 0  collisions 0
```

检查其路由状态和默认网关，可以看到，默认的用户模式网络是 10.0.2.0/24，默认网关是 10.0.2.2（网络的第 2 个 IP），网关其实就是宿主机（我们 ssh 进去就看到）。

```
[root@kvm-guest ~]# route -n
Kernel IP routing table
Destination     Gateway         Genmask         Flags Metric Ref    Use Iface
0.0.0.0         10.0.2.2        0.0.0.0         UG    100    0        0 ens3
10.0.2.0        0.0.0.0         255.255.255.0   U     100    0        0 ens3
192.168.122.0   0.0.0.0         255.255.255.0   U     0      0        0 virbr0
[root@kvm-guest ~]# ping 10.0.2.2
PING 10.0.2.2 (10.0.2.2) 56(84) bytes of data.
64 bytes from 10.0.2.2: icmp_seq=1 ttl=255 time=0.138 ms
64 bytes from 10.0.2.2: icmp_seq=2 ttl=255 time=0.069 ms
^C
--- 10.0.2.2 ping statistics ---
2 packets transmitted, 2 received, 0% packet loss, time 1000ms
rtt min/avg/max/mdev = 0.069/0.103/0.138/0.035 ms
[root@kvm-guest ~]# ssh 10.0.2.2
root@10.0.2.2's password:
Last login: Sun Dec  4 20:09:33 2016 from localhost
[root@kvm-host ~]#
```

我们用ping命令来测试ICMP包的对外传输（如前面所说，ICMP在用户模式和网络中是不可用的，192.168.199.1是宿主机的网关）。

```
[root@kvm-guest ~]# ping 192.168.199.1
PING 192.168.199.1 (192.168.199.1) 56(84) bytes of data.
^C
--- 192.168.199.1 ping statistics ---
4 packets transmitted, 0 received, 100% packet loss, time 3000ms

[root@kvm-guest ~]# _
```

2）使用wget访问宿主机的外网http服务以测试其外网网络连通性，并且访问宿主机中的TFTP服务（在其中测试了下载文件），还启动了客户机中的HTTP服务器。

我在主机的http服务目录下放置了kvm-host.txt文件以供下载。

```
[root@kvm-host html]# pwd
/var/www/html
[root@kvm-host html]# ll
total 4
-rw-r--r-- 1 root root 32 Dec  4 21:18 kvm-host.txt
[root@kvm-host html]# cat kvm-host.txt
This is index page of kvm-host.
[root@kvm-host html]#
```

在客户机中通过http协议下载，可以看到下载是成功的。

```
[root@kvm-guest ~]# wget http://192.168.199.176/kvm-host.txt
--2016-12-04 21:21:10--  http://192.168.199.176/kvm-host.txt
Connecting to 192.168.199.176:80... connected.
HTTP request sent, awaiting response... 200 OK
Length: 32 [text/plain]
Saving to: 'kvm-host.txt'

100%[=====================================================================================>] 32          --.-K/s   in 0s

2016-12-04 21:21:10 (1.50 MB/s) - 'kvm-host.txt' saved [32/32]

[root@kvm-guest ~]# cat kvm-host.txt
This is index page of kvm-host.
```

我们把另一个文件放在主机的tftp_root目录下，从客户机中下载。

```
[root@kvm-host tftp_root]# ll
total 4
-rw-r--r-- 1 root root 18 Dec  4 20:20 kvm_is_wonderful.txt
[root@kvm-host tftp_root]# cat kvm_is_wonderful.txt
KVM is Wonderful!
```

```
[root@kvm-guest ~]# tftp 10.0.2.2
tftp> bin
tftp> get kvm_is_wonderful.txt
tftp> quit
[root@kvm-guest ~]# ll kvm_is_wonderful.txt
-rw-r--r--. 1 root root 18 Dec  4 21:27 kvm_is_wonderful.txt
[root@kvm-guest ~]# cat kvm_is_wonderful.txt
KVM is Wonderful!
```

3）在外网中另外一台主机（kvm-host2）上测试前面配置的宿主机对客户机的端口转发。

如下命令行是在某台主机上，通过 ssh 连接到宿主机的 5022 端口（使用 -p 参数指定 ssh 连接的端口），连接请求被自动转发到了客户机的 22 端口（ssh 服务），然后可以登录到客户机。

```
[root@kvm-host2 ~]# ssh -p 5022 192.168.199.176
The authenticity of host '[192.168.199.176]:5022 ([192.168.199.176]:5022)' can't be established.
ECDSA key fingerprint is ec:72:96:41:06:f1:44:c0:a0:9d:9d:10:0e:8a:0e:39.
Are you sure you want to continue connecting (yes/no)? yes
Warning: Permanently added '[192.168.199.176]:5022' (ECDSA) to the list of known hosts.
root@192.168.199.176's password:
Last login: Sun Dec  4 21:05:56 2016
[root@kvm-guest ~]# route -n
Kernel IP routing table
Destination     Gateway         Genmask         Flags Metric Ref    Use Iface
0.0.0.0         10.0.2.2        0.0.0.0         UG    100    0        0 ens3
10.0.2.0        0.0.0.0         255.255.255.0   U     100    0        0 ens3
192.168.122.0   0.0.0.0         255.255.255.0   U     0      0        0 virbr0
[root@kvm-guest ~]#
```

同样，在外部网络的一个主机上通过 Firefox 浏览器对宿主机的 5080 端口的访问，即被转发到了客户机的 80 端口。浏览器中显示了在客户机的 HTTP 服务中测试网页内容，在客户机的 HTTP 服务中测试网页内容，如图 5-12 所示。

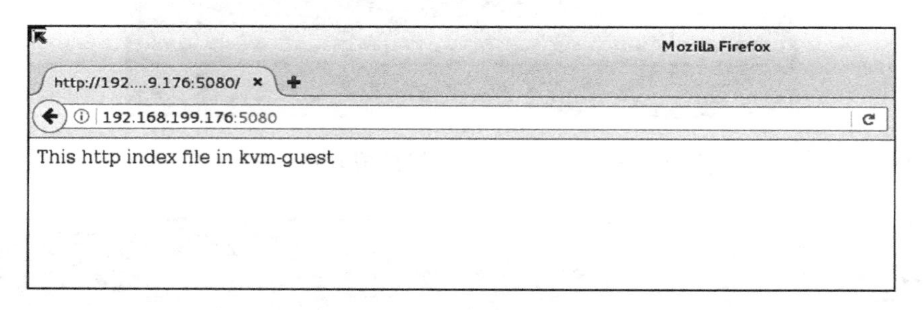

图 5-12　在客户机的 HTTP 服务中测试网页内容

5.5.5　其他网络选项

关于网络的设置，还有其他几个并不太常用的选项，下面对其进行简单介绍。

（1）使用 TCP socket 连接客户机的 VLAN

```
-net socket[,vlan=n][,name=name][,fd=h][,listen=[host]:port][,connect=host:port]
```

使用 TCP socket 连接将 *n* 号 VLAN 连接到一个远程的 QEMU 虚拟机的 VLAN。如果有"listen=…"参数，那么 QEMU 会等待对 *port* 端口的连接，而 *host* 参数是可选的（默认值为本机回路 IP 地址 127.0.0.1）。如果有"connect=…"参数，则表示连接远端的已经使用"listen"参数的 QEMU 实例。可使用"fd=*h*"（文件描述符 *h*）指定一个已经存在的 TCP socket。

（2）使用 UDP 的多播 socket 建立客户机间的连接

```
-net socket[,vlan=n][,name=name][,fd=h][,mcast=maddr:port]
```

建立 *n* 号 VLAN，使用 UDP 多播 socket 连接使其与另一个 QEMU 虚拟机共享，用相同的多播地址（*maddr*）和端口（*port*）为每个 QEMU 虚拟机建立同一个总线。多播的支持还与用户模式 Linux（User-Mode Linux [1]）兼容。

（3）使用 VDE swith 的网络连接

```
-net vde[,vlan=n][,name=name][,sock=socketpath][,port=n][,group=groupname][,mode=
    octalmode]
```

连接 *n* 号 VLAN 到一个 VDE [2] switch 的 *n* 号端口，这个 VDE switch 运行在宿主机上并且监听着在 socketpath 上进来的连接。它使用 *groupname* 和 *octalmode*（八进制模式的权限设置）去更改通信端口的拥有组和权限。这个选项只有在 QEMU 编译时有了对 VDE 的支持后才可用。

（4）转存（dump）出 VLAN 中的网络数据

```
-net dump[,vlan=n][,file=file][,len=len]
```

将编号为 *n* 的 VLAN 中的网络流量转存（dump）出来保存到 *file* 文件中（默认为当前目录中的 qemu-vlan0.pcap 文件）。最多截取并保存每个数据包中的前 *len*（默认值为 64）个字节的内容。保存的文件格式为 libcap，故可以使用 tcpdump、Wireshark 等工具来分析转存出来的文件。

（5）不分配任何网络设备

```
-net none
```

单独使用它时，表示不给客户机配置任何网络设备，可用于覆盖没有任何“-net”相关参数时的默认值“-net nic -net user”。

5.6 图形显示

在客户机中，特别是对于桌面级的 Linux 系统和所有的 Windows 系统来说，虚拟机中的图形显示是非常重要甚至必需的功能。本节主要介绍 KVM 中与图形界面显示相关配置。

5.6.1 SDL 的使用

SDL（Simple DirectMedia Layer）是一个用 C 语言编写的、跨平台的、免费和开源的多媒体程序库，它提供了一个简单的接口用于操作硬件平台的图形显示、声音、输入设备等。SDL 库被广泛应用于各种操作系统（如 Linux、FreeBSD、Windows、MacOS、iOS、Android 等）上的游戏开发、多媒体播放器、模拟器（如 QEMU）等众多应用程序之中。尽管 SDL 是用 C 语言编写的，但是其他很多流行的编程语言（如 C++、C#、Java、Objective C、Lisp、Erlang、Pascal、Perl、Python、PHP、Ruby 等）都提供了对 SDL 库的绑定，在这些编

[1] Use-Mode Linux 是一种安全地运行 Linux 各个版（单独的 kernel）和 Linux 进程的方式。该项目主页为：http://user-mode-linux.sourceforge.net/。

[2] VDE（Virtual Distributed Ethernet），详细内容参考其项目主页：http://vde.sourceforge.net/。

程语言中可以很方便地调用 SDL 的功能。

在 QEMU 模拟器中的图形显示默认使用的就是 SDL。当然，需要在编译 QEMU 时配置对 SDL 的支持后，才能编译 SDL 功能到 QEMU 的命令行工具中，最后才能在启动客户机时使用 SDL 的功能。在编译 QEMU 时，需要有 SDL 的开发包的支持。例如，在 RHEL 系统中需要安装 SDL-devel 这个 RPM 包。如果有了 SDL-devel 软件包，在 3.4.2 节中配置 QEMU 时默认会配置为提供 SDL 的支持。运行 configure 程序，在其输出信息中看到“ SDL support yes”即表明 SDL 支持将会被编译进去⊖。当然，如果不想将 SDL 的支持编译进去，那么在配置 QEMU 时加上“ --disable-sdl”的参数即可，在 configure 输出信息中会显示提示“SDL support no”。

SDL 的功能很好用，也比较强大。不过它也有局限性，那就是在创建客户机并以 SDL 方式显示时会直接弹出一个窗口，所以 SDL 方式只能在图形界面中使用。如果在非图形界面中（如 ssh 连接到宿主机中）使用 SDL 会出现如下的错误信息：

```
[root@kvm-host root]# qemu-system-x86_64 rhel7.img
Could not initialize SDL(No available video device) - exiting
```

在通过 qemu 命令行启动客户机时，若采用 SDL 方式，其效果如图 5-13 所示。

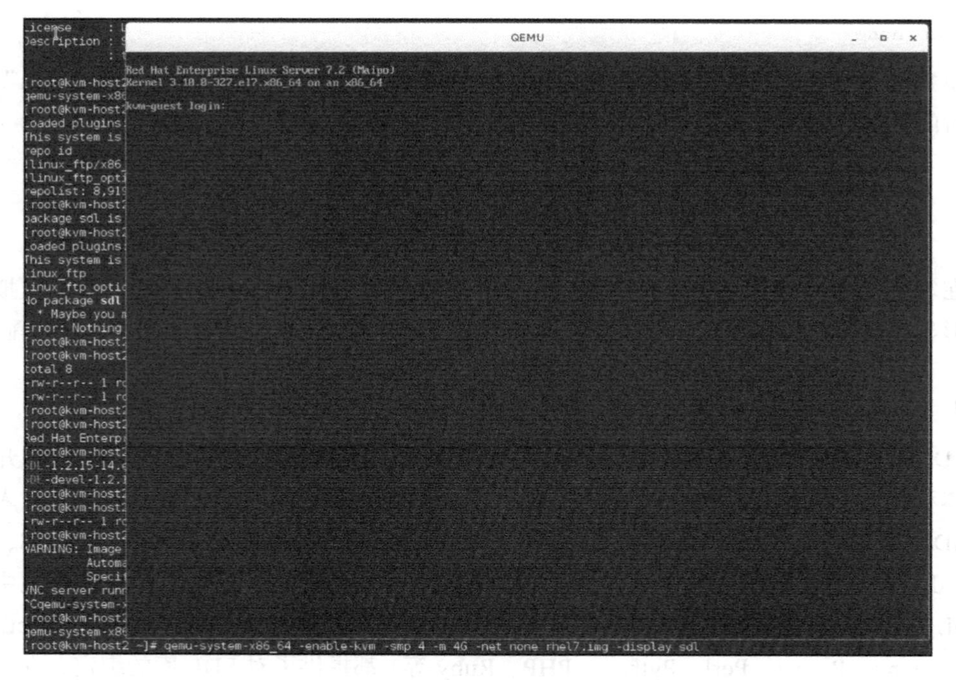

图 5-13 启动客户机时使用 SDL，自动弹出客户机的显示窗口

⊖ 在 QEMU 源代码目录下，运行完 ./configure 命令后，会生成一个 config-host.mak，在这个文件里可以看到使能了哪些选项（CONFIG_XX=y）。

在使用 SDL 时，如果将鼠标放入客户机中进行操作会导致鼠标被完全抢占，此时在宿主机中不能使用鼠标进行任何操作。QEMU 默认使用 Ctrl+Alt 组合键[⊖]来实现鼠标在客户机与宿主机中的切换。图 5-14 显示了客户机抢占了鼠标的使用场景，在 QEMU monitor 上部边框中提示按哪个组合键可以释放鼠标。

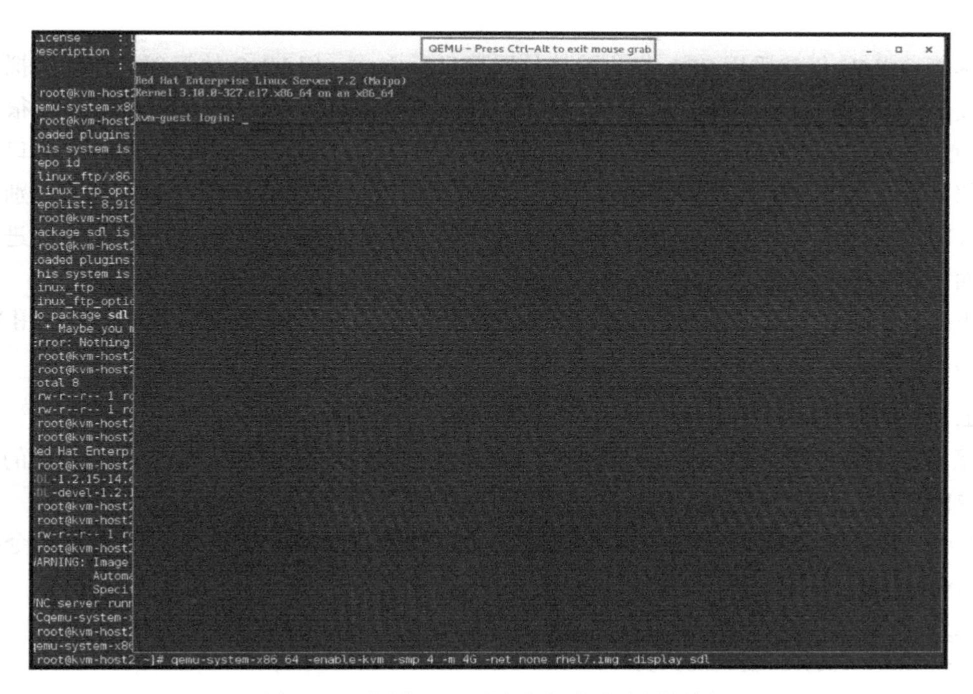

图 5-14　使用 SDL 时客户机完全占用鼠标

使用 SDL 方式启动客户机时，弹出的 QEMU 窗口是一个普通的窗口，其右上角有最小化、最大化（或还原）和关闭等功能。其中，单击“关闭”按钮会将 QEMU 窗口关闭，同时客户机也被直接关闭了，QEMU 进程会直接退出。为了避免因误操作而关闭窗口从而导致客户机直接退出的情况发生，QEMU 命令行提供了“ -no-quit”参数来去掉 SDL 窗口的直接关闭功能。在加了“-no-quit”参数后，SDL 窗口中的“关闭”按钮的功能将会失效，而最小化、最大化（或还原）等功能正常。

5.6.2　VNC 的使用

VNC（Virtual Network Computing）是图形化的桌面分享系统，它使用 RFB（Remote FrameBuffer）协议来远程控制另外一台计算机系统。它通过网络将控制端的键盘、鼠标的操

⊖ 对于 QEMU 获取和释放鼠标的组合键（如 Alt+Ctrl），一般来说是指位于键盘左边的键而不是键盘右边的键，当需要用键盘右边的 Ctrl、Alt、Shift 键时，一般都会特别指明是右边的键（如“右 Ctrl 键”）。

作传递到远程受控计算机中，而将远程计算机中的图形显示屏幕反向传输回控制端的 VNC 窗口中。VNC 是不依赖于操作系统的，在 Windows、Linux 上都可以使用 VNC，可以从 Windows 系统连接到远程的 Linux VNC 服务，也可以从 Linux 系统连接到远程的 Windows 系统，当然也可以在 Windows 对 Windows 系统之间、Linux 对 Linux 系统之间使用 VNC 连接。

尽管 QEMU 仍然采用 SDL 作为默认的图形显示方式，但 VNC 的管理方式在虚拟化环境中使用得更加广泛，因为它克服了 SDL“只能在图形界面中使用”的局限性，而很多的 Linux 服务器系统通常启动文本模式而不是图形界面模式。VNC 中的操作在 VNC 窗口关闭或网络断开后，仍然会在服务端继续执行。另外，使用了 VNC，可以在服务器端分别启动多个 VNC session，从而让多人通过各自 VNC 客户端同时连接到各自的 VNC 桌面并进行图形界面下的操作与维护。

下面分别讲述在宿主机中直接使用 VNC 和在通过 qemu 命令行创建客户机时采用 VNC 方式的图形显示。

1. 宿主机中的 VNC 使用

笔者在本书中采用的很多示例都是在 KVM 宿主机的远程 VNC 窗口中进行操作的。下面以 RHEL 7.3 系统为例来说明宿主机中 VNC 的配置。

1）在宿主机中安装 VNC 的服务器软件包（如 tigervnc-server）。可以用如下命令查询 vnc server 的安装情况。

```
[root@kvm-host ~]# rpm -q tigervnc
tigervnc-1.3.1-9.el7.x86_64
[root@kvm-host ~]# rpm -q tigervnc-server
tigervnc-server-1.3.1-9.el7.x86_64
```

如果没有安装 vnc server，则可以使用“yum install tigervnc-server”这样的命令来安装。

2）设置宿主机中的安全策略，使其允许 VNC 方式的访问，主要需要设置防火墙和 SELinux 的安全策略。这里为了简单起见，直接关闭了防火墙和 SELinux，在实际生产环境中，需要根据特定的安全策略去设置。

可以使用“ setup”命令来设置或关闭防火墙，如图 5-15 所示。也可以用“ systecmctl stop firewalld”命令来实现同样的效果。

关闭 SELinux 可以采取如下 3 种方式：

- 在运行时执行“setenforce”命令来设置，命令行如下（这个效果是一次性的）：

```
[root@kvm-host ~]# setenforce 0
setenforce: SELinux is disabled
```

- 修改配置文件“/etc/selinux/config”，代码段如下（这个效果是永久的）：

```
# This file controls the state of SELinux on the system.
# SELINUX= can take one of these three values:
```

```
#     enforcing - SELinux security policy is enforced.
#     permissive - SELinux prints warnings instead of enforcing.
#     disabled - No SELinux policy is loaded.
SELINUX=disabled
# SELINUXTYPE= can take one of these two values:
#     targeted - Targeted processes are protected,
#     mls - Multi Level Security protection.
SELINUXTYPE=targeted
```

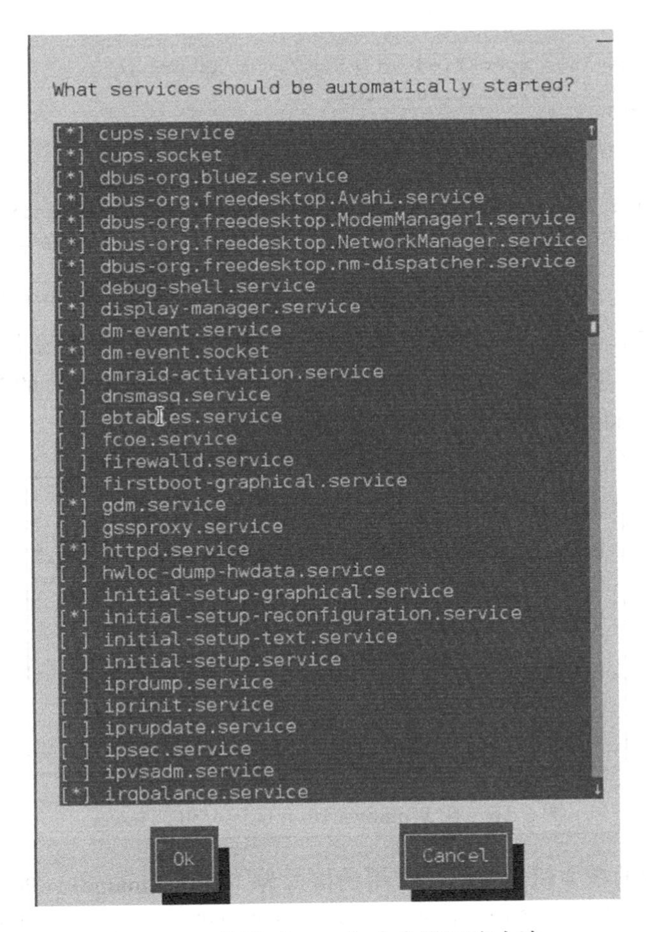

图 5-15　使用“setup”命令设置防火墙

- 设置系统启动时GRUB配置的kernel命令参数，加上“selinux=0”即可。/boot/grub/grub.conf配置文件中KVM启动条目的示例如下（这个效果只对本次启动有效）：

```
title Redhat Enterprise Linux Server (3.5.0)
    root (hd0,0)
    kernel /boot/vmlinuz-3.5.0 ro root=UUID=1a65b4bb-cd9b-4bbf-97ff-7e1f7698d3db selinux=0
    initrd /boot/initramfs-3.5.0.img
```

3）在宿主机中启动 VNC 服务端，运行命令“vncserver :1”即可启动端口为 5901 ⊖（5900+1）的 VNC 远程桌面的服务器，示例如下。可以启动多个 VNC Server，使用不同的端口供多个客户端使用。如果是第一次启动 vncserver，系统会提示设置连接时需要输入的密码，根据需要进行设置即可。

```
[root@kvm-host ~]# vncserver :1

New 'kvm-host:1 (root)' desktop is kvm-host:1

Starting applications specified in /root/.vnc/xstartup
Log file is /root/.vnc/kvm-host:1.log

[root@kvm-host ~]# ps -ef | grep -i Xvnc
root    150010    1  0 18:13 pts/5    00:00:00 /usr/bin/Xvnc :1 -desktop kvm-host:1
    (root) -auth /run/gdm/auth-for-root-s6dOob/database -geometry 1024x768 -rfbwait
    30000 -rfbauth /root/.vnc/passwd -rfbport 5901 -fp catalogue:/etc/X11/fontpath.
    d -pn
root     150558  55220  0 18:14 pts/5    00:00:00 grep --color=auto -i Xvnc
```

4）在客户端中，安装 VNC 的客户端软件。在 RHEL 中可以安装上面查询结果中列出的“tigervnc”这个 RPM 包；在 Windows 中，可以安装 RealVNC 的 VNC Viewer 软件。图 5-16 展示了在 Windows 10 上运行 VNC Viewer 情形。

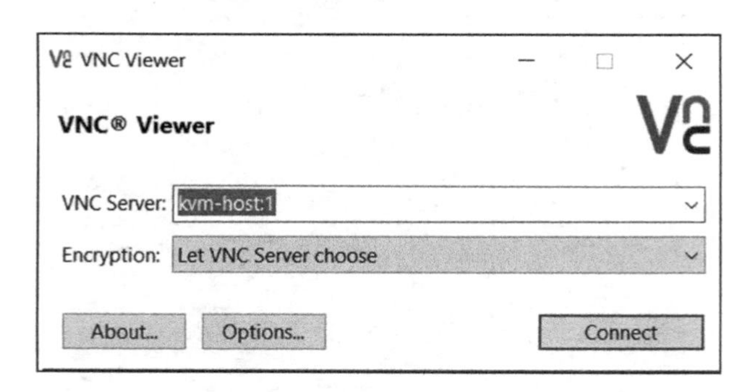

图 5-16 在 Windows 10 上运行 VNC Viewer

5）连接到远程的宿主机服务器，使用的格式为“IP(hostname)：PORT”。在 Windows 中（见图 5-16），输入需要访问的 IP 或主机名加上端口即可连接；在 RHEL 7.3 中可以启动“TigerVNC Viewer”，其界面基本情况与图 5-16 类似，在命令行用“vncviewer kvm-host:1”这样的命令来连接到某台机器的某个 VNC 桌面。在连上 VNC 后，会要求输入密码验证（这

⊖ VNC 一般采用 TCP 端口 5900+N（N 为在 vncserver 启动时指定的桌面端口号）作为服务端的端口，在 VNC Viewer 远程连接时，既可以用 5900+N（如 5901）这样的端口，也可以直接用桌面号 N 来连接。一般情况下，VNC Viewer 程序会自适应地进行相应的转换。

个密码就是第一次启动 vncserver 时输入的密码），验证成功后即可正常连接到远程 VNC 桌面，如图 5-17 所示。

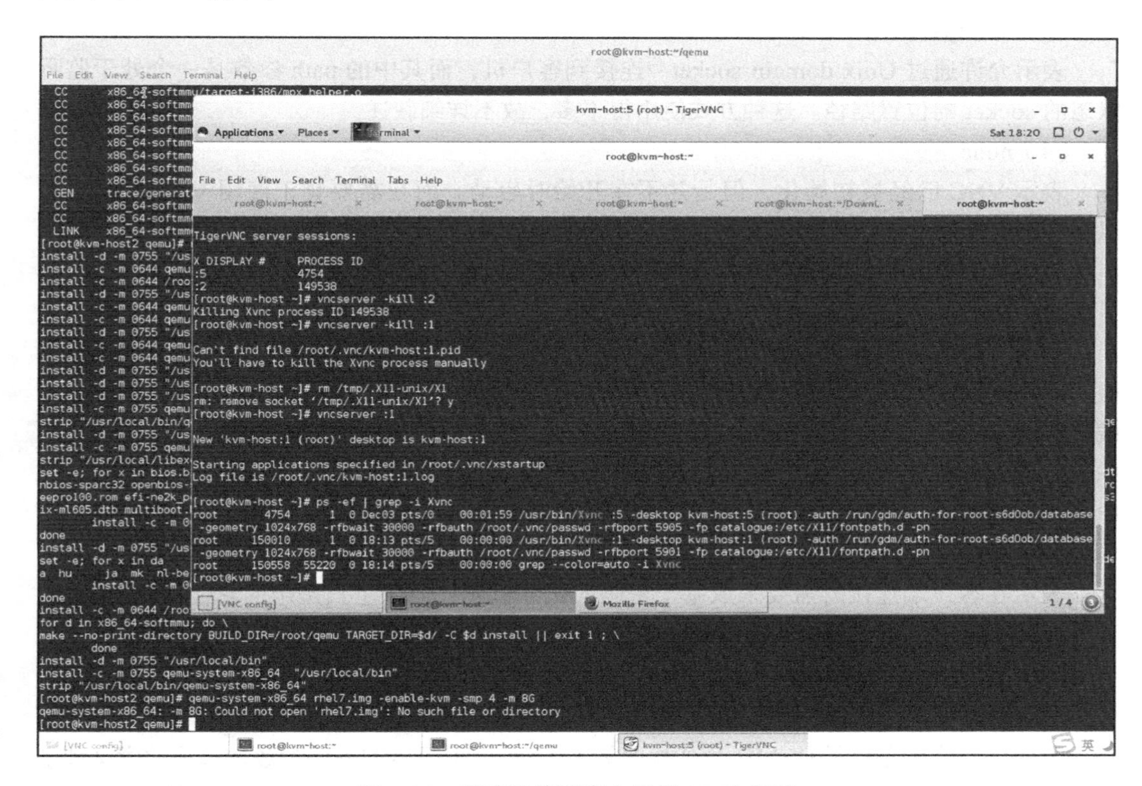

图 5-17 远程连接到宿主机的 VNC 桌面

2. QEMU 使用 VNC 图形显示方式启动客户机

在 qemu 命令行中，添加“-display vnc=displayport”参数就能让 VGA 显示输出到 VNC 会话中而不是 SDL 中。如果在进行 QEMU 编译时没有 SDL 的支持，却有 VNC 的支持，则 qemu 命令行在启动客户机时不需要“-vnc”参数也会自动使用 VNC 而不是 SDL。

在 qemu 命令行的 VNC 参数中，*display port* 参数是必不可少的，它有如下 3 种具体值。

（1）host:N

表示仅允许从 host 主机的 N 号显示窗口来建立 TCP 连接到客户机。在通常情况下，QEMU 会根据数字 N 建立对应的 TCP 端口，其端口号为 5900+N。而 host 值在这里是一个主机名或一个 IP 地址，是可选的，如果 host 值为空，则表示 QEMU 建立的 Server 端接受来自任何主机的连接。增加 host 参数值，可以阻止来自其他主机的 VNC 连接请求，从而在一定程度上提高了使用 QEMU 的 VNC 服务的安全性。

（2）to=L

QEMU 在上面指定的端口（5900+N）已被被其他应用程序占用的情况下，会依次向后递增尝试。这里 to=L，就表示递增到 5900+L 端口号为止，不再继续往后尝试。默认为 0，即不尝试。

（3）unix:path

表示允许通过 Unix domain socket[1]连接到客户机，而其中的 path 参数是一个处于监听状态的 socket 的位置路径。这种方式使用得不多，故不详细叙述。

（4）none

表示 VNC 已经被初始化，但是并不在开始时启动。而在需要真正使用 VNC 之时，可以在 QEMU monitor 中用 change 命令启动 VNC 连接。

作为可选参数的 *option* 则有如下几个可选值，每个 option 标志用逗号隔开。

（1）reverse

表示"反向"连接到一个处于监听中的 VNC 客户端，这个客户端是由前面的 display 参数（host:N）来指定的。需要注意的是，在反向连接这种情况下，display 中的端口号 N 是对端（客户端）处于监听中的 TCP 端口，而不是现实窗口编号，即如果客户端（IP 地址为 IP_Demo）已经监听的命令为" vncviewer -listen :2"，则这里的 VNC 反向连接的参数为" -vnc IP_Demo:5902,reverse"，而不是用 2 这个编号。

（2）password

表示在客户端连接时需要采取基于密码的认证机制，但这里只是声明它使用密码验证，其具体的密码值必须在 QEMU monitor 中用 change 命令设置。

（3）"tls""x509=/path/to/certificate/dir""x509verify=/path/to/certificate/dir""sasl"和"acl"

这 5 个选项都是与 VNC 的验证、安全[2]相关的选项，本书不对其详述。

上面已经简单介绍了 QEMU 命令行中关于 VNC 图形显示的一些参数及选项的意义和基本用法，下面几个示例是对上面内容的实践，主要介绍 VNC 的一些具体操作方法。

准备两个系统，一个是 KVM 的宿主机系统 A（IP 为 192.168.199.176，主机名为 kvm-host)，另一个是类似环境的备用 KVM 系统 B(IP 为 192.168.199.146，主机名为 kvm-host2)，这两个系统之间可以通过网络连通。

示例 1：

在启动客户机时，带有一个不需要密码的对任何主机都可以连接的 VNC 服务。

在宿主机 A 系统中，运行如下命令即可启动服务。

```
[root@kvm-host ~]# qemu-system-x86_64 -smp 4 -m 16G -enable-kvm rhel7.img -device e1000,netdev=brnet0 -netdev bridge,id=brnet0,br=virbr0 -display vnc=:0
WARNING: Image format was not specified for 'rhel7.img' and probing guessed raw.
         Automatically detecting the format is dangerous for raw images, write
             operations on block 0 will be restricted.
         Specify the 'raw' format explicitly to remove the restrictions.
```

[1] 想了解更多关于 Unix Domain Socket 的内容，可以参考如下网页：http://beej.us/guide/bgipc/output/html/multipage/unixsock.html。

[2] 关于 VNC 的安全问题及其设置，如果对安全性要求很高，请参考如下网页：http://wiki.qemu.org/download/qemu-doc.html#vnc_005fsecurity。

在宿主机中，用如下命令连接到客户机中。

```
[root@kvm-host ~]# vncviewer :0
```

而在 B 系统中，用如下命令中即可连接到 A 主机中对客户机开启的 VNC 服务。

```
[root@kvm-host2 ~]# vncviewer 192.168.199.176:0
```

示例 2:

在启动客户机时，带有一个需要密码的、仅能通过本机连接的 VNC 服务。

在宿主机 A 系统中，运行如下命令即可将其启动。如前面提过的，VNC 的密码需要在 QEMU monitor 中设置，所以这里加了“-monitor stdio”参数，使 monitor 指向目前的标准输入输出，这样可以直接输入“change vnc password”命令来设置密码（否则，我们就没法连入 guest 了）。

```
[root@kvm-host ~]# qemu-system-x86_64 -smp 4 -m 16G -enable-kvm rhel7.img
    -device e1000,netdev=brnet0 -netdev bridge,id=brnet0,br=virbr0 -display
    vnc=localhost:0,password -monitor stdio

    Specify the 'raw' format explicitly to remove the restrictions.
QEMU 2.7.0 monitor - type 'help' for more information
(qemu) change vnc password "123456"
(qemu) change vnc password
Password: ******
(qemu)
```

在 QEMU monitor 中，运行“change vnc password "123456"”命令可以将 VNC 密码设置为“123456”，而如果使用“change vnc password”命令不加具体密码，QEMU monitor 会交互式地提示用户输入密码。这两个设置方法的效果是一样的。

设置好 VNC 密码后，在本机系统（A）中运行“vncviewer :0”或“vncviwer localhost:0”即可连接到客户机的 VNC 显示上。系统会需要密码验证，输入之前设置的密码即可，如图 5-18 所示。

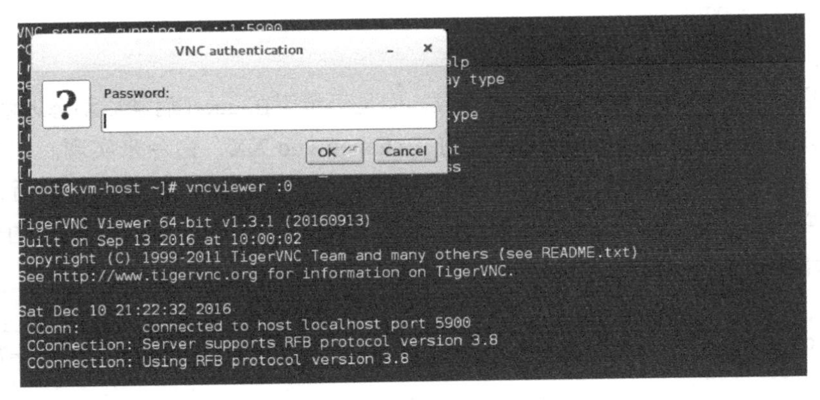

图 5-18 宿主机连接本机的 VNC

由于在 QEMU 启动时设置了只有通过主机名为“ localhost”（即宿主机 A 系统）的主机的 0 号显示窗口才能连接到 VNC 服务，因此在 B 系统中无论是使用 A 主机的 IP 还是主机名去连接其 0 号 VNC，都会提示“连接被拒绝”，如图 5-19 所示。

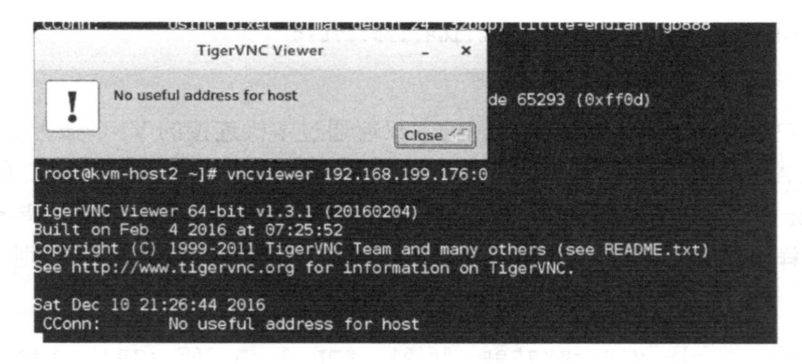

图 5-19 “连接被拒绝”提示

示例 3：

启动客户机时并不启动 VNC，启动后根据需要使用命令才真正开启 VNC。

在宿主机 A 系统中，将 VNC 参数中的 display 设置为 none，然后在重定向到标准输入输出的 QEMU monitor 中使用“change vnc :0”命令来开启 VNC。操作命令如下：

```
[root@kvm-host ~]# qemu-system-x86_64 -smp 4 -m 16G -enable-kvm rhel7.img -device
    e1000,netdev=brnet0 -netdev bridge,id=brnet0,br=virbr0 -display vnc=none
    -monitor stdio
WARNING: Image format was not specified for 'rhel7.img' and probing guessed raw.
         Automatically detecting the format is dangerous for raw images, write
             operations on block 0 will be restricted.
         Specify the 'raw' format explicitly to remove the restrictions.
QEMU 2.7.0 monitor - type 'help' for more information
(qemu) change vnc ?
no vnc port specified
(qemu) change vnc :0
```

示例 4：

虽然在启动客户机时设置了 VNC 的参数，但是仍希望在 guest 启动后动态地修改此参数。

这个需求可以通过 QEMU monitor 中的“ change vnc XX”命令来实现。在客户机启动时，仅允许 localhost:0 连接到 VNC，并且没有设置密码。但是在客户机启动后，根据实际的需求，改变 VNC 设置为：允许来自任意主机的对本宿主机上 3 号 VNC 端口的连接来访问客户机，还增加了访问时的密码验证。实现这个需求的命令行操作如下：

```
[root@kvm-host ~]# qemu-system-x86_64 -smp 4 -m 16G -enable-kvm rhel7.img -device
    e1000,netdev=brnet0 -netdev bridge,id=brnet0,br=virbr0 -display vnc=localhost:0
    -monitor stdio
WARNING: Image format was not specified for 'rhel7.img' and probing guessed raw.
```

```
        Automatically detecting the format is dangerous for raw images, write
            operations on block 0 will be restricted.
        Specify the 'raw' format explicitly to remove the restrictions.
QEMU 2.7.0 monitor - type 'help' for more information
(qemu) change vnc :3
(qemu) change vnc password "hellovnc"
If you want use passwords please enable password auth using '-vnc ${dpy},password'.
Could not set password
(qemu) change vnc :3,password "hellovnc"
(qemu)
```

当然，在本示例中，“-monitor stdio”这个参数不是必需的，只需要在启动客户机后切换到 QEMU monitor 中执行相关的 change 命令即可。

示例 5：

在启动客户机时，将客户机的 VNC 反向连接到一个已经处于监听状态的 VNC 客户端。

本示例中的这种使用场景也是非常有用的，如某用户在 KVM 虚拟机中调试一个操作系统，经常需要多次重启客户机中的操作系统，而该用户并不希望每次都重新开启一个 VNC 客户端连接到客户机。有了“reverse”参数，在实现反向连接后，该用户就可以先开启一个 VNC 客户端，使其处于监听某个端口的状态，然后在每次用 qemu 命令行重启客户机的时候，自动地反向连接到那个处于监听状态的 VNC 客户端。

1）在 B 系统中启动 vncviwer 处于 listen 状态，如图 5-20 所示。

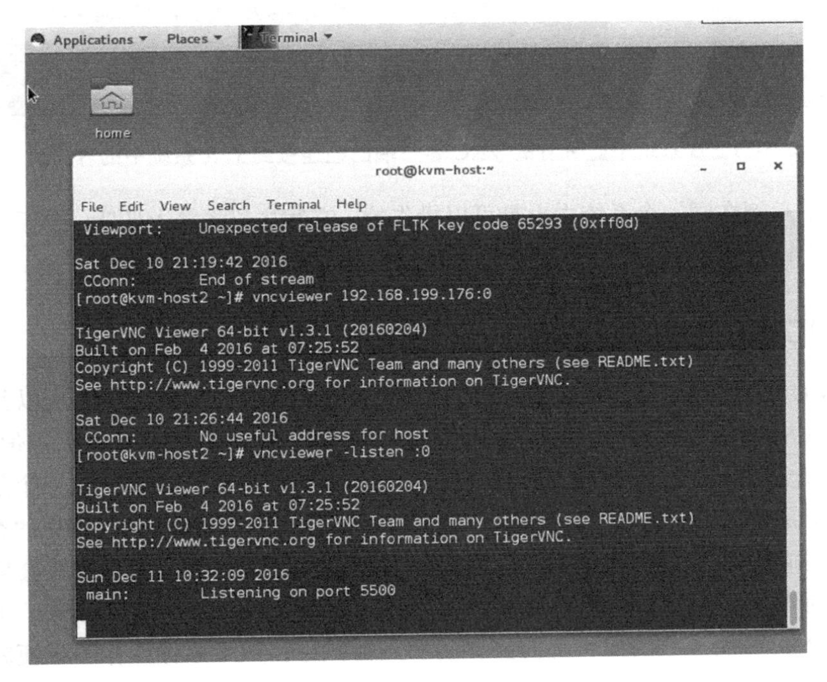

图 5-20　在 B 系统中启动一个 VNC 客户端处于监听状态

2）在宿主机（A 系统）中启动客户机，VNC 中的参数包含 B 主机的 IP（或主机名）、TCP 端口，以及“reverse”选项。其中 TCP 端口的值根据 B 系统的监听端口来确定，从图 5-20 中可以看到“Listening on port 5500”，所以监听的 TCP 端口是 5500。在宿主机系统中，启动客户机的命令行操作如下：

```
qemu-system-x86_64 rhel6u3.img -vnc 192.168.199.99:5500,reverse
```

3）在客户机启动后，在 B 系统中监听中的 VNC 客户端，就会自动连接上 A 系统的客户机，呈现客户机启动过程的界面，如图 5-21 所示。

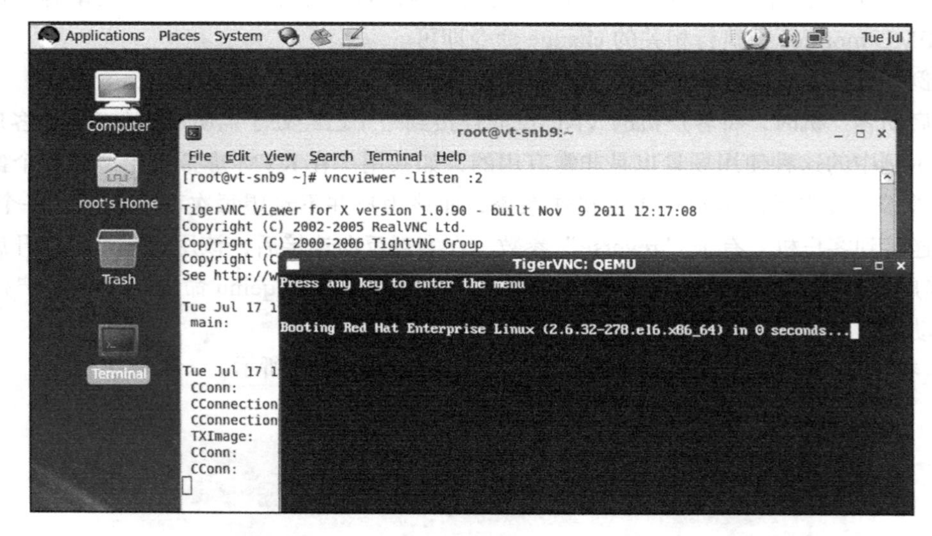

图 5-21 B 系统中监听着的 VNC 客户端已经连接到了 A 系统中的客户机

当然，本示例在同一个系统中也是可以操作的，在宿主机系统上监听，然后在宿主机系统上启动客户机使其“反向”连接到本地处于监听状态的 VNC 客户端。

5.6.3 VNC 显示中的鼠标偏移

在 QEMU 中的 VNC 显示客户机使用很方便，而且有较多可用选项，所以其功能比较强大。不过 VNC 显示客户机也有一个小的缺点，那就是在 VNC 显示中有鼠标偏移的现象。这里的偏移现象是指通过 VNC 连接到客户机中操作时，会看到两个鼠标，一个是客户机中的鼠标（这个是让客户机操作实际生效的鼠标），另一个是连接到客户机 VNC 的客户端系统中的鼠标。这两个鼠标的焦点通常不重合，而且相差的距离还有点大，这样会导致在客户机中移动鼠标非常不方便，如图 5-22 所示。特别是在 Windows 客户机系统中，通常运行在图形界面之下，可能多数的操作都需要移动和点击鼠标，如果鼠标操作不方便就影响用户体验。

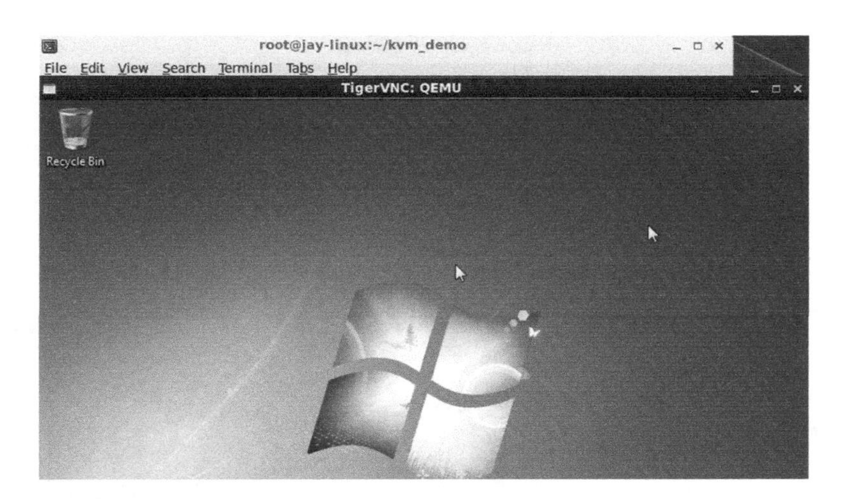

图 5-22 VNC 中的 Windows 7 客户机中两个鼠标

在图 5-22 中，右上方的鼠标是 Windows 7 客户机中实际使用的鼠标，而中间位置的鼠标为连接 VNC 的客户端所在系统的鼠标。

因为存在鼠标偏移的问题，所以在使用 VNC 方式启动客户机时，强烈建议将“-usb”和“-usbdevice tablet”这两个 USB 选项一起使用，从而解决上面提到的鼠标偏移问题。“-usb”参数开启为客户机 USB 驱动的支持（默认已经生效，可以省略此参数），而“-usbdevice tablet”参数表示添加一个“tablet”类型的 USB 设备。“tablet”类型的设备是一个使用绝对坐标定位的指针设备，就像在触摸屏中那样定位，这样可以让 QEMU 能够在客户机不抢占鼠标的情况下获得鼠标的定位信息。

在最新的 QEMU 中，与“-usb -usbdevice tablet”参数功能相同，也可以用“-device piix3-usb-uhci -device usb-tablet”参数。目前，QEMU 社区也主要推动使用功能丰富的“-device”参数来替代以前的一些参数（如：-usb 等）。

用如下的命令启动客户机，可解决 VNC 中的鼠标偏移问题，如图 5-23 所示。

```
qemu-system-x86_64 win7.img -vnc :2 -usb -usbdevice tablet
```

或者，

```
qemu-system-x86_64 win7.img -vnc :2 -device piix3-usb-uhci -device usb-tablet
```

5.6.4 非图形模式

在 qemu 命令行中，添加“-nographic”参数可以完全关闭 QEMU 的图形界面输出，从而让 QEMU 在该模式下成为简单的命令行工具。而在 QEMU 中模拟产生的串口被重定向到了当前的控制台（console）中，所以在客户机中对其内核进行配置使内核的控制台输出重定向到串口后，依然可以在非图形模式下管理客户机系统或调试客户机的内核。

图 5-23 解决了鼠标偏移问题

需要修改客户机的grub配置，使其在kernel行中加上将console输出重定向到串口ttyS0。对一个客户机进行修改后的grub配置文件如下：

```
default=0
timeout=5
splashimage=(hd0,0)/boot/grub/splash.xpm.gz
hiddenmenu
title Redhat Enterprise Linux (2.6.32-279.el6.x86_64)
    root (hd0,0)
    kernel /boot/vmlinuz-2.6.32-279.el6.x86_64 ro root=UUID=9a971721-db8f-4002c-
        a3f4-f4ae8b037ba3 3 console=ttyS0
    initrd /boot/initramfs-2.6.32-279.el6.x86_64.img
```

用“-nographic”参数关闭图形输出，其启动命令行及客户机启动（并登录进入客户机）的过程如下所示。可见内核启动的信息就通过重定向到串口从而输出在当前的终端之中，而且可以通过串口登录到客户机系统（有的客户机Linux系统需要进行额外的设置才允许从串口登录）。

```
[root@kvm-host ~]# qemu-system-x86_64 -enable-kvm -smp 2 -m 4G -nographic rhel7.img
WARNING: Image format was not specified for 'rhel7.img' and probing guessed raw.
         Automatically detecting the format is dangerous for raw images, write operations
             on block 0 will be restricted.
         Specify the 'raw' format explicitly to remove the restrictions.
[    0.000000] Linux version 4.9.0 (root@kvm-guest) (gcc version 4.8.5 20150623
      (Redhat 4.8.5-11) (GCC) ) #1 SMP Mon Jan 2 15:16:01 CST 2017
[    0.000000] Command line: BOOT_IMAGE=/vmlinuz-4.9.0 root=/dev/mapper/rhel-root ro
      crashkernel=auto rd.lvm.lv=rhel/root rd.lvm.lv=rhel/swap rhgb console=tty0
      console=ttyS0 LANG=en_US.UTF-8 3
```

```
<!--此处省略数百行 启动时的串口输出信息-->
Redhat Enterprise Linux Server 7.3 (Maipo)
Kernel 4.9.0 on an x86_64

kvm-guest login:
kvm-guest login: root       #这里就是客户机的登录界面了
Password:
Password:
Last login: Tue Aug  8 19:30:27 on :0
[root@kvm-guest ~]#
```

5.6.5 显示相关的其他选项

QEMU还有不少关于图形显示相关的其他选项，本节再介绍其中几个比较有用的。

1. -curses

让QEMU将VGA⊖显示输出到使用curses/ncurses⊜接口支持的文本模式界面，而不是使用SDL来显示客户机。与“-nographic”模式相比，它的好处在于，由于它是接收客户机VGA的正常输出而不是串口的输出信息，因此不需要额外更改客户机配置将控制台重定向到串口。当然，为了使用“-curses”选项，在宿主机中必须有“curses或ncurses”这样的软件包提供显示接口的支持，然后再编译QEMU。

通过Putty连接到宿主机，然后添加“-curses”参数的qemu命令行来启动客户机，启动到登录界面如图5-24所示。

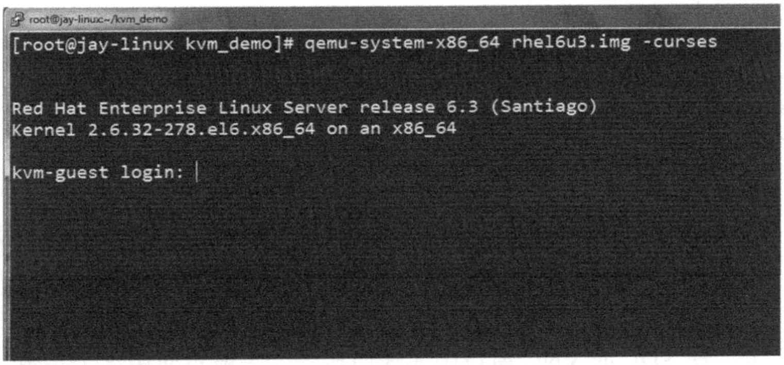

图5-24 通过“ncurses”显示的文本模式下的客户机启动命令行和登录界面

⊖ VGA（Video Graphics Array）是IBM于1987年在其计算机中引入的显示硬件接口，后来也成为事实上的工业标准。目前绝大多数的PC和x86服务器都支持VGA接口及其显示标准。

⊜ curses是类UNIX系统（包括：UNIX、Linux、BSD等）上终端控制的库，应用程序能够基于它去构建文本模式下的用户界面。而ncures是指“new curses”，发布于1993年，是目前curses最著名的实现，也是在目前类UNIX系统中使用非常广泛的。

2. -vga *type*

选择为客户机模拟的 VGA 卡的类别，可选类型有如下 6 种。

（1）cirrus

为客户机模拟出“ Cirrus Logic GD5446”显卡，在客户机启动后，可以在客户机中看到 VGA 卡的型号，如在 Linux 中可以用“ lspci”查看到 VGA 卡的信息。这个选项对图形显示的体验并不是很好，它的彩色是 16 位的，分辨率也不高，仅支持 2D 显示，不支持 3D。不过绝大多数的系统（包括 Windows 95）都支持这个系列的显卡。

在 Linux 客户机中查看 VGA 卡的类型，可以使用下面的命令行：

```
[root@kvm-guest ~]# lspci | grep VGA
00:02.0 VGA compatible controller: Cirrus Logic GD 5446
```

（2）std

模拟标准的 VGA 卡，带有 Bochs VBE 扩展。当客户机支持 VBE[⊖] 2.0 及以上标准时（目前流行的操作系统多数都支持），如果需要支持更高的分辨率和彩色显示深度，就会使用这个选项。显示的 device id 是 1234:1111。

（3）VMware

提供对“VMware SVGA-II”兼容显卡的支持。

（4）virtio

半虚拟化的 VGA 显卡模拟。

```
[root@kvm-guest ~]# lspci | grep VGA
00:02.0 VGA compatible controller: Redhat, Inc Virtio GPU (rev 01)
[root@kvm-guest ~]# lspci -s 00:02.0 -k
00:02.0 VGA compatible controller: Redhat, Inc Virtio GPU (rev 01)
    Subsystem: Redhat, Inc Device 1100
    Kernel driver in use: virtio-pci
    Kernel modules: virtio_pci
```

（5）qxl

它也是一种半虚拟化的模拟显卡，与 VGA 兼容。当使用 spice display 的时候，推荐选择这种显卡。

（6）none

关闭 VGA 卡，使 SDL 或 VNC 窗口中无任何显示。一般不使用这个参数。

以上这些 VGA 设备的指定也都可以用 -device 参数来替代，并且 QEMU 推荐使用 -device 参数。

```
Display devices:
name "cirrus-vga", bus PCI, desc "Cirrus CLGD 54xx VGA"
```

⊖ VBE（VESA BIOS Extensions）是 VESA 的一个标准，目前版本是 3.0。请参考如下链接获取关于 VBE 的更多信息：http://en.wikipedia.org/wiki/VESA_BIOS_Extensions。

```
name "isa-cirrus-vga", bus ISA
name "isa-vga", bus ISA
name "secondary-vga", bus PCI
name "sga", bus ISA, desc "Serial Graphics Adapter"
name "VGA", bus PCI
name "virtio-gpu-pci", bus PCI, alias "virtio-gpu"
name "virtio-vga", bus PCI
name "VMware-svga", bus PCI
```

3. -no-frame

使 SDL 显示时没有边框。选择这个选项后，图 5-13 和图 5-14 中 SDL 窗口就没有边框的修饰。

4. -full-screen

在启动客户机时，自动使用全屏显示。

5. -alt-grab

使用“ Ctrl+Alt+Shift”组合键去抢占和释放鼠标，从而使“ Ctrl+Alt+Shift”组合键成为 QEMU 中的一个特殊功能键。在 QEMU 中默认使用“ Ctrl+Alt”组合键，所以本书常提到在 SDL 或 VNC 中用“Ctrl+Alt+2”组合键切换到 QEMU monitor 的窗口，而使用了“-alt-grab”选项后，应该相应改用“Ctrl+Alt+Shift+2”组合键切换到 QEMU monitor 窗口。

6. -ctrl-grab

使用右“ Ctrl”键去抢占和释放鼠标，使其成为 QEMU 中的特殊功能键。这与前面的“-alt-grab”的功能类似。

5.7　本章小结

本章主要介绍了 QEMU/KVM 中关于 CPU、内存、磁盘、网络、图形显示等计算机系统的最核心、最基本部件的简单原理、详细配置及实践操作，同时还提及了一些命令行工具（如 ps、brctl、lspci、fdisk 等），展示了几个配置脚本（如查看 CPU 信息的 cpu-info.sh、建立网络链接的 qemu-ifup 等）。相信通过阅读本章的内容，读者可以创建自己的客户机，并且可以配置成功其中的 CPU、内存、磁盘、网络、图形显示等基本部件，从而满足最基础的应用需求。在下一章，将会介绍 KVM 中设备管理特性（如 virtio、VT-d、热插拔等），可以让读者对 KVM 的设备相关功能有更深刻的认识，并能根据实际情况选择适当的优化方法。

第二篇 Part 2

KVM 虚拟化进阶

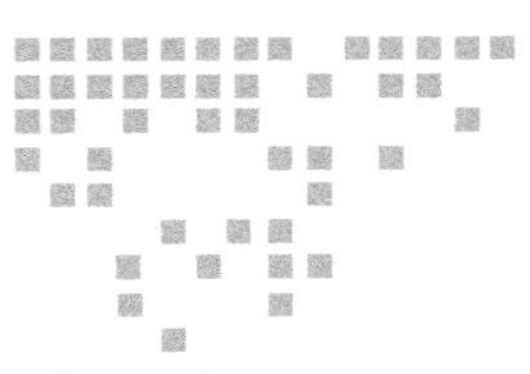

Chapter 6 第 6 章

KVM 设备高级管理

在第 5 章介绍了 CPU、内存、存储、网络、图形显示等 KVM 的基本功能之后，本章将会介绍更多与 KVM 设备管理相关的高级功能，包括半虚拟化 virtio 驱动、VT-d、SR-IOV、热插拔等内容。

6.1 半虚拟化驱动

6.1.1 virtio 概述

KVM 是必须使用硬件虚拟化辅助技术（如 Intel VT-x、AMD-V）的 Hypervisor，在 CPU 运行效率方面有硬件支持，其效率是比较高的；在有 Intel EPT 特性支持的平台上，内存虚拟化的效率也较高；有 Intel VT-d 的支持，其 I/O 虚拟化的效率也很高[1]。QEMU/KVM 提供了全虚拟化环境，可以让客户机不经过任何修改就能运行在 KVM 环境中。不过，KVM 在 I/O 虚拟化方面，传统的方式是使用 QEMU 纯软件的方式来模拟 I/O 设备（如第 5 章中提到模拟的网卡、磁盘、显卡等），其效率并不太高。在 KVM 中，可以在客户机中使用半虚拟化驱动（Paravirtualized Drivers，PV Drivers）来提高客户机的性能（特别是 I/O 性能）。目前，KVM 中实现半虚拟化驱动的方式是采用 virtio [2]这个 Linux 上的设备驱动标准框架。

1. QEMU 模拟 I/O 设备的基本原理和优缺点

QEMU 以纯软件方式模拟现实世界中的 I/O 设备的基本过程模型如图 6-1 所示。

---

[1] 见 6.2 节。

[2] virtio 1.0 规格说明文档：http://docs.oasis-open.org/virtio/virtio/v1.0/virtio-v1.0.html。

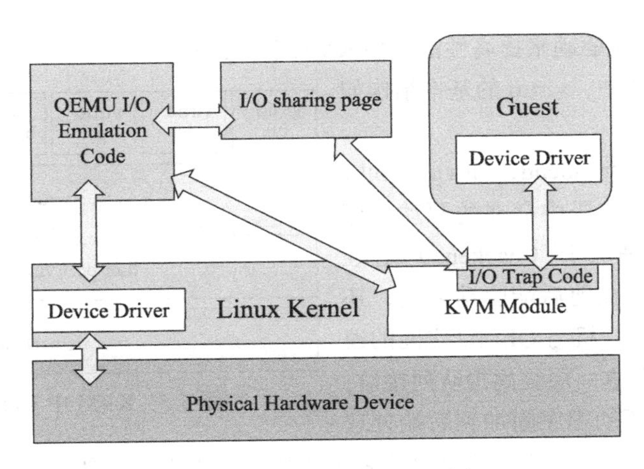

图 6-1　QEMU 模拟 I/O 设备

在使用 QEMU 模拟 I/O 的情况下，当客户机中的设备驱动程序（Device Driver）发起 I/O 操作请求时，KVM 模块（Module）中的 I/O 操作捕获代码会拦截这次 I/O 请求，然后在经过处理后将本次 I/O 请求的信息存放到 I/O 共享页（sharing page），并通知用户空间的 QEMU 程序。QEMU 模拟程序获得 I/O 操作的具体信息之后，交由硬件模拟代码（Emulation Code）来模拟出本次的 I/O 操作，完成之后，将结果放回到 I/O 共享页，并通知 KVM 模块中的 I/O 操作捕获代码。最后，由 KVM 模块中的捕获代码读取 I/O 共享页中的操作结果，并把结果返回客户机中。当然，在这个操作过程中，客户机作为一个 QEMU 进程在等待 I/O 时也可能被阻塞。另外，当客户机通过 DMA（Direct Memory Access）访问大块 I/O 时，QEMU 模拟程序将不会把操作结果放到 I/O 共享页中，而是通过内存映射的方式将结果直接写到客户机的内存中去，然后通过 KVM 模块告诉客户机 DMA 操作已经完成。

QEMU 模拟 I/O 设备的方式的优点是，可以通过软件模拟出各种各样的硬件设备，包括一些不常用的或很老很经典的设备（如 5.5 节中提到的 e1000 网卡），而且该方式不用修改客户机操作系统，就可以使模拟设备在客户机中正常工作。在 KVM 客户机中使用这种方式，对于解决手上没有足够设备的软件开发及调试有非常大的好处。而 QEMU 模拟 I/O 设备的方式的缺点是，每次 I/O 操作的路径比较长，有较多的 VMEntry、VMExit 发生，需要多次上下文切换（context switch），也需要多次数据复制，所以它的性能较差。

2. virtio 的基本原理和优缺点

virtio 最初由澳大利亚的一个天才级程序员 Rusty Russell 编写，是一个在 Hypervisor 之上的抽象 API 接口，让客户机知道自己运行在虚拟化环境中，进而根据 virtio 标准[⊖]与 Hypervisor 协作，从而在客户机中达到更好的性能（特别是 I/O 性能）。目前，有不少虚拟机

⊖ http://docs.oasis-open.org/virtio/virtio/v1.0/csprd01/virtio-v1.0-csprd01.pdf。

采用了 virtio 半虚拟化驱动来提高性能，如 KVM 和 Lguest[1]。

在 QEMU/KVM 中，virtio 的基本结构如图 6-2 所示。

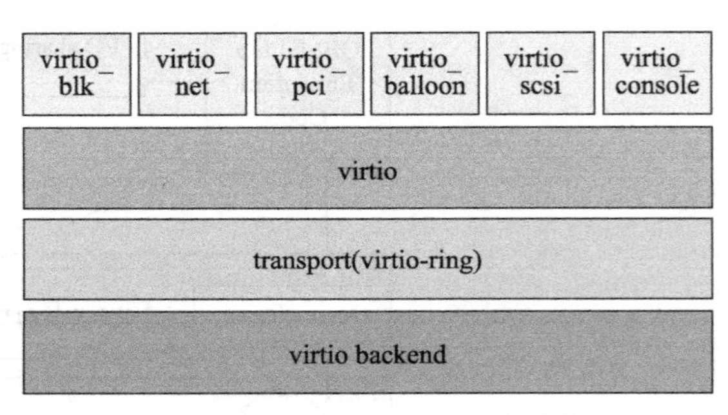

图 6-2 KVM 中 virtio 基本结构

其中前端驱动（frondend，如 virtio-blk、virtio-net 等）是在客户机中存在的驱动程序模块，而后端处理程序（backend）是在 QEMU 中实现的[2]。在前后端驱动之间，还定义了两层来支持客户机与 QEMU 之间的通信。其中，“virtio”这一层是虚拟队列接口，它在概念上将前端驱动程序附加到后端处理程序。一个前端驱动程序可以使用 0 个或多个队列，具体数量取决于需求。例如，virtio-net 网络驱动程序使用两个虚拟队列（一个用于接收，另一个用于发送），而 virtio-blk 块驱动程序仅使用一个虚拟队列。虚拟队列实际上被实现为跨越客户机操作系统和 Hypervisor 的衔接点，但该衔接点可以通过任意方式实现，前提是客户机操作系统和 virtio 后端程序都遵循一定的标准，以相互匹配的方式实现它。而 virtio-ring 实现了环形缓冲区（ring buffer），用于保存前端驱动和后端处理程序执行的信息。该环形缓冲区可以一次性保存前端驱动的多次 I/O 请求，并且交由后端驱动去批量处理，最后实际调用宿主机中设备驱动实现物理上的 I/O 操作，这样做就可以根据约定实现批量处理而不是客户机中每次 I/O 请求都需要处理一次，从而提高客户机与 Hypervisor 信息交换的效率。

virtio 半虚拟化驱动的方式，可以获得很好的 I/O 性能，其性能几乎可以达到与 native（即非虚拟化环境中的原生系统）差不多的 I/O 性能。所以，在使用 KVM 之时，如果宿主机内核和客户机都支持 virtio，一般推荐使用 virtio，以达到更好的性能。当然，virtio 也是有缺点的，它要求客户机必须安装特定的 virtio 驱动使其知道是运行在虚拟化环境中，并且按照 virtio 的规定格式进行数据传输。客户机中可能有一些老的 Linux 系统不支持 virtio，还有一些主流的 Windows 系统需要安装特定的驱动才支持 virtio。不过，较新的一些 Linux 发行版（如 RHEL 6.3、Fedora 17 以后等）默认都将 virtio 相关驱动编译为模块，可直接作为客户机使用，然而主流 Windows 系统中都有对应的 virtio 驱动程序可供下载使用。

6.1.2 安装 virtio 驱动

virtio 已经是一个比较稳定成熟的技术了，宿主机中比较新的 KVM 中都支持它，Linux

[1] Lguest 是 x86 32 位 Linux 上一个简单的 Hypervisor，它允许通过加载“lg”模块从而在同一个 32 位内核上运行多个副本。目前，该项目由 Rusty Russell 维护。它不依赖于硬件虚拟化技术（如 Intel VT）的支持，其 64 位版本的移植已经由 Redhat 的一些工程师完成。可通过如下网站了解更多 Lguest 的信息：http://lguest.ozlabs.org/。

[2] QEMU 中 virtio 相关的代码在 qemu-kvm.git/hw/ 目录下，有一些带有“virtio”关键字作为文件名的 C 程序文件或 .h 头文件。

2.6.24及以上的Linux内核版本都是支持virtio的。由于virtio的后端处理程序是在位于用户空间的QEMU中实现的，所以，在宿主机中只需要比较新的内核即可，不需要特别地编译与virtio相关的驱动。

客户机需要有特定的virtio驱动的支持，以便客户机能识别和使用QEMU模拟的virtio设备。下面分别介绍Linux和Windows中virtio相关驱动的安装和使用。

1. Linux中的virtio驱动

在一些流行的Linux发行版（如RHEL 6/7、Ubuntu、Fedora）中，其自带的内核一般都将virtio相关的驱动编译为模块，可以根据需要动态地加载相应的模块。其中，对于RHEL系列来说，RHEL 4.8及以上版本、RHEL 5.3及以上版本、RHEL 6、RHEL 7的所有版本都默认自动安装有virtio相关的半虚拟化驱动。可以查看内核的配置文件来确定某发行版是否支持virtio驱动。以RHEL 7中的内核配置文件为例，其中与virtio相关的配置有如下几项：

```
CONFIG_VIRTIO=m
CONFIG_VIRTIO_PCI=m
CONFIG_VIRTIO_BALLOON=m
CONFIG_VIRTIO_BLK=m
CONFIG_SCSI_VIRTIO=m
CONFIG_VIRTIO_NET=m
CONFIG_VIRTIO_CONSOLE=m
CONFIG_HW_RANDOM_VIRTIO=m
CONFIG_NET_9P_VIRTIO=m
```

根据这样的配置选项，在编译安装好内核之后，在内核模块中就可以看到virtio.ko、virtio_ring.ko、virtio_net.ko这样的驱动，如下所示：

```
[root@kvm-guest ~]# find /lib/modules/3.10.0-514.el7.x86_64/ -name virtio*.ko
/lib/modules/3.10.0-514.el7.x86_64/kernel/drivers/block/virtio_blk.ko
/lib/modules/3.10.0-514.el7.x86_64/kernel/drivers/char/hw_random/virtio-rng.ko
/lib/modules/3.10.0-514.el7.x86_64/kernel/drivers/char/virtio_console.ko
/lib/modules/3.10.0-514.el7.x86_64/kernel/drivers/gpu/drm/virtio/virtio-gpu.ko
/lib/modules/3.10.0-514.el7.x86_64/kernel/drivers/net/virtio_net.ko
/lib/modules/3.10.0-514.el7.x86_64/kernel/drivers/scsi/virtio_scsi.ko
/lib/modules/3.10.0-514.el7.x86_64/kernel/drivers/virtio/virtio.ko
/lib/modules/3.10.0-514.el7.x86_64/kernel/drivers/virtio/virtio_balloon.ko
/lib/modules/3.10.0-514.el7.x86_64/kernel/drivers/virtio/virtio_input.ko
/lib/modules/3.10.0-514.el7.x86_64/kernel/drivers/virtio/virtio_pci.ko
/lib/modules/3.10.0-514.el7.x86_64/kernel/drivers/virtio/virtio_ring.ko
```

在一个正在使用virtio_net网络前端驱动的KVM客户机中，已自动加载的virtio相关模块如下：

```
[root@kvm-guest ~]# lsmod | grep virtio
virtio_net             28024  0
virtio_pci             22913  0
virtio_ring            21524  2 virtio_net,virtio_pci
virtio                 15008  2 virtio_net,virtio_pci
```

其中 virtio、virtio_ring、virtio_pci 等驱动程序提供了对 virtio API 的基本支持，是使用任何 virtio 前端驱动都必须使用的，而且它们的加载还有一定的顺序，应该按照 virtio、virtio_ring、virtio_pci 的顺序加载，而 virtio_net、virtio_blk 这样的驱动可以根据实际需要进行选择性的编译和加载。

2. Windows 中的 virtio 驱动

由于 Windows 不是开源的操作系统，而且微软也并没有在其操作系统中默认提供 virtio 相关的驱动，因此需要另外安装特定的驱动程序以便支持 virtio。可以通过 Linux 系统发行版自带软件包（如果有该软件包）安装，也可以到网上下载 Windows virtio 驱动自行安装[⊖]。

（1）通过官方的 RPM 获得

以 RHEL 为例，它有一个名为 virtio-win 的 RPM 软件包（在 RHEL 发行版的 Supplementary repository 中），能为主流的 Windows 版本提供 virtio 相关的驱动。

```
[root@kvm-host ~]# yum install virtio-win
```

安装完以后，在 /usr/share/virtio-win 目录下可以看到 virtio-win-xxx.iso 文件，其中包含了所需要的驱动程序。可以将 virtio-win.iso 文件通过网络共享到 Windows 客户机中使用，或者通过 qemu 命令行的“-cdrom”参数将 virtio-win.iso 文件作为客户机的光盘镜像。

```
[root@kvm-host ~]# ls -l /usr/share/virtio-win/
total 137548
drwxr-xr-x 4 root root        31 Dec 18 15:35 drivers
drwxr-xr-x 2 root root        52 Dec 18 15:35 guest-agent
-rw-r--r-- 1 root root   2949120 Sep 19 22:34 virtio-win-1.9.0_amd64.vfd
-rw-r--r-- 1 root root 134948864 Sep 19 23:26 virtio-win-1.9.0.iso
-rw-r--r-- 1 root root   2949120 Sep 19 22:34 virtio-win-1.9.0_x86.vfd
lrwxrwxrwx 1 root root        26 Dec 18 15:35 virtio-win_amd64.vfd -> virtio-
    win-1.9.0_amd64.vfd
lrwxrwxrwx 1 root root        20 Dec 18 15:35 virtio-win.iso -> virtio-win-
    1.9.0.iso
lrwxrwxrwx 1 root root        24 Dec 18 15:35 virtio-win_x86.vfd -> virtio-
    win-1.9.0_x86.vfd
```

如图 6-3 所示是 virtio-win.1.9.0 中的内容，Balloon 目录是内存气球相关的 virtio_balloon 驱动，NetKVM 目录是网络相关的 virtio_net 驱动，vioserial 目录是控制台相关的驱动，viostor 是磁盘块设备存储相关的 virtio_blk 驱动，vioscsi 是 SCSI 磁盘设备存储。

以 NetKVM 目录为例，其中又包含了各个 Windows 版本各自的驱动，从古老的 XP 到最新的 Windows 10、Windows 2016 等都有。每个 Windows 版本的目录下又包含“amd64”和“x86”两个版本，分别对应 Intel/AMD 的 x86-64 架构和 x86-32 架构，即 64 位的 Windows 系统应该选择 amd64 中的驱动，而 32 位 Windows 则应选择 x86 中的驱动。

⊖ 关于 KVM 虚拟化中的 Windows 客户机驱动，可参考：http://www.linux-kvm.org/page/WindowsGuest-Drivers。

图 6-3　virtio-win 的目录内容

（2）通过开源的 Fedora 项目获得

添加 https://fedorapeople.org/groups/virt/virtio-win/virtio-win.repo 到本地的软件仓库以后，也可以通过 yum 来装 virtio-win 这个软件包。

（3）如何在 Windows 中如何安装 virtio 驱动

Windows OS 本身是没有安装 virtio 驱动的，所以直接分配给 Windows 客户机以半虚拟化设备的话，是无法识别加载驱动的，需要我们事先安装好。

下面以 Windows 10 为例，来介绍如何在 Windows 客户机中安装半虚拟化硬盘、网卡的驱动。

安装一个全新的客户机的时候，它的硬盘里还没有操作系统，更别说驱动了。所以，一开始就分配给它半虚拟硬盘，安装过程会无法识别，也就无法安装客户机了。那么，怎么解决这个问题呢？我们可以在安装客户机时，除了加载安装光盘以外，还加载 virtio-win.iso。

```
[root@kvm-host ~]# qemu-img create -f raw win10.img 100G
Formatting 'win10.img', fmt=raw size=107374182400
[root@kvm-host ~]# qemu-system-x86_64 -enable-kvm -m 8G -smp 4 -drive file=./
    win10.img,format=raw,if=virtio -device virtio-net-pci,netdev=net0 -netdev
    bridge,br=virbr0,id=net0 -usb -usbdevice tablet -drive⊖ file=./cn_
    windows_10_enterprise_version_1607_updated_jul_2016_x64_dvd_9057083.
    iso,index=0,media=cdrom,if=ide -drive file=/usr/share/virtio-win/virtio-win.
    iso,media=cdrom,index=1,if=ide
```

安装过程中我们选择“自定义”安装，如图 6-4 所示。

⊖ 这里不能采用 -cdrom 的参数，因为连续两个 cdrom 指定的话，QEMU 不支持。-drive media=cdrom 等价于 -cdrom。

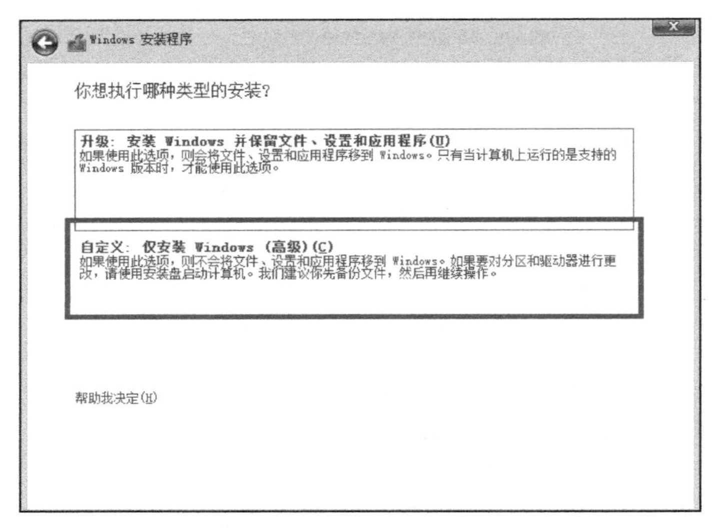

图 6-4 客户机启动安装时选择“自定义”安装

此时客户机的 Windows 安装程序没有发现存在硬盘，如图 6-5 所示。

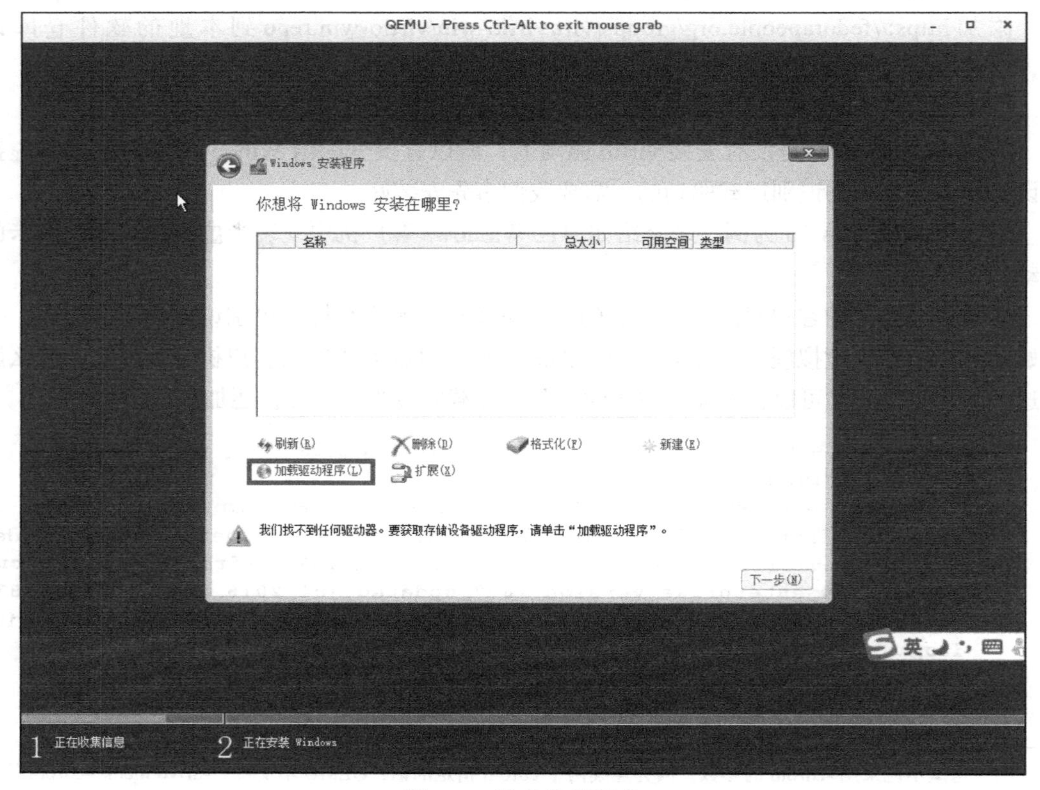

图 6-5 没有发现硬盘

选择“加载驱动程序”选项，从启动客户机时给它的 virtio-win 的光驱中安装 virtio-blk（viostor 文件夹→ win10 → amd64）磁盘驱动程序，如图 6-6 所示。

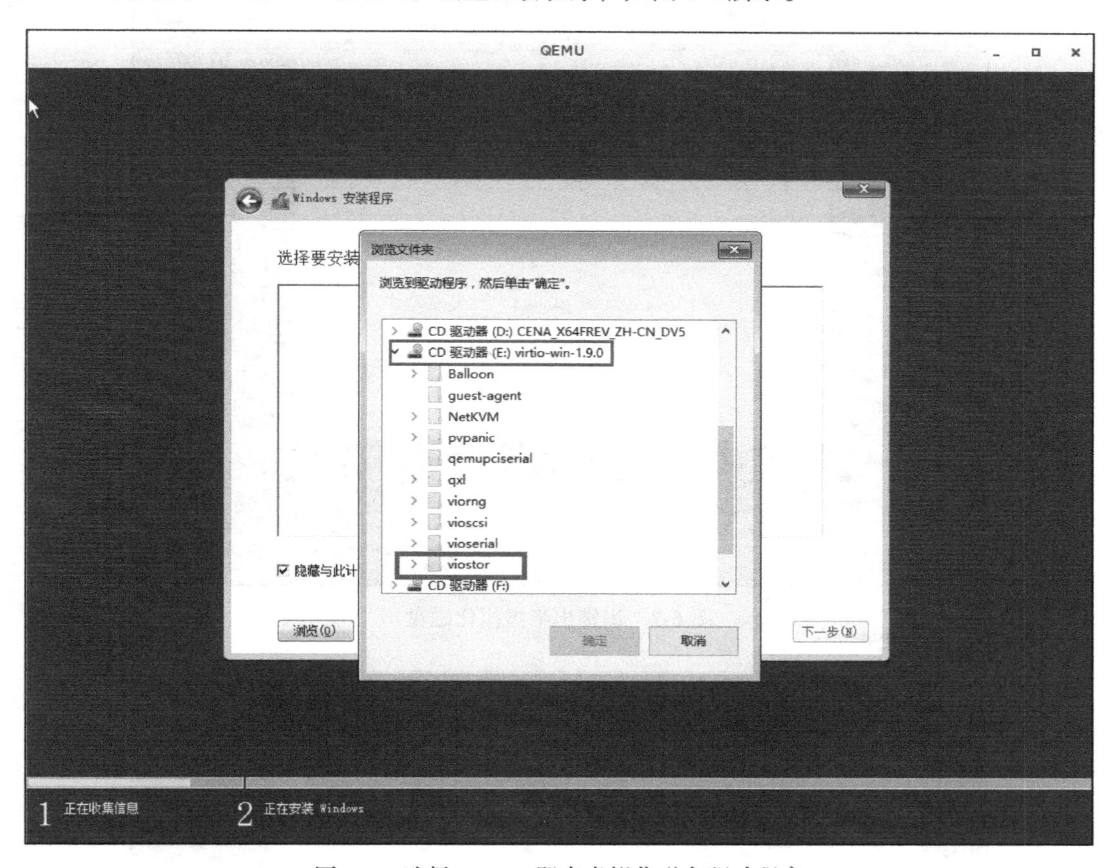

图 6-6　选择 viostor 即半虚拟化磁盘驱动程序

安装完以后，客户机的 Windows 10 安装程序就可以识别半虚拟硬盘了，如图 6-7 所示。

之后，正常安装 Windows 10 操作系统即可。

Windows10 客户机装完以后，可以通过设备管理器看到：半虚拟的硬盘已经安装好驱动并可以使用了，如图 6-8 所示。但半虚拟化的网卡设备依然没有被识别。与前面一样，从 virtio-win 光盘中安装合适的驱动即可。

安装完 virtio-win.iso 中的半虚拟化网卡驱动（NetKVM 目录中）后，网卡被识别并可以使用，如图 6-9 所示。

对于已安装好 Windows 操作系统的客户机，我们可以将 virtio-win.iso 作为客户机的光驱分配给客户机，然后在客户机中安装或升级驱动。对于 virtio 磁盘驱动的安装，也可以以 QEMU 完全模拟硬盘的方式（前面章节中 -hda 参数），先安装好客户机。然后，另外分配给它一块半虚拟化硬盘，再在客户机中安装 virtio-win.iso 中的驱动程序即可。

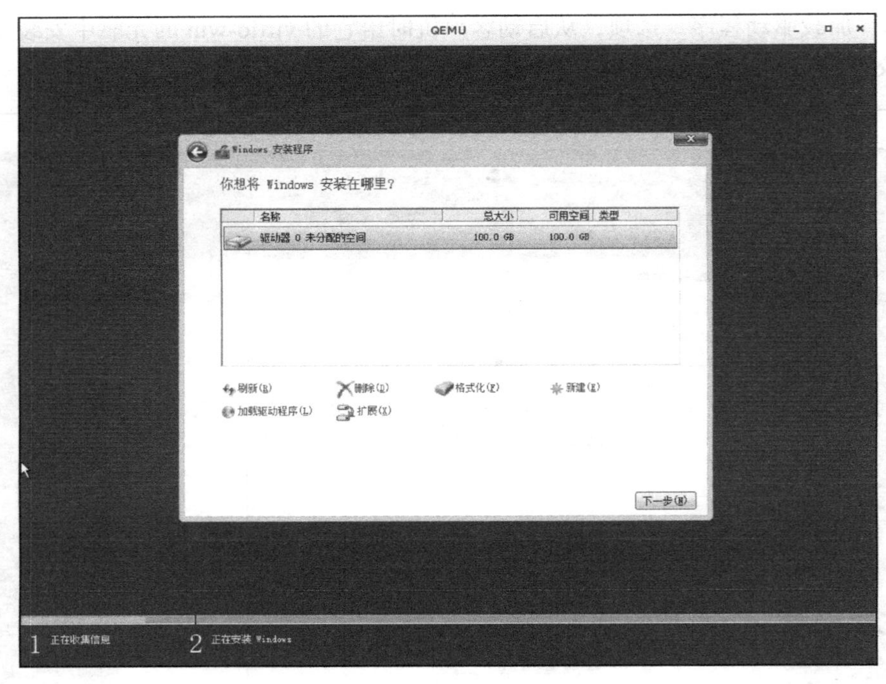

图 6-7 识别出半虚拟化磁盘

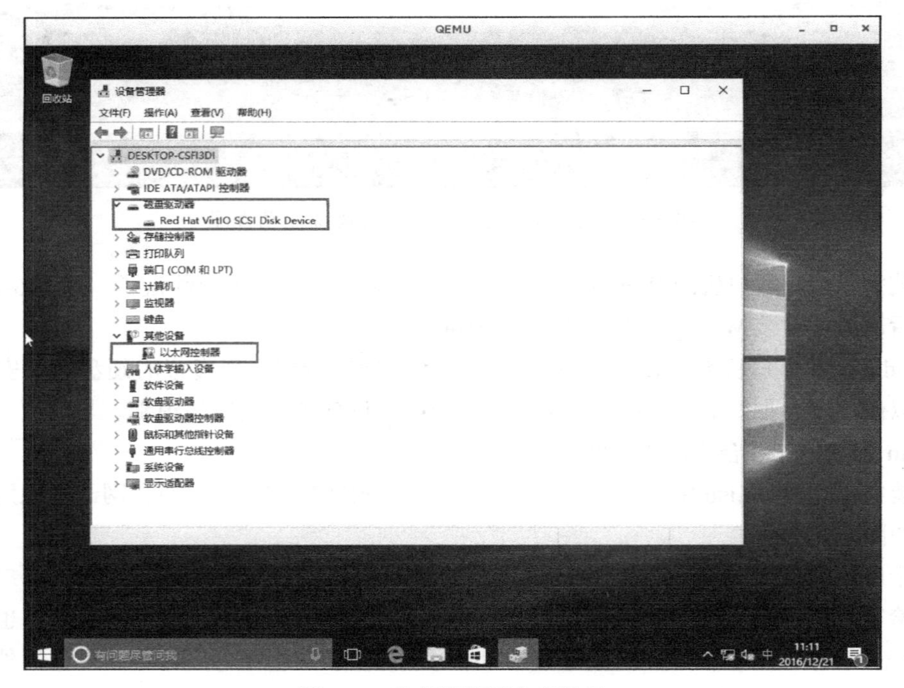

图 6-8 半虚拟的硬盘安装好

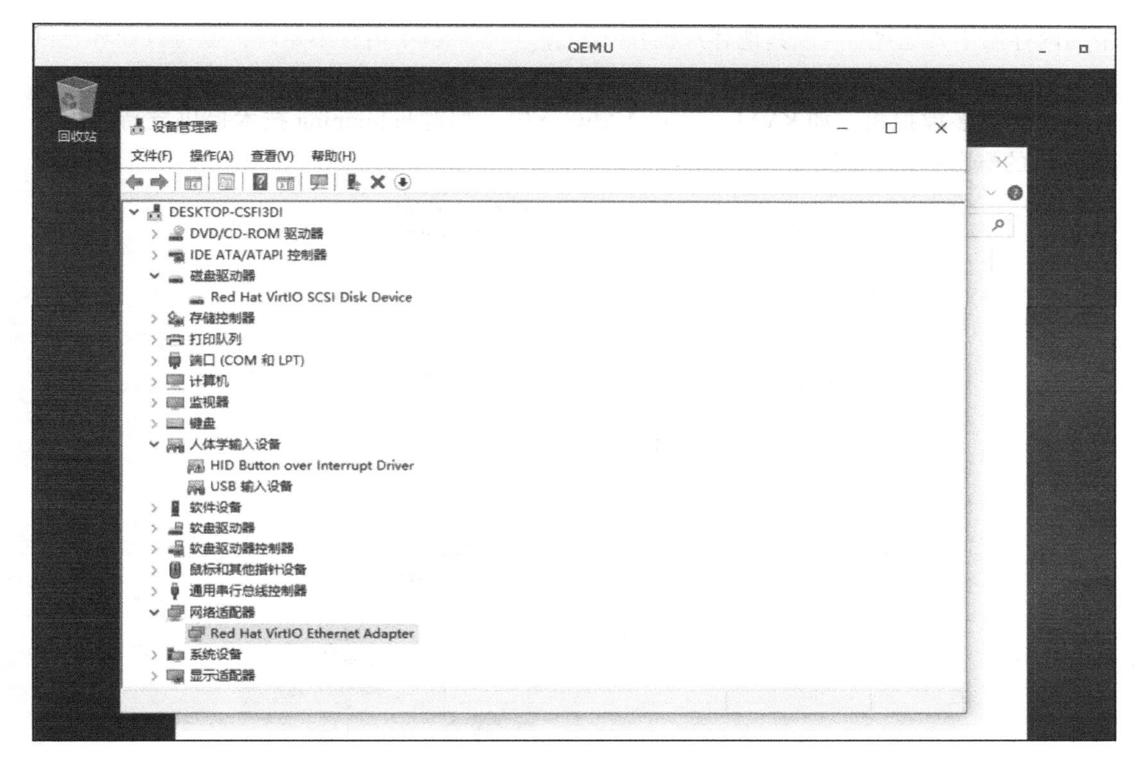

图 6-9　设备管理器中识别半虚拟化网卡

在 64 位的 Windows 系统中，从 Windows Vista 开始，所安装的驱动就要求有数字签名。如果使用的发行版并没有提供 Windows virtio 驱动的二进制文件，或者没有对应的数字签名，则可以选择从 Fedora 项目中下载二进制 ISO 文件，它们都进行了数字签名，并且通过了在 Windows 系统上的测试。

6.1.3　使用 virtio_balloon

1. ballooning 简介

通常来说，要改变客户机占用的宿主机内存，要先关闭客户机，修改启动时的内存配置，然后重启客户机才能实现。而内存的 ballooning（气球）技术可以在客户机运行时动态地调整它所占用的宿主机内存资源，而不需要关闭客户机。

ballooning 技术形象地在客户机占用的内存中引入气球（balloon）的概念。气球中的内存是可以供宿主机使用的（但不能被客户机访问或使用），所以，当宿主机内存紧张，空余内存不多时，可以请求客户机回收利用已分配给客户机的部分内存，客户机就会释放其空闲的内存。此时若客户机空闲内存不足，可能还会回收部分使用中的内存，可能会将部分内存换出到客户机的交换分区（swap）中，从而使内存“气球”充气膨胀，进而使宿主机回收气球中的内存用于其他进程（或其他客户机）。反之，当客户机中内存不足时，也可以让客户机的内存气球压缩，释放出内存气球中的部分内存，让客户机有更多的内存可用。

目前很多虚拟机，如 KVM、Xen、VMware 等，都对 ballooning 技术提供支持。内存 balloon 的概念示意图如图 6-10 所示。

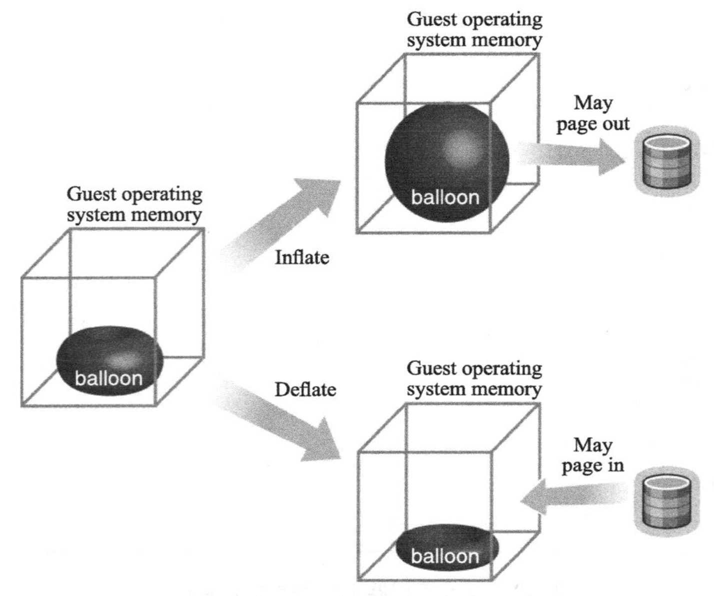

图 6-10 内存 balloon 的概念

2. KVM 中 ballooning 的原理及优劣势

KVM 中 ballooning 的工作过程主要有如下几步：

1）Hypervisor（即 KVM）发送请求到客户机操作系统，让其归还一定数量的内存给 Hypervisor。

2）客户机操作系统中的 virtio_balloon 驱动接收到 Hypervisor 的请求。

3）virtio_balloon 驱动使客户机的内存气球膨胀，气球中的内存就不能被客户机访问。如果此时客户机中内存剩余量不多（如某应用程序绑定 / 申请了大量的内存），并且不能让内存气球膨胀到足够大以满足 Hypervisor 的请求，那么 virtio_balloon 驱动也会尽可能多地提供内存使气球膨胀，尽量去满足 Hypervisor 所请求的内存数量（即使不一定能完全满足）。

4）客户机操作系统归还气球中的内存给 Hypervisor。

5）Hypervisor 可以将从气球中得来的内存分配到任何需要的地方。

6）即使从气球中得到的内存没有处于使用中，Hypervisor 也可以将内存返还给客户机。这个过程为：Hypervisor 发送请求到客户机的 virtio_balloon 驱动；这个请求使客户机操作系统压缩内存气球；在气球中的内存被释放出来，重新由客户机访问和使用。

ballooning 在节约和灵活分配内存方面有明显的优势，其好处有如下 3 点。

1）因为ballooning能够被控制和监控，所以能够潜在地节约大量的内存。它不同于内存页共享技术（KSM是内核自发完成的，不可控），客户机系统的内存只有在通过命令行调整balloon时才会随之改变，所以能够监控系统内存并验证ballooning引起的变化。

2）ballooning对内存的调节很灵活，既可以精细地请求少量内存，也可以粗犷地请求大量的内存。

3）Hypervisor使用ballooning让客户机归还部分内存，从而缓解其内存压力。而且从气球中回收的内存也不要求一定要被分配给另外某个进程（或另外的客户机）。

从另一方面来说，KVM中ballooning的使用不方便、不完善的地方也是存在的，其缺点如下：

1）ballooning需要客户机操作系统加载virtio_balloon驱动，然而并非每个客户机系统都有该驱动（如Windows需要自己安装该驱动）。

2）如果有大量内存需要从客户机系统中回收，那么ballooning可能会降低客户机操作系统运行的性能。一方面，内存的减少可能会让客户机中作为磁盘数据缓存的内存被放到气球中，从而使客户机中的磁盘I/O访问增加；另一方面，如果处理机制不够好，也可能让客户机中正在运行的进程由于内存不足而执行失败。

3）目前没有比较方便的、自动化的机制来管理ballooning，一般都采用在QEMU monitor中执行balloon命令来实现ballooning。没有对客户机的有效监控，没有自动化的ballooning机制，这可能会不便于在生产环境中实现大规模自动化部署。

4）内存的动态增加或减少可能会使内存被过度碎片化，从而降低内存使用时的性能。另外，内存的变化会影响客户机内核对内存使用的优化，比如，内核起初根据目前状态对内存的分配采取了某个策略，而后由于balloon的原因突然使可用内存减少了很多，这时起初的内存策略就可能不是太优化了。

3. KVM中ballooning使用示例

KVM中的ballooning是通过宿主机和客户机协同实现的，在宿主机中应该使用Linux 2.6.27及以上版本的Linux内核（包括KVM模块），在客户机中也使用Linux 2.6.27及以上版本的Linux内核且将“config_virtio_balloon”配置为模块或编译到内核。在很多Linux发行版中都已经配置有“config_virtio_balloon=m”，所以用较新的Linux作为客户机系统，一般不需要额外配置virtio_balloon驱动，使用默认内核配置即可。

在qemu命令行中可用“-balloon virtio”参数来分配balloon设备给客户机，使其调用virtio_balloon驱动来工作，而默认值为没有分配balloon设备（与“-balloon none”效果相同）。

```
-balloon virtio[,addr=addr]     #使用virtio balloon设备，addr为可配置客户机中该设备的PCI地址
```

在QEMU monitor中，有以下两个命令用于查看和设置客户机内存的大小。

```
(qemu) info balloon             #查看客户机内存占用量（balloon信息）
```

```
(qemu) balloon num              #设置客户机内存占用量为numMB
```

下面介绍在 KVM 中使用 ballooning 的操作步骤。

1）QEMU 启动客户机时分配 balloon 设备，命令行如下。也可以使用较新的“-device”统一参数来分配 balloon 设备，如“-device virtio-balloon-pci,id=balloon0,bus=pci.0,addr=0x4”。

```
[root@kvm-host ~]# qemu-system-x86_64 -enable-kvm rhel7.img -smp 4 -m 8G -balloon virtio
```

2）在启动后的客户机中查看 balloon 设备及内存使用情况，命令行如下：

```
[root@kvm-guest ~]# lspci | grep -i balloon
00:03.0 Unclassified device [00ff]: Redhat, Inc Virtio memory balloon
[root@kvm-guest ~]# lsmod |grep -i balloon
virtio_balloon          13834  0
virtio_ring             21524  3 virtio_net,virtio_pci,virtio_balloon
virtio                  15008  3 virtio_net,virtio_pci,virtio_balloon
[root@kvm-guest ~]# lspci -s 00:03.0 -v
00:03.0 Unclassified device [00ff]: Redhat, Inc Virtio memory balloon
Subsystem: Redhat, Inc Device 0005
Physical Slot: 3
Flags: bus master, fast devsel, latency 0, IRQ 11
I/O ports at c000 [size=32]
Memory at fd000000 (64-bit, prefetchable) [size=8M]
Capabilities: [84] Vendor Specific Information: VirtIO: <unknown>
Capabilities: [70] Vendor Specific Information: VirtIO: Notify
Capabilities: [60] Vendor Specific Information: VirtIO: DeviceCfg
Capabilities: [50] Vendor Specific Information: VirtIO: ISR
Capabilities: [40] Vendor Specific Information: VirtIO: CommonCfg
Kernel driver in use: virtio-pci
Kernel modules: virtio_pci
[root@kvm-guest ~]# free -m
              total        used        free      shared  buff/cache   available
Mem:           7822         147        7475           8         199        7423
Swap:          4095           0        4095
```

根据上面输出可知，客户机中已经加载 virtio_balloon 模块，有一个名为“Redhat, Inc Virtio memory balloon”的 PCI 设备，它使用了 virtio_pci 驱动。如果是 Windows 客户机，则可以在“设备管理器”中看到的使用的 virtio balloon 设备。

3）在 QEMU monitor（按 Ctrl+Alt+2 组合键）中查看和改变客户机占用的内存，命令如下：

```
(qemu) info balloon
balloon: actual=8192
(qemu) balloon 2048
(qemu) info balloon
balloon: actual=2048
```

如果没有使用 balloon 设备，则在 monitor 中使用“info balloon”命令查看会得到“Device 'balloon' has not been activated”的提示。而“balloon 2048”命令将客户机内存设置为 2G。

4）设置了客户机内存为 2048 MB 后，再到客户机中检查，命令如下：

```
[root@kvm-guest ~]# free -m
              total        used        free      shared  buff/cache   available
Mem:           1678         154        1311           8         212        1265
Swap:          4095           0        4095
```

对于 Windows 客户机，安装 virtio-balloon 设备，可以参照上节内容，先用“-balloon virtio”命令分配给客户机以设备，然后手动在 virtio-win.iso 中（Balloon）文件夹安装驱动即可。安装好后，可以在设备管理器中看到 VirtIO Balloon Driver，如图 6-11 所示（以 Windows 10 为例）。

图 6-11　virtio balloon 设备驱动

对于 Windows 客户机（如 Windows 10），当 balloon 使其可用内存从 8GB 降低到 4GB 时，客户机系统（比如通过控制面板→系统或者“任务管理器”）看到的内存总数依然是 8GB，但是看到它的内存已使用量会增大将近 50%（笔者环境中 1.4G → 5.4G），这里突然多出来的占用正是 balloon 设备占用的。Windows 客户机系统的其他程序已不能使用这部分内存，而这时宿主机系统可以再次分配这里的 4096MB 内存用于其他用途。

另外，值得注意的是，当通过“balloon”命令使客户机内存增加时，其最大值不能超过 QEMU 命令行启动时设置的内存。例如，在命令行中将内存设置为 8G，如果在 monitor 中执行“balloon 16384”，则设置的 16384MB 内存不会生效，该值将会被设置为启动命令行中的最大值（即 8192MB）。

4. 通过 ballooning 过载使用内存

在 5.3.3 节中提到，内存过载使用主要有 3 种方式：swapping、ballooning 和 page sharing。在多个客户机运行时动态地调整其内存容量，ballooning 是一种让内存过载使用得非常有效的机制。使用 ballooning 可以根据宿主机中对内存的需求，通过 “ balloon” 命令调整客户机内存占用量，从而实现内存的过载使用。

在实际环境中，客户机系统的资源的平均使用率一般并不高，通常是一段时间负载较重，一段时间负载较轻。可以在一个物理宿主机上启动多个客户机，通过 ballooning 的支持，在某些客户机负载较轻时减少其内存使用，将内存分配给此时负载较重的客户机。例如，在一个物理内存为 8GB 的宿主机上，可以在一开始就分别启动 6 个内存为 2GB 的客户机（A、B、C、D、E、F），根据平时对各个客户机中资源使用情况的统计可知，在当前一段时间内，A、B、C 的负载很轻，就可以通过 ballooning 降低其内存为 512 MB，而 D、E、F 的内存保持 2 GB 不变。内存分配的简单计算为：

512MB×3+2GB×3+512MB（用于宿主机中其他进程）=8GB

而在某些其他时间段，当 A、B、C 等客户机负载较大时，也可以增加它们的内存量（同时减少 D、E、F 的内存量）。这样就在 8GB 物理内存上运行了看似需要大于 12GB 内存才能运行的 6 个 2GB 内存的客户机，从而较好地实现了内存的过载使用。

如果客户机中有 virtio_balloon 驱动，则使用 ballooning 来实现内存过载使用是非常方便的。而前面提到“在 QEMU monitor 中使用 balloon 命令改变内存的操作执行起来不方便”的问题，如果使用第 4 章中介绍的 libvirt 工具来使用 KVM，则对 ballooning 的操作会比较方便，在 libvirt 工具的 “ virsh” 管理程序中就有 “ setmem” 这个命令，可动态更改客户机的可用内存容量。该方式的完整命令如下：

```
virsh setmem <domain-id or domain-name> <Amount of memory in KB>
```

6.1.4 使用 virtio_net

在选择 KVM 中的网络设备时，一般来说应优先选择半虚拟化的网络设备，而不是纯软件模拟的设备。使用 virtio_net 半虚拟化驱动可以提高网络吞吐量（thoughput）和降低网络延迟（latency），从而让客户机中网络达到几乎和非虚拟化系统中使用原生网卡的网络差不多的性能。

可以通过如下步骤来使用 virtio_net。

1）检查 QEMU 是否支持 virtio 类型的网卡。

```
[root@kvm-host ~]# qemu-system-x86_64 -net nic,model=?
qemu: Supported NIC models: ne2k_pci,i82551,i82557b,i82559er,rtl8139,e1000,pcnet,
    virtio
```

从输出信息的支持网卡类型中可知，当前 QEMU 支持 virtio 网卡模型。

2）启动客户机时，指定分配 virtio 网卡设备。

```
[root@kvm-host ~]# qemu-system-x86_64 -enable-kvm rhel7.img -smp 4 -m 8G -device
    virtio-net-pci,netdev=net0 -netdev bridge,br=virbr0,id=net0
```

或者（等价），

```
[root@kvm-host ~]# qemu-system-x86_64 -enable-kvm rhel7.img -smp 4 -m 8G -net
    nic,model=virtio -net bridge,br=virbr0,id=net0
```

3）在客户机中查看 virtio 网卡的使用情况。

```
[root@kvm-guest ~]# lspci | grep -i virtio
00:03.0 Ethernet controller: Redhat, Inc Virtio network device
[root@kvm-guest ~]# lspci -s 00:03.0 -vvv
00:03.0 Ethernet controller: Redhat, Inc Virtio network device
Subsystem: Redhat, Inc Device 0001
Physical Slot: 3
Control: I/O+ Mem+ BusMaster+ SpecCycle- MemWINV- VGASnoop- ParErr- Stepping-
    SERR+ FastB2B- DisINTx+
Status: Cap+ 66MHz- UDF- FastB2B- ParErr- DEVSEL=fast >TAbort- <TAbort- <MAbort- >
    SERR- <PERR- INTx-
Latency: 0
Interrupt: pin A routed to IRQ 11
Region 0: I/O ports at c000 [size=32]
Region 1: Memory at febd1000 (32-bit, non-prefetchable) [size=4K]
Region 4: Memory at fe000000 (64-bit, prefetchable) [size=8M]
Expansion ROM at feb80000 [disabled] [size=256K]
Capabilities: [98] MSI-X: Enable+ Count=3 Masked-
    Vector table: BAR=1 offset=00000000
    PBA: BAR=1 offset=00000800
Capabilities: [84] Vendor Specific Information: VirtIO: <unknown>
    BAR=0 offset=00000000 size=00000000
Capabilities: [70] Vendor Specific Information: VirtIO: Notify
    BAR=4 offset=00003000 size=00400000 multiplier=00001000
Capabilities: [60] Vendor Specific Information: VirtIO: DeviceCfg
    BAR=4 offset=00002000 size=00001000
Capabilities: [50] Vendor Specific Information: VirtIO: ISR
    BAR=4 offset=00001000 size=00001000
Capabilities: [40] Vendor Specific Information: VirtIO: CommonCfg
    BAR=4 offset=00000000 size=00001000
Kernel driver in use: virtio-pci
Kernel modules: virtio_pci
[root@kvm-guest ~]# lsmod | grep -i virtio
virtio_net             28024  0
virtio_pci             22913  0
virtio_ring            21524  2 virtio_net,virtio_pci
virtio                 15008  2 virtio_net,virtio_pci
[root@kvm-guest ~]# ifconfig
eth0: flags=4163<UP,BROADCAST,RUNNING,MULTICAST>  mtu 1500
        inet 192.168.103.81  netmask 255.255.252.0  broadcast 192.168.103.255
        inet6 fe80::5054:ff:fe63:78de  prefixlen 64  scopeid 0x20<link>
```

```
        ether 52:54:00:63:78:de  txqueuelen 1000  (Ethernet)
        RX packets 1586  bytes 120421 (117.5 KiB)
        RX errors 0  dropped 5  overruns 0  frame 0
        TX packets 290  bytes 35562 (34.7 KiB)
        TX errors 0  dropped 0 overruns 0  carrier 0  collisions 0
...
[root@kvm-guest ~]# ethtool -i eth0
driver: virtio_net
version: 1.0.0
firmware-version:
expansion-rom-version:
bus-info: 0000:00:03.0
supports-statistics: no
supports-test: no
supports-eeprom-access: no
supports-register-dump: no
supports-priv-flags: no

[root@kvm-guest ~]# route -n
Kernel IP routing table
Destination     Gateway         Genmask         Flags Metric Ref    Use Iface
0.0.0.0         192.168.100.1   0.0.0.0         UG    100    0        0 eth0
192.168.100.0   0.0.0.0         255.255.252.0   U     100    0        0 eth0
192.168.122.0   0.0.0.0         255.255.255.0   U     0      0        0 virbr0
[root@kvm-guest ~]# ping 192.168.100.1
PING 192.168.100.1 (192.168.100.1) 56(84) bytes of data.
64 bytes from 192.168.100.1: icmp_seq=1 ttl=255 time=0.763 ms
64 bytes from 192.168.100.1: icmp_seq=2 ttl=255 time=1.62 ms
^C
--- 192.168.100.1 ping statistics ---
2 packets transmitted, 2 received, 0% packet loss, time 999ms
rtt min/avg/max/mdev = 0.763/1.192/1.621/0.429 ms
```

根据上面的输出信息可知，网络接口eth0就是我们分配给客户机的virtio NIC，它使用了virtio_net驱动，并且当前网络连接正常工作。如果启动Windows客户机使用virtio类型的网卡，则在Windows客户机的“设备管理器”中可以看到一个名为“Redhat VirtIO Ethernet Adapter”的设备，即是客户机中的网卡。

6.1.5 使用virtio_blk

virtio_blk驱动使用virtio API为客户机提供了一个高效访问块设备I/O的方法。在QEMU/KVM中对块设备使用virtio，需要在两方面进行配置：客户机中的前端驱动模块virtio_blk和宿主机中的QEMU提供后端处理程序。目前比较流行的Linux发行版都将virtio_blk编译为内核模块，可以作为客户机直接使用virtio_blk，而Windows中的virtio驱动的安装方法已在6.1.2节中做了介绍。并且较新的QEMU都是支持virtio block设备的后端处理程序的。

启动一个使用 virtio_blk 作为磁盘驱动的客户机，其 qemu 命令行如下：

```
[root@kvm-host ~]# qemu-system-x86_64 -enable-kvm -cpu host -smp 2 -m 4G -drive
    file=rhel7.img,format=raw,if=virtio,media=disk -device e1000e,netdev=nic0
    -netdev bridge,id=nic0,br=virbr0
VNC server running on '::1:5900'
```

在客户机中，查看 virtio_blk 生效的情况如下所示：

```
[root@kvm-guest ~]# grep -i virtio_blk /boot/config-3.10.0-514.el7.x86_64
CONFIG_VIRTIO_BLK=m
[root@kvm-guest ~]# lsmod | grep virtio
virtio_blk              20480  3
virtio_pci              24576  0
virtio_ring             24576  2 virtio_blk,virtio_pci
virtio                  16384  2 virtio_blk,virtio_pci
[root@kvm-guest ~]# lspci | grep block
00:04.0 SCSI storage controller: Redhat, Inc Virtio block device
[root@kvm-guest ~]# lspci -s 00:04.0 -vv
00:04.0 SCSI storage controller: Redhat, Inc Virtio block device
Subsystem: Redhat, Inc Device 0002
Physical Slot: 4
Control: I/O+ Mem+ BusMaster+ SpecCycle- MemWINV- VGASnoop- ParErr- Stepping-
    SERR+ FastB2B- DisINTx+
Status: Cap+ 66MHz- UDF- FastB2B- ParErr- DEVSEL=fast >TAbort- <TAbort- <MAbort- >
    SERR- <PERR- INTx-
Latency: 0
Interrupt: pin A routed to IRQ 11
Region 0: I/O ports at c000 [size=64]
Region 1: Memory at febd5000 (32-bit, non-prefetchable) [size=4K]
Region 4: Memory at fe000000 (64-bit, prefetchable) [size=16K]
Capabilities: [98] MSI-X: Enable+ Count=2 Masked-
    Vector table: BAR=1 offset=00000000
    PBA: BAR=1 offset=00000800
Capabilities: [84] Vendor Specific Information: VirtIO: <unknown>
    BAR=0 offset=00000000 size=00000000
Capabilities: [70] Vendor Specific Information: VirtIO: Notify
    BAR=4 offset=00003000 size=00001000 multiplier=00000004
Capabilities: [60] Vendor Specific Information: VirtIO: DeviceCfg
    BAR=4 offset=00002000 size=00001000
Capabilities: [50] Vendor Specific Information: VirtIO: ISR
    BAR=4 offset=00001000 size=00001000
Capabilities: [40] Vendor Specific Information: VirtIO: CommonCfg
    BAR=4 offset=00000000 size=00001000
Kernel driver in use: virtio-pci
Kernel modules: virtio_pci

[root@kvm-guest ~]# fdisk -l

Disk /dev/vda: 42.9 GB, 42949672960 bytes, 83886080 sectors
Units = sectors of 1 * 512 = 512 bytes
```

```
Sector size (logical/physical): 512 bytes / 512 bytes
I/O size (minimum/optimal): 512 bytes / 512 bytes
Disk label type: dos
Disk identifier: 0x00049f52

    Device Boot      Start         End      Blocks   Id  System
/dev/vda1   *        2048     1026047      512000   83  Linux
/dev/vda2         1026048    83886079    41430016   8e  Linux LVM
```

由上可知，客户机中已经加载了 virtio_blk 等驱动，QEMU 提供的 virtio 块设备使用 virtio_blk 驱动（以上查询结果中显示为 virtio_pci，因为它是任意 virtio 的 PCI 设备的一个基础的、必备的驱动）。使用 virtio_blk 驱动的磁盘显示为“/dev/vda”，这不同于 IDE 硬盘的“/dev/hda”或 SATA 硬盘的“/dev/sda”这样的显示标识。

而“/dev/vd*”这样的磁盘设备名称可能会导致从前分配在磁盘上的 swap 分区失效，因为有些客户机系统中记录文件系统信息的“/etc/fstab”文件中有类似如下的对 swap 分区的写法。

```
/dev/sda2  swap swap defaults 0 0
```

或

```
/dev/hda2  swap swap defaults 0 0
```

原因就是“/dev/vda2”这样的磁盘分区名称未被正确识别。解决这个问题的方法就很简单了，只需要修改它为如下形式并保存到“/etc/fstab”文件，然后重启客户机系统即可。

```
/dev/vda2  swap swap defaults 0 0
```

如果启动的是已安装 virtio 驱动的 Windows 客户机，那么可以在客户机的“设备管理器”中的“存储控制器”中看到，正在使用“Redhat VirtIO SCSI Controller”设备作为磁盘。

6.1.6 内核态的 vhost-net 后端以及网卡多队列

前面提到 virtio 在宿主机中的后端处理程序（backend）一般是由用户空间的 QEMU 提供的，然而，如果对于网络 I/O 请求的后端处理能够在内核空间来完成，则效率会更高，会提高网络吞吐量和减少网络延迟。在比较新的内核中有一个叫作“vhost-net”的驱动模块，它作为一个内核级别的后端处理程序，将 virtio-net 的后端处理任务放到内核空间中执行，从而提高效率。

在 5.5.2 节中介绍网络配置时介绍过 -netdev tap 参数，有几个选项是和 virtio 以及 vhost_net 相关的，这里也介绍一下。

```
-netdev tap,[,vnet_hdr=on|off][,vhost=on|off][,vhostfd=h][,vhostforce=on|off]
    [,queues=n]
```

- vnet_hdr =on|off，设置是否打开 TAP 设备的“IFF_VNET_HDR”标识：“vnet_hdr=off”表示关闭这个标识，而“vnet_hdr=on”表示强制开启这个标识。如果没有这个标识

的支持，则会触发错误。IFF_VNET_HDR是tun/tap的一个标识，打开这个标识则允许在发送或接收大数据包时仅做部分的校验和检查。打开这个标识，还可以提高virtio_net驱动的吞吐量。

- vhost=on|off，设置是否开启vhost-net这个内核空间的后端处理驱动，它只对使用MSI-X[⊖]中断方式的virtio客户机有效。
- vhostforce=on|off，设置是否强制使用vhost作为非MSI-X中断方式的Virtio客户机的后端处理程序。
- vhostfs=***h***，设置去连接一个已经打开的vhost网络设备。
- queues=***n***，设置创建的TAP设备的多队列个数。

在-device virtio-net-pci参数中，也有几个参数与网卡多队列相关：

- mq=on/off，分别表示打开和关闭多队列功能。
- vectors=2**N*+2，设置MSI-X中断矢量个数，假设队列个数为*N*，那么这个值一般设置为2**N*+2，是因为*N*个矢量给网络发送队列，*N*个矢量给网络接收队列，1个矢量用于配置目的，1个矢量用于可能的矢量量化控制。

用如下命令行启动一个客户机，就可以在客户机中使用virtio-net作为前端驱动程序，而在后端处理程序使用vhost-net（当然需要当前宿主机内核支持vhost-net模块），同时设置了多队列的个数为2。

```
[root@kvm-host ~]# qemu-system-x86_64 rhel7.img -smp 4 -m 4096 -netdev
    tap,id=vnet0,vhost=on, queues=2 -device virtio-net-pci,netdev=vnet0,mq=on,ve
    ctors=6
```

在宿主机中可以查看vhost后端线程的运行情况，如下：

```
[root@kvm-host ~]# ps -ef | grep 'vhost-'
root      129381    2   0 22:43 ?   00:00:00 [vhost-129379-0]
root      129382    2   0 22:43 ?   00:00:00 [vhost-129379-1]
root      129383    2   0 22:43 ?   00:00:00 [vhost-129379-0]
root      129384    2   0 22:43 ?   00:00:00 [vhost-129379-1]
```

该命令行输出中的129379为前面启动客户机的QEMU进程PID，可以看到有4个vhost内核线程，其中vhost-xxx-0线程用于客户机的数据包接收，而vhost-xxx-1线程用于客户机的数据包发送。由于启动qemu命令行中queues=2参数设置了该客户机的网卡队列个数为2，故vhost收发方向的线程个数都分别为2个，每个vhost线程对应客户机中的一个收或发方向的队列。

⊖ MSI（Message Signaled Interrupts）是触发中断的一种方式，它不同于传统的设备通过一个中断引脚（硬件）来产生中断，MSI中断方式是设备通过写少量特定的信息到一个特别的内存地址从而模拟产生一个中断注入到CPU。从PCI 2.2规范开始（包括之后的PCI-E规范）定义了MSI，而MSI-X是从PCI 3.0规范开始定义的。MSI-X允许一个设备分配最多2048个中断，比MSI中最多32个中断要多得多。在Linux中，可以通过“lspci –vv -s $BDF”命令查看某个设备的PCI配置空间信息，在其中的“Capabilities”项目中可能会看到它支持MSI、MSI-X等中断类型。

启动客户机后，检查客户机网络，应该是可以正常连接的。不过，网卡的多队列默认可能没有配置好，我们到客户机中可以查看和设置多队列配置，如下：

```
[root@kvm-guest ~]# ethtool -l eth0
    Channel parameters for eth0:
    Pre-set maximums:
    RX:         0
    TX:         0
    Other:      0
    Combined:   2   # 这一行表示最多支持设置2个队列
    Current hardware settings:
    RX:         0
    TX:         0
    Other:      0
    Combined:   1   #表示当前生效的是1个队列

[root@kvm-guest ~]# ethtool -L eth0 combined 2
#设置eth0当前使用2个队列

[root@kvm-guest ~]# ping taobao.com -c 2
#再次检查网络连通性
PING taobao.com (140.205.220.96) 56(84) bytes of data.
64 bytes from 140.205.220.96: icmp_seq=1 ttl=42 time=7.82 ms
64 bytes from 140.205.220.96: icmp_seq=2 ttl=42 time=7.84 ms
```

对于平常使用 libvirt 的读者而言，配置网卡多队列也是很简单的事情。下面的客户机 XML 配置片段就表示配置 vhost-net 的多个队列。

```
<interface type='network'>
    <mac address='54:52:00:1b:ea:47'/>
    <source network='default'/>
    <target dev='vnet1'/>
    <model type='virtio'/>
    <driver name='vhost' queues='2'/>
</interface>
```

在讲解 vhost-net 时，我们这里对网卡多队列进行较多的说明，是因为这个功能对于提升虚拟机网卡处理能力，包括每秒处理报文个数（packets per second，pps）和吞吐量（throughput）都有非常大的帮助。当客户机中的 virtio-net 网卡只有一个队列时，那么该网卡的中断就只能集中由一个 CPU 来处理；如果客户机用作一个高性能的 Web 服务器，其网络较为繁忙、网络压力很大，那么只能用单个 CPU 来处理网卡中断就会成为系统瓶颈。当我们开启网卡多队列时，在宿主机上，我们前面已经看到，会有多个 vhost 线程来处理网络后端，同时在客户机中，virtio-net 多队列网卡也可以将网卡中断打散到多个 CPU 上由它们并行处理，从而避免单个 CPU 处理网卡中断可能带来的瓶颈，从而提高整个系统的网络处理能力。

一般来说，使用 vhost-net 作为后端处理驱动可以提高网络的性能。不过，对于一些使用vhost-net作为后端的网络负载类型，可能使其性能不升反降。特别是从宿主机到其客户机之间的UDP流量，如果客户机处理接收数据的速度比宿主机发送数据的速度要慢，这时就容易出现性能下降。在这种情况下，使用vhost-net将会使UDP socket的接收缓冲区更快地溢出，从而导致更多的数据包丢失。因此，在这种情况下不使用vhost-net，让传输速度稍微慢一点，反而会提高整体的性能[⊖]。

使用qemu命令行时，加上“vhost=off”（或不添加任何vhost选项）就会不使用vhost-net作为后端驱动。而在使用libvirt时，默认会优先使用vhost_net作为网络后端驱动，如果要选QEMU作为后端驱动，则需要对客户机的XML配置文件中的网络配置部分进行如下的配置，指定后端驱动的名称为“qemu”(而不是“vhost”)。

```
<interface type="network">
    ...
    <model type="virtio"/>
    <driver name="qemu"/>
    ...
</interface>
```

6.1.7 使用用户态的vhost-user作为后端驱动

上一节中讲到的vhost，是为了减少网络数据交换过程中的多次上下文切换，让guest与host kernel直接通信，从而提高网络性能。然而，在大规模使用KVM虚拟化的云计算生产环境中，通常都会使用Open vSwitch或与其类似的SDN方案，以便可以更加灵活地管理网络资源。通常在这种情况下，在宿主机上会运行一个虚拟交换机（vswitch）用户态进程，这时如果使用vhost作为后端网络处理程序，那么也会存在宿主机上用户态、内核态的上下文切换。vhost-user的产生就是为了解决这样的问题，它可以让客户机直接与宿主机上的虚拟交换机进程进行数据交换。

vhost-user，从其名字就可以看得出来它与vhost有较深的渊源。简单来说，可以理解为在用户态实现了vhost的一种协议。vhost-user协议实现了在同一个宿主机上两个进程建立共享的虚拟队列（virtqueue）所需要的控制平面。控制逻辑的信息交换是通过共享文件描述符的UNIX套接字来实现的；当然，在数据平面是通过两个进程间的共享内存来实现的。

vhost-user协议定义了master和slave作为通信的两端，master是共享自己virtqueue的一端，slave是消费virtqueue的一端。在QEMU/KVM的场景中，master就是QEMU进程，slave就是虚拟交换机进程（如：Open vSwitch、Snabbswitch等）。

一个使用vhost-user与Open vSwitch交互的命令如下所示：

```
[root@kvm-host ~]# qemu-system-x86_64 rhel7.img -cpu host
-smp 4 -m 4096M --enable-kvm -object memory-backend-file,id=mem,size=4096M,mem-
    path=/dev/hugepages,share=on
```

⊖ 参见Redhat以下官方文档中的“7.2. Disabling vhost -net”节的内容：Red_Hat_Enterprise_Linux-7-Virtualization_Deployment_and_Administration_Guide-en-US.pdf。

```
-numa node,memdev=mem -mem-prealloc
-chardev socket,id=char1,path=/var/run/vswitch/vhost-user0
-netdev type=vhost-user,id=mynet1,chardev=char1,queues=2 -device virtio-net-pci,
    netdev=mynet1,mq=on,vectors=6
```

近几年来，Intel 等知名公司发起的 DPDK（Data Plane Development Kit）项目[一]提供了网卡运行在 polling 模式的用户态驱动，它可以和 vhost-user、Open vSwitch 等结合起来使用，可以让网络数据包都在用户态进行交换，消除了用户态、内核态的上下文切换开销，从而降低网络延迟、提高网络吞吐量。关于 DPDK、vhost-user、Open vSwitch 的结合也是一个较大的话题，本书不做过多的介绍，有兴趣的读者可以查找相关资料[二]。

6.1.8 kvm_clock 配置

在保持时间的准确性方面，虚拟化环境似乎天生就面临几个难题和挑战。由于在虚拟机中的中断并非真正的中断，而是通过宿主机向客户机注入的虚拟中断，因此中断并不总是能同时且立即传递给一个客户机的所有虚拟 CPU（vCPU）。在需要向客户机注入中断时，宿主机的物理 CPU 可能正在执行其他客户机的 vCPU 或在运行其他一些非 QEMU 进程，这就是说中断需要的时间精确性有可能得不到保障。

而在现实使用场景中，如果客户机中时间不准确，就可能导致一些程序和一些用户场景在正确性上遇到麻烦。这类程序或场景，一般是 Web 应用程序或基于网络的应用场景，如 Web 应用中的 Cookie 或 Session 有效期计算、虚拟机的动态迁移（Live Migration），以及其他一些依赖于时间戳的应用等。

而 QEMU/KVM 通过提供一个半虚拟化的时钟[三]，即 kvm_clock，为客户机提供精确的 System time 和 Wall time，从而避免客户机中时间不准确的问题。kvm_clock 使用较新的硬件（如 Intel SandyBridge 平台）提供的支持，如不变的时钟计数器（Constant Time Stamp Counter）。constant TSC 的计数频率，即使当前 CPU 核心改变频率（如使用了一些省电策略），也能保持恒定不变。CPU 有一个不变的 constant TSC 频率是将 TSC 作为 KVM 客户机时钟的必要条件。

物理 CPU 对 constant TSC 的支持，可以查看宿主机中 CPU 信息的标识，有“constant_tsc”的就是支持 constant TSC 的，如下所示（信息来源于运行在 Broadwell 硬件平台的系统）。

```
[root@kvm-host ~]# cat /proc/cpuinfo | grep flags | uniq | grep constant_tsc
```

[一] DPDK 官方网站：http://dpdk.org/。

[二] 下面的链接中有介绍 OVS+DPDK+vhost-user 的配置和使用：
https://software.intel.com/en-us/articles/configure-vhost-user-multiqueue-for-ovs-with-dpdk。

[三] 关于 OS 中的计时器（timer）的更多信息，可以参考如下两个链接了解：
APIC timer：http://wiki.osdev.org/APIC_timer
Programmable Interval Timer (PIT)：http://wiki.osdev.org/PIT

```
flags      : fpu vme de pse tsc msr pae mce cx8 apic sep mtrr pge mca cmov pat
    pse36 clflush dts acpi mmx fxsr sse sse2 ss ht tm pbe syscall nx pdpe1gb
    rdtscp lm constant_tsc arch_perfmon pebs bts rep_good nopl xtopology nonstop_
    tsc aperfmperf eagerfpu pni pclmulqdq dtes64 monitor ds_cpl vmx smx est tm2
    ssse3 fma cx16 xtpr pdcm pcid dca sse4_1 sse4_2 x2apic movbe popcnt tsc_
    deadline_timer aes xsave avx f16c rdrand lahf_lm abm 3dnowprefetch ida arat
    epb pln pts dtherm intel_pt tpr_shadow vnmi flexpriority ept vpid fsgsbase
    tsc_adjust bmi1 hle avx2 smep bmi2 erms invpcid rtm cqm rdseed adx smap
    xsaveopt cqm_llc cqm_occup_llc cqm_mbm_total cqm_mbm_local
```

一般来说，在较新的 Linux 发行版的内核中都已经将 kvm_clock 相关的支持编译进去了，可以查看如下的内核配置选项：

```
[root@kvm-guest ~]# grep PARAVIRT_CLOCK /boot/config-3.10.0-493.el7.x86_64
CONFIG_PARAVIRT_CLOCK=y
# 较老的（如：RHEL6.x）的内核，配置的是CONFIG_KVM_CLOCK=y
```

而在用 qemu 命令行启动客户机时，已经会默认让其使用 kvm_clock 作为时钟来源。用最普通的命令启动一个 Linux 客户机，然后查看客户机中与时钟相关的信息如下，可知使用了 kvm_clock 和硬件的 TSC 支持。

```
[root@kvm-guest ~]# dmesg | grep clock
kvm-clock: Using msrs 4b564d01 and 4b564d00
kvm-clock: cpu 0, msr 2:3ff87001, primary cpu clock
kvm-clock: using sched offset of 6921190704 cycles
kvm-clock: cpu 1, msr 2:3ff87041, secondary cpu clock
kvm-clock: cpu 2, msr 2:3ff87081, secondary cpu clock
kvm-clock: cpu 3, msr 2:3ff870c1, secondary cpu clock
Switched to clocksource kvm-clock
rtc_cmos 00:00: setting system clock to 2017-08-18 07:15:53 UTC (1503040553)
tsc: Refined TSC clocksource calibration: 2494.179 MHz
```

另外，Intel 的一些较新的硬件还向时钟提供了更高级的硬件支持，即 TSC Deadline Timer，在前面查看一个 Broadwell 平台的 CPU 信息时已经有"tsc_deadline_timer"的标识了。TSC deadline 模式，不是使用 CPU 外部总线的频率去定时减少计数器的值，而是用软件设置了一个"deadline"（最后期限）的阈值，当 CPU 的时间戳计数器的值大于或等于这个"deadline"时，本地的高级可编程中断控制器（Local APIC）就产生一个时钟中断请求（IRQ）。正是由于这个特点（CPU 的时钟计数器运行于 CPU 的内部频率而不依赖于外部总线频率），TSC Deadline Timer 可以提供更精确的时间，也可以更容易避免或处理竞态条件（Race Condition ⊖）。

KVM 模块对 TSC Deadline Timer 的支持开始于 Linux 3.6 版本，QEMU 对 TSC Deadline Timer 的支持开始于 QEUM/KVM 0.12 版本。而且在启动客户机时，在 qemu 命令行使用"-cpu host"参数才能将这个特性传递给客户机，使其可以使用 TSC Deadline Timer。

⊖ Race Condition 是这样一种状态，在多线程（或多进程）情况下，对有些（只应该原子操作的）共享资源进行混乱操作而产生冲突（collision），导致整个处理过程变得混乱，从而导致计算结果不正确或不精确。

6.1.9 对 Windows 客户机的优化

当 Windows 客户机系统运行在微软自己的 Hyper-V 虚拟化技术之上时，微软让 Windows 客户机感知自身运行在虚拟化环境中，做了一些半虚拟化的优化以提高性能[⊖]。在 QEMU/KVM 中，同样开发了与 Windows 客户机类似的半虚拟化优化的支持，这部分代码主要在 QEMU 源码中的 target-i386/hyperv.c 和 target-i386/hyperv.h 文件中。主要包括以下几个优化特性：

1）hv_relaxed 这个特性关闭了在 Windows 客户机做严格的完整性检查从而避免一些 Windows 蓝屏死机，因为在虚拟化环境中，宿主机的负载可能很高，对客户机的中断注入可能会延迟。

2）hv_vapic 这个特性提供了对几个频繁访问的 APIC 寄存器的快速的 M 访问通道，如：HV_X64_MSR_EOI 提供了对 APIC EOI 寄存器的快速访问。

3）hv_spinlocks 让 KVM 可以感知 Windows 客户机中尝试获取 spinlock 的次数，超过这个次数才会被认为进入过度自旋等待（spin）的状态。

4）hv_time 与前面提到的 kvmclock 类似，提供了针对 Windows 客户机的半虚拟化时钟计数器，在客户机中访问 Timer 频繁时提高性能。

在 qemu 命令行中，通过如下的参数启用本节提到的 Windows 客户机优化：

```
-cpu ...,hv_relaxed,hv_spinlocks=0x1fff,hv_vapic,hv_time
```

如果使用 libvirt，那么创建客户机的 XML 文件中有如下的配置（其中 spinlocks 中的 retries='8191' 与命令行中的十六进制的 0x1fff 是数值相等的）：

```
<features>
    <hyperv>
        <relaxed state='on'/>
        <vapic state='on'/>
        <spinlocks state='on' retries='8191'/>
    </hyperv>
<features/>

<clock offset='localtime'>
    <timer name='hypervclock' present='yes'/>
</clock>
```

目前主流的 Windows 系统都支持这些优化，包括：Windows Vista、Windows 7、Windows 10、Windows 2008、Windows 2012、Windows 2016 等。即使对于不支持这些特性的 Windows XP、Windows 2003 等，打开这些优化特性一般来说也不会影响客户机的正常运行。

⊖ KVM Forum 2012 中的“KVM as a Microsoft-compatible hypervisor”演讲中展示了一些性能数据，感兴趣的读者可以查看 https://www.linux-kvm.org/images/0/0a/2012-forum-kvm_hyperv.pdf。

6.2　设备直接分配（VT-d）

6.2.1　VT-d 概述

在 QEMU/KVM 中，客户机可以使用的设备大致可分为如下 3 种类型。

1）Emulated device：QEMU 纯软件模拟的设备，比如 -device rt8139 等。

2）virtio device：实现 VIRTIO API 的半虚拟化驱动的设备，比如 -device virtio-net-pci 等。

3）PCI device assignment：PCI 设备直接分配。

其中，前两种类型都在 6.1.1 节中已经进行了比较详细的介绍，这里再简单回顾一下它们的优缺点和适用场景。

模拟 I/O 设备方式的优点是对硬件平台依赖性较低，可以方便地模拟一些流行的和较老久的设备，不需要宿主机和客户机的额外支持，因此兼容性高；而其缺点是 I/O 路径较长，VM-Exit 次数很多，因此性能较差。一般适用于对 I/O 性能要求不高的场景，或者模拟一些老旧遗留（legacy）设备（如 RTL8139 的网卡）。

virtio 半虚拟化设备方式的优点是实现了 VIRTIO API，减少了 VM-Exit 次数，提高了客户机 I/O 执行效率，比普通模拟 I/O 的效率高很多；而其缺点是需要客户机中与 virtio 相关驱动的支持（较老的系统默认没有自带这些驱动，Windows 系统中需要额外手动安装 virtio 驱动），因此兼容性较差，而且 I/O 频繁时 CPU 使用率较高。

而第 3 种方式叫作 PCI 设备直接分配（Device Assignment，或 PCI pass-through），它允许将宿主机中的物理 PCI（或 PCI-E）设备直接分配给客户机完全使用，这正是本节要介绍的重点内容。较新的 x86 架构的主要硬件平台（包括服务器级、桌面级）都已经支持设备直接分配，其中 Intel 定义的 I/O 虚拟化技术规范为“Intel(R) Virtualization Technology for Directed I/O”(VT-d)，而 AMD 的 I/O 虚拟化技术规范为“AMD-Vi”(也叫作 IOMMU)。本节以在 KVM 中使用 Intel VT-d 技术为例进行介绍（当然 AMD IOMMU 也是类似的）。

KVM 虚拟机支持将宿主机中的 PCI、PCI-E 设备附加到虚拟化的客户机中，从而让客户机以独占方式访问这个 PCI（或 PCI-E）设备。通过硬件支持的 VT-d 技术将设备分配给客户机后，在客户机看来，设备是物理上连接在其 PCI（或 PCI-E）总线上的，客户机对该设备的 I/O 交互操作和实际的物理设备操作完全一样，不需要（或者很少需要）Hypervisor（即 KVM）的参与。在 KVM 中通过 VT-d 技术使用一个 PCI-E 网卡的系统架构示例如图 6-12 所示。

运行在支持 VT-d 平台上的 QEMU/KVM，可以分配网卡、磁盘控制器、USB 控制器、VGA 显卡等供客户机直接使用。而为了设备分配的安全性，还需要中断重映射（interrupt remapping）的支持。尽管在使用 qemu 命令行进行设备分配时并不直接检查中断重映射功能是否开启，但是在通过一些工具使用 KVM 时（如 libvirt）默认需要有中断重映射的功能支持，才能使用 VT-d 分配设备供客户机使用。

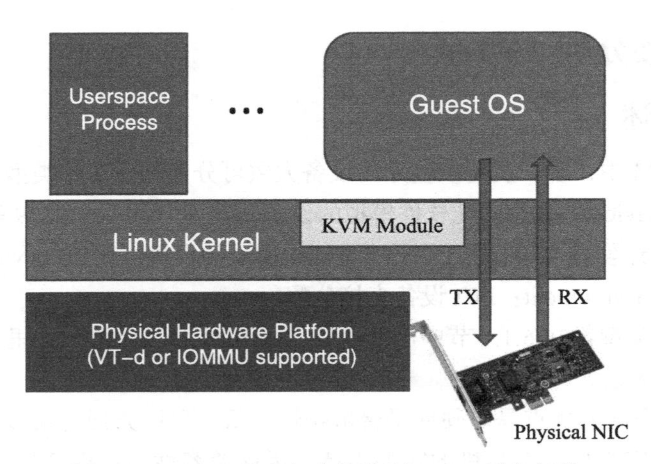

图 6-12 KVM 客户机直接分配 PCI-E 设备架构

设备直接分配让客户机完全占有 PCI 设备，这样在执行 I/O 操作时可大量地减少甚至避免了 VM-Exit 陷入 Hypervisor 中，极大地提高了 I/O 性能，几乎可以达到与 Native 系统中一样的性能。尽管 virtio 的性能也不错，但 VT-d 克服了其兼容性不够好和 CPU 使用率较高的问题。不过，VT-d 也有自己的缺点，一台服务器主板上的空间比较有限，允许添加的 PCI 和 PCI-E 设备是有限的，如果一台宿主机上有较多数量的客户机，则很难向每台客户机都独立分配 VT-d 的设备。另外，大量使用 VT-d 独立分配设备给客户机，导致硬件设备数量增加，这会增加硬件投资成本。为了避免这两个缺点，可以考虑采用如下两个方案：一是在一台物理宿主机上，仅对 I/O（如网络）性能要求较高的少数客户机使用 VT-d 直接分配设备（如网卡），而对其余的客户机使用纯模拟（emulated）或使用 virtio，以达到多个客户机共享同一个设备的目的；二是对于网络 I/O 的解决方法，可以选择 SR-IOV，使一个网卡产生多个独立的虚拟网卡，将每个虚拟网卡分别分配给一个客户机使用，这也正是后面 6.2.5 节要介绍的内容。另外，设备直接分配还有一个缺点是，对于使用 VT-d 直接分配了设备的客户机，其动态迁移功能将会受限，不过也可以用热插拔或 libvirt 工具等方式来缓解这个问题，详细内容将在 8.1.5 节介绍。

6.2.2 VFIO 简介

在上一版中，VT-d 部分依然是以 pci-stub 模块为例讲解的。自上版付梓后不久，Kernel 3.10 发布，VFIO 正式被引入，取代了原来的 pci-stub 的 VT-d 方式。

与 Legacy KVM Device Assignment（使用 pci-stub driver）相比，VFIO（Virtual Function IO[⊖]）最大的改进就是隔离了设备之间的 DMA 和中断，以及对 IOMMU Group 的支持，从

⊖ 参考阅读以下文档：
http://www.linux-kvm.org/images/b/b4/2012-forum-VFIO.pdf
https://www.kernel.org/doc/Documentation/vfio.txt

而有了更好的安全性。IOMMU Group 可以认为是对 PCI 设备的分组，每个 group 里面的设备被视作 IOMMU 可以操作的最小整体；换句话说，同一个 IOMMU Group 里的设备[⊖]不可以分配给不同的客户机。在以前的 Legacy KVM Device Assignment 中，并不会检查这一点，而后面的操作却注定是失败的。新的 VFIO 会检查并及时报错。

另外，新的 VFIO 架构也做到了平台无关，有更好的可移植性。

本书后续就以 VFIO 为例讲解 VT-d。

6.2.3　VT-d 环境配置

在 KVM 中使用 VT-d 技术进行设备直接分配，需要以下几方面的环境配置。

1. 硬件支持和 BIOS 设置

目前市面上的 x86 硬件平台基本都支持 VT-d，包括服务器平台 Xeon 以及桌面级的酷睿系列。

除了在硬件平台层面对 VT-d 支持之外，还需要在 BIOS 将 VT-d 功能打开，使其处于“Enabled”状态。由于各个 BIOS 和硬件厂商的标识的区别，VT-d 在 BIOS 中设置选项的名称也有所不同。笔者见到 BIOS 中 VT-d 设置选项一般为“Intel(R) VT for Directed I/O”或“Intel VT-d”等，在图 3-2 中已经演示了在 BIOS 设置中打开 VT-d 选项的情况。

2. 宿主机内核的配置

在宿主机系统中，内核也需要配置相应的选项。在较新的 Linux 内核（如 3.0 版本以后）中，应该配置如下几个 VT-d 相关的配置选项。在 RHEL 7 自带的 Kernel config 中，也都已经使这些类似的配置处于打开状态，不需要重新编译内核即可直接使用 VT-d。

```
CONFIG_GART_IOMMU=y                        #AMD平台相关
# CONFIG_CALGARY_IOMMU is not set          #IBM平台相关
CONFIG_IOMMU_HELPER=y
CONFIG_VFIO_IOMMU_TYPE1=m
CONFIG_VFIO_NOIOMMU=y
CONFIG_IOMMU_API=y
CONFIG_IOMMU_SUPPORT=y
CONFIG_IOMMU_IOVA=y
CONFIG_AMD_IOMMU=y                         #AMD平台的IOMMU设置
CONFIG_AMD_IOMMU_STATS=y
CONFIG_AMD_IOMMU_V2=m
CONFIG_INTEL_IOMMU=y                       #Intel平台的VT-d设置
# CONFIG_INTEL_IOMMU_DEFAULT_ON is not set#Intel平台的VT-d是否默认打开。这里没有选上，
需要在kernel boot parameter中加上“intel_iommu=on”
CONFIG_INTEL_IOMMU_FLOPPY_WA=y
# CONFIG_IOMMU_DEBUG is not set
# CONFIG_IOMMU_STRESS is not set
```

⊖ 可以在 /sys/kernel/iommu_groups/ 目录下查看有哪些 IOMMU Group 以及所属的设备。

而在较旧的 Linux 内核（3.0 版本及以下，如 2.6.32 版本）中，应该配置如下几个 VT-d 相关的配置选项。

```
CONFIG_DMAR=y
# CONFIG_DMAR_DEFAULT_ON is not set        #本选项可设置为y，也可不设置
CONFIG_DMAR_FLOPPY_WA=y
CONFIG_INTR_REMAP=y
```

与上面较新内核的配置有些不同，大约在发布 Linux 内核 3.0、3.1 时进行了一次比较大的选项调整，名称和代码结构有所改变。以 RHEL 6.3 的内核为例，默认就已经配置了上述选项，其内核已经支持 VT-d 技术的使用。

另外，为了配合接下来的第 3 步设置（用于隐藏设备），还需要配置 vfio-pci 这个内核模块，相关的内核配置选项如下。在 RHEL 7 默认内核中，都将 CONFIG_KVM_VFIO 配置为 y（直接编译到内核），其他的功能配置为模块（m）。

```
CONFIG_VFIO_IOMMU_TYPE1=m
CONFIG_VFIO=m
CONFIG_VFIO_NOIOMMU=y                      #支持用户空间的VFIO框架
CONFIG_VFIO_PCI=m
# CONFIG_VFIO_PCI_VGA is not set           #这个是for显卡的VT-d
CONFIG_VFIO_PCI_MMAP=y
CONFIG_VFIO_PCI_INTX=y
CONFIG_KVM_VFIO=y
```

在启动宿主机系统（这里需要手动修改 grub）[⊖]后，可以通过内核的打印信息来检查 VT-d 是否处于打开可用状态，如下所示：

```
[root@kvm-host ~]# dmesg | grep -i dmar
[    0.000000] ACPI: DMAR 000000007b6a0000 00100 (v01 INTEL   S2600WT 00000001
INTL 20091013)
[    0.000000] DMAR: IOMMU enabled
[    0.303666] DMAR: Host address width 46
[    0.303670] DMAR: DRHD base: 0x000000fbffc000 flags: 0x0
[    0.303683] DMAR: dmar0: reg_base_addr fbffc000 ver 1:0 cap 8d2078c106f0466 ecap
     f020de
[    0.303686] DMAR: DRHD base: 0x000000c7ffc000 flags: 0x1
[    0.303696] DMAR: dmar1: reg_base_addr c7ffc000 ver 1:0 cap 8d2078c106f0466 ecap
     f020de
[    0.303699] DMAR: RMRR base: 0x0000007a3e3000 end: 0x0000007a3e5fff
[    0.303702] DMAR: ATSR flags: 0x0
[    0.303707] DMAR-IR: IOAPIC id 10 under DRHD base  0xfbffc000 IOMMU 0
[    0.303710] DMAR-IR: IOAPIC id 8 under DRHD base  0xc7ffc000 IOMMU 1
[    0.303713] DMAR-IR: IOAPIC id 9 under DRHD base  0xc7ffc000 IOMMU 1
[    0.303716] DMAR-IR: HPET id 0 under DRHD base 0xc7ffc000
[    0.303719] DMAR-IR: Queued invalidation will be enabled to support x2apic and
```

⊖ RHEL 7 默认的 Kernel config 中 CONFIG_INTEL_IOMMU_DEFAULT_ON 没有设置，需要在 grub.cfg 文件中 kernel 启动行加上“intel_iommu=on”，才会使能宿主机的 VT-d 功能。

```
    Intr-remapping.
[    0.304885] DMAR-IR: Enabled IRQ remapping in x2apic mode
[   36.384332] DMAR: dmar0: Using Queued invalidation
[   36.384603] DMAR: dmar1: Using Queued invalidation
[   36.384898] DMAR: Setting RMRR:
[   36.384965] DMAR: Setting identity map for device 0000:00:1a.0 [0x7a3e3000 -
   0x7a3e5fff]
[   36.385067] DMAR: Setting identity map for device 0000:00:1d.0 [0x7a3e3000 -
   0x7a3e5fff]
[   36.385140] DMAR: Prepare 0-16MiB unity mapping for LPC
[   36.385177] DMAR: Setting identity map for device 0000:00:1f.0 [0x0 - 0xffffff]
[   36.385221] DMAR: Intel(R) Virtualization Technology for Directed I/O
[root@kvm-host ~]# dmesg | grep -i iommu
...
[    0.000000] DMAR: IOMMU enabled
[    0.303707] DMAR-IR: IOAPIC id 10 under DRHD base  0xfbffc000 IOMMU 0
[    0.303710] DMAR-IR: IOAPIC id 8 under DRHD base  0xc7ffc000 IOMMU 1
[    0.303713] DMAR-IR: IOAPIC id 9 under DRHD base  0xc7ffc000 IOMMU 1
[   36.385596] iommu: Adding device 0000:ff:08.0 to group 0
[   36.385674] iommu: Adding device 0000:ff:08.2 to group 0
[   36.385751] iommu: Adding device 0000:ff:08.3 to group 0
[   36.386041] iommu: Adding device 0000:ff:09.0 to group 1
[   36.386119] iommu: Adding device 0000:ff:09.2 to group 1
[   36.386196] iommu: Adding device 0000:ff:09.3 to group 1
...(iommu grouping)
[   36.422115] iommu: Adding device 0000:80:05.2 to group 49
[   36.422257] iommu: Adding device 0000:80:05.4 to group 49
```

如果只有“DMAR: IOMMU enabled”输出，则需要检查 BIOS 中 VT-d 是否已打开。

3. 在宿主机中隐藏设备

使用 vfio_pci 这个内核模块来对需要分配给客户机的设备进行隐藏，从而让宿主机和未被分配该设备的客户机都无法使用该设备，达到隔离和安全使用的目的。需要通过如下 3 步来隐藏一个设备。

1）加载 vfio-pci 驱动（前面已提及将“CONFIG_VFIO_PCI=m”作为内核编译的配置选项），如下所示：

```
[root@kvm-host ~]# modprobe vfio_pci
[root@kvm-host ~]# lsmod | grep vfio_pci
vfio_pci               36948  0
vfio                   26136  2 vfio_iommu_type1,vfio_pci
irqbypass              13503  2 kvm,vfio_pci
[root@kvm-host ~]# ls /sys/bus/pci/drivers/vfio-pci/
bind  module  new_id  remove_id  uevent  unbind
```

如果 vfio_pci 已被编译到内核而不是作为 module，则仅需最后一个命令来检查 /sys/bus/pci/drivers/vfio-pci/ 目录是否存在即可。

2）查看设备的 vendor ID 和 device ID，如下所示（假设此设备的 BDF 为 03:10.3）：

```
[root@kvm-host ~]# lspci -s 03:10.3 -Dn
0000:03:10.3 0200: 8086:1520 (rev 01)
```

在上面 lspci 命令行中，-D 选项表示在输出信息中显示设备的 domain，-n 选项表示用数字的方式显示设备的 vendor ID 和 device ID，-s 选项表示仅显示后面指定的一个设备的信息。在该命令的输出信息中，“0000:03:10.3”表示设备在 PCI/PCI-E 总线中的具体位置，依次是设备的 domain（0000）、bus（03）、slot（10）、function（3），其中 domain 的值一般为 0（当机器有多个 host bridge 时，其取值范围是 0~0xffff），bus 的取值范围是 0～0xff，slot 取值范围是 0～0x1f，function 取值范围是 0～0x7，其中后面 3 个值一般简称为 BDF（即 bus:device:function）。在输出信息中，设备的 vendor ID 是“8086”（“8086”ID 代表 Intel Corporation），device ID 是“1520”(代表 i350 VF)。

3）绑定设备到 vfio-pci 驱动，命令行操作如下所示。

查看它目前的驱动，如不是 vfio-pci，则解绑当前驱动，然后绑定到 vfio-pci 上。

```
[root@kvm-host ~]# lspci -s 03:10.3 -k
03:10.3 Ethernet controller: Intel Corporation I350 Ethernet Controller Virtual
    Function (rev 01)
Subsystem: Intel Corporation Device 35c4
Kernel driver in use: igbvf
Kernel modules: igbvf
[root@kvm-host ~]# echo 0000:03:10.3 > /sys/bus/pci/drivers/igbvf/unbind
[root@kvm-host ~]# echo -n "8086 1520" > /sys/bus/pci/drivers/vfio-pci/new_id
[root@kvm-host ~]# lspci -s 03:10.3 -k
03:10.3 Ethernet controller: Intel Corporation I350 Ethernet Controller Virtual
    Function (rev 01)
Subsystem: Intel Corporation Device 35c4
Kernel driver in use: vfio-pci
Kernel modules: igbvf
```

在绑定前，用 lspci 命令查看 BDF 为 03:10.3 的设备使用的驱动是 Intel 的 igbvf 驱动，而绑定到 vfio_pci 后，通过命令可以可查看到它目前使用的驱动是 vfio-pci 而不是 igbvf，其中 lspci 的 -k 选项表示输出信息中显示正在使用的驱动和内核中可以支持该设备的模块。

而在客户机不需要使用该设备后，让宿主机使用该设备，则需要将其恢复到使用原本的驱动。

本节的隐藏和恢复设备，手动操作起来还是有点效率低和容易出错，利用如下一个 Shell 脚本可以方便地实现该功能，并且使用起来非常简单，仅供大家参考。

```
#!/bin/bash
# A script to hide/unhide PCI/PCIe device for KVM  (using 'vfio-pci')
#set -x
hide_dev=0
unhide_dev=0
driver=0

# check if the device exists
```

```
function dev_exist()
{
local line_num=$(lspci -s "$1" 2>/dev/null | wc -l)
if [ $line_num = 0 ]; then
    echo "Device $pcidev doesn't exists. Please check your system or your command
        line."
    exit 1
else
    return 0
fi
}

# output a format "<domain>:<bus>:<slot>.<func>" (e.g. 0000:01:10.0) of device
function canon()
{
f='expr "$1" : '.*\.\(.\)''
d='expr "$1" : ".*:\(.*\).$f"'
b='expr "$1" : "\(.*\):$d\.$f"'

if [ 'expr "$d" : '..'' == 0 ]
then
    d=0$d
fi
if [ 'expr "$b" : '.*:'' != 0 ]
then
    p='expr "$b" : '\(.*\):''
    b='expr "$b" : '.*:\(.*\)''
else
    p=0000
fi
if [ 'expr "$b" : '..'' == 0 ]
then
    b=0$b
fi
echo $p:$b:$d.$f
}

# output the device ID and vendor ID
function show_id()
{
lspci -Dn -s "$1" | awk '{print $3}' | sed "s/:/ /" > /dev/null 2>&1
if [ $? -eq 0 ]; then
    lspci -Dn -s "$1" | awk '{print $3}' | sed "s/:/ /"
else
    echo "Can't find device id and vendor id for device $1"
    exit 1
fi
}

# hide a device using 'vfio-pci' driver/module
function hide_pci()
```

```
{
local pre_driver=NULL
local pcidev=$(canon $1)
local pciid=$(show_id $pcidev)

dev_exist $pcidev

if [ -e /sys/bus/pci/drivers/vfio-pci ]; then
    pre_driver=$(basename $(readlink /sys/bus/pci/devices/"$pcidev"/driver))
    echo "Unbinding $pcidev from $pre_driver"
    echo -n "$pciid" > /sys/bus/pci/drivers/vfio-pci/new_id
    echo -n "$pcidev" > /sys/bus/pci/devices/"$pcidev"/driver/unbind

fi

echo "Binding $pcidev to vfio-pci"
echo -n "$pcidev" > /sys/bus/pci/drivers/vfio-pci/bind
return $?
}

function unhide_pci() {
local driver=$2
local pcidev='canon $1'
local pciid='show_id $pcidev'

if [ $driver != 0 -a ! -d /sys/bus/pci/drivers/$driver ]; then
    echo "No $driver interface under sys, return fail"
    exit 1
fi

if [ -h /sys/bus/pci/devices/"$pcidev"/driver ]; then
    local tmpdriver='basename $(readlink /sys/bus/pci/devices/"$pcidev"/driver)'
    if [ "$tmpdriver" = "$driver" ]; then
        echo "$1 has been already bind with $driver, no need to unhide"
        exit 1
    elif [ "$tmpdriver" != "vfio-pci" ]; then
        echo "$1 is not bind with vfio-pci, it is bind with $tmpdriver, no need
            to unhide"
        exit 1
    else
        echo "Unbinding $pcidev from" $(basename $(readlink /sys/bus/pci/
            devices/"$pcidev"/driver))
        echo -n "$pcidev" > /sys/bus/pci/drivers/vfio-pci/unbind
        if [ $? -ne 0 ]; then
            return $?
        fi
    fi
fi

if [ $driver != 0 ]; then
    echo "Binding $pcidev to $driver"
```

```
    echo -n "$pcidev" > /sys/bus/pci/drivers/$driver/bind
fi

return $?
}

function usage()
{
echo "Usage: vfio-pci.sh -h pcidev "
echo " -h pcidev: <pcidev> is BDF number of the device you want to hide"
echo " -u pcidev: Optional. <pcidev> is BDF number of the device you want to unhide."
echo " -d driver: Optional. When unhiding the device, bind the device with
    <driver>. The option should be used together with '-u' option"
echo ""
echo "Example1: sh vfio-pci.sh -h 06:10.0          Hide device 06:10.0 to 'vfio-
    pci' driver"
echo "Example2: sh vfio-pci.sh -u 08:00.0 -d e1000e   Unhide device 08:00.0 and
    bind the device with 'e1000e' driver"
exit 1
}

if [ $# -eq 0 ] ; then
usage
fi

# parse the options in the command line
OPTIND=1
while getopts ":h:u:d:" Option
do
case $Option in
    h ) hide_dev=$OPTARG;;
    u ) unhide_dev=$OPTARG;;
    d ) driver=$OPTARG;;
    * ) usage ;;
esac
done

if [ ! -d /sys/bus/pci/drivers/vfio-pci ]; then
modprobe vfio_pci
echo 0
if [ ! -d /sys/bus/pci/drivers/vfio-pci ]; then
    echo "There's no 'vfio-pci' module? Please check your kernel config."
    exit 1
fi
fi

if [ $hide_dev != 0 -a $unhide_dev != 0 ]; then
echo "Do not use -h and -u option together."
exit 1
fi
```

```
if [ $unhide_dev = 0 -a $driver != 0 ]; then
echo "You should set -u option if you want to use -d option to unhide a device
    and bind it with a specific driver"
    exit 1
fi

if [ $hide_dev != 0 ]; then
hide_pci $hide_dev
elif [ $unhide_dev != 0 ]; then
unhide_pci $unhide_dev $driver
fi
exit $?
```

本节后面的 VT-d/SR-IOV 的操作实例就是使用这个脚本对设备进行隐藏和恢复的。

4. 通过 QEMU 命令行分配设备给客户机

利用 qemu-system-x86_64 命令行中“-device”选项可以为客户机分配一个设备，配合其中的“vfio-pci”作为子选项可以实现设备直接分配。

```
-device driver[,prop[=value][,...]]
```

其中 driver 是设备使用的驱动，有很多种类，如 vfio-pci 表示 VFIO 方式的 PCI 设备直接分配，virtio-balloon-pci（又为 virtio-balloon）表示 ballooning 设备（这与 6.1.3 节提到的“-balloon virtio”的意义相同）。*prop*[=*value*] 是设置驱动的各个属性值。

“-device help”可以查看有哪些可用的驱动，“-device *driver*,help”可查看某个驱动的各个属性值，如下面命令行所示：

```
[root@kvm-host ~]# qemu-system-x86_64 -device help
Controller/Bridge/Hub devices:
name "i82801b11-bridge", bus PCI
...

USB devices:
......

Storage devices:
......
name "virtio-blk-pci", bus PCI, alias "virtio-blk"
name "virtio-scsi-device", bus virtio-bus
name "virtio-scsi-pci", bus PCI, alias "virtio-scsi"

Network devices:
......
name "e1000e", bus PCI, desc "Intel 82574L GbE Controller"
......
name "virtio-net-device", bus virtio-bus
name "virtio-net-pci", bus PCI, alias "virtio-net"
......
```

```
Input devices:
......
name "virtconsole", bus virtio-serial-bus
......

Display devices:
......

Sound devices:
......

Misc devices:
......
name "vfio-pci", bus PCI, desc "VFIO-based PCI device assignment"
name "virtio-balloon-device", bus virtio-bus
name "virtio-balloon-pci", bus PCI, alias "virtio-balloon"
name "virtio-mmio", bus System
name "virtio-rng-device", bus virtio-bus
name "virtio-rng-pci", bus PCI, alias "virtio-rng"

Uncategorized devices:
......

[root@kvm-host ~]# qemu-system-x86_64 -device vfio-pci,help
vfio-pci.x-pci-sub-device-id=uint32
vfio-pci.x-no-kvm-msi=bool
vfio-pci.rombar=uint32
vfio-pci.x-pcie-lnksta-dllla=bool (on/off)
vfio-pci.x-igd-opregion=bool (on/off)
vfio-pci.x-vga=bool (on/off)
vfio-pci.x-pci-vendor-id=uint32
vfio-pci.multifunction=bool (on/off)
vfio-pci.bootindex=int32
vfio-pci.x-req=bool (on/off)
vfio-pci.x-igd-gms=uint32
vfio-pci.romfile=str
vfio-pci.x-no-kvm-intx=bool
vfio-pci.x-pci-device-id=uint32
vfio-pci.host=str (Address (bus/device/function) of the host device, example:
    04:10.0)
vfio-pci.x-no-kvm-msix=bool
vfio-pci.x-intx-mmap-timeout-ms=uint32
vfio-pci.command_serr_enable=bool (on/off)
vfio-pci.addr=int32 (Slot and optional function number, example: 06.0 or 06)
vfio-pci.x-pci-sub-vendor-id=uint32
vfio-pci.sysfsdev=str
vfio-pci.x-no-mmap=bool
```

在 -device vfio-pci 的属性中，host 属性指定分配的 PCI 设备在宿主机中的地址（BDF 号），addr 属性表示设备在客户机中的 PCI 的 slot 编号（即 BDF 中的 D-device 的值）。

qemu-system-x86_64 命令行工具在启动时分配一个设备给客户机，命令行如下所示：

```
[root@kvm-host ~]# qemu-system-x86_64 -enable-kvm -smp 4 -m 8G rhel7.3.img
    -device vfio-pci,host=03:10.3,addr=08
```

如果要一次性分配多个设备给客户机，只需在 qemu-system-x86_64 命令行中重复多次“-device pci-assign,host=$BDF”这样的选项即可。由于设备直接分配是客户机独占该设备，因此一旦将一个设备分配给客户机使用，就不能再将其分配给另外的客户机使用了，否则在通过命令行启动另一个客户机再分配这个设备时，会遇到如下的错误提示：

```
[root@kvm-host ~]# qemu-system-x86_64 -enable-kvm -smp 4 -m 8G rhel7.3.img
    -device vfio-pci,host=03:10.3,addr=08 -net none
qemu-system-x86_64: -device vfio-pci,host=03:10.3,addr=08: vfio: error opening /
    dev/vfio/50: Device or resource busy
qemu-system-x86_64: -device vfio-pci,host=03:10.3,addr=08: vfio: failed to get
    group 50
qemu-system-x86_64: -device vfio-pci,host=03:10.3,addr=08: Device initialization
    failed
```

除了在客户机启动时就分配直接分配设备之外，QEUM/KVM 还支持设备的热插拔（hot-plug），在客户机运行时添加所需的直接分配设备，这需要在 QEMU monitor 中运行相应的命令，相关内容将在 6.3 节中详细介绍。

6.2.4 VT-d 操作示例

1. 网卡直接分配

在如今的网络时代，有很多服务器对网卡性能要求较高，在虚拟客户机中也不例外。通过 VT-d 技术将网卡直接分配给客户机使用，会让客户机得到与在 native 环境中使用网卡几乎一样的性能。本节通过示例来演示将一个 Intel 82599 型号的 PCI-E 网卡分配给一个 RHEL 7.3 客户机使用的过程。这里省略 BIOS 配置、宿主机内核检查等操作步骤（详见 6.2.3 节）。

1）选择需要直接分配的网卡。

```
[root@kvm-host ~]# lspci -s 05:00.1 -k
05:00.1 Ethernet controller: Intel Corporation 82599ES 10-Gigabit SFI/SFP+
    Network Connection (rev 01)
Subsystem: Intel Corporation Ethernet Server Adapter X520-2
Kernel driver in use: ixgbe
Kernel modules: ixgbe
```

2）隐藏该网卡（使用了前面介绍的 vfio-pci.sh 脚本）。

```
[root@kvm-host ~]# ./vfio-pci.sh -h 05:00.1
Unbinding 0000:05:00.1 from ixgbe
Binding 0000:05:00.1 to vfio-pci
[root@kvm-host ~]# lspci -s 05:00.1 -k
05:00.1 Ethernet controller: Intel Corporation 82599ES 10-Gigabit SFI/SFP+
    Network Connection (rev 01)
```

```
Subsystem: Intel Corporation Ethernet Server Adapter X520-2
Kernel driver in use: vfio-pci
Kernel modules: ixgbe
```

3）在启动客户机时分配网卡。

```
[root@kvm-host ~]# qemu-system-x86_64 -enable-kvm -cpu host -smp 2 -m 4G -drive file=
    rhel7.img,format=raw,if=virtio,media=disk -device vfio-pci,host=05:00.1 -net none
VNC server running on '::1:5900'
```

命令行中的“-net none”表示不使其他的网卡设备（除了直接分配的网卡之外），否则在客户机中将会出现一个直接分配的网卡和另一个emulated的网卡。

在QEMU monitor中，可以用“info pci”命令查看分配给客户机的PCI设备的情况。

```
(qemu) info pci
    Bus  0, device   0, function 0:
        Host bridge: PCI device 8086:1237
            id ""
<! - 此处省略其余一些PCI设备的信息 -->
    Bus  0, device   3, function 0:
        Ethernet controller: PCI device 8086:10fb
            IRQ 11.
            BAR0: 64 bit prefetchable memory at 0xfe000000 [0xfe07ffff].
            BAR2: I/O at 0xc040 [0xc05f].
            BAR4: 64 bit prefetchable memory at 0xfe080000 [0xfe083fff].
            id ""
<! - 此处省略其余一些PCI设备的信息 -->
```

4）在客户机中查看网卡的工作情况。

```
[root@kvm-guest ~]# lspci -s 00:03.0 -k
00:03.0 Ethernet controller: Intel Corporation 82599ES 10-Gigabit SFI/SFP+
    Network Connection (rev 01)
Subsystem: Intel Corporation Ethernet Server Adapter X520-2
Kernel driver in use: ixgbe
Kernel modules: ixgbe
[root@kvm-guest ~]# ethtool -i ens3
driver: ixgbe
version: 4.4.0-k
firmware-version: 0x61bf0001
expansion-rom-version:
bus-info: 0000:00:03.0
supports-statistics: yes
supports-test: yes
supports-eeprom-access: yes
supports-register-dump: yes
supports-priv-flags: no
[root@kvm-guest ~]# ping 192.168.0.106 -I ens3 -c 1
PING 192.168.0.106 (192.168.0.106) from 192.168.0.62 ens3: 56(84) bytes of data.
64 bytes from 192.168.0.106: icmp_seq=1 ttl=64 time=0.106 ms
```

```
--- 192.168.0.106 ping statistics ---
1 packets transmitted, 1 received, 0% packet loss, time 0ms
rtt min/avg/max/mdev = 0.106/0.106/0.106/0.000 ms
```

由上面输出信息可知，在客户机中看到的网卡是使用 ixgbe 驱动的 Intel 82599 网卡（和宿主机隐藏它之前看到的是一样的），ens3 就是该网卡的网络接口，通过 ping 命令查看其网络是畅通的。

5）关闭客户机后，在宿主机中恢复前面被隐藏的网卡。

在客户机关闭或网卡从客户机中虚拟地“拔出”来之后，如果想让宿主机继续使用该网卡，则可以使用 vfio-pci.sh 脚本来恢复其在宿主机中的驱动绑定情况。操作过程如下所示：

```
[root@kvm-host ~]# ./vfio-pci.sh -u 05:00.1 -d ixgbe
Unbinding 0000:05:00.1 from vfio-pci
Binding 0000:05:00.1 to ixgbe
[root@kvm-host ~]# lspci -s 05:00.1 -k
05:00.1 Ethernet controller: Intel Corporation 82599ES 10-Gigabit SFI/SFP+
    Network Connection (rev 01)
Subsystem: Intel Corporation Ethernet Server Adapter X520-2
Kernel driver in use: ixgbe
Kernel modules: ixgbe
```

在 vfio-pci.sh 脚本中，“-u $BDF”是指定需要取消隐藏（unhide）的设备，“-d $driver”是指将从 vfio_pci 的绑定中取消隐藏的设备绑定到另外一个新的驱动（driver）中。由上面的输出信息可知，05:00.1 设备使用的驱动从 vfio-pci 变回了 ixgbe。

2. 硬盘控制器直接分配

在现代计算机系统中，一般 SATA 或 SAS 等类型硬盘的控制器（Controller）都是接入 PCI（或 PCIe）总线上的，所以也可以将硬盘控制器作为普通 PCI 设备直接分配给客户机使用。不过当 SATA 或 SAS 设备作为 PCI 设备直接分配时，实际上将其控制器作为一个整体分配到客户机中，如果宿主机使用的硬盘也连接在同一个 SATA 或 SAS 控制器上，则不能将该控制器直接分配给客户机，而是需要硬件平台中至少有两个或以上的 STAT 或 SAS 控制器。宿主机系统使用其中一个，然后将另外的一个或多个 SATA/SAS 控制器完全分配给客户机使用。下面以一个 SATA 硬盘控制器为实例，介绍对硬盘控制器的直接分配过程。

1）先在宿主机中查看硬盘设备，然后隐藏需要直接分配的硬盘。其命令行操作如下所示：

```
[root@kvm-host ~]# ll /dev/disk/by-path/pci-0000\:16\:00.0-sas-0x1221000000000000-
    lun-0
lrwxrwxrwx 1 root root 9 Sep 24 11:17 /dev/disk/by-path/pci-0000:16:00.0-sas-
    0x1221000000000000-lun-0 -> ../../sda
[root@kvm-host ~]# ll /dev/disk/by-path/pci-0000\:00\:1f.2-scsi-0\:0\:0\:0
lrwxrwxrwx 1 root root 9 Sep 24 11:17 /dev/disk/by-path/pci-0000:00:1f.2-
    scsi-0:0:0:0 -> ../../sdb

[root@kvm-host ~]# lspci -k -s 16:00.0
16:00.0 SCSI storage controller: LSI Logic / Symbios Logic SAS1078 PCI-Express
```

```
    Fusion-MPT SAS (rev 04)
    Subsystem: Intel Corporation Device 3505
    Kernel driver in use: mptsas
    Kernel modules: mptsas
[root@kvm-host ~]# lspci -k -s 00:1f.2
00:1f.2 SATA controller: Intel Corporation 82801JI (ICH10 Family) SATA AHCI Controller
    Subsystem: Intel Corporation Device 34f8
    Kernel driver in use: ahci
    Kernel modules: ahci

[root@kvm-host ~]# fdisk -l /dev/sdb

Disk /dev/sdb: 164.7 GB, 164696555520 bytes
255 heads, 63 sectors/track, 20023 cylinders
Units = cylinders of 16065 * 512 = 8225280 bytes
Sector size (logical/physical): 512 bytes / 512 bytes
I/O size (minimum/optimal): 512 bytes / 512 bytes
Disk identifier: 0x0003e001

    Device Boot      Start         End      Blocks   Id  System
/dev/sdb1   *           1        6528    52428800   83  Linux
/dev/sdb2            6528        7050     4194304   82  Linux swap / Solaris
/dev/sdb3            7050        9600    20480000   83  Linux

[root@kvm-host ~]# df -h
Filesystem            Size  Used Avail Use% Mounted on
/dev/sda1             197G   13G  175G   7% /
tmpfs                  12G   76K   12G   1% /dev/shm

[root@kvm-host ~]# ./vfio-pci.sh -h 00:1f.2
Unbinding 0000:00:1f.2 from ahci
Binding 0000:00:1f.2 to vfio-pci

[root@kvm-host]# lspci -k -s 00:1f.2
00:1f.2 SATA controller: Intel Corporation 82801JI (ICH10 Family) SATA AHCI Controller
    Subsystem: Intel Corporation Device 34f8
    Kernel driver in use: vfio-pci
    Kernel modules: ahci
```

由上面的命令行输出可知，在宿主机中有两块硬盘 sda 和 sdb，分别对应一个 SAS Controller（16:00.0）和一个 SATA Controller（00:1f.2），其中 sdb 大小为 160GB，而宿主机系统安装在 sda 的第一个分区（sda1）上。在用 vfio-pci.sh 脚本隐藏 SATA Controller 之前，它使用的驱动是 ahci 驱动，之后，将其绑定到 vfio-pci 驱动，为设备直接分配做准备。

2）用如下命令行将 STAT 硬盘分配（实际是分配 STAT Controller）给客户机使用。

```
[root@kvm-host ~]# qemu-system-x86_64 rhel7.img -m 1024 -device vfio-pci,host=
    00:1f.2,addr=0x6 -net nic -net tap
VNC server running on '::1:5900'
```

3）在客户机启动后，在客户机中查看直接分配得到的 SATA 硬盘。命令行如下所示：

```
[root@kvm-guest ~]# fdisk -l /dev/sdb

Disk /dev/sdb: 164.7 GB, 164696555520 bytes
255 heads, 63 sectors/track, 20023 cylinders
Units = cylinders of 16065 * 512 = 8225280 bytes
Sector size (logical/physical): 512 bytes / 512 bytes
I/O size (minimum/optimal): 512 bytes / 512 bytes
Disk identifier: 0x0003e001

    Device Boot      Start         End      Blocks   Id  System
/dev/sdb1   *           1        6528    52428800   83  Linux
/dev/sdb2            6528        7050     4194304   82  Linux swap / Solaris
/dev/sdb3            7050        9600    20480000   83  Linux

[root@kvm-guest ~]# ll /dev/disk/by-path/pci-0000\:00\:04.0-scsi-2\:0\:0\:0
lrwxrwxrwx 1 root root 9 Sep 23 23:47 /dev/disk/by-path/pci-0000:00:04.0-scsi-2:0:0:0
    -> ../../sdb

[root@kvm-guest ~]# lspci -k -s 00:06.0
00:06.0 SATA controller: Intel Corporation 82801JI (ICH10 Family) SATA AHCI
Controller
    Subsystem: Intel Corporation Device 34f8
    Kernel driver in use: ahci
    Kernel modules: ahci
```

由客户机中的以上命令行输出可知，宿主机中的 sdb 硬盘（BDF 为 00:06.0）就是设备直接分配的那个 160GB 大小的 SATA 硬盘。在 SATA 硬盘成功直接分配到客户机后，客户机中的程序就可以像使用普通硬盘一样对其进行读写操作（也包括磁盘分区等管理操作）。

3. USB 控制器直接分配

与 SATA 和 SAS 控制器类似，在很多现代计算机系统中，USB 主机控制器（USB Host Controller）也是接入 PCI 总线中去的，所以也可以对 USB 设备做设备直接分配。同样，这里的 USB 直接分配也是指对整个 USB Host Controller 的直接分配，而并不一定仅分配一个 USB 设备。常见的 USB 设备，如 U 盘、键盘、鼠标等都可以作为设备直接分配到客户机中使用。这里以 U 盘为例来介绍 USB 直接分配，而 USB 键盘、鼠标的直接分配也与此类似。在后面介绍 VGA 直接分配的示例时，也会将鼠标、键盘直接分配到客户机中。

1）在宿主机中查看 U 盘设备，并将其隐藏起来以供直接分配。命令行操作如下所示：

```
[root@kvm-host ~]# fdisk -l /dev/sdb

Disk /dev/sdb: 16.0 GB, 16008609792 bytes
21 heads, 14 sectors/track, 106349 cylinders
Units = cylinders of 294 * 512 = 150528 bytes
Sector size (logical/physical): 512 bytes / 512 bytes
I/O size (minimum/optimal): 512 bytes / 512 bytes
```

```
Disk identifier: 0xcad4ebea

   Device Boot      Start         End      Blocks   Id  System
/dev/sdb1   *           7      106350    15632384    c  W95 FAT32 (LBA)
[root@kvm-host ~]# ls -l /dev/disk/by-path/pci-0000\:00\:1d.0-usb-0\:1.2\:1.0-
    scsi-0\:0\:0\:0
lrwxrwxrwx 1 root root 9 Sep 24 06:47 /dev/disk/by-path/pci-0000:00:1d.0-usb-
    0:1.2:1.0-scsi-0:0:0:0 -> ../../sdb
[root@kvm-host ~]# lspci -k -s 00:1d.0
00:1d.0 USB controller: Intel Corporation C600/X79 series chipset USB2 Enhanced
    Host Controller #1 (rev 06)
    Subsystem: Intel Corporation Device 35a0
    Kernel driver in use: ehci_hcd
    Kernel modules: ehci-hcd
[root@kvm-host ~]# ./vfio-pci.sh -h 00:1d.0
Unbinding 0000:00:1d.0 from ehci_hcd
Binding 0000:00:1d.0 to vfio-pci
[root@kvm-host ~]# lspci -k -s 00:1d.0
00:1d.0 USB controller: Intel Corporation C600/X79 series chipset USB2 Enhanced
Host Controller #1 (rev 06)
    Subsystem: Intel Corporation Device 35a0
    Kernel driver in use: vfio-pci
    Kernel modules: ehci-hcd
```

由宿主机中的命令行输出可知，sdb就是那个使用USB 2.0协议的U盘，它的大小为16GB，其PCI的ID为00:1d.0，在vfio-pci.sh隐藏之前使用的是ehci-hcd驱动，然后被绑定到vfio-pci驱动隐藏起来，以供后面直接分配给客户机使用。

2）将U盘直接分配给客户机使用的命令行如下所示，与普通PCI设备直接分配的操作完全一样。

```
[root@kvm-host ~]# qemu-system-x86_64 rhel7.img -m 1024 -device vfio-pci,host=
    00:1d.0,addr=0x5 -net nic -net tap
VNC server running on '::1:5900'
```

3）在客户机中，查看通过直接分配得到的U盘的命令行如下：

```
[root@kvm-guest ~]# df -h
Filesystem            Size  Used Avail Use% Mounted on
/dev/sda1             7.4G  6.3G  734M  90% /
tmpfs                 499M     0  499M   0% /dev/shm
[root@kvm-guest ~]# fdisk -l /dev/sdb

Disk /dev/sdb: 16.0 GB, 16008609792 bytes
21 heads, 14 sectors/track, 106349 cylinders
Units = cylinders of 294 * 512 = 150528 bytes
Sector size (logical/physical): 512 bytes / 512 bytes
I/O size (minimum/optimal): 512 bytes / 512 bytes
Disk identifier: 0xcad4ebea

   Device Boot      Start         End      Blocks   Id  System
```

```
/dev/sdb1   *           7       106350    15632384    c  W95 FAT32 (LBA)
[root@kvm-guest ~]# lspci -k -s 00:05.0
00:05.0 USB controller: Intel Corporation C600/X79 series chipset USB2 Enhanced
Host Controller #1 (rev 06)
    Subsystem: Intel Corporation Device 35a0
    Kernel driver in use: ehci_hcd
```

由客户机中的命令行输出可知，sdb 就是那个 16GB 的 U 盘（BDF 为 00:05.0），目前使用 ehci_hcd 驱动。在 U 盘直接分配成功后，客户机就可以像在普通系统中使用 U 盘一样直接使用它了。

另外，也有其他的命令行参数（-usbdevice）来支持 USB 设备的分配。不同于前面介绍的对 USB Host Controller 的直接分配，-usbdevice 参数用于分配单个 USB 设备。在宿主机中不要对 USB Host Controller 进行隐藏（如果前面已经隐藏了，可以用 " vfio-pci.sh -u 00:1d.0 -d ehci_hcd" 命令将其释放出来），用 " lsusb" 命令查看需要分配的 USB 设备的信息，然后在要启动客户机的命令行中使用 " -usbdevice host:xx" 这样的参数启动客户机即可。其操作过程如下：

```
[root@kvm-host ~]# lsusb
Bus 001 Device 002: ID 8087:0024 Intel Corp. Integrated Rate Matching Hub
Bus 001 Device 001: ID 1d6b:0002 Linux Foundation 2.0 root hub
Bus 001 Device 003: ID 0781:5567 SanDisk Corp. Cruzer Blade
#用于分配的SandDisk的U盘设备
root@kvm-host ~]# qemu-system-x86_64 rhel7.img -m 1024 -usbdevice host:0781:5667
    -net nic -net tap
VNC server running on '::1:5900'
```

4. VGA 显卡直接分配

在计算机系统中，显卡也是作为一个 PCI 或 PCIe 设备接入系统总线之中的。在 KVM 虚拟化环境中，如果有在客户机中看高清视频和玩高清游戏的需求，也可以将显卡像普通 PCI 设备一样完全分配给某个客户机使用。目前，市面上显卡的品牌很多，有 Nvidia、ATI 等独立显卡品牌，也包括 Intel 等公司在较新的 CPU 中集成的 GPU 模块（具有 3D 显卡功能）。显卡也有多种标准的接口类型，如 VGA（Video Graphics Array）、DVI（Digital Visual Interface）、HDMI（High-Definition Multimedia Interface）等。下面以一台服务器上的集成 VGA 显卡为例，介绍显卡设备的直接分配过程。在此过程中也将 USB 鼠标和键盘一起分配给客户机，以方便用服务器上直接连接的物理鼠标、键盘操作客户机。

1）查看 USB 键盘和鼠标的 PCI 的 BDF，查看 VGA 显卡的 BDF。命令行操作如下所示：

```
[root@kvm-host ~]# dmesg | grep -i mouse
[233824.471274] usb 3-7: Product: HP Mobile USB Optical Mouse
[233824.473781] input: PixArt HP Mobile USB Optical Mouse as /devices/pci0000:
    00/0000:00:14.0/usb3/3-7/3-7:1.0/input/input7
[233824.473928] hid-generic 0003:03F0:8607.0006: input,hidraw5: USB HID v1.11
    Mouse [PixArt HP Mobile USB Optical Mouse] on usb-0000:00:14.0-7/input0
```

```
[root@kvm-host ~]# dmesg | grep -i keyboard
[246115.530543] usb 3-12: Product: HP Basic USB Keyboard
[246115.536008] input: CHICONY HP Basic USB Keyboard as /devices/pci0000:
    00/0000:00:14.0/usb3/3-12/3-12:1.0/input/input8
[246115.587246] hid-generic 0003:03F0:0024.0007: input,hidraw3: USB HID v1.10
    Keyboard [CHICONY HP Basic USB Keyboard] on usb-0000:00:14.0-12/input0
[root@kvm-host ~]# lsusb
......
Bus 003 Device 005: ID 03f0:8607 Hewlett-Packard Optical Mobile Mouse
......
Bus 003 Device 006: ID 03f0:0024 Hewlett-Packard KU-0316 Keyboard
......
[root@kvm-host ~]# lsusb -t
/:  Bus 04.Port 1: Dev 1, Class=root_hub, Driver=xhci_hcd/6p, 5000M
/:  Bus 03.Port 1: Dev 1, Class=root_hub, Driver=xhci_hcd/15p, 480M
    |__ Port 2: Dev 2, If 0, Class=Human Interface Device, Driver=usbhid, 12M
    |__ Port 7: Dev 5, If 0, Class=Human Interface Device, Driver=usbhid, 1.5M
    |__ Port 9: Dev 3, If 0, Class=Human Interface Device, Driver=usbhid, 12M
    |__ Port 9: Dev 3, If 1, Class=Human Interface Device, Driver=usbhid, 12M
    |__ Port 12: Dev 6, If 0, Class=Human Interface Device, Driver=usbhid, 1.5M
/:  Bus 02.Port 1: Dev 1, Class=root_hub, Driver=ehci-pci/2p, 480M
    |__ Port 1: Dev 2, If 0, Class=Hub, Driver=hub/8p, 480M
/:  Bus 01.Port 1: Dev 1, Class=root_hub, Driver=ehci-pci/2p, 480M
    |__ Port 1: Dev 2, If 0, Class=Hub, Driver=hub/6p, 480M
```

从上面命令输出可以看出，在笔者环境中，分别有一个HP鼠标（USB接口）和一个HP键盘（USB接口）接在主机上。而它们又都从属于USB bus3根控制器（BDF是0000:00:14.0）。

下面我们来看看这个00:14.0 PCI设备究竟是不是USB根控制器。

```
[root@kvm-host ~]# lspci -s 00:14.0 -v
00:14.0 USB controller: Intel Corporation C610/X99 series chipset USB xHCI Host
    Controller (rev 05) (prog-if 30 [XHCI])
Subsystem: Intel Corporation Device 35c4
Flags: bus master, medium devsel, latency 0, IRQ 33, NUMA node 0
Memory at 383ffff00000 (64-bit, non-prefetchable) [size=64K]
Capabilities: [70] Power Management version 2
Capabilities: [80] MSI: Enable+ Count=1/8 Maskable- 64bit+
Kernel driver in use: xhci_hcd
```

果然，它是一个USB3.0的根控制器。后面我们就通过将它VT-d给客户机，进而实现把它下属的HP的USB鼠标、键盘（以及其他的下属USB设备）都分配给客户机的目的。

下面我们再来找到VGA设备的BDF号。

```
[root@kvm-host ~]# lspci | grep -i vga
08:00.0 VGA compatible controller: Matrox Electronics Systems Ltd. MGA G200e
    [Pilot] ServerEngines (SEP1) (rev 05)
[root@kvm-host ~]# lspci -s 08:00.0 -v
08:00.0 VGA compatible controller: Matrox Electronics Systems Ltd. MGA G200e
```

```
    [Pilot] ServerEngines (SEP1) (rev 05) (prog-if 00 [VGA controller])
Subsystem: Intel Corporation Device 0103
Flags: fast devsel, IRQ 19, NUMA node 0
Memory at 90000000 (32-bit, prefetchable) [disabled] [size=16M]
Memory at 91800000 (32-bit, non-prefetchable) [disabled] [size=16K]
Memory at 91000000 (32-bit, non-prefetchable) [disabled] [size=8M]
Expansion ROM at 91810000 [disabled] [size=64K]
Capabilities: [dc] Power Management version 2
Capabilities: [e4] Express Legacy Endpoint, MSI 00
Capabilities: [54] MSI: Enable- Count=1/1 Maskable- 64bit-
Kernel driver in use: mgag200
Kernel modules: mgag200
```

可以看到笔者主机上的 VGA 显卡是 Matrox 公司的 G200e 型号，BDF 为 08:00.0。

2）分别将鼠标、键盘和 VGA 显卡隐藏起来，以便分配给客户机。命令行操作如下所示：

```
[root@kvm-host ~]# ./vfio-pci.sh -h 00:14.00
Unbinding 0000:00:14.0 from xhci_hcd
Binding 0000:00:14.0 to vfio-pci
[root@kvm-host ~]# lspci -s 00:14.0 -k
00:14.0 USB controller: Intel Corporation C610/X99 series chipset USB xHCI Host
    Controller (rev 05)
Subsystem: Intel Corporation Device 35c4
Kernel driver in use: vfio-pci
[root@kvm-host ~]# ./vfio-pci.sh -h 08:00.0
Unbinding 0000:08:00.0 from mgag200
Binding 0000:08:00.0 to vfio-pci
[root@kvm-host ~]# lspci -s 08:00.0 -k
08:00.0 VGA compatible controller: Matrox Electronics Systems Ltd. MGA G200e
    [Pilot] ServerEngines (SEP1) (rev 05)
Subsystem: Intel Corporation Device 0103
Kernel driver in use: vfio-pci
Kernel modules: mgag200
```

3）qemu 命令行启动一个客户机，将 USB3.0 根控制器和 VGA 显卡都分配给它。其命令行操作如下所示：

```
[root@kvm-host ~]# qemu-system-x86_64 -enable-kvm -smp 4 -m 8G rhel7.img -device
    vfio-pci,host=00:14.0 -device vfio-pci,host=08:00.0 -device virtio-net-
    pci,netdev=nic0 -netdev bridge,br=virbr0,id=nic0
```

4）在客户机中查看分配的 VGA 显卡和 USB 键盘鼠标，命令行操作如下所示：

```
[root@kvm-guest ~]# lspci | grep -i usb
00:03.0 USB controller: Intel Corporation C610/X99 series chipset USB xHCI Host
    Controller (rev 05)
[root@kvm-guest ~]# lspci -s 00:03.0 -v
00:03.0 USB controller: Intel Corporation C610/X99 series chipset USB xHCI Host
    Controller (rev 05) (prog-if 30 [XHCI])
Subsystem: Intel Corporation Device 35c4
Physical Slot: 3
```

```
Flags: bus master, medium devsel, latency 0, IRQ 24
Memory at fe850000 (64-bit, non-prefetchable) [size=64K]
Capabilities: [70] Power Management version 2
Capabilities: [80] MSI: Enable+ Count=1/8 Maskable- 64bit+
Kernel driver in use: xhci_hcd

[root@kvm-guest ~]# lsusb
Bus 002 Device 001: ID 1d6b:0003 Linux Foundation 3.0 root hub
Bus 001 Device 004: ID 046b:ff10 American Megatrends, Inc. Virtual Keyboard and Mouse
Bus 001 Device 007: ID 03f0:8607 Hewlett-Packard Optical Mobile Mouse
Bus 001 Device 002: ID 14dd:1005 Raritan Computer, Inc.
Bus 001 Device 005: ID 03f0:0024 Hewlett-Packard KU-0316 Keyboard
Bus 001 Device 001: ID 1d6b:0002 Linux Foundation 2.0 root hub
[root@kvm-guest ~]# lsusb -t
/:  Bus 02.Port 1: Dev 1, Class=root_hub, Driver=xhci_hcd/6p, 5000M
/:  Bus 01.Port 1: Dev 1, Class=root_hub, Driver=xhci_hcd/15p, 480M
    |__ Port 2: Dev 2, If 0, Class=Human Interface Device, Driver=usbhid, 12M
    |__ Port 7: Dev 8, If 0, Class=Human Interface Device, Driver=usbhid, 1.5M
    |__ Port 9: Dev 4, If 0, Class=Human Interface Device, Driver=usbhid, 12M
    |__ Port 9: Dev 4, If 1, Class=Human Interface Device, Driver=usbhid, 12M
    |__ Port 12: Dev 5, If 0, Class=Human Interface Device, Driver=usbhid, 1.5M
[root@kvm-guest ~]# lspci | grep -i vga
00:02.0 VGA compatible controller: Device 1234:1111 (rev 02)
00:04.0 VGA compatible controller: Matrox Electronics Systems Ltd. MGA G200e
    [Pilot] ServerEngines (SEP1) (rev 05)
[root@kvm-guest ~]# dmesg | grep -i vga
[    0.000000] Console: colour VGA+ 80x25
[    1.136954] vgaarb: device added: PCI:0000:00:02.0,decodes=io+mem,owns=io+mem,
     locks=none
[    1.136963] vgaarb: device added: PCI:0000:00:04.0,decodes=io+mem,owns=io+mem,
     locks=none
[    1.136964] vgaarb: loaded
[    1.136965] vgaarb: bridge control possible 0000:00:04.0
[    1.136965] vgaarb: no bridge control possible 0000:00:02.0
[    1.771908] [drm] Found bochs VGA, ID 0xb0c0.
[   13.302791] mgag200 0000:00:04.0: VGA-1: EDID block 0 invalid.
```

由上面输出可以看出，随着USB根控制器的传入，其下属的所有USB设备（包括我们的目标USB鼠标和键盘）也都传给了客户机（此时宿主机上lsusb就看不到USB3.0根控制器及其从属的USB设备了）。

客户机有两个VGA显卡，其中BDF 00:02.0是5.6节提到的QEMU纯软件模拟的Cirrus显卡，而另外的BDF 00:04.0就是设备直接分配得到的GMA G200e显卡，它的信息与在宿主机中查看到的是一样的。从demsg信息可以看到，系统启动后，00:04.0显卡才是最后真正使用的显卡，而00:02.0是不可用的（处于"no bridge control possible"状态）。另外，本示例在客户机中也启动了图形界面，对使用的显卡进行检查，还可以在客户机中查看Xorg的日志文件：/var/log/Xorg.0.log，其中部分内容如下：

```
X.Org X Server 1.17.2
```

```
Release Date: 2015-06-16
[    24.254] X Protocol Version 11, Revision 0
<!-- 此处省略数十行文字 -->
[    24.257] (II) xfree86: Adding drm device (/dev/dri/card0)
[    24.257] (II) xfree86: Adding drm device (/dev/dri/card1)
[    24.260] (--) PCI:*(0:0:2:0) 1234:1111:1af4:1100 rev 2, Mem @ 0xfb000000/16777216,
     0xfe874000/4096, BIOS @ 0x????????/65536
[    24.260] (--) PCI: (0:0:4:0) 102b:0522:8086:0103 rev 5, Mem @ 0xfc000000/16777216,
     0xfe870000/16384, 0xfe000000/8388608, BIOS @ 0x????????/65536
<! -- 省略中间更多日志输出 -->
(II) VESA: driver for VESA chipsets: vesa
(II) FBDEV: driver for framebuffer: fbdev
(II) Primary Device is: PCI 00@00:04:0
<! -- 省略其他信息输出 -->
```

由上面日志Xorg.0.log中的信息可知，X窗口程序检测到两个VGA显卡，最后使用的是BDF为00:04.0的显卡，使用了VESA程序来驱动该显卡。在客户机内核的配置中，对VESA的配置已经编译到内核中去了，因此可以直接使用。

```
[root@kvm-guest ~]# grep -i vesa /boot/config-3.10.0-514.el7.x86_64
CONFIG_FB_BOOT_VESA_SUPPORT=y
# CONFIG_FB_UVESA is not set
CONFIG_FB_VESA=y
```

在本示例中，在RHEL 7.3客户机启动的前期默认使用的是QEMU模拟的Cirrus显卡，而在系统启动完成后打开用户登录界面（启动了X-window图形界面），客户机就自动切换到使用直接分配的设备GMA G200e显卡了，在连接物理显卡的显示器上就出现了客户机的界面。

对于不同品牌的显卡及不同类型的客户机系统，KVM对它们的支持有所不同，其中也存在部分bug。在使用显卡设备直接分配时，可能有的显卡在某些客户机中并不能正常工作，这就需要根据实际情况来操作。另外，在Windows客户机中，如果在“设备管理器”中看到了分配给它的显卡，但是并没有使用和生效，可能需要下载合适的显卡驱动，并且在“设备管理器”中关闭纯软件模拟的那个显卡，而且需要开启设置直接分配得到的显卡，这样才能让接VGA显卡的显示器能显示Windows客户机中的内容。

6.2.5 SR-IOV技术

1. SR-IOV概述

前面介绍的普通VT-d技术实现了设备直接分配，尽管其性能非常好，但是它的一个物理设备只能分配给一个客户机使用。为了实现多个虚拟机能够共享同一个物理设备的资源，并且达到设备直接分配的性能，PCI-SIG[⊖]组织发布了SR-IOV（Single Root I/O Virtualization

⊖ PCI-SIG（Peripheral Component Interconnect Special Interest Group）是一个致力于定义PCI、PCI-X、PCI Express（PCIe）规范的电子工业协会，成立于1992年，是一个非营利性组织。其委员会理事代表来自于Intel、Microsoft、IBM、AMD、HP、Broadcom、Agilent和NVIDIA等大型IT公司。

and Sharing）规范，该规范定义个了一个标准化的机制，用以原生地支持实现多个共享的设备（不一定是网卡设备）。不过，目前 SR-IOV（单根 I/O 虚拟化）最广泛的应用还是在以太网卡设备的虚拟化方面。QEMU/KVM 在 2009 年实现了对 SR-IOV 技术的支持，其他一些虚拟化方案（如 Xen、VMware、Hyper-V 等）也都支持 SR-IOV 了。

在详细介绍 SR-IOV 之前，先介绍一下 SR-IOV 中引入的两个新的功能（function）类型。

1）Physical Function（PF，物理功能）：拥有包含 SR-IOV 扩展能力在内的所有完整的 PCI-e 功能，其中 SR-IOV 能力使 PF 可以配置和管理 SR-IOV 功能。简言之，PF 就是一个普通的 PCI-e 设备（带有 SR-IOV 功能），可以放在宿主机中配置和管理其他 VF，它本身也可以作为一个完整独立的功能使用。

2）Virtual Function（VF，虚拟功能）：由 PF 衍生而来的“轻量级”的 PCI-e 功能，包含数据传送所必需的资源，但是仅谨慎地拥有最小化的配置资源。简言之，VF 通过 PF 的配置之后，可以分配到客户机中作为独立功能使用。

SR-IOV 为客户机中使用的 VF 提供了独立的内存空间、中断、DMA 流，从而不需要 Hypervisor 介入数据的传送过程。SR-IOV 架构设计的目的是允许一个设备支持多个 VF，同时也尽量减小每个 VF 的硬件成本。Intel 有不少高级网卡可以提供 SR-IOV 的支持，图 6-13 展示了 Intel 以太网卡中的 SR-IOV 的总体架构。

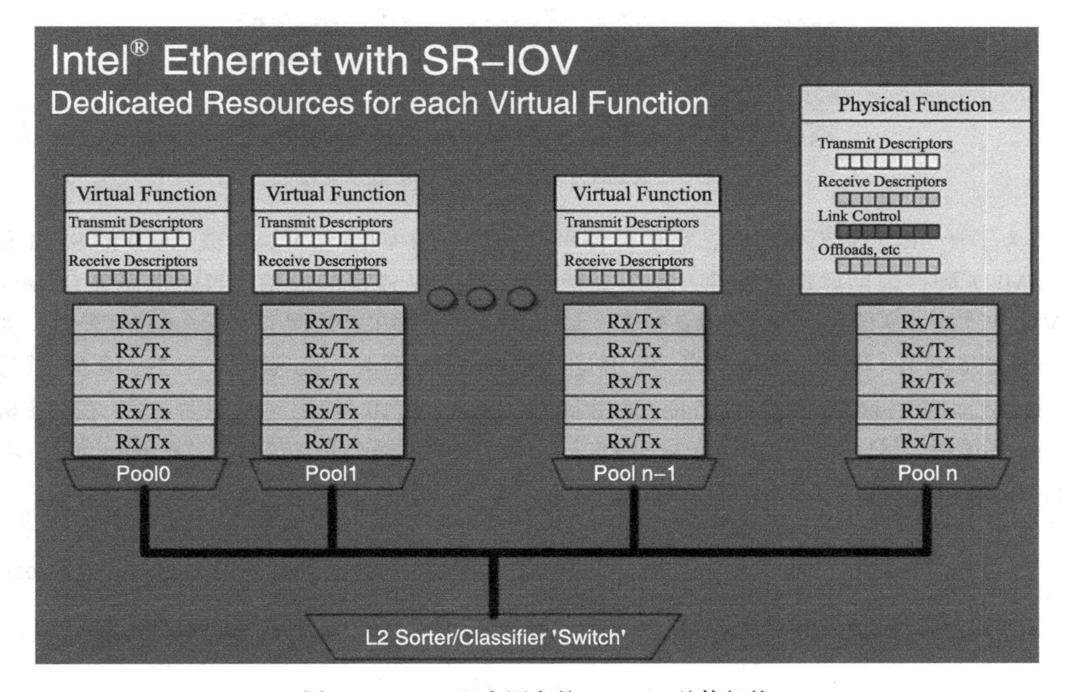

图 6-13 Intel 以太网卡的 SR-IOV 总体架构

一个具有 SR-IOV 功能的设备能够被配置为在 PCI 配置空间（configuration space）中呈

现出多个 Function（包括一个 PF 和多个 VF），每个 VF 都有自己独立的配置空间和完整的 BAR（Base Address Register，基址寄存器）。Hypervisor 通过将 VF 实际的配置空间映射到客户机看到的配置空间的方式，实现将一个或多个 VF 分配给一个客户机。通过 Intel VT-x 和 VT-d 等硬件辅助虚拟化技术提供的内存转换技术，允许直接的 DMA 传输去往或来自一个客户机，从而绕过了 Hypervisor 中的软件交换机（software switch）。每个 VF 在同一个时刻只能被分配到一个客户机中，因为 VF 需要真正的硬件资源（不同于 emulated 类型的设备）。在客户机中的 VF，表现给客户机操作系统的就是一个完整的普通的设备。

在 KVM 中，可以将一个或多个 VF 分配给一个客户机，客户机通过自身的 VF 驱动程序直接操作设备的 VF 而不需要 Hypervisor（即 KVM）的参与，其示意图如图 6-14 所示。

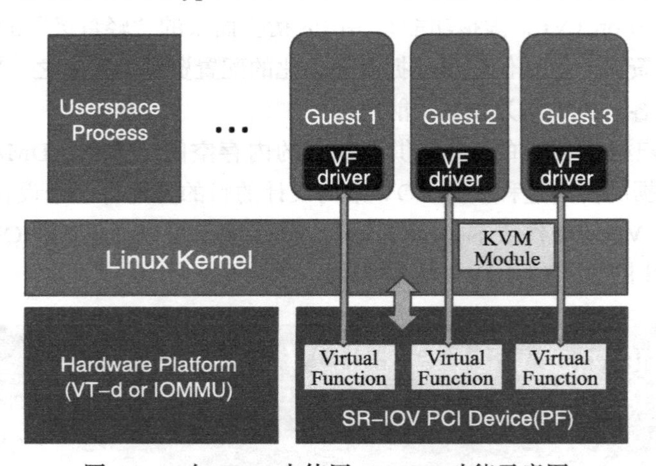

图 6-14 在 KVM 中使用 SR-IOV 功能示意图

为了让 SR-IOV 工作起来，需要硬件平台支持 Intel VT-x 和 VT-d（或 AMD 的 SVM 和 IOMMU）硬件辅助虚拟化特性，还需要有支持 SR-IOV 规范的设备，当然也需要 QEMU/KVM 的支持。支持 SR-IOV 的设备较多，其中 Intel 有很多中高端网卡支持 SR-IOV 特性，如 Intel 82576 网卡（代号“Kawella”，使用 igb 驱动）、I350 网卡（igb 驱动）、82599 网卡（代号“Niantic”，使用 ixgbe 驱动）、X540（使用 ixgbe 驱动）、X710（使用 i40e 驱动）等。在宿主机 Linux 环境中，可以通过“lspci -v -s $BDF”的命令来查看网卡 PCI 信息的“Capabilities”项目，以确定设备是否具备 SR-IOV 功能。命令行如下所示：

```
[root@kvm-host ~]# lspci -s 03:00.0 -v
03:00.0 Ethernet controller: Intel Corporation I350 Gigabit Network Connection (rev 01)
    Subsystem: Intel Corporation Device 35c4
    Physical Slot: 0
    Flags: bus master, fast devsel, latency 0, IRQ 32, NUMA node 0
    Memory at 91920000 (32-bit, non-prefetchable) [size=128K]
    I/O ports at 2020 [size=32]
    Memory at 91944000 (32-bit, non-prefetchable) [size=16K]
    Capabilities: [40] Power Management version 3
```

```
Capabilities: [50] MSI: Enable- Count=1/1 Maskable+ 64bit+
Capabilities: [70] MSI-X: Enable+ Count=10 Masked-
Capabilities: [a0] Express Endpoint, MSI 00
Capabilities: [100] Advanced Error Reporting
Capabilities: [140] Device Serial Number 00-1e-67-ff-ff-ed-fb-dd
Capabilities: [150] Alternative Routing-ID Interpretation (ARI)
Capabilities: [160] Single Root I/O Virtualization (SR-IOV)
Capabilities: [1a0] Transaction Processing Hints
Capabilities: [1c0] Latency Tolerance Reporting
Capabilities: [1d0] Access Control Services
Kernel driver in use: igb
Kernel modules: igb
```

一个设备可支持多个VF，PCI-SIG的SR-IOV规范指出每个PF最多能拥有256个VF，而实际支持的VF数量是由设备的硬件设计及其驱动程序共同决定的。前面举例的几个网卡，其中使用“igb”驱动的82576、I350等千兆（1G）以太网卡的每个PF支持最多7个VF，而使用“ixgbe”驱动的82599、X540等万兆（10G）以太网卡的每个PF支持最多63个VF。在宿主机系统中可以用“modinfo”命令来查看某个驱动的信息，其中包括驱动模块的可用参数。如下命令行演示了常用igb和ixgbe驱动的信息。

```
[root@kvm-host ~]# modinfo igb
...
parm: max_vfs:Maximum number of virtual functions to allocate per physical function
    (uint)
parm: debug:Debug level (0=none,...,16=all) (int)

[root@kvm-host ~]# modinfo ixgbe
...
parm: max_vfs:Maximum number of virtual functions to allocate per physical function
    - default is zero and maximum value is 63 (uint)
parm: allow_unsupported_sfp:Allow unsupported and untested SFP+ modules on
    82599-based adapters (uint)
parm:  debug:Debug level (0=none,...,16=all) (int)
```

通过sysfs中开放出来的设备的信息，我们可以知道具体某款网卡设备到底支持多少VF（sriov_totalvfs），以及当前有多少VF（sriov_numvfs）。

```
[root@kvm-host ~]# cat /sys/bus/pci/devices/0000\:03\:00.0/sriov_totalvfs
7
[root@kvm-host ~]# cat /sys/bus/pci/devices/0000\:03\:00.0/sriov_numvfs
0
```

如何让PF衍生出VF呢？

- 推荐：通过sysfs动态生成及增减。

如上面例子中已经看到，在设备的sysfs entry中有两个入口：sriov_totalvfs和sriov_numvfs，分别用于表面网卡最多支持多少VF，已经实时有多少VF。

我们可以通过如下命令让PF（BDF 03:00.3）衍生出5个VF：

```
[root@kvm-host ~]# echo 5 > /sys/bus/pci/devices/0000\:03\:00.3/sriov_numvfs
[root@kvm-host ~]# cat /sys/bus/pci/devices/0000\:03\:00.3/sriov_numvfs
5
[root@kvm-host ~]# lspci | grep -i eth
03:00.0 Ethernet controller: Intel Corporation I350 Gigabit Network Connection (rev 01)
03:00.3 Ethernet controller: Intel Corporation I350 Gigabit Network Connection (rev 01)
03:10.3 Ethernet controller: Intel Corporation I350 Ethernet Controller Virtual Function
    (rev 01)
03:10.7 Ethernet controller: Intel Corporation I350 Ethernet Controller Virtual Function
    (rev 01)
03:11.3 Ethernet controller: Intel Corporation I350 Ethernet Controller Virtual Function
    (rev 01)
03:11.7 Ethernet controller: Intel Corporation I350 Ethernet Controller Virtual Function
    (rev 01)
03:12.3 Ethernet controller: Intel Corporation I350 Ethernet Controller Virtual Function
    (rev 01)
```

可以看到，系统中多出来了 03:10.3、03:10.7、03:11.3、03:11.7、03:12.3 这 5 个“Intel Corporation I350 Ethernet Controller Virtual Function (rev 01)”设备。

我们可以通过下面的命令来查看 PF 和 VF 的所属关系：

```
[root@kvm-host ~]# ls -l /sys/bus/pci/devices/0000\:03\:00.3/virtfn*
lrwxrwxrwx 1 root root 0 Dec 25 15:33 /sys/bus/pci/devices/0000:03:00.3/virtfn0
    -> ../0000:03:10.3
lrwxrwxrwx 1 root root 0 Dec 25 15:33 /sys/bus/pci/devices/0000:03:00.3/virtfn1
    -> ../0000:03:10.7
lrwxrwxrwx 1 root root 0 Dec 25 15:33 /sys/bus/pci/devices/0000:03:00.3/virtfn2
    -> ../0000:03:11.3
lrwxrwxrwx 1 root root 0 Dec 25 15:33 /sys/bus/pci/devices/0000:03:00.3/virtfn3
    -> ../0000:03:11.7
lrwxrwxrwx 1 root root 0 Dec 25 15:33 /sys/bus/pci/devices/0000:03:00.3/virtfn4
    -> ../0000:03:12.3
```

- 不推荐：通过 PF 驱动（如 igb，ixgbe）加载时候指定 max_vfs 参数。

在前面一节中，我们通过“modinfo”命令查看了 igb 和 ixgbe 驱动，知道了其“max_vfs”参数就是决定加载时候启动多少个 VF。如果当前系统还没有启用 VF，则需要卸载掉驱动后重新加载驱动（加上 VF 个数的参数）来开启 VF。如下命令行演示了开启 igb 驱动中 VF 个数的参数的过程及在开启 VF 之前和之后系统中网卡的状态。

```
[root@kvm-host ~]# lspci | grep -i eth
03:00.0 Ethernet controller: Intel Corporation I350 Gigabit Network Connection (rev 01)
03:00.3 Ethernet controller: Intel Corporation I350 Gigabit Network Connection (rev 01)
[root@kvm-host ~]# modprobe -r igb; modprobe igb max_vfs=7
[root@kvm-host ~]# lspci | grep -i eth
03:00.0 Ethernet controller: Intel Corporation I350 Gigabit Network Connection (rev 01)
03:00.3 Ethernet controller: Intel Corporation I350 Gigabit Network Connection (rev 01)
03:10.0 Ethernet controller: Intel Corporation I350 Ethernet Controller Virtual
    Function (rev 01)
03:10.3 Ethernet controller: Intel Corporation I350 Ethernet Controller Virtual
```

```
    Function (rev 01)
03:10.4 Ethernet controller: Intel Corporation I350 Ethernet Controller Virtual
    Function (rev 01)
03:10.7 Ethernet controller: Intel Corporation I350 Ethernet Controller Virtual
    Function (rev 01)
03:11.0 Ethernet controller: Intel Corporation I350 Ethernet Controller Virtual
    Function (rev 01)
03:11.3 Ethernet controller: Intel Corporation I350 Ethernet Controller Virtual
    Function (rev 01)
03:11.4 Ethernet controller: Intel Corporation I350 Ethernet Controller Virtual
    Function (rev 01)
03:11.7 Ethernet controller: Intel Corporation I350 Ethernet Controller Virtual
    Function (rev 01)
03:12.0 Ethernet controller: Intel Corporation I350 Ethernet Controller Virtual
    Function (rev 01)
03:12.3 Ethernet controller: Intel Corporation I350 Ethernet Controller Virtual
    Function (rev 01)
03:12.4 Ethernet controller: Intel Corporation I350 Ethernet Controller Virtual
    Function (rev 01)
03:12.7 Ethernet controller: Intel Corporation I350 Ethernet Controller Virtual
    Function (rev 01)
03:13.0 Ethernet controller: Intel Corporation I350 Ethernet Controller Virtual
    Function (rev 01)
03:13.3 Ethernet controller: Intel Corporation I350 Ethernet Controller Virtual
    Function (rev 01)
```

由上面的演示可知，BDF 03:00.0 和 03:00.3 是 PF，而在通过加了“max_vfs=7”的参数重新加载 igb 驱动后，对应的 VF 被启用了，每个 PF 启用了 7 个 VF。可以通过在 modprobe.d 中配置相应驱动的启动配置文件[⊖]，让系统加载驱动时候自动带上 max_vfs 参数，示例如下所示：

```
[root@kvm-host ~]# vim /etc/modprobe.d/igb.conf
option igb max_vfs=7
```

读者可以发现，第 2 种方法不够灵活，重新加载驱动会作用于所有适用此驱动的设备。而第 1 种方法可以不用重新加载驱动，并且可以只作用于某一个 PF。

另外，值得注意的是，由于 VF 还是共享和使用对应 PF 上的部分资源，因此要使 SR-IOV 的 VF 能够在客户机中工作，必须保证其对应的 PF 在宿主机中处于正常工作状态。

使用 SR-IOV 主要有如下 3 个优势：

1）真正实现了设备的共享（多个客户机共享一个 SR-IOV 设备的物理端口）。

2）接近于原生系统的高性能（比纯软件模拟和 virtio 设备的性能都要好）。

3）相比于 VT-d，SR-IOV 可以用更少的设备支持更多的客户机，可以提高数据中心的空间利用率。

而 SR-IOV 的不足之处有如下两点：

⊖ 读者可以通过 man modprobe.d 命令查看详细的指定方式和格式。

1）对设备有依赖，只有部分 PCI-E 设备支持 SR-IOV（如前面提到的 Intel 82576、82599 网卡）。

2）使用 SR-IOV 时，不方便动态迁移客户机（在 8.1.4 节中会介绍一种绕过这个问题的方法）。

2. SR-IOV 操作示例

在了解了 SR-IOV 的基本原理及优劣势之后，本节将以一个完整的示例来介绍在 KVM 中使用 SR-IOV 的各个步骤。这个例子是这样的，在笔者的环境中（kvm-host），有一个两口的 i350 网卡，使用 SR-IOV 技术将其中的一个 PF（BDF 03:00.3）的一个 VF 分配给一个 RHEL 7 的客户机使用。

1）在这个 PF 上派生出若干 VF（此处 5 个）。

```
[root@kvm-host ~]# lspci | grep -i eth
03:00.0 Ethernet controller: Intel Corporation I350 Gigabit Network Connection (rev 01)
03:00.3 Ethernet controller: Intel Corporation I350 Gigabit Network Connection (rev 01)
[root@kvm-host ~]# echo 5 > /sys/bus/pci/devices/0000\:03\:00.3/sriov_numvfs
[root@kvm-host ~]# lspci | grep -i eth
03:00.0 Ethernet controller: Intel Corporation I350 Gigabit Network Connection (rev 01)
03:00.3 Ethernet controller: Intel Corporation I350 Gigabit Network Connection (rev 01)
03:10.3 Ethernet controller: Intel Corporation I350 Ethernet Controller Virtual
    Function (rev 01)
03:10.7 Ethernet controller: Intel Corporation I350 Ethernet Controller Virtual
    Function (rev 01)
03:11.3 Ethernet controller: Intel Corporation I350 Ethernet Controller Virtual
    Function (rev 01)
03:11.7 Ethernet controller: Intel Corporation I350 Ethernet Controller Virtual
    Function (rev 01)
03:12.3 Ethernet controller: Intel Corporation I350 Ethernet Controller Virtual
    Function (rev 01)
[root@kvm-host ~]# ls -l /sys/bus/pci/devices/0000\:03\:00.3/virtfn*
lrwxrwxrwx 1 root root 0 Dec 25 19:04 /sys/bus/pci/devices/0000:03:00.3/virtfn0
    -> ../0000:03:10.3
lrwxrwxrwx 1 root root 0 Dec 25 19:04 /sys/bus/pci/devices/0000:03:00.3/virtfn1
    -> ../0000:03:10.7
lrwxrwxrwx 1 root root 0 Dec 25 19:04 /sys/bus/pci/devices/0000:03:00.3/virtfn2
    -> ../0000:03:11.3
lrwxrwxrwx 1 root root 0 Dec 25 19:04 /sys/bus/pci/devices/0000:03:00.3/virtfn3
    -> ../0000:03:11.7
lrwxrwxrwx 1 root root 0 Dec 25 19:04 /sys/bus/pci/devices/0000:03:00.3/virtfn4
    -> ../0000:03:12.3
[root@kvm-host ~]# ip link show
1: lo: <LOOPBACK,UP,LOWER_UP> mtu 65536 qdisc noqueue state UNKNOWN mode DEFAULT
    qlen 1
    link/loopback 00:00:00:00:00:00 brd 00:00:00:00:00:00
4: virbr0: <NO-CARRIER,BROADCAST,MULTICAST,UP> mtu 1500 qdisc noqueue state DOWN
    mode DEFAULT qlen 1000
    link/ether 00:00:00:00:00:00 brd ff:ff:ff:ff:ff:ff
```

```
17: eno1: <BROADCAST,MULTICAST,UP,LOWER_UP> mtu 1500 qdisc mq state UP mode
    DEFAULT qlen 1000
     link/ether 00:1e:67:ed:fb:dc brd ff:ff:ff:ff:ff:ff
25: eno2: <BROADCAST,MULTICAST> mtu 1500 qdisc noop state DOWN mode DEFAULT qlen 1000
     link/ether 00:1e:67:ed:fb:dd brd ff:ff:ff:ff:ff:ff
     vf 0 MAC 00:00:00:00:00:00, spoof checking on, link-state auto
     vf 1 MAC 00:00:00:00:00:00, spoof checking on, link-state auto
     vf 2 MAC 00:00:00:00:00:00, spoof checking on, link-state auto
     vf 3 MAC 00:00:00:00:00:00, spoof checking on, link-state auto
     vf 4 MAC 00:00:00:00:00:00, spoof checking on, link-state auto
26: enp3s16f3: <NO-CARRIER,BROADCAST,MULTICAST,UP> mtu 1500 qdisc pfifo_fast
    state DOWN mode DEFAULT qlen 1000
     link/ether 2e:64:71:17:30:69 brd ff:ff:ff:ff:ff:ff
27: enp3s16f7: <NO-CARRIER,BROADCAST,MULTICAST,UP> mtu 1500 qdisc pfifo_fast
    state DOWN mode DEFAULT qlen 1000
     link/ether 9a:e4:2e:31:e5:f9 brd ff:ff:ff:ff:ff:ff
28: enp3s17f3: <NO-CARRIER,BROADCAST,MULTICAST,UP> mtu 1500 qdisc pfifo_fast
    state DOWN mode DEFAULT qlen 1000
     link/ether 3a:8f:85:fd:bf:31 brd ff:ff:ff:ff:ff:ff
29: enp3s17f7: <NO-CARRIER,BROADCAST,MULTICAST,UP> mtu 1500 qdisc pfifo_fast
    state DOWN mode DEFAULT qlen 1000
     link/ether 92:4b:5b:71:e1:07 brd ff:ff:ff:ff:ff:ff
30: enp3s18f3: <NO-CARRIER,BROADCAST,MULTICAST,UP> mtu 1500 qdisc pfifo_fast
    state DOWN mode DEFAULT qlen 1000
     link/ether 52:68:c4:b4:f5:e0 brd ff:ff:ff:ff:ff:ff
```

由以上输出信息可知，03:00.3PF 派生出了 03:10.3、03:10.7、03:11.3、03:11.7、03:12.3 这 5 个 VF。通过 ip link show 命令，可以看到 03:00.3 这个 PF 在宿主机中是连接正常的，同时可以看到它派生出来的 5 个 VF（vf0～vf4）。

2）将其中一个 VF（03:10.3）隐藏，以供客户机使用。命令行操作如下：

```
[root@kvm-host ~]# lspci -s 03:10.3 -k
03:10.3 Ethernet controller: Intel Corporation I350 Ethernet Controller Virtual
     Function (rev 01)
Subsystem: Intel Corporation Device 35c4
Kernel driver in use: igbvf
Kernel modules: igbvf
[root@kvm-host ~]# ./vfio-pci.sh -h 03:10.3
Unbinding 0000:03:10.3 from igbvf
Binding 0000:03:10.3 to vfio-pci
[root@kvm-host ~]# lspci -s 03:10.3 -k
03:10.3 Ethernet controller: Intel Corporation I350 Ethernet Controller Virtual
     Function (rev 01)
Subsystem: Intel Corporation Device 35c4
Kernel driver in use: vfio-pci
Kernel modules: igbvf
```

这里隐藏的 03:10.3 这个 VF 对应的 PF 是 03:00.3，该 PF 处于可用状态，才能让 VF 在客户机中正常工作。

3）在命令行启动客户机时分配一个 VF 网卡。命令行操作如下：

```
[root@kvm-host ~]# qemu-system-x86_64 -enable-kvm -smp 4 -m 8G rhel7.img -device
    vfio-pci,host=03:10.3,addr=06 -net none
```

4）在客户机中查看 VF 的工作情况。命令行操作如下：

```
[root@kvm-guest ~]# lspci | grep -i eth
00:06.0 Ethernet controller: Intel Corporation I350 Ethernet Controller Virtual
    Function (rev 01)
[root@kvm-guest ~]# lspci -s 00:06.0 -v
00:06.0 Ethernet controller: Intel Corporation I350 Ethernet Controller Virtual
    Function (rev 01)
Subsystem: Intel Corporation Device 35c4
Physical Slot: 6
Flags: bus master, fast devsel, latency 0
Memory at fe000000 (64-bit, prefetchable) [size=16K]
Memory at fe004000 (64-bit, prefetchable) [size=16K]
Capabilities: [70] MSI-X: Enable+ Count=3 Masked-
Capabilities: [a0] Express Endpoint, MSI 00
Kernel driver in use: igbvf
Kernel modules: igbvf
[root@kvm-guest ~]# ifconfig
ens6: flags=4163<UP,BROADCAST,RUNNING,MULTICAST>  mtu 1500
    inet6 fe80::e890:ddff:fe71:ada8  prefixlen 64  scopeid 0x20<link>
    ether ea:90:dd:71:ad:a8  txqueuelen 1000  (Ethernet)
    RX packets 5  bytes 300 (300.0 B)
    RX errors 0  dropped 0  overruns 0  frame 0
    TX packets 0  bytes 912 (912.0 B)
    TX errors 0  dropped 0 overruns 0  carrier 0  collisions 0

lo: flags=73<UP,LOOPBACK,RUNNING>  mtu 65536
    inet 127.0.0.1  netmask 255.0.0.0
    inet6 ::1  prefixlen 128  scopeid 0x10<host>
    loop  txqueuelen 1  (Local Loopback)
    RX packets 280  bytes 22008 (21.4 KiB)
    RX errors 0  dropped 0  overruns 0  frame 0
    TX packets 280  bytes 22008 (21.4 KiB)
    TX errors 0  dropped 0 overruns 0  carrier 0  collisions 0

virbr0: flags=4099<UP,BROADCAST,MULTICAST>  mtu 1500
    inet 192.168.122.1  netmask 255.255.255.0  broadcast 192.168.122.255
    ether 52:54:00:48:d8:d1  txqueuelen 1000  (Ethernet)
    RX packets 0  bytes 0 (0.0 B)
    RX errors 0  dropped 0  overruns 0  frame 0
    TX packets 0  bytes 0 (0.0 B)
    TX errors 0  dropped 0 overruns 0  carrier 0  collisions 0
```

此时，客户机里这个网卡是没有 IP 地址的，因为没有这个接口相对应的配置文件。按照 RHEL 7 的使用手册，我们添加一个这样的配置文件，然后 ifup 这个接口即可。

```
[root@kvm-guest ~]# cat /etc/sysconfig/network-scripts/ifcfg-ens6
TYPE=Ethernet
BOOTPROTO=dhcp
DEFROUTE=yes
PEERDNS=yes
PEERROUTES=yes
IPV4_FAILURE_FATAL=no
IPV6INIT=yes
IPV6_AUTOCONF=yes
IPV6_DEFROUTE=yes
IPV6_PEERDNS=yes
IPV6_PEERROUTES=yes
IPV6_FAILURE_FATAL=no
NAME=ens6
DEVICE=ens6
ONBOOT=yes
[root@kvm-guest ~]# ifup ens6
[root@kvm-guest ~]# ifconfig ens6
ens6: flags=4163<UP,BROADCAST,RUNNING,MULTICAST>  mtu 1500
    inet 192.168.100.85  netmask 255.255.252.0  broadcast 192.168.103.255
    inet6 fe80::e890:ddff:fe71:ada8  prefixlen 64  scopeid 0x20<link>
    ether ea:90:dd:71:ad:a8  txqueuelen 1000  (Ethernet)
    RX packets 873  bytes 73154 (71.4 KiB)
    RX errors 0  dropped 0  overruns 0  frame 0
    TX packets 259  bytes 34141 (33.3 KiB)
    TX errors 0  dropped 0 overruns 0  carrier 0  collisions 0

[root@kvm-guest ~]# route -n
Kernel IP routing table
Destination     Gateway         Genmask         Flags Metric Ref    Use Iface
0.0.0.0         192.168.100.1   0.0.0.0         UG    100    0        0 ens6
192.168.100.0   0.0.0.0         255.255.252.0   U     100    0        0 ens6
192.168.122.0   0.0.0.0         255.255.255.0   U     0      0        0 virbr0
[root@kvm-guest ~]# ping 192.168.100.1
PING 192.168.100.1 (192.168.100.1) 56(84) bytes of data.
64 bytes from 192.168.100.1: icmp_seq=1 ttl=255 time=0.517 ms
64 bytes from 192.168.100.1: icmp_seq=2 ttl=255 time=0.547 ms
^C
--- 192.168.100.1 ping statistics ---
2 packets transmitted, 2 received, 0% packet loss, time 999ms
rtt min/avg/max/mdev = 0.517/0.532/0.547/0.015 ms
```

3. SR-IOV 使用问题解析

在使用 SR-IOV 时，可能也会遇到各种小问题。这里根据笔者的经验来介绍一些可能会遇到的问题及其解决方法。

（1）VF 在客户机中 MAC 地址全为零

如果使用 Linux 3.9 版本作为宿主机的内核，在使用 igb 或 ixgbe 驱动的网卡（如：Intel 82576、I350、82599 等）的 VF 做 SR-IOV 时，可能会在客户机中看到 igbvf 或 ixgbevf 网卡的 MAC 地址全为零（即：00:00:00:00:00:00），从而导致 VF 不能正常工作。比如，在一个 Linux 客户机的 dmesg 命令的输出信息中，可能会看到如下的错误信息：

```
igbvf 0000:00:03.0: irq 26 for MSI/MSI-X
igbvf 0000:00:03.0: Invalid MAC Address: 00:00:00:00:00:00
igbvf: probe of 0000:00:03.0 failed with error -5
```

关于这个问题，笔者曾向 Linux/KVM 社区报过一个 bug，其网页链接为：

```
https://bugzilla.kernel.org/show_bug.cgi?id=55421
```

这个问题的原因是，Linux 3.9 的内核代码中的 igb 或 ixgbe 驱动程序在做 SR-IOV 时，会将 VF 的 MAC 地址设置为全是零，而不是像之前那样使用一个随机生成的 MAC 地址。它这样调整主要也是为了解决两个问题：一是随机的 MAC 地址对 Linux 内核中的设备管理器 udev 很不友好，多次使用 VF 可能会导致 VF 在客户机中的以太网络接口名称持续变化（如可能变为 eth100）；二是随机生成的 MAC 地址并不能完全保证其唯一性，有很小的概率可能与其他网卡的 MAC 地址重复而产生冲突。

对于 VF 的 MAC 地址全为零的问题，可以通过如下两种方法之一来解决。

1）在分配 VF 给客户机之前，在宿主机中用 ip 命令来设置需要使用的 VF 的 MAC 地址。命令行操作实例如下：

```
[root@kvm-host ~]# ip link set eno2 vf 0 mac 52:54:00:56:78:9a
```

在上面的命令中，eno2 为宿主机中 PF 对应的以太网接口名称，0 代表设置的 VF 是该 PF 的编号为 0 的 VF（即第一个 VF）。那么，如何确定这个 VF 编号对应的 PCI-E 设备的 BDF 编号呢？可以使用如下的两个命令来查看 PF 和 VF 的关系：

```
[root@kvm-host ~]# ethtool -i eno2
driver: igb
version: 5.3.0-k
firmware-version: 1.63, 0x80000c80
expansion-rom-version:
bus-info: 0000:03:00.3
supports-statistics: yes
supports-test: yes
supports-eeprom-access: yes
supports-register-dump: yes
supports-priv-flags: no
[root@kvm-host ~]# ls -l /sys/bus/pci/devices/0000\:03\:00.3/virtfn*
lrwxrwxrwx 1 root root 0 Dec 25 19:04 /sys/bus/pci/devices/0000:03:00.3/virtfn0
    -> ../0000:03:10.3
lrwxrwxrwx 1 root root 0 Dec 25 19:04 /sys/bus/pci/devices/0000:03:00.3/virtfn1
    -> ../0000:03:10.7
<!-- 此处省略其余VF的对应关系 -->
```

2）可以升级客户机系统的内核或 VF 驱动程序，比如可以将 Linux 客户机升级到使用 Linux 3.9 之后的内核及其对应的 igbvf 驱动程序。最新的 igbvf 驱动程序可以处理 VF 的

MAC 地址为零的情况。

（2）Windows 客户机中关于 VF 的驱动程序

对于 Linux 系统，宿主机中 PF 使用的驱动（如 igb、ixgbe 等）与客户机中 VF 使用的驱动（如 igbvf、ixgbevf 等）是不同的。当前流行的 Linux 发行版（如 RHEL、Fedora、Ubuntu 等）中都默认带有这些驱动模块。而对于 Windows 客户机系统，Intel 网卡（如 82576、82599 等）的 PF 和 VF 驱动是同一个，只是分为 32 位和 64 位系统两个版本。有少数的最新 Windows 系统（如 Windows 8、Windows 2012 Server 等）默认带有这些网卡驱动，而多数的 Windows 系统（如 Windows 7、Windows 2008 Server 等）都没有默认带有相关的驱动，需要自行下载和安装。例如，前面提及的 Intel 网卡驱动都可以到其官方网站（http://downloadcenter.intel.com/Default.aspx）下载。

（3）少数网卡的 VF 在少数 Windows 客户机中不工作

读者在进行 SR-IOV 的实验时，可能遇到 VF 在某些 Windows 客户机中不工作的情况。笔者就遇到过这样的情况，在用默认的 qemu-kvm 命令行启动客户机后，Intel 的 82576、82599 网卡的 VF 在 32 位 Windows 2008 Server 版的客户机中不能正常工作，而在 64 位客户机中的工作正常。该问题的原因不在于 Intel 的驱动程序，也不在于 KVM 中 SR-IOV 的代码逻辑不正确，而在于默认的 CPU 模型是 qemu64，它不支持 MSI-X 这种中断方式，而 32 位的 Windows 2008 Server 版本中的 82576、82599 网卡的 VF 只能用 MSI-X 中断方式来工作。所以，需要在通过命令行启动客户机时指定 QEMU 模拟的 CPU 的类型（在 5.2.4 节中介绍过），从而可以绕过这个问题。可以用“-cpu SandyBridge”“-cpu Westmere”等参数来指定 CPU 类型，也可以用“-cpu host”参数来尽可能多地将物理 CPU 信息暴露给客户机，还可以用“-cpu qemu64,model=13”来改变 qemu64 类型 CPU 的默认模型。通过命令行启动一个 32 位 Windows 2008 Server 客户机，并分配一个 VF 给它使用，命令行操作如下：

```
[root@kvm-host ~]# qemu-system-x86_64 32bit-win2k8.img -smp 2 -cpu SandyBridge -m
    1024 -device vfio-pci,host=06:10.1 -net none
```

在客户机中，网卡设备正常显示，网络连通状态正常，如图 6-15 所示。

另外，笔者也曾发现个别版本的 VF（如：Intel I350）在个别版本的 Windows（如：Windows 2008 Server）中不工作的情况，如下面这个 bug 所示，目前也没有被修复。

```
https://bugzilla.kernel.org/show_bug.cgi?id=56981
```

所以读者可以根据硬件和操作系统的实际兼容情况选择合适的配置来使用 SR-IOV 特性。

6.3 热插拔

热插拔（hot plugging）即“带电插拔”，指可以在计算机运行时（不关闭电源）插上或拔除硬件。热插拔最早出现在服务器领域，目的是提高服务器扩展性、灵活性和对灾难的及时恢复能力。实现热插拔需要有几方面支持：总线电气特性、主板 BIOS、操作系统和设备驱动。目前，在服务器硬件中，可实现热插拔的部件主要有 SATA 硬盘（IDE 不支持热插拔）、CPU、内存、风扇、USB、网卡等。在 KVM 虚拟化环境中，在不关闭客户机的情况下，也可以对客户机的设备进行热插拔。目前，主要支持 PCI 设备、CPU ⊖、内存的热插拔。

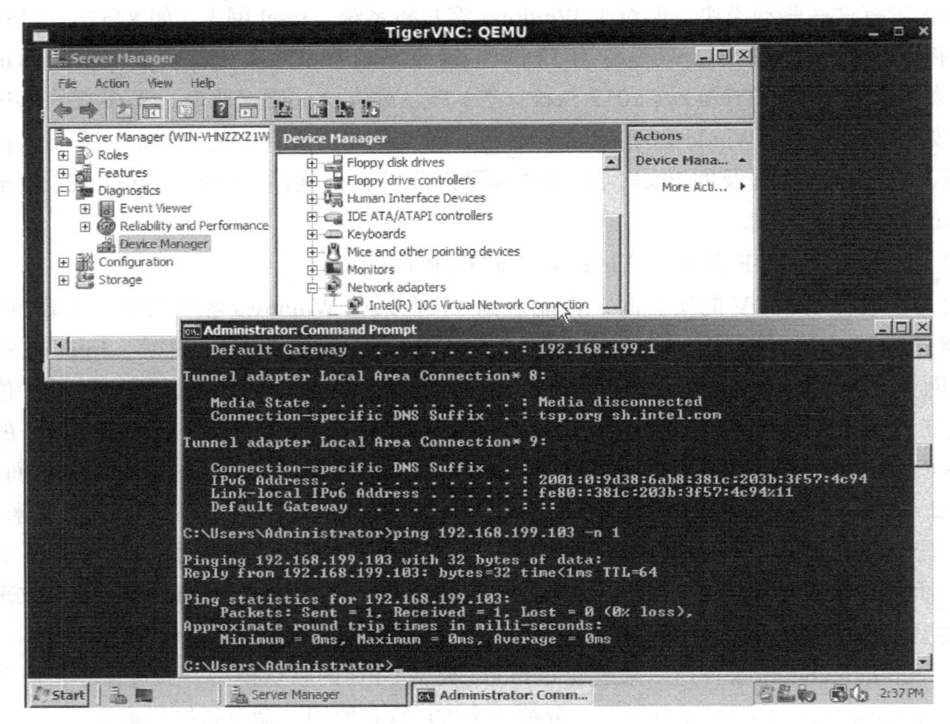

图 6-15 启动 32 位客户机并分配一个 VF

6.3.1 PCI 设备热插拔

在 6.2 节中介绍的 VT-d 设备直接分配和 SR-IOV 技术时都是在客户机启动时就分配相应的设备，本节将介绍可以通过热插拔来添加或删除这些 PCI 设备。QEMU/KVM 支持动态添加和移除各种 PCI 设备，包括 QEMU 模拟的 virtio 类别的以及 VT-d 直接分配的。

PCI 设备的热插拔主要需要如下几个方面的支持。

（1）BIOS

QEMU/KVM 默认使用 SeaBIOS ⊜作为客户机的 BIOS，该 BIOS 文件路径一般为 /usr

⊖ CPU 目前还不支持热拔出。

⊜ SeaBIOS 是 16 位 x86 架构上 BIOS 的一种开源实现，它既能够在模拟器上运行，也能够在 coreboot 的帮助下在真实的 x86 硬件上运行。在 SeaBIOS 上可以运行 GRUB、LILO 等启动加载器，也支持 Windows、Linux、FreeBSD 等系统的运行。QEMU/KVM 就是使用 SeaBIOS 作为客户机的默认 BIOS。SeaBIOS 官方网站为：www.seabios.org。

/local/share/qemu/bios.bin。目前默认的 BIOS 已经可以支持 PCI 设备的热插拔。

（2）PCI 总线

（对于 VT-d 传入的设备）物理硬件中必须有 VT-d 的支持，而且现在的 PCI、PCIe 总线都支持设备的热插拔。

（3）客户机操作系统

多数流行的 Linux 和 Windows 操作系统都支持设备的热插拔。可以在客户机的 Linux 系统的内核配置文件中看到一些相关的配置。以下是 RHEL 7 系统中的部分相关配置：

```
CONFIG_HOTPLUG_PCI_PCIE=y
CONFIG_HOTPLUG_PCI=y
CONFIG_HOTPLUG_PCI_ACPI=y
CONFIG_HOTPLUG_PCI_ACPI_IBM=m
CONFIG_HOTPLUG_PCI_SHPC=m
```

（4）客户机中的驱动程序

一些网卡驱动（如 Intel 的 e1000e、igb、ixgbe、igbvf、ixgbevf 等）、SATA 或 SAS 磁盘驱动、USB2.0、USB3.0 驱动都支持设备的热插拔。注意，在一些较旧的 Linux 系统（如 RHEL 5.5）中需要加载 “acpiphp”（使用 “modprobe acpiphp” 命令）这个模块后才支持设备的热插拔，否则热插拔完全不会对客户机系统生效；而较新内核的 Linux 系统（如 RHEL 6 以后、Fedora 17 以后等）中已经没有该模块，不需要加载该模块，默认启动的系统就支持设备热插拔。

有了 BIOS、PCI 总线、客户机操作系统和驱动程序的支持后，热插拔功能只需要在 QEMU monitor 中使用两个命令即可完成。将一个 BDF 为 02:00.0 的 PCI 设备动态添加到客户机中（设置 id 为 *mydevice*），在 monitor 中的命令如下：

```
device_add vfio-pci,host=02:00.0,id=mydevice
```

将一个设备（id 为 *mydevice*）从客户机中动态移除，在 monitor 中的命令如下：

```
device_del mydevice
```

这里的 *mydevice* 是在添加设备时设置的唯一标识，可以通过 “info pci” 命令在 QEMU monitor 中查看到当前的客户机中的 PCI 设备及其 id 值。在 6.2.2 节中也已经提及，在命令行启动客户机时分配设备也可以设置这个 id 值，如果这样，那么也就可以用 “device_del *id*” 命令将该 PCI 设备动态移除。

6.3.2　PCI 设备热插拔示例

在介绍了 PCI 设备热插拔所需的必要条件和操作命令之后，本节分别以网卡、U 盘、SATA 硬盘的热插拔为例来演示具体的操作过程。

1. 网卡的热插拔

1）启动一个客户机，不向它分配任何网络设备。命令行如下：

```
[root@kvm-host ~]# qemu-system-x86_64 -enable-kvm -smp 4 -m 8G rhel7.img -net none
```

2）选择并用 vfio-pci 隐藏一个网卡设备供热插拔使用。命令行如下：

```
[root@kvm-host ~]# lspci -s 05:00.0
05:00.0 Ethernet controller: Intel Corporation 82599ES 10-Gigabit SFI/SFP+
    Network Connection (rev 01)
[root@kvm-host ~]# ./vfio-pci.sh -h 05:00.0
0
Unbinding 0000:05:00.0 from ixgbe
Binding 0000:05:00.0 to vfio-pci
```

这里选取了 Intel 82599 网卡的一个口作为热插拔的设备。

3）切换到 QEMU monitor 中，将网卡动态添加到客户机中，命令如下所示。一般可以用“Ctrl+Alt+2”组合键进入 monitor 中，也可以在启动时添加参数“-monitor stdio”，将 monitor 定向到当前终端的标准输入输出中直接进行操作。

```
(qemu) device_add vfio-pci,host=05:00.0,id=nic0
```

4）在 QEMU monitor 中查看客户机的 PCI 设备信息。命令如下：

```
(qemu) info pci
......
Bus  0, device   3, function 0:
    Ethernet controller: PCI device 8086:10fb
        IRQ 10.
        BAR0: 64 bit prefetchable memory at 0xc0000000 [0xc007ffff].
        BAR2: I/O at 0xffffffffffffffff [0x001e].
        BAR4: 64 bit prefetchable memory at 0xc0080000 [0xc0083fff].
        id "nic0"
```

由以上信息可知，“Bus 0, device   3, function 0”设备就是动态添加的网卡设备。

5）在客户机中检查动态添加和网卡工作情况。命令行如下：

```
[root@kvm-guest ~]# lspci | grep -i eth
00:03.0 Ethernet controller: Intel Corporation 82599ES 10-Gigabit SFI/SFP+
    Network Connection (rev 01)
[root@kvm-guest ~]# ifconfig
ens3: flags=4163<UP,BROADCAST,RUNNING,MULTICAST>  mtu 1500
    inet 192.168.100.194  netmask 255.255.252.0  broadcast 192.168.103.255
    inet6 fe80::92e2:baff:fec4:7394  prefixlen 64  scopeid 0x20<link>
    ether 90:e2:ba:c4:73:94  txqueuelen 1000  (Ethernet)
    RX packets 297  bytes 27154 (26.5 KiB)
    RX errors 0  dropped 0  overruns 0  frame 0
    TX packets 104  bytes 14644 (14.3 KiB)
    TX errors 0  dropped 0 overruns 0  carrier 0  collisions 0
......
[root@kvm-guest ~]# route -n
Kernel IP routing table
Destination     Gateway         Genmask         Flags Metric Ref    Use Iface
0.0.0.0         192.168.100.1   0.0.0.0         UG    100    0        0 ens3
```

```
192.168.100.0   0.0.0.0         255.255.252.0   U     100    0        0 ens3
192.168.122.0   0.0.0.0         255.255.255.0   U     0      0        0 virbr0
[root@kvm-guest ~]# ping 192.168.100.1
PING 192.168.100.1 (192.168.100.1) 56(84) bytes of data.
64 bytes from 192.168.100.1: icmp_seq=1 ttl=255 time=0.474 ms
64 bytes from 192.168.100.1: icmp_seq=2 ttl=255 time=0.556 ms
^C
--- 192.168.100.1 ping statistics ---
2 packets transmitted, 2 received, 0% packet loss, time 1000ms
rtt min/avg/max/mdev = 0.474/0.515/0.556/0.041 ms
```

由以上输出信息可知，动态添加的网卡是客户机中唯一的网卡设备，其网络接口名称为“ens3”，它的网络连接是通畅的。

6）将刚添加的网卡动态地从客户机中移除。命令行如下：

```
(qemu) device_del nic0
```

将网卡动态移除后，在 monitor 中用“info pci”命令查不到刚才的 PCI 网卡设备信息，在客户机中用“lspci”命令也不能看到客户机中有网卡设备的信息。

2. USB 设备的热插拔

USB 设备是现代计算机系统中比较重要的一类设备，包括 USB 的键盘和鼠标、U 盘，还有现在网上银行经常可能用到的 USB 认证设备（如工商银行的“U 盾”）。如本节前面讲到的那样，USB 设备也可以像普通 PCI 设备那样进行 VT-d 设备直接分配，而在热插拔方面也是类似的。下面以 USB 鼠标的热插拔为例来介绍一下操作过程。

USB 设备的热插拔操步骤和前面介绍网卡热插拔的步骤基本是一致的，需要注意以下几点：

- 对于 USB 设备，使用两个专门的命令（usb_add 和 usb_del）对单个 USB 设备进行热插拔操作。当然，还可以用“device_add”和“device_del”将 USB 根控制器（它是一个 PCI 设备）连带它上面的所有 USB 设备一并热插拔。
- QEMU 默认没有向客户机提供 USB 总线，需要在启动客户机的 qemu 命令行中添加“-usb”参数（或“-device piix4-usb-uhci”参数），来提供客户机中的 USB 总线。
- QEMU 的 usb_add/del 热插拔，包括启动时（-usbdevice host）指定，都依赖于 libusb 包，需要在宿主机上安装好 libusbx-devel[⊖]包，再编译 QEMU（--enable-libusb）。可以在编译完 QEMU 之后，通过查看 config-host.mak 里面有没有“CONFIG_USB_LIBUSB=y”来确认 USB 功能有没有被编译进去。

⊖ RHEL 7 中，既有 libusb-devel 软件包，也有 libusbx-devel 软件包，前者支持老的 libusb-0.1 接口（2010 年以前），后者对 libusb-0.1 和 libusb-1.0 接口都兼容。对于目前的 USB 设备，推荐大家安装 libusbx-devel 包。目前（2014 年以后）libusbx 已经并回 libusb 开发分支。关于它俩的前世今生，有兴趣的读者可以在网上自行搜索。

- machine type（qemu -machine 或者 -M 参数）最好指定成较新的 q35。QEMU 默认模拟的 machine type 是 “pc” Standard PC (i440FX + PIIX, 1996)，它比较老了，在加上 -usb 参数后，QEMU 模拟的 USB 系统总线常常不能与 USB2.0 以后的设备很好地兼容。

1）查看宿主机中的 USB 设备情况，然后启动一个带有 USB 总线控制器的客户机。命令行如下：

```
[root@kvm-host ~]# lsusb
Bus 002 Device 002: ID 8087:8002 Intel Corp.
Bus 002 Device 001: ID 1d6b:0002 Linux Foundation 2.0 root hub
Bus 001 Device 002: ID 8087:800a Intel Corp.
Bus 001 Device 001: ID 1d6b:0002 Linux Foundation 2.0 root hub
Bus 004 Device 001: ID 1d6b:0003 Linux Foundation 3.0 root hub
Bus 003 Device 004: ID 046b:ff10 American Megatrends, Inc. Virtual Keyboard and Mouse
Bus 003 Device 003: ID 03f0:8607 Hewlett-Packard Optical Mobile Mouse
Bus 003 Device 002: ID 14dd:1005 Raritan Computer, Inc.
Bus 003 Device 005: ID 03f0:0024 Hewlett-Packard KU-0316 Keyboard
Bus 003 Device 001: ID 1d6b:0002 Linux Foundation 2.0 root hub
[root@kvm-host ~]# qemu-system-x86_64 -enable-kvm -smp 4 -m 8G rhel7.img -M q35
    -usb -net none
```

2）切换到 QEMU monitor 窗口，动态添加 USB 鼠标给客户机。使用 “usb_add” 命令行如下：

```
(qemu) usb_add host:003.003
```

或者，

```
(qemu) usb_add host:03f0:8607
```

而像 6.2.4 节中那样将宿主机中 USB 根控制器作为 PCI 设备分配给客户机，对其进行隐藏，然后使用 device_add 命令动态添加设备。命令如下：

```
(qemu) device_add vfio-pci,host=00:14.0,id=myusb
```

解释一下 “usb_add” 这个用于动态添加一个 USB 设备的命令，在 monitor 中命令格式如下：

```
usb_add devname
```

其中 *devname* 是对该 USB 设备的唯一标识，该命令支持两种 devname 的格式：一种是 USB hub 中的 Bus 和 Device 号码的组合，一种是 USB 的 vendor ID 和 device ID 的组合（在 6.2.3 节中也曾提及过）。举个例子，对于该宿主机中的一个 SanDisk 的 U 盘设备（前一步的 lsusb 命令），devname 可以设置为“003.003”和“03f0:8607”两种格式。另外，需要像上面命令行操作的那样，用 “host:003.003” 或 “host: 03f0:8607” 来指定分配宿主机中的 USB 设备给客户机。

3）在客户机中，查看动态添加的 USB 设备。命令行如下：

```
[root@kvm-guest ~]# lsusb
Bus 001 Device 001: ID 1d6b:0002 Linux Foundation 2.0 root hub
Bus 004 Device 001: ID 1d6b:0001 Linux Foundation 1.1 root hub
Bus 003 Device 001: ID 1d6b:0001 Linux Foundation 1.1 root hub
Bus 002 Device 002: ID 03f0:8607 Hewlett-Packard Optical Mobile Mouse
Bus 002 Device 001: ID 1d6b:0001 Linux Foundation 1.1 root hub
```

可见，USB 鼠标已经成功地被客户机识别了。

4）在 QEMU monitor 中查看 USB 设备，然后动态移除 USB 设备。命令行操作如下：

```
(qemu) info usb
    Device 0.2, Port 3, Speed 1.5 Mb/s, Product HP Mobile USB Optical Mouse
(qemu) usb_del 0.2
(qemu) info usb
```

由上面的输出信息可知，移除前，用“info usb”命令可以看到 USB 设备，在用“usb_del”命令移除后，用“info usb”命令就没有查看到任何 USB 设备了。注意，usb_del 命令后的参数是用“info usb”命令查询出来的“Device”后的地址标识，这里为“0.2”。笔者发现在自己环境中（RHEL 7 + QEMU 2.7+libusbx），usb_del 操作尽管可以成功，但会出现“libusb_release_interface: -4 [NO_DEVICE]”的错误。

当然，对于使用 device_add 命令动态添加的 USB 设备，则应使用如下 device_del 命令将其移除：

```
(qemu) device_del myusb
```

3. SATA 硬盘控制器的热插拔

与 6.2.4 节类似，在本节的示例中，宿主机从一台机器上的 SAS 硬盘启动，然后将 SATA 硬盘动态添加给客户机使用，接着动态移除该硬盘。

1）检查宿主机系统，得到需要动态热插拔的 SATA 硬盘（实际上用的是整个 SATA 控制器），并将其用 vfio-pci 模块隐藏起来以供热插拔使用。命令行操作如下：

```
[root@kvm-host ~]# lspci | grep SATA
00:1f.2 SATA controller: Intel Corporation 82801JI (ICH10 Family) SATA AHCI Controller
[root@kvm-host ~]# lspci | grep SAS
16:00.0 SCSI storage controller: LSI Logic / Symbios Logic SAS1078 PCI-Express
Fusion-MPT SAS (rev 04)
[root@kvm-host ~]# df -h
Filesystem            Size  Used Avail Use% Mounted on
/dev/sda1             197G   76G  112G  41% /
tmpfs                  12G   76K   12G   1% /dev/shm
[root@kvm-host ~]# ls -l /dev/disk/by-path/pci-0000\:16\:00.0-sas-
    0x1221000000000000-lun-0
lrwxrwxrwx 1 root root 9 Oct 29 15:28 /dev/disk/by-path/pci-0000:16:00.0-sas-
    0x1221000000000000-lun-0 -> ../../sda
[root@kvm-host ~]# ls -l /dev/disk/by-path/pci-0000\:00\:1f.2-scsi-0\:0\:0\:0
lrwxrwxrwx 1 root root 9 Oct 29 15:28 /dev/disk/by-path/pci-0000:00:1f.2-
    scsi-0:0:0:0 -> ../../sdb
```

```
[root@kvm-host ~]# lspci -k -s 00:1f.2
00:1f.2 SATA controller: Intel Corporation 82801JI (ICH10 Family) SATA AHCI Controller
    Subsystem: Intel Corporation Device 34f8
    Kernel driver in use: ahci
    Kernel modules: ahci
[root@kvm-host ~]# ./vfio-pci.sh -h 00:1f.2
Unbinding 0000:00:1f.2 from ahci
Binding 0000:00:1f.2 to vfio-pci
[root@kvm-host ~]# lspci -k -s 00:1f.2
00:1f.2 SATA controller: Intel Corporation 82801JI (ICH10 Family) SATA AHCI Controller
    Subsystem: Intel Corporation Device 34f8
    Kernel driver in use: vfio-pci
    Kernel modules: ahci
```

2）启动一个客户机。命令行如下：

```
[root@kvm-host ~]# qemu-system-x86_64 rhel7.img -m 1024 -smp 2
VNC server running on '::1:5900'
```

3）在 QEMU monitor 中，动态添加该 SATA 硬盘。命令行如下：

```
(qemu) device_add vfio-pci,host=00:1f.2,id=sata,addr=0x06
(qemu) info pci    #查看客户机中pci设备，可以看到动态添加的SATA控制器
    Bus  0, device   6, function 0:
        SATA controller: PCI device 8086:3a22
            IRQ 9.
            BAR0: I/O at 0x1020 [0x1027].
            BAR1: I/O at 0x1030 [0x1033].
            BAR2: I/O at 0x1028 [0x102f].
            BAR3: I/O at 0x1034 [0x1037].
            BAR4: I/O at 0x1000 [0x101f].
            BAR5: 32 bit memory at 0x40000000 [0x400007ff].
            id "sata"
```

4）在客户机中查看动态添加的 SATA 硬盘。命令行如下：

```
[root@kvm-guest ~]# fdisk -l /dev/sdb

Disk /dev/sdb: 164.7 GB, 164696555520 bytes
255 heads, 63 sectors/track, 20023 cylinders
Units = cylinders of 16065 * 512 = 8225280 bytes
Sector size (logical/physical): 512 bytes / 512 bytes
I/O size (minimum/optimal): 512 bytes / 512 bytes
Disk identifier: 0x0003e001

    Device Boot      Start         End      Blocks   Id  System
/dev/sdb1   *           1        6528    52428800   83  Linux
/dev/sdb2            6528        7050     4194304   82  Linux swap / Solaris
/dev/sdb3            7050        9600    20480000   83  Linux

[root@kvm-guest ~]# lspci -k -s 00:06.0
00:06.0 SATA controller: Intel Corporation 82801JI (ICH10 Family) SATA AHCI
```

```
    Controller
    Subsystem: Intel Corporation Device 34f8
    Kernel driver in use: ahci
    Kernel modules: ahci
```

由以上信息可知，客户已经能够获取到 SATA 硬盘（/dev/sdb）的信息，然后就可以正常使用动态添加的硬盘了。

5）在客户机中使用完 SATA 硬盘后，可以动态移除 SATA 硬盘。在 QEMU monitor 中命令行如下：

```
(qemu) device_del sata
```

在动态移除 SATA 硬盘后，客户机中将没有 SATA 硬盘的设备，宿主机又可以控制 SATA 硬盘，将其用于其他用途（包括分配给另外的客户机使用）。

6.3.3 CPU 的热插拔

CPU 和内存的热插拔是 RAS（Reliability、Availability 和 Serviceability）的一个重要特性，在非虚拟化环境中，只有较少的 x86 服务器硬件支持 CPU 和内存的热插拔（笔者曾在 Intel 的 Westmere-EX 平台上做过物理 CPU 和内存的热插拔）。在操作系统方面，拥有较新内核的 Linux 系统（如 RHEL 7）等已经支持 CPU 和内存的热插拔，在其内核配置文件中可以看到类似如下的选项与 CPU 热插拔有关（内存热插拔见 6.3.4 节）。

```
CONFIG_HOTPLUG_CPU=y
CONFIG_BOOTPARAM_HOTPLUG_CPU0=y
# CONFIG_DEBUG_HOTPLUG_CPU0 is not set
CONFIG_ACPI_HOTPLUG_CPU=y
```

目前 QEMU/KVM 虚拟化环境对 CPU 的热插拔的支持已经比较成熟。

1）在 qemu 命令行中启动客户机时，使用“-smp *n*,maxvcpus=*N*”参数，如下：

```
[root@kvm-host ~]# qemu-system-x86_64 -enable-kvm -smp 4,maxcpus=8 -m 8G rhel7.
    img -device virtio-net-pci,netdev=nic0 -netdev bridge,id=nic0,br=virbr0
```

这就是在客户机启动时使用的 4 个 vCPU，而最多支持客户机动态添加 8 个 vCPU。

2）在客户机中检查 CPU 的状态，如下：

```
[root@kvm-guest ~]# ls /sys/devices/system/cpu/
cpu0  cpu1  cpu2  cpu3  cpuidle  isolated  kernel_max  microcode  modalias  nohz_
    full  offline  online  possible  power  present  uevent
```

3）通过 QEMU monitor 中的“cpu-add *id*”命令为客户机添加某个 vCPU，如下：

```
(qemu) cpu-add 4
```

然后，我们在客户机中就可以看到，CPU 数量增加到了 5 个。

```
[root@kvm-guest ~]# ls /sys/devices/system/cpu/
cpu0  cpu1  cpu2  cpu3  cpu4  cpuidle  isolated  kernel_max  microcode  modalias
```

```
nohz_full  offline  online  possible  power  present  uevent
```

并且它也自动 online 了。

```
[root@kvm-guest ~]# cat /sys/devices/system/cpu/cpu4/online
1
[root@kvm-guest ~]# cat /proc/cpuinfo | grep processor
processor  : 0
processor  : 1
processor  : 2
processor  : 3
processor  : 4
```

4）如果发现客户机中新增的 CPU 没有自动上线工作，可以用“echo 1 > /sys/devices/system/cpu/cpu4/online”命令使其进入可用状态。

目前（截止本书写作时）关于 CPU 热插拔的一些注意事项如下：

- 目前 QEMU 只有 cpu-add 而没有对应的 cpu-del，也就是只能热插入，而不能热拔出。
- cpu-add *id*，必须顺序加入，不能乱序，否则会影响动态迁移。

6.3.4 内存的热插拔

6.1.3 节 virtio_balloon 可以认为是早期的间接实现内存热插拔的功能。但其实没有热插拔，而是动态增减内存大小，并且依赖于 virtio_balloon 的驱动，对客户机来说并没有硬件上的增减。真正的热插拔是指内存设备（DIMM）的插拔。

自上版以来，Kernel 本身（非虚拟化环境下）对内存热插拔的支持也在逐渐完善。我们先了解下这些背景知识，再介绍 QEMU/KVM 对内存热插拔的支持。毕竟，QEMU/KVM 的目标就是无缝地模拟非虚拟化的场景，让客户机感受不到任何差别。

内核社区将内存的热插拔分为两步骤：物理内存热插拔（Physical Memory Hotplug）和逻辑内存热插拔（Logical Memory Hotplug）。前者指对物理的内存条插拔的支持，后者指物理内存作为内核内存管理系统可以使用的资源，被动态地加入或踢出的支持。内存热插拔的过程是：物理内存热插入→逻辑内存热添加→逻辑内存热删除→物理内存热拔出。目前，Linux kernel 对于这 4 个步骤都已支持（除了逻辑内存热删除有一点局限性，下面会讲到）。

物理内存热插拔的支持，主要依赖于 ACPI 的功能。逻辑内存热插拔的支持，需要对原来的内存管理子系统的功能进行增补。具体的内存管理子系统的增补有：

1）新增了 ZONE_MOVABLE，与原来 ZONE_NORMAL、ZONE_DMA、ZONE_HIGHMEM 并列。ZONE_MOVABLE 就专门管理 movable（可以动态移除的页）[1]。

2）kernel 的启动参数，新增了 kernelcore 和 movablecore，以及 movable_node 这 3 个参

[1] 关于 kernel 的内存管理，可以参考《深入理解 Linux 内核》这本书。

数。kernelcore 指定系统 boot 起来时，分配多少内存作为 kernel page[1]，剩下的都作为 movable page。movablecore 就是反过来，指定多少作为 movable page，剩下的都是 kernel page。movable_node 是指定是否需要这样一个 memory node 专门放 movable zone。

3）/sys/device/system/memory 下面的内存设备管理的接口，如新增 valid_zone 等接口。

4）其他内部实现细节，本书不涉及。

我们在 /sys/device/system/memory 下面可以看到很多 memoryN 这样的子目录，这是因为 kernel 是以 memory block 为单位管理物理内存的。每个 block 的大小根据平台可能会有所不同，在 x86_64 环境中，通常是 128MB。以下是笔者的环境（注意输出是十六进制）：

```
[root@kvm-host ~]# cat /sys/devices/system/memory/block_size_bytes
8000000
```

一共有 1024 个 memory block，所以总的物理内存是 128M×1024=128G。与实际相符。

```
[root@kvm-host ~]# ls -ld /sys/devices/system/memory/memory* | wc -l
1024
```

在内核配置文件中，如下一些配置与内存热插拔有关，需要在客户机内核中使能。

```
CONFIG_MEMORY_HOTPLUG=y
CONFIG_SPARSEMEM=y
CONFIG_ACPI_HOTPLUG_MEMORY=y
CONFIG_MEMORY_HOTPLUG_SPARSE=y
CONFIG_MEMORY_HOTREMOVE=y
# CONFIG_MEMORY_HOTPLUG_DEFAULT_ONLINE is not set
CONFIG_ARCH_ENABLE_MEMORY_HOTPLUG=y
CONFIG_ARCH_ENABLE_MEMORY_HOTREMOVE=y
CONFIG_MIGRATION=y
CONFIG_ARCH_ENABLE_HUGEPAGE_MIGRATION=y
```

QEMU/KVM 中对内存热插拔的支持主要是通过对 dimm 设备的热插拔的支持来实现的，对客户机的内核来说，就相当于物理地插入和拔出内存条一样。dimm 设备的热插拔与 PCI 设备一样，通过“device_add”来完成。但如我们前面几章提到的那样，device_add（或者 -device 参数）是指定前端设备，也就是 QEMU 模拟出来的客户机看到的设备，它的实体是要靠一个对应的后端设备来实现的。所以，在 device_add 之前，我们先要通过 object_add 来定义这个后端设备，它的名字叫“memory-backend-ram”。

本节的示例没有用 RHEL 7 自带的 3.10 kernel，而是最新的 4.9kernel，以便我们可以看到最新的接口。读者需自行在客户机里编译安装最新的 kernel 并从它启动。

我们先用如下命令启动一个客户机。注意，这里用 -m 指定内存大小时候，一定要加上

[1] kernel page 和 movable page 是两个相对的概念。内核对逻辑内存热插拔的支持，是将要物理拔出的内存条上承载的逻辑页先迁移（migate）到别的内存条所承载的逻辑页上，然后将前面的目标逻辑页 free 出来，才能安全地物理拔出。所以，要对逻辑内存（页）进行归类，哪些是可以被移除的，称为 movable page，通常是匿名页和 page cache；哪些是不能移除的，就称为 kernel page。

“slots=x，maxmem=yy”，它们表示这个客户机可供热插拔的内存插槽一共有多少，最大可以增加到多大内存。如果不指定，后续的热插拔会失败。

```
[root@kvm-host ~]# qemu-system-x86_64 -enable-kvm -smp 4 -m 8G,slots=4,maxmem=16G
    rhel7.img
```

在客户机里我们查看一下内存设备，128MB×64=8GB，与我们的启动设置相符。

```
[root@kvm-guest ~]# cat /sys/devices/system/memory/block_size_bytes
8000000
[root@kvm-guest ~]# ls -ld /sys/devices/system/memory/memory* | wc -l
64
```

在QEMU monitor中，我们添加后端设备（memory-backend-ram对象，id=mem1），以及前端设备（pc-dimm设备，id=dimm1）。我们通过info memory-device可以看到这个新添加的内存设备，大小为1073741824B=1GB，是可以热插拔的（hotpluggable）。

```
(qemu) object_add memory-backend-ram,id=mem1,size=1G
(qemu) device_add pc-dimm,id=dimm1,memdev=mem1
(qemu) info memory-devices
Memory device [dimm]: "dimm1"
    addr: 0x240000000
    slot: 0
    node: 0
    size: 1073741824
    memdev: /objects/mem1
    hotplugged: true
    hotpluggable: true
```

在客户机中我们可以看到新增了memory72~memory79，一共8个memory block，刚好1GB。

```
[root@kvm-guest ~]# ls -l /sys/devices/system/memory/memory* -d | sort
...
/sys/devices/system/memory/memory9
drwxr-xr-x. 3 root root 0 Jan  2 17:39 /sys/devices/system/memory/memory72
drwxr-xr-x. 3 root root 0 Jan  2 17:39 /sys/devices/system/memory/memory73
drwxr-xr-x. 3 root root 0 Jan  2 17:39 /sys/devices/system/memory/memory74
drwxr-xr-x. 3 root root 0 Jan  2 17:39 /sys/devices/system/memory/memory75
drwxr-xr-x. 3 root root 0 Jan  2 17:39 /sys/devices/system/memory/memory76
drwxr-xr-x. 3 root root 0 Jan  2 17:39 /sys/devices/system/memory/memory77
drwxr-xr-x. 3 root root 0 Jan  2 17:39 /sys/devices/system/memory/memory78
drwxr-xr-x. 3 root root 0 Jan  2 17:39 /sys/devices/system/memory/memory79
```

它们的状态都自动online了（完成了物理内存的添加步骤），客户机的可用内存也增加到了9GB（也完成了逻辑内存的添加步骤）。

```
[root@kvm-guest ~]# cat /sys/devices/system/memory/memory7[23456789]/state
online
online
```

```
online
online
online
online
online
online
[root@kvm-guest ~]# cat /proc/meminfo
MemTotal:        9223028 kB
MemFree:         8425988 kB
......
```

同时它们都是可移除（removable）的。

```
[root@kvm-guest ~]# cat /sys/devices/system/memory/memory7[23456789]/removable
1
1
1
1
1
1
1
1
```

同时，通过 valid_zones 我们可以看到，新加入的内存页都默认归入了 NORMAL zone。

```
[root@kvm-guest ~]# cat /sys/devices/system/memory/memory7[23456789]/valid_zones
Normal
Normal
Normal
Normal
Normal
Normal
Normal
Normal Movable㊀
```

下面我们来热拔出这根虚拟内存条，注意要与跟热插入反序操作：在 QEMU monitor 中先删除 dimm，再删除 object。

```
(qemu) device_del dimm1
(qemu) object_del mem1
```

客户机里看到，memory block 又变成了 64 个，内存大小又变成 8GB 了。

```
[root@kvm-guest ~]# ls -l /sys/devices/system/memory/memory* -d | wc -l
64
[root@kvm-guest ~]# cat /proc/meminfo
```

㊀ 为什么最后一个是“Normal Movable”？这个笔者也没有深究，也许是内核还没有完全实现好。字面的解释是：这表示这个 memory block 的内存页默认归入 Normal zone，但也可以归入 Movable zone。按说这几个 memory block 都应该是“Normal Movable”才对。笔者也在 4.9 的 kernel 上做了实验，将 memory78（它的 valid zone 显示是“Normal”）先 offline，再 echo "online_movable" > /sys/devices/system/memory/memory78/state，也是可行的。所以笔者怀疑这是一个表述层的 bug。

```
MemTotal:        8174452 kB
......
```

客户机的 dmesg 会输出以下信息，对应于 8 个 memory block 的 offline（逻辑内存拔出的步骤）。

```
[12360.500961] Offlined Pages 32768
[12360.503610] Offlined Pages 32768
[12360.506433] Offlined Pages 32768
[12360.509741] Offlined Pages 32768
[12360.519677] Offlined Pages 32768
[12360.521781] Offlined Pages 32768
[12360.523798] Offlined Pages 32768
[12360.526199] Offlined Pages 32768
```

另外，除了“memory-backend-ram”这个 object 类型以外，还有一个类似的“memory-backend-file”，其实这个更早被支持，就是用宿主机里的一个文件（可以是普通文件，也可以是 hugetlbfs）作为前端 dimm 设备的后端。操作与上面例子类似，读者可以自己试试。

6.3.5 磁盘的热插拔

前面已经介绍过 SATA 硬盘控制器使用 VT-d 方式进行热插拔，其实在客户机中的磁盘一般在宿主机中表现为 raw/qcow2 等格式的一个文件。本节介绍普通磁盘的热插拔，操作比较简单和灵活。

首先，启动一个客户机（为了命令行简单起见，这里系统磁盘是 IDE 磁盘）。命令如下：

```
[root@kvm-host ~]# qemu-system-x86_64 -enable-kvm -smp 4 -m 8G rhel7.img
```

然后，在宿主机上用 qemu-img 命令创建一个 10GB 大小的 qcow2 文件，作为给客户机热插拔的磁盘。

```
[root@kvm-host ~]# qemu-img create -f qcow2 hotplug-10G.img 10G
```

在 QEMU monitor 中，用 drive_add 命令添加一个基于前面创建的 qcow2 文件的磁盘驱动器，再用 device_add 命令将磁盘驱动器以 virtio-blk-pci 设备的形式添加到客户机中。这样就实现了给客户机热插入了一块磁盘。操作过程演示如下：

```
(qemu) drive_add 0 file=/root/hotplug-10G.img,format=qcow2,id= drive-disk1,if=none
OK  #这个OK是命令执行成功后的输出信息
(qemu) device_add virtio-blk-pci,drive=drive-disk1,id=disk1
```

到客户机中用 lspci 命令可以看到新添加的 virtio-blk 磁盘设备，用 fdisk -l 命令也可以查看到多了一个 10GB 大小的磁盘。

```
[root@kvm-guest ~]# lspci | grep IDE
00:01.1 IDE interface: Intel Corporation 82371SB PIIX3 IDE [Natoma/Triton II]
# 这个是启动时的IDE系统盘
```

```
[root@kvm-guest ~]# lspci | grep block
00:04.0 SCSI storage controller: Redhat, Inc Virtio block device # 这个就是添加进去的
                                                                  virtio-blk磁盘

[root@kvm-guest ~]# fdisk -l

Disk /dev/sda: 21.5 GB, 21474836480 bytes, 41943040 sectors
Units = sectors of 1 * 512 = 512 bytes
Sector size (logical/physical): 512 bytes / 512 bytes
I/O size (minimum/optimal): 512 bytes / 512 bytes
Disk label type: dos
Disk identifier: 0x0003c0e3

   Device Boot      Start         End      Blocks   Id  System
/dev/sda1   *        2048     1026047      512000   83  Linux
/dev/sda2         1026048    41943039    20458496   8e  Linux LVM

Disk /dev/vda: 10.7 GB, 10737418240 bytes, 20971520 sectors
Units = sectors of 1 * 512 = 512 bytes
Sector size (logical/physical): 512 bytes / 512 bytes
I/O size (minimum/optimal): 512 bytes / 512 bytes
# 这里的 /dev/vda 就是新添加的磁盘
```

较新的主流Linux发行版中的内核一般都将hotplug的支持编译到内核中了，配置为CONFIG_HOTPLUG_PCI_ACPI=y。对于一些较老的系统（如：CentOS 5.x系统），内核可能没有默认加载hotplug相关的模块，需在进行磁盘热插拔前先在客户机中运行modprobe acpiphp、modprobe pci_hotplug这两个命令，加载hotplug模块，否则在客户机中热插拔的磁盘不能被识别。

当客户机中不使用刚才添加的磁盘时，在QEMU monitor中，使用device_del命令（添加上device_add时的设备ID）即可将添加的磁盘从客户机中拔出。操作命令如下：

```
(qemu) device_del disk1
```

使用libvirt和virsh工具的读者，可以使用virsh attach-device、virsh detach-device（或者attach-disk、detach-disk）这两个命令来实现磁盘的热插拔，具体使用方法这里不赘述。

6.3.6 网卡接口的热插拔

前面介绍过将物理网卡作为一个PCI/PCI-E设备使用VT-d方式直接分配给客户机使用的热插拔操作。其实在客户机中的一个网卡并非是宿主机中的一个物理网卡，本节将介绍对于这种普通网卡接口的热插拔。

首先，启动一个客户机。命令如下：

```
[root@kvm-host ~]# qemu-system-x86_64 -enable-kvm -smp 4 -m 8G rhel7.img
```

在QEMU monitor中，用netdev_add命令添加宿主机上一个网卡设备，再用device_add

命令将网卡设备以 virtio-net-pci 设备的形式添加到客户机中。这样就实现了给客户机热插入了一块网卡。操作过程演示如下：

```
(qemu) netdev_add user,id=net1
# 这里设备类型选择了最简单的user模式的网卡，还有其他tap、bridge、vhost-user等可供选择
(qemu) device_add virtio-net-pci,netdev=net1,id=nic1,mac=52:54:00:12:34:56
```

到客户机中用 lspci 命令可以看到新添加的 virtio-net 网卡设备，用 ifconfig 命令也可以查看到多了一个名为 eth0 的网络接口。

```
[root@kvm-guest ~]# lspci | grep Eth
00:05.0 Ethernet controller: Redhat, Inc Virtio network device

[root@kvm-guest ~]# realpath /sys/class/net/eth0
/sys/devices/pci0000:00/0000:00:05.0/virtio1/net/eth0
# 这里查看了eth0接口与virtio-net-pci网络设备的对应关系

[root@kvm-guest ~]# ifconfig eth0
eth0: flags=4163<UP,BROADCAST,RUNNING,MULTICAST>  mtu 1500
    inet 10.0.2.15  netmask 255.255.255.0  broadcast 10.0.2.255
    inet6 fe80::5054:ff:fe12:3456  prefixlen 64  scopeid 0x20<link>
    inet6 fec0::5054:ff:fe12:3456  prefixlen 64  scopeid 0x40<site>
    ether 52:54:00:12:34:56  txqueuelen 1000  (Ethernet)
    RX packets 4  bytes 1400 (1.3 KiB)
    RX errors 0  dropped 0  overruns 0  frame 0
    TX packets 45  bytes 7423 (7.2 KiB)
    TX errors 0  dropped 0 overruns 0  carrier 0  collisions 0
```

同上一节磁盘热插拔中提到的一样，客户机内核要支持设备热插拔才能实现网卡的热插拔。本节不赘述。

在 QEMU monitor 中，使用 device_del 命令（添加上 device_add 时的设备 ID）即可将添加的网卡从客户机中拔出。操作命令如下：

```
(qemu) device_del nic1
```

使用 libvirt 和 virsh 工具的读者，可以使用 virsh attach-device、virsh detach-device（或者 attach-interface、detach-interface）这两个命令来实现网卡的热插拔，具体使用方法这里不赘述。

6.4 本章小结

本章介绍了 QEMU/KVM 提供的设备管理中各种相对比较高级的功能。尽管 QEMU/KVM 使用的是全虚拟化的工作方式，但是为了 I/O 设备性能或时钟准确度方面的考虑，也提供了让客户机使用一些半虚拟化驱动的方式，包括 virtio_net、virtio_blk、kvm_clock 等驱动。为了更好地提高网络性能，virtio 网络后端驱动可以采用 vhost 内核模块；为了让网

络中断使用多个 CPU 核心，还介绍了如何使用网卡的多队列特性；为了与用户态的 vswitch 高效地交换数据，也可以使用 vhost-user 作为网络后端；为了达到非常好的、接近原生设备的性能，可以考虑使用 VT-d、SR-IOV 等直接分配设备的功能；为了让设备管理更加灵活，QEMU/KVM 还提供了 CPU、内存、网络、磁盘的动态热插拔功能。

通过本章的详细介绍并结合部分操作的命令行实战，相信读者对 QEMU/KVM 提供的许多设备管理功能都能了解其基本原理和操作步骤，以便可以在实际的生产环境中使用这些功能，从而更好地规划 KVM 虚拟化环境的部署方案，在性能、灵活性、运维成本等方面达到较好的平衡。

Chapter 7 第7章

KVM内存管理高级技巧

我们在第5章介绍了与CPU管理相关的内容，在第6章介绍了与设备管理相关的内容，本章将在前两章的基础上来讲一下内核的内存管理技巧在KVM虚拟化环境中的应用，包括KSM、大页及透明大页、NUMA（非一致性内存架构）。

7.1 大页

7.1.1 大页的介绍

x86（包括x86-32和x86-64）架构的CPU默认使用4KB大小的内存页面，但是它们也支持较大的内存页，如x86-64系统就支持2MB[⊖]及1GB[⊜]大小的大页（Huge Page）。Linux 2.6及以上的内核都支持Huge Page。如果在系统中使用了Huge Page，则内存页的数量会减少，从而需要更少的页表（Page Table），节约了页表所占用的内存数量，并且所需的地址转换也减少了，TLB缓存失效的次数就减少了，从而提高了内存访问的性能。另外，由于地址转换所需的信息一般保存在CPU的缓存中，Huge Page的使用让地址转换信息减少，从而减少了CPU缓存的使用，减轻了CPU缓存的压力，让CPU缓存能更多地用于应用程序的数据缓存，也能够在整体上提升系统的性能。

⊖ /proc/cpuinfo中cpuflag“pae pse”（Phsycial Address Extension，Page Size Extension）指示CPU硬件对2MB内存页的支持。在早期的32位硬件环境中，只有单独的“pse”cpuflag，它指示的是4MB的大页，但物理页面的寻址空间还是32位的。在现在的64位硬件环境正式出来之前，还有一个pse36过渡阶段（现在的64位CPU也对它向后兼容），pse+pse36表示CPU对36位（64G）的物理页面地址空间以及4MB页大小的支持。但Linux从来没用过它。

⊜ 较新的Intel CPU都支持1GB大页，可以查看“/proc/cpuinfo”中cpuflag是否有pdpe1gb。

编译内核时候，下面这些 Config 选项与 Huge Page 相关，需要在内核配置文件中使能。

```
CONFIG_HUGETLBFS=y
CONFIG_HUGETLB_PAGE=y
```

内核启动时候的参数中，与大页相关的如下：

- default_hugepagesz，表示默认的大页的大小，可以是 2MB 或者 1GB。
- hugepages，表示内核启动后给系统准备的大页的数量。
- hugepagesz，表示内核启动后给系统准备的大页的大小，可以是 2MB 或者 1GB。

hugepages 和 hugepagesz 可以组合交替出现，表示不同大小的大页分别准备多少。

如下，我们以 hugepages=64、hugepagesz=1G、hugepages=16 组合启动内核，故意省略掉第一组中 hugepagesz 的设置，可以看到，前面不指定 hugepagesz 的情况，分配的 64 个大页是 2MB 的，后面指定 1GB 大小，分配 16 个大页也是成功的。

```
[root@kvm-host ~]# cat /proc/cmdline
BOOT_IMAGE=/vmlinuz-3.10.0-514.el7.x86_64 root=/dev/mapper/rhel-root ro crashkernel=
    auto rd.lvm.lv=rhel/root rd.lvm.lv=rhel/swap rhgb quiet LANG=en_US.UTF-8
    intel_iommu=on hugepages=64 hugepagesz=1G hugepages=16
[root@kvm-host ~]# cat /sys/kernel/mm/hugepages/hugepages-2048kB/nr_hugepages
64
[root@kvm-host ~]# cat /sys/kernel/mm/hugepages/hugepages-1048576kB/nr_hugepages
16
```

内核启动之后，系统大页信息主要从以下面几个处查看与配置。

（1）/proc/meminfo 里面的一些信息

/proc/meminfo 里面有这些信息：HugePages_Total，HugePages_Free，HugePages_Rsvd，HugePages_Surp，Hugepagesize。但要注意，它只体现“default_hugepagesz”的 huge page 信息。如按笔者上面的启动项启动后，查看 /proc/meminfo，发现 1GB 的 Huge Page 信息并没有体现在这里，如下所示。

```
[root@kvm-host ~]# cat /proc/meminfo
HugePages_Total:      64
HugePages_Free:       64
HugePages_Rsvd:        0
HugePages_Surp:        0
Hugepagesize:       2048 kB
```

（2）/proc/sys/vm/ 下面的一些选项

在 /proc/sys/vm 目录下我们可以看到一些与大页相关的节点文件，通过读取它们的值（cat 命令），就可以获得当前系统中与大页相关的实时信息。

```
[root@kvm-host ~]# ls -l /proc/sys/vm/*huge*
-rw-r--r-- 1 root root 0 Jan 27 11:27 /proc/sys/vm/hugepages_treat_as_movable
-rw-r--r-- 1 root root 0 Jan 27 11:27 /proc/sys/vm/hugetlb_shm_group
-rw-r--r-- 1 root root 0 Jan 27 11:27 /proc/sys/vm/nr_hugepages
-rw-r--r-- 1 root root 0 Jan 27 11:27 /proc/sys/vm/nr_hugepages_mempolicy
```

```
-rw-r--r-- 1 root root 0 Jan 27 11:27 /proc/sys/vm/nr_overcommit_hugepages
```

这些主要参数介绍如下：

- hugepages_treat_as_movable：这个参数设置为非 0 时，表示允许 hugepage 从 ZONE_MOVABLE[1]（前面内存热插拔里提到过）里面分配。但这有利有弊：虽然这扩大了 hugepage 的来源，但它也增加了内存热拔出时的失败几率，如果当时这个 hugepage 正在被用，哪怕只用到了一小块，它也不能当时被换出，这样整个内存条也就不能拔出。更极端的情况：系统中没有其他的大页可以供这个大页的内容迁移，则内存热拔出一直会失败。所以，这个参数默认是 0。
- hugetlb_shm_group：SysV 共享内存段（shared memory segment）的 id，该内存段将使用大页。我们常用的 POSIX 共享内存的方法用不到这个。
- nr_hugepages_mempolicy：通常与 NUMA mempolicy（内存策略）相关。后面详细讲到。
- nr_hugepages：就是大页的数目。
- nr_overcommit_hugepages：在 nr_hugepages 数目以外，在 nr_hugepages 数目不够的时候，还可以动态补充多少大页。

读者可以这样去理解：大页资源放在一个池（huge page pool）中，nr_hugepages 指定的就是恒定的大页数目（persistent hugepage），它们是不会被拆分成小页的，即使系统需要小页的时候。而在 persistent hugepage 不够的时候，系统可以向大页池中补充大页，这些补充的大页由系统中空闲且物理连续的小页拼凑而来，最多允许拼凑 nr_overcommit_hugepages 个大页。当这些额外拼凑来的大页后来被释放出来的时候，它们又会被解散成小页，释放回小页池。

（3）/sys/kernel/mm/hugepages/ 目录

其实，现在的 kernel 已经逐渐废弃通过 /proc 文件系统去配置大页[2]，而转向 /sys 文件系统。在 /sys/kernel/mm/hugepages 目录下，我们可以看到上面两种方式重复的地方，同时又有比它们更详尽的地方。

首先，/sys/kernel/mm/hugepages 目录下按不同大页大小分子目录。如笔者环境中，配置了 2MB 和 1GB 的大页。

```
[root@kvm-host ~]# ls /sys/kernel/mm/hugepages/
hugepages-1048576kB  hugepages-2048kB
```

每个目录下面会有这些文件 free_hugepages、nr_hugepages、nr_hugepages_mempolicy、nr_overcommit_hugepages、resv_hugepages、surplus_hugepages，其中 nr_hugepages、nr_hugepages_mempolicy、nr_overcommit_hugepages 在前面已经介绍过了。

[1] ZONE_MOVABLE 的创建依赖于内核启动参数 kernelcore=，如果没有 ZONE_MOVABLE，则无论 hugepages_treat_as_movable 设置成什么，也是没有意义的。

[2] 比如前面提到的 /proc/meminfo 下面只有 defaulthugepagesize 的大页信息，而没有其他大小的大页信息。

- free_hugepages，大页池中有多少空闲的大页。
- resv_hugepages，被保留的暂时未分配出去的大页。
- surplus_hugepages，具体的额外分配来的大页（nr_overcommit_hugepages 指示的是这个数目的上限）。

上述 6 个 /sys FS 的控制文件中，nr_hugepages、nr_hugepages_mempolicy、nr_overcommit_hugepages 是可读可写的，也就是说，可以通过它们在系统起来以后动态地调整大页池的大小。前面提到的内核启动参数 hugepages 等，是指示系统起来时候预分配大页池。起来以后，因为存在内存碎片，分配大页成功机会没有系统启动时候大。

我们以 2MB 大页为例，当前池中是有 64 个大页，我们可以把它动态地调整为 128。具体的设置如下所示：

```
[root@kvm-host ~]# cat /sys/kernel/mm/hugepages/hugepages-2048kB/free_hugepages
64
[root@kvm-host ~]# cat /sys/kernel/mm/hugepages/hugepages-2048kB/nr_hugepages
64
[root@kvm-host ~]# echo 128 > /sys/kernel/mm/hugepages/hugepages-2048kB/nr_hugepages
[root@kvm-host ~]# cat /sys/kernel/mm/hugepages/hugepages-2048kB/free_hugepages
128
[root@kvm-host ~]# cat /sys/kernel/mm/hugepages/hugepages-2048kB/nr_hugepages
128
```

7.1.2　KVM 虚拟化对大页的利用

以上介绍了大页是什么，以及在系统层面如何配置大页。那么应用程序是如何能利用上大页？ KVM 虚拟化是如何利用大页的呢？

操作系统之上的应用程序（包括 QEMU 创建的客户机）要利用上大页，无非下面 3 种途径之一。

- mmap 系统调用使用 MAP_HUGETLB flag 创建一段内存映射。
- shmget 系统调用使用 SHM_HUGETLB flag 创建一段共享内存区。
- 使用 hugetlbfs 创建一个文件挂载点，这个挂载目录之内的文件就都是使用大页的了[⊖]。

在 KVM 虚拟化环境中，就是使用第 3 种方法：创建 hugetlbfs 的挂载点，通过“-mem-path *FILE*”选项，让客户机使用宿主机的 huge page 挂载点作为它内存的 backend。另外，还有一个参数“-mem-prealloc”是让宿主机在启动客户机时就全部分配好客户机的内存，而不是在客户机实际用到更多内存时才按需分配。-mem-prealloc 必须在有“-mem-path”参数时才能使用。提前分配好内存的好处是客户机的内存访问速度更快，缺点是客户机启动时就

⊖ 有时读者会见到第 1 种和第 3 种方法的叠加，即：创建 hugetlbfs 挂载点，然后 mmap 它。这个方法中，mmap 时候就不需要 MAP_HUGETLB flag 了。另外，要注意 munmap 取消映射的时候，长度（length）参数要与大页的大小对齐，否则会失败。

得到了所有的内存，从而使得宿主机的内存很快减少（而不是根据客户机的需求而动态地调整内存分配）。

下面我们就以 1GB 大页为例（2MB 的类似，读者自行实验），说明怎样让 KVM 客户机用上大页。因为 RHEL 7.3 自带的 3.10 内核 mount -t hugetlbfs -o min_size 参数的要求，为了向读者展示它对 reserve huge page 的作用，本节使用较新的 4.9.6 内核。

1）检查硬件是否支持大页。检查方法如下：

```
[root@kvm-host ~]# cat /proc/cpuinfo | grep flags | uniq | grep pdpe1gb | grep
    pae | grep pse
flags: fpu vme de pse tsc msr pae mce cx8 apic sep mtrr pge mca cmov pat pse36
    clflush dts acpi mmx fxsr sse sse2 ss ht tm pbe syscall nx pdpe1gb rdtscp
    lm constant_tsc arch_perfmon pebs bts rep_good nopl xtopology nonstop_tsc
    aperfmperf eagerfpu pni pclmulqdq dtes64 monitor ds_cpl vmx smx est tm2 ssse3
    sdbg fma cx16 xtpr pdcm pcid dca sse4_1 sse4_2 x2apic movbe popcnt tsc_
    deadline_timer aes xsave avx f16c rdrand lahf_lm abm 3dnowprefetch epb intel_
    pt tpr_shadow vnmi flexpriority ept vpid fsgsbase tsc_adjust bmi1 hle avx2
    smep bmi2 erms invpcid rtm cqm rdseed adx smap xsaveopt cqm_llc cqm_occup_llc
    cqm_mbm_total cqm_mbm_local dtherm ida arat pln pts
```

目前，几乎所有的 Intel 处理器都有上述对大页的硬件支持。如果没有硬件的支持，内核将无法使用大页。

2）检查系统是否支持 hugetlbfs（7.1.1 节提到的 kernel Config 选项要打开）。

```
[root@kvm-host ~]# cat /proc/filesystems | grep hugetlbfs
nodev hugetlbfs
```

如果没有 hugetlbfs 的支持，虚拟机也是无法使用大页的。这时需要参照 7.1.1 节打开内核选项并重新编译宿主机内核并重新启动。

3）检查并确保大页池（huge page pool）中有足够大页，本例创建 16 个 1GB 大页的 pool。系统起来时候已经通过 Kernel boot param（hugepages=，hugepagesz=）指定了，那么此时应该已经有了。本例因为启动时候没有指定大页，所以此时才创建大页池。

```
[root@kvm-host ~] # cat /sys/kernel/mm/hugepages/hugepages-1048576kB/nr_hugepages
0
[root@kvm-host ~]  # echo 16 > /sys/kernel/mm/hugepages/hugepages-1048576kB/nr_hugepages
[root@kvm-host ~] # cat /sys/kernel/mm/hugepages/hugepages-1048576kB/nr_hugepages
16
[root@kvm-host ~] # cat /sys/kernel/mm/hugepages/hugepages-1048576kB/free_hugepages
16
```

4）创建 hugetlbfs 的挂载点。我们指定 min_size=4G，可以看到大页池里就给它保留（reserve）了 4 个 1GB 大页，虽然还没有正式分配出去。

```
[root@kvm-host ~]# mount -t hugetlbfs -o pagesize=1G,size=8G,min_size=4G⊖ nodev
```

⊖ mount -t hugetlbfs -o 参数还可以有 uid=、gid=、mode=、nr_inodes=，分别指定这个挂载点的 user id、group id、文件权限以及它下面可以创建最多几个 inodes。本例中这些均用其默认值。

```
    /mnt/1G-hugepage/
[root@kvm-host ~]# mount | grep /mnt/1G-hugepage
nodev on /mnt/1G-hugepage type hugetlbfs (rw,relatime,pagesize=1G,size=8G,min_
    size=4G)
[root@kvm-host ~]# cat /sys/kernel/mm/hugepages/hugepages-1048576kB/free_hugepages
16
[root@kvm-host ~]# cat /sys/kernel/mm/hugepages/hugepages-1048576kB/nr_hugepages
16
[root@kvm-host ~]# cat /sys/kernel/mm/hugepages/hugepages-1048576kB/resv_hugepages
4
```

5）启动客户机让其使用 hugepage 的内存，使用“-mem-path”“-mem-prealloc”参数。可以看到，当客户机创建以后，大页池的空闲页只剩 8 个，其中包括之前创建 hugetlbfs 时候预留的 4 个大页，此时一共被分配出去 8 个 1GB 大页给客户机。

```
[root@kvm-host ~]# qemu-system-x86_64 -enable-kvm -smp 4 -m 8G -mem-path /mnt/1G-
    hugepage -mem-prealloc -drive file=./rhel7.img,if=virtio,media=disk -device
    virtio-net-pci,netdev=nic0 -netdev bridge,id=nic0,br=virbr0 -snapshot
[root@kvm-host ~]# cat /sys/kernel/mm/hugepages/hugepages-1048576kB/resv_hugepages
0
[root@kvm-host ~]# cat /sys/kernel/mm/hugepages/hugepages-1048576kB/free_hugepages
8
[root@kvm-host ~]# cat /sys/kernel/mm/hugepages/hugepages-1048576kB/nr_hugepages
16
```

至此，如果在客户机中运行的应用程序具备使用 Huge Page 的能力，那么就可以在客户机中使用 Huge Page，从而带来性能的提升。

我们还可以同时创建 2MB 大页池，创建客户机，并故意给客户机分配内存大于池内 persistent huge page 数量而出现 over commit 的现象。相关命令行总结如下：

```
[root@kvm-host ~]# echo 2048 > /sys/kernel/mm/hugepages/hugepages-2048kB/nr_hugepages
[root@kvm-host ~]# cat /sys/kernel/mm/hugepages/hugepages-2048kB/nr_hugepages
    2048
[root@kvm-host ~]# echo 2048 > /sys/kernel/mm/hugepages/hugepages-2048kB/nr_
    overcommit_hugepages
[root@kvm-host ~]# cat /sys/kernel/mm/hugepages/hugepages-2048kB/nr_overcommit_
    hugepages
2048
[root@kvm-host ~]# mkdir /mnt/2M-hugepage
[root@kvm-host ~]# mount -t hugetlbfs -o pagesize=2M,size=8G nodev /mnt/2M-hugepage/
[root@kvm-host ~]# qemu-system-x86_64 -enable-kvm -smp 4 -m 8G -mem-path /mnt/2M-
    hugepage/ -mem-prealloc -drive file=./rhel7.img,if=virtio,media=disk -device
    virtio-net-pci,netdev=nic0 -netdev bridge,id=nic0,br=virbr0 -snapshot
```

这个客户机创建以后，通过下面的命令行可以看到，2MB 大页池中的 free hugepage 为 0 了，并且 surplus hugepage 为 2048。因为客户机需要 8G 内存，而大页池中本来只有 2048 个 2MB 大页，同时我们事先设置了 nr_overcommit_hugepages 为 2048，即允许它即时拼凑最多 2048 个大页。

```
[root@kvm-host ~]# cat /sys/kernel/mm/hugepages/hugepages-2048kB/nr_hugepages
4096
[root@kvm-host ~]# cat /sys/kernel/mm/hugepages/hugepages-2048kB/free_hugepages
0
[root@kvm-host ~]# cat /sys/kernel/mm/hugepages/hugepages-2048kB/nr_overcommit_hugepages
2048
[root@kvm-host ~]# cat /sys/kernel/mm/hugepages/hugepages-2048kB/surplus_hugepages
2048
```

总的来说，对于内存访问密集型的应用，在 KVM 客户机中使用 Huge Page 是可以较明显地提高客户机性能的。不过，它也有一个缺点，使用 Huge Page 的内存不能被换出（swap out），也不能使用 ballooning 方式自动增长。

7.2 透明大页

在上一节中已经介绍过，使用大页可以提高系统内存的使用效率和性能。不过大页有如下几个缺点：

1）大页必须在使用前就准备好。

2）应用程序代码必须显式地使用大页（一般是调用 mmap、shmget 系统调用，或者使用 libhugetlbfs 库对它们的封装）。

3）大页必须常驻物理内存中，不能交换到交换分区中。

4）需要超级用户权限来挂载 hugetlbfs 文件系统，尽管挂载之后可以指定挂载点的 uid、gid、mode 等使用权限供普通用户使用。

5）如果预留了大页内存但没实际使用，就会造成物理内存的浪费。

而透明大页[⊖]（Transparent Hugepage）既发挥了大页的一些优点，又能避免了上述缺点。透明大页（THP）是 Linux 内核的一个特性，由 Redhat 的工程师 Andrea Arcangeli 在 2009 年实现，然后在 2011 年的 Linux 内核版本 2.6.38 中被正式合并到内核的主干开发树中。目前一些流行的 Linux 发行版（如 RHEL 6/7、Ubuntu 12.04 以后等）的内核都默认提供了透明大页的支持。

透明大页，如它的名称描述的一样，对所有应用程序都是透明的（transparent），应用程序不需要任何修改即可享受透明大页带来的好处。在使用透明大页时，普通的使用 hugetlbfs 大页依然可以正常使用，而在没有普通的大页可供使用时，才使用透明大页。透明大页是可交换的（swapable），当需要交换到交换空间时，透明大页被打碎为常规的 4KB 大小的内存页。在使用透明大页时，如果因为内存碎片导致大页内存分配失败，这时系统可以优雅地使用常规的 4KB 页替换，而且不会发生任何错误、故障或用户态的通知。而当系统内存较为充裕、有很多的大页可用时，常规的页分配的物理内存可以通过 khugepaged 内核线程自动

⊖ Linux 内核代码中关于透明大页的文档，见如下网页：http://lxr.linux.no/#linux+v4.10/Documentation/vm/transhuge.txt。

迁往透明大页内存。内核线程khugepaged的作用是，扫描正在运行的进程，然后试图将使用的常规内存页转换到使用大页。目前，透明大页仅仅支持匿名内存（anonymous memory）的映射，对磁盘缓存（page cache）和共享内存（shared memory）[⊖]的支持还处于开发之中。

下面看一下使用透明大页的步骤。

1）在编译Linux内核时，配置好透明大页的支持。配置文件中的示例如下：

```
CONFIG_HAVE_ARCH_TRANSPARENT_HUGEPAGE=y
CONFIG_TRANSPARENT_HUGEPAGE=y
CONFIG_TRANSPARENT_HUGEPAGE_ALWAYS=y
# CONFIG_TRANSPARENT_HUGEPAGE_MADVISE is not set
```

这表示默认对所有应用程序的内存分配都尽可能地使用透明大页。当然，还可以在系统启动时修改Linux内核启动参数“transparent_hugepage”来调整这个默认值。其取值为如下3个值之一：

```
transparent_hugepage=[always|madvise|never]
```

它们的具体含义在下面解释。

2）在运行的宿主机中查看及配置透明大页的使用方式，命令行如下：

```
[root@kvm-host ~]# cat /sys/kernel/mm/transparent_hugepage/enabled
[always] madvise never
[root@kvm-host ~]# cat /sys/kernel/mm/transparent_hugepage/defrag
always defer [madvise] never
[root@kvm-host ~]# cat /sys/kernel/mm/transparent_hugepage/khugepaged/defrag
1
[root@kvm-host ~]# echo "never" > \ /sys/kernel/mm/transparent_hugepage/defrag
[root@kvm-host ~]# cat /sys/kernel/mm/transparent_hugepage/defrag
always madvise [never]
```

在本示例的系统中，“/sys/kernel/mm/transparent_hugepage/enabled”接口的值为“always”，表示尽可能地在内存分配中使用透明大页；若将该值设置为“madvise”，则表示仅在“MADV_HUGEPAGE”标识的内存区域使用透明大页（在嵌入式Linux系统中内存资源比较珍贵，为了避免使用透明大页可能带来的内存浪费，如申请一个2MB内存页但只写入了1 Byte的数据，可选择“madvise”方式使用透明大页）；若将该值设置为“never”则表示关闭透明内存大页的功能。当设置为“always”或“madvice”时，系统会自动启动“khugepaged”这个内核进程去执行透明大页的功能；当设置为“never”时，系统会停止“khugepaged”进程的运行。

“transparent_hugepage/defrag”这个接口是表示系统在发生页故障（page fault）时同步地做内存碎片的整理工作，其运行的频率较高（在某些情况下可能会带来额外的负担）；而

⊖ kernel 4.8开始，加入了对tmpfs和shmfs的page cache使用transparent huge page的支持。tmpfs文件系统通过mount -o参数huge=always/never/within_size/advise来指定是否打开以及使用策略。对于shm，可通过/sys/kernel/mm/transparent_hugepage/shmem_enabled来控制。

“transparent_hugepage/khugepaged/defrag”接口表示在 khugepaged 进程运行时进行内存碎片的整理工作，它运行的频率较低。

当然还可以在 KVM 客户机中使用透明大页，这样在宿主机和客户机同时使用的情况下，更容易提高内存使用的性能。

关于透明大页的详细配置参数还有不少，读者可以阅读 https://www.kernel.org/doc/Documentation/vm/transhuge.txt 了解更多，这里就不赘述了。

3）查看系统使用透明大页的效果，可以通过查看“/proc/meminfo”文件中的“AnonHugePages”这行来看系统内存中透明大页的大小。要查看具体应用程序使用了多少内存，我们可以查看“/proc/ 进程号 /smaps”中“AnonHugePages”的大小（它会有多个 VM 地址区间的映射，但只有少数匿名内存区可以使用透明大页）。下面我们来启动一个客户机，看看前后透明大页有没有变化。

启动前，通过下面的命令行可以看到系统中已使用了 132 个透明大页。

```
[root@kvm-host ~]# cat /proc/meminfo | grep -i AnonHugePages
AnonHugePages:    270336 kB
[root@kvm-host ~]# echo $((270336/2048))
132
```

我们按如下方式启动一个 16G 的客户机：

```
[root@kvm-host ~]# qemu-system-x86_64 -enable-kvm -cpu host -smp 4 -m 8G -drive
    file=./rhel7.img,format=raw,if=virtio -device virtio-net-pci,netdev=nic0
    -netdev bridge,id=nic0,br=virbr0 -snapshot
```

客户机起来以后，通过下面的命令行可以看到系统中已经在用的透明大页有 756 个。注意，这个数字随系统运行而动态变化，并且，客户机并没有“-mem-prealloc”，所以此时系统并没有真的给它分配 16G 内存。

```
[root@kvm-host ~]# cat /proc/meminfo | grep -i AnonHugePages
AnonHugePages:   1548288 kB
[root@kvm-host ~]# echo $((1548288/2048))
756
```

然后进一步查看 QEMU 进程使用了多少透明大页。从下面的输出我们可以看到，这个客户机使用了 2048+1253376+6144=1261568KB，共计 616 个 2MB 透明大页，差不多就是客户机启动前后系统透明大页的数量差。这说明 QEMU 启动客户机，什么特殊设置也没有做，就默默地（莫名其妙地）利用上了透明大页。

```
[root@kvm-host ~]# ps aux | grep qemu
root        7212  7.9  1.0 12822852 1321188 pts/1  Sl+  16:02   0:47 qemu-
    system-x86_64 -enable-kvm -cpu host -smp 4 -m 8G -drive file=./rhel7.
    img,format=raw,if=virtio -device virtio-net-pci,netdev=nic0 -netdev
    bridge,id=nic0,br=virbr0 -snapshot
root        7614  0.0  0.0 112648   960 pts/2    S+   16:13   0:00 grep
    --color=auto qemu
```

```
[root@kvm-host ~]# cat /proc/7212/smaps | grep -e "AnonHugePages"
...
AnonHugePages:        2048 kB
...
AnonHugePages:     1253376 kB
...
AnonHugePages:        6144 kB
...
```

在 KVM 2010 年论坛（KVM Forum 2010）[⊖]上，透明大页的作者 Andrea Arcangeli 发表了一个题为“Transparent Hugepage Support”的演讲，其中展示了不少透明大页对性能提升的数据。图 7-1 展示了在是否打开宿主机和客户机的透明大页（THP）、是否打开 Intel EPT 特性时，内核编译（kernel build）所需时间长度的对比，时间越短说明效率越高。

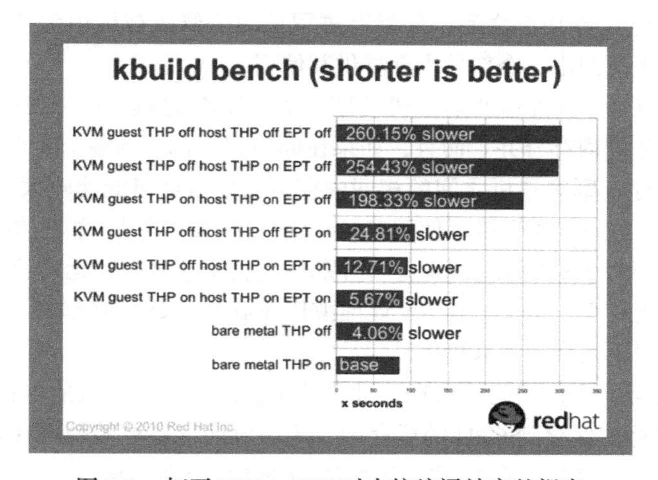

图 7-1　打开 EPT、THP 对内核编译效率的提高

由图 7-1 所示的数据可知，当打开 EPT 的支持且在宿主机和客户机中同时打开透明大页的支持时，内核编译的效率只比原生的非虚拟化环境中的系统降低了 5.67%；而打开 EPT 但关闭宿主机和客户机的透明大页时，内核编译效率比原生系统降低了 24.81%；EPT 和透明大页全部关闭时，内核编译效率比原生系统降低了 260.15%。这些数据说明，EPT 对内存访问效率有很大的提升作用，透明大页对内存访问效率也有较大的提升作用。

7.3　KSM

在现代操作系统中，共享内存被很普遍地应用。如在 Linux 系统中，当使用 fork 函数

⊖ KVM Forum 是 KVM 社区每年一届的技术盛会，一般会讨论 KVM 中的最新功能和技术、未来发展方向等。http://www.linux-kvm.org/page/Kvm_Forum_2010 网页是关于“KVM Forum 2010”的，其中有那次大会的 PPT，读者可以下载。

创建一个进程时，子进程与其父进程共享全部的内存，而当子进程或父进程试图修改它们的共享内存区域之时，内核会分配一块新的内存区域，并试图将修改的共享内存区域复制到新的内存区域上，然后让进程去修改复制的内存。这就是著名的“写时复制”（copy-on-write，COW）技术。而本节介绍的 KSM 技术却与这种内存共享概念不同。

7.3.1 KSM 基本原理

KSM 是“Kernel SamePage Merging”的缩写，中文可称为“内核同页合并”。KSM 允许内核在两个或多个进程（包括虚拟客户机）之间共享完全相同的内存页。KSM 让内核扫描检查正在运行中的程序并比较它们的内存，如果发现它们有完全相同的内存区域或内存页，就将多个相同的内存合并为一个单一的内存页，并将其标识为“写时复制”。这样可以起到节省系统内存使用量的作用。之后，如果有进程试图去修改被标识为“写时复制”的合并内存页，就为该进程复制出一个新的内存页供其使用。

在 QEMU/KVM 中，一个虚拟客户机就是一个 QEMU 进程，所以使用 KSM 也可以实现多个客户机之间的相同内存合并。而且，如果在同一宿主机上的多个客户机运行的是相同的操作系统或应用程序，则客户机之间的相同内存页的数量就可能比较大，这种情况下 KSM 的作用就更加显著。在 KVM 环境下使用 KSM，还允许 KVM 请求哪些相同的内存页是可以被共享而合并的，所以 KSM 只会识别并合并那些不会干扰客户机运行且不会影响宿主机或客户机运行的安全内存页。可见，在 KVM 虚拟化环境中，KSM 能够提高内存的速度和使用效率。具体可以从以下两个方面来理解。

1）在 KSM 的帮助下，相同的内存页被合并了，减少了客户机的内存使用量。一方面，内存中的内容更容易被保存到 CPU 的缓存中，另一方面，有更多的内存可用于缓存一些磁盘中的数据。因此，不管是内存的缓存命中率（CPU 缓存命中率），还是磁盘数据的缓存命中率（在内存中命中磁盘数据缓存的命中率）都会提高，从而提高了 KVM 客户机中操作系统或应用程序的运行速度。

2）正如在 5.3.3 节中提及的那样，KSM 是内存过载使用的一种较好的方式。KSM 通过减少每个客户机实际占用的内存数量，可以让多个客户机分配的内存数量之和大于物理上的内存数量。而对于使用相同内存量的客户机而言，在物理内存量不变的情况下，可以在一个宿主机中创建更多的客户机，提高了虚拟化客户机部署的密度，提高了物理资源的利用效率。

KSM 是在 Linux 内核 2.6.32 中被加入内核主干代码中去的。目前多数流行的 Linux 发型版都已经将 KSM 的支持编译到内核中了，其内核配置文件中有“CONFIG_KSM=y”项。Linux 系统的内核进程 ksmd 负责扫描后合并进程的相同内存页[1]，从而实现 KSM 功能。root 用户可以通过“/sys/kernel/mm/ksm/”目录下的文件来配置和监控 ksmd 这个守护进程。

---

[1] 只合并 private anonymous page（匿名页），而不合并 Page Cache。

KSM 只会去扫描和试图合并那些应用程序建议为可合并的内存页，应用程序（如 QEMU）通过如下的 madvice 系统调用来告诉内核哪些页可合并。目前的 QEMU 都是支持 KSM 的，也可以通过查看其代码中对 madvise 函数的调用情况来确定是否支持 KSM。QEMU 中的关键函数简要分析如下：

```
/* 将地址标志为KSM可合并的系统调用*/
/* int madvise(addr, length, MADV_MERGEABLE) */
/* madvise系统调用的声明在 <sys/mman.h>中*/
/* int  madvise(  void  *start,  size_t  length,  int  advice  );  */

/* qemu代码的exec.c文件中，开启内存可合并选项*/
static int memory_try_enable_merging(void *addr, size_t len)
{
/*这里可以看到：通过qemu的-machine mem-merge=on|off参数可以对每个客户机开启或关闭KSM支持。
  我们后面通过实例观察效果。*/
    if (!machine_mem_merge(current_machine)) {
        /* disabled by the user */
        return 0;
    }

    return qemu_madvise(addr, len, QEMU_MADV_MERGEABLE);
}

/* qemu代码的osdep.c文件中对qemu_madvise()函数的定义*/
int qemu_madvise(void *addr, size_t len, int advice)
{
    if (advice == QEMU_MADV_INVALID) {
        errno = EINVAL;
        return -1;
    }
#if defined(CONFIG_MADVISE)
    return madvise(addr, len, advice);
#elif defined(CONFIG_POSIX_MADVISE)
    return posix_madvise(addr, len, advice);
#else
    errno = EINVAL;
    return -1;
#endif
}

/*在osdep.h中看到，只有QEMU configure了CONFIG-MADVISE（检查你的config-host.mak）并且你
  的宿主机系统支持MADV_MERGEABLE标准POSIX系统调用，QEMU才可以支持KSM；否则，QEMU就不会去调
  用POSIX接口来做KSM*/
#if defined(CONFIG_MADVISE)

...
#ifdef MADV_MERGEABLE
#define QEMU_MADV_MERGEABLE MADV_MERGEABLE
#else
```

```
#define QEMU_MADV_MERGEABLE QEMU_MADV_INVALID
#endif
```

KSM 最初就是为 KVM 虚拟化中的使用而开发的[⊖]，不过它对非虚拟化的系统依然非常有用。KSM 可以在 KVM 虚拟化环境中非常有效地降低内存使用量，据笔者在网上看到的资料显示，在 KSM 的帮助下，有人在物理内存为 16GB 的机器上，用 KVM 成功运行了多达 52 个 1GB 内存的 Windows XP 客户机。

由于 KSM 对 KVM 宿主机中的内存使用有较大的效率和性能的提高，所以一般建议打开 KSM 功能。不过，“金无足赤，人无完人”，KSM 必须有一个或多个进程去检测和找出哪些内存页是完全相同可以用于合并的，而且需要找到那些不会经常更新的内存页，这样的页才是最适合于合并的。因此，KSM 让内存使用量降低了，但是 CPU 使用率会有一定程度的升高，也可能会带来隐蔽的性能问题，需要在实际使用环境中进行适当配置 KSM 的使用，以便达到较好的平衡。

KSM 对内存合并而节省内存的数量与客户机操作系统类型及其上运行的应用程序有关，如果宿主机上的客户机操作系统相同且其上运行的应用程序也类似，节省内存的效果就会很显著，甚至节省超过 50% 的内存都有可能的。反之，如果客户机操作系统不同，且运行的应用程序也大不相同，KSM 节省内存效率就不高，可能连 5% 都不到。

另外，在使用 KSM 实现内存过载使用时，最好保证系统的交换空间（swap space）足够大[⊜]。因为 KSM 将不同客户机的相同内存页合并而减少了内存使用量，但是客户机可能由于需要修改被 KSM 合并的内存页，从而使这些被修改的内存被重新复制出来占用内存空间，因此可能会导致系统内存的不足，这时就需要有足够的交换空间来保证系统的正常运行。

7.3.2 KSM 操作实践

内核的 KSM 守护进程是 ksmd，配置和监控 ksmd 的文件在“/sys/kernel/mm/ksm/”目录下。通过如下命令行可以查看该目录下的几个文件：

```
[root@kvm-host ~]# ps -eLf | grep -i ksm
root       468     2   468  0  1  2016 ?      00:00:00 [ksmd]
root      1605     1  1605  0  1  2016 ?      00:00:13 /bin/bash /usr/sbin/ksmtuned
[root@kvm-host ~]# ls -l /sys/kernel/mm/ksm/
total 0
-r--r--r-- 1 root root 4096 Dec 31 11:35 full_scans
-rw-r--r-- 1 root root 4096 Dec 31 11:35 max_page_sharing
-rw-r--r-- 1 root root 4096 Dec 31 11:35 merge_across_nodes
-r--r--r-- 1 root root 4096 Dec 31 11:35 pages_shared
-r--r--r-- 1 root root 4096 Dec 31 11:35 pages_sharing
```

⊖ 那时 KSM=Kernel Same Memory，后来作为 Kernel 的普适特性而改名叫 Kernel Samepage Merging。

⊜ 早年的时候，KSM 合并页归入 Kernel page，是不可换出的。后来支持换出，但换出再换入时会再扫描一遍是否还是可合并（merge）的。此时会额外需要些内存，如果系统富余内存不多的话，要警惕此时引起 Out-Of-Memory-Killer 来杀进程取内存。

```
-rw-r--r-- 1 root root 4096 Dec 31 11:35 pages_to_scan
-r--r--r-- 1 root root 4096 Dec 31 11:35 pages_unshared
-r--r--r-- 1 root root 4096 Dec 31 11:35 pages_volatile
-rw-r--r-- 1 root root 4096 Jan  8 10:59 run
-rw-r--r-- 1 root root 4096 Dec 31 11:35 sleep_millisecs
-r--r--r-- 1 root root 4096 Dec 31 11:35 stable_node_chains
-rw-r--r-- 1 root root 4096 Dec 31 11:35 stable_node_chains_prune_millisecs
-r--r--r-- 1 root root 4096 Dec 31 11:35 stable_node_dups
```

这里面的几个文件对于了解KSM的实际工作状态来说是非常重要的。下面简单介绍各个文件的作用。

- full_scans：记录已经对所有可合并的内存区域扫描过的次数。
- merge_across_nodes：在NUMA（见7.4节）架构的平台上，是否允许跨节点（node）合并内存页。
- pages_shared：记录正在使用中的共享内存页的数量。
- pages_sharing：记录有多少数量的内存页正在使用被合并的共享页，不包括合并的内存页本身。这就是实际节省的内存页数量。
- pages_unshared：记录了守护进程去检查并试图合并，却发现了因没有重复内容而不能被合并的内存页数量。
- pages_volatile：记录了因为其内容很容易变化而不被合并的内存页。
- pages_to_scan：在ksmd进程休眠之前扫描的内存页数量。
- sleep_millisecs：ksmd进程休眠的时间（单位：毫秒），ksmd的两次运行之间的间隔。
- run：控制ksmd进程是否运行的参数，默认值为0，要激活KSM必须要设置其值为1（除非内核关闭了sysfs的功能）。设置为0，表示停止运行ksmd但保持它已经合并的内存页；设置为1，表示马上运行ksmd进程；设置为2表示停止运行ksmd，并且分离已经合并的所有内存页，但是保持已经注册为可合并的内存区域给下一次运行使用[⊖]。

通过前面查看这些sysfs中的ksm相关的文件可以看出，只有pages_to_scan、sleep_millisecs、run这3个文件对root用户是可读可写的，其余6个文件都是只读的。可以向pages_to_scan、sleep_millisecs、run这3个文件中写入自定义的值，以便控制ksmd的运行。例如，"echo 1200 > /sys/kernel/mm/ksm/pages_to_scan"，用来调整每次扫描的内存页数量，"echo 10 > /sys/kernel/mm/ksm/sleep_millisecs"，用来设置ksmd两次运行的时间间隔，"echo 1 > /sys/kernel/mm/ksm/run"，用来激活ksmd的运行。

pages_sharing的值越大，说明KSM节省的内存越多，KSM效果越好。如下命令计算了节省的内存数量：

⊖ 注意：merge_across_nodes只能在没有KSM共享页（即pages_shared=0）的情况下才能更改，我们需要先"echo 2 > /sys/kernel/mm/ksm/run"，解除已合并的内存页，然后再更改merge_across_nodes设置，最后再"echo 1 > /sys/kernel/mm/ksm/run"，根据最新的merge_across_nodes设置来merge page。

```
[root@kvm-host ~]# echo "KSM saved: $(( $(cat /sys/kernel/mm/ksm/pages_sharing)
    * $(getconf PAGESIZE) / 1024 / 1024 ))MB"
KSM saved: 7429MB
```

而pages_sharing除以pages_shared得到的值越大，说明相同内存页重复的次数越多，KSM效率就越高。pages_unshared除以pages_sharing得到的值越大，说明ksmd扫描不能合并的内存页越多，KSM的效率越低。可能有多种因素影响pages_volatile的值，不过较高的page_voliatile值预示着很可能有应用程序过多地使用了madvise(addr, length, MADV_MERGEABLE)系统调用，将其内存标志为KSM可合并。

在通过“/sys/kernel/mm/ksm/run”等修改了KSM的设置之后，系统默认不会再修改它的值，这样可能并不能更好地使用后续的系统状况，或者经常需要人工动态调节是比较麻烦的。Redhat系列系统（如RHEL 6、RHEL 7）中提供了两个服务ksm和ksmtuned，来动态调节KSM的运行情况。RHEL 7.3中ksm服务包含在qemu-kvm安装包中，ksmtuned服务包含在qemu-kvm-common安装包中。在RHEL 7.3上，如果不运行ksm服务程序，则KSM默认只会共享2000个内存页，这样一般很难起到较好的效果。而在启动ksm服务后，KSM能够共享最多达到系统物理内存一半的内存页。ksm服务的类型是一次性的（one shot[⊖]），而ksmtuned服务（forking类型）一直保持循环执行（每间隔若干时间，见下面配置），以调节ksm（/sys/kernel/mm/ksm/下各个参数），其配置文件在/etc/ksmtuned.conf中。配置文件的默认内容如下：

```
[root@kvm-host ~]# cat /etc/ksmtuned.conf
# Configuration file for ksmtuned.

# How long ksmtuned should sleep between tuning adjustments
# 多久运行一次ksm tune
# KSM_MONITOR_INTERVAL=60

# Millisecond sleep between ksm scans for 16Gb server.
# Smaller servers sleep more, bigger sleep less.
# 会对应设置于/sys/kernel/mm/ksm/sleep_millisecs
# KSM_SLEEP_MSEC=10

# 下面几个参数条件ksmtuned内部维护的npages变量的变化，这个动态调整的变量实际设置于/sys/kernel
  /mm/ksm/pages_to_scan

# 当空闲内存小于threshhold时，ksm扫描页（npages）增加这个数值
# KSM_NPAGES_BOOST=300
# 当空闲内存大于threshhold时，ksm扫描页（npages）减小这个数值
# KSM_NPAGES_DECAY=-50
# 无论动态算出来的npages值是多少，都不可以超过下面min、max定义的范围。在笔者的128G内存的系统
```

⊖ RHEL 7中使用systemd框架管理service，其service分类型（Type），具体哪些类型以及各自特点，读者可以通过“man system.service”命令了解。作为典型的one shot Type的服务，ksm服务的状态读者通过“systecmctl status ksm”查询的时候，发现是Active: active (exited)状态，就是正常的。

```
中，因为富余内存比较多，可以看到/sys/kernel/mm/ksm/pages_to_scan一直被ksmtuned服务设置
成1250
# KSM_NPAGES_MIN=64
# KSM_NPAGES_MAX=1250

# 下面两个参数是调整threshhold值，即当free memory低于多少时，触发ksm去合并内存

# CONF参数是一个百分比，如下面默认的20%，表示当空闲内存<系统内存*20%时，触发ksm行为
# KSM_THRES_COEF=20
# 但如果系统内存过小，按上面算出来的内存小于下面这个CONST指定的值，依然设置成这个CONST值
# KSM_THRES_CONST=2048

# uncomment the following if you want ksmtuned debug info
# 打开下面的设置可以debug ksmtuned行为
# LOGFILE=/var/log/ksmtuned
# DEBUG=1
```

可以看到，ksmtuned其实是一个实时动态调整ksm行为的后台服务，笔者理解它的存在是因为前文我们所讲的KSM本身有利有弊，而有了ksmtuned，方便用户合理有效地使用KSM。

下面演示一下KSM带来的节省内存的实际效果。在物理内存为128GB的系统上，使用了Linux 3.10内核的RHEL 7.3系统作为宿主机，开始时将ksm和ksmtuned服务暂停，"/sys/kernel/mm/ksm/run"的默认值为0，KSM不生效。然后启动每个内存为8GB的4个Windows 10客户机（没有安装virtio-balloon驱动，没有以ballooning方式节省内存），启动ksm和ksmtuned服务，10分钟后检查系统内存的使用情况，以确定KSM的效果。实现该功能的一个示例脚本（ksm-test.sh）如下：

```
#!/bin/bash
# file: ksm-test.sh

echo "----stoping services: ksm and ksmtuned ..."
systemctl stop ksm
systemctl stop ksmtuned

echo "----'free -m -h' command output before starting any guest."
free -m -h

# start 4 Win10 guest
for i in $(seq 1 4)
do
    qemu-system-x86_64 -enable-kvm -m 8G -smp 4 -drive file=./win10.
        img,format=raw,if=virtio -device virtio-net-pci,netdev=net0 -netdev
        bridge,br=virbr0,id=net0 -usb -usbdevice tablet -snapshot -name win10_$i -daemonize
    echo "starting the No. ${i} guest..."
    sleep 5
done
```

```
echo "----Wait 2 minutes for guests bootup ..."
sleep 120

echo "----'free -m -h' command output with several guests running ."
free -m -h

echo "----starting services: ksm and ksmtuned ..."
systemctl start ksm
systemctl start ksmtuned

echo "----Wait 10 minutes for KSM to take effect ..."
sleep 600

echo "----'free -m -h' command output with ksm and ksmtuned running."
free -m -h
```

执行该脚本，其命令行输出如下：

```
[root@kvm-host ~]# ./ksm-test.sh
----stoping services: ksm and ksmtuned ...
----'free -m -h' command output before starting any guest.
              total        used        free      shared  buff/cache   available
Mem:           125G        2.9G         82G         84M         40G        121G
Swap:           31G          0B         31G
starting the No. 1 guest...
starting the No. 2 guest...
starting the No. 3 guest...
starting the No. 4 guest...
----Wait 2 minutes for guests bootup ...
----'free -m -h' command output with several guests running .
              total        used        free      shared  buff/cache   available
Mem:           125G         35G         48G         97M         41G         89G
Swap:           31G          0B         31G
----starting services: ksm and ksmtuned ...
----Wait 10 minutes for KSM to take effect ...
----'free -m -h' command output with ksm and ksmtuned running.
              total        used        free      shared  buff/cache   available
Mem:           125G         35G         43G         97M         47G         89G
Swap:           31G          0B         31G
```

在以上输出中，从ksm、ksmtuned服务开始运行之前和之后的“free -m”命令的“-/+ buffers/cache:”这一行的输出数值看到：

1）启动4个8GB的客户机以后，系统的空闲内存从82GB减少到48GB（相差34GB），符合要求。

2）启动ksm和ksmtuned服务以后，等待10分钟，系统空闲内存反而从48GB减少到了43GB，这是为什么呢？KSM不起作用吗？

不是的，是因为ksmtuned里面KSM_THRES_COEF默认设置是20%，系统空闲内存还有48GB（超过总内存的35%），没达到ksmtuned要启动KSM的地步。我们从/var/

log /ksmtuned 里面可以找到它的 debug 信息（事先要在 /etc/ksmtuned.conf 里面打开 debug）。

```
[root@kvm-host ~]# cat /var/log/ksmtuned
...
Sat Jan 21 14:47:44 CST 2017: committed 0 free 93409576
Sat Jan 21 14:47:44 CST 2017: 26361845 < 131809228 and free > 26361845, stop ksm
Sat Jan 21 14:48:44 CST 2017: committed 0 free 93407360
Sat Jan 21 14:48:44 CST 2017: 26361845 < 131809228 and free > 26361845, stop ksm
```

我们从 /sys/kernel/mm/ksm/ 下面也可以看到，KSM 并没有 page share。

```
[root@kvm-host ~]# cat /sys/kernel/mm/ksm/pages_shared
0
```

我们把 /etc/ksmtuned.conf 里面 KSM_THRES_COEF 设到 95，再来做一次这个实验（记得实验前要把 ksm、ksmtuned 服务关掉，否则下次启动设置不会生效。）

```
[root@kvm-host ~]# ./ksm-test.sh
----stoping services: ksm and ksmtuned ...
----'free -m -h' command output before starting any guest.
              total        used        free      shared  buff/cache   available
Mem:           125G        2.9G         82G         85M         40G        121G
Swap:           31G          0B         31G
starting the No. 1 guest...
starting the No. 2 guest...
starting the No. 3 guest...
starting the No. 4 guest...
----Wait 2 minutes for guests bootup ...
----'free -m -h' command output with several guests running .
              total        used        free      shared  buff/cache   available
Mem:           125G         35G         48G         97M         41G         89G
Swap:           31G          0B         31G
----starting services: ksm and ksmtuned ...
----Wait 10 minutes for KSM to take effect ...
----'free -m -h' command output with ksm and ksmtuned running.
              total        used        free      shared  buff/cache   available
Mem:           125G         18G         60G         97M         47G        106G
Swap:           31G          0B         31G
[root@kvm-host ~]# echo "KSM saved: $(( $(cat /sys/kernel/mm/ksm/pages_sharing)
    * $(getconf PAGESIZE) / 1024 / 1024 ))MB"
KSM saved: 22261MB
```

这次我们就看到 KSM 起作用了，它大约节省了 22GB 内存，从 free -m -h 和 /sys/kernel/mm/ksm/pages_sharing 都获得了印证。

此时查看“/sys/kernel/mm/ksm/”目录中 KSM 的状态，如下：

```
[root@kvm-host ~]# cat /sys/kernel/mm/ksm/full_scans
41
[root@kvm-host ~]# cat /sys/kernel/mm/ksm/pages_shared
607746
[root@kvm-host ~]# cat /sys/kernel/mm/ksm/pages_sharing
```

```
5767606
[root@kvm-host ~]# cat /sys/kernel/mm/ksm/pages_to_scan
1250
[root@kvm-host ~]# cat /sys/kernel/mm/ksm/pages_unshared
1257693
[root@kvm-host ~]# cat /sys/kernel/mm/ksm/run
1
[root@kvm-host ~]# cat /sys/kernel/mm/ksm/sleep_millisecs
10
```

可见，KSM 已经为系统提供了不少的共享内存页，而当前 KSM 的运行标志（run）设置为 1。当然，查看到的 run 值也可能为 0，因为 ksm 和 ksmtuned 这两个服务会根据系统状况，按照既定的规则来修改“/sys/kernel/mm/ksm/run”文件中的值，从而调节 KSM 的运行。

7.3.3 QEMU 对 KSM 的控制

由 7.3.1 节的代码分析我们可以看到，QEMU 是通过 madvise 系统调用告诉内核本进程的内存可以被合并。在相关的代码中，我们发现 QEMU 内部是有个开关控制的，它开关与否，就是通过 -machine（或者 -M 缩写）参数的 mem-merge=on/off 来指定的。默认是 on，也就是允许内存合并。

我们还是通过上面的实验来说明它的效果。我们把上面的 ksm-test.sh 脚本稍微改一下，将当中的启动客户机的命令改成如下：

```
qemu-system-x86_64 -enable-kvm -m 8G -smp 4 -drive file=./win10.img,format=raw,
    if=virtio -device virtio-net-pci,netdev=net0 -netdev bridge,br=virbr0,id=net
    0,mac=52:54:00:6a:8b:9$i -usb -usbdevice tablet -snapshot -name win10_$i -M
    q35,mem-merge=off -daemonize
```

重复那个实验，我们看到的输出如下：

```
----stoping services: ksm and ksmtuned ...
----'free -m -h' command output before starting any guest.
              total        used        free      shared  buff/cache   available
Mem:           125G        2.9G         78G        109M         44G        121G
Swap:           31G          0B         31G
starting the No. 1 guest...
starting the No. 2 guest...
starting the No. 3 guest...
starting the No. 4 guest...
----Wait 5 minutes for guests bootup ...
----'free -m -h' command output with several guests running .
              total        used        free      shared  buff/cache   available
Mem:           125G         35G         45G        121M         45G         89G
Swap:           31G          0B         31G
----starting services: ksm and ksmtuned ...
----Wait 10 minutes for KSM to take effect ...
----'free -m -h' command output with ksm and ksmtuned running.
              total        used        free      shared  buff/cache   available
```

```
Mem:            125G        35G        44G       121M        45G        89G
Swap:            31G         0B        31G
[root@kvm-host ~]# echo "KSM saved: $(( $(cat /sys/kernel/mm/ksm/pages_sharing)
    * $(getconf PAGESIZE) / 1024 / 1024 ))MB"
KSM saved: 0MB
```

可以看到，启动客户机之后，再启动 ksm 和 ksmtuned 服务之后，系统的 free 内存并没有增加。通过 /sys/kernel/mm/ksm/pages_shared、page_sharing 等参数也发现，KSM 共享内存为 0。而通过下面检查 /var/log/ksmtuned 的 debug 输出，我们可以看到，KSM 其实是尝试合并的，但没有发现可以合并的内存页。

```
[root@kvm-host ~]# cat /var/log/ksmtuned
...
Mon Jan 23 20:12:15 CST 2017: committed 0 free 93735500
Mon Jan 23 20:12:15 CST 2017: 125218766 > 131809228, start ksm
Mon Jan 23 20:12:15 CST 2017: 93735500 < 125218766, boost
Mon Jan 23 20:12:15 CST 2017: KSMCTL start 1250 10
Mon Jan 23 20:13:15 CST 2017: committed 0 free 93713948
Mon Jan 23 20:13:15 CST 2017: 125218766 > 131809228, start ksm
Mon Jan 23 20:13:15 CST 2017: 93713948 < 125218766, boost
Mon Jan 23 20:13:15 CST 2017: KSMCTL start 1250 10
```

如果我们将实验脚本 ksm-test.sh 调整为两个客户机 mem-merge=on，两个 mem-merge=off，实验结果则是节省 13G 左右。

```
----Wait 2 minutes for guests bootup ...
----'free -m -h' command output with several guests running .
              total        used        free      shared  buff/cache   available
Mem:           125G         35G         44G        129M         45G         89G
Swap:           31G          0B         31G
----starting services: ksm and ksmtuned ...
----Wait 3 minutes for KSM to take effect ...
----'free -m -h' command output with ksm and ksmtuned running.
              total        used        free      shared  buff/cache   available
Mem:           125G         22G         57G        129M         45G        102G
Swap:           31G          0B         31G
[root@kvm-host ~]# echo "KSM saved: $(( $(cat /sys/kernel/mm/ksm/pages_sharing)
    * $(getconf PAGESIZE) / 1024 / 1024 ))MB"
KSM saved: 14033MB
```

我们在 win10_3 的 QEMU 进程（23710）中可以看到类似这样的 VMA [⊖] mapping，显示是被 shared。

```
[root@kvm-host ~]# cat /proc/23710/smaps
......
7f757fe00000-7f777fe00000 rw-p 00000000 00:00 0
Size:            8388608 kB
```

⊖ VMA（Virtual Memory Area）是内核管理虚拟内存地址空间的一个数据结构，详见《深入理解 Linux 内核》一书。

```
Rss:                8388608 kB
Pss:                2275612 kB
Shared_Clean:             0 kB
Shared_Dirty:       6964916 kB
Private_Clean:            0 kB
Private_Dirty:      1423692 kB
Referenced:         8388608 kB
Anonymous:          8388608 kB
AnonHugePages:        18432 kB
Swap:                     0 kB
KernelPageSize:           4 kB
MMUPageSize:              4 kB
Locked:                   0 kB
VmFlags: rd wr mr mw me dc ac sd hg mg
......
```

对比 win10_1 的 QEMU 进程（23666），类似的这个 VMA，是没有 shared。

```
[root@kvm-host ~]# cat /proc/23666/smaps
......
7fca7be00000-7fcc7be00000 rw-p 00000000 00:00 0
Size:               8388608 kB
Rss:                8388608 kB
Pss:                8388608 kB
Shared_Clean:             0 kB
Shared_Dirty:             0 kB
Private_Clean:            0 kB
Private_Dirty:      8388608 kB
Referenced:         8388608 kB
Anonymous:          8388608 kB
AnonHugePages:      8388608 kB
Swap:                     0 kB
KernelPageSize:           4 kB
MMUPageSize:              4 kB
Locked:                   0 kB
VmFlags: rd wr mr mw me dc ac sd hg
......
```

QEMU 的 -machine q35（或者 pc）、mem-merge 参数，提供给用户精细化的控制：可以只针对某个或某些客户机，开启或关闭 KSM。

7.4 与 NUMA 相关的工具

NUMA（Non-Uniform Memory Access，非统一内存访问架构）是相对于 UMA（Uniform Memory Access）而言的。早年的计算机架构都是 UMA，如图 7-2 所示。所有的 CPU 处理单元（Processor）均质地通过共享的总线访问内存，所有 CPU 访问所有内存单元的速度是一样的。在多处理器的情形下，多个任务会被分派在各个处理器上并发执行，则它们竞争内存资源的情况会非常频繁，从而引起效率的下降。

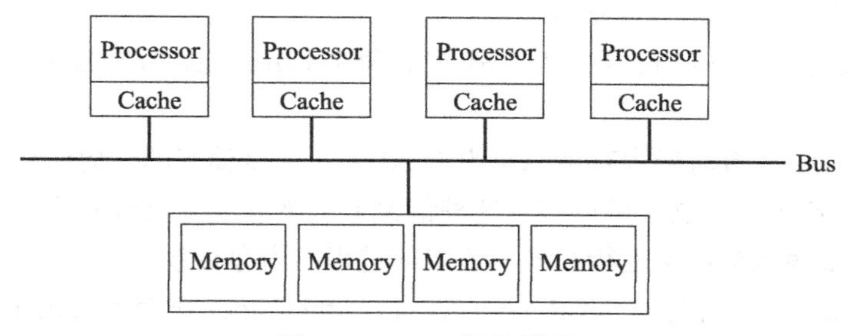

图 7-2　UMA 架构简示

所以，随着多处理器架构的逐渐普及以及数量的不断增长，NUMA 架构兴起，如图 7-3 所示。处理器与内存被划分成一个个的节点（node），处理器访问自己节点内的内存会比访问其他节点的内存快。

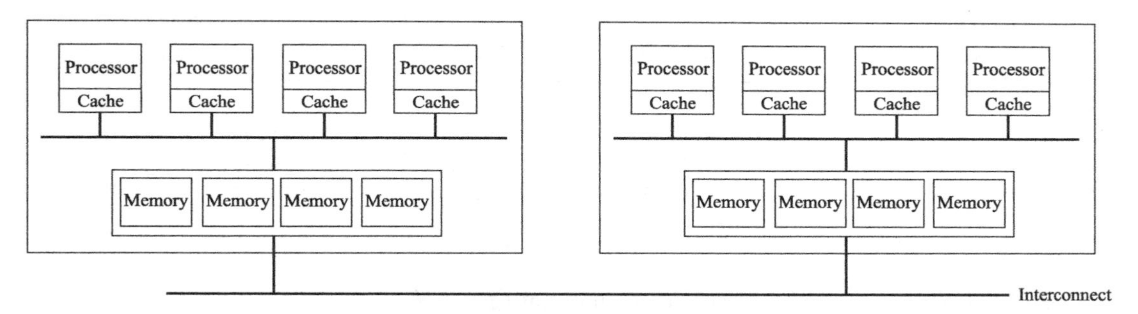

图 7-3　NUMA 架构简示

Intel Xeon 系列平台从 2007 年的 Nehalem 那一代开始，就支持 NUMA 架构了。现在主流的 E5、E7 系列 Xeon 平台，通常是 2 个、4 个 NUMA node 的。

7.4.1　numastat

numastat 用来查看某个（些）进程或者整个系统的内存消耗在各个 NUMA 节点的分布情况。它的典型输出如下：

```
[root@kvm-host ~]# numastat
                           node0           node1
numa_hit                72050204        55925951
numa_miss                      0               0
numa_foreign                   0               0
interleave_hit             38068           39139
local_node              71816493        54027058
other_node                233711         1898893
```

- numa_hit 表示成功地从该节点分配到的内存页数。

- numa_miss 表示成功地从该节点分配到的内存页数，但其本意是希望从别的节点分配，失败以后退而求其次从该节点分配。
- numa_foreign 与 numa_miss 互为“影子”，每个 numa_miss 都来自另一个节点的 numa_foreign。
- interleave_hit，有时候内存请求是没有 NUMA 节点偏好的，此时会均匀分配自各个节点（interleave），这个数值就是这种情况下从该节点分配出去的内存页面数。
- local_node 表示分配给运行在同一节点的进程的内存页数。
- other_node 与上面相反。local_node 值加上 other_node 值就是 numa_hit 值。

以上数值默认都是内存页数，要看具体多少 MB，可以通过加上 -n 参数实现。

numastat 还可以只看某些进程，甚至只要名字片段匹配。比如看 QEMU 进程的内存分布情况，可以通过“numastat qemu”即可。比如：

```
[root@kvm-host ~]# numastat qemu

Per-node process memory usage (in MBs) for PID 73658 (qemu-system-x86)
                           Node 0          Node 1           Total
                  --------------- --------------- ---------------
Huge                         0.00            0.00            0.00
Heap                         0.00           21.96           21.96
Stack                        0.00            8.37            8.37
Private                      0.03         1538.17         1538.20
----------------  --------------- --------------- ---------------
Total                        0.03         1568.49         1568.52
```

更多参数及用法，大家可以通过 man numastat 命令了解。

7.4.2 numad

numad 是一个可以自动管理 NUMA 亲和性（affinity）的工具（同时也是一个后台进程）。它实时监控 NUMA 拓扑结构（topology）和资源使用，并动态调整。同时它还可以在启动一个程序前，提供 NUMA 优化建议。

与 numad 功能类似，Kernel 的 auto NUMA balancing（/proc/sys/kernel /numa_balancing）也是进行动态 NUMA 资源的调节。numad 启动后会覆盖 Kernel 的 auto NUMA balancing 功能。

numad 与 THP 和 KSM 都有些纠葛，我们下面讲到。

numad 比较复杂，它有很多参数进行精细化控制，下面是几个重要的。

- -p <pid>，-x <pid>，-r <pid>，分别指定 numad 针对哪些 pid 以及不针对哪些 pid 进行自动的 NUMA 资源优化。

  numad 自己内部维护一个 inclusive list 和一个 exclusive list；-p <pid>、-x <pid> 就是分别往这两个 list 里面添加进程 id；-r <pid> 就是从这两个 list 里面移除。在 numad 首次启动时候，可以重复多个 -p 或者 -x；启动后，每次调用 numad 只能跟一个 -p、

-x 或者 -r 参数。

默认没有这些指定的话，numad 会对系统所有进程进行 NUMA 资源优化。

- -S 0/1，0 表示只对 inclusive list 里面的进程进行 NUMA 优化；1 表示对除 exclusive list 以外的所有进程进行优化。通常，-S 与 -p、-x 搭配使用。
- -R <cpu_list>，reserve，指定一些 CPU 是 numad 不能染指的，numad 不会在自动优化 NUMA 资源的时候把进程放到这些 CPU 上去运行。
- -t < 百分比 >，它指示逻辑（logical）CPU（比如 Intel HyperThread 打开时）运算能力对于它的 HW core 的比例。这个值关系到 numad 内部调配资源时的计算，默认是 20% ⊖。
- -u < 百分比 >，numad 最多能消耗每个 NUMA 节点多少资源（CPU 和内存），默认是 85%。numad 毕竟不能取代内核调度器，并不能接管系统里所有 route 的调度，所以，留有余地是必须的。但当你确定将一个 node 专属（dedicate）给一个进程时，也可以设置 -u 100%，甚至超过 100%，但要小心。
- -C 0/1，是否将 NUMA 节点的 inactive file cache 作为 free memory 对待。默认为 1，表示进程的 inactive file cache 不纳入 NUMA 优化的考量，即如果一个进程还有一些 inactive file cache 留在另一个节点上，numad 也不会把它搬过来。
- -K 0/1，控制是否将 interleaved memory 合并到一个 NUMA 节点。默认是合并的，但要注意，合并到一个节点并不一定有最好的 performance，而应该根据实际的 workload 来决定。比如，如果一个系统里主要就是一个大型的数据库应用程序（大量内存访问且地址随机），-K 1 禁止 numad 合并 interleaved memory 反而有更好的性能。
- -m < 百分比 >，它是一个阈值，表示当内存中在本地节点的数量达到它所属进程的内存总量的多少时，numad 停止对该进程的 NUMA 优化。
- -i < 最小间隔 : 最大间隔 >，最小值可以省略。它设置 numad 2 次扫描系统情况的时间间隔。通常用它来终止（退出）numad，-i 0。
- -H < 时间间隔 >，它设置（override）透明大页（见 7.2 节）的扫描间隔时间。默认地，numad 会将 /sys/kernel/mm/tranparent_hugepage/khugepaged/scan_sleep_millisecs 值从默认的 10000 毫秒缩短为 1000 毫秒，因为更激进的透明大页合并更有利于 numad 将页面在 NUMA 节点之间迁移。
- -w <NCPUS[:MB]>，它就是 numad 一次性地运行一下（而不是作为系统后台 daemon）以供咨询："我有一个应用程序将要运行，它会需要 NCPUS 个 CPU，M 兆内存，numad，你告诉我该把它放到哪个 NUMA 节点上运行好啊？" numad 此时会返回一个合适的 NUMA node list，这个 list 可以作为后面 numactl（下面介绍）的参数。

⊖ 在使用 Intel 超线程技术时，它其实将一个物理的内核（core）复用成逻辑的多个处理器（processor），通常是两个，现在的 Xeon Phi 平台有 4 个甚至更多。这些逻辑的多个 processor 其实共享了物理核的很多资源，所以不可能是 double（以两个 logical processor 为例）处理器的数量，只能是 <100% 的提升。

还有一些 numad 参数，这里笔者就不赘述了。

另外，与 THP 的关联，上面 -H 参数已涉及。与 KSM 的关联，在于 /sys/kernel/mm/ksm/m erge_nodes 最好设置为 0，禁止 KSM 跨 NUMA 节点地同页合并。

我们通过几个典型用例来了解上面部分重要参数的用法。

1）启动和退出 numad；退出通过“-i 0”完成。

```
[root@kvm-host ~]# numad
[root@kvm-host ~]# ps aux | grep numad
root    175821  0.2  0.0  19860  572 ?       Ssl  20:44  0:00 numad
root    175827  0.0  0.0 112652  960 pts/2   S+   20:44  0:00 grep --color=auto numad
[root@kvm-host ~]# numad -i 0            #退出numad
[root@kvm-host ~]# ps aux | grep numad
root    175836  0.0  0.0 112652 960 pts/2     S+   20:44  0:00 grep --color=auto numad
```

2）通过 numad 将 QEMU 进程搬到一个 NUMA 节点上。先看看没有 numad 的时候，内核的 auto NUMA balancing 会是怎样的行为。

查看当前情况，并启动一个客户机。

```
[root@kvm-host ~]# cat /proc/sys/kernel/numa_balancing
1
[root@kvm-host ~]# qemu-system-x86_64 -enable-kvm -cpu host -smp 4 -m 8G -drive
    file=./rhel7.img,format=raw,if=virtio -device virtio-net-pci,netdev=nic0
    -netdev bridge,id=nic0,br=virbr0 -snapshot
```

启动后，查看 numastat。可以看到，客户机所使用的内存，在两个节点上都有分布。

```
[root@kvm-host ~]# numastat qemu-system

Per-node process memory usage (in MBs) for PID 61898 (qemu-system-x86)
                           Node 0          Node 1           Total
                  --------------- --------------- ---------------
Huge                         0.00            0.00            0.00
Heap                        19.80            0.36           20.17
Stack                        8.23            0.11            8.34
Private                    127.71          893.88         1021.60
----------------  --------------- --------------- ---------------
Total                      155.75          894.36         1050.11
```

接下来在客户机里进行编译内核的行为，并时不时地在宿主机中查看其 numastat 的状况。

```
[root@kvm-guest linux-4.9]# make -j 4
```

随着客户机的运行，可以看到两个节点依然各自分布着一些内存占用。

```
[root@kvm-host ~]# numastat qemu-system

Per-node process memory usage (in MBs) for PID 61898 (qemu-system-x86)
                           Node 0          Node 1           Total
                  --------------- --------------- ---------------
Huge                         0.00            0.00            0.00
```

```
Heap                        20.69           1.71          22.40
Stack                       10.41           6.21          16.63
Private                   1192.11        2469.65        3661.76
----------------  --------------- --------------- ---------------
Total                     1223.21        2477.57        3700.79
```

接下来我们打开 numad，并重做上面的实验。可以看到，一开始打开 numad 之前，客户机（QEMU 进程）的内存分布于两个节点上，随着客户机的运行，numad 把内存都搬到一个节点上了。

```
[root@kvm-host ~]# qemu-system-x86_64 -enable-kvm -cpu host -smp 4 -m 8G -drive
    file=./rhel7.img,format=raw,if=virtio -device virtio-net-pci,netdev=nic0
    -netdev bridge,id=nic0,br=virbr0 -snapshot
[root@kvm-host ~]# ps aux | grep -i qemu
root    61898   130   0.7 10604948 996800 pts/1  Sl+   15:08    0:19 qemu-
    system-x86_64 -enable-kvm -cpu host -smp 4 -m 8G -drive file=./rhel7.
    img,format=raw,if=virtio -device virtio-net-pci,netdev=nic0 -netdev
    bridge,id=nic0,br=virbr0 -snapshot
root   61959  0.0  0.0 112652  976 pts/8   S+  15:09  0:00 grep --color=auto -i qemu
[root@kvm-host ~]# numad -S 0 -p 64686
[root@kvm-host ~]# numastat 64686

Per-node process memory usage (in MBs) for PID 64686 (qemu-system-x86)
                           Node 0          Node 1           Total
                  --------------- --------------- ---------------
Huge                         0.00            0.00            0.00
Heap                         5.05           16.94           21.98
Stack                        0.06            2.06            2.12
Private                    137.43         1121.89         1259.32
----------------  --------------- --------------- ---------------
Total                      142.54         1140.89         1283.43
[root@kvm-host ~]# numastat 64686

Per-node process memory usage (in MBs) for PID 64686 (qemu-system-x86)
                           Node 0          Node 1           Total
                  --------------- --------------- ---------------
Huge                         0.00            0.00            0.00
Heap                         0.00           22.09           22.09
Stack                        0.00           20.58           20.58
Private                      0.00         2105.27         2105.27
----------------  --------------- --------------- ---------------
Total                        0.00         2147.93         2147.93
```

在 numad log 文件（/var/log/numad.log）中可以看到这些信息，numad 迁移客户机内存到节点 1 只花了 0.17 秒。

```
Sun Feb 12 15:49:19 2017: Registering numad version 20150602 PID 64884
Sun Feb 12 15:51:21 2017: Advising pid 64686 (qemu-system-x86) move from nodes (0-1)
    to nodes (1)
Sun Feb 12 15:51:21 2017: PID 64686 moved to node(s) 1 in 0.17 seconds
```

7.4.3 numactl

如果说 numad 是事后（客户机起来以后）调节 NUMA 资源分配，那么 numactl 则是主动地在程序起来时候就指定好它的 NUMA 节点。numactl 其实不止它名字表示的那样设置 NUMA 相关亲和性，它还可以设置共享内存 / 大页文件系统的内存策略，以及进程的 CPU 和内存的亲和性。

它的主要用法如下：

```
numactl [ --all ] [ --interleave nodes ] [ --preferred node ] [ --membind
    nodes ] [ --cpunodebind nodes ] [ --physcpubind cpus ] [ --localalloc ] [--]
    command {arguments
       ...}
```

它的一些主要参数如下：

- --hardware，列出来目前系统中可用的 NUMA 节点，以及它们之间的距离（distance）。
- --membind，确保 command 执行时候内存都是从指定的节点上分配；如果该节点没有足够内存，返回失败。
- --cpunodebind，确保 command 只在指定 node 的 CPU 上面执行。
- --phycpubind，确保 command 只在指定的 CPU 上执行。
- --localalloc，指定内存只从本地节点上分配。
- --preferred，指定一个偏好的节点，command 执行时内存优先从这个节点分配，不够的话才从别的节点分配。

其他还有更多参数，读者可以通过“man numactl”命令了解。

我们还是通过一个简单的例子来了解一下 numactl 的一般用法。

通过 --hardware，我们可以看到，笔者系统上有两个 NUMA 节点，相互间的 distance 为 21。

```
[root@kvm-host ~]# numactl --hardware
available: 2 nodes (0-1)
node 0 cpus: 0 1 2 3 4 5 6 7 8 9 10 11 12 13 14 15 16 17 18 19 20 21 44 45 46 47
    48 49 50 51 52 53 54 55 56 57 58 59 60 61 62 63 64 65
node 0 size: 65439 MB
node 0 free: 43948 MB
node 1 cpus: 22 23 24 25 26 27 28 29 30 31 32 33 34 35 36 37 38 39 40 41 42 43 66
    67 68 69 70 71 72 73 74 75 76 77 78 79 80 81 82 83 84 85 86 87
node 1 size: 65536 MB
node 1 free: 53230 MB
node distances:
node   0   1
  0:  10  21
  1:  21  10
```

我们用 numactl 来控制启动一个客户机，让它只运行在节点 1 上，然后通过 numastat 来确认。可以看到，这个 qemu-system-x86_64 进程，一开始就被绑定到了节点 1 上。

```
[root@kvm-host ~]# numactl --membind=1 --cpunodebind=1 --⊖ qemu-system-x86_64 -enable-
    kvm -cpu host -smp 4 -m 8G -drive file=./rhel7.img,format=raw,if=virtio -device
    virtio-net-pci,netdev=nic0 -netdev bridge,id=nic0,br=virbr0 -snapshot --daemonize
[root@kvm-host ~]# numastat qemu-system

Per-node process memory usage (in MBs) for PID 72511 (qemu-system-x86)
                           Node 0          Node 1           Total
                  --------------- --------------- ---------------
Huge                         0.00            0.00            0.00
Heap                         0.00           23.03           23.03
Stack                        0.00           10.41           10.41
Private                      0.00          979.96          979.96
----------------  --------------- --------------- ---------------
Total                        0.00         1013.41         1013.41
```

我们如果想让客户机均匀地占用两个节点的资源，可以使用 --interleave 参数。

```
[root@kvm-host ~]# numactl --interleave=0,1 -- qemu-system-x86_64 -enable-kvm -cpu
    host -smp 4 -m 8G -drive file=./rhel7.img,format=raw,if=virtio -device virtio-
    net-pci,netdev=nic0 -netdev bridge,id=nic0,br=virbr0 -snapshot --daemonize
[root@kvm-host ~]# numastat qemu-system

Per-node process memory usage (in MBs) for PID 73119 (qemu-system-x86)
                           Node 0          Node 1           Total
                  --------------- --------------- ---------------
Huge                         0.00            0.00            0.00
Heap                        11.35           11.55           22.89
Stack                        6.12            2.13            8.25
Private                    470.18          467.83          938.01
----------------  --------------- --------------- ---------------
Total                      487.65          481.50          969.15
```

综上，我们介绍了 numastat、numad、numactl 三个常用的 NUMA 控制、查看的工具。numad 可以在程序（包括客户机的 QEMU 进程）起来以后，事后调节、优化其 NUMA 资源。numactl 则是在一开始就指定好这个命令的 NUMA 政策。numastat 则可以用来方便地查看当前系统或某个进程的 NUMA 资源使用分布情况。

在想要专属地让某个客户机得到优先服务的时候，我们可以把 KSM 关闭，通过 numactl 将客户机 QEMU 进程绑定在某个 node 或某些 CPU 上。当我们想要更高的客户机密度，而不考虑特别的服务质量的时候，我们可以通过 numactl --all，同时打开 KSM，关掉 numad。

7.5　本章小结

本章介绍了 QEMU/KVM 内存管理的一些高级功能。对于内存访问密集型的应用，使

⊖ 这里在具体要执行的命令前加上“--”，是为了让 numactl 不至于混淆命令本身的参数与 numactl 的参数。

用内存大页可以提升应用程序的性能；而 KVM 上的透明大页发挥了使用大页的优点，同时尽可能降低了使用大页带来的操作管理的复杂度。KSM 是内核提供的合并相同页面的技术，对于内存紧张且运行客户机操作系统比较统一的宿主机系统而言，使用该技术可以节省较多内存空间。NUMA 作为现代服务器基础架构的较新的一种形态，充分地使用它在一些场景下能提升服务器的性能。然而有一些应用程序对 NUMA 的支持也存在不友好的情况，故在 KVM 中是否开启 NUMA，读者需要根据实际场景谨慎选择。

第 8 章 Chapter 8

KVM 迁移

8.1 动态迁移

8.1.1 动态迁移的概念

本节首先介绍迁移的基本概念，然后介绍有无虚拟化环境下的迁移，最后详细介绍动态迁移。

迁移（migration）包括系统整体的迁移和某个工作负载的迁移。系统整体迁移是将系统上的所有软件（也包括操作系统）完全复制到另一台物理硬件机器之上。而工作负载的迁移，是将系统上的某个工作负载转移到另一台物理机器上继续运行。服务器系统迁移的作用在于简化了系统维护管理，提高了系统负载均衡，增强了系统容错性并优化了系统电源管理。

虚拟化的概念和技术的出现，给迁移带来了更丰富的含义和实践。在传统应用环境中，没有虚拟化技术的支持，系统整体的迁移主要是静态迁移。这种迁移主要依靠系统备份和恢复技术，将系统的软件完全复制到另一台机器上，可以通过先做出系统的镜像文件，然后复制到其他机器上，或者直接通过硬盘相互复制来达到迁移的目的。在非虚拟化环境中也有动态迁移的概念，但都是对某个（或某一组）工作负载的迁移，需要特殊系统的支持才能实现，而且技术也不够成熟。如哥伦比亚大学的 Zap [⊖]系统，它通过在操作系统上提供了一个很薄的虚拟化层（这和现在主流的虚拟化技术不一样），可以实现将工作负载迁移到另一台机器上。

在虚拟化环境中的迁移，又分为静态迁移（static migration）和动态迁移（live migra-

⊖ 要了解 Zap 系统，可以参考哥伦比亚大学的网页（http://systems.cs.columbia.edu/projects/zap），但该系统很长时间没有更新了。

tion)，也有部分人称之为冷迁移（cold migration）和热迁移（hot migration），或者离线迁移（offline migration）和在线迁移（online migration）。静态迁移和动态迁移最大的区别就是，静态迁移有一段明显时间客户机中的服务不可用，而动态迁移则没有明显的服务暂停时间。虚拟化环境中的静态迁移也可以分为两种，一种是关闭客户机后，将其硬盘镜像复制到另一台宿主机上然后恢复启动起来，这种迁移不能保留客户机中运行的工作负载；另一种是两台宿主机共享存储系统，只需在暂停（而不是完全关闭）客户机后，复制其内存镜像到另一台宿主机中恢复启动即可，这种迁移可以保持客户机迁移前的内存状态和系统运行的工作负载。

动态迁移是指在保证客户机上应用服务正常运行的同时，让客户机在不同的宿主机之间进行迁移，其逻辑步骤与前面静态迁移几乎一致，有硬盘存储和内存都复制的动态迁移，也有仅复制内存镜像的动态迁移。不同的是，为了保证迁移过程中客户机服务的可用性，迁移过程仅有非常短暂的停机时间。动态迁移允许系统管理员将客户机在不同的物理机上迁移，同时不会断开访问客户机中服务的客户端或应用程序的连接。一个成功的动态迁移需要保证客户机的内存、硬盘存储、网络连接在迁移到目的主机后依然保持不变，而且迁移过程的服务暂停时间较短。

另外，对于虚拟化环境的迁移，不仅包括相同 Hypervisor 之间的客户机迁移（如 KVM 迁移到 KVM、Xen 迁移到 Xen），还包括不同 Hypervisor 之间的客户机迁移（如 Xen 迁移到 KVM、VMware 迁移到 KVM 等，8.2 节会详细介绍）。

8.1.2 动态迁移的效率和应用场景

虚拟机迁移主要增强了系统的可维护性，其主要目标是在客户没有感觉的情况下，将客户机迁移到了另一台物理机器上，并保证其各个服务都正常使用。可以从如下几个方面来衡量虚拟机迁移的效率。

1）**整体迁移时间**：从源主机（source host）中迁移操作开始到客户机被迁移到目的主机（destination host）并恢复其服务所花费的时间。

2）**服务器停机时间**（service down-time）：在迁移过程中，源主机和目的主机上客户机的服务都处于不可用状态的时间，此时源主机上客户机已暂停服务，目的主机上客户机还未恢复服务。

3）**对服务的性能影响**：不仅包括迁移后的客户机中应用程序的性能与迁移前相比是否有所降低，还包括迁移后对目的主机上的其他服务（或其他客户机）的性能影响。

动态迁移的整体迁移时间受诸多因素的影响，如 Hypervisor 和迁移工具的种类、磁盘存储的大小（如果需要复制磁盘镜像）、内存大小及使用率、CPU 的性能及利用率、网络带宽大小及是否拥塞等，整体迁移时间一般为几秒到几十分钟不等。动态迁移的服务停机时间也受 Hypervisor 的种类、内存大小、网络带宽等因素的影响，服务停机时间一般在几毫秒到几秒不等。其中，服务停机时间在几毫秒到几百毫秒，而且在终端用户毫无察觉的情况下实现迁移，这种动态迁移也被称为无缝的动态迁移。而静态迁移的服务暂停时间一般都较长，少则几秒钟，多则几分钟，需要依赖于管理员的操作速度和 CPU、内存、网络等硬件设备。所以说，静态迁移一般适合于对服务可用性要求不高的场景，而动态迁移的停机时间很短，适合对服务可用性要求较高的场景。动态迁移一般对服务的性能影响不大，这与两台宿主机的硬件配置情况、Hypervisor 是否稳定等因素相关。

动态迁移的好处是非常明显的了，下面来看一下动态迁移的几个应用场景。

1）**负载均衡**：当一台物理服务器的负载较高时，可以将其上运行的客户机动态迁移到负载较低的宿主机服务器中，以保证客户机的服务质量（QoS）。而前面提到的，CPU、内存的过载使用可以解决某些客户机的资源利用问题，之后当物理资源长期处于超负荷状态时，对服务器稳定性能和服务质量都有损害的，这时需要通过动态迁移来进行适当的负载均衡。

2）**解除硬件依赖**：当系统管理员需要在宿主机上升级、添加、移除某些硬件设备的时候，可以将该宿主机上运行的客户机非常安全、高效地动态迁移到其他宿主机上。在系统管理员升级硬件系统之时，使用动态迁移，可以让终端用户完全感知不到服务有任何暂停时间。

3）**节约能源**：在目前的数据中心的成本支出中，其中有一项重要的费用是电能的开销。当有较多服务器的资源使用率都偏低时，可以通过动态迁移将宿主机上的客户机集中迁移到其中几台服务器上，而在某些宿主机上的客户机完全迁移走之后，就可以关闭其电源，以节省电能消耗，从而降低数据中心的运营成本。

4）**实现客户机地理位置上的远程迁移**：假设某公司运行某类应用服务的客户机本来仅部署在上海电信的 IDC 中，后来发现来自北京及其周边地区的网通用户访问量非常大，但是由于距离和网络互联带宽拥堵（如电信与网通之间的带宽）的问题，北方用户使用该服务的网络延迟较大，这时系统管理员可以将上海 IDC 中的部分客户机通过动态迁移部署到位于北京的网通的 IDC 中，从而让终端用户使用该服务的质量更高。

8.1.3　KVM 动态迁移原理

在 KVM 中，既支持离线的静态迁移，又支持在线的动态迁移。对于静态迁移，可以在源宿主机上某客户机的 QEMU monitor 中，用“savevm *my_tag*”命令来保存一个完整的客户机镜像快照（标记为 my_tag），然后在源宿主机中关闭或暂停该客户机。将该客户机的镜像文件复制到另外一台宿主机中，用于源宿主机中启动客户机时以相同的命令启动复制过来的镜像，在其 QEMU monitor 中用“loadvm *my_tag*”命令来恢复刚才保存的快照，即可完全加载保存快照时的客户机状态。这里的“savevm”命令保存的完整客户机状态包括 CPU 状态、内存、设备状态、可写磁盘中的内容。注意，这种保存快照的方法需要 qcow2、qed 等格式的磁盘镜像文件，因为只有它们才支持快照这个特性（可参见前面 5.4 节中对镜像文件格式的介绍）。

本节主要介绍 KVM 中比静态迁移更实用、更方便的动态迁移。如果源宿主机和目的宿主机共享存储系统，则只需要通过网络发送客户机的 vCPU 执行状态、内存中的内容、虚拟设备的状态到目的主机上即可，否则，还需要将客户机的磁盘存储发送到目的主机上去。KVM 中一个基于共享存储的动态迁移过程如图 8-1 所示。

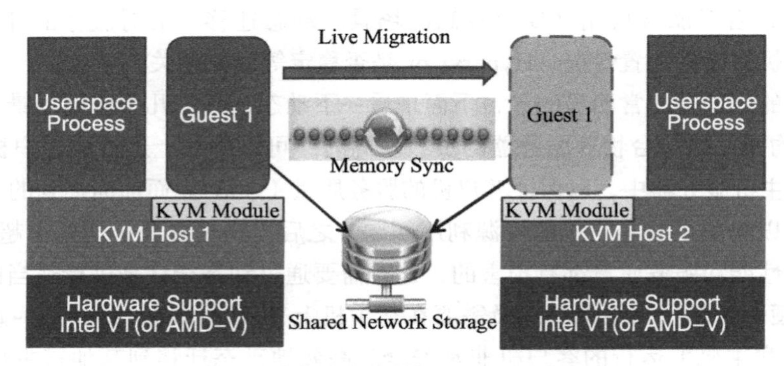

图 8-1 基于共享存储的 KVM 动态迁移

在不考虑磁盘存储复制的情况下（基于共享存储系统），KVM 动态迁移的具体迁移过程为：在客户机动态迁移开始后，客户机依然在源宿主机上运行，与此同时，客户机的内存页被传输到目的主机之上。QEMU/KVM 会监控并记录下迁移过程中所有已被传输的内存页的任何修改，并在所有的内存页都被传输完成后即开始传输在前面过程中内存页的更改内容。QEMU/KVM 也会估计迁移过程中的传输速度，当剩余的内存数据量能够在一个可设定的迁移停机时间（目前 QEMU 中默认为 300 毫秒）内传输完成时，QEMU/KVM 将会关闭源宿主机上的客户机，再将剩余的数据量传输到目的主机上去，最后传输过来的内存内容在目的宿主机上恢复客户机的运行状态。至此，KVM 的一个动态迁移操作就完成了。迁移后的客户机状态尽可能与迁移前一致，除非目的宿主机上缺少一些配置。例如，在源宿主机上有给客户机配置好网桥类型的网络，但目的主机上没有网桥配置会导致迁移后客户机的网络不通。而当客户机中内存使用量非常大且修改频繁，内存中数据被不断修改的速度大于 KVM 能够传输的内存速度之时，动态迁移过程是不会完成的，这时要进行迁移只能进行静态迁移。笔者就曾遇到这样的情况，KVM 宿主机上一个拥有 4 个 vCPU、4GB 内存的客户机中运行着一个 SPECjbb2005（一个基准测试工具），使客户机的负载较重且内存频繁地更新，这时进行动态迁移无论怎样也不能完成，直到客户机中 SPECjbb2005 测试工具停止运行后，迁移过程才真正完成。

在 KVM 中，动态迁移服务停机时间会与实际的工作负载和网络带宽等诸多因素有关，一般在数十毫秒到几秒钟之间，当然如果网络带宽过小或网络拥塞，会导致服务停机时间变长。必要的时候，服务器端在动态迁移时暂停数百毫秒或数秒钟后恢复服务，对于一些终端用户来说是可以接受的，可能表现为：浏览器访问网页速度会慢一点，或者 ssh 远程操作过程中有一两秒不能操作但 ssh 连接并没有断开（不需要重新建立连接）。笔者曾经测试过 KVM 动态迁移过程中的服务停机时间，当时在客户机中运行了一个 UnixBench（一个基准测试工具)，然后进行动态迁移，经过测量，某次动态迁移中服务停机时间约为 900 毫秒。这次测试是在客户机中运行 netperf（一个测试网络的基准测试工具）的服务端，在另外一台机器上运行 netperf 的客户端，通过查看 netperf 客户端收到服务端响应数据包在迁移过程中中断的间隔时间来粗略地估算客户机迁移过程中服务停机时间。某次实验的粗略结果如图 8-2 所示，可以看出时间从 4.6 秒到 5.5 秒为动态迁移过程中大致的服务停机时间。

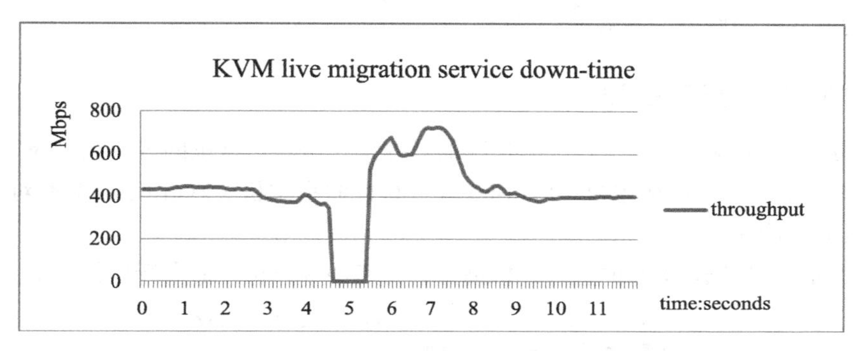

图 8-2 KVM 动态迁移中服务停机时间的某次测量结果

从上面的介绍可知，KVM 的动态迁移是比较高效也是很有用处的功能，在实际测试中也是比较稳定的（而且在一般情况下，就算迁移不成功，源宿主机上的客户机依然在正常运行）。不过，对于 KVM 动态迁移，也有如下几点建议和注意事项。

1）源宿主机和目的宿主机之间尽量用网络共享的存储系统来保存客户机磁盘镜像，尽管 KVM 动态迁移也支持连同磁盘镜像一起复制（加上一个参数即可，后面会介绍）。共享存储（如 NFS）在源宿主机和目的宿主机上的挂载位置必须完全一致。

2）为了提高动态迁移的成功率，尽量在同类型 CPU 的主机上面进行动态迁移，尽管 KVM 动态迁移也支持从 Intel 平台迁移到 AMD 平台（或者反向）。不过在 Intel 的两代不同平台之间进行动态迁移一般是比较稳定的，如后面介绍实际操作步骤时，就是从一台 Intel Broadwell 平台上运行的 KVM 中将一个客户机动态迁移到 Skylake 平台上。

3）64 位的客户机只能在 64 位宿主机之间迁移，而 32 位客户机可以在 32 位宿主机和 64 位宿主机之间迁移。

4）动态迁移的源宿主机和目的宿主机对 NX [⊖]（Never eXecute）位的设置是相同，要么同为关闭状态，要么同为打开状态。在 Intel 平台上的 Linux 系统中，用“cat/proc/cpuinfo | grep nx”命令可以查看是否有 NX 的支持。

⊖ NX（Never eXecute）位是 CPU 中的一种技术，用于在内存区域中对指令的存储和数据的存储进行标志以便区分。由于 NX 位技术的支持，操作系统可以将特定的内存区域标志为不可执行，处理器就不会执行该区域中的任何代码。这种技术在理论上可以防止“缓冲区溢出”（buffer overflow）类型的黑客攻击。在 Intel 处理器上被称为“XD Bit”（eXecute Disable），在 AMD 中被称为 EVP（Enhanced Virus Protection），在 ARM 中被称为“XN”（eXecute Never）。目前主流的操作系统（如 Windows、Linux、Mac OS 等）都有对 NX 位技术的支持。

5）在进行动态迁移时，被迁移客户机的名称是唯一的，在目的宿主机上不能有与源宿主机中被迁移客户机同名的客户机存在。另外，客户机名称可以包含字母、数字和“_”“.”“-”等特殊字符。

6）目的宿主机和源宿主机的软件配置要尽可能地相同。例如，为了保证动态迁移后客户机中的网络依然正常工作，需要在目的宿主机上配置与源宿主机同名的网桥，并让客户机以桥接的方式使用网络（参见 5.5.2 节）。

8.1.4 KVM 动态迁移实践

下面详细介绍在 KVM 上进行动态迁移的具体操作步骤。这里的客户机镜像文件存放在 NFS 的共享存储上面，源宿主机（kvm-host1）和目的宿主机（kvm-host2）都对 NFS 上的镜像文件具有可读写权限。

1）在源宿主机挂载 NFS 的上客户机镜像，并启动客户机。命令行操作如下：

```
[root@kvm-host1 ~]# mount my-nfs:/rw-images/ /mnt/images/
[root@kvm-host1 ~]# df -h | grep images
192.168.11.3:/mnt/images  734G  1.7G  695G   1% /mnt/images
[root@kvm-host1 ~]# qemu-system-x86_64 /mnt/images/rhel7.img -smp 2 -m 2048 -net
    nic -net tap
```

这里的特别之处是没有指定客户机中的 CPU 模型，默认是 qemu64 这个基本的模型。当然也可自行设置为“-cpu Broadwell”等指定特定的模型，不过要保证在目的主机上也用相同的命令。在 5.2.4 节中已提及，同时指定相同的某个 CPU 模型，可以让客户机在不同的几代平台上的迁移更加稳定。

另外，还要在客户机中运行一个程序（这里执行了“top”命令），以便在动态迁移后检查它是否仍然正常地继续执行。在动态迁移前，客户机运行“top”命令的状态如图 8-3 所示。

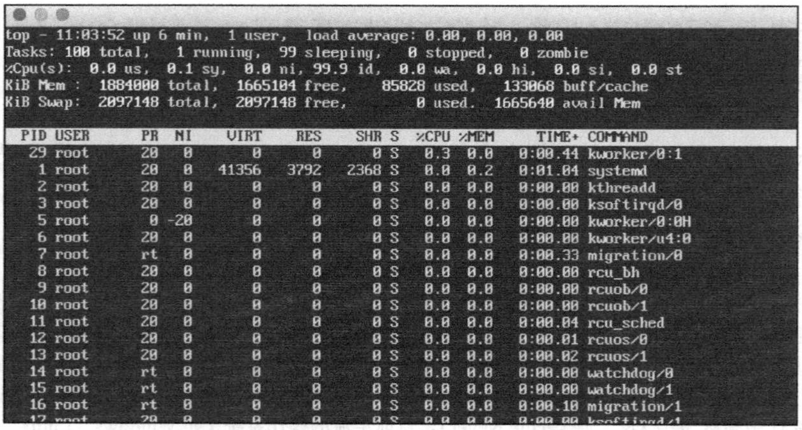

```
top - 11:03:52 up 6 min,  1 user,  load average: 0.00, 0.00, 0.00
Tasks: 100 total,   1 running,  99 sleeping,   0 stopped,   0 zombie
%Cpu(s):  0.0 us,  0.1 sy,  0.0 ni, 99.9 id,  0.0 wa,  0.0 hi,  0.0 si,  0.0 st
KiB Mem :  1884000 total,  1665104 free,    85828 used,   133068 buff/cache
KiB Swap:  2097148 total,  2097148 free,        0 used.  1665640 avail Mem

  PID USER      PR  NI    VIRT    RES    SHR S  %CPU %MEM     TIME+ COMMAND
   29 root      20   0       0      0      0 S   0.3  0.0   0:00.44 kworker/0:1
    1 root      20   0   41356   3792   2368 S   0.0  0.2   0:01.04 systemd
    2 root      20   0       0      0      0 S   0.0  0.0   0:00.00 kthreadd
    3 root      20   0       0      0      0 S   0.0  0.0   0:00.00 ksoftirqd/0
    5 root       0 -20       0      0      0 S   0.0  0.0   0:00.00 kworker/0:0H
    6 root      20   0       0      0      0 S   0.0  0.0   0:00.00 kworker/u4:0
    7 root      rt   0       0      0      0 S   0.0  0.0   0:00.33 migration/0
    8 root      20   0       0      0      0 S   0.0  0.0   0:00.00 rcu_bh
    9 root      20   0       0      0      0 S   0.0  0.0   0:00.00 rcuob/0
   10 root      20   0       0      0      0 S   0.0  0.0   0:00.00 rcuob/1
   11 root      20   0       0      0      0 S   0.0  0.0   0:00.04 rcu_sched
   12 root      20   0       0      0      0 S   0.0  0.0   0:00.01 rcuos/0
   13 root      20   0       0      0      0 S   0.0  0.0   0:00.02 rcuos/1
   14 root      rt   0       0      0      0 S   0.0  0.0   0:00.00 watchdog/0
   15 root      rt   0       0      0      0 S   0.0  0.0   0:00.00 watchdog/1
   16 root      rt   0       0      0      0 S   0.0  0.0   0:00.10 migration/1
```

图 8-3 动态迁移前在客户机中运行“top”命令

2）目的宿主机上也挂载NFS上的客户机镜像的目录，并且启动一个客户机用于接收动态迁移过来内存内容等。命令行操作如下：

```
[root@kvm-host2 ~]# mount my-nfs:/rw-images/ /mnt/
[root@kvm-host2 ~]# df -h | grep images
192.168.11.3:/mnt/images  734G  1.7G  695G   1% /mnt/images
[root@kvm-host2 ~]# qemu-system-x86_64 /mnt/images/rhel7.img -smp 2 -m 2048 -net
    nic -net tap -incoming tcp:0:6666
```

在这一步骤中，目的宿主机上的操作有两个值得注意的地方：一是NFS的挂载目录必须与源宿主机上保持完全一致；二是启动客户机的命令与源宿主机上的启动命令一致，但是需要增加“-incoming”选项。

这里在启动客户机的qemu命令行中添加了“-incoming tcp:0:6666”这个参数，它表示在6666端口建立一个TCP Socket连接，用于接收来自源主机的动态迁移的内容，其中“0”表示允许来自任何主机的连接。“-incoming”这个参数使这里的QEMU进程进入迁移监听（migration-listen）模式，而不是真正以命令行中的镜像文件运行客户机。从VNC中看到，客户机是黑色的，没有任何显示，没有像普通客户机一样启动，而是在等待动态迁移数据的传入，如图8-4所示。

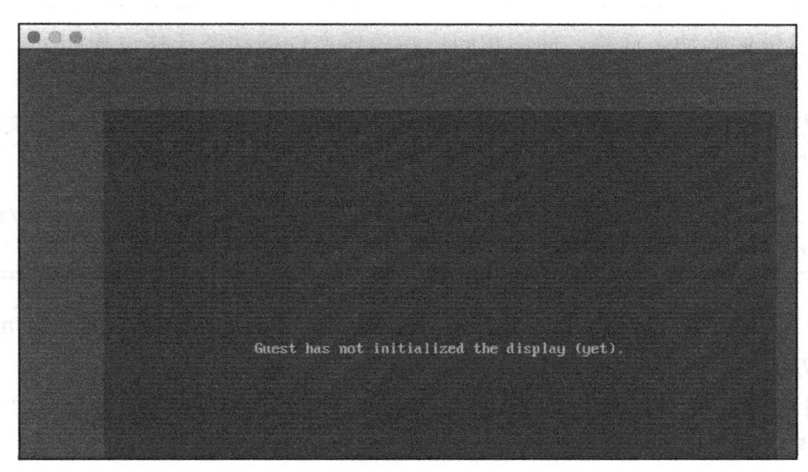

图8-4　客户机等待动态迁移数据的传入

3）在源宿主机的客户机的QEMU monitor（默认用Ctrl+Alt+2组合键进入monitor）中，使用命令“migrate tcp:kvm-host2:6666”即可进入动态迁移的流程。这里的kvm-host2为目的宿主机的主机名（写为IP也是可以的），tcp协议和6666端口号与目的宿主机上qemu命令行的“-incoming”参数中的值保持一致。

4）在本示例中，migrate命令从开始到执行完成，大约用了3秒钟时间（万兆网络环境，且此处无须传输磁盘镜像）。在执行完迁移后，在目的主机上，之前处于迁移监听模式的客户机就开始正常运行了，其中运行的正是动态迁移过来的客户机，可以看到客户机中的“top”命令在迁移后继续运行，如图 8-5 所示。

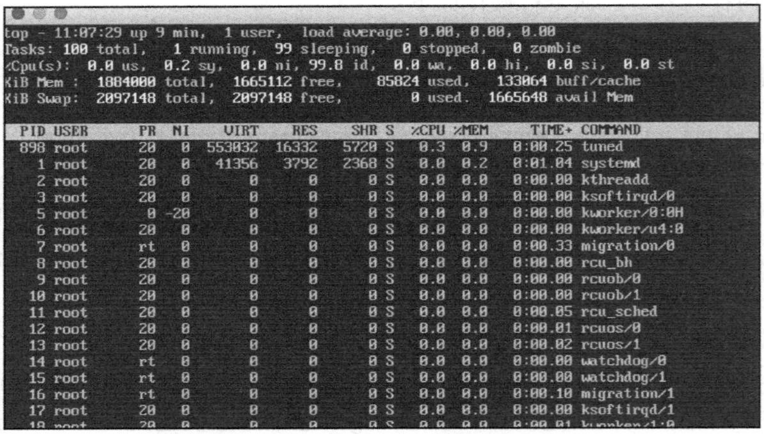

```
top - 11:07:29 up 9 min,  1 user,  load average: 0.00, 0.00, 0.00
Tasks: 100 total,   1 running,  99 sleeping,   0 stopped,   0 zombie
%Cpu(s):  0.0 us,  0.2 sy,  0.0 ni, 99.8 id,  0.0 wa,  0.0 hi,  0.0 si,  0.0 st
KiB Mem :  1884000 total,  1665112 free,    85824 used,   133064 buff/cache
KiB Swap:  2097148 total,  2097148 free,        0 used.  1665648 avail Mem

  PID USER      PR  NI    VIRT    RES    SHR S  %CPU %MEM     TIME+ COMMAND
  898 root      20   0  553032  16332   5720 S   0.3  0.9   0:00.25 tuned
    1 root      20   0   41356   3792   2368 S   0.0  0.2   0:01.04 systemd
    2 root      20   0       0      0      0 S   0.0  0.0   0:00.00 kthreadd
    3 root      20   0       0      0      0 S   0.0  0.0   0:00.00 ksoftirqd/0
    5 root       0 -20       0      0      0 S   0.0  0.0   0:00.00 kworker/0:0H
    6 root      20   0       0      0      0 S   0.0  0.0   0:00.00 kworker/u4:0
    7 root      rt   0       0      0      0 S   0.0  0.0   0:00.33 migration/0
    8 root      20   0       0      0      0 S   0.0  0.0   0:00.00 rcu_bh
    9 root      20   0       0      0      0 S   0.0  0.0   0:00.00 rcuob/0
   10 root      20   0       0      0      0 S   0.0  0.0   0:00.00 rcuob/1
   11 root      20   0       0      0      0 S   0.0  0.0   0:00.05 rcu_sched
   12 root      20   0       0      0      0 S   0.0  0.0   0:00.01 rcuos/0
   13 root      20   0       0      0      0 S   0.0  0.0   0:00.02 rcuos/1
   14 root      rt   0       0      0      0 S   0.0  0.0   0:00.00 watchdog/0
   15 root      rt   0       0      0      0 S   0.0  0.0   0:00.00 watchdog/1
   16 root      rt   0       0      0      0 S   0.0  0.0   0:00.10 migration/1
   17 root      20   0       0      0      0 S   0.0  0.0   0:00.00 ksoftirqd/1
```

图 8-5 动态迁移后，客户机中的“top”命令依然在继续运行

至此，使用 NFS 作为共享存储的动态迁移就已经正确完成了。当然，QEMU/KVM 中也支持增量复制磁盘修改部分数据（使用相同的后端镜像时）的动态迁移，以及直接复制整个客户机磁盘镜像的动态迁移。使用相同后端镜像文件的动态迁移过程如下，与前面直接使用 NFS 共享存储非常类似。

1）在源宿主机上，根据一个后端镜像文件，创建一个 qcow2 格式的镜像文件，并启动客户机。命令行如下：

```
[root@kvm-host1 ~]# qemu-img create -f qcow2 -o backing_file=/mnt/rhel7.
    img,size=20G rhel7.qcow2
[root@kvm-host1 ~]# qemu-system-x86_64 rhel7.qcow2 -smp 2 -m 2048 -net nic -net tap
```

这里使用前面挂载的 NFS 上的镜像文件作为 qcow2 的后端镜像。关于 qemu-img 命令的详细使用方法，可以参考 5.4.2 节。

2）在目的宿主机上，也建立相同的 qcow2 格式的客户机镜像，并带有“-incoming”参数来启动客户机使其处于迁移监听状态。命令行如下：

```
[root@kvm-host2 ~]# qemu-img create -f qcow2 -o backing_file=/mnt/rhel7.
    img,size=20G rhel7.qcow2
[root@kvm-host2 ~]# qemu-system-x86_64 rhel7.qcow2 -smp 2 -m 2048 -net nic -net
    tap -incoming tcp:0:6666
```

3）在源宿主机上的客户机的 QEMU monitor 中，运行“migrate -i tcp:kvm-host2:6666”命令，即可进行动态迁移（“-i”表示 increasing，增量地）。在迁移过程中，还有实时的迁移百分比显示，提示为“Completed 100%”即表示迁移完成。

与此同时，在目的宿主机上，在启动迁移监听状态的客户机的命令行所在标准输出中，也会提示正在传输的（增量地）磁盘镜像百分比。当传输完成时也会提示“Completed

100%”，如下：

```
[root@kvm-host2 ~]# qemu-system-x86_64 rhel7.qcow2 -smp 2 -m 2048 -net nic -net
    tap -incoming tcp:0:6666
VNC server running on '::1:5901'
Receiving block device images
Completed 100 %
```

至此，基于相同后端镜像的磁盘增量动态迁移就已经完成，在目的宿主机上可以看到迁移过来的客户机已经处于正常运行状态。在本示例中，由于 qcow2 文件中记录的增量较小（只有几十 MB），因此整个迁移过程花费了约 8 秒的时间。

如果不使用后端镜像的动态迁移，将会传输完整的客户机磁盘镜像（可能需要更长的迁移时间）。其步骤与上面类似，只有两点需要修改：一是不需要用“qemu-img”命令创建 qcow2 格式的增量镜像这个步骤；二是 QEMU monitor 中的动态迁移的命令变为“migrate -b tcp:kvm-host2:6666”(-b 参数意为 block，传输块设备)。

最后，介绍在 QEMU monitor 中与动态迁移相关的几个命令。可以用“help *command*”来查询命令的用法，如下：

```
(qemu) help migrate
migrate [-d] [-b] [-i] uri -- migrate to URI (using -d to not wait for completion)
    -b for migration without shared storage with full copy of disk
    -i for migration without shared storage with incremental copy of disk (base
        image shared between src and destination)
(qemu) help migrate_cancel
migrate_cancel  -- cancel the current VM migration
(qemu) help migrate_set_speed
migrate_set_speed value -- set maximum speed (in bytes) for migrations. Defaults
    to MB if no size suffix is specified, ie. B/K/M/G/T
(qemu) help migrate_set_downtime
migrate_set_downtime value -- set maximum tolerated downtime (in seconds) for migrations
(qemu) info migrate    ##show migration status
```

对于“migrate [-d] [-b] [-i] *uri*”命令，其中 *uri* 为 uniform resource identifier（统一资源标识符），在上面的示例中就是“tcp:kvm-host2:6666”这样的字符串，在不加“-b”和“-i”选项的情况下，默认是共享存储下的动态迁移（不传输任何磁盘镜像内容）。“-b”和“-i”选项前面也都提及过，“-b”选项表示传输整个磁盘镜像，“-i”选项是在有相同的后端镜像的情况下增量传输 qcow2 类型的磁盘镜像，而“-d”选项是不用等待迁移完成就让 QEMU monior 处于可输入命令的状态（在前面的示例中都没有使用“-d”选项，所以在动态迁移完成之前“migrate”命令会完全占有 monitor 操作界面，而不能输入其他命令）。

“migrate_cancel”命令，是在动态迁移进行过程中取消迁移（在“migrate”命令中需要使用“-d”选项才能有机会在迁移完成前操作“migrate_cancel”命令）。

“migrate_set_speed *value*”命令设置动态迁移中的最大传输速度，可以带有 B、K、G、T 等单位，表示每秒传输的字节数。在某些生产环境中，如果动态迁移消耗了过大的带宽，可能会让网络拥塞，从而降低其他服务器的服务质量，这时也可以设置动态迁移用的合适的速度，设置为0表示不限速。

“migrate_set_downtime *value*”命令设置允许的最大停机时间，单位是秒，value的值可以是浮点数（如0.5）。QEUM会预估最后一步的传输需要花费的时间，如果预估时间大于这里设置的最大停机时间，则不会做最后一步迁移，直到预估时间小于等于设置的最大停机时间时才会完成最后迁移，暂停源宿主机上的客户机，然后传输内存中改变的内容。

8.1.5 VT-d/SR-IOV的动态迁移

前面已经介绍过，使用VT-d、SR-IOV等技术，可以让设备（如网卡）在客户机中获得非常良好的、接近原生设备的性能。不过，当QEMU/KVM中有设备直接分配到客户机中时，就不能对该客户机进行动态迁移，所以说VT-d、SR-IOV等的使用会破坏动态迁移的特性。

QEMU/KVM并没有直接解决这个问题，不过，可以使用热插拔设备来避免动态迁移的失效。比如，想使用VT-d或SR-IOV方式的一个网卡（包括虚拟功能VF），可以在qemu命令行启动客户机时不分配这个网卡（而是使用网桥等方式为客户机分配网络），当在客户机启动后，再动态添加该网卡到客户机中使用。当该客户机需要动态迁移时，就动态移除该网卡，让客户机在迁移前后这一小段时间内使用启动时分配的网桥方式的网络，待动态迁移完成后，如果迁移后的目的主机上也有可供直接分配的网卡设备，就再重新动态添加一个网卡到客户机中。这样既满足了使用高性能网卡的需求，又没有损坏动态迁移的功能。

另外，如果客户机使用较新的Linux内核，还可以使用“以太网绑定驱动”（Linux Ethernet Bonding Driver），该驱动可以将多个网络接口绑定为一个逻辑上的单一接口。当在网卡热插拔场景中使用该绑定驱动时，可以提高网络配置的灵活性和网络切换时的连续性。关于Linux中的“以太网绑定驱动”，参考如下网页中Linux内核文档对该驱动的描述：

```
http://www.kernel.org/doc/Documentation/networking/bonding.txt
```

如果使用libvirt来管理QEMU/KVM，则在libvirt 0.9.2及之后的版本中已经开始支持直接使用VT-d的普通设备和SR-IOV的VF且不丢失动态迁移的能力。在libvirt中直接使用宿主机网络接口需要KVM宿主机中macvtap驱动的支持，要求宿主机的Linux内核是2.6.38或更新的版本。在libvirt的客户机的XML配置文件中，关于该功能的配置示例如下：

```
......
<devices>
    ......
    <interface type='direct'>
        <source dev='eth0' mode='passthrough'/>
        <model type='virtio'/>
    </interface>
```

```
</devices>
......
```

其中，dev='eth0' 表示使用宿主机中 eth0 这个网络接口，如果需要在客户机中使用高性能的网络，则 eth0 可以是一个高性能的网络接口（当然 eth0 可以根据实际情况替换为 ethX）。

如果系统管理员对于客户机中网卡等设备的性能要求非常高，而且不愿意丢失动态迁移功能，那么可以考虑尝试使用本节介绍的 PCI/PCI-e 设备的动态热插拔方法，或使用 libvirt 中提供的方法，直接将宿主机中某个网络接口给客户机使用。

8.2 迁移到 KVM 虚拟化环境

前面的一些章节已经介绍过虚拟化带来的好处，也介绍了 KVM 虚拟化中的各种功能。那么，如何才能从其他虚拟化方案迁移到 KVM 虚拟化中呢？或者如何能将物理原生系统直接迁移到 KVM 虚拟化环境中去呢？本节将会介绍迁移到 KVM 虚拟化环境的方法和一些注意事项。

8.2.1 virt-v2v 工具介绍

V2V 是“从一种虚拟化迁移到另一种虚拟化”（Virtual to Virtual）过程的简称。不借助于其他的工具，使用纯 QEMU/KVM 能实现 KVM 到 KVM 的迁移，而不能实现从 Xen 等其他 Hypervisor 迁移到 KVM 上去。virt-v2v 工具可用于将虚拟客户机从一些 Hypervisor（也包括 KVM 自身）迁移到 KVM 环境中。它要求目的宿主机中的 KVM 是由 libvirt 管理的或者是由 RHEV（Redhat Enterprise Virtualization）管理的。virt-v2v 是由 Redhat 的工程师 Matthew Booth 开发的命令行工具，它也是一个完全开源的项目，除了 Matthew 自己，也有一些其他开发者为该项目贡献过代码。从 2014 年开始，virt-v2v 以及后面提到的 virt-p2v 就已经成为 libguestfs 项目[1]中的一部分了。

virt-v2v 默认会尽可能地由转换过来的虚拟客户机使用半虚拟化的驱动（virtio）。根据 Redhat 官方对 virt-v2v 工具的的描述[2]，RHEL 7.x 系统中的 virt-v2v 工具支持从 KVM、Xen、VMware ESX 等迁移到 KVM 上去（最新的 virt-v2v 还支持 VirtualBox 的转化）。当然从 KVM 到 KVM 的迁移，使用前面 8.1 节中的方法也是可以完成的。

与 8.1 节中介绍的不同，virt-v2v 工具的迁移不是动态迁移，在执行迁移操作之前，必须在源宿主机（Xen、VMware 等）上关闭待迁移的客户机。所以，实际上，可以说 virt-v2v

[1] libguestfs 项目官网：http://libguestfs.org/。
virt-v2v 网页：http://libguestfs.org/virt-v2v/。

[2] Redhat 的关于 RHEL 6.x 中 virt-v2v 工具的官方文档，可参考如下网页：
https://access.redhat.com/knowledge/docs/en-US/Red_Hat_Enterprise_Linux/6/html-single/V2V_Guide/index.html。

工具实现的是一种转化，将Xen、VMware等Hypervisor的客户机转化为KVM客户机。一般来说，virt-v2v要依赖于libvirt（可参考第4章中对libvirt的介绍），让libvirt为不同的Hypervisor提供一个公共的适配层，为向KVM转化提供了必要功能。它要求源宿主机中运行着libvirtd（当然，VMware除外），迁移到的目标宿主机上也要运行着libvirtd。

根据Redhat官方文档的介绍[⊖]，virt-v2v支持多种Linux和Windows客户机的迁移和转换，包括：RHEL 4、RHEL 5、RHEL 6、RHEL 7、Windows XP、Windows Vista、Windows 7、Windows Server 2003、Windows Server 2008、Windows Server 2012、Windows Server 2016等。当然，尽管没有官方的声明和支持，通过实际测试还是可以发现，使用virt-v2v也能够使其他一些类型客户机迁移到KVM（如Fedora、Ubuntu等）。

virt-v2v的可执行程序已经在一些Linux发行版中发布了。Fedora 11及之后的Fedora都已经包含了virt-v2v工具，RHEL 6.x和RHEL 7.x也已经发布了virt-v2v软件包，可以使用“yum install virt-v2v”命令来安装。

与V2V的概念相对应，还有一个P2V的概念，P2V是“物理机迁移到虚拟化环境”（Physical to Virtual）的缩写。virt-p2v的代码也在libguestfs的代码库中，在使用时，还需要一个用于P2V迁移的可启动的ISO（Redhat的注册用户可以通过RHN通道下载）。从Fedora 14和RHEL 6.3开始的Fedora和RHEL版本开始提供对virt-p2v的支持。

8.2.2 从Xen迁移到KVM

在Linux开源虚拟化领域中，Xen和QEMU/KVM是两个比较广泛使用的Hypervisor，Xen的部分用户可能会有将Hypervisor从Xen迁移到KVM的需求。virt-v2v工具支持将libvirt管理下的Xen客户机迁移到KVM虚拟化环境中，既支持本地转化，也支持远程迁移。

将Xen上的一个客户机迁移到KVM的过程，需要将客户机的配置转化为对应的KVM客户机配置，也需要将客户机镜像文件传输到目的宿主机上。磁盘镜像的传输需要SSH会话的支持，所以需要保证Xen宿主机支持SSH访问，另外，在每个磁盘进行传输时都会提示输入SSH用户名和密码，可以考虑使用SSH密钥认证来避免多次的SSH用户名和密码交互。

使用virt-v2v工具将Xen客户机迁移到KVM中的命令示例如下：

```
virt-v2v -ic xen+ssh://root@xen0.demo.com -os pool -b brname vm-name
```

-ic URI表示连接远程Xen宿主机中libvirt的URI（可以参考4.1.6节中对URI的详细介绍）。-os pool表示迁移过来后，用于存放镜像文件的本地存储池。-b brname（即：--bridge brname）表示本地网桥的名称，用于建立与客户机的网络连接。如果本地使用虚拟网络，则使用-n *network*（或--network *network*）参数来指定虚拟网络。vm-name表示的是在Xen

⊖ Redhat文档中关于virt-v2v支持的客户机镜像：https://access.redhat.com/articles/1351473。

的源宿主机中将要被迁移的客户机的名称。

Xen中的全虚拟化类型客户机（HVM）和半虚拟化客户机（PV guest，XenU），都可以使用上面介绍的命令迁移到KVM。由于KVM是仅支持全虚拟化客户机（HVM）的，所以，支持对Xen半虚拟化客户机的迁移，virt-v2v还会涉及客户机内核修改、转化的过程，可以参考前面注释中提到过的官方文档中的内容。

下面通过一个示例来介绍一下使用virt-v2v工具将Xen上的HVM客户机迁移到KVM上的过程。其中，源宿主机（Xen的Dom0）使用的是安装了Xen支持的Fedora 22系统；KVM宿主机使用的是RHEL 7.3原生系统的内核、qemu-kvm和libvirt，并且用“yum install virt-v2v”命令安装了1.28版本的virt-v2v工具。

1）在源宿主机系统（IP地址为192.168.127.163）中，启动libvirtd服务，并且定义好一个名为xen-hvm1的客户机用于本次迁移，该客户机在Xen环境中是可以正常工作的，但需要在迁移之前将该客户及关闭。通过virsh工具查看Xen中libvirt管理的所有客户机的状态，命令行如下：

```
[root@F22-Xen ~]# virsh list --all
 Id    Name                           State
----------------------------------------------------
 0     Domain-0                       running
 -     xen-hvm1                       shut off
```

由上面信息可知，xen-hvm1客户机处于关机状态。

2）在KVM宿主机（目的宿主机）中，启动libvirtd服务，然后使用virt-v2v命令行工具进行Xen到KVM的迁移。命令行操作如下：

```
[root@kvm-host ~]# systemctl start libvirtd

[root@kvm-host ~]# virt-v2v -ic xen+ssh://root@192.168.127.163 -os  default
    --bridge br0 xen-hvm1
root@192.168.127.163's password:
root@192.168.127.163's password:
rhel7.img: 100% [==================================================]D 0h02m09s
virt-v2v: WARNING: /boot/grub/device.map references unknown device /dev/vda. This
    entry must be manually fixed after conversion.
virt-v2v: xen-hvm1 configured with virtio drivers.
```

由以上信息可知，经过用户命名/密码的验证之后，virt-v2v将客户机的镜像文件传输到KVM宿主机中。磁盘镜像的传输过程可能需要一定的时间，所需的时间长度与磁盘镜像的大小及当前网络带宽有很大的关系。尽管最后有一些警告信息，但该迁移过程还是正常完成了。

已经提及过，virt-v2v的转换需要先关闭客户机，如果Xen宿主机（Dom0）上的该客户机处于运行中状态，运行上面的virt-v2v命令会得到如下的错误提示：

```
virt-v2v: Guest XX is currently blocked. It must be shut down first.
```

3）在 KVM 宿主机中，查看迁移过来的客户机镜像和启动该客户机。命令行操作如下：

```
[root@kvm-host ~]# ls /var/lib/libvirt/images/centos7.img
/var/lib/libvirt/images/centos7

[root@kvm-host ~]# virsh list --all
 Id    Name                           State
----------------------------------------------------
-     xen-hvm1                       shut off

[root@kvm-host ~]# virsh create /etc/libvirt/qemu/xen-hvm1.xml
Domain xen-hvm1 created from /etc/libvirt/qemu/xen-hvm1.xml

[root@kvm-host ~]# virsh list
 Id    Name                           State
----------------------------------------------------
 2     xen-hvm1                       running
```

由以上信息可知，从 Xen 上迁移过来的客户机，其镜像文件默认在 /var/lib/libvirt/images/ 目录下，其 XML 配置文件默认在 /etc/libvirt/qemu/ 目录下。从第一个“ virsh list --all”命令可知，迁移过来的客户机默认处于关闭状态。在使用“ virsh create”命令启动该客户机后，它就处于运行中（Running）状态了。

一般来说，从 Xen 到 KVM 迁移成功后，迁移过来的客户机就可以完全正常使用了。不过，由于一些命令和配置的不同，也可能会导致迁移后的客户机网络不通的情况，这就需要自行修改该客户机的 XML 配置文件；也可能出现磁盘不能识别或启动的问题（Windows 客户机迁移时易出现该问题），这一方面需要检查和修改 XML 配置文件（可以直接改为模拟 IDE 磁盘设备而不是 virtio），另一方面可以在该客户机中安装 virtio-blk 相关的磁盘驱动。

由于 Xen 中也使用 QEMU 来作为设备模型，因此 Xen 中的客户机一般使用 raw、qcow2 等格式的客户机镜像文件，这与 QEMU/KVM 中的磁盘镜像格式是完全一致（或兼容）的，不需要进行任何格式化转换（除非它们的 QEMU 版本差异太大）。除了使用 virt-v2v 工具来实现 Xen 到 KVM 的迁移，也可以直接将 Xen 中客户机的磁盘镜像远程复制到 KVM 宿主机的存储池中，然后根据 Xen 上面客户机的需求，手动地使用相应的 qemu 命令行参数来启动该客户机即可。或者，将 libvirt 管理的 Xen 中该客户机的 XML 文件复制到 KVM 宿主机中，对该 XML 配置文件进行相应的修改后，通过 libvirt 启动该客户机即可。

8.2.3 从 VMware 迁移到 KVM

VMware 作为系统虚拟化领域的开拓者和市场领导者之一，其虚拟化产品功能比较强大，易用性也比较良好，所以被很多人了解并在生产环境中使用。不过，美中不足的是，其企业级虚拟化产品的许可证授权费用还是比较昂贵的，特别是有大批量的服务器需要部署 WMware ESX/ESXi 虚拟化产品时，许可证授权费用就真的不是一笔小数目了。不管是从 KVM 可以完全免费的角度，还是从 KVM 基于 Linux 内核且完全开源的角度来看，如果考虑从 VMware 虚拟化中迁移到 KVM 虚拟化方案中，那么可以参考本节介绍的一些方法。

从 VMware 迁移到 KVM 的方法与前一节中从 Xen 迁移到 KVM 的完全类似。可以通过 virt-v2v 工具来做迁移，实现将 VMware ESX 中的一个客户机迁移到 KVM 上。利用 virt-v2v 迁移 VMware 客户机的命令行示例如下：

```
virt-v2v -ic esx://esx.demo.com/ -os pool --bridge brname vm-name
```

上面命令行中的命令和参数与前一节介绍的基本类似，只是这里使用了 esx://esx.demo.com 来表示连接到 VMware ESX 服务器，将名称为 vm-name 的客户机迁移过来。在连接到 VMware 的 ESX 服务器时，一般需要认证和授权。virt-v2v 工具支持连接 ESX 时使用密码认证，它默认读取 $HOME/.netrc 文件中的机器名、用户名、密码等信息，这与 FTP 客户端命令“ftp”类似。这个 .netrc 文件中的格式如下：

```
machine esx.demo.com login root password 123456
```

除了可以通过 virt-v2v 工具将 VMware 中运行着的客户机迁移到 KVM 中以外，也可以采用直接复制 VMware 客户机镜像到 KVM 中的方法：先关闭 VMware 客户机，然后直接将 VMware 的客户机镜像（一般是 .vmdk 为后缀的文件）复制到 KVM 的客户机镜像存储系统系统上（可能是宿主机本地，也可能是网络共享存储），接着通过 qemu 命令行工具启动该镜像文件即可。QEMU 从 0.12 版本开始就支持直接使用 VMware 的 vmdk 镜像文件启动客户机，一个简单的命令行示例如下：

```
[root@kvm-host ~]# qemu-system-x86_64 -m 1024 win7.vmdk
```

如果 QEMU 版本较旧，不支持直接使用 vmkd 镜像文件格式，那么可以将 VMware 的镜像格式转化为 raw 或 qcow2 等在 QEMU/KVM 中最常用的格式。在 5.4.2 节中已经介绍了 convert 命令可以让不同格式的镜像文件进行相互转换。将 vmdk 格式的镜像文件转化为 qcow2 格式，然后用 qemu 命令行启动，命令行操作过程如下：

```
[root@kvm-host ~]# qemu-img convert win7.vmdk -O qcow2 win7.qcow2

[root@kvm-host ~]# qemu-system-x86_64 -m 1024 win7.qcow2
```

8.2.4　从 VirtualBox 迁移到 KVM

virt-v2v 工具从 0.8.8 版本开始也支持将 VirtualBox 客户机迁移到 KVM 上，其方法与从 Xen 迁移到 KVM 的方法完全类似。其转化命令示例如下：

```
virt-v2v -ic vbox+ssh://root@vbox.demo.com -os pool -b brname vm-name
```

在该命令中，仅仅在连接到 VirtualBox 时使用的 URI 是 vbox+ssh 这样的连接方式，而不是用 xen+ssh 的方式。

除了使用 virt-v2v 工具来转换以外，也可以直接将 VirtualBox 中的客户机镜像文件（一

般是以 .vdi 为后缀的文件）复制到 KVM 宿主机中使用。较新的 QEMU 都支持直接用 .vdi 格式的镜像文件作为客户机镜像直接启动，命令行示例如下：

```
[root@kvm-host ~]# qemu-system-x86_64 -m 1024 ubuntu.vdi
```

也可以将 VirtualBox 客户机镜像文件转化为 QEMU/KVM 中最常用的 qcow2 或 raw 格式的镜像文件，然后在 qemu 命令行启动转化后的镜像文件。命令行操作如下：

```
[root@kvm-host ~]# qemu-img convert ubuntu.vdi -O qcow2 ubuntu.qcow2

[root@kvm-host ~]# qemu-system-x86_64 -m 1024 ubuntu.qcow2
```

8.2.5 从物理机迁移到 KVM 虚拟化环境（P2V）

virt-p2v 由两部分组成：包含在 virt-v2v 软件包中的服务器端，可启动的 ISO 作为 virt-p2v 的客户端。使用 virt-p2v 工具的方法将物理机迁移到 KVM 虚拟化环境中，需要经过如下几个步骤：

1）在服务器端（一个 KVM 宿主机）安装 virt-v2v、libvirt 等软件，打开该宿主机的 root 用户 SSH 登录权限。

2）在服务器端，修改 /etc/virt-v2v.conf 配置文件，让其有类似如下所示的配置：

```
<virt-v2v>
    <!-- Target profiles -->

    <profile name="libvirt">
        <method>libvirt</method>
        <storage>default</storage>
        <network type="default">
            <network type="network" name="default"/>
        </network>
    </profile>
</virt-v2v>
```

3）制作 virt-p2v 可以启动的设备。如果是 Redhat 的客户，可以到 RHN 中去下载 virt-p2v 的 ISO 镜像文件（如 virt-p2v-1.32.7-2.el7.iso），然后将其烧录到一个光盘或 U 盘上，使其作为物理机的启动设备。当然，可以下载 virt-v2v 的源代码，然后编译、制作 ISO 镜像文件。

4）在待迁移的物理机上，选择前一步中制作的 virt-p2v 启动介质（光盘或 U 盘）来启动系统。

5）在 virt-p2v 客户端启动后，根据其界面上的提示，填写前面准备的服务器端的 IP 或主机名、登录用户等信息，在连接上服务器端后，可以进一步填写转移后的虚拟客户机的名称、vCPU 数量、内存大小等信息，最后单击“convert”（转化）按钮即可。virt-p2v 客户端会将物理机中的磁盘信息通过网络传输到服务器端，待传输完成后，选择关闭该物理机即可。

6）在 virt-p2v 服务器端（KVM 宿主机）通过 libvirt 或 qemu 命令行启动前面转移过来的客户机即可。

因为使用 virt-p2v 工具进行转换的步骤比较复杂，获得可启动的 ISO 文件可能还需要 Redhat 的授权，且 virt-p2v 并不太成熟可能导致迁移不成功，所以使用 KVM 的普通用户在实际环境中使用 virt-p2v 工具的情况还不多。

将物理机转化为 KVM 客户机，是一个公司或个人实施 KVM 虚拟化的基本过程。可以很简单地完成这个过程：安装一个与物理机上相同系统的客户机，然后将物理机磁盘中的内容完全复制到对应客户机中即可。或者，更简单地，将物理机的磁盘物理地放到 KVM 宿主机中，直接使用该磁盘作为客户机磁盘启动即可（QEMU/KVM 支持客户机使用一个完整的物理磁盘）。只是要注意根据自己的需求来使用相应的 qemu 命令行参数来启动客户机，或者配置 libvirt 中的 XML 配置文件来启动客户机。

8.3　本章小结

本章主要介绍了 KVM 的动态迁移和静态迁移。对于动态迁移，介绍了迁移的概念、应用场景、基本原理、注意点、服务停机时间以及在 QEMU/KVM 中的操作实践。对于静态迁移，介绍了将客户机从 Xen、VMware、VirtualBox 等其他 Hypervisor 迁移到 KVM 的过程，也介绍了从物理机迁移到 KVM 的注意事项，同时介绍了 virt-v2v 和 virt-p2v 这两个迁移工具。

Chapter 9 第 9 章

其他高级功能

通过第 5～8 章的学习，相信读者已经对 KVM 的整体功能有了比较全面的认识和掌握。本章再介绍一些不是那么常用，但也比较重要或是前沿的 KVM 技术：嵌套虚拟化、KVM 安全、CPU 指令相关的性能优化。然后介绍一下 QEMU 监控器（monitor）及其使用方法。在最后一节，我们总结一下比较常用的 qemu 命令行参数。

9.1 嵌套虚拟化

9.1.1 嵌套虚拟化的基本概念

嵌套虚拟化（nested virtualization 或 recursive virtualization）是指在虚拟化的客户机中运行一个 Hypervisor，从而再虚拟化运行一个客户机。嵌套虚拟化不仅包括相同 Hypervisor 的嵌套（如 KVM 嵌套 KVM、Xen 嵌套 Xen、VMware 嵌套 VMware 等），也包括不同 Hypervisor 的相互嵌套（如 VMware 嵌套 KVM、KVM 嵌套 Xen、Xen 嵌套 KVM 等）。根据嵌套虚拟化这个概念可知，不仅包括两层嵌套（如 KVM 嵌套 KVM），还包括多层的嵌套（如 KVM 嵌套 KVM 再嵌套 KVM）。

嵌套虚拟化的使用场景是非常多的，至少包括如下 5 个主要应用：

1）IaaS（Infrastructure as a Service）类型的云计算提供商，如果有了嵌套虚拟化功能的支持，就可以为其客户提供让客户可以自己运行所需 Hypervisor 和客户机的能力。对于有这类需求的客户来说，这样的嵌套虚拟化能力会成为吸引他们购买云计算服务的因素。

2）为测试和调试 Hypervisor 带来了非常大的便利。有了嵌套虚拟化功能的支持，被调试 Hypervisor 运行在更底层的 Hypervisor 之上，就算遇到被调试 Hypervisor 的系统崩溃，也只需要在底层的 Hypervisor 上重启被调试系统即可，而不需要真实地与硬件打交道。

3）在一些为了起到安全作用而带有Hypervisor的固件（firmware）上，如果有嵌套虚拟化的支持，则在它上面不仅可以运行一些普通的负载，还可以运行一些Hypervisor启动另外的客户机。

4）嵌套虚拟化的支持对虚拟机系统的动态迁移也提供了新的功能，从而可以将一个Hypervisor及其上面运行的客户机作为一个单一的节点进行动态迁移。这对服务器的负载均衡及灾难恢复等方面也有积极意义。

5）嵌套虚拟化的支持对于系统隔离性、安全性方面也提供更多的实施方案。

对于不同的Hypervisor，嵌套虚拟化的实现方法和难度都相差很大。对于完全纯软件模拟CPU指令执行的模拟器（如QEMU），实现嵌套虚拟化相对来说并不复杂；而对于QEMU/KVM这样的必须依靠硬件虚拟化扩展的方案，就必须在客户机中模拟硬件虚拟化特性（如vmx、svm）的支持，还要对上层KVM hypervisor的操作指令进行模拟。据笔者所知，目前，Xen方面已经支持Xen on Xen和KVM on Xen，而且在某些平台上已经可以运行KVM on Xen on Xen的多级嵌套虚拟化；VMware已经支持VMware on VMware和KVM on VMware这两类型的嵌套。KVM已经性能较好地支持KVM on KVM和Xen on KVM的情况，但都处于技术预览（tech preview）阶段。

9.1.2 KVM嵌套KVM

KVM嵌套KVM，即在KVM上面运行的第一级客户机中再加载kvm和kvm_intel（或kvm_amd）模块，然后在第一级的客户机中用QEMU启动带有KVM加速的第二级客户机。“KVM嵌套KVM”的基本架构如图9-1所示，其中底层是具有Intel VT或AMD-V特性的硬件系统，硬件层之上就是底层的宿主机系统（我们称之为L0，即Level 0），在L0宿主机中可以运行加载有KVM模块的客户机（我们称之为L1，即Level 1，第一级），在L1客户机中通过QEMU/KVM启动一个普通的客户机（我们称之为L2，即Level 2，第二级）。如果KVM还可以做多级的嵌套虚拟化，各个级别的操作系统被依次称为：L0、L1、L2、L3、L4……，其中L0向L1提供硬件虚拟化环境（Intel VT或AMD-V），L1向L2提供硬件虚拟化环境，依此类推。而最高级别的客户机Ln（如图9-1中的L2）可以是一个普通客户机，不需要下面的Ln−1级向Ln级中的CPU提供硬件虚拟化支持。

KVM对“KVM嵌套KVM”的支持从2010年就开始了，目前已经比较成熟了。“KVM嵌套KVM”功能的配置和使用有如下几个步骤。

1）在L0中，查看kvm_intel模块是否已加载以及其nested参数是否为‘Y’，如下：

```
[root@kvm-host ~]# cat /sys/module/kvm_intel/parameters/nested
N
[root@kvm-host ~]# modprobe -r kvm_intel
[root@kvm-host ~]# modprobe kvm_intel nested=Y
[root@kvm-host ~]# cat /sys/module/kvm_intel/parameters/nested
Y
```

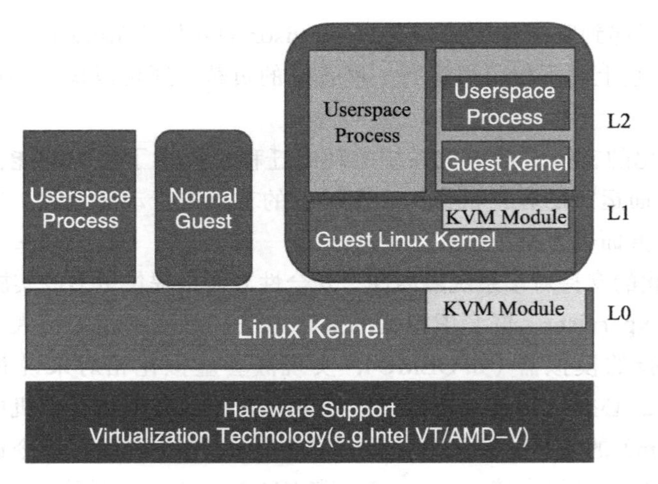

图 9-1 KVM 嵌套 KVM 的基本架构图

如果 kvm_intel 模块已经处于使用中，则需要用“modprobe -r kvm_intel”命令移除 kvm_intel 模块后重新加载，然后再检查“/sys/module/kvm_intel/parameters/nested”这个参数是否为“Y”。对于 AMD 平台上的 kvm-amd 模块的操作也是一模一样的。

2）启动 L1 客户机时，在 qemu 命令中加上“-cpu host”或“-cpu qemu64,+vmx”选项，以便将 CPU 的硬件虚拟化扩展特性暴露给 L1 客户机，如下：

```
[root@kvm-host ~]# qemu-system-x86_64 -enable-kvm -cpu host -smp 4 -m 8G -drive
    file=./rhel7.img,format=raw,if=virtio -device virtio-net-pci,netdev=nic0
    -netdev bridge,id=nic0,br=virbr0 -snapshot -name L1_guest -drive file=./raw_
    disk.img,format=raw,if=virtio,media=disk
```

这里，“-cpu host”参数的作用是尽可能地将宿主机 L0 的 CPU 特性暴露给 L1 客户机；“-cpu qemu64,+vmx”表示以 qemu64 这个 CPU 模型为基础，然后加上 Intel VMX 特性（即 CPU 的 VT-x 支持）。当然，以其他 CPU 模型为基础再加上 VMX 特性，如“-cpu SandyBridge,+vmx”“-cpu Westmere,+vmx”也是可以的。在 AMD 平台上，则需要对应的 CPU 模型（“qemu64”是通用的），再加上 AMD-V 特性，如“-cpu qemu64,+svm”。

3）在 L1 客户机中，查看 CPU 的虚拟化支持，查看 kvm 和 kvm_intel 模块的加载情况（如果没有加载，需要读者自行加载这两个模块），启动一个 L2 客户机，L2 的客户机镜像事先放在 raw_disk.img 中，并将其作为 L1 客户机的第二块硬盘，/dev/vdb。在 L1 客户机中（需像 L0 中一样，编译好 qemu），我们将 /dev/vdb mount 在 /mnt 目录下，如下：

```
[root@kvm-guest ~]# cat /proc/cpuinfo | grep vmx | uniq
flags : fpu vme de pse tsc msr pae mce cx8 apic sep mtrr pge mca cmov pat pse36
    clflush mmx fxsr sse sse2 ss syscall nx pdpe1gb rdtscp lm constant_tsc arch_
    perfmon rep_good nopl xtopology eagerfpu pni pclmulqdq vmx ssse3 fma cx16
    pcid sse4_1 sse4_2 x2apic movbe popcnt tsc_deadline_timer aes xsave avx f16c
    rdrand hypervisor lahf_lm abm 3dnowprefetch arat tpr_shadow vnmi flexpriority
    ept vpid fsgsbase tsc_adjust bmi1 hle avx2 smep bmi2 erms invpcid rtm rdseed
```

```
    adx smap xsaveopt
[root@kvm-guest ~]# lsmod | grep kvm
kvm_intel              170181  0
kvm                    554609  1 kvm_intel
irqbypass               13503  1 kvm
[root@kvm-guest ~]# qemu-system-x86_64 -enable-kvm -cpu host -drive file=/mnt/
    rhel7.img,format=raw,if=virtio, -m 4G -smp 2 -snapshot -name L2_guest
VNC server running on '::1:5900'
```

如果 L0 没有向 L1 提供硬件虚拟化的 CPU 环境，则加载 kvm_intel 模块时会有错误，kvm_intel 模块会加载失败。在 L1 中启动客户机，就与在普通 KVM 环境中的操作完全一样。不过对 L1 系统的内核要求并不高，一般选取较新 Linux 内核即可，如笔者选用了 RHEL 7.3 系统自带的内核和 Linux 4.9 的内核，这都是可以的。

4）在 L2 客户机中查看是否正常运行。图 9-2 展示了“KVM 嵌套 KVM”虚拟化的运行环境，L0 启动了 L1，然后在 L1 中启动了 L2 系统。

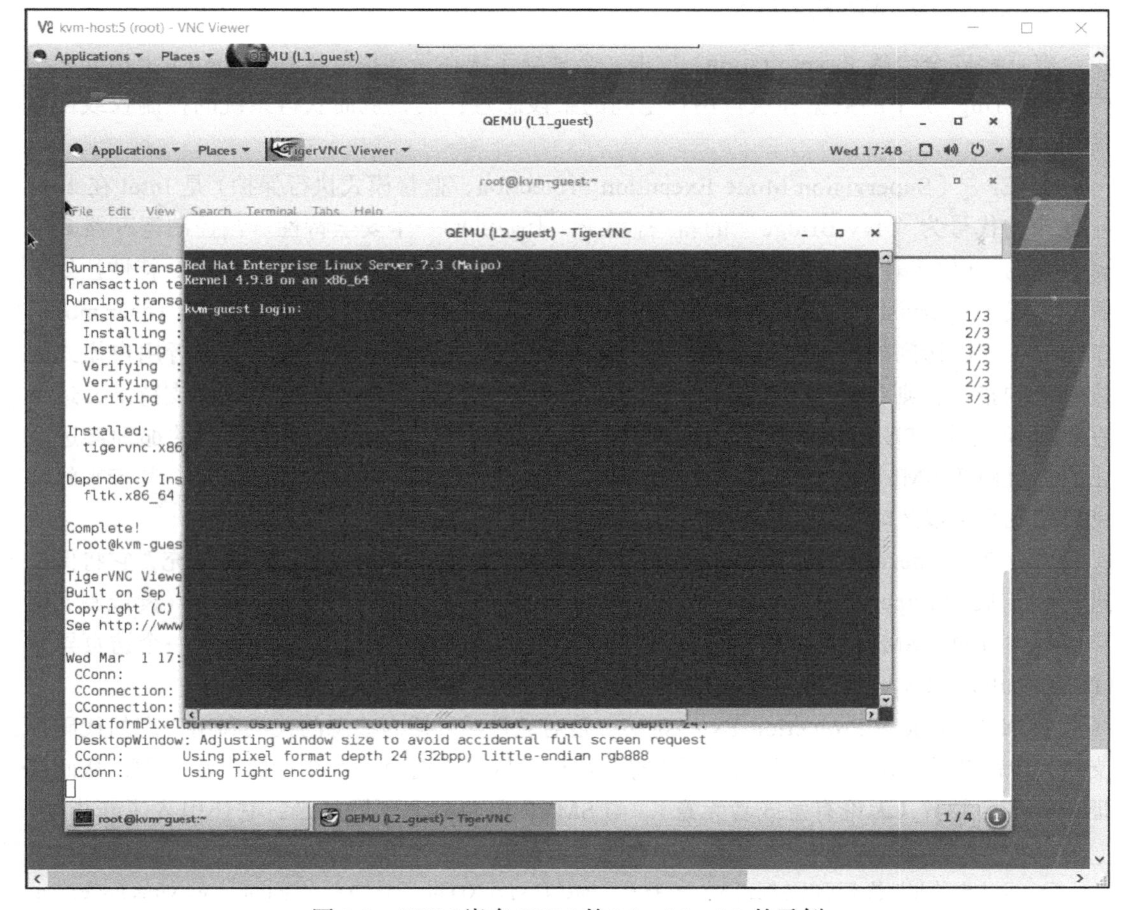

图 9-2　KVM 嵌套 KVM 的 L0、L1、L2 的示例

由于 KVM 是全虚拟化 Hypervisor，对于其他 L1 Hypervisor（如 Xen）嵌套运行在 KVM 上情况，在 L1 中启动 L2 客户机的操作与在普通的 Hypervisor 中的操作步骤完全一样，因为 KVM 为 L1 提供了有硬件辅助虚拟化特性的透明的硬件环境。

9.2 KVM 安全

如今，计算机信息安全越来越受到人们的重视，在计算机相关的各种学术会议、论文、期刊中，“安全”（security）一词被经常提及。因为 KVM 是 Linux 系统中的一个虚拟化相关的模块，QEMU 是 Linux 系统上一个普通的用户空间进程，所以 Linux 系统上的各种安全技术、策略对 QEMU/KVM 都是适用的。在本节中，笔者根据经验选择了其中的一些 KVM 的安全技术来介绍一下。

9.2.1 SMEP/SMAP/MPX

有一些安全渗透（exploitation）攻击，会诱导系统在最高执行级别（ring0）上访问在用户空间（ring3）中的数据和执行用户空间的某段恶意代码，从而获得系统的控制权或使系统崩溃。

SMEP[⊖]（Supervision Mode Execution Protection，监督模式执行保护）是 Intel 在 2012 年发布的代号为“ Ivy Bridge”的新一代 CPU 上提供的一个安全特性。当控制寄存器 CR4 寄存器的 20 位（第 21 位）被设置为 1 时，表示 SMEP 特性是打开状态。SMEP 特性让处于管理模式（supervisor mode，当前特权级别 CPL＜3）的程序不能获取用户模式（user mode，CPL=3）可以访问的地址空间上的指令，如果管理模式的程序试图获取并执行用户模式的内存上的指令，则会发生一个错误（fault)，不能正常执行。在 SMEP 特性的支持下，运行在管理模式的 CPU 不能执行用户模式的内存页，这就较好地阻止前面提到的那种渗透攻击。而且由于 SMEP 是 CPU 的一个硬件特性，这种安全保护非常方便和高效，其带来的性能开销几乎可以忽略不计。

SMAP（Supervisor Mode Access Prevention）是对 SMEP 的更进一步的补充，它将保护进一步扩展为 Supervisor Mode（典型的如 Linux 内核态）代码不能直接访问（读或写）用户态的内存页（SMEP 是禁止执行权限）。类似的，当它被触犯时，也会产生一个访页异常(Page Fault)。SMAP 于 Intel Broadwell 平台中开始引入。

MPX（Memory Protection Extensions）是对软件（包括内核态的代码和用户态的代码都支持）指针越界的保护。它引入了新的寄存器记录软件运行时一个指针的合法范围，从而保证指针不会越界（无论有意或者无意）。与 SMEP 和 SMAP 不同的是，它还引入了新指令，

⊖ 更古老的此类技术可以追溯到 NX bit 技术，Intel 称它为 XD bit，AMD 称它为 Enhanced Virus Protection，ARM 称它为 XN。

所以要它起作用，不仅需要硬件的支持，也需要编译器[⊖]的支持，以及软件运行时用到的库里面代码的支持。MPX 从 Intel Skylake 平台以后引入。

基本上，内核（包括 KVM）自 3.16 版本以后对 SMEP/SMAP/MPX 的支持都已经完备了。一些 Linux 发行版（如 RHEL 7.2/7.3）尽管使用的是以 Linux 3.10 为基础的内核，但是也都向后移植（backport）了这些的特性。下面我们以 SMEP 为例，介绍一下如何让 KVM 客户机也可以使用这个安全特性的步骤。对于 SMAP 和 MPX 读者可以自行实践。

1）检查宿主机中的 CPU 对 SMEP 特性的支持。命令行如下所示：

```
[root@kvm-host ~]# cat /proc/cpuinfo | grep "flag" | uniq | grep smep
flags : fpu vme de pse tsc msr pae mce cx8 apic sep mtrr pge mca cmov pat pse36
    clflush dts acpi mmx fxsr sse sse2 ss ht tm pbe syscall nx pdpe1gb rdtscp
    lm constant_tsc arch_perfmon pebs bts rep_good nopl xtopology nonstop_tsc
    aperfmperf eagerfpu pni pclmulqdq dtes64 monitor ds_cpl vmx smx est tm2 ssse3
    fma cx16 xtpr pdcm pcid dca sse4_1 sse4_2 x2apic movbe popcnt tsc_deadline_
    timer aes xsave avx f16c rdrand lahf_lm abm 3dnowprefetch ida arat epb pln
    pts dtherm intel_pt tpr_shadow vnmi flexpriority ept vpid fsgsbase tsc_adjust
    bmi1 hle avx2 smep bmi2 erms invpcid rtm cqm rdseed adx smap xsaveopt cqm_llc
    cqm_occup_llc cqm_mbm_total cqm_mbm_local
```

2）加上“-cpu host”参数来启动客户机。命令行如下：

```
[root@kvm-host ~]# qemu-system-x86_64 -enable-kvm -cpu host -smp 4 -m 8G -drive
    file=./rhel7.img,format=raw,if=virtio -device virtio-net-pci,netdev=nic0
    -netdev bridge,id=nic0,br=virbr0 -snapshot -name SMEP_guest
```

3）在客户机中检查其 CPU 是否有 SMEP 特性的支持。命令行如下：

```
[root@kvm-guest ~]# cat /proc/cpuinfo | grep "flags" | uniq | grep smep
flags : fpu vme de pse tsc msr pae mce cx8 apic sep mtrr pge mca cmov pat pse36
    clflush mmx fxsr sse sse2 ss syscall nx pdpe1gb rdtscp lm constant_tsc arch_
    perfmon rep_good nopl xtopology eagerfpu pni pclmulqdq vmx ssse3 fma cx16
    pcid sse4_1 sse4_2 x2apic movbe popcnt tsc_deadline_timer aes xsave avx f16c
    rdrand hypervisor lahf_lm abm 3dnowprefetch tpr_shadow vnmi flexpriority ept
    vpid fsgsbase tsc_adjust bmi1 hle avx2 smep bmi2 erms invpcid rtm rdseed adx
    smap xsaveopt arat
```

由上面的输出信息可知，客户机中已经能够检测到 SMEP 特性了，从而使客户机成为一个有 Intel CPU 的 SMEP 特性支持的、较为安全的环境。

9.2.2　控制客户机的资源使用——cgroups

在 KVM 虚拟化环境中，每个客户机操作系统使用系统的一部分物理资源（包括处理器、内存、磁盘、网络带宽等）。当一个客户机对资源的消耗过大时（特别是 QEMU 启动客户机时没有能够控制磁盘或网络 I/O 的选项），它可能会占用该系统的大部分资源，此时，

⊖ GCC 5.0 以后开始支持。用到的代码都需要经 -mmpx 编译选项的编译。也可以混杂保护：一个程序中，有的代码模块用 -mmpx 编译，有的（不需要保护的）就不用这个编译。这都是可以的，不妨碍链接。

其他的客户机对相同资源的请求就会受到严重影响，可能会导致其他客户机响应速度过慢甚至失去响应。为了让所有客户机都能够按照预先的比例来占用物理资源，我们需要对客户机能使用的物理资源进行控制。第 5 章中介绍过，通过 qemu 命令行启动客户机时，可以用“-smp *num*”参数来控制客户机的 CPU 个数，使用“-m *size*”参数来控制客户机的内存大小。不过，这些都是比较粗粒度的控制，例如，不能控制客户机仅使用 1 个 CPU 的 50% 的资源，而且对磁盘 I/O、网络 I/O 等并没有直接的参数来控制。由于每个客户机就是宿主机 Linux 系统上的一个普通 QEMU 进程，所以可以通过控制 QEMU 进程使用的资源来达到控制客户机的目的。

1. cgroups 简介

cgroups ⊖（即 control groups，控制群组）是 Linux 内核中的一个特性，用于限制、记录和隔离进程组（processgroups）对系统物理资源的使用。cgroups 最初是由 Google 的一些工程师（Paul Menage、Rohit Seth 等）在 2006 年以“进程容器”（process container）的名字实现的，在 2007 年被重命名为“控制群组”（Control Groups），然后被合并到 Linux 内核的 2.6.24 版本中。在加入 Linux 内核的主干之后，cgroups 越来越成熟，有很多新功能和控制器（controller）被加入进去，其功能也越来越强大。cgroups 为不同的用户场景提供了一个统一的接口，这些用户场景包括对单一进程的控制，也包括 OpenVZ、LXC（Linux Containers）等操作系统级别的虚拟化技术。一些较新的比较流行的 Linux 发行版，如 RHEL、Fedora、SLES、Ubuntu 等，都提供了对 cgroups 的支持。

cgroups 提供了如下一些功能：

1）资源限制（Resource limiting），让进程组被设置为使用资源数量不能超过某个界限。如内存子系统可以为进程组设定一个内存使用的上限，一旦进程组使用的内存达到限额，如果再申请内存就会发生缺乏内存的错误（即：OOM，out of memory）。

2）优先级控制（Prioritization），让不同的进程组有不同的优先级。可以让一些进程组占用较大的 CPU 或磁盘 I/O 吞吐量的百分比，另一些进程组占用较小的百分比。

3）记录（Accounting），衡量每个进程组（包括 KVM 客户机）实际占用的资源数量，可以用于对客户机用户进行收费等目的。如使用 cpuacct 子系统记录某个进程组使用的 CPU 时间。

4）隔离（Isolation），对不同的进程组使用不同的命名空间（namespace），不同的进程组之间不能看到相互的进程、网络连接、文件访问等信息，如使用 ns 子系统就可以使不同的进程组使用不同的命名空间。

⊖ cgroups 的详细介绍可以参考 Linux 内核代码中的文档，如下：
http://elixir.free-electrons.com/linux/v4.10/source/Documentation/cgroup-v1/cgroups.txt。
也可以参考 Redhat 的文档，链接如下：
https://access.redhat.com/documentation/en-US/Red_Hat_Enterprise_Linux/7/html/Resource_Management_Guide/index.html。

5）控制（Control），控制进程组的暂停、添加检查点、重启等，如使用 freezer 子系统可以将进程组挂起和恢复。

cgroups 中有如下几个重要的概念，理解它们是了解 cgroups 的前提条件。

1）任务（task）：在 cgroups 中，一个任务就是 Linux 系统上的一个进程或线程。可以将任务添加到一个或多个控制群组中。

2）控制群组（control group）：一个控制群组就是按照某种标准划分的一组任务（进程）。在 cgroups 中，资源控制都是以控制群组为基本单位来实现的。一个任务可以被添加到某个控制群组，也可以从一个控制群组转移到另一个控制群组。一个控制群组中的进程可以使用以控制群组为单位分配的资源，同时也受到以控制群组为单位而设定的资源限制。

3）层级体系（hierarchy）：简称"层级"，控制群组被组织成有层级关系的一棵控制群组树。控制群组树上的子节点控制群组是父节点控制群组的孩子，可以继承父节点控制群组的一些特定属性。每个层级需要被添加到一个或多个子系统中，受到子系统的控制。

4）子系统（subsytem）：一个子系统就是一个资源控制器（resource controller），如 blkio 子系统就是控制对物理块设备的 I/O 访问的控制器。子系统必须附加到一个层级上才能起作用，一个子系统附加到某个层级以后，该子系统会控制这个层级上的所有控制群组。

目前 cgroups 中主要有如下 10 个子系统可供使用。

- blkio：这个子系统为块设备（如磁盘、固态硬盘、U 盘等）设定读写 I/O 的访问设置限制。
- cpu：这个子系统通过使用进程调度器提供了对控制群组中的任务在 CPU 上执行的控制。
- cpuacct：这个子系统为控制群组中的任务所实际使用的 CPU 资源自动生成报告。
- cpuset：这个子系统为控制群组中的任务分配独立 CPU 核心（在多核系统）和内存节点。
- devices：这个子系统可以控制一些设备允许或拒绝来自某个控制群组中的任务的访问。
- freezer：这个子系统用于挂起或恢复控制群组中的任务。
- hugetlb：这个子系统用于控制对大页（见 7.1 节）的使用。
- memory：这个子系统为控制群组中任务能使用的内存设置限制，并能自动生成那些任务所使用的内存资源的报告。
- net_cls：这个子系统使用类别识别符（classid）标记网络数据包，允许 Linux 流量控制程序（traffic controller）识别来自某个控制群组中任务的数据包。
- net_prio：这个子系统使得其名下 cgroups 里面的任务，可以就不同的接口设置从该接口出去的包的优先级。
- perf_event：这个子系统主要用于对系统中进程运行的性能监控、采样和分析等。
- pids：这个子系统用于控制 cgroups 中可以派生（通过 fork、clone）出来的子进程、子线程的数量（pid 的数量）。

在 Redhat 系列的系统中，如 RHEL 7.3 系统的 libcgroup 这个 RPM 包提供了 lssubsys

工具在命令包中查看当前系统支持哪些子系统。命令行操作如下：

```
[root@kvm-host ~]# uname -a
Linux kvm-host 3.10.0-514.el7.x86_64 #1 SMP Wed Oct 19 11:24:13 EDT 2016 x86_64
    x86_64 x86_64 GNU/Linux
[root@kvm-host ~]# lssubsys
cpuset
cpu,cpuacct
memory
devices
freezer
net_cls,net_prio
blkio
perf_event
hugetlb
pids
```

cgroups 中层级体系的概念与 Linux 系统中的进程模型有相似之处。在 Linux 系统中，所有进程也是组成树状的形式（可以用“pstree”命令查看），除 init 以外的所有进程都是一个公共父进程，即 init 进程的子进程。init 进程是由 Linux 内核在启动时执行的，它会启动其他进程（当然普通进程也可以启动自己的子进程）。除 init 进程外的其他进程从其父进程那里继承环境变量（如 $PATH 变量）和其他一些属性（如打开的文件描述符）。与 Linux 进程模型类似，cgroups 的层级体系也是树状分层结构的，子节点控制群组继承父节点控制群组的一些属性。尽管有类似的概念和结构，但它们之间也一些区别。最主要的区别是，在 Linux 系统中可以同时存在 cgroups 的一个或多个相互独立的层级，而且此时 Linux 系统中只有一个进程树模型（因为它们有一个相同的父进程 init 进程）。多个独立的层级的存在也是有其必然性的，因为每个层级都会给添加到一个或多个子系统下。

图 9-3 展示了 cgroups 模型的一个示例，其中，cpu、memory、blkio、net_cls 是 4 个子系统，Cgroup Hierarchy A～Cgroup Hierarchy C 是 3 个相互独立的层级，含有“cg”的就是控制群组（包括 cpu_mem_cg、blk_cg、cg1、cg4 等），qemu-kvm[⊖]是一个任务（其 PID 为 8201）。cpu 和 memory 子系统同时附加到 Cgroup Hierarchy A 这个层级上，blkio、net_cls 子系统分别附加到 Cgroup Hierarchy B 和 Cgroup Hierarchy C 这两个层级上。qemu-kvm 任务被添加到这 3 个层级之中，它分别在 cg1、cg3、cg4 这 3 个控制群组中。

cgroups 中的子系统、层级、控制群组、任务之间的关系，至少有如下几条规则需要遵循。

1）每个层级可以附加一个或多个子系统。

在图 9-3 中，Cgroup Hierarchy A 就有 cpu、memory 两个子系统，而 Cgroup Hierarchy B 只有 blkio 一个子系统。

⊖ 关于 qemu-kvm 与 qemu-system-x86_64，见 3.4.1 节。本节 cgroups 例子中，为方便起见，使用的是 RHEL 7.3 自带的 qemu-kvm。其他节依然用 qemu-system-x86_64。

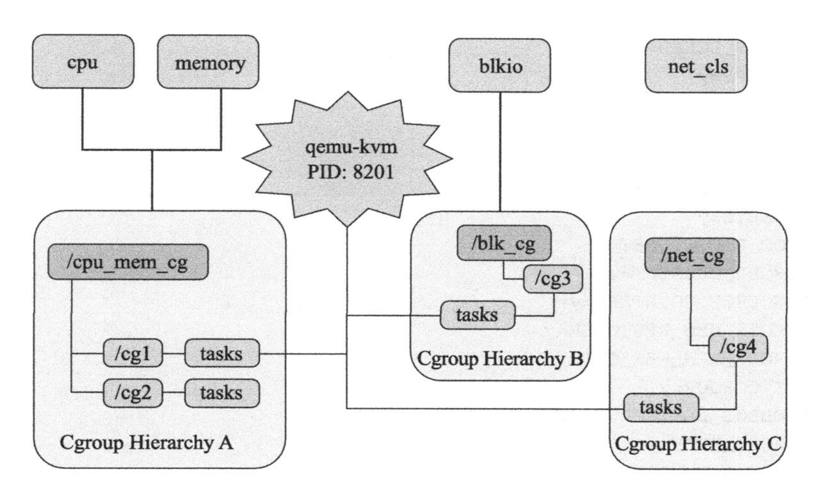

图 9-3　一个 cgroups 模型的示例

2）只要其中的一个层级已经附加上一个子系统，任何一个子系统都不能被添加到两个或多个层级上。

在图 9-3 中，memory 子系统就不能同时添加到层级 A 和层级 B 之上。

3）一个任务不能同时是同一个层级中的两个或多个控制群组中的成员。一个任务一旦成为同一个层级中的第 2 个控制群组中的成员，它必须先从第 1 个控制群组中移除。

在图 9-3 中，qemu-kvm 任务就不能同时是层级 A 中的 cg1 和 cg2 这两个控制群组的共同成员。

4）派生（fork）出来的一个任务会完全继承它父进程的 cgroups 群组关系。当然，也可以再次调整派生任务的群组关系，使其与它的父进程不同。

如图 9-3 所示，如果 PID 为 8201 的 qemu-kvm 进程派生出一个子进程，则该子进程也默认是 cg1、cg3、cg4 这 3 个控制群组的成员。

5）在每次初始化一个新的层级时，该系统中所有的任务（进程或线程）都将添加该层级默认的控制群组中成为它的成员。该群组被称为根控制群组（root cgroup），在创建层级时自动创建，之后在该层级中创建的所有其他群组都是根控制群组的后代。

2. cgroups 操作示例

在了解了 cgroups 的基本功能和原理后（关于 cgroups 更多描述可以参考有关文档[⊖]），本节将介绍如何实际操作 cgroups 来控制 KVM 客户机的资源使用。Linux 内核提供了一个统一的 cgroups 接口来访问多个子系统（如 cpu、memory、blkio 等）。在编译 Linux 内核时，需要对 cgroups 相关的项目进行配置，以下是内核中与 cgroups 相关的一些重要配置。

⊖ http://lxr.linux.no/#linux+v3.6/Documentation/cgroups/cgroups.txt。也可以参考 Redhat 的文档，链接如下：https://access.redhat.com/documentation/en-US/Red_Hat_Enterprise_Linux/7/html/Resource_Management_Guide/chap-Introduction_to_Control_Groups.html。

```
CONFIG_CGROUP_SCHED=y
CONFIG_CGROUPS=y
# CONFIG_CGROUP_DEBUG is not set
CONFIG_CGROUP_NS=y
CONFIG_CGROUP_FREEZER=y
CONFIG_CGROUP_DEVICE=y
CONFIG_CPUSETS=y
CONFIG_PROC_PID_CPUSET=y
CONFIG_CGROUP_CPUACCT=y
CONFIG_RESOURCE_COUNTERS=y
CONFIG_CGROUP_MEM_RES_CTLR=y
CONFIG_CGROUP_MEM_RES_CTLR_SWAP=y
CONFIG_BLK_CGROUP=y
# CONFIG_DEBUG_BLK_CGROUP is not set
CONFIG_CGROUP_PERF=y
CONFIG_SCHED_AUTOGROUP=y
CONFIG_MM_OWNER=y
# CONFIG_SYSFS_DEPRECATED_V2 is not set
CONFIG_RELAY=y
CONFIG_NAMESPACES=y
CONFIG_UTS_NS=y
CONFIG_IPC_NS=y
CONFIG_USER_NS=y
CONFIG_PID_NS=y
CONFIG_NET_NS=y
CONFIG_NET_CLS_CGROUP=y
CONFIG_NETPRIO_CGROUP=y
```

在实际操作过程中，可以通过以下几个方式来使用 cgroups。

1）手动地访问 cgroups 的虚拟文件系统。

2）使用 libcgroup 软件包中的 cgcreate、cgexec、cgclassify 等工具来创建和管理 cgroups 控制群组。

3）通过一些使用 cgroups 的规则引擎，通常是系统的一个守护进程来读取 cgroups 相关的配置文件，然后对任务进程相应的设置。例如，在 RHEL 6.3 系统中，如果安装了 libcgroup RPM 包，就会有 cgconfig 这个服务可以使用（用“ service cgconfig start”命令启动它），其配置文件默认为 /etc/cgconfig.conf 文件。

4）通过其他一些软件来间接使用 cgroups，如使用操作系统虚拟化技术（LXC 等）、libvirt 工具等。

下面举个 KVM 虚拟化实际应用中的例子：一个系统中运行着两个客户机（它们的磁盘镜像文件都在宿主机的本地存储上），每个客户机中都运行着 MySQL 数据库服务，其中一个数据库的优先级很高（需要尽可能快地响应），另一个优先级不高（慢一点也无所谓）。我们知道，数据库服务是磁盘 I/O 密集型服务，所以这里通过 cgroups 的 blkio 子系统来设置两个客户机对磁盘 I/O 读写的优先级，从而使优先级高的客户机能够占用更多的宿主机中的 I/O 资源。采用手动读写 cgroups 虚拟文件系统的方式实现这个需求的操作步骤如下：

1）启动这两个客户机和其中的 MySQL 服务器，让其他应用开始使用 MySQL 服务。这里不再写出启动过程。假设，优先级高的客户机在 qemu 命令行启动时加上了“ -name high_prio”参数来指定其名称，而优先级低的客户机用“-name low_prio”参数。在它们启动时为它们取不同的名称，仅仅是为了在后面的操作中方便区别两个客户机。

2）在 blkio 的层级下，创建高优先级和低优先级两个群组。命令行操作如下[1]：

```
[root@kvm-host ~]# cd /sys/fs/cgroup/blkio
[root@kvm-host blkio]# mkdir high_prio
[root@kvm-host blkio]# mkdir low_prio
[root@kvm-host blkio]# ls -l high_prio/
total 0
-r--r--r-- 1 root root 0 Mar 12 15:22 blkio.io_merged
-r--r--r-- 1 root root 0 Mar 12 15:22 blkio.io_merged_recursive
-r--r--r-- 1 root root 0 Mar 12 15:22 blkio.io_queued
-r--r--r-- 1 root root 0 Mar 12 15:22 blkio.io_queued_recursive
-r--r--r-- 1 root root 0 Mar 12 15:22 blkio.io_service_bytes
-r--r--r-- 1 root root 0 Mar 12 15:22 blkio.io_service_bytes_recursive
-r--r--r-- 1 root root 0 Mar 12 15:22 blkio.io_serviced
-r--r--r-- 1 root root 0 Mar 12 15:22 blkio.io_serviced_recursive
-r--r--r-- 1 root root 0 Mar 12 15:22 blkio.io_service_time
-r--r--r-- 1 root root 0 Mar 12 15:22 blkio.io_service_time_recursive
-r--r--r-- 1 root root 0 Mar 12 15:22 blkio.io_wait_time
-r--r--r-- 1 root root 0 Mar 12 15:22 blkio.io_wait_time_recursive
-rw-r--r-- 1 root root 0 Mar 12 15:22 blkio.leaf_weight
-rw-r--r-- 1 root root 0 Mar 12 15:22 blkio.leaf_weight_device
--w------- 1 root root 0 Mar 12 15:22 blkio.reset_stats
-r--r--r-- 1 root root 0 Mar 12 15:22 blkio.sectors
-r--r--r-- 1 root root 0 Mar 12 15:22 blkio.sectors_recursive
-r--r--r-- 1 root root 0 Mar 12 15:22 blkio.throttle.io_service_bytes
-r--r--r-- 1 root root 0 Mar 12 15:22 blkio.throttle.io_serviced
-rw-r--r-- 1 root root 0 Mar 12 15:22 blkio.throttle.read_bps_device
-rw-r--r-- 1 root root 0 Mar 12 15:22 blkio.throttle.read_iops_device
-rw-r--r-- 1 root root 0 Mar 12 15:22 blkio.throttle.write_bps_device
-rw-r--r-- 1 root root 0 Mar 12 15:22 blkio.throttle.write_iops_device
-r--r--r-- 1 root root 0 Mar 12 15:22 blkio.time
-r--r--r-- 1 root root 0 Mar 12 15:22 blkio.time_recursive
-rw-r--r-- 1 root root 0 Mar 12 15:22 blkio.weight
-rw-r--r-- 1 root root 0 Mar 12 15:22 blkio.weight_device
-rw-r--r-- 1 root root 0 Mar 12 15:22 cgroup.clone_children
--w--w--w- 1 root root 0 Mar 12 15:22 cgroup.event_control
-rw-r--r-- 1 root root 0 Mar 12 15:22 cgroup.procs
-rw-r--r-- 1 root root 0 Mar 12 15:22 notify_on_release
```

[1] RHEL7 的 systemd 已经在系统启动时候自动 mount cgroup 根文件系统到了 /sys/fs/cgroup。如果其他有的发行版没有默认做这一步，读者需要用如下命令建立 blkio 层级及其根 cgroup：
mount -t tmpfs cgroup_root /sys/fs/cgroup
mkdir /sys/fs/cgroup/blkio
mount -t cgroup -oblkio blkio /sys/fs/cgroup/blkio

```
-rw-r--r-- 1 root root 0 Mar 12 15:22 tasks
[root@kvm-host blkio]# cat high_prio/tasks
```

刚创建好的时候，以 high_prio 为例，它这个 cgroups 里面没有 task。

3）分别将高优先级和低优先级的客户机的 QEMU 进程（及其子进程、子线程）的 tgid 移动到相应的控制群组下面。下面以高优先级客户机为例，低优先级客户机类似处理。

```
[root@kvm-host ~]# ps -eLf | grep " high_prio"
root      89477   6270  89477  0    6 15:17 pts/1    00:00:04 qemu-system-x86_64
    -enable-kvm -cpu host -smp 4 -m 8G -drive file=./rhel7.img,format=raw,if=virtio
    -device virtio-net-pci,netdev=nic0,mac=52:54:00:12:45:78 -netdev
    bridge,id=nic0,br=virbr0 -snapshot -name high_prio
root      89477   6270  89478  0    6 15:17 pts/1    00:00:00 qemu-system-x86_64
    -enable-kvm -cpu host -smp 4 -m 8G -drive file=./rhel7.img,format=raw,if=virtio
    -device virtio-net-pci,netdev=nic0,mac=52:54:00:12:45:78 -netdev
    bridge,id=nic0,br=virbr0 -snapshot -name high_prio
root      89477   6270  89485  1    6 15:17 pts/1    00:00:14 qemu-system-x86_64
    -enable-kvm -cpu host -smp 4 -m 8G -drive file=./rhel7.img,format=raw,if=virtio
    -device virtio-net-pci,netdev=nic0,mac=52:54:00:12:45:78 -netdev
    bridge,id=nic0,br=virbr0 -snapshot -name high_prio
root      89477   6270  89486  1    6 15:17 pts/1    00:00:13 qemu-system-x86_64
    -enable-kvm -cpu host -smp 4 -m 8G -drive file=./rhel7.img,format=raw,if=virtio
    -device virtio-net-pci,netdev=nic0,mac=52:54:00:12:45:78 -netdev
    bridge,id=nic0,br=virbr0 -snapshot -name high_prio
root      89477   6270  89487  0    6 15:17 pts/1    00:00:09 qemu-system-x86_64
    -enable-kvm -cpu host -smp 4 -m 8G -drive file=./rhel7.img,format=raw,if=virtio
    -device virtio-net-pci,netdev=nic0,mac=52:54:00:12:45:78 -netdev
    bridge,id=nic0,br=virbr0 -snapshot -name high_prio
root      89477   6270  89488  1    6 15:17 pts/1    00:00:11 qemu-system-x86_64
    -enable-kvm -cpu host -smp 4 -m 8G -drive file=./rhel7.img,format=raw,if=virtio
    -device virtio-net-pci,netdev=nic0,mac=52:54:00:12:45:78 -netdev
    bridge,id=nic0,br=virbr0 -snapshot -name high_prio
root      91337  44121  91337  0    1 15:35 pts/4    00:00:00 grep --color=auto
    high_prio
[root@kvm-host blkio]# echo 89477 > high_prio/cgroup.procs
```

将控制群组正常分组后，分别查看 high_prio 和 low_prio 两个控制群组中的任务，命令行如下。其中，89477 是高优先级客户机 qemu 的进程 ID（也是这个进程组的 tgid），89478、89485、89486 等都是 ID 为 89477 进程的子线程的 ID。低优先级客户机对应的 low_prio 群组中的信息也与此类似。

```
[root@kvm-host blkio]# cat high_prio/tasks
89477
89478
89485
89486
89487
89488
[root@kvm-host blkio]# cat low_prio/tasks
```

```
89563
89564
89571
89572
89573
89574
91766
```

4）分别设置高低优先级的控制群组中块设备 I/O 访问的权重。这里假设高低优先级的比例为 10∶1。设置权重的命令行如下：

```
[root@kvm-host blkio]# echo 1000 > high_prio/blkio.weight
[root@kvm-host blkio]# echo 100 > low_prio/blkio.weight
```

顺便提一下，“blkio.weight”是在一个控制群组中设置块设备 I/O 访问相对比例（即权重）的参数，其取值范围是 100~1000 的整数。

5）块设备 I/O 访问控制的效果分析。假设宿主机系统中磁盘 I/O 访问的最大值是每秒写入 66 MB，除客户机的 QEMU 进程之外的其他所有进程的磁盘 I/O 访问可以忽略不计，那么在未设置两个客户机的块设备 I/O 访问权重之前，在满负载的情况下，高优先级和低优先级的客户机对实际磁盘的写入速度会同时达到约 33 MB/s。而在通过 10∶1 的比例设置了它们的权重之后，高优先级客户机对磁盘的写入速度可以达到约 60 MB/s，而低优先级的客户机可达到约 6 MB/s。

在 KVM 虚拟化环境中，通过使用 cgroups，系统管理员可以对客户机进行细粒度的控制，包括资源分配、优先级调整、拒绝某个资源的访问、监控系统资源利用率。硬件资源可以根据不同的客户机进行“智能”的分组，从整体上提高了资源利用效率，从某种角度来说，也可以提高各个客户机之间的资源隔离性，从而提升 KVM 虚拟机的安全性。

9.2.3 SELinux 和 sVirt

1. SELinux 简介

SELinux（Security-Enhanced Linux）是一个 Linux 内核的一个安全特性，通过使用 Linux 内核中的 Linux 安全模块（Linux Security Modules，LSM），它提供一种机制来支持访问控制的安全策略，如美国国防部风格的强制访问控制（Mandatory Access Controls，MAC）。简单地说，SELinux 提供了一种安全访问机制的体系，在该体系中进程只能访问其任务中所需要的那些文件。SELinux 中的许多概念是来自美国国家安全局（National Security Agency，NSA）的一些早期项目。SELinu 特性是从 2003 年发布 Linux 内核 2.6 版本开始进入内核主干开发树中的。在一些 Linux 发型版中，可以通过使用 SELinux 配置的内核和在用户空间的管理工具来使用 SELinux，目前 RHEL、Fedora、CentOS、OpenSuse、SLES、Ubuntu 等发行版中都提供对 SELinux 的支持。

使用 SELinux 可以减轻恶意攻击、恶意软件等带来的灾难损失，并提供对机密性、完整性有较高要求的信息的安全保障。普通的 Linux 和传统的 UNIX 操作系统一样，在资源访问控制上采用自由访问控制（Discretionary Access Controls，DAC）策略，只要符合规定的权限（如文件的所有者和文件属性等），就可以访问资源。在这种传统的安全机制下，一些通过 setuid 或 setgid 的程序就可能产生安全隐患，甚至有些错误的配置可能引发很大的安全漏洞，让系统处于脆弱的、容易被攻击的状态。而 SELinux 是基于强制访问控制（MAC）策略的，应用程序或用户必须同时满足传统的 DAC 和 SELinux 的 MAC 访问控制，才能进行资源的访问操作，否则会被拒绝或返回失败。但这个过程不影响其他的应用程序，从而保持了系统的安全性。

强制访问控制（MAC）模式为每一个应用程序都提供了一个虚拟“沙箱”，只允许应用程序执行它设计需要的且在安全策略中明确允许的任务，对每个应用程序只分配它正常工作所需的对应特权。例如，Web 服务器可能只能读取网站发布目录中的文件，并监听指定的网络端口。即使攻击者将其攻破，他们也无法执行在安全策略中没有明确允许的任何活动，即使这个进程在超级用户（root）下运行也不行。传统 Linux 的权限控制仍然会在系统中存在，并且当文件被访问时，此权限控制将先于 SELinux 安全策略生效。如果传统的权限控制拒绝本次访问，则该访问直接被拒绝，在整个过程无须 SELinux 参与。但是，如果传统 Linux 权限允许访问，SELinux 此时将进一步对其进行访问控制检查，并根据其源进程和目标对象的安全上下文来判断允许本次访问还是拒绝访问。

2. sVirt 简介

在非虚拟化环境中，每台服务器都是物理硬件上隔离的，一般通过网络来进行相互的通信。如果一台服务器被攻击了，一般只会使该服务器不能正常工作，当然针对网络的攻击也可能影响其他服务器。在 KVM 这样的虚拟化环境中，有多个客户机服务器运行在一个宿主机上，它们使用相同的物理硬件，如果一个客户机被攻击了，攻击者可能会利用被攻陷的服务器发起对宿主机的攻击，如果 Hypervisor 有 bug，则可能会让攻击很容易地从一个客户机蔓延到其他客户机上。

在传统的文件权限管理中，一般是将用户分为所有者（owner）、与所有者相同的用户组（group）和其他用户（others）。在虚拟化应用中，如果使用一个用户账号启动了多个客户机，那么当其中一个客户机 QEMU 进程有异常行为时，若它对其他客户机的镜像文件有读写权限，可能会让其他客户机也暴露在不安全的环境中。当然可以使一个客户机对应一个用户账号，使用多个账号来分别启动多个不同的客户机，以便使客户机镜像访问权限隔离，而当一个宿主机中有多达数十个客户机时，就需要对应数十个用户账号，这样管理和使用起来都会非常不方便。

sVirt 是 Redhat 公司开发的针对虚拟化环境的一种安全技术，它主要集成了 SELinux 和虚拟化。sVirt 通过对虚拟化客户机使用强制访问控制来提高安全性，它可以阻止因为 Hypervisor 的 bug 而导致的从一台客户机向宿主机或其他客户机的攻击。sVirt 让客户机之间相互隔离得比较彻底，而且即使某个客户机被攻陷了，也能够限制它发起进一步攻击的能力。

sVirt 还是通过 SELinux 来起作用的，图 9-4 展示了 sVirt 阻止来自一个客户机的攻击。

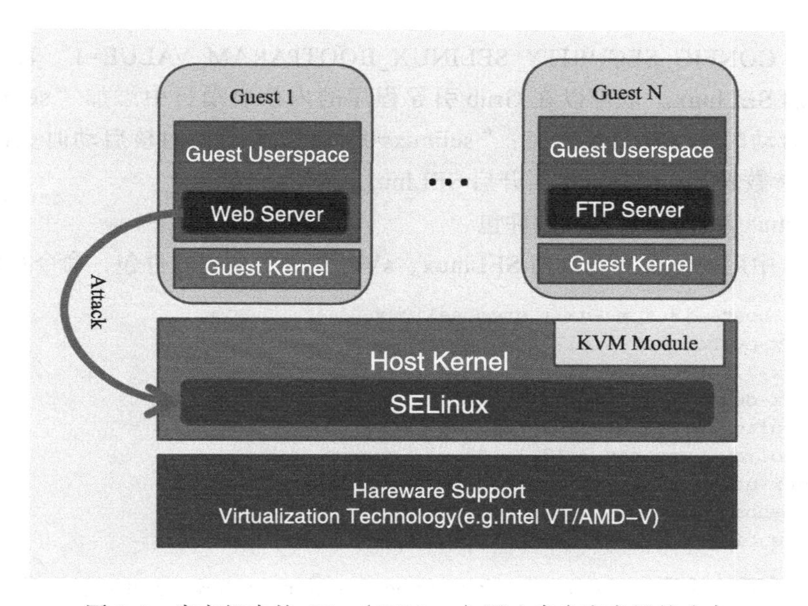

图 9-4　宿主机中的 sVirt（SELinux）阻止来自客户机的攻击

sVirt 框架允许将客户机及其资源都打上唯一的标签，如 QEMU 进程有一个标签（tag1），其对应的客户机镜像也使用这个标签（tag1），而其他客户机的标签不能与这个标签（tag1）重复。一旦被打上标签，就可以很方便地应用规则来拒绝不同客户机之间的访问，SELinux 可以控制仅允许标签相同的 QEMU 进程访问某个客户机镜像。

3. SELinux 和 sVirt 的配置和操作示例

由于 Redhat 公司是 SELinux 的主要开发者之一，更是 sVirt 最主要的开发者和支持者，因此 SELinux 和 sVirt 在 Redhat 公司支持的系统中使用得最为广泛，RHEL、Fedora 的较新的版本都有对 sVirt 的支持。因为 sVirt 是以 SELinux 为基础，并通过 SELinux 来真正实现访问控制，所以本节以 RHEL 7.3 系统为例，介绍 sVirt 的配置和使用也完全与 SELinux 相关。

（1）SELinux 相关的内核配置

查看 RHEL 7.3 系统内核配中 SELinux 相关的内容，命令行如下：

```
[root@kvm-host ~]# grep -i selinux /boot/config-3.10.0-514.el7.x86_64
CONFIG_SECURITY_SELINUX=y
CONFIG_SECURITY_SELINUX_BOOTPARAM=y
CONFIG_SECURITY_SELINUX_BOOTPARAM_VALUE=1
CONFIG_SECURITY_SELINUX_DISABLE=y
CONFIG_SECURITY_SELINUX_DEVELOP=y
```

```
CONFIG_SECURITY_SELINUX_AVC_STATS=y
CONFIG_SECURITY_SELINUX_CHECKREQPROT_VALUE=1
# CONFIG_SECURITY_SELINUX_POLICYDB_VERSION_MAX is not set
CONFIG_DEFAULT_SECURITY_SELINUX=y
CONFIG_DEFAULT_SECURITY="selinux"
```

这里的“CONFIG_SECURITY_SELINUX_BOOTPARAM_VALUE=1”表示在内核启动时默认开启 SELinux。也可以在 Grub 引导程序的内核启动行中添加“selinux=”参数来修改内核启动时的 SELinux 状态：“selinux=0”参数表示在内核启动时关闭 SELinux，“selinux=1”参数表示在内核启动时开启 SELinux。

（2）SELinux 和 sVirt 相关的软件包

RHEL 7.3 中用 rpm 命令查询与 SELinux、sVirt 相关的主要软件包，命令行如下：

```
[root@kvm-host ~]# rpm -qa | grep selinux
libselinux-python-2.5-6.el7.x86_64
libselinux-2.5-6.el7.x86_64
libselinux-devel-2.5-6.el7.x86_64
selinux-policy-3.13.1-102.el7.noarch
selinux-policy-targeted-3.13.1-102.el7.noarch
libselinux-utils-2.5-6.el7.x86_64
[root@kvm-host ~]# rpm -q policycoreutils
policycoreutils-2.5-8.el7.x86_64
```

其中，最重要的就是 libselinux、selinux-policy、selinux-policy-targeted 这 3 个 RPM 包，它们提供了 SELinux 在用户空间的库文件和安全策略配置文件。而 libselinux-utils RPM 包则提供了设置和管理 SELinux 的一些工具，如 getenforce、setenforce 等命令行工具。policycoreutils RPM 包提供了一些查询和设置 SELinux 策略的工具，如 setfiles、fixfiles、sestatus、setsebool 等命令行工具。另外，因为 RHEL 中 SELinux 和 sVirt 的安全策略是根据 libvirt 来配置的，所以一般也需要安装 libvirt 软件包，这样才能更好地发挥 sVirt 保护虚拟化安全的作用。

（3）SELinux 和 sVirt 的配置文件

SELinux 和 sVirt 的配置文件一般都在 /etc/selinux 目录之中，如下：

```
[root@kvm-host ~]# ls /etc/selinux/
config  final  semanage.conf  targeted  tmp
[root@kvm-host ~]# ls -l /etc/selinux/config
-rw-r--r--. 1 root root 546 Sep 26 19:14 /etc/selinux/config
```

其中最重要的配置文件是“/etc/selinux/config”文件，在该配置文件中修改设置之后需要重启系统才能生效。该配置文件的一个示例如下：

```
# This file controls the state of SELinux on the system.
# SELINUX= can take one of these three values:
#     enforcing - SELinux security policy is enforced.
#     permissive - SELinux prints warnings instead of enforcing.
#     disabled - No SELinux policy is loaded.
SELINUX=enforcing
```

```
# SELINUXTYPE= can take one of these two values:
#     targeted - Targeted processes are protected,
#     mls - Multi Level Security protection.
SELINUXTYPE=targeted
```

其中“SELINUX=”项用于设置SELinux的状态，有3个值可选：“enforcing”是生效状态，它会禁止违反规则策略的行为；“permissive”是较为宽松的状态，它会在发现违反SELinux策略的行为时发出警告（而不是阻止该行为），管理员在看到警告后可以考虑是否修改该策略来满足目前的安全需求；“disabled”是关闭状态，任何SELinux策略都不会生效。

“SELINUXTYPE=”项用于设置SELinux的策略，有两个值可选：一个是目标进程保护策略（targeted），另一个是多级安全保护策略（mls）。目标进程保护策略仅针对部分已经定义为目标的系统服务和进程执行SELinux策略，会执行“/etc/selinux/targeted”目录中各个具体策略；而多级安全保护策略是严格分层级定义的安全策略。一般来说，选择其默认的“targeted”目标进程保护策略即可。

SELinux的状态和策略的类型决定了SELinux工作的行为和方式，而具体策略决定具体的进程访问文件时的安全细节。在目标进程工作模式（targeted）下，具体的策略配置在“/etc/selinux/targeted”目录中详细定义。执行如下命令行可查找与sVirt直接相关的配置文件：

```
[root@kvm-host targeted]# pwd
/etc/selinux/targeted
[root@kvm-host targeted]# grep -i svirt * -r
active/file_contexts:/var/lib/kubelet(/.*)?      system_u:object_r:svirt_sandbox_
    file_t:s0
active/file_contexts:/var/lib/docker/vfs(/.*)?   system_u:object_r:svirt_sandbox_
    file_t:s0
active/homedir_template:HOME_DIR/\.libvirt/qemu(/.*)?   system_u:object_r:svirt_
    home_t:s0
<!-- 此处省略几十行输出信息 -->
Binary file policy/policy.30 matches
```

“virtual_domain_context”文件配置了客户机的标签，而“virtual_image_context”文件配置了客户机镜像的标签，“customizable_types”中增加了“svirt_image_t”这个自定义类型。

（4）SELinux相关的命令行工具

在RHEL 7.3中，命令行查询和管理SELinux的工具主要是由“libselinux-utils”和“policycoreutils”这两个RPM包提供的。其中部分命令行工具的使用示例如下：

```
[root@kvm-host ~]# getenforce
Enforcing
[root@kvm-host ~]# sestatus
SELinux status:                 enabled
SELinuxfs mount:                /sys/fs/selinux
SELinux root directory:         /etc/selinux
```

```
Loaded policy name:             targeted
Current mode:                   enforcing
Mode from config file:          enforcing
Policy MLS status:              enabled
Policy deny_unknown status:     allowed
Max kernel policy version:      28
[root@kvm-host ~]# getsebool -a | grep httpd
httpd_anon_write --> off
httpd_builtin_scripting --> on
httpd_can_check_spam --> off
httpd_can_connect_ftp --> off
httpd_can_connect_ldap --> off
httpd_can_connect_mythtv --> off
httpd_can_connect_zabbix --> off
httpd_can_network_connect --> off
httpd_can_network_connect_cobbler --> off
httpd_can_network_connect_db --> off
<!-- 省略其他输出信息 -->
[root@kvm-host ~]# setsebool httpd_enable_homedirs on
[root@kvm-host ~]# getsebool -a | grep httpd_enable_homedirs
httpd_enable_homedirs --> on
[root@kvm-host ~]# mkdir html
[root@kvm-host ~]# ll -Z | grep html
drwxr-xr-x. root root unconfined_u:object_r:admin_home_t:s0 html
[root@kvm-host ~]# chcon -R -t httpd_sys_content_t /root/html
[root@kvm-host ~]# ll -Z | grep html
drwxr-xr-x. root root unconfined_u:object_r:httpd_sys_content_t:s0 html
```

下面对这几个命令进行简单介绍。

- setenforce：修改 SELinux 的运行模式，其语法为 setenforce [Enforcing | Permissive | 1 | 0]，设置为 1 或 Enforcing 就是让其处于生效状态，设置为 0 或 Permissive 是让其处于宽松状态（不阻止违反 SELinux 策略的行为，只是给一个警告提示）。
- getenforce：查询获得 SELinux 当前的状态，可以是生效（Enforcing）、宽松（Permissive）和关闭（Disabled）3 个状态。
- sestatus：获取运行 SELinux 系统的状态，通过此命令获取的 SELinux 信息更加详细。
- getsebool：获取当前 SELinux 策略中各个配置项的布尔值，每个布尔值有开启（on）和关闭（off）两个状态。
- setsebool：设置 SELinux 策略中配置项的布尔值。
- chcon：改变文件或目录的 SELinux 安全上下文，“-t [type]”参数是设置目标安全上下文的类型（TYPE），“-R”参数表示递归地更改目录中所有子目录和文件的安全上下文。另外，“-u [user]”参数更改安全上下文中的用户（User），“-r [role]”参数更改安全上下文中的角色（Role）。

（5）查看 SELinux 的安全上下文

在 SELinux 启动后，所有文件和目录都有各自的安全上下文，进程的安全上下文是域

(domain)。关于安全上下文，一般遵守如下几个规则。

1）系统根据 Linux-PAM（可插拔认证模块，Pluggable Authentication Modules）子系统中的 pam_selinux.so 模块来设定登录者运行程序的安全上下文。

2）RPM 包安装时会根据 RPM 包内现有的记录来生成安全上下文。

3）手动创建的一个文件或者目录，会根据安全策略中的规则来设置其安全上下文。

4）如果复制文件或目录（用 cp 命令），会重新生成安全上下文。

5）如果移动文件或目录（用 mv 命令），其安全上下文保持不变。

安全上下文由用户（User）ID、角色（Role）、类型（Type）3 部分组成，这里的用户和角色与普通系统概念中的用户名和用户分组是没有直接关系的。

- 用户 ID（user）。与 Linux 系统中的 UID 类似，提供身份识别的功能，例如：user_u 表示普通用户；system_u 表示开机过程中系统进程的预设值；root 表示超级用户 root 登录后的预设；unconfined_u 为不限制的用户。在默认的目标（targeted）工作模式下，用户 ID 的设置并不重要。
- 角色（role）。普通文件和目录的角色通常是 object_r ；用户可以具有多个角色，但是在同一时间内只能使用一角色；用户的角色类似于普通系统中的 GID（用户组 ID），不同的角色具备不同的权限。在默认的目标工作模式下，用户角色的设置也不重要。
- 类型（type）。将主体（程序）与客体（程序访问的文件）划分为不同的组，一个组内的各个主体和系统中的客体都定义了一个类型。类型是安全上下文中最重要的值，一般来说，一个主体程序能不能读取到这个文件资源，与类型这一栏的值有关。类型有时会有两个名称：在文件资源（Object）上称为类型（Type）；而在主体程序（Subject）上称为域（Domain）。只有域与类型匹配，一个程序才能正常访问一个文件资源。
- 层级（level）。这是多层级安全（MLS）和多类别安全（MCS）的概念。表示为类似 s0:c0-c1023 的形式。一个层级可以对应 1024 个具体类别。

一般来说，有 3 种安全上下文：账号的安全上下文；进程的安全上下文；文件或目录的安全上下文。可以分别用“id -Z”“ps -Z”“ls -Z”等命令进行查看。示例如下：

```
[root@kvm-host ~]# id -Z
unconfined_u:unconfined_r:unconfined_t:s0-s0:c0.c1023
[root@kvm-host ~]# ps -eZ | grep httpd
system_u:system_r:httpd_t:s0      3389 ?        00:00:00 httpd
system_u:system_r:httpd_t:s0      3794 ?        00:00:00 httpd
system_u:system_r:httpd_t:s0      3795 ?        00:00:00 httpd
system_u:system_r:httpd_t:s0      3796 ?        00:00:00 httpd
system_u:system_r:httpd_t:s0      3797 ?        00:00:00 httpd
system_u:system_r:httpd_t:s0      3798 ?        00:00:00 httpd
[root@kvm-host ~]# ls -Z /var/www/
drwxr-xr-x. root root system_u:object_r:httpd_sys_script_exec_t:s0 cgi-bin
drwxr-xr-x. root root system_u:object_r:httpd_sys_content_t:s0 html
```

另外，chcon 命令行工具可以改变文件或目录的 SELinux 安全上下文内容，对该工具的介绍和使用示例已经在本节前面部分提及了。

（6）sVirt 提供的与虚拟化相关的标签

sVirt 使用基于进程的机制和约束，为虚拟化客户机提供了一个额外的安全保护层。在一般情况下，只要不违反约束的策略规则，用户是不会感知到 sVirt 在后台运行的。sVirt 和 SELinux 将客户机用到的资源打上标签，也对相应的 QEMU 进程打上标签，然后保证只允许具有与被访问资源相对应的类型（type）和相同分类标签的 QEMU 进程访问某个磁盘镜像文件或其他存储资源。如果有违反策略规则的进程试图非法访问资源，SELinux 会直接拒绝它的访问操作，返回一个权限不足的错误提示（通常为“Permission denied”）。

sVirt 将 SELinux 与 QEMU/KVM 虚拟化进行了结合。sVirt 一般的工作方式是：在 RHEL 系统中使用 libvirt 的守护进程（libvirtd）在后台管理客户机，在启动客户机之前，libvirt 动态选择一个带有两个分类标志的随机的 MCS 标签（如 s0:c1,c2），将该客户机使用到的所有存储资源（包括磁盘镜像、光盘等）都打上相应的标签（svirt_image_t:s0:c1,c2），然后用该标签（svirt_t:c0:c1,c2）执行 qemu-kvm 进程，从而启动了客户机。

在客户机启动之前，查看一些关键的程序和磁盘镜像的安全上下文。示例如下：

```
# 依次查看libvirtd、virsh、qemu的安全上下文。
[root@kvm-host ~]# ls -Z /usr/sbin/libvirtd
-rwxr-xr-x. root root system_u:object_r:virtd_exec_t:s0 /usr/sbin/libvirtd
[root@kvm-host ~]# ls -Z /usr/bin/virsh
-rwxr-xr-x. root root system_u:object_r:virsh_exec_t:s0 /usr/bin/virsh
[root@kvm-host ~]# ls -Z /usr/libexec/qemu-kvm
-rwxr-xr-x. root root system_u:object_r:qemu_exec_t:s0 /usr/libexec/qemu-kvm

# 查看libvirt创建的客户机镜像的安全上下文⊖。
[root@kvm-host ~]# ll -Z *.img
-rw-------. root root system_u:object_r:admin_home_t:s0 ia32e_rhel7u3_kvm-clone.img
-rw-r--r--. root root system_u:object_r:admin_home_t:s0 ia32e_rhel7u3_kvm.img
-rw-r--r--. root root system_u:object_r:admin_home_t:s0 raw_disk.img
-rw-r--r--. root root system_u:object_r:admin_home_t:s0 rhel7.img
```

可以看到，由 libvirt 创建管理的客户机镜像与其他客户机镜像的安全上下文是一样的（system_u:object_r:admin_home_t:s0）。

然后分别使用上面 ia32e_rhel7u3_kvm.img 和 ia32e_rhel7u3_kvm-clone.img 两个磁盘镜像，用 libvirt 的命令行或者 virt-manager 图形界面工具启动两个客户机。在客户机启动后，查看磁盘镜像和 qemu-kvm 进程的安全上下文。命令行如下：

```
[root@kvm-host ~]# ll -Z *.img
-rw-------. qemu qemu system_u:object_r:svirt_image_t:s0:c570,c648 ia32e_rhel7u3_
    kvm-clone.img
-rw-r--r--. qemu qemu system_u:object_r:svirt_image_t:s0:c208,c224 ia32e_rhel7u3_
```

⊖ libvirt 默认将客户机镜像放置在 /var/lib/libvirt/images 目录中。但笔者创建客户机是放在 /root 目录下。

```
    kvm.img
-rw-r--r--. root root system_u:object_r:admin_home_t:s0 raw_disk.img
-rw-r--r--. root root system_u:object_r:admin_home_t:s0 rhel7.img
[root@kvm-host ~]# ps -eZ | grep qemu
system_u:system_r:svirt_t:s0:c208,c224 87761 ?  00:00:18 qemu-kvm
system_u:system_r:svirt_t:s0:c570,c648 87775 ?  00:00:17 qemu-kvm
```

由上面的输出信息可知，两个磁盘镜像已经被动态地标记上了不同的标签，两个相应的qemu-kvm进程也被标记上了对应的标签。其中，PID为87761的qemu-kvm进程对应的是ia32e_rhel7u3_kvm.img这个磁盘镜像，由于SELinux和sVirt的配合使用，即使87761 qemu-kvm进程对应的客户机被黑客入侵，其qemu-kvm进程（PID 87761）也无法访问非它自己所有的ia32e_rhel7u3_kvm-clone.img这个镜像文件，也就不会攻击到其他客户机（当然，通过网络发起的攻击除外）。

（7）sVirt根据标签阻止不安全访问的示例

前面已经提及，如果进程与资源的类型和标签不匹配，那么进程对该资源的访问将会被拒绝。真的这么有效吗？下面，笔者通过示例来证明它的有效性：模拟一些不安全的访问，然后查看sVirt和SELinux是否将其阻止。

首先，将bash这个Shell程序复制一份，并将其重命名为svirt-bash，以“svirt_t”类型和“s0:c1,c2”标签执行svirt-bash程序，进入这个Shell环境，用“id -Z”命令查看当前用户的安全上下文。然后创建/tmp/svirt-test.txt这个文件，并写入一些文字，可以看到该文件的安全上下文中类型和标签分别是：svirt_tmp_t和s0:c1,c2。该过程的命令行操作如下（包括部分命令行的注释）：

```
# 复制一个Shell，重命名为/bin/svirt-bash
[root@kvm-host ~]# cp /bin/bash /bin/svirt-bash

# 默认策略规定，使用svirt_t类型的入口程序必须标记为“qemu_exec_t”
#类型，与/usr/libexec/qemu-kvm 文件的安全上下文类似
[root@kvm-host ~]# chcon -t qemu_exec_t /bin/svirt-bash

# runcon命令以某个特定的SELinux安全上下文来执行某个命令
[root@kvm-host ~]# runcon -t svirt_t -l s0:c1,c2 /bin/svirt-bash
svirt-bash: /root/.bashrc: Permission denied
#由于类型改变后无法读取.bashrc配置文件，对本次实验无影响，忽略该错误提示

# 已经进入使用svirt_t:s0:c1,c2 这样的安全上下文的Shell环境中了
svirt-bash-4.2# id -Z
unconfined_u:unconfined_r:svirt_t:s0:c1,c2
# 可能会遇到“svirt: child setpgid (89383 to 89383): Permission denied”这样的错误提示
# Shell试图为每个命令都设置进程的组ID（setpgid），对本次实验无影响
# 在本次实验中忽略setpgid带来的错误提示

svirt-bash-4.2# echo "just for testing" >> /tmp/svirt-test.txt
svirt-bash-4.2# ls -Z /tmp/svirt-test.txt
```

```
-rw-r--r--. root root unconfined_u:object_r:svirt_tmp_t:s0 /tmp/svirt-test.txt

# 在另一个shell中，将svirt-test.txt文件设置为层级s0:c1,c2
[root@kvm-host ~]# chcon -l s0:c1,c2 /tmp/svirt-test.txt
# 在svirt-bash中查看更新过安全上下文的svirt-test.txt文件，并尝试访问
svirt-bash-4.2# ls -l /tmp/svirt-test.txt -Z
-rw-r--r--. root root unconfined_u:object_r:svirt_tmp_t:s0:c1,c2 /tmp/svirt-test.txt
svirt-bash-4.2# cat /tmp/svirt-test.txt
just for testing
```

使用“svirt_t”类型和“s0:c1,c3”（与前面“s0:c1,c2”不同）标签启动 svirt-bash 这个 Shell 程序，进到该 Shell 环境，用“id -Z”命令查看当前用户的安全上下文，用“ls -Z”查看上一步创建的临时测试文件的安全上下文，试着用“cat”命令去读取该测试文件（svirt-test.txt）。该过程的命令行操作如下：

```
[root@kvm-host ~]# runcon -t svirt_t -l s0:c1,c3 /bin/svirt-bash
svirt-bash: /root/.bashrc: Permission denied
svirt-bash-4.2#

svirt-bash-4.2# id -Z
unconfined_u:unconfined_r:svirt_t:s0:c1,c3

svirt-bash-4.2# ls -Z /tmp/svirt-test.txt
-rw-r--r--. root root unconfined_u:object_r:svirt_tmp_t:s0:c1,c2 /tmp/svirt-test.txt

# 在“s0:c1,c3”的标签下，测试文件读取访问被拒绝
svirt-bash-4.2# cat /tmp/svirt-test.txt
cat: /tmp/svirt-test.txt: Permission denied
```

可知，在标签为“s0:c1,c3”的 Shell 环境中，不能访问具有“s0:c1,c2”标签的一个临时测试文件，sVirt 拒绝本次非法访问，故 sVirt 基于标签的安全访问控制策略是生效的。

在使用 Redhat 相关系统（如 RHEL、Fedora 等）时，如果对 KVM 虚拟化安全性要求较高，可以选择安装 SELinux 和 sVirt 相关的软件包，使用 sVirt 来加强虚拟化中的安全性。不过，由于 SELinux 配置还是比较复杂的，其默认策略对其他各种服务的资源访问限制还是较多的（为了安全性），所以受到一些系统管理员的排斥，一些系统管理员经常会关闭 SELinux。总之，一切从实际出发，应根据实际项目中对安全性的需求对 SELinux 和 sVirt 进行相应的配置。

9.2.4 其他安全策略

1. 镜像文件加密

随着网络与计算机技术的发展，数据的一致性和数据的完整性在信息安全中变得越来越重要，对数据进行加密处理对数据的一致性和完整性都有较好的保障。有一种类型的攻击叫作“离线攻击”，如果攻击者在系统关机状态下可以物理接触到磁盘或其他存储介质，就属于“离线攻击”的一种表现形式。假设，在一个公司内部，不同职位的人有不同的职

责和权限，系统处于启动状态时的使用者是工作人员A，而系统关机后会存放在另外的位置（或不同部门），而工作人员B可以获得该系统的物理硬件。如果没有保护措施，那么B就可以轻易地越权获得系统中的内容。如果有了良好的加密保护，就可以防止这样的攻击或内部数据泄露事件的发生。

在KVM虚拟化环境中，存放客户机镜像的存储设备（如磁盘、U盘等）可以对整个设备进行加密，如果其分区是LVM，也可以对某个分区进行加密。而对于客户机镜像文件本身，也可以进行加密的处理，如5.4.3节中已经介绍过qcow2镜像文件格式支持加密，这里再简单介绍一下。

“qemu-img convert”命令在“-o encryption”参数的支持下，可以将未加密或已经加密的镜像文件转化为加密的qcow2的文件格式。先创建一个8 GB大小的qcow2格式镜像文件，然后用“qemu-img convert”命令将其加密。命令行操作如下：

```
[root@kvm-host ~]# qemu-img create -f qcow2 -o size=8G  guest.qcow2
Formatting 'guest.qcow2', fmt=qcow2 size=8589934592 encryption=off cluster_size=65536
    lazy_refcounts=off refcount_bits=16
    [root@kvm-host ~]# qemu-img convert -o encryption -O qcow2 guest.qcow2
        encrypted.qcow2
Disk image 'encrypted.qcow2' is encrypted.
password: ******  #此处输入你需要设置的密码，然后按回车键确认
```

生成的encrypted.qcow2文件就是已经加密的文件。查看其信息如下所示，可以看到“encrypted: yes”的标志。

```
[root@kvm-host ~]# qemu-img info encrypted.qcow2
image: encrypted.qcow2
file format: qcow2
virtual size: 8.0G (8589934592 bytes)
disk size: 196K
encrypted: yes
cluster_size: 65536
Format specific information:
    compat: 1.1
    lazy refcounts: false
    refcount bits: 16
    corrupt: false
```

在使用加密的qcow2格式的镜像文件启动客户机时，客户机会先不启动而暂停，需要在QEMU monitor中输入“cont”或“c”命令以便继续执行，然后会要求输入已加密qcow2镜像文件的密码，只有密码输入正确才可以正常启动客户机。在QEMU monitor中的命令行示例如下：

```
(qemu) c
ide0-hd0 (encryped.qcow2) is encrypted.
Password: ******        #此处输入先前设置过的密码
(qemu)
```

当然，在执行“qemu-img create”创建镜像文件时就可以将其创建为加密的 qcow2 文件格式，但是不能交互式地指定密码。命令行如下：

```
[root@kvm-host ~]# qemu-img create -f qcow2 -o backing_file=./rhel7.img,encryption
    encrypted.qcow2
Formatting 'encrypted.qcow2', fmt=qcow2 size=42949672960 backing_file=./rhel7.img
    encryption=on cluster_size=65536 lazy_refcounts=off refcount_bits=16
```

这样创建的 qcow2 文件处于加密状态，但是其密码为空，在使用过程中提示输入密码时，直接按回车键即可。对于在创建时已设置为加密状态的 qcow2 文件，仍然需要用上面介绍过的“qemu-img convert”命令来转换一次，这样才能设置为自己所需的非空密码。

当使用 qcow2 镜像文件的加密功能时，每次都要输入密码，可能会给大规模地自动化部署 KVM 客户机带来一定的障碍。其实，输入密码验证的问题也是很容易解决的，例如 Linux 上的 expect 工具就很容易解决需要输入密码这样的交互式会话问题。在使用 expect 进行 ssh 远程登录过程中，输入密码交互的一段 Bash 脚本如下：

```
SSH_Time_Out() {
    local host=192.168.111.111
local time_out=250
local command="ifconfig"
    local exp_cmd=$(cat << EOF
spawn ssh root@$host $command
set timeout $time_out
expect {
    "*assword:"  { send "123456\r"; exp_continue}
    "*(yes/no)?" { send "yes\r"; exp_continue }
    eof          { exit 0 }
}
EOF)
    expect -c "$exp_cmd"
    return $?
}
```

上面的脚本示例实现了用 ssh 远程登录到一台主机上，并执行了一个 ifconfig 命令。其中远程主机的 root 用户的密码是通过 expect 的脚本来实现自动输入的，expect 的超时时间在这里被设置为 250 秒。

2. 虚拟网络的安全

在 KVM 宿主机中，为了网络安全的目的，可以使用 Linux 防火墙——iptables 工具。使用 iptables 工具（为 IPv4 协议）或 ip6tables（为 IPv6 协议），可以创建、维护和检查 Linux 内核中 IP 数据报的过滤规则。

而对于客户机的网络，QEMU/KVM 提供了多种网络配置方式（见 5.5 节）。例如：使用 NAT 方式让客户机获取网络，就可以对外界隐藏客户机内部网络的细节，对客户机网络的安全起到了保护作用。不过，在默认情况下，NAT 方式的网络让客户机可以访问外部网络，而外部网络不能直接访问客户机。如果客户机中的服务需要被外部网络直接访问，就需要在宿主机中配置好 iptables 的端口映射规则，通过宿主机的某个端口映射到客户机的一个对应端口，其具体配置的示例已经在 5.5.3 节中详细介绍了。

如果物理网卡设备比较充足，而且 CPU、芯片组、主板等都支持设备的直接分配技术（如 Intel VT-d 技术），那么选择使用设备直接分配技术（VT-d）为每个客户机分配一个物理网卡也是一个非常不错的选择。因为在使用设备直接分配使用网卡时，网卡工作效率非常高，而且各个客户机中的网卡在物理上是完全隔离的，提高了客户机的隔离性和安全性，即使一个客户机中网络流量很大（导致了阻塞）也不会影响其他客户机中网络的质量。关于网卡设备的直接分配，可以参考 6.2.4 节中的详细配置。

3. 远程管理的安全

在 KVM 虚拟化环境中，可以通过 VNC 的方式远程访问客户机。为了虚拟化管理的安全性，可以为 VNC 连接设置密码，并且可以设置 VNC 连接的 TLS、X.509 等安全认证方式。关于 VNC 的配置和密码设置等相关内容，可以参考 5.6.2 节。

如果使用 libvirt 的应用程序接口来管理虚拟机，包括使用 virsh、virt-manager、virt-viewer 等工具，为了远程管理的安全性考虑，最好只允许管理工具使用 SSH 连接或者带有 TLS 加密验证的 TCP 套接字来连接到宿主机的 libvirt。关于 libvirt API 的简介及其配置、连接的方式，可以阅读 4.1 节的内容。

4. 普通 Linux 系统的安全准则

KVM 宿主机及运行在 KVM 上 Linux 客户机都是普通的 Linux 操作系统。普通 Linux 系统的一些安全策略和准则都可以用于提高 KVM 环境的安全性。

美国国家安全局（National Security Agency，NSA）的一份公开文档[⊖]中谈及了 Redhat Linux 系统的安全设置应遵循的几个通用原则，对于任何 Linux 系统（甚至 Windows 系统）的安全配置都有一定的借鉴意义。这里简要分享一下，仅供读者参考。

（1）对传送的数据尽可能地进行加密处理

无论是在有线网络还是无线网络上，传输的数据都很容易被监听，所以只要对这些数据的加密方案存在，都应该使用加密方案。即使是预期仅在局域网中传输的数据，也应该做加密处理。对于一些身份认证相关的数据（如密码）等的加密尤其重要。RHEL 5/6/7 版本的 Linux 系统组成的网络中，可以配置为它们之间传输的全部数据都经过加密处理。

（2）安装尽可能少的软件，从而使软件漏洞数量尽可能的少

避免一个软件漏洞最简单的方法就是避免安装那个软件。在 RHEL 系统中，有 RPM 软

⊖ 美国国家安全局的一份关于 Linux 系统安全配置的文档，题为“Guide to the Secure Configuration of Redhat Enterprise Linux 5”。可以通过以下链接下载：
www.nsa.gov/ia/_files/os/redhat/rhel5-guide-i731.pdf。

件包管理工具可以比较方便地管理系统中已经安装的软件包。随意安装的软件可能会以多种方式暴露出系统的漏洞：

1）包含 setuid 程序的软件包可能为本地的攻击者提供一种特权扩大的潜在途径。

2）包含网络服务的软件包可能为基于网络的攻击者提供攻击的机会。

3）包含被本地用户有预期地执行的程序（如图形界面登录后必须执行的程序）的软件可能会给特洛伊木马或者其他隐藏执行的攻击代码提供机会。通常，一个系统上安装的软件包数量可以被大量删减，直到只包含环境或者操作所真正必需的软件。

（3）不同的网络服务尽量运行在不同的系统上

一个服务器（当然也可以是虚拟客户机）应该尽可能地专注于提供一个网络服务。如果这样做，即使一个攻击者成功地渗透了一个网络服务上的软件漏洞，也不会危害到其他服务的正常运行。

（4）配置一些安全工具提高系统的鲁棒性

现存的几个工具可以有效地提高系统的抵抗能力和检测未知攻击的能力。这些工具可以利用较低的配置成本去提高系统面对攻击时的鲁棒性。有一些实际的工具就具有这样的能力，如基于内核的防火墙——iptables，基于内核的安全保护软件——SELinux，以及其他一些日志记录和进程审计的软件基础设施。

（5）使用尽可能少的权限

只授予用户账号和运行的软件最少的必需的权限。例如，仅给真正需要用 sudo 管理员权限的用户开放 sudo 的功能（在 Ubuntu 中默认开放过多的 sudo 权限可能并不太安全）；限制系统的登录，仅向需要管理系统的用户开放登录的权限。另外，还可以使用 SELinux 来限制一个软件对系统上其他资源的访问权限，合适的 SELinux 策略可以让某个进程仅有权限做应该做的事情。

9.3 CPU 指令相关的性能优化

本节介绍一些与性能优化相关的新指令，如 AVX 和 XSAVE 指令的支持、AES 新指令的支持。最后介绍完全暴露宿主机 CPU 的特性给客户机。

9.3.1 AVX/AVX2/AVX512

AVX[⊖]（Advanced Vector Extensions，高级矢量扩展）是 Intel 和 AMD 的 x86 架构指令集的一个扩展，它最早是 Intel 在 2008 年 3 月提出的指令集，在 2011 年 Intel 发布 Sandy Bridge 处理器时开始第一次正式支持 AVX，随后 AMD 最新的处理器也支持 AVX 指令集。Sandy Bridge 是 Intel 处理器微架构从 Nehalem（2009 年）后的革新，而引入 AVX 指令集

⊖ Intel AVX 官方网址：https://software.intel.com/en-us/isa-extensions/intel-avx。

是 Sandy Bridge 一个较大的新特性，甚至有人将 AVX 指令认为 Sandy Bridge 中最大的亮点，其重要性堪比 1999 年 Pentium Ⅲ处理中引入的 SSE（流式 SIMD 扩展）指令集。AVX 中的新特性有：将向量化宽度从 128 位提升到 256 位，且将 XMM0～XMM15 寄存器重命名为 YMM0～YMM15；引入了三操作数、四操作数的 SIMD 指令格式；弱化了 SIMD 指令中对内存操作对齐的要求，支持灵活的不对齐内存地址访问。

向量就是多个标量的组合，通常意味着 SIMD（单指令多数据），就是一个指令同时对多个数据进行处理，达到很大的吞吐量。早期的超级计算机大多都是向量机，而随着图形图像、视频、音频等多媒体的流行，PC 处理器也开始向量化。x86 上最早出现的是 1996 年的 MMX（多媒体扩展）指令集，之后是 1999 年的 SSE 指令集，它们分别是 64 位向量和 128 位向量，比超级计算机用的要短得多，所以叫作“短向量”。Sandy Bridge 的 AVX 指令集将向量化宽度扩展到了 256 位，原有的 16 个 128 位 XMM 寄存器扩充为 256 位的 YMM 寄存器，可以同时处理 8 个单精度浮点数和 4 个双精度浮点数。AVX 的 256 位向量仅支持浮点，到了 AVX2（Haswell 平台开始引入）大多数整数运算指令已经支持 256 位向量。而最新的 AVX512（Skylake 平台开始引入）已经扩展到 512 位向量[1]。

最新的 AVX512 已经不是一个单一的指令，而是一个指令家族（family）。它目前包含（以后还会继续扩充）AVX-512F，AVX-512CD，AVX-512ER，AVX-512PF，AVX-512BW，AVX-512DQ，AVX-512VL。并且，这些指令集在不同的硬件平台上只部分出现，且编译选项不同，会分别编译出不同指令集的二进制文件[2]。

CPU 硬件方面，Intel 的 Xeon Phi x200（Knights Landing，2016 年发布）、Xeon X5-E26xx v5（2017 年下半年发布[3]），都支持最新的 AVX512。在编译器方面，GCC 4.9 版本（binutil 2.4.0）、ICC（Intel C/C++ Compiler）15.2 版本都已经支持 AVX512。截至笔者写作时，MS Visual Studio 还没有支持。

在操作系统方面，Linux 内核 3.19、RHEL7.3 已经支持 AVX512。不过在应用程序方面，目前只有较少的软件提供了对 AVX512 的支持，因为新的指令集的应用需要一定的时间，就像当年 SSE 指令集出来后，也是过了几年后才被多数软件支持。但对 AVX2 的支持已经比较普遍，比如 QEMU 自身，在笔者的 Xeon E5-2699 v4 平台上编译的，就已经支持了 AVX2 优化。

```
[root@kvm-host qemu]# cat config-host.mak | grep -i avx
CONFIG_AVX2_OPT=y
```

[1] 参考 http://www.sisoftware.eu/2016/02/24/future-performance-with-avx512-in-sandra-2016-sp1/。

[2] Intel Skylake 平台上实现的是 AVX-512F, AVX-512CD, AVX-512BW, AVX-512DQ, and AVX-512VL。
Intel Xeon Phi 平台上实现的是 AVX-512F, AVX-512CD, AVX-512ER, and AVX-512PF。
更多信息及编译选项，请参见 https://software.intel.com/en-us/articles/compiling-for-the-intel-xeon-phi-processor-and-the-intel-avx-512-isa 和 https://software.intel.com/en-us/articles/performance-tools-for-software-developers-intel-compiler-options-for-sse-generation-and-processor-specific-optimizations。

[3] 信息来源：https://en.wikipedia.org/wiki/AVX-512#CPUs_with_AVX-512。

从网上的这篇文章 http://www.sisoftware.eu/2016/02/24/future-performance-with-avx512-in-sandra-2016-sp1/，我们可以看到，从 SSE → AVX2 → AVX512，每一代都有至少 60+% 乃至最多 2.35 倍的多媒体处理性能提升。

9.3.2 XSAVE 指令集

另外，XSAVE 指令集（包括 XGETBV、XSETBV、XSAVE、XSAVEC、XSAVEOPT、XSAVES、XRSTOR、XSAVES 等）是在 Intel Nehalem 以后的处理器中陆续引入、用于保存和恢复处理器扩展状态的，这些扩展状态包括但不限于上节提到的 AVX 特性相关的寄存器。在 KVM 虚拟化环境中，客户机的动态迁移需要保存处理器状态，然后在迁移后恢复处理器的执行状态，如果有 AVX 指令要执行，在保存和恢复时也需要 XSAVE(S)/XRSTOR(S) 指令的支持。

下面介绍一下如何在 KVM 中为客户机提供 AVX、XSAVE 特性。

1）检查宿主机中 AVX、XSAVE 指令系列的支持，Intel Broadwell 硬件平台支持到 AVX2、XSAVE、XSAVEOPT。

```
[root@kvm-host ~]# cat /proc/cpuinfo | grep -E "xsave|avx" | uniq
flags : fpu vme de pse tsc msr pae mce cx8 apic sep mtrr pge mca cmov pat pse36
    clflush dts acpi mmx fxsr sse sse2 ss ht tm pbe syscall nx pdpe1gb rdtscp
    lm constant_tsc arch_perfmon pebs bts rep_good nopl xtopology nonstop_tsc
    aperfmperf eagerfpu pni pclmulqdq dtes64 monitor ds_cpl vmx smx est tm2 ssse3
    fma cx16 xtpr pdcm pcid dca sse4_1 sse4_2 x2apic movbe popcnt tsc_deadline_
    timer aes xsave avx f16c rdrand lahf_lm abm 3dnowprefetch ida arat epb pln
    pts dtherm intel_pt tpr_shadow vnmi flexpriority ept vpid fsgsbase tsc_adjust
    bmi1 hle avx2 smep bmi2 erms invpcid rtm cqm rdseed adx smap xsaveopt cqm_llc
    cqm_occup_llc cqm_mbm_total cqm_mbm_local
```

2）启动客户机，将 AVX、XSAVE 特性提供给客户机使用（-cpu host，完全暴露宿主机 CPU 特性，详见 9.3.4 节）。命令行操作如下：

```
[root@kvm-host ~]# qemu-system-x86_64 -enable-kvm -cpu host -smp 4 -m 8G -drive
    file=./rhel7.img,format=raw,if=virtio -device virtio-net-pci,netdev=nic0
    -netdev bridge,id=nic0,br=virbr0 -snapshot
```

3）在客户机中，查看 QEMU 提供的 CPU 信息中是否支持 AVX 和 XSAVE。命令行如下：

```
[root@kvm-guest ~]# cat /proc/cpuinfo | grep -E "xsave|avx" | uniq
flags : fpu vme de pse tsc msr pae mce cx8 apic sep mtrr pge mca cmov pat pse36
clflush mmx fxsr sse sse2 ss syscall nx pdpe1gb rdtscp lm constant_tsc arch_
perfmon rep_good nopl xtopology eagerfpu pni pclmulqdq ssse3 fma cx16 pcid
sse4_1 sse4_2 x2apic movbe popcnt tsc_deadline_timer aes xsave avx f16c rdrand
hypervisor lahf_lm abm 3dnowprefetch fsgsbase tsc_adjust bmi1 hle avx2 smep bmi2
erms invpcid rtm rdseed adx smap xsaveopt arat
```

由上面输出可知，客户机已经检测到 CPU 有 AVX 和 XSAVE 的指令集支持了，如果客户机中有需要使用到它们的程序，就可正常使用，从而提高程序执行的性能。

由于XSAVES、AVX512都是Skylake以后的CPU才支持的，所以笔者的环境中没有看到它们。

9.3.3 AES新指令

AES（Advanced Encryption Standard，高级加密标准）是一种用于对电子数据进行加密的标准，它在2001年就被美国政府正式接纳和采用。软件工业界广泛采用AES对个人数据、网络传输数据、公司内部IT基础架构等进行加密保护。AES的区块长度固定为128位，密钥长度则可以是128位、192位或256位。随着大家对数据加密越来越重视，以及AES应用越来越广泛，并且AES算法用硬件实现的成本并不高，一些硬件厂商（如Intel、AMD等）都在自己的CPU中直接实现了针对AES算法的一系列指令，从而提高AES加解密的性能。

AESNI[⊖]（Advanced Encryption Standard new instructions，AES新指令）是Intel在2008年3月提出的在x86处理器上的指令集扩展。它包含了7条新指令，其中6条指令是在硬件上对AES的直接支持，另外一条是对进位乘法的优化，从而在执行AES算法的某些复杂的、计算密集型子步骤时，使程序能更好地利用底层硬件，减少计算所需的CPU周期，提升AES加解密的性能。Intel公司从Westmere平台开始就支持AESNI。

目前有不少的软件都已经支持AESNI了，如OpenSSL（1.0.1版本以上）、Oracle数据库（11.2.0.2版本以上）、7-Zip（9.1版本以上）、Libgcrypt（1.5.0以上）、Linux的Crypto API等。在KVM虚拟化环境中，如果客户机支持AESNI（如RHEL6、7的内核都支持AESNI），而且在客户机中用到AES算法加解密，那么将AESNI的特性提供给客户机使用，会提高客户机的性能。

笔者在KVM的客户机中对AESNI进行了测试，对比在使用AESNI和不使用AESNI的情况下对磁盘进行加解密的速度。下面介绍一下AESNI的配置和测试过程及测试结果。

1）在进行测试之前，检查硬件平台是否支持AESNI。一般来说，如果CPU支持AESNI，则会默认暴露到操作系统中去。而一些BIOS中的CPU configuration下有一个“AESNI Intel”这样的选项，也需要查看并且确认打开AESNI的支持。不过，在设置BIOS时需要注意，笔者曾经在一台Romley-EP的BIOS中设置了“Advanced”→“Processor Configuration”→“AES-NI Defeature”的选项，需要看清楚这里是设置“Defeature”而不是“Feature”，所以这个“AES-NI Defeature”应该设置为“disabled”（其默认值也是“disabled”），表示打开AESNI功能。而BIOS中没有AESNI相关的任何设置之时，就需要到操作系统中加载“aesni_intel”等模块，来确认硬件是否提供了AESNI的支持。

⊖ Intel的AESNI白皮书，可以从如下链接下载：
http://software.intel.com/en-us/articles/intel-advanced-encryption-standard-aes-instructions-set。

2）需要保证在内核中将 AESNI 相关的配置项目编译为模块或直接编译进内核。当然，如果不是通过内核来使用 AESNI 而是直接应用程序的指令使用它，则该步对内核模块的检查来说不是必要的。RHEL 7.3 的内核关于 AES 的配置如下：

```
CONFIG_CRYPTO_AES=y
CONFIG_CRYPTO_AES_X86_64=y
CONFIG_CRYPTO_AES_NI_INTEL=m
CONFIG_CRYPTO_CAMELLIA_AESNI_AVX_X86_64=m
CONFIG_CRYPTO_CAMELLIA_AESNI_AVX2_X86_64=m
CONFIG_CRYPTO_DEV_PADLOCK_AES=m
```

3）在宿主机中，查看 /proc/cpuinfo 中的 AESNI 相关的特性，并查看“aseni_intel”这个模块加载情况（如果没有，需加载）。命令行操作如下：

```
[root@kvm-host ~]# cat /proc/cpuinfo | grep aes | uniq
flags : fpu vme de pse tsc msr pae mce cx8 apic sep mtrr pge mca cmov pat pse36
    clflush dts acpi mmx fxsr sse sse2 ss ht tm pbe syscall nx pdpe1gb rdtscp
    lm constant_tsc arch_perfmon pebs bts rep_good nopl xtopology nonstop_tsc
    aperfmperf eagerfpu pni pclmulqdq dtes64 monitor ds_cpl vmx smx est tm2 ssse3
    fma cx16 xtpr pdcm pcid dca sse4_1 sse4_2 x2apic movbe popcnt tsc_deadline_
    timer aes xsave avx f16c rdrand lahf_lm abm 3dnowprefetch ida arat epb pln
    pts dtherm intel_pt tpr_shadow vnmi flexpriority ept vpid fsgsbase tsc_adjust
    bmi1 hle avx2 smep bmi2 erms invpcid rtm cqm rdseed adx smap xsaveopt cqm_llc
    cqm_occup_llc cqm_mbm_total cqm_mbm_local
[root@kvm-host ~]# lsmod | grep aes
aesni_intel            69884  0
lrw                    13286  1 aesni_intel
glue_helper            13990  1 aesni_intel
ablk_helper            13597  1 aesni_intel
cryptd                 20359  3 ghash_clmulni_intel,aesni_intel,ablk_helper
```

4）启动 KVM 客户机，默认 QEMU 启动客户机时，没有向客户机提供 AESNI 的特性，可以用“-cpu host”或“-cpu qemu64,+aes”选项来暴露 AESNI 特性给客户机使用。当然，由于前面提及一些最新的 CPU 系列是支持 AESNI 的，所以也可用“-cpu Westmere”“-cpu SandyBridge”这样的参数提供相应的 CPU 模型，从而提供对 AESNI 特性的支持。注意，笔者在启动客户机时，使用了 7.4 节讲到的 numactl 技巧，将客户机绑定在 node1 上执行，进一步提高性能。另外，笔者给客户机配备了 16 个 vCPU 和 48G 内存，因为后面测试中要用到 20G 大小的 ramdisk。

```
[root@kvm-host ~]# numactl --membind=1 --cpunodebind=1 -- qemu-system-x86_64
    -enable-kvm -smp 16 -m 48G -drive file=./rhel7.img,format=raw,if=virtio
    -device virtio-net-pci,netdev=nic0 -netdev bridge,id=nic0,br=virbr0
```

5）在客户机中可以看到 aes 标志在 /proc/cpuinfo 中也是存在的，然后像宿主机中那样确保“aesni_intel”模块被加载，再执行使用 AESNI 测试程序，即可得出使用了 AESNI 的测试结果。当然，为了衡量 AESNI 带来的性能提升，还需要做对比测试，即不添加“-cpu host”等参数启动客户机，从而没有 AESNI 特性的测试结果。注意，如果在 QEMU 启动命令行启动客户机时带了 AESNI 参数，一些程序使用 AES 算法时可能会自动加载“aesni_intel”模块，所以，为了确保没有 AESNI 的支持，也可以用“rmod aesni_intel”命令移除该模块，再找到 aesni-intel.ko 文件并将其删除，以防被自动加载。

笔者用下面的脚本在 Xeon E5-2699 v4（Broadwell）平台上测试了有无 AESNI 支持对客户机加解密运算性能的影响。宿主机和客户机内核都是 RHEL7.3 自带的。

测试原理是：用 cryptsetup 命令对 ramdisk[⊖]进行一层加密封装，然后对封装后的有加密层的磁盘设备进行读写以比较性能。加密封装我们采用 aes-ecb-plain、aes-cbc-plain、aes-ctr-plain、aes-lrw-plain、aes-pcbc-plain、aes-xts-plain 这 6 种 AES 算法分别测试。由于 cryptsetup 会调用 Linux 内核的 Crypto API（前面已提到它是支持 AESNI 的），所以测试中会用上 AESNI 的指令。测试脚本的内容如下，笔者是 RHEL7 的环境，系统默认 mount 了 tmpfs（一种 ramfs）在 /run 目录。读者可能需要根据自己的 Linux 发行版的情况，自行 mount 或者修改路径。

```
#!/bin/bash

CRYPT_DEVICE_NAME='crypt0'
SYS_RAMDISK_PATH='/run'
CIPHER_SET='aes-ecb-plain aes-cbc-plain aes-ctr-plain aes-lrw-plain aes-pcbc-
    plain aes-xts-plain'

# create a crypt device using cryptsetup
# $1 -- create crypt device name
# $2 -- backend real ramfs device
# $3 -- encryption algorithm
create_dm()
{
    echo 123456 | cryptsetup open --type=plain $2 $1 -c $3
return $?
}

# remove the device-mapper using cryptsetup
remove_dm()
{
    if [ -b /dev/mapper/$CRYPT_DEVICE_NAME ]; then
        cryptsetup close $CRYPT_DEVICE_NAME &> /dev/null
    fi
}

remove_dm

# create raw backend ramdisk
echo -n "Create raw ramdisk with 20GB size, and its raw writing speed is: "
dd if=/dev/zero of=$SYS_RAMDISK_PATH/ramdisk bs=1G count=20
```

⊖ ramdisk，一种用内存模拟硬盘的技术。

```
if [ $? -ne 0 ]; then
    echo "Create raw ramdisk fail, exit"
exit 1
fi

echo "Now start testing..."
for cipher in $CIPHER_SET
do
create_dm crypt0 $SYS_RAMDISK_PATH/ramdisk $cipher
if [ ! -b /dev/mapper/$CRYPT_DEVICE_NAME ]; then
    echo "creating dm with $cipher encryption failed, exit"
    rm -fr $SYS_RAMDISK_PATH/ramdisk
    exit 1
fi

rm -fr $cipher*.txt

# do read and write action for several times, so that you can calculate their
    average value.
for i in $(seq 10); do
    # the following line is for read action
        echo "Start reading test with $cipher, round $i"
        dd if=/dev/mapper/$CRYPT_DEVICE_NAME of=/dev/null bs=1G count=20 >>
            $cipher-read.txt 2>&1

    # the following line is for write action
        echo "Start write test with $cipher, round $i"
        dd of=/dev/mapper/$CRYPT_DEVICE_NAME if=/dev/zero bs=1G count=20 >>
            "$cipher"-write.txt 2>&1
done
remove_dm

done

rm -fr $SYS_RAMDISK_PATH/ramdisk
```

该脚本执行过程中，会分别以 aes-ecb-plain、aes-cbc-plain、aes-ctr-plain、aes-lrw-plain、aes-pcbc-plain、aes-xts-plain 加密算法加密 ramdisk（路径为 /run/ramdisk），虚拟的加密层硬盘为 /dev/mapper/crypt0。然后对这个虚拟磁盘分别进行 10 次读写操作，读写的速度保存在诸如 aes-cbc-plain-read.txt、aes-cbc-plain-write.txt 等文件中。最后，笔者对这 10 次速度求平均值，得到图 9-5、图 9-6。可以看到，读速率方面，有 AESNI 比没有 AESNI 快 40%～91%，写速率要快 16%～50%。

另外，在执行脚本中“cryptsetup open”命令时，有可能会出现如下的错误：

```
[root@kvm-guest ~]# echo 123456 | cryptsetup create crypt0 /dev/ram0 -c aes-ctr-plain
device-mapper: reload ioctl on  failed: No such file or directory
```

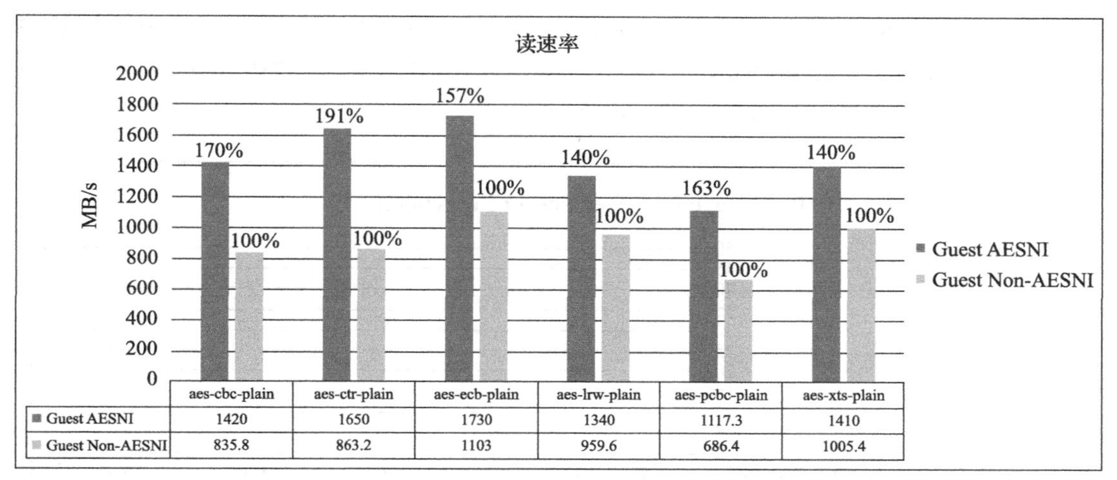

	aes-cbc-plain	aes-ctr-plain	aes-ecb-plain	aes-lrw-plain	aes-pcbc-plain	aes-xts-plain
Guest AESNI	1420	1650	1730	1340	1117.3	1410
Guest Non-AESNI	835.8	863.2	1103	959.6	686.4	1005.4

图 9-5　AESNI 在各 AES 加密算法下读性能优势

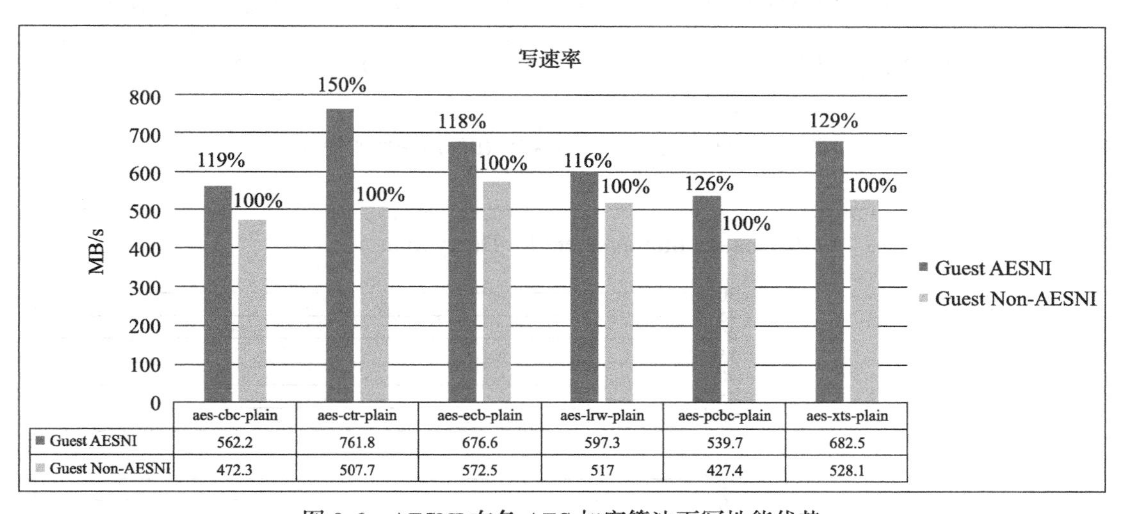

	aes-cbc-plain	aes-ctr-plain	aes-ecb-plain	aes-lrw-plain	aes-pcbc-plain	aes-xts-plain
Guest AESNI	562.2	761.8	676.6	597.3	539.7	682.5
Guest Non-AESNI	472.3	507.7	572.5	517	427.4	528.1

图 9-6　AESNI 在各 AES 加密算法下写性能优势

这有可能是内核配置的问题，缺少一些加密相关的模块。在本示例中，需要确保内核配置中有如下的配置项：

```
CONFIG_CRYPTO_CBC=m
CONFIG_CRYPTO_CTR=m
CONFIG_CRYPTO_CTS=m
CONFIG_CRYPTO_ECB=m
CONFIG_CRYPTO_LRW=m
CONFIG_CRYPTO_PCBC=m
CONFIG_CRYPTO_XTS=m
CONFIG_CRYPTO_FPU=m
```

除了笔者这个实验以外，读者还可以在网上搜索到很多关于 AESNI 性能优势的文章，都显示了有了 AESNI 的硬件辅助，AES 加解密获得了显著的性能提升。比如 Intel AES-NI Performance Testing on Linux*/Java* Stack [⊖]，显示了 AES128 和 AES256 加解密在有 AESNI 情况下的明显性能优势，如图 9-7、图 9-8 所示。

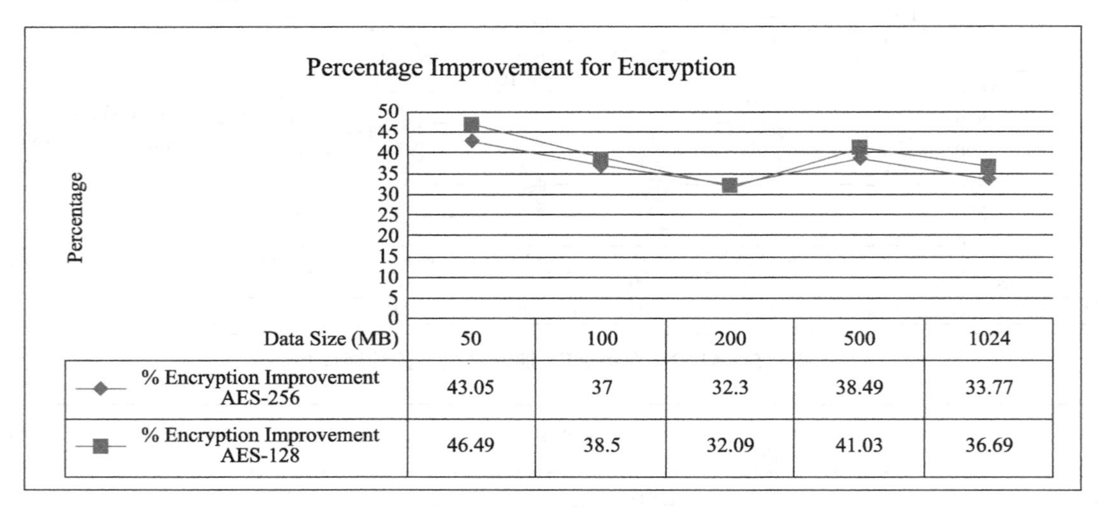

Data Size (MB)	50	100	200	500	1024
% Encryption Improvement AES-256	43.05	37	32.3	38.49	33.77
% Encryption Improvement AES-128	46.49	38.5	32.09	41.03	36.69

图 9-7 AES128/256 利用 AESNI 的加密性能提升

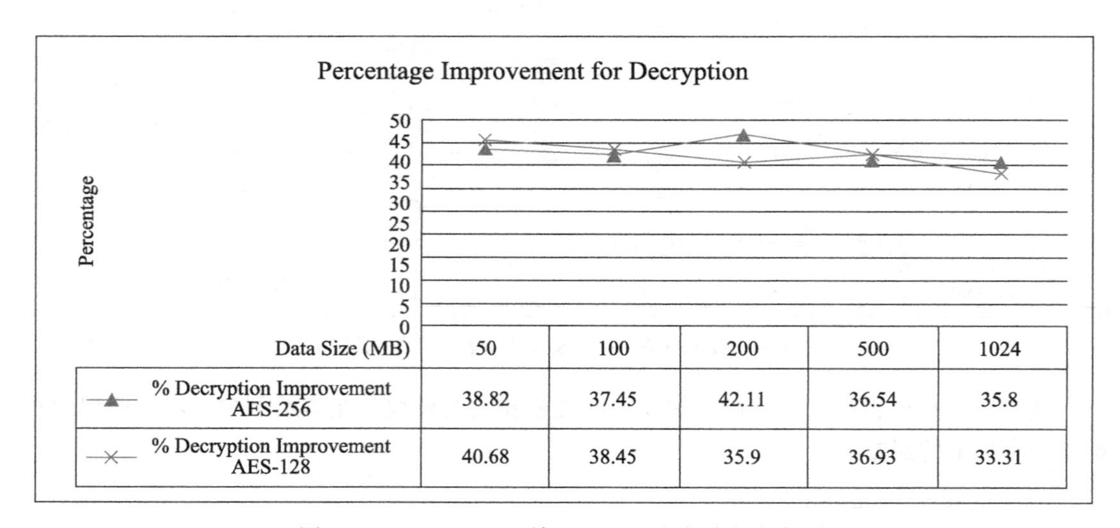

Data Size (MB)	50	100	200	500	1024
% Decryption Improvement AES-256	38.82	37.45	42.11	36.54	35.8
% Decryption Improvement AES-128	40.68	38.45	35.9	36.93	33.31

图 9-8 AES128/256 利用 AESNI 的解密性能提升

本节首先对 AESNI 新特性进行介绍，然后对如何让 KVM 客户机也使用 AESNI 的步骤进行了介绍。最后展示了笔者曾经某次对于 AESNI 在 KVM 客户机中的实验数据。相信读者对 AESNI 有了较好的认识，在实际应用环境中如果物理硬件平台支持 ASENI，且客户机

⊖ https://software.intel.com/en-us/articles/intel-aes-ni-performance-testing-on-linuxjava-stack。

中用到 AES 相关的加解密算法，可以考虑将 AESNI 特性暴露给客户机使用，以便提高加解密性能。

9.3.4 完全暴露宿主机 CPU 特性

在 5.2.4 节中介绍过，QEMU 提供 qemu64 作为默认的 CPU 模型。对于部分 CPU 特性，也可以通过“+”号来添加一个或多个 CPU 特性到一个基础的 CPU 模型之上，如前面介绍的 AESNI，可以选用“-cpu qemu64,+aes”参数来让客户机支持 AESNI。

当需要客户机尽可能地使用宿主机和物理 CPU 支持的特性时，QEMU 也提供了“-cpu host”参数来尽可能多地暴露宿主机 CPU 特性给客户机，从而在客户机中可以看到和使用 CPU 的各种特性（如果 QEMU/KVM 同时支持该特性）。在笔者的 E5-2699 v4（Broadwell）平台上，对“-cpu host”参数的效果演示如下。

1）在 KVM 宿主机中查看 CPU 信息。命令行如下：

```
[root@kvm-host ~]# cat /proc/cpuinfo
<!-- 省略其余逻辑CPU信息的输出 -->
processor	: 87
vendor_id	: GenuineIntel
cpu family	: 6
model		: 79
model name	: Intel(R) Xeon(R) CPU E5-2699 v4 @ 2.20GHz
stepping	: 1
microcode	: 0xb00001d
cpu MHz		: 2029.414
cache size	: 56320 KB
physical id	: 1
siblings	: 44
core id		: 28
cpu cores	: 22
apicid		: 121
initial apicid	: 121
fpu		: yes
fpu_exception	: yes
cpuid level	: 20
wp		: yes
flags		: fpu vme de pse tsc msr pae mce cx8 apic sep mtrr pge mca
    cmov pat pse36 clflush dts acpi mmx fxsr sse sse2 ss ht tm pbe syscall nx
    pdpe1gb rdtscp lm constant_tsc arch_perfmon pebs bts rep_good nopl xtopology
    nonstop_tsc aperfmperf eagerfpu pni pclmulqdq dtes64 monitor ds_cpl vmx smx
    est tm2 ssse3 fma cx16 xtpr pdcm pcid dca sse4_1 sse4_2 x2apic movbe popcnt
    tsc_deadline_timer aes xsave avx f16c rdrand lahf_lm abm 3dnowprefetch ida
    arat epb pln pts dtherm intel_pt tpr_shadow vnmi flexpriority ept vpid
    fsgsbase tsc_adjust bmi1 hle avx2 smep bmi2 erms invpcid rtm cqm rdseed adx
    smap xsaveopt cqm_llc cqm_occup_llc cqm_mbm_total cqm_mbm_local
bogomips	: 4403.45
clflush size	: 64
cache_alignment	: 64
```

```
address sizes      : 46 bits physical, 48 bits virtual
power management:
```

2）用“-cpu host”参数启动一个 RHEL 7.3 客户机系统。命令行如下：

```
[root@kvm-host ~]# qemu-system-x86_64 -enable-kvm -cpu host -smp 4 -m 8G -drive
    file=./rhel7.img,format=raw,if=virtio -device virtio-net-pci,netdev=nic0
    -netdev bridge,id=nic0,br=virbr0 -snapshot
```

3）在客户机中查看 CPU 信息。命令行如下：

```
[root@kvm-guest ~]# cat /proc/cpuinfo
processor  : 0
vendor_id  : GenuineIntel
cpu family : 6
model              : 79
model name : Intel(R) Xeon(R) CPU E5-2699 v4 @ 2.20GHz
stepping   : 1
microcode  : 0x1
cpu MHz            : 2194.916
cache size : 4096 KB
physical id        : 0
siblings   : 1
core id            : 0
cpu cores  : 1
apicid             : 0
initial apicid     : 0
fpu        : yes
fpu_exception      : yes
cpuid level        : 13
wp         : yes
flags              : fpu vme de pse tsc msr pae mce cx8 apic sep mtrr pge mca
    cmov pat pse36 clflush mmx fxsr sse sse2 ss syscall nx pdpe1gb rdtscp lm
    constant_tsc arch_perfmon rep_good nopl xtopology eagerfpu pni pclmulqdq
    ssse3 fma cx16 pcid sse4_1 sse4_2 x2apic movbe popcnt tsc_deadline_timer aes
    xsave avx f16c rdrand hypervisor lahf_lm abm 3dnowprefetch arat fsgsbase tsc_
    adjust bmi1 hle avx2 smep bmi2 erms invpcid rtm rdseed adx smap xsaveopt
bogomips   : 4389.83
clflush size       : 64
cache_alignment    : 64
address sizes      : 40 bits physical, 48 bits virtual
power management:
```

由上面客户机中 CPU 信息中可知，客户机看到的 CPU 模型与宿主机中一致，都是“E5-2699 v4 @ 2.20GHz”；CPUID 等级信息（cpuid level）也与宿主机一致，在 CPU 特性标识（flags）中，也有了“aes”“xsave”“xsaveopt”“avx”“avx2”“rdrand”“smep”“smap”等特性。这些较高级的特性是默认的 qemu64 CPU 模型中没有的，说明“-cpu host”参数成功地将宿主机的特性尽可能多地提供给客户机使用了。

当然，“-cpu host”参数也并没有完全让客户机得到与宿主机同样多的 CPU 特性，这是因为 QEMU/KVM 对于其中的部分特性没有模拟和实现，如“EPT”“VPID”等 CPU 特性目前就不能暴露给客户机使用。另外，尽管“-cpu host”参数尽可能多地暴露宿主机 CPU 特性给客户机，可以让客户机用上更多的 CPU 功能，也能提高客户机的部分性能，但同时，“-cpu host”参数也给客户机的动态迁移增加了障碍。例如，在 Intel 的 SandyBridge 平台上，用“-cpu host”参数让客户机使用了 AVX 新指令进行运算，此时试图将客户机迁移到没有 AVX 支持的 Intel Westmere 平台上去，就会导致动态迁移的失败。所以，“-cpu host”参数尽管向客户机提供了更多的功能和更好的性能，还是需要根据使用场景谨慎使用。

9.4　QEMU 监控器

QEMU 监控器（monitor）是 QEMU 实现与用户交互的一种控制台，一般用于为 QEMU 模拟器提供较为复杂的功能，包括为客户机添加和移除一些媒体镜像（如 CD-ROM、磁盘镜像等），暂停和继续客户机的运行，快照的建立和删除，从磁盘文件中保存和恢复客户机状态，客户机动态迁移，查询客户机当前各种状态参数等。在前面几章中，根据实际应用的具体场景已经多次提及一部分 QEMU monitor 中的命令了，本节将对 QEMU monitor 的使用和其中的常见命令进行介绍和总结。

9.4.1　QEMU monitor 的切换和配置

要使用 QEMU monitor，首先需要切换到 monitor 窗口中，然后才能使用命令来操作。

在默认情况下，在显示客户机的 QEMU 窗口中，按“Ctrl+Alt+2”组合键可以切换到 QEMU monitor 中，而从 monitor 窗口中按“Ctrl+Alt+1”组合键又可以回到客户机标准显示窗口。

当然，并非在所有情况下都使用“Ctrl+Alt+2”快捷键切换到 monitor 窗口，正如 5.6.1 节中介绍的那样，如果使用 SDL 显示，且在使用 qemu 命令行启动客户机时添加了“-alt-grab”或“-ctrl-grab”参数，则会使该组合键被对应修改为“Ctrl+Alt+Shift+2”或“右 Ctrl+2”组合键。

如果所有的情况都一定要到图形窗口（SDL 或 VNC）才能操作 QEMU monitor，那么在某些完全不能使用图形界面的情况下将会受到一些限制。其实，QEMU 提供了如下的参数来灵活地控制 monitor 的重定向。

```
-monitor dev
```

该参数的作用是将 monitor 重定向到宿主机的 dev 设备上。关于 dev 设备这个选项的写法有很多种，下面简单介绍其中的几种。

（1）vc

即虚拟控制台（Virtual Console），不加“-monitor”参数就会使用“-monitor vc”作

为默认参数。而且，还可以用于指定 monitor 虚拟控制台的宽度和长度，如“vc:800x600”表示宽度、长度分别为 800 像素、600 像素，“vc:80Cx24C”则表示宽度、长度分别为 80 个字符宽和 24 个字符长，这里的 C 代表字符（character）。注意，只有选择这个“vc”为“-monitor”的选项时，利用前面介绍的“Ctrl + Alt + 2”组合键才能切换到 monitor 窗口，其他情况下不能用这个组合键。

（2）/dev/XXX

使用宿主机的终端（tty），如“-monitor /dev/ttyS0”是将 monitor 重定向到宿主机的 ttyS0 串口上去，而且 QEMU 会根据 QEMU 模拟器的配置来自动设置该串口的一些参数。

（3）null

空设备，表示不将 monitor 重定向到任何设备上，无论怎样也不能连接上 monitor。

（4）stdio

标准输入输出，不需要图形界面的支持。“-monitor stdio”将 monitor 重定向到当前命令行所在标准输入输出上，可以在运行 qemu 命令后直接默认连接到 monitor 中，操作起来非常方便，尤其是当需要使用较多 QEMU monitor 的命令时（这是笔者经常使用的方式，在前面一些章中已提及这种使用方式）。命令行示例如下：

```
[root@kvm-host ~]# qemu-system-x86_64 -enable-kvm -cpu host -smp 8 -m 16G -drive
    file=./rhel7.img,format=raw,if=virtio -device virtio-net-pci,netdev=nic0
    -netdev bridge,id=nic0,br=virbr0 -monitor stdio
QEMU 2.7.0 monitor - type 'help' for more information
(qemu) help device_add
device_add driver[,prop=value][,...] -- add device, like -device on the command line
(qemu)
```

上面的命令行中演示了通过 qemu 命令行启动客户机后，标准输入输出中显示了 QEMU monitor，然后在 monitor 中运行了“help device_add”命令来查看“device_add”命令的帮助手册。

9.4.2 常用命令介绍

前面一些章节中已经根据示例介绍和使用过 QEMU monitor 中不少的命令了。本节将系统地选择其中一些重要的命令进行简单介绍，以便读者对 monitor 中命令的功能有一个全面的认识。

1. help 显示帮助信息

help 命令可以显示其他命令的帮助信息，其命令格式为：

```
help 或 ? [cmd]
```

“help”与“?”命令是同一个命令，都是显示命令的帮助信息。它后面不加 *cmd* 命令作为参数时，help 命令（单独的“help”或“?”）将显示该 QEMU 中支持的所有命令及其简要的帮助手册。当有 *cmd* 参数时，“help *cmd*”将显示 cmd 命令的帮助信息，如果 *cmd* 不存在，则帮助信息输出为空。

在 monitor 中使用 help 命令的几个示例，命令行操作如下：

```
(qemu) help migrate
migrate [-d] [-b] [-i] uri -- migrate to URI (using -d to not wait for completion)
        -b for migration without shared storage with full copy of disk
        -i for migration without shared storage with incremental copy of disk (base
            image shared between src and destination)
(qemu) help device_add
device_add driver[,prop=value][,...] -- add device, like -device on the command line
(qemu) help savevm
savevm [tag|id] -- save a VM snapshot. If no tag or id are provided, a new snapshot
    is created
(qemu) ? savevm
savevm [tag|id] -- save a VM snapshot. If no tag or id are provided, a new
    snapshot is created
```

2. info 显示系统状态

info 命令显示当前系统状态的各种信息，也是 monitor 中一个很常用的命令，其命令格式如下：

```
info subcommand
```

显示 *subcommand* 中描述的系统状态。如果 *subcommand* 为空，则显示当前可用的所有的各种 info 命令组合及其介绍，这与“help info”命令显示的内容相同。

在前面的章节中已经多次用到 info 命令来查看客户机系统的状态了。下面单独介绍一些常用的 info 命令的基本功能。

- info version：查看 QEMU 的版本信息。
- info kvm：查看当前 QEMU 是否有 KVM 的支持。
- info name：显示当前客户机的名称。
- info status：显示当前客户机的运行状态，可能为运行中（running）和暂停（paused）状态。
- info uuid：查看当前客户机的 UUID [⊖]标识。
- info cpus：查看客户机各个 vCPU 的信息。
- info registers：查看客户机的寄存器状态信息。

⊖ UUID（universally unique identifier，通用唯一标识符）是由开源软件基金会（Open Software Foundation，OSF）组织标准化的一个软件建构标准，通常应用在分布式计算环境（Distributed Computing Environment，DCE）中。UUID 的目的是让分布式系统中的所有元素都能有唯一的标识信息，而不需要通过中央控制端来做标识信息的指定。UUID 目前已经被软件业界广泛使用，其中包括：微软的 Globally Unique Identifiers（GUIDs）、Linux 上的 ext2/ext3/ext4 等文件系统、LUKS 加密分割区、GNOME、KDE、Mac OS X 等。标准的 UUID 由 128 位（32 个十六进制数字）组成，格式为：xxxxxxxx-xxxx-xxxx-xxxx-xxxxxxxxxxxx（8-4-4-4-12）。

- info tlb：查看 TLB 信息，显示了客户机虚拟地址到客户机物理地址的映射。
- info mem：查看正在活动中的虚拟内存页。
- info numa：查看客户机中看到的 NUMA 结构。
- info mtree：以树状结构展示内存的信息。
- info balloon：查看 ballooning 的使用情况。
- info pci：查看 PCI 设备的状态信息。
- info qtree：以树状结构显示客户机中的所有设备。
- info block：查看块设备的信息，如硬盘、软盘、光盘驱动器等。
- info chardev：查看字符设备的信息，如串口、并口和这里的 monitor 设备等。
- info network：查看客户的网络配置信息，包括 VLAN 及其关联的网络设备。
- info usb：查看客户机中虚拟 USB hub 上的 USB 设备。
- info usbhost：查看宿主机中的 USB 设备的信息。
- info snapshots：显示当前系统中已保存的客户机快照的信息。
- info migrate：查看当前客户机迁移的状态。
- info roms：显示客户机使用的 BIOS 等 ROM 文件的信息。
- info vnc：显示当前客户机的 VNC 状态。
- info history：查看当前的 QEMU monitor 中各命令行执行的历史记录。

在 QEMU monitor 中实际执行其中的几个命令，命令行如下：

```
(qemu) info version
2.7.0 (v2.7.0)
(qemu) info kvm
kvm support: enabled
(qemu) info name
(qemu) info status
VM status: running
(qemu) info cpus
* CPU #0: pc=0xffffffff8170eca6 (halted) thread_id=94842
  CPU #1: pc=0xffffffff8170eca6 (halted) thread_id=94844
  CPU #2: pc=0xffffffff8170eca6 (halted) thread_id=94845
  CPU #3: pc=0xffffffff8170eca6 (halted) thread_id=94846
  CPU #4: pc=0xffffffff8170eca6 (halted) thread_id=94847
  CPU #5: pc=0xffffffff8170eca6 (halted) thread_id=94848
  CPU #6: pc=0xffffffff8170eca6 (halted) thread_id=94849
  CPU #7: pc=0xffffffff8170eca6 (halted) thread_id=94850
(qemu) info block
virtio0 (#block155): ./rhel7.img (raw)
    Cache mode:       writeback

ide1-cd0: [not inserted]
    Removable device: not locked, tray closed

floppy0: [not inserted]
```

```
    Removable device: not locked, tray closed

sd0: [not inserted]
    Removable device: not locked, tray closed
(qemu) info network
virtio-net-pci.0: index=0,type=nic,model=virtio-net-pci,macaddr=52:54:00:12:34:56
\ nic0: index=0,type=tap,helper=/usr/local/libexec/qemu-bridge-helper,br=virbr0
(qemu) info snapshots
No available block device supports snapshots
(qemu) info vnc
Server:
     address: ::1:5900
        auth: none
Client: none
(qemu) info history
0: 'info version'
1: 'info kvm'
2: 'info name'
3: 'info status'
4: 'info cpus'
5: 'info block'
6: 'info network'
7: 'info snapshots'
8: 'info vnc'
9: 'info history'
```

3. 已使用过的命令

在前面的章节中，已经在示例中介绍了 monitor 中的一些命令，本节对它们进行简单的回顾。

- info：在上一节已经详细介绍过 info 命令了，之前使用过的 info 命令包括：info kvm、info cpus、info block、info network、info pci、info balloon、info migrate 等。
- commit：提交修改部分的变化到磁盘镜像中（在使用了“-snapshot”启动参数），或提交变化部分到使用后端镜像文件。
- cont 或 c：恢复 QEMU 模拟器继续工作。另外，“stop”是暂停 QEMU 模拟器的命令。
- change：改变一个设备的配置，如“change vnc localhost:2”改变 VNC 的配置，“change vnc password”更改 VNC 连接的密码，“change ide1-cd0/path/to/some.iso”改变客户机中光驱加载的光盘。
- balloon：改变分配给客户机的内存大小，如“balloon 512”表示改变分配给客户机的内存大小为 512 MB。
- device_add 和 device_del：动态添加或移除设备，如“device_add pci-assign,host=02:00.0,id=mydev”将宿主机中的 BDF 编号为 02:00.0 的 PCI 设备分配给客户机，而“device_del mydev”则移除刚才添加的设备。

- usb_add 和 usb_del：添加或移除一个 USB 设备，如“usb_add host:002.004”表示添加宿主机的 002 号 USB 总线中的 004 设备到客户机中，“usb_del 0.2”表示删除客户机中的某个 USB 设备。
- savevm、loadvm 和 delvm：创建、加载和删除客户机的快照，如“savevm mytag”表示根据当前客户机状态创建标志为“mytag”的快照，“loadvm mytag”表示加载客户机标志为“mytag”快照时的状态，而“delvm mytag”表示删除“mytag”标志的客户机快照。
- migrate 和 migrate_cancel：动态迁移和取消动态迁移，如“migrate tcp:des_ip:6666”表示动态迁移当前客户机到 IP 地址为“des_ip”的宿主机的 TCP 6666 端口上去，而“migrate_cancel”则表示取消当前进行中的动态迁移过程。

4. 其他常见命令

除了前面章节中使用过的部分命令，QEMU monitor 中还有很多非常有用的命令，本节选取其中一些常用的进行简单介绍。

（1）cpu *index*

设置默认的 CPU 为 *index* 数字指定的。在 info cpus 命令的输出中，星号（*）标识的 CPU 就是系统默认的 CPU，几乎所有的中断请求都会优先发到默认 CPU 上去。如下命令行演示了“cpu *index*”命令的作用。

```
(qemu) info cpus
* CPU #0: pc=0xffffffff810387cb (halted) thread_id=23634
  CPU #1: pc=0xffffffff810387cb (halted) thread_id=23635
(qemu) cpu 1
(qemu) info cpus
  CPU #0: pc=0xffffffff810387cb (halted) thread_id=23634
* CPU #1: pc=0xffffffff810387cb (halted) thread_id=23635
```

在“cpu 1”命令后，系统的默认 CPU 变为 CPU #1 了。另外，利用“cpu_set *num* online | offline”命令可以添加或移除 *num* 数量的 CPU，但前面章节中已经提及过，目前这个命令不生效，有 bug 存在。

（2）log 和 logfile

“log item1[,...]”将制定的 item1 项目的 log 保存到 /tmp/qemu.log 中；而“logfile filename”命令设置 log 文件输出到 filename 文件中而不是默认的 /temp/qemu.log 文件。

（3）sendkey *keys*

向客户机发送 *keys* 按键（或组合键），就如同非虚拟环境中那样的按键效果。如果同时发送的是多个按键的组合，则按键之间用“-”来连接。如“sendkey ctrl-alt-f2”命令向客户机发送“ctrl-alt-f1”键，将会切换客户机的显示输出到 tty2 终端；“sendkey ctrl-alt-delete”命令则会发送“ctrl-alt-delete”键，在文本模式的客户机 Linux 系统中该组合键会重启系统。

用“sendkey ctrl-alt-f1”“sendkey ctrl-alt-f2”“sendkey ctrl-alt-f5”切换到客户机的 tty1、tty2、tty5 等终端登录系统，然后 ssh 连接到系统中查看当前系统已登录用户的状态，如下：

```
[root@kvm-guest ~]# who
root     tty2         2012-11-03 22:39
root     tty1         2012-11-03 22:35
root     tty5         2012-11-03 22:39
root     pts/0        2012-11-03 22:46 (192.168.162.55)
```

（4）system_powerdown、system_reset 和 system_wakeup

- system_powerdown 向客户机发送关闭电源的事件通知，一般会让客户机执行关机操作。
- system_reset 让客户机系统重置，相当于直接拔掉电源，然后插上电源，按开机键开机。
- system_wakeup 将客户机从暂停状态（suspend）中唤醒。

使用这几个命令要小心，特别是 system_reset 命令是很“暴力”的，可能会损坏客户机系统中的文件系统。

（5）x 和 xp

- x /fmt *addr* 转存（dump）出从 *addr* 开始的虚拟内存地址。
- xp /fmt *addr* 转存出从 *addr* 开始的物理内存地址。

在上面两个命令中，fmt 指定如何格式化输出转存出来的内存信息。fmt 格式的语法是：/{count}{format}{size}。其中，count 表示被转存出来条目的数量，format 可以是 x（hex，十六进制）、d（有符号的十进制）、u（无符号的十进制）、o（八进制）、c（字符）、i（asm 汇编指令），size 可以是 b（8 位）、h（16 位）、w（32 位）、g（64 位）。另外，在 x86 架构体系下，format 中的 i 可以根据实际指令长度自动设置 size 为 h（16 位）或 w（32 位）。x 和 xp 这两个命令可以用于对客户机或者 QEMU 开发过程中的调试。使用 x 和 xp 转存出一些内存信息如下：

```
(qemu) x /10i $eip
0xffffffff810387cb:  leaveq
0xffffffff810387cc:  retq
0xffffffff810387cd:  nopl   (%rax)
0xffffffff810387d0:  push   %rbp
0xffffffff810387d1:  mov    %rsp,%rbp
0xffffffff810387d4:  nopl   0x0(%rax,%rax,1)
0xffffffff810387d9:  hlt
0xffffffff810387da:  leaveq
0xffffffff810387db:  retq
0xffffffff810387dc:  nopl   0x0(%rax)
(qemu) xp /80xh 0xb8000
00000000000b8000: 0x0753 0x0774 0x0761 0x0772 0x0774 0x0769 0x076e 0x0767
00000000000b8010: 0x0720 0x0772 0x0770 0x0763 0x0762 0x0769 0x076e 0x0764
00000000000b8020: 0x073a 0x0720 0x0720 0x0720 0x0720 0x0720 0x0720 0x0720
```

```
00000000000b8030: 0x0720 0x0720 0x0720 0x0720 0x0720 0x0720 0x0720 0x0720
00000000000b8040: 0x0720 0x0720 0x0720 0x0720 0x0720 0x0720 0x0720 0x0720
00000000000b8050: 0x0720 0x0720 0x0720 0x0720 0x0720 0x0720 0x0720 0x0720
00000000000b8060: 0x0720 0x0720 0x0720 0x0720 0x0720 0x0720 0x0720 0x0720
00000000000b8070: 0x0720 0x0720 0x0720 0x075b 0x0220 0x0220 0x024f 0x024b
00000000000b8080: 0x0220 0x0220 0x075d 0x0720 0x0720 0x0720 0x0720 0x0720
00000000000b8090: 0x0720 0x0720 0x0720 0x0720 0x0720 0x0720 0x0720 0x0720
```

（6）p 或 print fmt expr

按照 fmt 格式打印 expr 表达式的值，可以使用 $reg 来访问 CPU 寄存器。如“print 1+2”就是计算“1+2”表达式的值，而“p $cs”就是打印 CS 寄存器的值。使用 p 或 print 命令的示例如下：

```
(qemu) p 100+200
300
(qemu) print 100+200
300
(qemu) p $ecx
0
(qemu) p $cs
16
(qemu) p $eip
-2130475061
(qemu) p $eax
0
(qemu) p $ss
24
```

（7）q 或 quit

执行 q 或 quit 命令，直接退出 QEMU 模拟器，QEMU 进程会被杀掉。

9.5 qemu 命令行参数

用户使用 QEMU/KVM 时，一般有两个途径与客户机进行交互和配置，一个途径是通过前一节介绍的 QEMU monitor，另一个就是通过 qemu 命令行。用户通过 qemu 命令行启动个客户机，并通过 qemu 命令行的各种参数来配置客户机。前面各个章节在介绍 KVM 的某个功能时一般都会提及 qemu 命令行启动时使用什么参数来达到什么效果。本节将会简单总结一些之前用过的 qemu 命令行参数，然后介绍另外一些未曾介绍过的重要参数的用法和功能。

9.5.1 回顾已用过的参数

1. qemu 命令基本格式

一般来说 x86_64 平台上的 qemu 的命令行格式如下：

```
qemu-system-x86_64 [options] [disk_image]
```

其中，options 是各种选项、参数，disk_image 是客户机的磁盘镜像文件（默认被挂载为第一个 IDE 磁盘设备）。而关于 disk_imgage 的写法也是多种多样的，如可以通过“-hda”参数使用 IDE 磁盘，也可以用“ -driver”参数来提供磁盘镜像，在少数情况下也可以没有磁盘镜像参数。

2. CPU 相关的参数

（1）-cpu 参数

指定 CPU 模型，如“ -cpu SandyBridge”参数指定给客户机模拟 Intel 的代号为 SandyBridge 的 CPU。默认的 CPU 模型为 qemu64，用“ -cpu ?”可以查询当前 qemu 支持哪些 CPU 模型。

可以用一个 CPU 模型作为基础，然后用“+”号将部分 CPU 特性添加到基础模型中，如“ -cpu qemu64,+avx”将在 qemu64 模型中添加对 AVX 支持的特性，“ -cpu qemu64,+vmx”将在 qemu64 模型中添加 Intel VMX 特性。

如果想尽可能多地将宿主机的 CPU 特性暴露给客户机使用，则可以使用“ -cpu host”参数。当然，使用“ -cpu host”参数会带来动态迁移的限制，不允许客户机在不同的 CPU 硬件上迁移。

（2）-smp 参数

```
-smp n[,cores=cores][,threads=threads][,sockets=sockets]
```

设置客户机总共有 n 个逻辑 CPU，并设置了其中 CPU socket 的数量、每个 Socket 上核心（core）的数量、每个核心上的线程（theread）数量。其中：n=*sockets*×*cores*×*threads*。

3. 内存相关的参数

与内存相关的参数如下：

（1）-m *megs* 参数

设置客户机内存大小为 *megs* MB。默认单位为 MB，如“ -m 1024”就表示 1024MB 内存。也可以使用 G 来表示以 GB 为单位的内存大小，如“-m 4G”表示 4GB 内存大小。

（2）-mem-path *path* 参数

从 *path* 路径表示的临时文件中为客户机分配内存，主要是分配大页内存（如 2 MB 大页），如“-mem-path/dev/hugepages”。可以参考 7.1 节。

（3）-mem-prealloc 参数

启动时即分配全部的内存，而不是根据客户机请求而动态分配。此参数必须与“ -mem-path”参数一起使用。

（4）-balloon 开启内存气球的设置

“ -balloon virtio”为客户机提供 virtio_balloon 设备，从而通过内存气球 balloon，可以在 QEMU monitor 中用“balloon”命令来调节客户机占用内存的大小（在 qemu 命令行启动时的“-m”参数设置的内存范围内)。

4. 磁盘相关的参数

与磁盘相关的参数如下:

(1)-hda、-hdb 和 -cdrom 等参数

设置客户机的 IDE 磁盘和光盘设备。如“-hda rhel6u3.img”将 rhel6u3.img 镜像文件作为客户机的第一个 IDE 磁盘。

(2)-drive 参数

详细地配置一个驱动器,如:在介绍半虚拟化驱动时,用到过“-drive file=rhel7.img, if=virtio”的参数配置使用 virtio-block 驱动来支持该磁盘文件。

(3)-boot 参数

设置客户机启动时的各种选项(包括启动顺序等),如:在介绍客户机系统的安装时,使用到“-boot order=dc -hda rhel7.img -cdrom rhel7.iso”参数,让 rhel7.img(未安装系统)文件作为 IDE 磁盘,安装光盘 rhel7.iso 作为 IDE 光驱,并且从光盘启动客户机,从而让客户机进入系统安装的流程中。

5. 网络相关的参数

与网络相关的参数如下:

(1)-net nic 参数

为客户机创建一个网卡(NIC),凡是使用 QEMU 模拟的网卡作为客户机网络设备的情况都应该使用该参数。当然,如果用 VT-d 方式将宿主机网卡直接分配给客户机使用,则不需要“-net nic”参数。

(2)-net user 或 -netdev user 参数

让客户机使用不需要管理员权限的用户模式网络(user mode network),如“-net nic –net user”(详见 5.5.4 节)。

(3)-net tap 或 -netdev tap/bridge 参数

使用宿主机的 TAP 网络接口来帮助客户机建立网络。使用网桥连接和 NAT 模式网络的客户机都会用到“-net tap”参数。如“-net nic -net tap,ifname=tap1,script=/etc/qemu-ifup, downscript=no”参数就是在 5.5.2 节中使用网桥模式网络的命令行参数。

(4)-net dump 参数

转存(dump)出网络中的数据流量,之后可以用 tcpdump 或 Wireshark 工具来分析。

(5)-net none 参数

当不需要配置任何网络设备时,需要使用“-net none”参数,因为如果不添加“-net”参数,则会被默认设置为“-net nic -net user”参数。

6. 图形显示相关的参数

与图形显示相关的参数如下:

（1）-sdl 参数

使用 SDL 方式显示客户机。如果在 QEMU 编译时已经将 SDL 的支持编译进去了，则 qemu 命令行在默认情况下（不加“-sdl”）也会使用 SDL 方式来显示客户机。

（2）-vnc 参数

使用 VNC 方式显示客户机。只有在进行 QEMU 编译时没有添加 SDL 支持，但是编译了 VNC 相关的支持，才会默认开启 VNC 方式。在有 SDL 支持的 QEMU 工具中，需要使用“-vnc”参数来让客户机显示在 VNC 中，如“-vnc localhost:2”就将客户机的显示放到本机的 2 号 VNC 窗口中，然后在宿主机上可以通过“vncviewer localhost:2”连接到客户机。

（3）-vga 参数

设置客户机中的 VGA 显卡类型，默认值为“-vga cirrus”，默认会为客户机模拟出“Cirrus Logic GD5446”显卡。可以使用“-vga std”参数来模拟带有 Bochs VBE 扩展的标准 VGA 显卡，而“-vga none”参数不为客户机分配 VGA 卡，会让 VNC 或 SDL 中都没有任何显示。

（4）-nographic 参数

完全关闭 QEMU 的图形界面输出，从而让 QEMU 在该模式下完全成为简单的命令行工具。而 QEMU 中模拟产生的串口被重定向到当前的控制台（console）中，所以如果在客户机中对其内核进行配置，从而让内核的控制台输出重定向到串口[⊖]后，依然可以在非图形模式下管理客户机系统。

在“-nograhpic”非图形模式下，按下“Ctrl+a h”组合键（按 Ctrl+a 组合键之后，再按 h 键）可以获得终端命令的帮助，如下所示：

```
[root@kvm-host ~]# qemu-system-x86_64 -enable-kvm -cpu host -smp 8 -m 16G -drive
    file=./rhel7.img,format=raw,if=virtio -device virtio-net-pci,netdev=nic0
    -netdev bridge,id=nic0,br=virbr0 -nographic
<!-- 此处省略串口输出中的其他启动信息 -->
[  OK  ] Started LSB: Starts the Spacewalk Daemon.

Redhat Enterprise Linux Server 7.3 (Maipo)
Kernel 4.9.0 on an x86_64

kvm-guest login:
Redhat Enterprise Linux Server 7.3 (Maipo)
Kernel 4.9.0 on an x86_64

kvm-guest login:          #此时按“Ctrl+a h”组合键
C-a h    print this help
C-a x    exit emulator
C-a s    save disk data back to file (if -snapshot)
C-a t    toggle console timestamps
```

⊖ 客户机的内核启动行中有“console=tty0 console=ttyS0”。

```
C-a b    send break (magic sysrq)
C-a c    switch between console and monitor
C-a C-a  sends C-a

kvm-guest login:          #此处按“Ctrl+a t”组合键，停顿一会儿后，按Enter键
[00:00:00.000] Redhat Enterprise Linux Server 7.3 (Maipo)
[00:00:00.000] Kernel 4.9.0 on an x86_64
[00:00:00.000]
[00:00:00.000] kvm-guest login:

kvm-guest login:          #此处按“Ctrl+a c”组合键，切换到monitor
QEMU 2.7.0 monitor - type 'help' for more information
[00:00:38.911] (qemu)     #此处按“Ctrl+a t”组合键，取消显示时间戳
(qemu)                    #此处按“Ctrl+a c”组合键，切换到客户机console
Redhat Enterprise Linux Server 7.3 (Maipo)
Kernel 4.9.0 on an x86_64

kvm-guest login: root          # 像在串口一样登录客户机，成功!
Password:
Last login: Sat Mar 18 17:45:46 on :0
```

帮助手册中打印出了多个组合键，上面演示了用“Ctrl+a t”组合键来控制是否显示控制台的时间戳，以及用“Ctrl+a c”组合键在控制台（串口也重定向到控制台）与 QEMU monitor 之间进行切换。

7. VT-d 和 SR-IOV 相关的参数

```
-device driver[,prop[=value][,...]]
```

添加一个设备驱动器（*driver*），其中 *prop=value* 是设置驱动器的各项属性。可以用“-device ?”参数查看有哪些可用的驱动器，可以用“-device *driver*,?”查看某个驱动器（*driver*）支持的所有属性。不管是 KVM 的 VT-d 还是 SR-IOV 特性，都是使用“-driver”参数将宿主机中的设备完全分配给客户机使用，如“-device pci-assign,host=08:00.0,id=mydev0,addr=0x6”参数就将宿主机的 BDF 号是 08:00.0 的设备分配给客户机使用。VT-d 和 SR-IOV 在使用时的区别在于，VT-d 中分配的设备是一个物理 PCI/PCI-e 设备，而 SR-IOV 使用的是虚拟设备（VF，Virtual Function）。

8. 动态迁移的参数

-incoming *port* 参数让 qemu 进程进入迁移监听（migration-listen）模式，而不是真正以命令行中的镜像文件运行客户机。如在启动客户机的 qemu 命令行中添加“-incoming tcp:0:6666”参数，表示在 6666 端口建立一个 TCP Socket 连接，用于接收来自源主机的动态迁移的内容，其中“0”表示允许来自任何主机的连接。

9. 已使用的其他参数

已使用的其他参数如下：

（1）-daemonize 参数

在启动时让 QEMU 作为守护进程在后台运行。如果没有该参数，默认 QEMU 在启动客户机后就会占用标准输入输出，直到客户机退出。“-daemonize”参数的使用可以让一个 QEMU 进程在后台运行，同时在当前位置进行其他的操作（如启动另一个客户机）。

（2）-usb 参数

开启客户机中的 USB 总线，如“-usb -usbdevice tablet”就是在客户机中模拟 USB 而不是 PS/2 的键盘和鼠标，而且使用 tablet 这种类型的设备实现鼠标的定位。

（3）-enable-kvm 参数

打开 KVM 虚拟化的支持。在 RHEL 发行版自带的 qemu-kvm 中，“-enable-kvm”默认就是打开的，默认支持 KVM 虚拟化；而在纯 QEMU 中，默认没有打开 KVM 的支持，需要用“-enable-kvm”参数来配置。

9.5.2　其他常用参数

本节将介绍前面章节中未介绍的但也非常有用的 qemu 命令行参数。

1. -h 显示帮助手册（也可以用 man qemu，需要编译安装 qemu-doc）

```
[root@kvm-host ~]# qemu-system-x86_64 -h
QEMU emulator version 2.7.0 (v2.7.0), Copyright (c) 2003-2016 Fabrice Bellard and
    the QEMU Project developers
usage: qemu-system-x86_64 [options] [disk_image]

'disk_image' is a raw hard disk image for IDE hard disk 0

Standard options:
-h or -help      display this help and exit
-version         display version information and exit
<!-- 以下省略数百行输出信息 -->
```

显示了当前 QEMU 工具中支持的所有命令行参数。

2. -version 显示 QEMU 的版本信息

```
[root@kvm-host ~]# qemu-system-x86_64 -version
QEMU emulator version 2.7.0 (v2.7.0), Copyright (c) 2003-2016 Fabrice Bellard and
    the QEMU Project developers
```

显示了当前 QEMU 模拟器是 QEMU 2.7.0 版本。

3. -k 设置键盘布局的语言

默认值为 en-us（美式英语键盘）。一般不需要设置这个参数，除非客户机中键盘布局、按键不准确才需要设置，如“-k fr”表示客户机使用法语（French）的键盘布局。它所支持的键盘布局的语言一般在“/usr/local/share/qemu/keymaps/”目录中，如下：

```
[root@kvm-host ~]# ls /usr/local/share/qemu/keymaps/
ar  bepo  common  cz  da  de  de-ch  en-gb  en-us  es  et  fi  fo  fr  fr-be  fr-
    ca  fr-ch  hr  hu  is  it  ja  lt  lv  mk  modifiers  nl  nl-be  no  pl  pt
    pt-br  ru  sl  sv  th  tr
```

4. -soundhw 开启声卡硬件的支持

可以通过“ -soundhw ?”查看有效的声卡的种类。在 qemu 命令行中添加“ -soundhw ac97”参数即可在客户机中使用 Intel 82801AA AC97 声卡。在宿主机中查看支持的声卡种类，然后选择使用“ac97”声卡类型启动一个客户机，如下：

```
[root@kvm-host ~]# qemu-system-x86_64 -soundhw help
Valid sound card names (comma separated):
sb16        Creative Sound Blaster 16
es1370      ENSONIQ AudioPCI ES1370
ac97        Intel 82801AA AC97 Audio
adlib       Yamaha YM3812 (OPL2)
gus         Gravis Ultrasound GF1
cs4231a     CS4231A
hda         Intel HD Audio
pcspk       PC speaker

-soundhw all will enable all of the above
[root@kvm-host ~]# qemu-system-x86_64 -enable-kvm -cpu host -smp 8 -m 16G -drive
    file=./rhel7.img,format=raw,if=virtio -device virtio-net-pci,netdev=nic0
    -netdev bridge,id=nic0,br=virbr0 -soundhw ac97
```

在客户机中通过“lspci”命令查看声卡，如下：

```
[root@kvm-guest ~]# lspci | grep -i audio
00:03.0 Multimedia audio controller: Intel Corporation 82801AA AC'97 Audio
    Controller (rev 01)
```

5. -display 设置显示方式

选择客户机使用的显示方式，它是为了取代前面提到的较旧的“-sdl”“-curses”“-vnc”等参数。如“ -display sdl”表示通过 SDL 方式显示客户机图像输出，“ -display curses”表示使用 curses/ncurses 方式显示图像，“ -display none”表示不显示任何的图像输出（它与“ -nographic”参数的区别在于，“ -nographic”会显示客户机的串口和并口的输出），“ -display vnc=localhost:2”表示将客户机图像输出显示到本地的 2 号 VNC 显示端口中（与“-vnc localhost:2”的意义相同）。

6. -name 设置客户机名称

设置客户机名称可用于在某宿主机上唯一标识该客户机，如“ -name myname”参数就表示设置客户机的名称为“ myname”。设置的名字将会在 SDL 窗口边框的标题中显示，或者在 VNC 窗口的标题栏中显示。

7. -uuid 设置系统的 UUID

客户机的 UUID 标识符与名称类似，不过一般来说 UUID 是一个较大系统中唯一的标识符。在 libvirt 等虚拟机管理工具中，就要根据 UUID 来管理有所有客户机的唯一标识。在通过 qemu 命令行启动客户时添加“-uuid 12345678-1234-1234-1234-123456789abc”参数（UUID 是按照 8-4-4-4-12 个数分布的 32 个十六进制数字），就配置了客户机的 UUID，然后在 QEMU monitor 中也可以用“info uuid”命令查询该客户机的 UUID 值。

8. -rtc 设置 RTC 开始时间和时钟类型

“-rtc”参数的完整形式如下：

```
-rtc [base=utc|localtime|date][,clock=host|rt|vm][,driftfix=none|slew]
```

其中“base”选项设置客户机的实时时钟（RTC，real-time clock）开始的时间，默认值为“utc”。而当微软的 DOS 和 Windows 系统作为客户机时，应该将“base”选项设置为“base=localtime”，否则时钟非常不准确。也可以选择某个具体的时间作为“base”基础时间，如“2012-11-06T22:22:22”或“2012-11-06”这样的格式。

“clock”选项用于设置客户机实时时钟的类型。默认情况下是“clock=host”，表示由宿主机的系统时间来驱动，可以使得客户机使用的 RTC 时钟比较准确。特别是当宿主机的时间通过与外部时钟进行同步（如 NTP 方式）而保持准确的时候，默认“clock=host”会提供非常准确的时间。如果设置“clock=rt”，则表示将客户机和宿主机的时间进行隔离，而不进行校对。如果设置“clock=vm”，则当客户机暂停的时候，客户机时间将不会继续向前计时。

“driftfix”选项用于设置是否进行时间漂移的修复。默认值是“driftfix=none”，表示不进行客户机时间偏移的修复。而“driftfix=slew”则表示当客户机中可能出现时间漂移的时能够自动修复。某些 Windows 作为客户机时可能会出现时间不太准确（时间漂移）的情况，这时 QEMU 先计算出 Windows 客户机中缺少了多少个时间中断，然后重新将缺少的时间中断注入客户机中。

9. 存储设备 URL 的语法参数

在 5.4 节中介绍过，QEMU/KVM 除了可以使用本地的 raw、qcow2 等格式的镜像之外，还可以使用远程的如 NFS 上的镜像文件，也可以使用 iSCSI、NBD、Sheepdog 等网络存储设备上的存储。对于 NFS，挂载后就与使用本地文件没有任何区别，而 iSCSI 等则在启动时需要使用一些特殊的 URL 语法，以便标识存储的位置。本节并不详细讲解其语法，而是举例简要介绍其基本用法。

（1）iSCSI 的 URL 语法

iSCSI 支持 QEMU 直接访问 iSCSI 资源和直接使用其镜像文件作为客户机存储，支持磁盘镜像和光盘镜像。QEMU 使用 iSCSI LUNs 的语法为：

```
iscsi://<target-ip>[:<port>]/<target-iqn>/<lun>
```

而iSCSI会话建立的参数为：

```
-iscsi [user=user][,password=password]
       [,header-digest=CRC32C|CR32C-NONE|NONE-CRC32C|NONE
       [,initiator-name=iqn]
```

一个使用iSCSI的示例如下：

```
qemu-system-x86_64 -iscsi \ initiator-name=iqn.2012-11.com.example:my-initiator \
        -cdrom iscsi://192.168.100.1/iqn.2012-11.com.example/2 \
        -drive file=iscsi://192.168.100.1/iqn.2012-11.com.example/1
```

不过需要注意的是，在QEMU配置、编译时需要有libiscsi的支持才行（在运行./configure配置时，添加--enable-libiscsi参数），否则QEMU可能不能支持iSCSI。

（2）NBD的URL语法

QEMU支持使用TCP协议的NBD（Network Block Devices）设备，也支持Unix Domain Socket的NBD设备。

使用TCP的NBD设备，在QEMU中的语法为：

```
nbd:<server-ip>:<port>[:exportname=<export>]
```

而使用Unix Domain Socket的NBD设备，其语法为：

```
nbd:unix:<domain-socket>[:exportname=<export>]
```

在qemu命令中的示例为：

```
qemu-system-x86_64 -drive file=nbd:192.168.2.1:30000
qemu-system-x86_64 -drive file=nbd:unix:/tmp/nbd-socket
```

（3）sheepdog的URL语法

第5章中已提及过，sheepdog可以让QEMU使用分布式存储系统。QEMU支持本地和远程网络的sheepdog设备。sheepdog在使用时的语法可以有如下几种形式：

```
sheepdog:<vdiname>
sheepdog:<vdiname>:<snapid>
sheepdog:<vdiname>:<tag>
sheepdog:<host>:<port>:<vdiname>
sheepdog:<host>:<port>:<vdiname>:<snapid>
sheepdog:<host>:<port>:<vdiname>:<tag>
```

qemu命令行中的示例为：

```
qemu-system-x86_64 -drive file=sheepdog:192.168.2.1:30000:MyGuest
```

关于sheepdog更详细的使用，可以参考：http://http://www.osrg.net/sheepdog。

10. -chardev配置字符型设备

```
-chardev backend ,id=id [,mux=on|off] [,options]
```

配置一个字符型设备，其中“*backend*”可以是 null、socket、udp、msmouse、vc、file、pipe、console、serial、pty、stdio、braille、tty、parport、spicevmc 之一。后端（backend）将会决定后面可用的选项。“id=*id*”选项设置了该设备的唯一标识，ID 可以是包含最多 127 个字符的字符串。每个设备必须有一个唯一的 ID，它可用于其他命令行参数识别该设备。“mux=on | off”选项表示该设备是否多路复用。当该字符型设备被用于多个前端（frontend）使用时，需要启用“mux=on”这个模式。

11. -bios 指定客户机的 BIOS 文件

设置 BIOS 的文件名称。一般来说，QEMU 会到“/usr/local/share/qemu/”目录下去找 BIOS 文件。但也可以使用“-L *path*”参数来改变 QEMU 查找 BIOS、VGA BIOS、keymaps 等文件的目录。

12. -no-reboot 和 -no-shutdown 参数

“-no-reboot”参数让客户机在执行重启（reboot）操作时，在系统关闭后就退出 QEMU 进程，而不会再启动客户机。

“-no-shutdown”参数让客户机执行关机（shutdown）操作时，在系统关闭后，不退出 QEMU 进程（在正常情况下，系统关闭后就退出 QEMU 进程），而是保持这个进程存在，它的 QEMU monitor 依然可以使用。在需要的情况下，这就允许在关机后切换到 monitor 中将磁盘镜像的改变提交到真正的镜像文件中。

13. -loadvm 加载快照状态

“-loadvm mysnapshot”在 QEMU 启动客户机时即加载系统的某个快照，这与 QEMU monitor 中的“loadvm”命令的功能类似。

14. -pidfile 保存进程 ID 到文件中

“-pidfile qemu-pidfile”保存 QEMU 进程的 PID 文件到 qemu-pidfile 中，这对在某些脚本中对该进程继续做处理提供了便利（如设置该进程的 CPU 亲和性，监控该进程的运行状态）。

15. -nodefaults 不创建默认的设备

在默认情况下，QEMU 会为客户机配置一些默认的设备，如串口、并口、虚拟控制台、monitor 设备、VGA 显卡等。使用了“-nodefaults”参数可以完全禁止默认创建的设备，而仅仅使用命令行中显式指定的设备。

16. -readconfig 和 -writeconfig 参数

“-readconfig *guest-config*”参数从文件中读取客户机设备的配置（注意仅仅是设备的配置信息，不包含 CPU、内存之类的信息）。当 qemu 命令行参数的长度超过系统允许的最长参数的个数时，QEMU 将会遇到错误信息“arg list too long”，这时如果将需要的配置写到文件中，使用“-readconfig”参数来读取配置，就可以避免参数过长的问题。在 Linux 系统中，可以用“getconf ARG_MAX”命令查看系统能支持的命令行参数的字符个数。

“-writeconfig *guest-config*”参数表示将客户机中设备的配置写到文件中；“-writeconfig -”参数则会将设备的配置打印在标准输出中。保存好的配置文件可以用于刚才介绍的“-read-config”参数。

笔者保存下来的一个示例设备配置文件如下：

```
[drive]
    media = "disk"
    index = "0"
    file = "rhel6u3.img"

[net]
    type = "nic"

[net]
    type = "tap"

[cpudef]
    name = "Conroe"
    level = "2"
    vendor = "GenuineIntel"
    family = "6"
<!-- 以下省略数十行信息  -->
```

17. -nodefconfig 和 -no-user-config 参数

“-nodefconfig”参数使 QEMU 不加载默认的配置文件。在默认情况下，QEMU 会加载 /usr/local/share/qemu/ 目录下的配置文件（当然不同系统中可能目录不一致的），如 cpus-x86_64.conf 文件等。

“-no-user-config”参数使 QEMU 不加载用户自定义的配置文件（其目录是在编译 QEMU 时指定的，默认为“/usr/local/share/qemu/”），但是依然会加载 QEMU 原本提供的配置文件（如 cpus-x86_64.conf）。

18. Linux 或多重启动相关的参数

QEMU 提供了一些参数，可以让用户不用安装系统到磁盘上即可启动 Linux 或多重启动的内核，这个功能可以用于进行早期调试或测试各种不同的内核。

（1）“-kernel *bzImage*”参数

使用“*bzImage*”作为客户机内核镜像。这个内核可以是一个普通 Linux 内核或多重启动的格式中的内核镜像。

（2）“-append *cmdline*”参数

使用“*cmdline*”作为内核附加的命令选项。

（3）“-initrd *file*”参数

使用“*file*”作为初始化启动时的内存盘（ram disk）。

（4）“-initrd "file1 arg=foo,file2"”参数

仅用于多重启动中，使用 file1 和 file2 作为模块，并将“arg=foo”作为参数传递给第一个模块（file1）。

（5）“-dtb *file*”参数

使用 *file* 文件作为设备树二进制（dtb，device tree binary）镜像，在启动时将其传递给客户机内核。

19. -serial 串口重定向

“-serial *dev*”参数将客户机的串口重定向到宿主机的字符型设备 *dev* 上。可以重复多次使用“-serial”参数，以便为客户机模拟多个串口，最多可以达到 4 个串口（ttyS0～ttyS3）。

在默认情况下，如果客户机工作在图形模式，则串口被重定向到虚拟控制台（vc，viruialtual console），按“Ctrl+Alt+3”组合键可以切换到该串口；如果客户机工作在非图形模式下（使用了“-nographics”参数），串口默认被重定向到标准输入输出（stdio）。还可以将串口重定向到一个文件中，如“-serial file:myserial.log”参数就将串口输出重定向到当前目录的 myserial.log 文件中。如果将客户机的内核输出也重定向到串口，那么就可以将内核打印的信息都保存到 myserial.log 文件中了。特别是当客户机系统崩溃时，这样保存的串口输出日志文件可以辅助我们分析系统崩溃时的具体状态。

对于串口重定向，可以选择很多种设备（*dev*）作为重定向的输出，下面简单介绍其中的几种。

（1）vc

虚拟控制台（virtual console），这是默认的选择。与“-monitor”重定向监控器输出类似，还可以指定串口重定向的虚拟控制台的宽度和长度，如“vc:800x600”表示宽度、长度分别为 800 像素、600 像素。

（2）pty

重定向到虚拟终端（pty），系统默认自动创建一个新的虚拟终端。

（3）none

不重定向到任何设备。

（4）null

重定向到空的设备。

（5）/dev/XXX

使用宿主机系统更多终端设备（如 /dev/ttyS0）。

（6）file:*filename*

重定向到 *filename* 这个文件中，只能保存串口输出，不能输入字符进行交互。

（7）stdio

重定向到当前的标准输入输出。

（8）pipe:*filename*

重定向到 *filename* 名字的管道。

（9）其他

可以将串口重定向到 TCP 或 UDP 建立的网络控制台中，还可以重定向到 Unix Domain Socket。

20. 调试相关的参数

QEMU 中也有很多与调试相关的参数，下面简单介绍其中的几个参数。

（1）-singlestep

以单步执行的模式运行 QEMU 模拟器。

（2）-S

在启动时并不启动 CPU，需要在 monitor 中运行“c”（或“cont”）命令才能继续运行。它可以配合“-gdb”参数一起使用，启动后，让 GDB 远程连接到 QEMU 上，然后再继续运行。

（3）-gdb *dev*

运行 GDB 服务端（gdbserver），等待 GDB 连接到 *dev* 设备上。典型的连接可能是基于 TCP 协议的，也可能是基于 UDP 协议、虚拟终端（pty），甚至是标准输入输出（stdio）的。“-gdb”参数配置可以让内核开发者很方便地使用 QEMU 运行内核，然后用 GDB 工具连接上去进行调试（debug）。

在 qemu 命令行中使用 TCP 方式的“-gdb”参数，示例如下：

```
[root@kvm-host ~]# qemu-system-x86_64 -enable-kvm -cpu host -kernel /boot/vm-
    linuz-4.9.6 -initrd /boot/initramfs-4.9.6.img -gdb tcp::1234 -S
```

在本机的 GDB 中可以运行如下命令连接到 qemu 运行的内核上去，当然如果是远程调试就需要添加一些网络 IP 地址的参数。

```
(gdb) target remote :1234
```

而在使用标准输入输出（stdio）时，允许在 GDB 中执行 QEMU，然后通过管道连接到客户机中。例如可以用如下的方式来使用：

```
(gdb) target remote | exec qemu-system-x86_64 -gdb stdio -hda rhel7.img -smp 2 -m 1024
```

（4）-s

“-s”参数是“-gdb tcp::1234”的简写表达方式，即在 TCP 1234 端口打开一个 GDB 服务器。

（5）-d

将 QEMU 的日志保存在 /tmp/qemu.log 中，以便调试时查看日志。

（6）-D *logfile*

将 QEMU 的日志保存到 *logfile* 文件中（而不是“-d”参数指定的 /tmp/qemu.log）中。

（7）-watchdog *model*

创建一个虚拟的硬件看门狗（watchdog）设备。对于一个客户机而言，只能启用一个看门狗。在客户机中必须有看门狗的驱动程序，并周期性地轮询这个看门狗，否则客户机将会被重启。“*model*”选项是QEMU模拟产生的硬件看门狗的模型，一般有两个可选项“ib700”(iBASE 700）和“i6300esb”(Intel 6300ESB I/O controller hub)。使用“-watchdog?”可以查看所有可用的硬件看门狗模型的列表。命令行示例如下：

```
[root@kvm-host ~]# qemu-system-x86_64 -watchdog help
ib700       iBASE 700
i6300esb    Intel 6300ESB
```

查看客户机中内核是否支持这些看门狗，在客户机中命令行如下：

```
[root@kvm-guest ~]# grep -i i6300esb /boot/config-3.10.0-514.el7.x86_64
CONFIG_I6300ESB_WDT=m
[root@kvm-guest ~]# grep -i ib700 /boot/config-3.10.0-514.el7.x86_64
CONFIG_IB700_WDT=m
```

（8）-watchdog-action *action*

“*action*”选项控制QEMU在看门狗定时器到期时的动作。默认动作是“reset”，它表示“暴力”重置客户机（让客户机掉电然后重启）。一些可选的动作包括：“shutdown”表示正常关闭客户机系统，“poweroff”表示正常关闭系统后再关闭电源，“pause”表示暂停客户机，“debug”表示打印出调试信息然后继续运行，“none”表示什么也不做。看门狗相关的一个示例参数如下：

```
-watchdog i6300esb -watchdog-action pause
```

（9）-trace-unassigned

跟踪未分配的内存访问或未分配的I/O访问，并记录到标准错误输出（stderr)。

（10）-trace [[enable=]pattern][,event=file][,file=logfile]

指定一些跟踪的选项。其中“event=*file*”中的*file*文件的格式必须是每行包含一个事件（event）的名称，其中所有的事件名称都已在QEMU源代码中的“trace-events”文件中列出来了。“event=*file*”这个选项只有在QEMU编译时指定的跟踪后端（tracing backend）为“simple”“ftrace”或“stderr”时才可用。编译QEMU的配置命令示例如下：

```
[root@kvm-host qemu]# ./configure --target-list=x86_64-softmmu --enable-docs
    --enable-libusb --enable-trace-backends=simple
<!-- 省略其他输出信息 -->
Trace backends     simple
Trace output file trace-<pid>
```

“file=*logfile*”选项是将跟踪的日志输出到*logfile*文件中。该选项只有在QEMU编译时选择了“simple”作为跟踪后端时才可用。

9.6 本章小结

在前面几章介绍了QEMU/KVM的设备高级管理功能、内存管理技巧、迁移等高级功能之后，本章继续介绍了KVM中的其他高级功能。首先介绍了比较前沿的KVM嵌套虚拟化技术，接着介绍了包括SMEP特性、cgroups管理、SELinux/sVirt等在内的KVM安全相关的特性，再介绍了包括AVX/AVX2/AVX512、ASE-NI等在内CPU指令相关内容，最后介绍了qemu监控器的使用以及qemu命令行的各种常用参数。

第三篇 *Part 3*

性能测试与调优

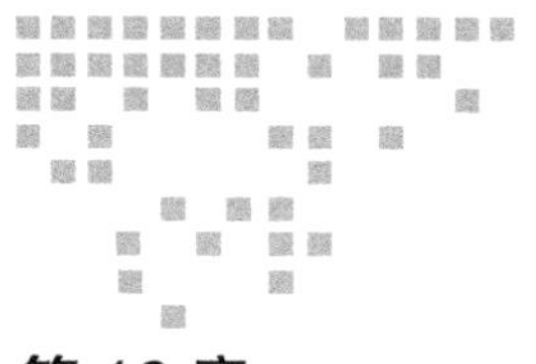

Chapter 10 第 10 章

KVM 性能测试及参考数据

系统虚拟化有很多好处，如提高物理资源利用率、更方便系统资源的监控和管理、提高系统运维的效率、节约硬件投入的成本等。那么，在真正实施生产环境的虚拟化时，到底应选择哪种虚拟化方案呢？选择商业软件 VMware ESXi，还是开源的 KVM、Xen，或者是微软的 Hyper-V，再或者是其他的虚拟化方案？在进行虚拟化方案的选择时，需要重点考虑的因素中至少有两个是至关重要的：虚拟化方案的功能和性能，这二者缺一不可。功能是实现虚拟化的基础，而性能是虚拟化效率的关键指标。即便是功能非常丰富的虚拟化技术，如果它的性能非常不好，我们也很难想象将其应用到生产环境中的效果到底是“利大于弊”还是“弊大于利”。

在前面的章节中，已经介绍了 QEMU/KVM 虚拟化中的很多概念、功能及基本原理，本章将介绍如何测试 KVM 虚拟化的性能，并分享一些测试数据供读者参考。

10.1 虚拟化性能测试简介

虚拟化性能测试包括的范围比较广泛，可能包含对 CPU、内存、网络、磁盘的性能测试，可能包含虚拟客户机动态迁移时的性能测试，也可能需要考虑多种物理平台上的性能测试，还可能需要考虑很多个虚拟客户机运行在同一个宿主机上时的性能测试。目前，有一些针对各个虚拟化软件的性能分析工具（profiling），也有一些衡量虚拟化系统中单个方面性能的基准测试工具（benchmark），不过还没有一个能集成所有性能测试于一体的、比较权威的、专门针对虚拟化的性能测试工具。由于虚拟化性能测试涉及计算机系统的方方面面，而且没有一个标准化的测试工具，因此，虚拟化性能测试与性能分析也是一个比较具有挑战性的工程研究领域。

虚拟化性能测试，初看起来是比较复杂和难以操作的，不过，只要细心研究并从用户的角度出发，会发现虚拟化性能测试也并不是多么的高深。对于绝大多数普通用户来说，他们所接触到的无非是一些应用软件（如微软的 Office 办公套件、杀毒软件等）和互联网中的网页（如 Google、必应、百度等），所以，不管是否使用虚拟化，终端用户最关心的还是实际使用的应用软件和互联网站点的性能。应用软件、网络站点的性能直接关系到用户体验。从这个角度来看，在虚拟化环境中，只要能保证普通应用程序的性能良好，自然就能为用户带来良好的性能体验。

评价一个系统的性能一般可以用响应时间（response time）、吞吐量（throughput）、并发用户数（concurrent users）和资源占用率（utilization）等几个指标来衡量。下面简单介绍一下这几个指标的含义。

1）响应时间指的是客户端从发出请求到得到响应的整个过程所花费的时间。响应时间是用户能感受到的最直接、最关键的性能指标，试想，对于一个网页，尽管其中内容、质量比较良好，但是每次在浏览器中输入 URL 后需要 10 分钟才能得到响应打开网页，这样的网页你愿意再次访问吗？

2）吞吐量指的是在一次性能测试过程中网络上传输的数据量的总和。在一定的时间长度内，系统能达到的吞吐量当然是越大越好，因为吞吐量越大为用户传输的数据越多。

3）并发用户数指的是同时使用一个系统服务的用户数量。对于一个系统来说，能支持的并发用户数当然是越多越好。2011 年 6 月推出的 12306 铁路购票网站，在 2012 年春节之前不久的时候，由于春运车票紧张，同时登录网站购票的人很多，而没买到票的人会不停地刷新网页，并发用户数量达到很大的数量级别，从而导致 12306 网站几乎瘫痪，要么完全打不开网页，要么需要花费几分钟才能打开网页。

4）资源利用率指的是在使用某项服务时，客户端和服务器端物理资源占用情况，包括 CPU、内存等的利用率。在达到同样的响应时间、吞吐量和并发用户数的指标时，系统的资源利用率当然是越小越好。例如，我们在使用一个应用程序时，都不希望它将我们宝贵的 CPU 和内存全都占用，因为同一个系统还需要并行运行其他的程序。

系统中应用程序的数量和类型都非常多，如 Office 等办公软件、数据库服务器软件、文件存储系统、Web 服务、缓存服务、邮件服务、科学计算服务、各种单机的或网络版的游戏，等等。应用程序不但数量众多，而且它们对使用系统的使用特点各不相同，有 CPU 密集型的（如科学计算），有网络 I/O 密集型的（如 Web 服务），也有磁盘 I/O 密集型的（如数据库服务），也有内存密集型的（如缓存服务）。功能相似的应用程序，使用不同编程语言来开发，其性能差别可能很大，而且，选择不同的中间件（middle ware）来部署同一套应用程序，其性能也很可能大不相同。所以，要想衡量 KVM 虚拟化的性能，最直接的方法就是：将准备实施虚拟化的系统中运行的应用程序迁移到 KVM 虚拟客户机中试运行，如果性能良好且稳定，则可以考虑真正实施该系统的虚拟化。

尽管系统中运行的应用程序可能是数量繁多，种类也千差万别，但是它们几乎都会使用 CPU、内存、网络、磁盘等基本的子系统。在本章中，主要对 KVM 虚拟化中的几个最重要的子系统进行性能对比测试，具体方法是：在非虚拟化的原生系统（native）中执行某个基准测试程序，然后将该测试程序放到与原生系统配置相近的虚拟客户机中执行，对比在虚拟化和非虚拟化环境中该测试程序执行的性能。由于 QEMU/KVM 的性能测试与硬件配置、测试环境参数、宿主机和客户机系统的种类和版本等都有千丝万缕的联系，而且性能测试本身也很可能存在一定的误差，故本章展示的部分测试结果可能在不同的测试环境中并不能重现，本章中的所有测试数据和结论都仅供读者参考。在实施 KVM 虚拟化之前，请以实际应用环境中的测试数据为准。

10.2 CPU 性能测试

10.2.1 CPU 性能测试工具

CPU 是计算机系统中最核心的部件，CPU 的性能直接决定了系统的计算能力，故对 KVM 虚拟化进行性能测试首先选择对客户机中 CPU 的性能进行测试。任何程序的执行都会消耗 CPU 资源，所以任何程序几乎都可以作为衡量 CPU 性能的基准测试工具，不过最好选择 CPU 密集型的测试程序。有很多的测试程序可用于 CPU 性能的基准测试，包括 SPEC 组织的 SPEC CPU 和 SPECjbb 系列、UnixBench、SysBench、PCMark、PC 内核编译、Super PI 等。下面对其中的几种进行简单的介绍。

1. SPEC CPU2006

SPEC（Standard Performance Evaluation Corporation）是一个非营利性组织，专注于创建、维护和支持一系列标准化的基准测试程序（benchmark），让这些基准测试程序可以应用于高性能计算机的性能测试。IT 界的许多大公司，如 IBM、Microsoft、Intel、HP、Oracle、Cisco、EMC、华为、联想、中国电信等，都是 SPEC 组织的成员。针对不同的测试重点，SPEC 系列的基准测试有不同的工具，如测试 CPU 的 SPEC CPU、测试 Java 应用的 SPECjbb、测试电源管理的 SPECpower、测试 Web 应用的 SPECweb、测试数据中心虚拟化服务器整合的 SPECvirt_sc 等。相对来说，SPEC 组织的各种基准测试工具在业界的口碑都比较良好，也具有一定的权威性。

SPEC CPU2006 是 SPEC CPU 系列的最新版本，之前的版本有 CPU2000、CPU95 等，其官方主页是 http://www.spec.org/cpu2006。SPEC CPU2006 既支持在 Linux 系统上运行又支持在 Windows 系统上运行，是一个非常强大的 CPU 密集型的基准测试集合，里面包含分别针对整型计算和浮点型计算的数十个基准测试程序[⊖]。在 SPEC CPU2006 的测试中，有 bzip2 数据压缩测试（401.bzip2）、人工智能领域的象棋程序（458.sjeng）、基于隐马尔可夫

⊖ SPEC CPU2006 中针对整型计算的基准测试，见 http://www.spec.org/cpu2006/CINT2006/，针对浮点型计算的基准测试，见 http://www.spec.org/cpu2006/CINT2006/。

模型的蛋白质序列分析（456.hmmer）、实现 H.264/AVC 标准的视频压缩（464.h264ref）、2D 地图的路径查找（473.astar）、量子化学中的计算（465.tonto）、天气预报建模（481.wrf）、来自卡内基梅隆大学的一个语音识别程序（482.sphinx3）等。当然，其中一些基准测试也是内存密集型的，如 429.mcf 的基准测试既是 CPU 密集型又是内存密集型的。在测试完成后，可以生成 HTML、PDF 等格式的测试报告。测试报告中有分别对整型计算和浮点型计算的总体分数，并且有各个具体的基准测试程序的分数。分别在非虚拟化原生系统和 KVM 虚拟化客户机系统中运行 SPEC CPU2006，然后对比它们的得分，即可大致衡量虚拟化中 CPU 的性能。

2. SPECjbb2015

SPECjbb2015 是 SPEC 组织的一个用于评估服务器端 Java 应用性能的基准测试程序，其官方主页为 https://www.spec.org/jbb2015。在其之前还有 SPECjbb2013、SPECjbb2005 等版本。该基准测试主要测试 Java 虚拟机（JVM）、JIT 编译器、垃圾回收、Java 线程等方面，也可对 CPU、缓存、内存结构的性能进行度量。SPECjbb2015 既是 CPU 密集型也是内存密集型的基准测试程序，它利用 Java 应用能够比较真实地反映 Java 程序在某个系统上的运行性能。

3. UnixBench

UnixBench（即曾经的 BYTE 基准测试）为类 UNIX 系统提供了基础的衡量指标，其官方主页为 http://code.google.com/p/byte-unixbench。它并不是专门测试 CPU 的基准测试，而是测试了系统的许多方面，它的测试结果不仅会受系统的 CPU、内存、磁盘等硬件的影响，也会受操作系统、程序库、编译器等软件系统的影响。UnixBench 中包含了许多测试用例，如文件复制、管道的吞吐量、上下文切换、进程创建、系统调用、基本的 2D 和 3D 图形测试，等等。

4. SysBench

SysBench 是一个模块化的、跨平台的、支持多线程的基准测试工具，它主要评估的是系统在模拟的高压力的数据库应用中的性能，其官方主页为 http://sysbench.sourceforge.net。其实，SysBench 并不是一个完全 CPU 密集型的基准测试，它主要衡量了 CPU 调度器、内存分配和访问、文件系统 I/O 操作、线程创建等多方面的性能。

5. PCMark

PCMark 是由 Futuremark 公司开发的针对一个计算机系统整体及其部件进行性能评估的基准测试工具，其官方网站是 http://www.futuremark.com/benchmarks/pcmark。在 PCMark 的测试结果中，会对系统整体和各个测试组件进行评分，得分的高低直接反映其性能的好坏。目前，PCMark 只能在 Windows 系统中运行。PCMark 分为几个不同等级的版本，其中基础版是可以免费下载和使用的，而高级版和专业版都需要支付一定的费用才能合法使用。

6. 内核编译

内核编译（kernel build 或 kernel compile）就是以固定的配置文件对 Linux 内核代码进行编译，它是 Linux 开发者社区（特别是内核开发者社区）中最常用的系统性能测试方法，也可以算作一个典型的基准测试。内核编译是 CPU 密集型，也是内存密集型，而且是磁盘 I/O 密集型的基准测试。在使用 make 命令进行编译时可以添加"-j N"参数来使用 N 进程协助编译，所以它也可以评估系统在多处理器（SMP）系统中多任务并行执行的可扩展性。只要使用相同的内核代码、相同的内核配置、相同的命令进行编译，然后对比编译时间的长短，即可评价系统之间的性能差异。另外，关于 Linux 内核编译步骤可以参考 3.3.3 节中的详细介绍。

7. Super PI

Super PI 是一个计算圆周率 π 的程序，是一个典型的 CPU 密集型基准测试工具。Super PI 最初是 1995 年日本数学家金田康正[⊖]用于计算圆周率 π 的程序，当时他将圆周率计算到了小数点后 4G（2^{32}）个数据位。Super PI 基准测试程序的原理非常简单，它根据用户的设置计算圆周率 π 的小数点后 N 个位数，然后统计消耗的时间，根据时间长度的比较就能初步衡量 CPU 计算能力的优劣。Super PI 最初是一个 Windows 上的应用程序，可以从 http://www.superpi.net 网站下载，目前支持计算小数点后 32M（2^{25}）个数据位。不过，目前也有 Linux 版本的 Super PI，可以从 http://superpi.ilbello.com 网站下载，它也支持计算到小数点后 32M 个数据位。目前的 Super PI 都支持单线程程序，可以执行多个实例从而实现多个计算程序同时执行。另外，也有一些测试程序实现了多线程的 Super PI，如 Hyper PI（http://virgilioborges.com.br/hyperpi）。

在实际生产环境中，运行实际的 CPU 密集型程序（如可以执行 MapReduce 的 Hadoop）当然是测试 CPU 性能较好的方法。不过，为了体现更普通而不是特殊的应用场景，本节选择了两个基准测试程序用于测试 KVM 虚拟化中的 CPU 性能，包括比较权威的 SPEC CPU2006，以及 Linux 社区中常用的内核编译。

10.2.2 测试环境配置

对于本章的所有性能测试，若没有特别注明，都使用本节所示的配置。

性能测试的硬件环境为一台使用 Intel(R) Xeon(R) CPU E5-2699 v4 处理器的服务器，在 BIOS 中打开了 Intel VT 和 VT-d 技术的支持，还默认开启了 Intel CPU 的超线程（Hyper-threading）技术。测试中的宿主机内核是根据手动下载的 Linux 4.9.6 版本的内核源代码自己编译的，qemu 使用的是 2.7.0 版本。用于对比测试的原生系统和客户机系统使用完全相同的操作系统，都是使用默认配置的 RHEL 7.3 Linux 系统。更直观的测试环境基本描述如表 10-1 所示。

⊖ 金田康正（Yasumasa Kanada）是日本的一个数学家，他因为多次打破计算圆周率 π 的小数点位数的纪录而出名。2002 年到 2009 年间，他保持的计算圆周率 π 小数点后的位数的世界纪录为 1.2411 T（$1T=10^9$）位。

表 10-1　CPU 性能测试环境描述

测试环境	描　述
hardware	Platform with 2 sockets Intel Xeon E5-2699 v4, VT-x enabled, VT-d enabled, HT enabled
host kernel	Linux kernel 4.9.6（x86_64 arch, EPT/VPID enabled, THP Never，KSM、NUMA service disabled）
qemu-kvm	qemu 2.7.0
native OS	RHEL 7.3
guest OS	RHEL 7.3

在 KVM 宿主机中，EPT、VPID 等虚拟化特性是默认处于打开状态的（可参考 5.3.2 节），透明大页（THP）的特性也默认处于打开状态，这几个特性对本次测试结果的影响是比较大的。注意：本章性能测试并没有完全使用处理器中的所有 CPU 资源，而是对服务器上的 CPU 和内存资源都进行了限制，KVM 宿主机限制使用了 4 个 CPU 线程和 20 GB 内存，每个 vCPU 绑定在不同的物理 CPU（pCPU）上[⊖]，原生系统使用 4 个 CPU 线程和 16GB 内存。为了防止图形桌面对结果的影响，原生系统、KVM 宿主机、KVM 客户机系统的运行级别都是 3（带有网络的多用户模式，不启动图形界面）。为了避免 NUMA、KSM、透明大页等（见第 7 章）对系统性能的影响（不一定是正面的影响，本章后面会提到），我们将 numad、ksm、ksmtuned 服务关闭，将透明大页功能设置成“never”。

```
[root@kvm-host ~]# systemctl stop numad.service ksm.service ksmtuned.service
[root@kvm-host ~] systemctl status numad.service ksm.service ksmtuned.service
\u25cf numad.service - numad - The NUMA daemon that manages application locality.
        Loaded: loaded (/usr/lib/systemd/system/numad.service; disabled; vendor
            preset: disabled)
        Active: inactive (dead)

\u25cf ksm.service - Kernel Samepage Merging
        Loaded: loaded (/usr/lib/systemd/system/ksm.service; enabled; vendor
            preset: enabled)
        Active: inactive (dead) since Thu 2017-05-04 19:58:41 CST; 6s ago
        Process: 4103 ExecStop=/usr/libexec/ksmctl stop (code=exited, status=0/
             SUCCESS)
        Process: 946 ExecStart=/usr/libexec/ksmctl start (code=exited, status=0/
            SUCCESS)
    Main PID: 946 (code=exited, status=0/SUCCESS)

May 01 15:34:59 kvm-host2 systemd[1]: Starting Kernel Samepage Merging...
May 01 15:34:59 kvm-host2 systemd[1]: Started Kernel Samepage Merging.
May 04 19:58:41 kvm-host2 systemd[1]: Stopping Kernel Samepage Merging...
May 04 19:58:41 kvm-host2 systemd[1]: Stopped Kernel Samepage Merging.

\u25cf ksmtuned.service - Kernel Samepage Merging (KSM) Tuning Daemon
       Loaded: loaded (/usr/lib/systemd/system/ksmtuned.service; enabled; vendor
```

⊖　见 5.2.5 节。

```
        preset: enabled)
      Active: inactive (dead) since Thu 2017-05-04 19:58:41 CST; 6s ago
      Process: 962 ExecStart=/usr/sbin/ksmtuned (code=exited, status=0/SUCCESS)
    Main PID: 986 (code=killed, signal=TERM)

May 01 15:34:59 kvm-host2 systemd[1]: Starting Kernel Samepage Merging (KSM) Tuning
    Daemon...
May 01 15:35:00 kvm-host2 systemd[1]: Started Kernel Samepage Merging (KSM) Tuning
    Daemon.
May 04 19:58:41 kvm-host2 systemd[1]: Stopping Kernel Samepage Merging (KSM) Tuning
    Daemon...
May 04 19:58:41 kvm-host2 systemd[1]: Stopped Kernel Samepage Merging (KSM) Tuning
    Daemon.
[root@kvm-host ~]# echo never > /sys/kernel/mm/transparent_hugepage/enabled
[root@kvm-host ~]# cat /sys/kernel/mm/transparent_hugepage/enabled
always madvise [never]
```

同时，将 NUMA node 1 节点设置成可以移除（即表 10-2 中"movable_node=1"，内存热插拔功能参见 6.3.3 节），然后在系统启动以后将 node 1 上的 CPU 都 offline。这样就相当于将 NUMA 1 节点拔除，使得客户机和宿主机在体系架构上都是 SMP，从而公平地比较。

在本次测试中，对各个 Linux 系统的内核选项添加的额外配置如表 10-2 所示。它们既可以设置在 GRUB 配置文件中，也可以在系统启动到 GRUB 界面时进行编辑。

表 10-2 CPU 性能测试的内核选项配置

内核选项	配 置
host kernel option	movable_node=1 ⊖ mem=20G 3
native kernel option	movable_node=1 maxcpus=4 mem=16G 3
guest kernel option	3 (i.e. run level is 3 in guest)

在本次测试中，为客户机分配了 4 个 vCPU 和 16GB 内存，与原生系统保持一致，以便进行性能对比（运行客户机（16G 内存）时，宿主机总的内存为 20G，留 4G 给宿主机使用，以免其与客户机竞争内存资源而影响测试准确性）。由于 SPEC CPU2006 的部分基准测试会消耗较多的内存，例如在 429.mcf 执行时每个执行进程就需要 2GB 左右的内存，所以这里设置的内存数量是比较大的。将客户机的磁盘驱动设置为使用 virtio-blk 驱动，启动客户机的 qemu 命令行如下：

```
qemu-system-x86_64 -enable-kvm -cpu host -smp cpus=4,cores=4,sockets=1 -m 16G
    -drive file=./rhel7.img,format=raw,if=virtio,media=disk -drive file=./raw_
    disk.img,format=raw,if=virtio,media=disk -device virtio-net-pci,netdev=nic0
    -netdev bridge,id=nic0,br=virbr0 -daemonize -name perf_test -display vnc=:1
```

为了让客户机尽可能地利用宿主机 CPU 的特性，我们使用了"-cpu host"参数。(可参

⊖ 指示将 NUMA node 1 设置为内存可热插拔的节点，从而在系统启动时候默认将 node 1 上的内存都 offline。

考 5.2.4 节）。

10.2.3 性能测试方法

本节的 CPU 性能测试选取了 SPEC CPU2006 和内核编译这两个基准测试来对比 KVM 客户机与原生系统的性能。下面分别介绍在本次性能测试中使用的具体测试方法。

1. SPEC CPU2006

在获得 SPEC CPU2006 的测试源代码后，进入其主目录运行 install.sh 脚本，即可安装 SPEC CPU2006；然后通过 source 命令执行 shrc 脚本来配置运行环境；最后执行 bin/runspec 这个 Perl 脚本，即可正式开始运行基准测试。SPEC CPU2006 还提供了在 Windows 系统中可以执行的对应的 .bat 脚本文件。在 Linux 系统中，将这些基本执行步骤整合到一个 Shell 脚本中，如下：

```
#!/bin/bash
cd /root/cpu2006/
./install.sh
echo "starting SPECCPU2006 at $(date)"
source shrc
bin/runspec --action=validate -o all -r 4 -c \ my-example-linux64-amd64-icc17.
    cfg[⊖] all
echo "SPECCPU2006 ends at $(date)"
```

在本示例中，runspec 脚本用到的参数有：--action=validate 表示执行 validate 这个测试行为（包括编译、执行、结果检查、生成报告等步骤）；-o all 表示输出测试报告的文件格式为尽可能多的格式（包括 html、pdf、text、csv、raw 等）；-r 4（等价于 --rate --copies 4）表示本次将会使用 4 个并发进程执行 rate 类型的测试（这样可以最大限度地消耗分配的 4 个 CPU 线程资源）；--config xx.cfg 表示使用 xx.cfg 配置文件来运行本次测试；最后的 all 表示执行整型（int）和浮点型（fp）两种测试类型。runspec 的参数比较多，也比较复杂，可以参考其官方网站的文档[⊜]了解各个参数的细节。

在执行完上面整合的测试脚本后，在 SPEC CPU2006 的主目录下的 result 目录中就会出现关于本次运行测试的各种测试报告，本次示例使用的报告是 HTML 格式的 CINT2006.001.ref.pdf（对整型的测试报告）和 CFP2006.002.ref.pdf（对浮点型的测试报告）两个文件。在这两个报告文件中，在报告的第一部分中有总体的测试分数，在报告中部的结果表格中记录了各个具体的基准测试的得分情况。分别在非虚拟化的原生系统和 KVM 客户机系统执行 SPEC CPU2006，然后对比它们的测试报告中的分数即可得到对 KVM 虚拟化环境中 CPU 虚拟化性能的评估。

⊖ 笔者环境中使用的是 icc 编译器，读者使用 gcc 也是一样的。

⊜ 关于 SPEC CPU2006 的 runspec 的命令及其参数的细节，可以参考其官方网页：http://www.spec.org/cpu2006/Docs/runspec.html。

2. 内核编译

本次内核编译的基准测试采用的方法是：对 Linux 4.9.6 正式发布版本的内核进行编译，并用 time 命令对编译过程进行计时。关于内核编译测试中的内核配置，可以随意进行选择，只是需要注意：不同的内核配置，它们的编译时间长度可能会相差较大。内核编译过程可以参考 3.3.3 节中的详细介绍。执行 make 命令进行编译，用 time 命令计时，命令行操作如下：

```
[root@kvm-guest linux.git]# time make -j 4
<!-- 省略编译过程的输出信息；下面的时间只是演示需要，并非编译用的真实时间 -->
real    1m0.259s
user    0m18.103s
sys     0m3.825s
```

在 time 输出信息中，第 1 行 real 的时间标识表示实际感受到的从程序开始执行到程序终止所经过的时间长度，第 2 行 user 的时间表示 CPU 在用户空间执行的时间长度，第 3 行 sys 的时间表示 CPU 在内核空间执行的时间长度。本次内核编译测试所统计的时间是 time 命令输出信息的第 1 行（用 real 标识）中的时间长度。

10.2.4 性能测试数据

由于使用的硬件平台、操作系统、内核、qemu 等对本次 CPU 性能测试都有较大影响，而且本次仅仅使用了 Intel Xeon E5-2699 v4 处理器上的 4 个 CPU 线程，所以本次 CPU 性能测试数据并不代表该处理器的实际处理能力，测试数据中绝对值的参考意义不大，读者主要参考其中的相对值（即 KVM 客户机中的测试结果占原生系统中测试结果的百分比）。

1. SPEC CPU2006

在非虚拟化的原生系统和 KVM 客户机中，分别执行了 SPEC CPU2006 的 rate base 类型的整型和浮点型测试，总体结果如图 10-1 所示。测试的分数越高表明性能越好。由图 10-1 中的数据可知，通过 SPEC CPU2006 基准测试的度量，KVM 虚拟化客户机中 CPU 做整型计算的性能达到原生系统的 93.75%，浮点型计算的性能达到原生系统的 96.95%。

在 SPEC CPU2006 的整型计算测试中，各个细项基准测试的性能得分对比如图 10-2 所示。各个基准测试的结果都比较稳定，波动较小，客户机的得分与宿主机都很接近。

在 SPEC CPU2006 的浮点型计算测试中，各个基准测试的性能得分对比如图 10-3 所示。各细项得分客户机和宿主机都非常接近，其中有两项测试（433.milc 和 434.zeusmp）的对比还略大于 100%，相对比分最小的一项（416.gamess）也有 91.77%。

2. 内核编译

分别在原生系统和 KVM 客户机中编译 Linux 内核[⊖]，并记录所花费的时间。这里为了测试结果的准确性，内核编译时间都是测试了 3 次后计算的平均值，如图 10-4 所示。

⊖ Kernel 4.9.6. Default config。

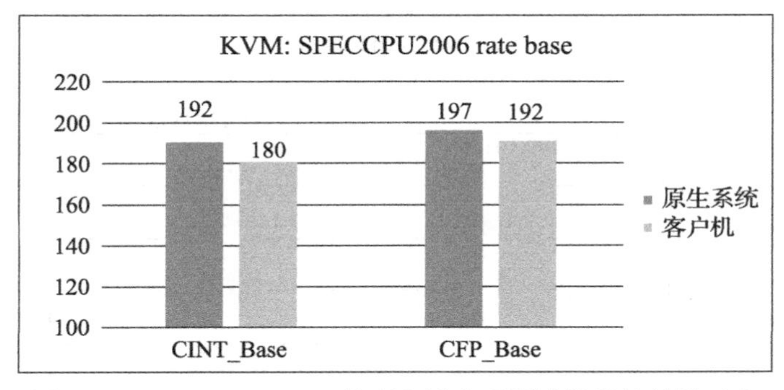

图 10-1 SPEC CPU2006 整型和浮点型测试的总体结果对比

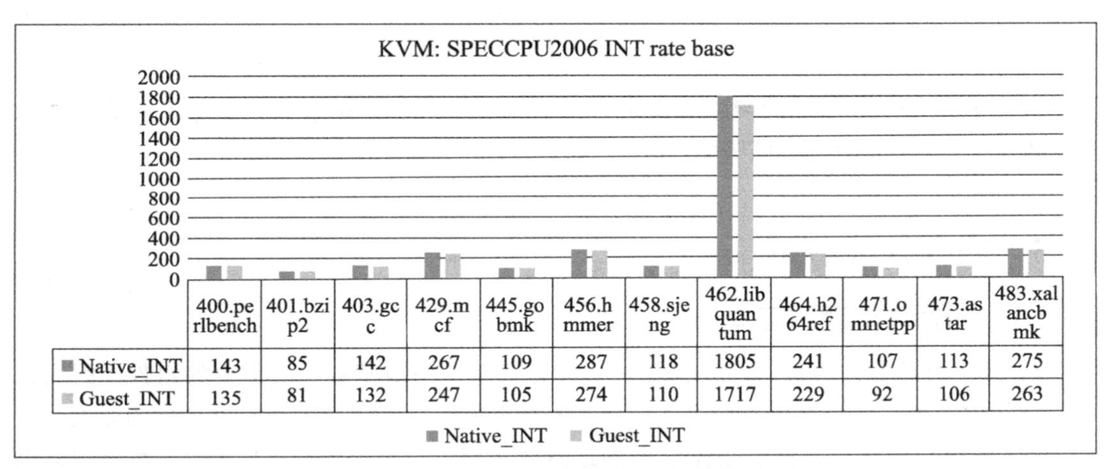

	400.perlbench	401.bzip2	403.gcc	429.mcf	445.gobmk	456.hmmer	458.sjeng	462.libquantum	464.h264ref	471.omnetpp	473.astar	483.xalancbmk
Native_INT	143	85	142	267	109	287	118	1805	241	107	113	275
Guest_INT	135	81	132	247	105	274	110	1717	229	92	106	263

图 10-2 SPEC CPU2006 整型测试数据的对比

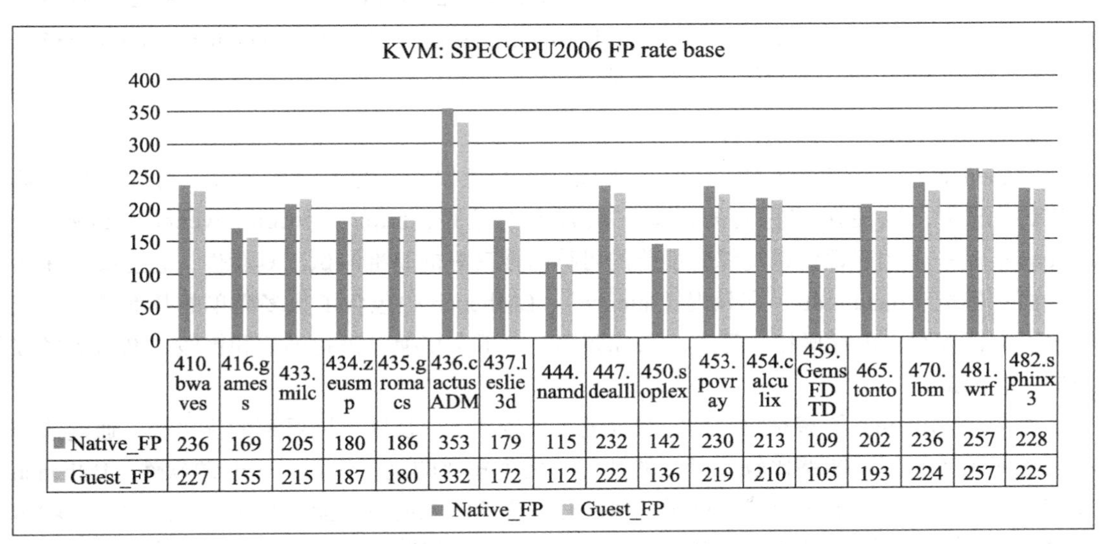

	410.bwaves	416.gamess	433.milc	434.zeusmp	435.gromacs	436.cactusADM	437.leslie3d	444.namd	447.dealII	450.soplex	453.povray	454.calculix	459.GemsFDTD	465.tonto	470.lbm	481.wrf	482.sphinx3
Native_FP	236	169	205	180	186	353	179	115	232	142	230	213	109	202	236	257	228
Guest_FP	227	155	215	187	180	332	172	112	222	136	219	210	105	193	224	257	225

图 10-3 SPEC CPU2006 浮点型测试数据的对比

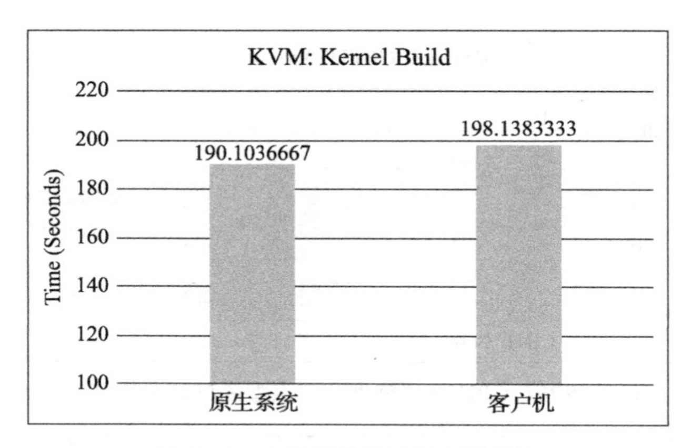

图 10-4 内核编译所需时间的对比

如图 10-4 所示，所用时间越短说明 CPU 性能越好。在本次示例中，总体来说，KVM 客户机中编译内核的性能为同等配置原生系统的 96% 左右。

10.3 内存性能测试

10.3.1 内存性能测试工具

与 CPU 的重要性类似，内存也是一个计算机系统中最基本、最重要的组件，因为任何应用程序的执行都需要用到内存。将内存密集型的应用程序分别在非虚拟化的原生系统和 KVM 客户机中运行，然后根据它们的运行效率就可以粗略评估 KVM 的内存虚拟化性能。对于内存的性能测试，可以选择 10.2.1 节中提到的 SPECjbb2015、SysBench、内核编译等基准测试（因为它们同时也是内存密集型的测试），还可以选择 LMbench、Memtest86+、STREAM 等测试工具。下面简单介绍几种内存性能测试工具。

1. LMbench

LMbench 是一个使用 GNU GPL 许可证发布的免费和开源的自由软件，可以运行在类 UNIX 系统中，以便比较它们的性能，其官方网址是：http://www.bitmover.com/lmbench。LMbench 是一个用于评价系统综合性能的可移植性良好的基准测试工具套件，它主要关注两个方面：带宽（bandwidth）和延迟（latency）。LMbench 中包含了很多简单的基准测试，它覆盖了文档读写、内存操作、管道、系统调用、上下文切换、进程创建和销毁、网络等多方面的性能测试。

另外，LMbench 能够对同级别的系统进行比较测试，反映不同系统的优劣势，通过选择不同的库函数我们就能够比较库函数的性能。更为重要的是，作为一个开源软件，lMbench 提供一个测试框架，假如测试者对测试项目有更高的测试需要，能够修改少量的源代码就达到目的（比如现在只能评测进程创建、终止的性能和进程转换的开销，通过修改部分代码即可实现线程级别的性能测试）。

2. Memtest86+

Memtest86+ 是基于由 Chris Brady 所写的著名的 Memtest86 改写的一款内存检测工具，其官方网址为：http://www.memtest.org。该软件的目标是提供一个可靠的软件工具，进行内存故障检测。Memtest86+ 同 Memtest86 一样是基于 GNU GPL 许可证进行开发和发布的，它也是免费和开源的。

Memtest86+ 对内存的测试不依赖于操作系统，它提供了一个可启动文件镜像（如 ISO 格式的镜像文件），将其烧录到软盘、光盘或 U 盘中，然后启动系统时就从软驱、光驱或 U 盘中的 Memtest86+ 启动，之后就可以对系统的内存进行测试。在运行 Memtest86+ 时，操作系统都还没有启动，所以此时的内存基本上是未使用状态（除了 BIOS 等可能占用了小部分内存）。一些高端计算机主板甚至将 Mestest86+ 默认集成到 BIOS 中。

3. STREAM

STREAM 是一个用于衡量系统在运行一些简单矢量计算内核时能达到的最大内存带宽和相应的计算速度的基准测试程序，其官方网址为：http://www.cs.virginia.edu/stream。STREAM 可以运行在 DOS、Windows、Linux 等系统上。另外，STREAM 的作者还开发了对 STREAM 进行扩充和功能增强的工具 STREAM2，可以参考其主页：http://www.cs.virginia.edu/stream/stream2。

本节对 KVM 内存虚拟化性能的测试，使用了 STREAM 这个基准测试工具。

10.3.2　测试环境配置

对 KVM 的内存虚拟化性能测试的测试环境配置与 10.2.2 节的环境配置基本相同，具体可以参考表 10-1 和表 10-2。

宿主机中启动客户机的命令也与 10.2.2 节相同。

```
qemu-system-x86_64 -enable-kvm -cpu host -smp cpus=4,cores=4,sockets=1 -m 16G
    -drive file=./rhel7.img,format=raw,if=virtio,media=disk -drive file=./raw_
    disk.img,format=raw,if=virtio,media=disk -device virtio-net-pci,netdev=nic0
    -netdev bridge,id=nic0,br=virbr0 -daemonize -name perf_test -display vnc=:1
```

值得注意的是，本次测试的 Intel 平台是支持 EPT 和 VPID 的，对于内存测试，只要硬件支持，KVM 也默认使用了 EPT、VPID。EPT 和 VPID（特别是 EPT）对 KVM 中内存虚拟化的加速效果是非常明显的，所以要保证能使用它们（可参考 5.3.2 节）。

10.3.3　性能测试方法

本节选取 STREAM 工具来进行内存的性能测试，分别在原生系统和 KVM 客户机系统中执行 STREAM 基准测试，然后对比各项测试的得分即可评估 KVM 内存虚拟化的性能。

1. 下载 STREAM

从其官方网址 https://www.cs.virginia.edu/stream/FTP/Code/ 下载 STREAM 测试程序，截至笔者写作时，其最新为 5.10 版本。

2. 编译 STREAM

我们使用 C 语言版本的 stream.c（另有一个 stream.f，是 Fortune 语言版本），然后运行下面的 gcc 命令编译。这里解释一下几个编译选项。

- -DSTREAM_ARRAY_SIZE=30000000，根据源代码中的注释，其中：‘STREAM_ARRAY_SIZE’要根据实际的机器环境定义，以确保测试准确性，其确定的原则是：它要使得数组大小至少 3.8 倍于你的机器缓存大小。笔者环境的 L3 Cache 大约为 55M，所以指定这个大小为 30000000。具体换算方法，读者可以参照源代码中注释的例子。
- -O3，编译最优化。
- -fopenmp，使用 OpenMP（并发多线程接口）[⊖]。
- -mavx2 -march=core-avx2，笔者的机器是 Xeon Broadwell 平台，它已经支持 AVX2，所以编译以 AVX2 指令优化。

```
gcc -DSTREAM_ARRAY_SIZE=30000000 -O3 -fopenmp -mavx2 -march=core-avx2 stream.c -o
   stream
```

编译完以后，就获得了名为 stream 的可执行程序，直接运行它就可以获得 STREAM 基准测试的结果了。示例如下：

```
[root@kvm-host ~]# ./stream
-------------------------------------------------------------
STREAM version $Revision: 5.10 $
-------------------------------------------------------------
This system uses 8 bytes per array element.
-------------------------------------------------------------
Array size = 30000000 (elements), Offset = 0 (elements)
Memory per array = 228.9 MiB (= 0.2 GiB).
Total memory required = 686.6 MiB (= 0.7 GiB).
Each kernel will be executed 10 times.
 The *best* time for each kernel (excluding the first iteration)
 will be used to compute the reported bandwidth.
-------------------------------------------------------------
Number of Threads requested = 4
Number of Threads counted = 4
-------------------------------------------------------------
Your clock granularity/precision appears to be 1 microseconds.
Each test below will take on the order of 10143 microseconds.
   (= 10143 clock ticks)
Increase the size of the arrays if this shows that
```

⊖ http://www.openmp.org/resources/openmp-compilers/。

```
you are not getting at least 20 clock ticks per test.
-------------------------------------------------------------
WARNING -- The above is only a rough guideline.
For best results, please be sure you know the
precision of your system timer.
-------------------------------------------------------------
Function    Best Rate MB/s  Avg time     Min time     Max time
Copy:           46185.4     0.010459     0.010393     0.010690
Scale:          31227.9     0.015491     0.015371     0.015963
Add:            32065.5     0.022566     0.022454     0.022877
Triad:          33538.0     0.021568     0.021468     0.021666
-------------------------------------------------------------
Solution Validates: avg error less than 1.000000e-13 on all three arrays
-------------------------------------------------------------
```

可以看到，测试结果中包含了 Copy、Scale、Add、Triad 这 4 种内存操作的最优传输速率、平均时间、最大时间和最小时间的值。

在本次测试中，分别在原生系统和 KVM 客户机中执行 5 次基准测试，速率上取 Copy、Scale、Add、Triad 各自最大的一次，响应时间上，取平均值中各自最小的一次，作为比较值。

10.3.4　性能测试数据

同 10.2.4 节一样，这里实验的结果数据，由于限制了 CPU 和内存等资源，并不表示机器环境的绝对性能，而是注重虚拟化环境与原生环境在同等资源条件下的性能对比。

从图 10-5 可以看出，KVM 虚拟化中内存的访问带宽与原生系统相比都是比较接近的。Copy 操作甚至客户机表现还略微（可以忽略不计）好于原生系统，Scale 操作为原生系统的 95.93%，Add 操作为 94.72%，Triad 操作为 96.52%。这主要归功于硬件 EPT 支持。

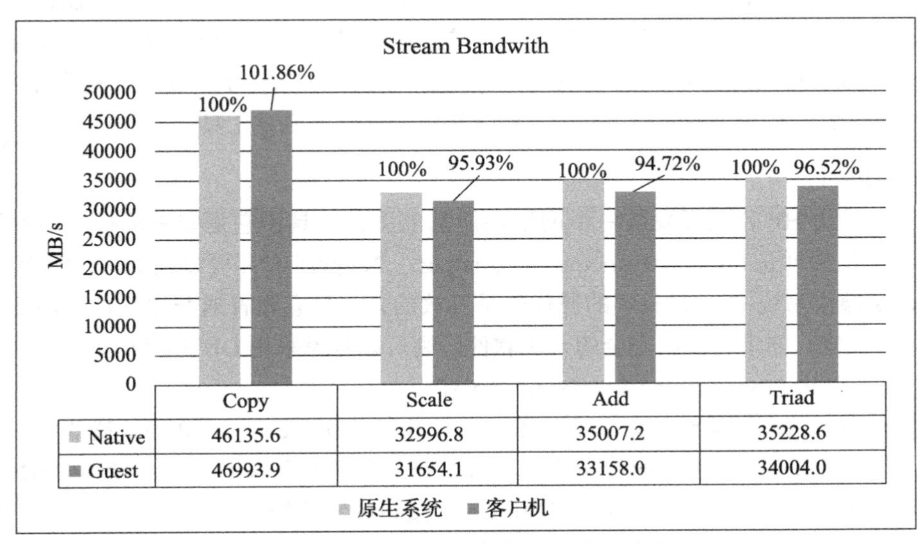

	Copy	Scale	Add	Triad
Native	46135.6	32996.8	35007.2	35228.6
Guest	46993.9	31654.1	33158.0	34004.0

图 10-5　STREAM 内存访问吞吐对比

而从图 10-6 访问时间上来看，客户机平均响应时间比原生系统的差值在 5% 左右；Copy case 甚至略好于原生系统（可以忽略不计）。

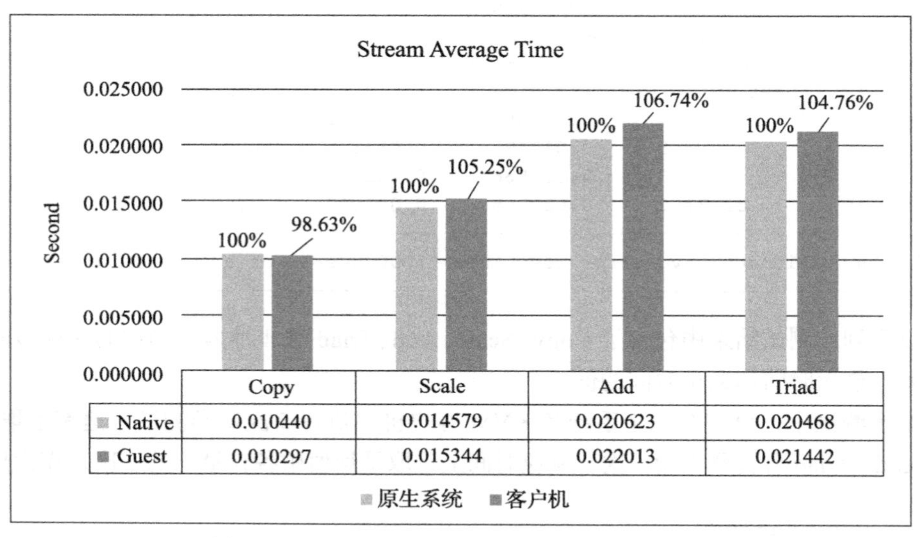

	Copy	Scale	Add	Triad
Native	0.010440	0.014579	0.020623	0.020468
Guest	0.010297	0.015344	0.022013	0.021442

图 10-6 STREAM 内存访问平均响应时间对比

10.4 网络性能测试

10.4.1 网络性能测试工具

如果 KVM 客户机中运行网络服务器对外提供服务，那么客户机的网络性能也是非常关键的。只要是需要快速而且大量的网络数据传输的应用都可以作为网络性能基准测试工具，可以是专门用于测试网络带宽的 Netperf、Iperf、NETIO、Ttcp 等，也可以是常用的 Linux 上的文件传输工具 SCP。下面简单介绍几种常用的网络性能测试工具。

1. Netperf

Netperf 是由 HP 公司开发的一个网络性能基准测试工具，它是非常流行网络性能测试工具，其官方主页是 http://www.netperf.org/netperf。Netperf 工具可以运行在 UNIX、Linux 和 Windows 操作系统中。Netperf 的源代码是开放的，不过它和普通开源软件使用的许可证协议不完全一样，如果想使用完全的开源软件，则可以考虑采用 GNU GPLv2 许可证发布的 netperf4 工具（http://www.netperf.org/svn/netperf4）。

Netperf 可以测试网络性能的多个方面，主要包括使用 TCP、UDP 等协议的单向批量数据传输模式和请求 - 响应模式的传输性能。Netperf 主要测试的项目包括：使用 BSD Sockets 的 TCP 和 UDP 连接（IPv4 和 IPv6）、使用 DLPI 接口的链路级别的数据传输、Unix Domain Socket、SCTP 协议的连接（IPv4 和 IPv6）。Netperf 采用客户机 / 服务器（Client/Server）的工作模式：服务端是 netserver，用来侦听来自客户端的连接，客户端是 netperf，用来向服务端发起网络测试。在客户端与服务端之间，首先建立一个控制连接，用于传递有关测试配置的信息和测试完成后的结果；在控制连接建立并传递了测试配置信息以后，客户端与服务端之间会另外再建立一个测试数据连接，用来传递指定测试模式的所有数据；当测试完成后数据连接就断开，控制连接会收集好客户端和服务端的测试结果，然后让客户端展示给用户。为了尽可能地模拟更多真实的网络传输场景，Netperf 有非常多的测试模式供选择，包括：TCP_STREAM、TCP_MAERTS、TCP_SENDFILE、TCP_RR、TCP_CRR、TCP_CC、UDP_STREAM、UDP_RR 等。

2. Iperf

Iperf 是一个常用的网络性能测试工具，它是用 C++ 编写的跨平台的开源软件，可以在 Linux、UNIX 和 Windows 系统上运行，其项目主页是：http://sourceforge.net/projects/iperf。Iperf 支持 TCP 和 UDP 的数据流模式的测试，用于衡量其吞吐量。与 Netperf 类似，Iperf 也实现了客户机 / 服务器模式，Iperf 有一个客户端和一个服务端，可以测量两端的单向和双向数据吞吐量。当使用 TCP 功能时，Iperf 测量有效载荷的吞吐带宽；当使用 UDP 功能时，Iperf 允许用户自定义数据包大小，并最终提供一个数据包吞吐量值和丢包值。另外，有一个项目叫 Iperf3（项目主页为 http://code.google.com/p/iperf），它完全重新实现了 Iperf，其目的是使用更小、更简单的源代码来实现相同的功能，同时也开发了可用于其他程序的一个函数库。

3. NETIO

NETIO 也是个跨平台的、源代码公开的网络性能测试工具，它支持 UNIX、Linux 和 Windows 平台，其作者关于 NETIO 的主页是：http://www.ars.de/ars/ars.nsf/docs/netio。NETIO 也是基于客户机 / 服务器的架构，它可以使用不同大小的数据报文来测试 TCP 和 UDP 网络连接的吞吐量。

4. SCP

SCP 是 Linux 系统上最常用的远程文件复制程序，它可以作为实际的应用来测试网络传输的效率。用 SCP 远程传输同等大小的一个文件，根据其花费时间的长短可以粗略评估出网络性能的好坏。

在本次网络性能测试中，采用 Netperf 基准测试工具来评估 KVM 虚拟化中客户机的网络性能。

10.4.2　测试环境配置

对 KVM 的网络虚拟化性能测试的测试环境配置与 10.2.2 节的环境配置基本相同，具体可以参考表 10-1 和表 10-2。略有不同的是，本节中，宿主机内存设置得比较大，40G。这是因为笔者发现，在以 VT-d 分配 VF 给客户机时，客户机会预分配 16G 内存（笔者也不确定这是否是 bug)，如果只分配 20G 内存给宿主机，就会因内存吃紧而频繁交换内存页（Swap），从而造成系统性能急剧下降。所以，为了避免这种情况，也为了公平比较，所有的客户机类型测试中，宿主机都设置 40G 内存。

测试中用到的网卡为 Intel X520 SR2（其以太网控制器为 82599ES），10G 的光纤网卡，驱动为 ixgbe。

在测试 SR-IOV 类型的网络时，要打开 SR-IOV 的功能，具体方法参照 6.2.5 节。通过 lspci 命令查看已经打开 SR-IOV 功能后的网卡具体信息，示例如下：

```
[root@kvm-host ~]# lspci | grep -i eth
//省略其他网卡设备
05:00.0 Ethernet controller: Intel Corporation 82599ES 10-Gigabit SFI/SFP+
    Network Connection (rev 01)
05:00.1 Ethernet controller: Intel Corporation 82599ES 10-Gigabit SFI/SFP+
    Network Connection (rev 01)
05:10.1 Ethernet controller: Intel Corporation 82599 Ethernet Controller Virtual
    Function (rev 01)
05:10.3 Ethernet controller: Intel Corporation 82599 Ethernet Controller Virtual
    Function (rev 01)
```

在本次测试中，分别对 KVM 客户机中使用默认 e1000 网卡的网桥网络、使用 virtio-net 模式（QEMU 做后端驱动）的网桥网络、使用 vhost-net 模式（vhost-net 做后端驱动）的网桥网络、VT-d 直接分配 SR-IOV VF 这 4 种模式进行测试。为了实现这 4 种模式，启动客户机的 qemu 命令示例如下：

```
# 1. 默认e1000网卡的网桥网络
qemu-system-x86_64 -enable-kvm -cpu host -smp cpus=4,cores=4,sockets=1 -m 16G
    -drive file=./rhel7.img,format=raw,if=virtio,media=disk -drive file=./
    raw_disk.img,format=raw,if=virtio,media=disk -net nic,netdev=nic0 -netdev
    bridge,id=nic0,br=virbr1 -daemonize -name perf_test -display vnc=:1

# 2. virtio-net模式的网桥网络(vhost=off)
qemu-system-x86_64 -enable-kvm -cpu host -smp cpus=4,cores=4,sockets=1 -m 16G -drive
    file=./rhel7.img,format=raw,if=virtio,media=disk -drive file=./raw_disk.img,
    format=raw,if=virtio,media=disk -device virtio-net-pci,netdev=nic0,vhost=off
    -netdev bridge,id=nic0,br=virbr1 -daemonize -name perf_test -display vnc=:1

# 3. virtio-net模式的网桥网络(vhost=on)
qemu-system-x86_64 -enable-kvm -cpu host -smp cpus=4,cores=4,sockets=1 -m 16G
    -drive file=./rhel7.img,format=raw,if=virtio,media=disk -drive file=./raw_disk.
    img,format=raw,if=virtio,media=disk -device virtio-net-pci,netdev=nic0,vhost=on
    -netdev bridge,id=nic0,br=virbr1 -daemonize -name perf_test -display vnc=:1

# 4. VT-d直接分配VF
qemu-system-x86_64 -enable-kvm -cpu host -smp cpus=4,cores=4,sockets=1 -m 16G
    -drive file=./rhel7.img,format=raw,if=virtio,media=disk -drive file=./
    raw_disk.img,format=raw,if=virtio,media=disk -net none -device vfio-
    pci,host=05:10.1 -daemonize -name perf_test -display vnc=:1
```

在本次测试中，网桥网络在宿主机中绑定在 X520 的 PF 上。Netperf 的客户端在测试的客户机里，服务器端在另一台物理主机上（配备的也是 X520 SR 网卡），它们之间通过一台思科 10G 光纤交换机相连，如图 10-7 所示。

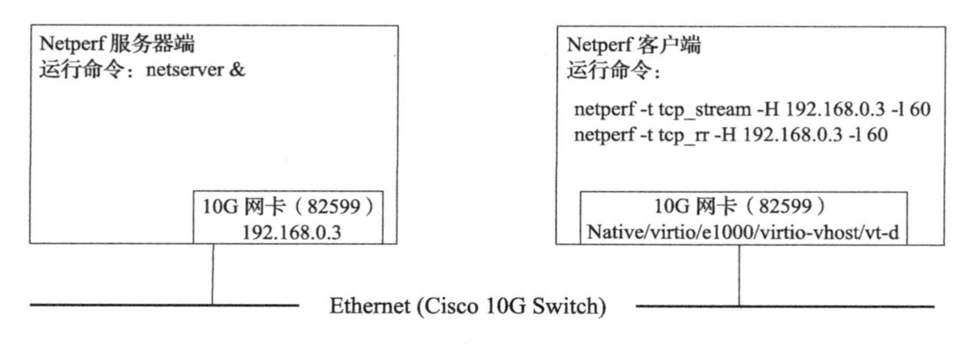

图 10-7　网络性能测试拓扑图

本次实验中，KVM 客户机网络配置的具体方法可以参考 5.5.2 节、6.1.4 节、6.1.6 节、6.2 节中的介绍。

10.4.3　性能测试方法

在本次网络性能测试中，将被测试的原生系统或者 KVM 客户机作为客户端，用 netperf 工具分别测试客户端在各种配置方式下的网络性能。

首先下载 netperf 最新的 2.7.0 版本[⊖]，然后进行配置、编译、安装（configure、make、make install），即可得到 Netperf 的客户端和服务端测试工具 netperf 和 netserver（注意，宿主机、客户机和远端作为 netperf 服务器端的物理主机上都要编译安装 netperf）。

在远端的物理主机上服务器端运行 netserver 程序即可。命令行操作如下：

```
[root@kvm-host2 ~]# netserver
Starting netserver with host 'IN(6)ADDR_ANY' port '12865' and family AF_UNSPEC
```

然后，在客户端运行 netperf 程序即可对服务端进行网络性能测试。我们分别以原生系统、默认网桥模式的客户机、virtio-net 网桥模式的客户机、virtio-net-vhost 网桥模式的客户机以及 VT-d 直接分配 SR-IOV VF 模式的客户机作为 netperf 的客户端，来测量不同模式下的网络吞吐（TCP Stream）以及 TCP 响应时间（TCP RR）[⊜]。

⊖ http://www.netperf.org/netperf/DownloadNetperf.html。

⊜ TCP STREAM 是 netperf 默认的测量网络吞吐的 benchmark，它不包含 TCP 连接建立的时间，只测量数据传输的速率。TCPRR 是测量 TCP 请求响应（TCP Request/Response）的时间，结果以每秒完成多少个 Transaction 展示。我们以它来衡量虚拟化网络环境的网络响应时延（latency）性能。从本页例子中可以看到，在原生环境的 10G 链路上，可以达到 3.5 万多次的 Transaction rate，甚至高于 netperf 官方网页中的数字（29150.15），见 http://www.netperf.org/svn/netperf2/tags/netperf-2.7.0/doc/netperf.html#TCP_005fRR。netperf 还有其他更多的网络基准测试类型，感兴趣读者可以参考其官方文档。

如图 10-7 所示拓扑，笔者测试环境中 netperf 服务器端 IP 为 192.168.0.3，在客户端发起的 Netperf 测试的命令示例如下：

```
#以原生环境为例
[root@kvm-host ~]# netperf -t tcp_stream -H 192.168.0.3 -l 60
MIGRATED TCP STREAM TEST from 0.0.0.0 (0.0.0.0) port 0 AF_INET to 192.168.0.3 ()
    port 0 AF_INET
Recv   Send    Send
Socket Socket  Message  Elapsed
Size   Size    Size     Time     Throughput
bytes  bytes   bytes    secs.    10^6bits/sec

87380  16384  16384    60.00    9408.19

[root@kvm-host ~]# netperf -t tcp_rr -H 192.168.0.3 -l 60
MIGRATED TCP REQUEST/RESPONSE TEST from 0.0.0.0 (0.0.0.0) port 0 AF_INET to
    192.168.0.3 () port 0 AF_INET : first burst 0
Local /Remote
Socket Size   Request  Resp.   Elapsed  Trans.
Send   Recv   Size     Size    Time     Rate
bytes  Bytes  bytes    bytes   secs.    per sec

16384  87380  1        1       60.00    35782.91
16384  87380
```

在 netperf 命令中，-H *name|IP* 表示连接到远程服务端的主机名或 IP 地址，-l *testlen* 表示测试持续的时间长度（单位是秒），-t *testname* 表示执行的测试类型（这里指定为 TCP_STREAM 这个很典型的类型）。可以使用 netperf -h（或 man netperf）命令查看 netperf 程序的帮助文档，更详细的解释可以参考 netperf 2.7.0 的官方在线文档⊖。

在 Netperf TCP_Stream 测试过程的 60 秒时间中，同时使用 sar 命令记录 KVM 宿主机在 40 秒时间内的所有 CPU 的平均使用率。命令行操作示例如下（该命令表示每 2 秒采样一次 CPU 使用率，总共采样 20 次）：

```
[root@kvm-host native]# sar -u 2 20 > native-sar3.log
```

得到的 CPU 利用率的采样日志 sar-1.log 的信息大致如下：

```
[root@kvm-host native]# cat native-sar3.log
......
Average:        all      0.32      0.00      3.23      0.00      0.00     96.46
```

在本次实验中，主要观测了 CPU 空闲（idle）的百分比的平均值（如上面信息的最后一行的最后一个数值），而将其余部分都视为已经被占用的 CPU 资源。在带宽能达到基本相同的情况下，CPU 空闲的百分比越高，说明 netperf 服务端消耗的 CPU 资源越少，这样的系统性能就越高。

⊖ http://www.netperf.org/svn/netperf2/tags/netperf-2.7.0/doc/netperf.html#Top。

10.4.4 性能测试数据

本次 KVM 虚拟化网络性能测试都是分别收集了 3 次测试数据后计算的平均值。

使用 Intel 82599 网卡对 KVM 网络虚拟化的性能进行测试得到的数据，与非虚拟化原生系统测试数据的对比，分别如图 10-8 和图 10-9 所示。图 10-8 中显示的吞吐量（throughput）越大越好，在吞吐量相近时，CPU 空闲百分比也是越大越好。图 10-9 中显示的是每秒完成的 TCP 请求（Request）、应答（Response）的对数（Transaction），也是数值越大越好，表示每秒内 TCP 请求、应答的频率越高，也就是时延（latency）越小。

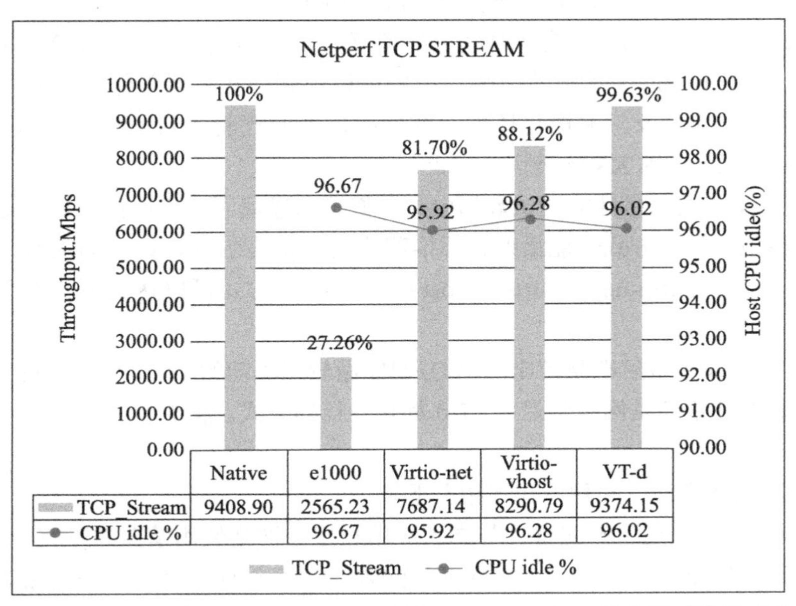

图 10-8 netperf 使用 Intel 82599 网卡的 TCP STREAM 基准测试数据对比

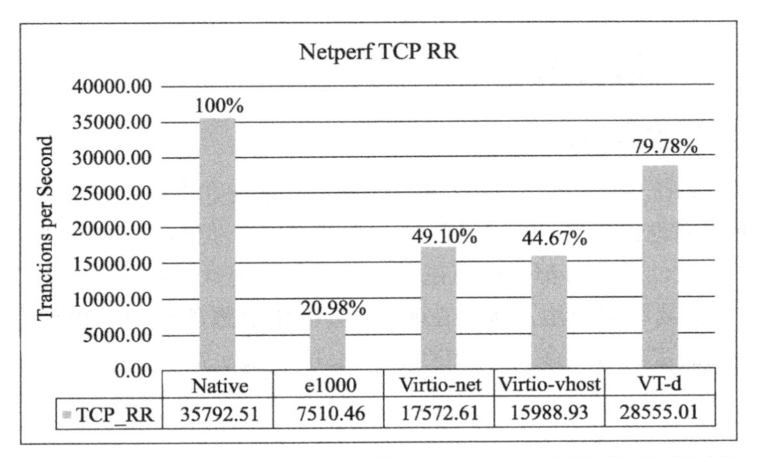

图 10-9 netperf 使用 Intel 82599 网卡的 TCP RR 基准测试数据对比

从吞吐量（图 10-8）的角度来看，QEMU 模拟的网卡性能最差，仅为原生系统的 27.26%，使用 virtio-net、virtio-vhost、VT-d 等方式的网卡虚拟化可以达到比较好的性能，其中 VT-d 方式几乎接近原生系统（99.63%）。从 CPU 占用率来看，几种方式给整个系统造成的负担都在 5% 以内。virtio 方式的网络设备比纯软件模拟的网卡的性能要好得多，不过 virtio 方式要求客户机有 virtio-net 驱动才能使用网络。另外，在达到非常大的网络带宽时，使用 vhost-net 作为后端网络驱动的性能比使用 QEMU 作为后端驱动的 virtio 性能要好一些。

从网络延迟（图 10-9）方面来看，也依然是 QEMU 模拟的 e1000 表现最差，仅为原生系统的 20.98%。吞吐量上表现较好的 virtio-net 和 virtio-vhost 也不到 50%，而且让人惊奇的是 virtio-net 比 virtio-vhost 在响应时间上还略好一点。即使表现最好的 VT-d 模式，网络延迟方面的表现也不到原生系统的 80%。我们可以想到，在社区工作者们绞尽脑汁改进了网络吞吐性能之后的今天，虚拟化环境下的网络的实时性将是目前以及将来的工作重点。Realtime KVM ⊖就是目前 KVM 社区的热点。

从本节对 KVM 的网络性能测试数据中，我们可以谨慎而粗略地得出如下推论：

1）软件模拟的网络方式性能最差，不推荐使用，尤其在 10G 以上的网络环境中。

2）virtio（包括 virtio-net 和 virtio-vhost）和 VT-d 的方式可以达到与原生系统网络差不多的性能。

3）使用 vhost-net 做后端驱动比使用 QEMU 做后端驱动的 virtio 网络吞吐性能略好。

4）无论是吞吐量还是网络延迟，VT-d 都是最优的方式。但它也有一个缺点，就是不好热迁移。

5）CPU 占用率方面，几种方式不相上下。

当然，这里的测试还不够完善，与真正应用程序的网络使用情况并不完全相同。另外，由于 QEMU 纯软件模拟默认的 e1000 网卡的配置非常简单且兼容性很好，在对网络带宽不敏感的情况下，它依然是一个不错的选择。

10.5 磁盘 I/O 性能测试

10.5.1 磁盘 I/O 性能测试工具

在一个计算机系统中，CPU 获取自身缓存数据的速度非常快，读写内存的速度也比较快，内部局域网速度也比较快（特别是使用万兆以太网），但是磁盘 I/O 的速度是相对比较慢的。很多的日常软件的运行都会读写磁盘，而且大型的数据库应用（如 Oracle、MySQL 等）都是磁盘 I/O 密集型的应用，所以在 KVM 虚拟化中磁盘 I/O 的性能也是比较关键的。测试磁盘 I/O 性能的工具有很多，如 DD、Bonnie++、fio、iometer、hdparm 等。下面简单介绍其中几个工具。

⊖ https://lwn.net/Articles/656807/。

1. DD

DD（命令为 dd）是 Linux 系统上一个非常流行的文件复制工具，在复制文件的同时可以根据其具体选项进行转换和格式化等操作。通过 DD 工具复制同一个文件（相同数据量）所需要的时间长短即可粗略评估磁盘 I/O 的性能。一般的 Linux 系统中都自带这个工具，用 man dd 命令即可查看 DD 工具的使用手册。

2. fio

fio 是一个被广泛使用的进行磁盘性能及压力测试的工具。它功能强大而灵活，可以用它定义（模拟）出各种工作负载（workload），模拟真实使用场景，以更准确地衡量磁盘的性能。除了测试磁盘读写的带宽以外，它还统计 IOPS 并且以不同的延迟时间分布表示；除了总的延迟时间，它还分别统计 I/O 递交的时间延迟和 I/O 完成的时间延迟。

fio 的主页是：http://git.kernel.dk/?p=fio.git;a=summary。它可以运行在 Linux、UNIX、Windows 等多个操作系统平台上，多数 Linux 发行版也包含它的安装包。

3. Bonnie++

Bonnie++ 是以 Bonnie[⊖]的代码为基础编写而成的软件，它使用一系列对硬盘驱动器和文件系统的简单测试来衡量其性能。Bonnie++ 可以模拟像数据库那样去访问一个单一的大文件，也可以模拟像 Squid 那样创建、读取和删除许许多多的小文件。它可以实现有序地读写一个文件，也可以随机地查找一个文件中的某个部分，而且支持按字符方式和按块方式读写。

4. hdparm

hdparm 是一个用于获取和设置 SATA 和 IDE 设备参数的工具，在 RHEL 7.3 中可以用 yum install hdparm 命令来安装 hdparm 工具。hdparm 也可以粗略地测试磁盘的 I/O 性能，通过如下的命令即可粗略评估 sdb 这个磁盘的读性能。

```
hdparm -tT /dev/sdb
```

本节选择了 DD、FIO、Bonnie++ 这 3 种工具用于 KVM 虚拟化的磁盘 I/O 性能测试。

10.5.2 测试环境配置

对 KVM 的磁盘 I/O 虚拟化性能测试的环境配置，与前面 CPU、内存、网络性能测试的环境配置基本相同，下面仅说明一下不同之处和需要强调的地方。

在本次对磁盘 I/O 的性能测试中，客户机第 2 块硬盘专门用于磁盘性能测试，这块硬盘是宿主机的一个 LVM 分区。我们不选择前面通常使用的 raw image 文件，是为了避免宿主机文件系统这一层的消耗，从而使得客户机与宿主机直接的磁盘性能比较更加公平。如

⊖ Bonnie 是由 Tim Bray 编写的一个对 UNIX 文件系统进行性能测试的软件，其主页为：http://www.textuality.com/bonnie。

图 10-10 所示，因为笔者的宿主机环境是 LVM 分区，所以本节采用中间的一种方式。当然，最右边采用直接的物理硬盘分区的方式层次更简洁，可以预见其绝对性能应该更好。但如同前面几节的测试目标一样，我们这里注重测量虚拟化层的性能损耗，也就是客户机环境中基准测试结果，与同样资源、软件堆栈层次的原生系统中同样基准测试的结果进行对比。

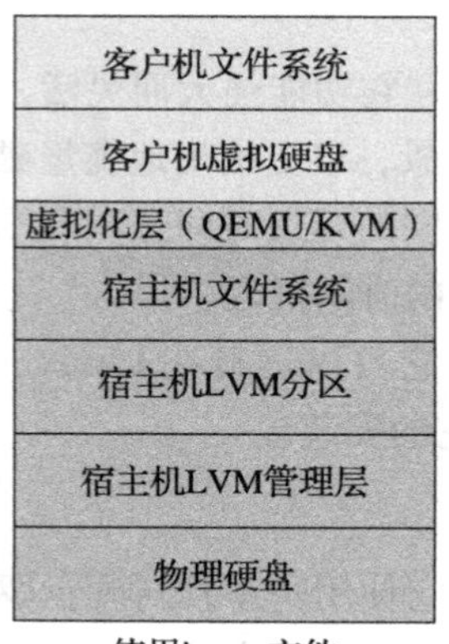

使用image文件

客户机文件系统
客户机虚拟硬盘
虚拟化层（QEMU/KVM）
宿主机LVM分区
宿主机LVM管理层
物理硬盘

使用LVM分区

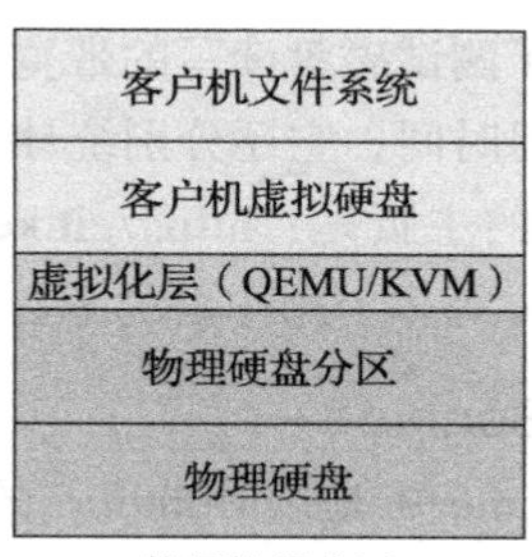

使用物理分区

图 10-10 客户机硬盘的几种软件堆栈

另外，磁盘性能测试与磁盘分区（包括物理分区和 LVM 分区）时候的参数设定、在硬盘分区上创建文件系统时候的参数设定，以及关联与具体磁盘的 IO Scheduler 都有密切关系。但这些不是我们这里测试的关注点，我们只要注意原始环境的参数设置和客户机里的参数设置一致即可。具体来说，我们这里的 IO Scheduler、分区设置（LVM）、文件系统（XFS）的参数都选用最简单的默认值，这也覆盖了大多数用户的使用场景。

```
[root@kvm-host current]# lvcreate --size 32G --name perf-test-lvm rhel
[root@kvm-host current]# lvdisplay /dev/rhel/perf-test-lvm
    --- Logical volume ---
    LV Path                /dev/rhel/perf-test-lvm
    LV Name                perf-test-lvm
    VG Name                rhel
    LV UUID                x8hVqL-U0Z8-i8fl-rFz1-tqrR-sAxW-vHV0d2
    LV Write Access        read/write
    LV Creation host, time kvm-host, 2017-04-29 21:43:12 +0800
    LV Status              available
    # open                 1
    LV Size                32.00 GiB
    Current LE             8192
    Segments               1
    Allocation             inherit
    Read ahead sectors     auto
    - currently set to     8192
    Block device           253:2
```

```
[root@kvm-guest current]# mkfs -t xfs -f /dev/sda
```

在实验中使用的希捷 2 TB 大小的 SATA 硬盘，型号如下：

```
ST2000DL003-9VT166
```

本次测试评估了 QEMU/KVM 中的纯软件模拟的 IDE 磁盘和使用 virtio-blk 驱动的磁盘（见 6.1.5 节），启动客户机的 QEMU 命令行分别如下（注意，客户机有两块硬盘，一块是系统盘，一直是 virtio-blk 接口，第二块才是我们的测试硬盘，/dev/rhel/perf-test-lvm）：

```
#1. 使用IDE磁盘
qemu-system-x86_64 -enable-kvm -cpu host -smp cpus=4,cores=4,sockets=1 -m 16G
    -drive file=./rhel7.img,format=raw,if=none,media=disk,id=virtio_drive0
    -device virtio-blk-pci,drive=virtio_drive0,bootindex=0 -drive file=/dev/rhel/
    perf-test-lvm,media=disk,if=ide,format=raw,id=ide_drive,cache=none -device
    virtio-net-pci,netdev=nic0 -netdev bridge,id=nic0,br=virbr0 -name perf_test
    -display sdl

#2. 使用virtio-blk磁盘
qemu-system-x86_64 -enable-kvm -cpu host -smp cpus=4,cores=4,sockets=1 -m 16G
    -drive file=./rhel7.img,format=raw,if=none,media=disk,id=virtio_drive0
    -device virtio-blk-pci,drive=virtio_drive0,bootindex=0 -drive file=/dev/
    rhel/perf-test-lvm,media=disk,if=none,format=raw,id=virtio_drive1,cache=none
    -device virtio-blk-pci,drive=virtio_drive1 -device virtio-net-pci,netdev=nic0
    -netdev bridge,id=nic0,br=virbr0 -name perf_test -display sdl
```

从上面的命令行可以看出，测试磁盘镜像文件是 raw 格式的，并且配置有“cache=none”来绕过页面缓存。配置为“cache=none”绕过了页面缓存，但是没有绕过磁盘自身的磁盘缓存；如果要在宿主机中彻底绕过这两种缓存，可以在启动客户机时配置为“cache=directsync”。不过由于“cache=directsync”配置会让客户机中磁盘 I/O 效率比较低，所以这种配置用得比较少，常用的配置一般为“cache=writethrough”“cache=none”等。关于“cache=xx”选项的配置，可以参考 5.4.1 节。

由于启动客户机时使用的磁盘配置选项“cache=xx”的设置对磁盘 I/O 测试结果的影响非常大，所以本次结果仅能代表“cache=none”这样配置下的一次基准测试。

10.5.3 性能测试方法

对非虚拟化的原生系统和 KVM 客户机都执行相同的磁盘 I/O 基准测试，然后对比其测试结果。

1. DD

用 DD 工具对读取磁盘文件进行测试，测试 4 种不同的块大小。使用的命令如下：

```
dd if=file.dat of=/dev/null iflag=direct bs=1K count=100K
dd if=file.dat of=/dev/null iflag=direct bs=8K count=100K
dd if=file.dat of=/dev/null iflag=direct bs=1M count=10K
dd if=file.dat of=/dev/null iflag=direct bs=8M count=2K
```

在上面命令中，if=xx 表示输入文件（即被读取的文件），of=xx 表示输出文件（即写入的文件）。这里为了测试读磁盘的速度，所以读取一个磁盘上的文件，然后将其写到 /dev/null[⊖]这个空设备中。iflag=xx 表示打开输入文件时的标志，此处设置为 direct 是为了绕过页面缓存，以得到更真实的读取磁盘的性能。bs=xx 表示一次读写传输的数据量大小，count=xx 表示执行多少次数据的读写。

用 DD 工具向磁盘上写入文件的测试，也测试 4 种不同的块大小。使用的命令如下：

```
dd if=/dev/zero of=dd1.dat conv=fsync oflag=direct bs=1K count=100K
dd if=/dev/zero of=dd1.dat conv=fsync oflag=direct bs=8K count=100K
dd if=/dev/zero of=dd1.dat conv=fsync oflag=direct bs=1M count=10K
dd if=/dev/zero of=dd1.dat conv=fsync oflag=direct bs=8M count=2K
```

在上面的命令中，为了测试磁盘写入的性能，使用了 /dev/zero[⊜]这个提供空字符的特殊设备作为输入文件。conv=fsync 表示每次写入都要同步到物理磁盘设备后才返回，oflag=direct 表示使用直写的方式绕过页面缓存。conv=fsync 和 oflag=direct 这两个配置都是为了写入数据时尽可能地绕过缓存，从而尽可能真实地反映磁盘的实际 I/O 性能。

关于 dd 命令的详细参数，可以用 man dd 命令查看其帮助文档。

2. fio

fio 是广泛使用的对硬盘进行基准和压力测试的工具。它支持多达 30 种 IO 引擎（ioengine），如 sync、psync、posixaio、libaio 等。

下载 fio 源代码[⊜]（https://github.com/axboe/fio/release，本书使用写作时最新版本为 3.0 版），解压、configure、make、make install 之后，就可以使用 fio 命令了。

在后面的磁盘 I/O 性能中，具体使用 fio 命令如下：

```
# 原生环境
# 顺序读
fio -filename=/dev/rhel/perf-test-lvm -rw=read -direct=1 -ioengine=sync -size=2g
   -numjobs=1 -bs=8k -name=robert_read
# 顺序写
fio -filename=/dev/rhel/perf-test-lvm -rw=write -direct=1 -ioengine=sync
   -size=2g -numjobs=1 -bs=8k -name=robert_write
# 随机读
fio -filename=/dev/rhel/perf-test-lvm -rw=randread -direct=1 -ioengine=sync
   -size=128m -numjobs=1 -bs=8k -name=robert_randread
# 随机写
fio -filename=/dev/rhel/perf-test-lvm -rw=randwrite -direct=1 -ioengine=sync
   -size=128m -numjobs=1 -bs=8k -name=robert_randwrite
```

⊖ /dev/null 是一个空设备，也称为位桶（bit bucket）或者黑洞（black hole）。我们可以向它输入任何数据，但任何写入它的数据都会被丢弃。它通常用于处理不需要的输出流。

⊜ /dev/zero 设备可以无穷尽地提供空字符（ASCII NUL，0x00），可以提供任何需要的空字符数量。它通常用于向设备或文件写入多个空字符，用于初始化数据存储。

⊜ 有的发行版中（例如 RHEL）自带 fio 安装包。

```
# ide guest
fio -filename=/dev/sda -rw=read -direct=1 -ioengine=sync -size=2g -numjobs=1
   -bs=8k -name=robert_read
fio -filename=/dev/sda -rw=write -direct=1 -ioengine=sync -size=2g -numjobs=1
   -bs=8k -name=robert_write
fio -filename=/dev/sda -rw=randread -direct=1 -ioengine=sync -size=128m -num-
   jobs=1 -bs=8k -name=robert_randread
fio -filename=/dev/sda -rw=randwrite -direct=1 -ioengine=sync -size=128m -num-
   jobs=1 -bs=8k -name=robert_randwrite

# virtio guest
fio -filename=/dev/vdb -rw=read -direct=1 -ioengine=sync -size=2g -numjobs=1
   -bs=8k -name=robert_read
fio -filename=/dev/vdb -rw=write -direct=1 -ioengine=sync -size=2g -numjobs=1
   -bs=8k -name=robert_write
fio -filename=/dev/vdb -rw=randread -direct=1 -ioengine=sync -size=128m
   -numjobs=1 -bs=8k -name=robert_randread
fio -filename=/dev/vdb -rw=randwrite -direct=1 -ioengine=sync -size=128m
   -numjobs=1 -bs=8k -name=robert_randwrite
```

在上面的命令中，以原生系统情况为例，我们对 /dev/rhel/perf-test-lvm 分区进行 fio 测试（-filename），进行的操作包括顺序读（-rw=read）、顺序写（-rw=write）、随机读（-rw=randread）、随机写（-rw=randwrite）。size 参数指定了 I/O 操作的大小，因为不同的 I/O 操作其速度不同。为了在有限时间内完成测试，我们指定了不同的大小（2g、128m）。I/O 引擎采用的是最传统的 sync，以便与 dd 的数据进行类比。direct 参数指示绕过页面缓存，与 dd 命令中的 oflag=direct 类似。bs 参数的意思是块大小（block size），我们采用 8k 也是为了与 dd 的速率进行类比（不指定的话，默认是 4k，这也是绝大多数文件系统默认的块大小）。numjobs 参数决定了会同时启动多少个进程并行进行 I/O 操作，这里采用 1 也是为了与上面 dd 测试保持一致。name 参数只是给这次 fio 测试取个名字。

在 IDE guest 以及 virtio guest 中，命令与原生系统一样，只是将测试对象改成了 /dev/sda 和 /dev/vdb，它们是 /dev/rhel/perf-test-lvm 分区以不同形式传入客户机后，在客户机里看到的虚拟磁盘的路径（名字）。

3. Bonnie++

从 http://www.coker.com.au/bonnie++/ 网页下载 bonnie++-1.03e.tgz 文件，然后解压，对其进行配置、编译、安装的命令行操作如下：

```
[root@kvm-guest ~]# cd bonnie++-1.03e
[root@kvm-guest bonnie++-1.03e]# ./configure
[root@kvm-guest bonnie++-1.03e]# make
[root@kvm-guest bonnie++-1.03e]# make install
```

也可以从 Fedora EPEL（Extra Packages for Enterprise Linux）https://fedoraproject.org/wiki/EPEL，通过 yum 直接在 RHEL7 中安装 Bonnie++。

本次测试使用 Bonnie++ 的命令如下：

```
bonnie++ -d /mnt/raw_disk -D -b -m kvm-guest -x 3 -u root
```

其中，-d 指定测试对象是哪个目录（我们测试用的分区 mount 到哪里），-D 表示在批量 I/O 测试时使用直接 I/O 的方式（O_DIRECT），-b 的含义等同于 fio 的‘-direct=1’和 dd 工具的‘conv=fsync’，指绕过写缓存，每次写操作都同步到磁盘，-m kvm-guest 表示 Bonnie++ 得到的主机名为 kvm-guest，-x 3 表示循环执行 3 遍测试，-u root 表示以 root 用户运行测试。

在执行完测试后，默认会在当前终端上输出测试结果。可以将其 CSV 格式的测试结果通过 Bonnie++ 提供的 bon_csv2html 转化为更容易读的 HTML 文档。命令行操作如下：

```
[root@kvm-guest bonnie++-1.03e]# echo "native,4G,102817,88,58631,25,56712,4,108330,
    91,151383,7,299.0,1,16,+++++,+++,+++++,+++,+++++,+++,+++++,+++,+++++,+++,+++++,
    +++"| perl bon_csv2html > native-bonnie-1.html
```

Bonnie++ 是一个强大的测试硬盘和文件系统的工具，关于 Bonnie++ 命令的用法，可以用 man bonnie++ 命令获取帮助手册，关于 Bonnie++ 工具的原理及测试方法的简介，可以参考其源代码中的 readme.html 文档。

10.5.4 性能测试数据

分别用 DD、fio、Bonnie++ 这 3 个工具在原生系统和 KVM 客户机中进行测试，然后对比其测试结果数据。为了尽量减小误差，每个测试项目都收集了 3 次测试数据，下面提供的测试数据都是根据 3 次测试计算出的平均值。

1. DD

使用 DD 工具测试磁盘读写性能，将得到的测试数据进行对比，如图 10-11 和图 10-12 所示。读写速率越大，说明磁盘 I/O 性能越好。

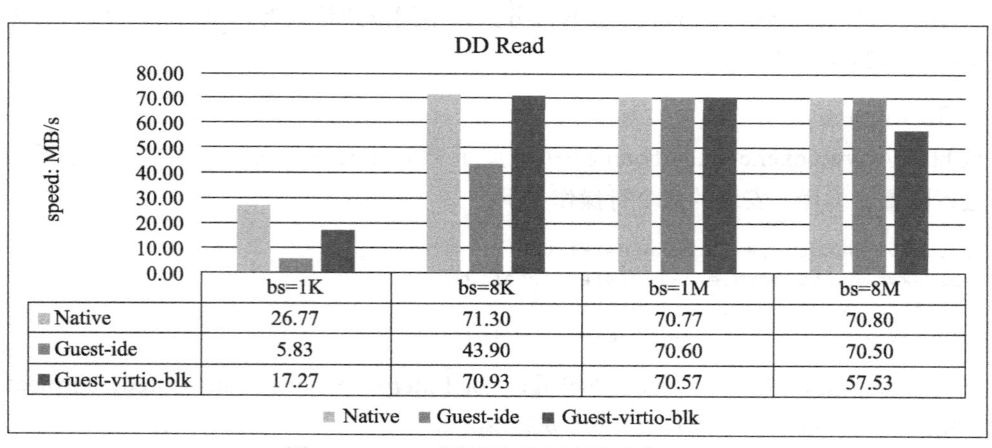

	bs=1K	bs=8K	bs=1M	bs=8M
Native	26.77	71.30	70.77	70.80
Guest-ide	5.83	43.90	70.60	70.50
Guest-virtio-blk	17.27	70.93	70.57	57.53

图 10-11 DD 测试的磁盘读取速率对比

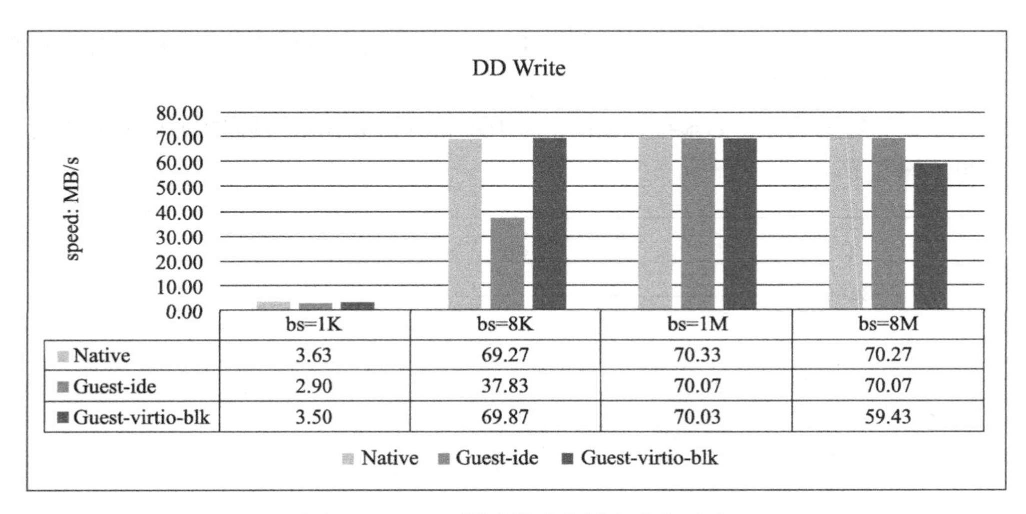

	bs=1K	bs=8K	bs=1M	bs=8M
Native	3.63	69.27	70.33	70.27
Guest-ide	2.90	37.83	70.07	70.07
Guest-virtio-blk	3.50	69.87	70.03	59.43

图 10-12　DD 测试的磁盘写入速率对比

根据图 10-11 和图 10-12 中所示的数据可知，virtio 方式的磁盘比纯模拟的 IDE 磁盘在小数据块时（bs=1K，bs=8K）读写性能要好，在大数据块时（bs=1M，bs=8M）virtio 的读写速度与纯模拟的 IDE 情况差不多，甚至在 8M 数据块情况下还逊于后者。在数据块较大时（如 bs=1M，bs=8M），KVM 客户机中 virtio 和 IDE 两种方式的磁盘的读写性能都与原生系统相差不大。

2. fio

fio 的基准测试数据对比如图 10-13 所示。顺序读、写的速度与上面 DD 的数据一致：Qemu 模拟的 IDE 硬盘，性能只有原生的大约一半左右，而 virtio 的情况则几乎和原生系统一样，甚至顺序写的性能还略好于原生系统一点点。随机读、写是 DD 没有涵盖的测试项，从 fio 的结果我们可以看到，随机读写的速率要比顺序读写的速率低得多，在很低速的情况下，原生系统、模拟 IDE、virtio 的性能都差不多，这也与上面 DD 在 bs=1k 的低速情况下的性能表现相吻合。

3. Bonnie++

图 10-14 所示为 Bonnie++ 中文件读写操作的测试结果对比，其中的 Seq-O-Per-Char ⊖ 表示顺序按字节写、Seq-O-Blk 表示顺序按块写，Seq-O-Rewr 就表示先读后写并 lseek，Seq-I-Per-Char 表示顺序按字节读，Seq-I-Blk 表示顺序按块读。图 10-15 为文件创建、删除操作的测试结果对比，其中 Rand、Seek 表示随机改变文件读写指针偏移量（使用 lseek() 和 random() 函数），Seq-Create、Seq-Del 等顾名思义，不赘述了。

本次 Bonnie++ 测试没有指定一次读写的数据块的大小，默认值是 8 KB，所以，

⊖ 具体各测试项内容和含义，见其源代码包中 readme.html 文档。

图 10-15 所示的读写速率测试结果与前面 DD、fio 工具测试每次读写 8 KB 数据时的测试结果大体一致，相差不大。但仔细观察可以看到，不同于 DD 和 fio，Bonnie++ 中的不少测试项原生系统的数据反而不如虚拟环境的模拟 IDE 和 Virtio-Blk，具体的原因要分析其源代码，这里不深究了。

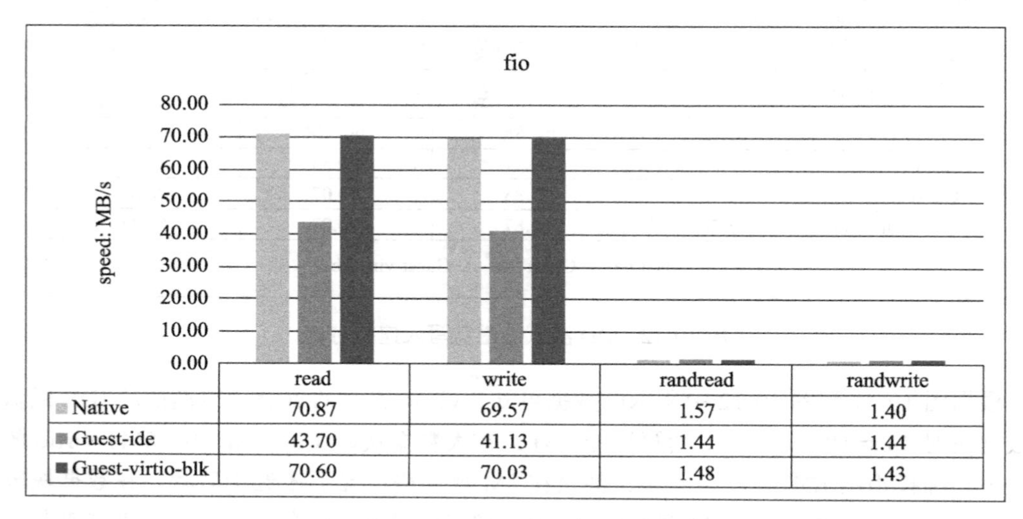

	read	write	randread	randwrite
Native	70.87	69.57	1.57	1.40
Guest-ide	43.70	41.13	1.44	1.44
Guest-virtio-blk	70.60	70.03	1.48	1.43

图 10-13 fio 测试的磁盘读写速率对比

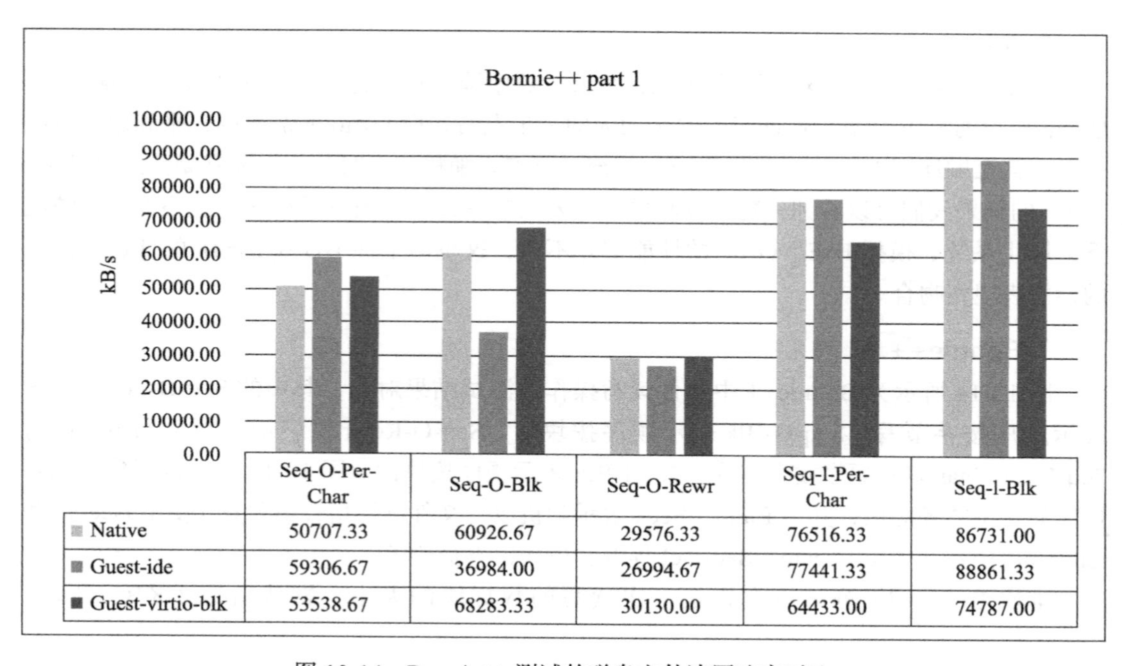

	Seq-O-Per-Char	Seq-O-Blk	Seq-O-Rewr	Seq-l-Per-Char	Seq-l-Blk
Native	50707.33	60926.67	29576.33	76516.33	86731.00
Guest-ide	59306.67	36984.00	26994.67	77441.33	88861.33
Guest-virtio-blk	53538.67	68283.33	30130.00	64433.00	74787.00

图 10-14 Bonnie++ 测试的磁盘文件读写速率对比

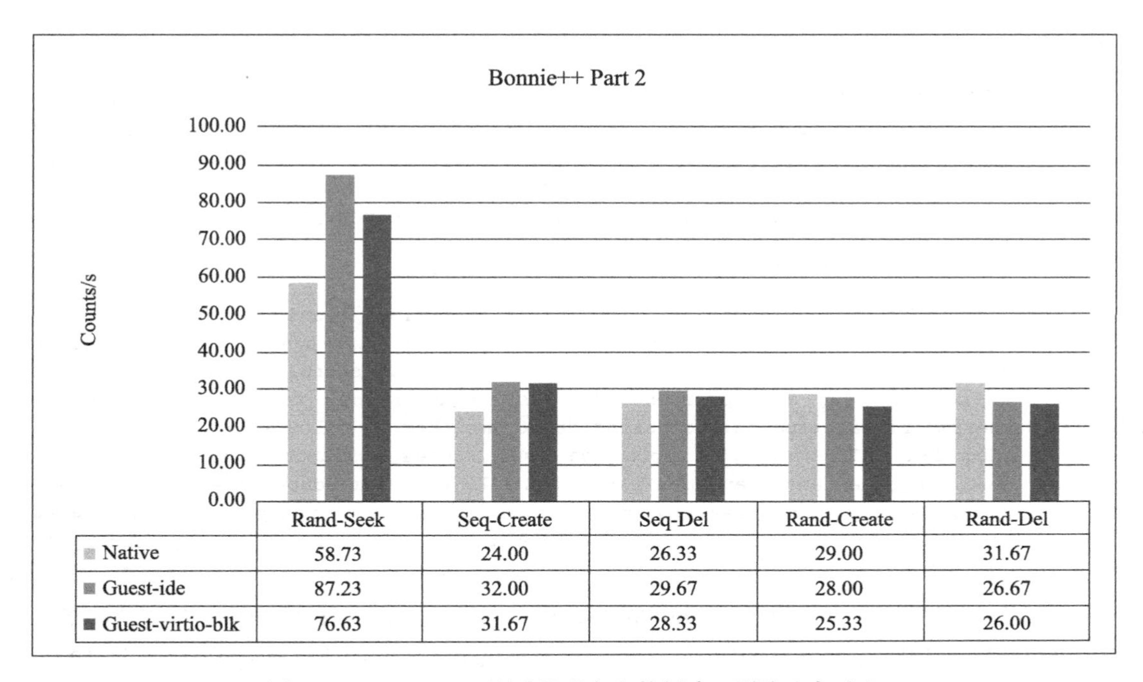

	Rand-Seek	Seq-Create	Seq-Del	Rand-Create	Rand-Del
Native	58.73	24.00	26.33	29.00	31.67
Guest-ide	87.23	32.00	29.67	28.00	26.67
Guest-virtio-blk	76.63	31.67	28.33	25.33	26.00

图 10-15　Bonnie++ 测试的磁盘文件创建、删除速率对比

从 DD、fio、Bonnie++ 的测试结果可以看出，当一次读写的数据块较小时，KVM 客户机中的磁盘读写速率比非虚拟化原生系统慢得多，而一次读写数据块较大时，磁盘 I/O 性能则差距不大。在一般情况下，用 virtio 方式的磁盘 I/O 性能比纯模拟的 IDE 磁盘要好一些。

10.6　CPU 指令集对性能的提升

以 Intel 的 Xeon 系列为例，每一代新的 CPU 都会加入新的指令集，比如第 7 章提到的 Sandybridge、Haswell、Skylake 开始分别引入 AVX、AVX2、AVX512 指令集、Westmere 开始陆续引入的 AES NI 指令集等。它们都是为了显著提升运算性能而引入的。AES NI 对性能的提升，我们在 7.6.3 节的非典型性实验中已经看到，最多有 100% 的性能提升；而在典型性的实验中，甚至有 3 到 10 倍的性能提升[⊖]。

关于 AVX2 相对于 SSE4 的性能提升，我们也通过实验来说明。有 AVX2 支持的客户机的 SPECCPU2006 的数据我们在 10.2.4 节已经获得。这里我们再创建一个没有 AVX2 支持，而只有老的 SSE4.2 指令的客户机（在同样的硬件平台上，但给客户机用老的 CPU 模型“-cpu Westmere”），再运行一次 SPECCPU2006，对比一下。宿主机环境同

⊖ 见 https://software.intel.com/en-us/articles/intel-advanced-encryption-standard-instructions-aes-ni。

10.2.2 节。

下面是启动客户机的命令。

```
qemu-system-x86_64 -cpu Westmere -enable-kvm -smp cpus=4,cores=4,sockets=1 -m 16G
    -drive file=./rhel7.img,format=raw,if=virtio,media=disk -drive file=./raw_
    disk.img,format=raw,if=virtio,media=disk -device virtio-net-pci,netdev=nic0
    -netdev bridge,id=nic0,br=virbr0 -daemonize -name perf_test -display vnc=:1
```

在宿主机（Broadwell CPU）里是支持 AVX2 指令集的。

```
[root@kvm-host cpu2006]# cat /proc/cpuinfo | grep flags | uniq
flags : fpu vme de pse tsc msr pae mce cx8 apic sep mtrr pge mca cmov pat pse36
    clflush dts acpi mmx fxsr sse sse2 ss ht tm pbe syscall nx pdpe1gb rdtscp
    lm constant_tsc arch_perfmon pebs bts rep_good nopl xtopology nonstop_tsc
    aperfmperf eagerfpu pni pclmulqdq dtes64 monitor ds_cpl vmx smx est tm2 ssse3
    sdbg fma cx16 xtpr pdcm pcid dca sse4_1 sse4_2 x2apic movbe popcnt tsc_
    deadline_timer aes xsave avx f16c rdrand lahf_lm abm 3dnowprefetch epb intel_
    pt tpr_shadow vnmi flexpriority ept vpid fsgsbase tsc_adjust bmi1 hle avx2
    smep bmi2 erms invpcid rtm cqm rdseed adx smap xsaveopt cqm_llc cqm_occup_llc
    cqm_mbm_total cqm_mbm_local dtherm ida arat pln pts
```

而在客户机里，因为使用了“-cpu Westmere”，它只有 Westmere 那一代 CPU 支持的指令集，有 sse4_2，但没有更新的 AVX2 指令集。那么可以预期它的性能是要差些的，如图 10-16 所示。

```
[root@kvm-guest ~]# cat /proc/cpuinfo | grep flags | uniq
flags : fpu vme de pse tsc msr pae mce cx8 apic sep mtrr pge mca cmov pat pse36
    clflush mmx fxsr sse sse2 ht syscall nx lm constant_tsc rep_good nopl
    xtopology pni pclmulqdq ssse3 cx16 sse4_1 sse4_2 x2apic popcnt aes hypervisor
    lahf_lm arat
```

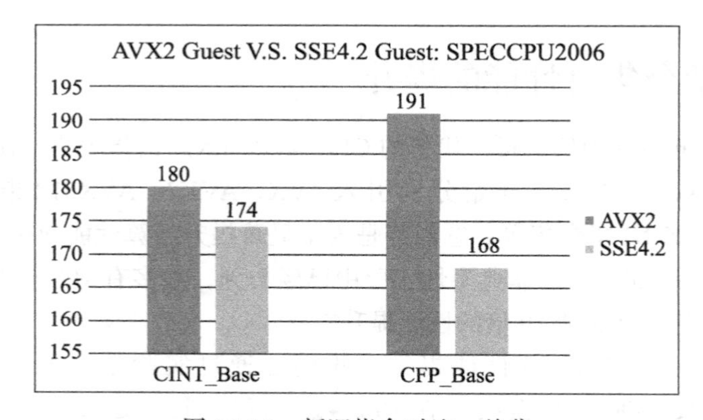

图 10-16 新旧指令对比：总分

从图 10-17、图 10-18 可以看到，AVX2 新指令对于老的 SSE4.2，SPECCPU2006 整型运算和浮点运算总分分别有 3.4% 和 13.7% 的提升。

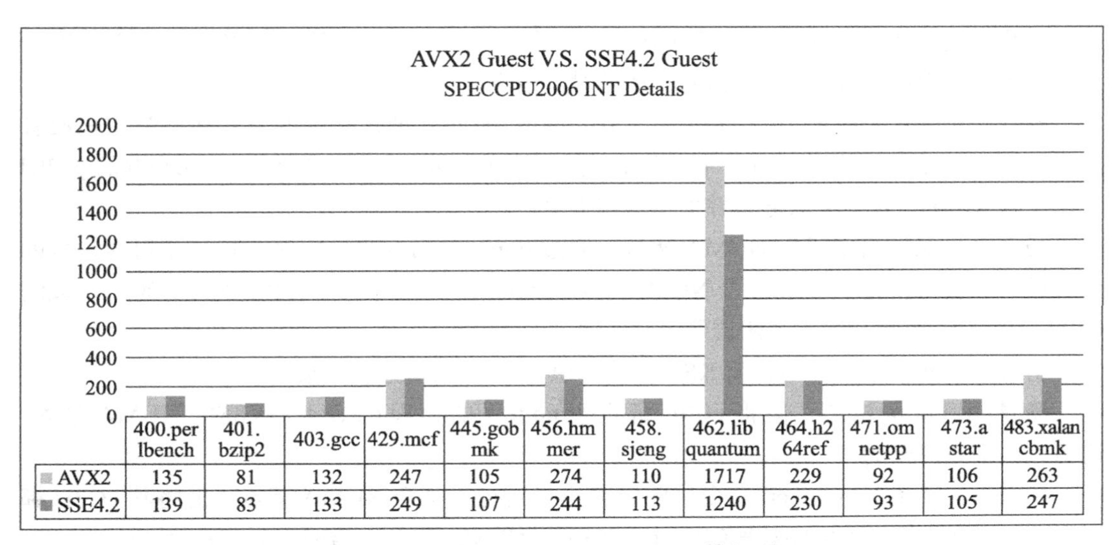

	400.perlbench	401.bzip2	403.gcc	429.mcf	445.gobmk	456.hmmer	458.sjeng	462.libquantum	464.h264ref	471.omnetpp	473.astar	483.xalancbmk
AVX2	135	81	132	247	105	274	110	1717	229	92	106	263
SSE4.2	139	83	133	249	107	244	113	1240	230	93	105	247

图 10-17　新旧指令对比：整型运算细项

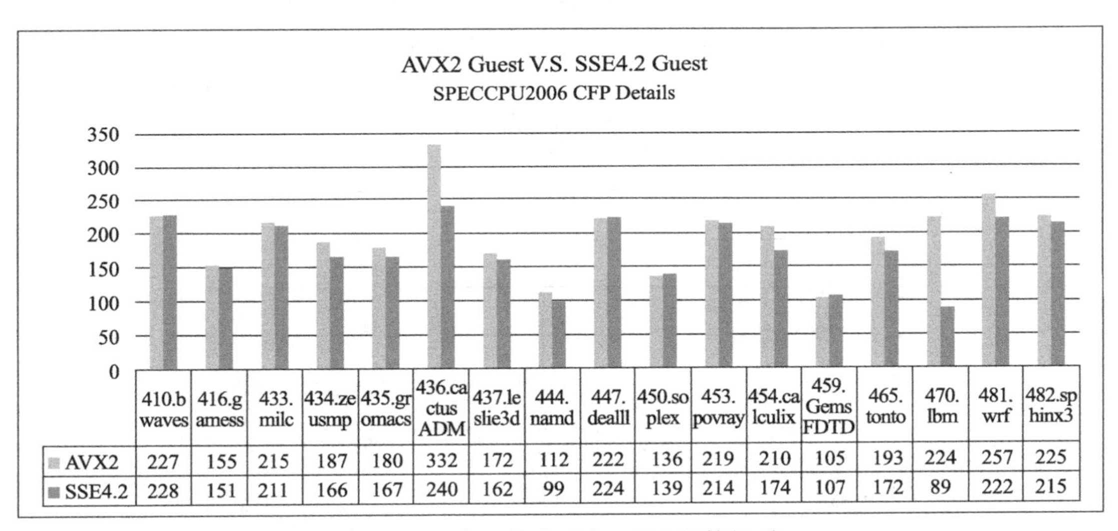

	410.bwaves	416.gamess	433.milc	434.zeusmp	435.gromacs	436.cactusADM	437.leslie3d	444.namd	447.dealII	450.soplex	453.povray	454.calculix	459.GemsFDTD	465.tonto	470.lbm	481.wrf	482.sphinx3
AVX2	227	155	215	187	180	332	172	112	222	136	219	210	105	193	224	257	225
SSE4.2	228	151	211	166	167	240	162	99	224	139	214	174	107	172	89	222	215

图 10-18　新旧指令对比：浮点运算细项

10.7　其他影响客户机性能的因素

在第 7 章中我们提到了内存管理的一些高级选项：透明大页、内核合并相同页（KSM）、非一致性内存（NUMA），这些配置都有一些对应的后台服务自动调节：/sys/kernel/mm/transparent_hugepage/、ksm.service、ksmtuned.service、numad.service。它们具体的原理和调节方法在第 7 章都详细叙述过了，这里不赘述。但笔者发现，这些自动的后台服务对普通的客户机性能是有影响的，确切地说是负面的影响。笔者通过这样的一个系列实验进行对比。我们构造下面 6 种测试场景（方法），分别启动同样资源配置（CPU、内存）的客户机，在客户机中运行 SPECCPU2006，然后对比结果。

场景一（也就是前面 10.2 节到 10.5 节的测试场景）：通过软件的方式使得宿主机没有 NUMA 架构（确切地说是只有一个 NUMA 节点资源 online），vCPU 绑定在 Node 0 的 pCPU 上。关闭 KSM、NUMA 服务，并关闭透明大页。

场景二：保持宿主机的 NUMA 架构，通过 numactl 命令来运行客户机，使得客户机的所有运行和资源都限定于同一个 NUMA 节点（node 1）上，不对 vCPU 进行绑定。不关闭 KSM、NUMA 服务，也不关闭透明大页。

场景三：同场景二，但关闭 KSM、NUMA 服务，关闭透明大页。

场景四：同场景二，但将 vCPU 绑定于 node 1 的物理 CPU 上。KSM、NUMA 服务、透明大页都是打开的。

场景五：不通过 numactl 命令来限定客户机运行于某个 NUMA 节点，但将其 vCPU 绑定在同一个 NUMA 节点的物理 CPU 上。KSM、NUMA 服务、透明大页都是打开的。

场景六：同场景一，但 KSM、NUMA 服务、透明大页都是打开的。

图 10-19 是上述 6 种场景下运行 SPECCPU2006 的性能对比。

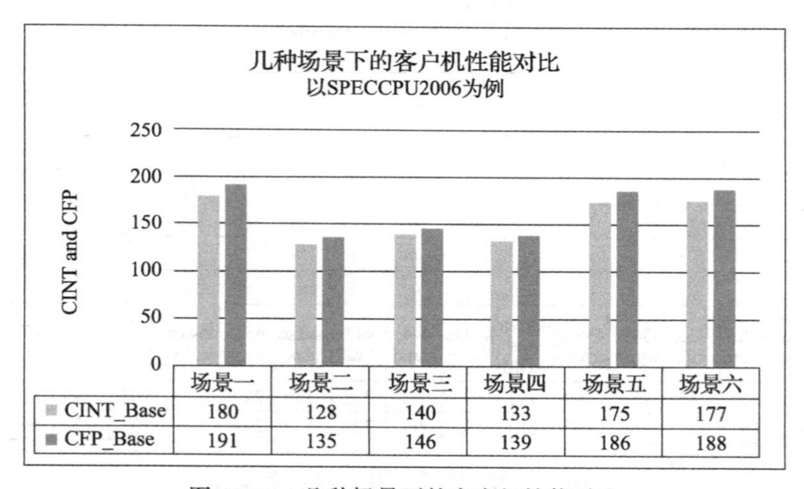

	场景一	场景二	场景三	场景四	场景五	场景六
CINT_Base	180	128	140	133	175	177
CFP_Base	191	135	146	139	186	188

图 10-19 几种场景下的客户机性能对比

我们可以看出：

1）使用了 numactl 来限制客户机运行于某个 NUMA 节点的情况（场景二、场景三、场景四）表现最差。这跟我们前面第 7 章介绍的 NUMA 的作用相悖。在这 3 种情况中，场景三（关闭 KSM、NUMA 服务，关闭透明大页）相对最好，场景四（绑定 vCPU）也比场景二要好。

2）即使保留宿主机的 NUMA 架构，只要不用 numactl 限制客户机于某个 NUMA 节点（场景五），其表现依然明显好于场景二、三、四。笔者认为，虽然 numactl 为 NUMA 架构上的软件运行的调度进行限制优化，它对原生系统的支持应该是很好的，但对于虚拟化系统，它或许还要再研究下。

3）场景一表现最好，它通过软件去掉了 NUMA 架构，也关闭了透明大页、KSM、NUMA 后台服务，同时 vCPU 绑定到物理 CPU。场景六略逊于场景一，其与场景一的区别就是这些后台服务没有关闭。

综上，我们对读者的建议如下：

1）强烈不建议对客户机进程进行 numactl。

2）建议进行 vCPU 的绑定。

3）建议关闭 KSM、NUMA 服务。

4）对于透明大页，读者可以参考 7.2 节中的数据，按照上述思路进一步研究。

10.8　本章小结

本章介绍了通过在 KVM 客户机与非虚拟化原生系统中运行相同的基准测试，然后将测试结果进行对比的方法来测试 KVM 虚拟化的性能，并且详细介绍了针对 CPU、内存、网络、磁盘等各个部分的一些测试工具和测试方法。还介绍了笔者在测试 KVM 性能测试时的详细配置和最后得到的测试数据。此外，本章还对 AVX2 等 CPU 新指令带来的性能提升进行了性能对比测试，并测试了 NUMA、KSM、vCPU 绑定等配置对客户机性能的影响。在本章的所有测试过程中，笔者仅启动了 1 个客户机进行测试，这可能与实际虚拟化应用中启动多个客户机的场景并不一样，所以本章提及的测试结果可能比实际应用时能达到的性能结果要好一些。另外，实际的 CPU、内存、网卡、硬盘等硬件环境，KVM 内核配置和版本、qemu 版本、启动客户机的命令行参数、运行基准测试的命令行参数等都可能对 KVM 的性能测试结果产生较大的影响，所以本章的测试数据和结论仅供参考，读者在实际测试中可能会得出不完全一致的结果。尽管数据和结论可能稍显粗略，但本章提供了一些较好的测试方法、对比思路和测试工具，可以供读者在实际测试 KVM 虚拟化性能时参考，希望能对读者的研究和开发起到抛砖引玉的作用。

Appendix A 附录 A

Linux 发行版中的 KVM

本书前面章节介绍了 KVM 及相关的管理工具，都主要是以 upstream 的 KVM 和 Qemu 为例的。那么，目前的 Linux 发行版对 KVM 的支持力度怎么样呢？不用自己从源代码编译 QEMU/KVM，如何在 Linux 发行版中直接使用 KVM 的功能呢？这里罗列一下各 Linux 发行版中的 KVM 的状况和基本使用方法。

A.1 RHEL 和 Fedora 中的 KVM

A.1.1 Redhat、RHEL、Fedora 和 CentOS 简介

Redhat 的总部位于美国北加州，是一家专注于提供开源软件产品和服务的软件公司，也是美国纽约证券交易所的上市公司。Redhat 是目前对 Linux 内核贡献最大的公司之一[⊖]，同时，也是对 KVM 源代码贡献量最大并提供软件产品和技术服务的公司。因为 Redhat 公司有专门的虚拟化团队负责开发、测试和维护 KVM 源代码，并将其集成到 Redhat 的虚拟化产品之中，所以 Redhat 提供的系统可能是目前对 KVM 虚拟化功能和性能都支持的最好的系统。从 RHEL7 开始，Redhat 只支持 KVM 虚拟化。

大约在 2003 年，原来的 Redhat Linux 发行版被分裂为两个分支版本：RHEL 和 Fedora。Redhat 公司发布的企业级 Linux 操作系统——RHEL（Redhat Enterprise Linux）是目前市场上使用最广泛的商业化的 Linux 发行版。RHEL 是商业软件，需要付费向 Redhat 购买许可证和服务才能使用。不过，RHEL 也是开源的操作系统，可以从 Redhat 公司获取 RHEL 的

⊖ 2016 年度贡献最大的是 Intel。网址为 https://www.linux.com/blog/top-10-developers-and-companies-contributing-linux-kernel-2015-2016。

源代码。为了稳定，RHEL 一般没有使用最新的 Linux 内核版本，如 RHEL7.x 系列都是统一用 3.10 版的内核作为基础，再加上 Redhat 工程师向后移植（backport）了 Linux 内核的很多新功能到 RHEL 的内核中。RHEL 是经过充分测试的比较稳定的企业级 Linux 发行版，而且在高可用性、可扩展性、可管理性、负载均衡等方面都做了不少优化，是在生产环境中使用 Linux 系统的一个不错的选择。

与 RHEL 不同的是，Fedora 完全是由 Fedora 社区而不是某一个公司开发和维护的完全免费和开源的 Linux 发行版。当然，Redhat 公司对 Fedora 项目和社区都有比较大的力度支持，Redhat 的很多工程师也是 Fedora 社区中非常活跃的开发者。Fedora 系统大约每 6 个月发布一次正式版本，而且 Fedora 社区更愿意直接升级内核而不是为老的内核打补丁，所以使用最新版本的 Fedora 很容易直接使用到比较新的 Linux 内核，从而获得新内核带来的新功能和性能提升。当然，有时候最新的并不一定是最好的，因为使用最新的内核也可能因此而遇到最新的 bug。另外，一般来说，Linux 内核中的很多公共的新特性一般都是先进入最新的 Fedora 发行版中，然后 Redhat 工程师们再将这些新特性添加到 RHEL 发行版中。对于想尝鲜的个人用户或想使用免费 Linux 发行版的企业用户来说，Fedora 是一个非常不错的选择。

另外，还有一个与 Redhat 关系密切的 Linux 发行版，那就是 CentOS。CentOS 系统在目前的 Web 服务器领域占有较高的市场份额。CentOS 项目收集了 Redhat 公司为了遵循各种软件许可证（如 GNU GPL）而必须公开的关于 RHEL 发行版的绝大部分源代码，然后将这些源代码重新编译后发布了自己的 CentOS 操作系统。一般来说，RHEL 发布后的几个月内，CentOS 就会发布与之对应的 CentOS 系统，例如，Redhat 在 2016 年 11 月 3 日发布了 RHEL 7.3 系统，CenOS 社区在 2016 年 12 月 12 日就发布了 CentOS 7.3 系统。CentOS 项目宣称，CentOS 系统与对应版本的 RHEL 在二进制可执行文件的层面上是 100% 兼容的。由于 CentOS 是完全免费和开源的 Linux 发行版，且 CentOS 还包含 RHEL 的绝大部分源代码，能获得与 RHEL 差不多的功能和性能，因此对于不想花钱买 Redhat 许可证又想用 RHEL 系统的部分用户来说，CentOS 是一个不错的选择。

A.1.2　RHEL 中的 KVM

本书前面的示例一般都是根据在 RHEL 7.3 系统上自己编译的 QEMU/KVM 来介绍的，所以关于 RHEL 中 KVM 的使用已经提及过了。本节主要以 x86_64 架构的 RHEL 7.3 系统为例，来介绍一下如何使用它自带的 KVM 虚拟化功能。

1. 安装虚拟化相关的软件包

在安装 RHEL 7.3 系统的过程中，如第 3 章图 3-4 所示，在安装时选择“Virtualization Host”选项即可将该系统安装为 KVM 虚拟化宿主机。如果没有在安装时选择虚拟化宿主机选项，那么也可以自己手动用 YUM 或 RPM 工具安装所需要的 RPM 软件包。

在RHEL 7.3系统中，与KVM虚拟化相关的RPM主要包括如下几个（在具体系统中版本号xxx为一些小版本号）：

```
kernel-3.10.0-xxx.el7.x86_64
qemu-kvm-1.5.3-xxx.el7.x86_64
qemu-img-1.5.3-xxx.el7.x86_64
libvirt-2.0.0-xxx.el7.x86_64
libvirt-client-2.0.0-xxx.el7.x86_64
libvirt-python-2.0.0-xxx.el7.x86_64
virt-manager-1.4.0-xxx.el7.noarch
virt-viewer-2.0-xxx.el7.x86_64
```

2. 支持KVM虚拟化的内核与用户空间的工具

RHEL系统从6.0版本开始默认的内核就支持KVM虚拟化，而且在安装系统时可以选择与虚拟化相关的软件包。查看RHEL 7.3系统的内核配置文件（一般为/boot/config-3.10*），会发现它已经将KVM虚拟化配置到内核中了，具体配置可以参考3.3.2节中的介绍。用户空间的虚拟化工具qemu-kvm是由qemu-kvm软件包提供的，一般为/usr/libexec/qemu-kvm可执行程序。尽管本书前面的多数章节都使用自己编译的qemu-system-x86_64这个命令行工具来使用KVM，但RHEL中的qemu-kvm命令行工具的参数与介绍过的qemu-system-x86_64的参数几乎完全一样（可以认为qemu-kvm = qemu-system-x86_64 -enable-kvm），当然如果QEMU版本差异较大，可能有少数的几个参数用法不兼容。另外，qemu-img、libvirt、virt-manager、virt-viewer等工具都有对应的RPM软件包。

3. 在RHEL中使用KVM

在RHEL 7.3中，可以用qemu-kvm命令行直接使用KVM启动客户机，也可以使用virsh、virt-manager等工具来管理客户机。利用qemu-kvm命令行工具启动一个客户机很容易。一个简单的命令行操作如下：

```
/usr/libexec/qemu-kvm -m 1024 rhel7u3.img
```

要利用virsh工具启动一个客户机，需要事先准备好一个libvirt格式的客户机XML配置文件。命令行操作如下：

```
virsh create rhel7u3-guest.xml
```

关于virsh工具的更多功能和命令操作，可以参考4.2.2节中的介绍。由于第4章介绍virt-manager工具时，就是以RHEL 7.3系统中的virt-manager为例来介绍的，所以此处不再重复介绍了，参考4.3.3节中的详细介绍即可。

A.1.3　Fedora中的KVM

由于Fedora最初也是从Redhat Linux中衍生出来的，因此Fedora的使用方法与RHEL

有非常多的相似之处。本节以目前较新的 Fedora 25 Server ⊖版本为例，简单介绍在 Intel x86_64 硬件平台 Fedora 中如何使用 KVM。

Fedora 25 中与 KVM 虚拟化相关的部分软件包如下，使用 KVM 之前需要安装它们。

```
kernel-4.10.14-200.fc25.x86_64
qemu-system-x86-2.7.1-6.fc25.x86_64
qemu-common-2.7.1-6.fc25.x86_64
qemu-kvm-2.7.1-6.fc25.x86_64
qemu-img-2.7.1-6.fc25.x86_64
libvirt-daemon-kvm-2.2.0-2.fc25.x86_64
libvirt-python-2.2.0-1.fc25.x86_64
libvirt-libs-2.2.0-2.fc25.x86_64
libvirt-daemon-driver-storage-2.2.0-2.fc25.x86_64
libvirt-daemon-driver-interface-2.2.0-2.fc25.x86_64
libvirt-gobject-1.0.0-1.fc25.x86_64
libvirt-daemon-2.2.0-2.fc25.x86_64
libvirt-daemon-driver-secret-2.2.0-2.fc25.x86_64
libvirt-gconfig-1.0.0-1.fc25.x86_64
libvirt-daemon-driver-qemu-2.2.0-2.fc25.x86_64
libvirt-daemon-driver-nodedev-2.2.0-2.fc25.x86_64
libvirt-client-2.2.0-2.fc25.x86_64
libvirt-glib-1.0.0-1.fc25.x86_64
libvirt-daemon-driver-network-2.2.0-2.fc25.x86_64
libvirt-daemon-config-network-2.2.0-2.fc25.x86_64
libvirt-daemon-driver-nwfilter-2.2.0-2.fc25.x86_64
virt-manager-common-1.4.1-2.fc25.noarch
virt-manager-1.4.1-2.fc25.noarch
virt-viewer-5.0-1.fc25.x86_64
```

安装相应的软件包后，可以使用 qemu-kvm 或 qemu-system-x86_64 命令行工具来使用 KVM，也可以用 virsh、virt-manager 等工具通过 libvirt API 来使用 KVM 虚拟化功能。

图 A-1 展示了在 Fedora 25 的 virt-manager 中运行的一个 KVM 客户机。

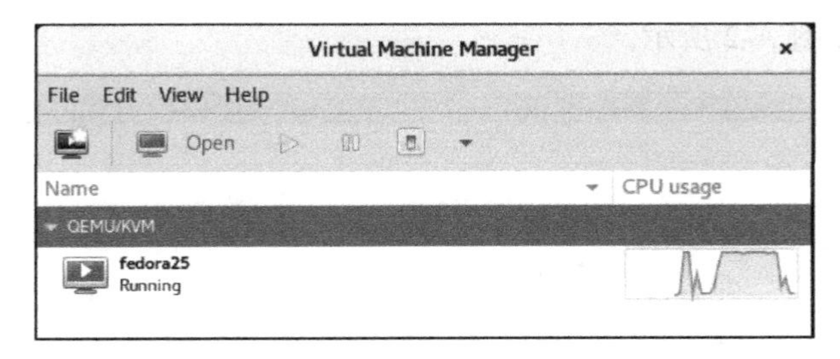

图 A-1　Fedora 25 系统的 virt-manager 工具中运行的 KVM 客户机

⊖ 从 Fedora 21 开始，Fedora 每次 release 都包含 3 个分支（官方说法叫“口味”，flavor）：Cloud、Server、Workstation。它们都基于相同的基础（Base）软件集合，再有针对性地加上一些功能。顾名思义，Server 发行版针对服务器操作系统，Workstation 用于个人工作站；Cloud 发行部分则是包含了预建好的虚拟机镜像，包括可以直接用于 Openstack 环境的客户机镜像、用于 Amazon 公有云的客户机镜像等，还包括 Container 镜像。详见 https://alt.fedoraproject.org/cloud/。

A.2 SLES 和 openSUSE 中的 KVM

A.2.1 SLES 中的 KVM

SLES（SUSE Linux Enterprise Server）是由 Attachmate 集团[⊖]开发的一个企业级 Linux 发行版，主要用于服务器、工作站等领域，不过也可以在桌面 PC 上使用。SLES 的大版本一般是 3～4 年发布一次，小版本（也称为"服务包"，service pack）大约 18 个月为一个发布周期。本节以 SLES11 SP2 为例，来简单介绍 SLES 中 KVM 的使用方法。

SLES11 SP2 从官方发布版本中支持 Xen 和 KVM 两种虚拟化技术。在 SLES11 SP2 中，可以使用 YaST 工具选择"Virtualization"中的"Hypervisor and Tools"，选中"KVM"，然后确定即可安装 KVM 虚拟化相关的软件包。SLES11 SP2 中的内核已经将 KVM 的支持编译进去了。KVM 用户态工具相关的软件包如下：

```
kvm-0.15.1-0.17.3
libvirt-python-0.9.6-0.13.42
libvirt-0.9.6-0.13.42
libvirt-client-0.9.6-0.13.42
virt-manager-0.9.0-3.15.15
virt-viewer-0.4.1-1.13.34
virt-utils-1.1.7-0.9.9
```

其中 kvm 软件包主要包含 qemu-kvm 命令行工具及 KVM 虚拟化必需的文件，如下：

```
/usr/bin/qemu-img-kvm      #用于创建KVM客户机镜像
/usr/bin/qemu-kvm          #qemu-kvm命令行工具
/usr/share/qemu-kvm/       #含有客户机BIOS文件、网卡ROM、显卡ROM文件等
```

在 SLES11 SP2 中也是使用 libvirt、virt-manager、virt-viewer 等工具来管理 KVM 虚拟化的，这些工具在第 4 章中已经详细介绍，在 SLES 中的用法与之非常类似的，本节不再介绍其细节。安装好 KVM 虚拟化工具后，可以在 SLES 的 YaST 管理中心中查看虚拟化相关的工具和配置，如图 A-2 所示。

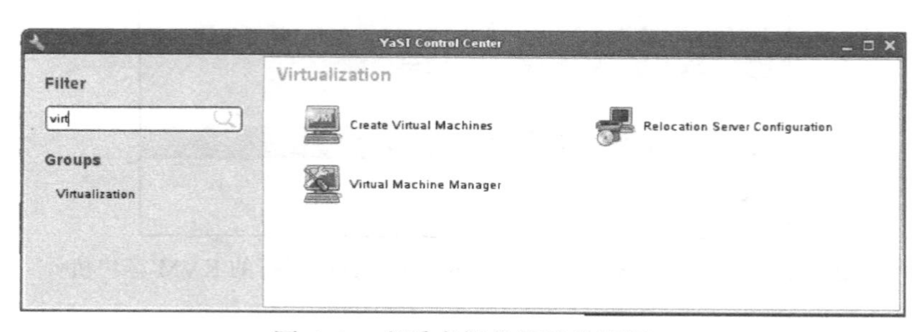

图 A-2 查看虚拟化相关的配置

⊖ Attachmate 集团是一家总部位于美国的软件公司，它于 2011 年收购了 Novell 公司，而 Novell 公司早在 2003 年收购了 SUSE 公司。SUSE 是一家创立于德国的软件公司，它开发了 SUSE Linux 系统。所以，目前，Attachemate 集团拥有 SLES 系统和 SUSE 商标。

图 A-3 展示了在 SLES11 SP2 中运行这个 KVM 客户机的 virt-manager 主界面。

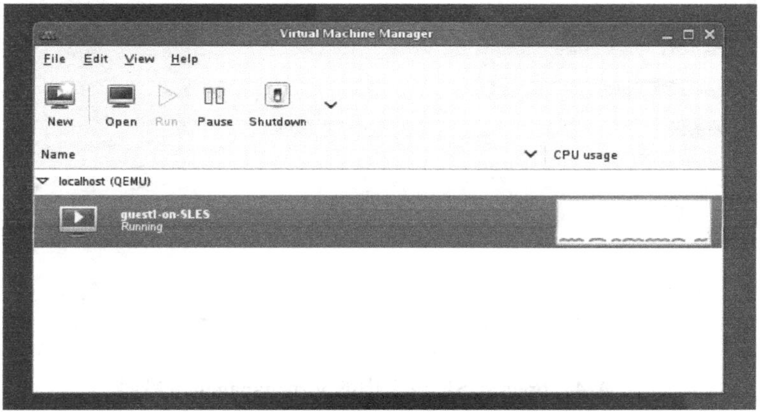

图 A-3　KVM 客户机主界面

当然，除了一些封装好的工具之外，也可以直接使用 qemu-kvm 命令行工具来启动 KVM 客户机。启动一个 1024MB 内存的客户机、让其显示在 2 号 VNC 窗口中的命令行如下：

```
qemu-kvm -m 1024 kvm-guest.img -vnc :2
```

A.2.2　openSUSE 中的 KVM

openSUSE 和 SLES 的关系，与 Fedora 和 RHEL 的关系类似。SLES 是需要购买许可证才能使用的商业化的企业级 Linux 系统，而 openSUSE 是由社区开发和维护的完全免费和开源的项目。本节以 openSUSE 12.2 为例，来介绍 openSUSE 中 KVM 的使用方法。

在 openSUSE 12.2 桌面版的系统中，与 KVM 虚拟化相关的部分软件包如下：

```
kernel-desktop-3.4.6-2.10.1.x86_64
kvm-1.1.1-1.1.1.x86_64
qemu-tools-1.1.0-3.6.1.x86_64
libvirt-0.9.11.4-1.2.1.x86_64
libvirt-python-0.9.11.4-1.2.1.x86_64
libvirt-client-0.9.11.4-1.2.1.x86_64
vm-install-0.6.3-3.1.1.x86_64
virt-manager-0.9.3-1.3.1.x86_64
virt-viewer-0.5.3-2.1.2.x86_64
```

openSUSE 中的内核已经默认将 KVM 支持编译进去了，所以不需重新编译内核来使用 KVM 了。与 SLES 类似，在 openSUSE 中也使用 qemu-kvm、libvirt、virt-manager、virt-viewer 等工具来使用和管理 KVM 客户机。

在 openSUSE 12.2 系统中，包含一个运行中的 KVM 客户机的 virt-manager 管理主界面，如图 A-4 所示。

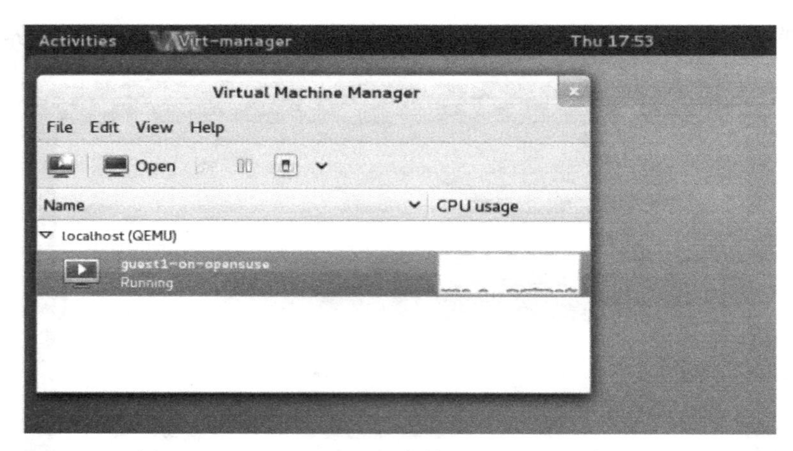

图 A-4 openSUSE 12.2 中的 virt-manager 主界面

A.3 Ubuntu 中的 KVM

Ubuntu 是一个基于 Debian㊀发行版的免费和开源的 Linux 操作系统。Ubuntu 系统的开发是由 Ubuntu 基金会组织一些大公司的工程师及许多个人开发者共同完成的，而其背后领导 Ubuntu 开发的公司是一家总部位于英国伦敦的名叫 Canonical㊁的软件公司。由于 Ubuntu 的自由和开放性及功能的易用性，Ubuntu 是目前在台式机和笔记本电脑上最流行的桌面级 Linux 发行版。除了桌面应用，Ubuntu 也发布了其 Server 版本用于服务器领域，而且在云计算领域也有 Ubuntu 的一些应用（如 4.5 节就是在 Ubuntu 环境中演示的）。

Ubuntu 基金会计划每 6 个月发布一次新版本，目前一般是在每年的 4 月和 10 月分别发布两个版本，对普通版本提供 18 个月的技术支持。Ubuntu 采用发布版本时的年份和月份作为其发布的版本号，如 17.04 版本是在 2017 年 4 月发布的。另外，Ubuntu 一般会每隔两年发布一次长期支持版（long-term support，LTS），对于目前的 LTS 版本提供支持的时间为 5 年。目前最新的 LTS 版本是 2016 年 4 月发布的 Ubuntu 16.04 LTS 版本。本节选用 Ubuntu 16.04 LTS 版本来介绍 KVM 在 Ubuntu 中的使用方法。

Ubuntu 16.04 首选 KVM 作为其虚拟化技术方案，同时也使用 libvirt 作为 KVM 虚拟化管理的 API，使用 virsh、virt-manager 等工具来调用 libvirt 以管理 KVM 虚拟化。在 Ubuntu 中，可以使用 apt-get 命令来安装 KVM 相关的软件包，命令行操作如下：

㊀ Debian（Debian GNU/Linux）发行版包含了 Linux 内核和一套 GNU 管理操作系统的工具，它是基于 GNU GPL 许可证发布的免费和开源的 Linux 操作系统。Debian 也是比较流行和具有影响力的 Linux 发行版。为开源社区所称道的是，Debian 非常严格地坚持了 UNIX 和自由软件的理念。由于 Debian 的稳定性和安全性做得非常好，因此有不少其他发行版（如 Ubuntu）以 Debian 作为自己发行版的基础。

㊁ Canonical 公司是由南非企业家 Mark Shuttleworth 创立的、总部位于英国伦敦的软件公司。Canonical 主要依靠为 Ubuntu 等软件提供商业化的技术支持和服务来实现盈利。

```
sudo apt-get install qemu-kvm libvirt-bin bridge-utils
sudo apt-get install ubuntu-vm-builder
sudo apt-get install virt-manager virtinst
```

其中，qemu-kvm 提供了 KVM 必需的用户空间管理工具，libvirt-bin 提供 libvirt API 和 virsh 管理工具，bridge-untils 提供了管理网桥的 brctl 工具，ubuntu-vm-builder 提供了一个 Ubuntu 优化过的构建客户机的强大的命令行工具，virt-manager 提供了图形界面下管理 KVM 的工具，virtinst 提供了命令行下安装客户机的工具（virt-install）。

在 Ubuntu 16.04 中，qemu-kvm 的版本是 2.5.0 版本，由于 kvm 命令是一个对 qemu-system-x86_64 调用的封装，可以直接使用 kvm 命令来启动客户机。在使用 KVM 前，可以使用 kvm-ok 命令（它是一个 Shell 脚本）来检查当前系统是否支持 KVM。命令行操作如下：

```
robert@ubuntu-kvm:~$ sudo -i
[sudo] password for robert:
root@ubuntu-kvm:~# kvm --version
QEMU emulator version 2.5.0 (Debian 1:2.5+dfsg-5ubuntu10.14), Copyright (c) 2003-
    2008 Fabrice Bellard
root@ubuntu-kvm:~# which kvm
/usr/bin/kvm
root@ubuntu-kvm:~# file /usr/bin/kvm
/usr/bin/kvm: POSIX shell script, ASCII text executable
root@ubuntu-kvm:~# cat /usr/bin/kvm
#!/bin/sh
exec qemu-system-x86_64 -enable-kvm "$@"
root@ubuntu-kvm:~# kvm-ok
INFO: /dev/kvm exists
KVM acceleration can be used
```

在 Ubuntu 16.04 的 virt-manager 中启动一个 Ubuntu 客户机，如图 A-5 所示[⊖]。

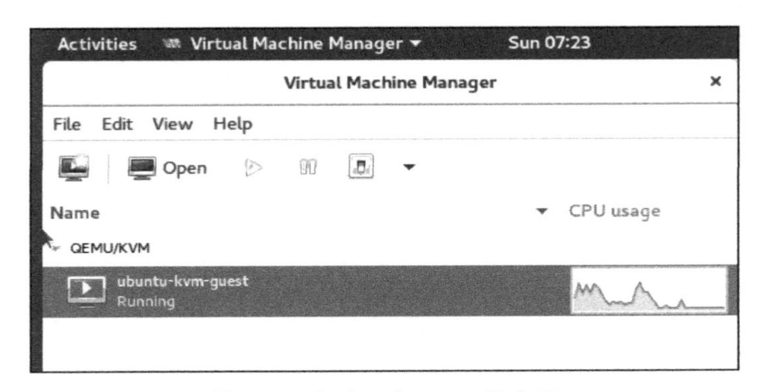

图 A-5 启动一个 KVM 客户机

⊖ 笔者 Ubuntu16.04 中安装的是 GNOME3 桌面，而不是 Unity。而且从 18.04 开始，Ubuntu default 桌面也将从 Unity 换成 GNOME3。网址为 https://insights.ubuntu.com/2017/04/05/growing-ubuntu-for-cloud-and-iot-rather-than-phone-and-convergence/。

双击运行着的客户机标识可以进入客户机的图形化控制台，如图 A-6 所示。

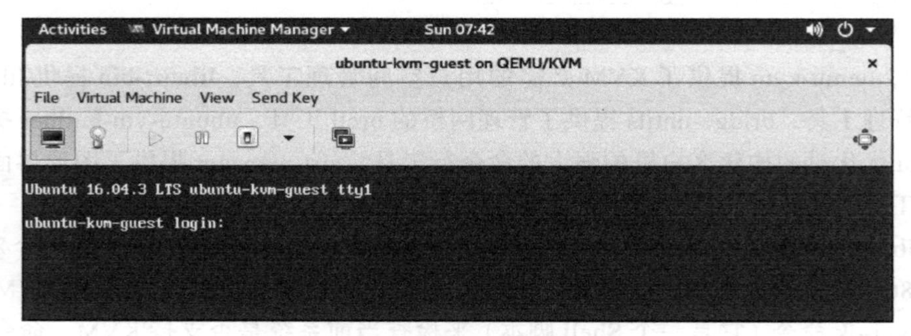

图 A-6　Ubuntu 客户机图形化控制台

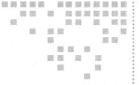

附录B Appendix B

参与KVM开源社区

KVM是开源虚拟化软件的一个典范，前面的正文各章节已经介绍了很多关于KVM虚拟化的功能、原理与实践，本附录将介绍QEMU/KVM开源社区、基本的代码结构，以及如何参与QEMU/KVM开源社区中学习和贡献自己的力量。

B.1 开源社区介绍

“开源”一词在近几年的IT业界中是一个非常热门的词汇，甚至有一种被广大黑客所推崇的精神叫作开源精神。开源即开放源代码（Open Source），保证任何人都可以根据“自由许可证”获得软件的源代码，并且允许任何人对其代码进行修改并重新发布。在英文中，Free可以有两个意思：一个是免费，一个是自由。当提及“Free Software”（自由软件）时，应该将“Free”理解为“自由的演讲”（Free Speech）中的自由，而不是“免费的啤酒”（Free Beer）中的免费。

在开源软件的发展历史上，诞生了许许多多优秀的开源软件，而且很多大大小小的IT企业基于多种开源软件来构建属于自己的计算机系统或服务。一般来说，每个开源软件都有一个对应的开源社区，人们可以在社区中自由地讨论该软件的开发、设计、未来发展方向、用户使用时遇到的问题等。本节将简单介绍与KVM相关的一些开源社区的基本情况。

B.1.1 Linux开源社区

KVM是Linux内核的一个模块，因此KVM社区也与Linux内核社区非常类似，也可以算作Linux内核社区的一部分。这里介绍的Linux开源社区主要是指Linux内核的社区而不是Linux系统的用户工具和发行版社区。

Linux是自由软件与开源软件中的经典代表作，也是其中最声名卓著的项目。Linux是由著名的黑客Linus Torvalds于1991年第一次正式发布的一个操作系统内核。由于自由开源的特性，在全世界一些优秀程序员的参与下，Linux内核在过去的20多年里取得了突飞猛进的发展。从最初的Linus一个人的操作系统项目，发展到如今Linux已成为全世界最流行的操作系统内核，有数以千万计的服务器和个人计算机运行着Linux系统。而且，目前移动互联网时代使用最广泛的移动操作系统——Android系统也是基于Linux内核而开发的，Android系统已经运行在数以10亿计的智能手机或平板电脑上。Linux内核的代码量，从最初发布时0.01版本的1万行代码，发展到最新4.14.12版本的4500多万行代码。开发者也从最初Linus一个人，发展到现在有超过1万人向Linux内核贡献过代码，其中长期活跃在社区的开发者超过1000人。

作为Linux内核的缔造者，Linus Torvalds是Linux世界中最著名的黑客，直到现在他依然是Linux内核代码最主要的维护者（maintainer）。不过，与Linux内核项目初期不同的是，由于代码量和开发者的不断增长，Linus也没有足够的时间和精力（或者说能力）来审查内核代码中的每一个细节。现在，Linus并不会亲自审查每一个新的补丁、每一行新的代码，而是将大部分的工作都交给各个子系统的维护者去处理。各个维护者下面可能还有一些驱动程序或几个特殊文件的维护者，Linus自己则主要把握一些大的方向及合并（merge）各个子系统维护者的分支到Linux主干树。如图B-1所示，普通的Linux内核开发者一般都是向驱动程序或子系统的维护者提交代码，提交的代码经过维护者和开发社区中的其他人审核之后，才能进入子系统维护者的开发代码仓库，进入每个Linux内核的合并窗口（merge window）之后才能进入真正的Linux upstream[⊖]代码仓库中。

在Linux内核中有许多的子系统（如：内存管理、PCI总线、网络子系统、ext4文件系统、SCSI子系统、USB子系统、KVM模块等），也分为更细的许多驱动（如：Intel的以太网卡驱动、USB XHCI驱动、Intel的DRM驱动等）。各个子系统和驱动分别由相应的开发者来维护，如：PCI子系统的维护者是来自Google的Bjorn Helgaas，Intel以太网卡驱动（如igb、ixgbe）的维护者是来自Intel的Jeff Kirsher。关于Linux内核中维护者相关的信息，可以查看内核代码中名为“MAINTAINERS”的文件。

从2011年5月开始（在Linux内核诞生20周年时），Linus舍弃了原本该使用2.6.40作为版本号的2.6内核命名方式，将其下一个Linux内核版本命名为3.0，从而让Linux内核进入了3.x版本时代。在本章写作之时，Linux内核的最新版本是在2018年1月5日发布的4.14.12版本。目前，Linux内核版本的发布周期一般是2～3个月，在这段时间中，一般

⊖ 有时upstream也被翻译为“上游”，是指在一些开源软件的开发过程中最主干的且一直向前发展的代码树。upstream中包含了最新的代码，一些新增的功能特性和修复bug的代码一般都先进入upstream中，然后才会到某一个具体的发型版本中。对于Linux内核来说，Linux upstream就是指最新的Linux内核代码树，而一些Linux发行版（如RHEL、Fedora、Ubuntu等）的内核都是基于upstream中的某个版本再加上一部分patch来制作的。

会发布七八个 RC [⊖]版本。

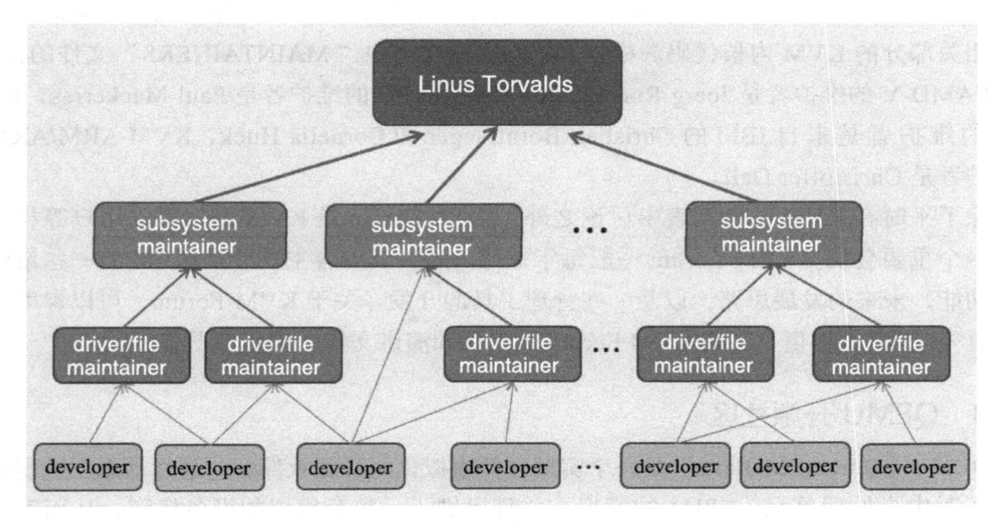

图 B-1　Linux 内核代码维护层次结构

总之，Linux 开源社区是一个围绕 Linux 内核开发及其应用的一个开源社区，其核心就是 Linux 操作系统。目前有非常多的优秀开发者活跃在 Linux 社区中，Linux 系统也得到了业界的极大认可，这使得社区发展速度非常的快。

B.1.2　KVM 开源社区

KVM（Kernel Virtual Machine）是 Linux 内核中原生的虚拟机技术，KVM 内核部分的代码全部都在 Linux 内核中，是 Linux 内核的一部分（相当于一个内核子系统）。KVM 项目的官方主页是 https://www.linux-kvm.org。

KVM 最初是由以色列的 Qumranet 公司的 Avi Kivity 等人开发的虚拟机系统，在 Linux 内核 2.6.20 版本时加入 Linux upstream 中，从此正式成为 Linux 内核的一部分。在 2008 年，Redhat 公司以 1 亿多美元的价格收购了 Qumranet，并且在其之后的 RHEL 6 操作系统中放弃了 Xen，转而使用 KVM 作为其虚拟化产品。KVM 得到了 Linux 内核开发者喜爱，有不少独立开发者在向 KVM 贡献代码。而且也得到了 Redhat、IBM、Intel、Novell、Google 等知名公司的支持。

笔者编写本章之时，KVM 代码的维护者是来自 Redhat 公司的 Paolo Bonzini 和 Radim Krcmar，所有关于 KVM 虚拟机代码的改动都必须经过他们两个的审核才能加入 KVM 开发

⊖ RC 即 Release Candidate，与 Alpha、Beta 等版本类似，RC 也是一种正式产品发布前的一种测试版本。RC 是发布前的候选版本，比 Alpha/Beta 更加成熟。一般来说，RC 版本是前面已经经过测试并修复了大部分 bug 的，一般比较稳定、接近正式发布的产品。

仓库中，进而进入 Linus 维护的 Linux 主干代码中。由于，KVM 支持不同的处理器架构（如 x86、PowerPC、ARM 等），对于各个架构也有不同的代码维护者，他们也负责审核处理器架构相关部分的 KVM 内核代码。根据 Linux 内核代码中“MAINTAINERS”文件的描述，KVM AMD-V 的维护者是 Joerg Roedel，KVM PowerPC 的维护者是 Paul Mackerras，KVM s390 的维护者是来自 IBM 的 Christian Borntraeger 和 Cornelia Huck，KVM ARM/ARM64 的维护者是 Christoffer Dall。

除了平时在 KVM 邮件列表中讨论之外，KVM Forum 是 KVM 开发者、用户等相互交流的一个重要会议。KVM Forum 一般每年举行一届，其内容主要涉及 KVM 的一些最新开发的功能、未来的发展思路，以及一些管理工具的开发。关于 KVM Forum，可以参考其官方网页[1]，该网页提供了各届 KVM Forum 的议程和演讲文档，供用户下载。

B.1.3 QEMU 开源社区

QEMU（Quick EMUlator）是一个实现硬件虚拟化的开源软件，它通过动态二进制转换实现了对中央处理单元（CPU）的模拟，并且提供了一整套模拟的设备模型，从而可以使未经修改的各种操作系统得以在 QEMU 上运行。QEMU 最初是由一个天才程序员 Fabrice Bellard 在 2003 年第一次正式发布的开源软件项目，如今，QEMU 已经成为硬件模拟全虚拟化领域中最著名的开源软件。QEMU 项目的官方网站为 qemu.org。QEMU 当前的最新版本是 2017 年 12 月发布的 2.11.0 版本。

QEMU 自身就是一个独立的、完整的虚拟机模拟器，可以独立模拟 CPU 和其他一些基本外设。除此之外，QEMU 还可以为 KVM、Xen 等流行的虚拟化技术提供设备模拟功能。在使用 KVM 时，在其用户态的工具中，目前使用最广泛也是最流行的就是 QEMU。在 QEMU 的 1.3.0 版本之前，KVM 社区专门维护了一个 qemu-kvm.git 的代码仓库，其中有 KVM 虚拟化的一小部分功能在那时还没有融入 QEMU 社区的最普通的 qemu.git 代码仓库中，所以使用 KVM 时最好专门用与之配合的 qemu-kvm，而不是普通的 QEMU。不过，从 2012 年 12 月 QEMU 发布 1.3.0 版本开始，KVM 相关的全部代码都已经合并到 QEMU 社区的 qemu.git 主干中了，所以从此之后使用 KVM 时只需要普通的 QEMU 即可，而不需要使用专门定制的 qemu-kvm，并且从 qemu-kvm.git 仓库（http://git.kernel.org/cgit/virt/kvm/qemu-kvm.git）可以看到其 master 分支已经在 2012 年 10 月后就没有再更新了。值得注意的是，在用普通 QEMU 来配合 KVM 使用时，在 QEMU 命令行启动客户机时要加上“-enable-kvm”参数来使用 KVM 加速，而较老的 qemu-kvm 命令行默认开启了使用 KVM 加速的选项。除了 KVM 使用 QEMU 以外，在 Xen 虚拟化方面，从 Xen 4.3 版本开始，也支持直接使用普通的 QEMU 作为设备模型[2]。

---

[1] http://www.linux-kvm.org/page/KVM_Forum。

[2] 在 Xen 中使用 QEMU upstream 的信息，请参考 xen.org 的官方 wiki 上的文章：http://wiki.xen.org/wiki/QEMU_Upstream。

QEMU 社区的代码仓库网址是 http://git.qemu.org，其中 qemu.git 就是 QEMU upstream 的主干代码树。可以使用 GIT 工具，通过两个 URL（git://git.qemu.org/qemu.git 和 http://git.qemu.org/git/qemu.git）中的任意一个来下载 QEMU 的最新源代码。

从 QEMU 的源代码中的“ MAINTAINERS”文件可知：QEMU 的维护者是 Peter Maydell，QEMU 中与 KVM 相关部分代码的维护者就是 KVM 的维护者 Paolo Bonzini，QEMU 中与 Xen 相关部分代码的维护者是 Stefano Stabellini。

B.1.4　其他开源社区

几乎每一个知名的开源软件都有一个对应的开源社区，而且其中部分开源软件项目还有对应的官方网站。除了前面介绍了的 Linux、KVM、QEMU 等开源社区以外，本节再列举一些知名的开源软件社区及其官方网站，希望对读者了解更多的优秀开源软件和参与开源社区起到抛砖引玉的作用。

1）Libvirt，一个著名的虚拟化 API 项目。

https://libvirt.org

2）OpenStack，一个扩展性良好的开源云操作系统。

www.openstack.org

3）CloudStack，一个可提供高可用性、高扩展性的开源云计算平台。

http://cloudstack.apache.org

4）ZStack，一个简单、强壮、可扩展性强的云计算管理平台。

http://www.zstack.io

5）Xen，一个功能强大的虚拟化软件。

http://xen.org

6）Ubuntu，一个免费开源的、外观漂亮的、非常流行的 Linux 操作系统。

www.ubuntu.com

7）Fedora，一个免费的、开源的 Linux 操作系统。

fedoraproject.org

8）CentOS，一个基于 RHEL 的开源代码进行重新编译构建的开源 Linux 操作系统。

http://www.centos.org

9）openSUSE，一个开源社区驱动的、开放式开发的 Linux 操作系统。

www.opensuse.org

10）Apache httpd，一个非常流行的、开源的 HTTP 服务器软件。

http://httpd.apache.org

11）Nginx，一个免费开源的高性能 HTTP 服务器和反向代理软件。

nginx.org

12）Hadoop，一个开源的、可靠的、可扩展的分布式计算和数据存储框架。

hadoop.apache.org

13）Python，一种非常流行的、完全面向对象的编程语言。

www.python.org

B.2 代码结构简介

B.2.1 KVM 代码

KVM 作为 Linux 内核中的一个模块而存在，KVM 的代码已经在 Linux 推出 2.6.20 版本时完全加入 Linux 内核主干代码仓库中了。由于 Linux 内核过于庞大，因此 KVM 开发者的代码一般先进入 KVM 社区的 kvm.git 代码仓库，再由 KVM 维护者定期地将代码提供给 Linux 内核的维护者（即 Linus Torvalds），并由其添加到 Linux 内核代码仓库中。可以分别查看如下两个网页来了解最新的 KVM 开发和 Linux 内核的代码仓库的状态。

```
https://git.kernel.org/cgit/virt/kvm/kvm.git/

https://git.kernel.org/cgit/linux/kernel/git/torvalds/linux.git/
```

KVM 内核部分的代码主要由 3 部分组成：KVM 框架的核心代码、与硬件架构相关的代码和 KVM 相关的头文件。在 Linux 4.14.12 版本中，KVM 相关的代码行数大约是 17 多万行。下面就以基于 Linux 4.14.12 版本的 Linux 内核为例，对 KVM 代码结构进行简单的介绍。

（1）KVM 框架的核心代码

是与具体硬件架构无关的代码，位于 virt/kvm/ 目录中，有 22 135 行代码。这部分的代码目录结构如下：

```
[root@kvm-host linux-4.14.12]# ls virt/kvm/
arm          async_pf.h          coalesced_mmio.h  irqchip.c  kvm_main.c  vfio.h
async_pf.c   coalesced_mmio.c    eventfd.c         Kconfig    vfio.c
```

其中，kvm_main.c 文件是 KVM 代码中最核心的文件之一，kvm_main.c 中的 kvm_init 函数是与硬件架构无关的 KVM 初始化入口。

（2）与硬件架构相关的代码

不同的处理器架构有对应的 KVM 代码，位于 arch/$ARCH/kvm/ 目录中。KVM 目前支持的架构包括：X86、ARM、ARM64、PowerPC、S390、MIPS 等。与处理器硬件架构相关的 KVM 代码目录如下：

```
[root@kvm-host linux-4.14.12]# ls -d arch/*/kvm
arch/arm64/kvm   arch/arm/kvm   arch/mips/kvm   arch/powerpc/kvm   arch/s390/kvm
    arch/tile/kvm  arch/x86/kvm
```

在 KVM 支持的架构中，Intel 和 AMD 的 x86 架构上的功能是最完善和成熟的。x86 架构相关的代码位于 arch/x86/kvm/ 目录中，有 51 911 行代码。其代码结构如下：

```
[root@kvm-host linux-4.14.12]# ls arch/x86/kvm/
cpuid.c     hyperv.c  i8259.c    irq_comm.c        lapic.c       mmu.c         page_
    track.c    pmu.h          tss.h
cpuid.h     hyperv.h  ioapic.c   irq.h             lapic.h       mmu.h         paging_
    tmpl.h   pmu_intel.c   vmx.c
debugfs.c   i8254.c    ioapic.h  Kconfig            Makefile      mmutrace.h  pmu_
    amd.c       svm.c         x86.c
emulate.c   i8254.h    irq.c      kvm_cache_regs.h  mmu_audit.c  mtrr.c        pmu.c
    trace.h      x86.h
```

其中，vmx.c 和 svm.c 分别是 Intel 和 AMD CPU 的架构相关模块 kvm-intel 和 kvm-amd 的主要代码。以 vmx.c 为例，其中 vmx_init() 函数是 kvm-intel 模块加载时执行的初始化函数，而 vmx_exit() 函数是 kvm-intel 模块卸载时执行的函数。

（3）KVM 相关的头文件

在前面提及的代码中，一般都会引用一些相关的头文件，包括与各个处理器架构相关的头文件（位于 arch/*/include/asm/kvm*）和其他的头文件。KVM 相关的头文件的结构如下：

```
[root@kvm-host linux-4.14.12]# ls arch/*/include/asm/kvm*
arch/x86/include/asm/kvm_emulate.h  arch/x86/include/asm/kvm_host.h
arch/x86/include/asm/kvm_guest.h    arch/x86/include/asm/kvm_para.h
<!-- 省略其他输出 -->

[root@kvm-host linux-4.14.12]# find include/ -name "kvm*"
include/uapi/linux/kvm.h
include/uapi/linux/kvm_para.h
include/uapi/asm-generic/kvm_para.h
include/linux/kvm_irqfd.h
include/linux/kvm_para.h
include/linux/kvm_host.h
include/linux/kvm_types.h
include/trace/events/kvm.h
include/asm-generic/kvm_para.h
```

另外，在 Linux 内核代码仓库中还有一些关于 KVM 的文档，主要位于 Documentation/virtual/kvm/* 和 Documentation/*/kvm*.txt，如下：

```
[root@kvm-host linux-4.14.12]# ls Documentation/virtual/kvm/*
Documentation/virtual/kvm/00-INDEX
Documentation/virtual/kvm/msr.txt
Documentation/virtual/kvm/api.txt
Documentation/virtual/kvm/nested-vmx.txt
Documentation/virtual/kvm/cpuid.txt
Documentation/virtual/kvm/ppc-pv.txt
Documentation/virtual/kvm/halt-polling.txt
Documentation/virtual/kvm/review-checklist.txt
Documentation/virtual/kvm/hypercalls.txt
Documentation/virtual/kvm/s390-diag.txt
Documentation/virtual/kvm/locking.txt
Documentation/virtual/kvm/time-keeping.txt
```

```
Documentation/virtual/kvm/mmu.txt
Documentation/virtual/kvm/vcpu-requests.rst

Documentation/virtual/kvm/arm:
hyp-abi.txt  vgic-mapped-irqs.txt

Documentation/virtual/kvm/devices:
arm-vgic-its.txt  arm-vgic.txt  arm-vgic-v3.txt  mpic.txt  README  s390_flic.txt
    vcpu.txt  vfio.txt  vm.txt  xics.txt
```

B.2.2 QEMU 代码

QEMU 1.3.0 版本已将 qemu-kvm 中的代码全部合并到纯 QEMU 中了，故从那之后，使用 KVM 只需要普通 QEMU 即可，不需要专门为 KVM 而改动的 qemu-kvm。QEMU 代码仓库如下：

```
http://git.qemu.org/?p=qemu.git;a=summary
```

QEMU 代码实现了对 PC 客户机的完全模拟，它可以独立使用，也可以与 KVM、Xen 等 Hypervisor 一起使用来实现完整的虚拟化功能。QEMU 中的代码比较复杂，实现的功能也非常多，本节只是简单提及一下 QEMU 中与 KVM 相关部分代码，以及 KVM 客户机创建过程的关键函数调用。

在 QEMU（本次使用的版本是 2.11.0）源码中，最重要的一个文件是 vl.c，其中的 main() 函数就是 QEMU 工具的主函数，它主要处理 QEMU 的各个命令行参数，然后启动客户机并让 vCPU 运行起来。在 QEMU 代码中，对 KVM 提供相关支持的函数定义在 kvm-all.c 文件中。

QEMU 通过 IOCTL 函数使用 /dev/kvm 设备来调用 KVM 内核模块提供的 API，从而与 KVM 内核模块进行交互。提供的 API 中包括：创建客户机（KVM_CREATE_VM）、为客户机创建 vCPU（KVM_CREATE_VCPU）、运行 vCPU（KVM_RUN）、获取 KVM 的版本信息（KVM_GET_API_VERSION）、查询 KVM 的特性支持（KVM_CHECK_EXTENSION）等。在 QEMU 中将这一系列 IOCTL 函数调用分为 4 个类别：kvm_ioctl()、kvm_vm_ioctl()、kvm_vcpu_ioctl() 和 kvm_device_ioctl()。这 4 个函数都定义在 kvm-all.c 文件中，分别用于表示对 KVM 内核模块本身、对虚拟客户机、对客户机的 vCPU 和对设备进行交互。

QEMU 配合 KVM 来启动一个客户机，首先打开 /dev/kvm 设备，通过名为 KVM_CREATE_VM 的 IOCTL 调用来创建一个虚拟机对象，然后通过 KVM_CREATE_VCPU 为虚拟机创建 vCPU 对象，最后通过 KVM_RUN 让 vCPU 运行起来。当然，这里仅提及了 CPU 相关的重要部分，整个初始化过程还做了很多其他的事情，比如：中断芯片的模拟、内存的模拟、寄存器的设置等。

B.2.3 KVM 单元测试代码

KVM 相关的代码除了 KVM 和 QEMU 自身的代码之外，还包括本节介绍的 KVM 单元测试代码和下一节将介绍的 KVM Autotest 代码。KVM 单元测试代码用于测试一些细粒度的系统底层的特性（如：客户机 CPU 中的 MSR 的值），在一些重要的特性被加入 KVM 时，KVM 维护者也会要求代码作者在 KVM 单元测试代码中添加对应的测试用例。KVM 单元测试的代码仓库也存放在 Linux 内核社区的官方站点，参考如下的网页链接：https://git.kernel.org/cgit/virt/kvm/kvm-unit-tests.git。

KVM 单元测试的代码目录结构如下：

```
[root@kvm-host kvm-unit-tests.git]# ls
api  configure  errata.txt  MAINTAINERS  powerpc  README.md     s390x  x86 arm
   COPYRIGHT  lib  Makefile  README  run_tests.sh  scripts
```

其中，lib 目录下是一些公共的库文件，包括系统参数、打印、系统崩溃的处理，以及 lib/x86/ 下面的 x86 架构相关的一些基本功能函数的文件（如 apic.c、msr.h、io.c 等）；x86 目录下是关于 x86 架构下的一些具体测试代码（如 msr.c、apic.c、vmexit.c 等）。

KVM 单元测试的基本工作原理是：将编译好的轻量级的测试内核镜像（*.flat 文件）作为支持多重启动的 QEMU 的客户机内核镜像来启动，测试使用了一个通过客户机 BIOS 来调用的基础结构，该基础结构将主要初始化客户机系统（包括 CPU 等），然后切换到长模式（x86_64 CPU 架构的一种运行模式），并调用各个具体测试用例的主函数从而执行测试，在测试完成后 QEMU 进程自动退出。

编译 KVM 单元测试代码是很容易的，直接运行 make 命令即可。在编译完成后，在 x86 目录下会生成很多具体测试用例需要的内核镜像文件（*.flat）。

执行测试时，运行 msr 这个测试的命令行示例如下：

```
qemu-system-x86_64 -enable-kvm -device pc-testdev -serial stdio -device isa-
    debug-exit,iobase=0xf4,iosize=0x4 -kernel ./x86/msr.flat -vnc none
```

其中，-kernel 选项后的 ./x86/msr.flat 文件即为被测试的内核镜像。测试结果会默认打印在当前执行测试的终端上。

KVM 单元测试代码中还提供了一些脚本，以便让单元测试的执行更容易，如 x86-run 脚本可以方便地执行一个具体的测试。执行 msr 测试的示例如下：

```
[root@kvm-host kvm-unit-tests.git]# ./x86-run ./x86/msr.flat
qemu-system-x86_64 -nodefaults -device pc-testdev -device isa-debug-
    exit,iobase=0xf4,iosize=0x4 -vnc none -serial stdio -device pci-testdev -machine
    accel=kvm -kernel ./x86/msr.flat
enabling apic
PASS: IA32_SYSENTER_CS
PASS: MSR_IA32_SYSENTER_ESP
PASS: IA32_SYSENTER_EIP
PASS: MSR_IA32_MISC_ENABLE
PASS: MSR_IA32_CR_PAT
PASS: MSR_FS_BASE
PASS: MSR_GS_BASE
```

```
PASS: MSR_KERNEL_GS_BASE
PASS: MSR_EFER
PASS: MSR_LSTAR
PASS: MSR_CSTAR
PASS: MSR_SYSCALL_MASK
SUMMARY: 12 tests
```

run_tests.sh 脚本可以默认运行 x86/unittests.cfg 文件中配置的所有测试。

```
[root@kvm-host kvm-unit-tests.git]# ./run_tests.sh
PASS apic
PASS smptest
PASS smptest3
<!--此处省略部分输出信息 -->
skip taskswitch2 (i386 only)
PASS kvmclock_test
PASS pcid
```

B.3 向开源社区贡献代码

开源软件有着自由和开放的特性，任何开发者或者用户都可以参与开源社区中，参与代码的开发或讨论实际使用中遇到的问题。在使用 Linux、KVM、QEMU 等开源软件获得它们的价值的同时，如果能将一些修复 bug 的代码或者增加某个新功能的代码贡献给开源社区，就可以形成一些正反馈。如果越来越多的人为开源社区做出贡献，那么开源社区就会越来越活跃，开源软件的质量会逐渐提高，软件的功能也会逐渐增多。

也许有的读者会问，为开源社区做贡献并且贡献代码应该很困难吧？我的回答是，也难也不难。如果要新增一个比较大的功能特性到开源软件（特别是 Linux 等大型系统软件），这是比较困难的，因为这需要开发者对该软件的代码非常熟悉并有很强的开发能力，而且要在开源社区中进行多次讨论，并要试图说服一些维护者接受你的想法和代码。当然，也可以通过相对来说比较容易做的一些事情来参与开源社区，比如：参加社区的一些讨论，帮助解决一些初级使用者遇到的小问题；对软件做一些测试工作，并将发现的 bug 反馈到社区；为缺乏文档的开源软件添加说明文档，并将它加入到代码库中；可以为某些复杂的函数添加几句注释；修改其中的一些错误文字（哪怕是 printf 输出的文字）；还可以为开源软件编写测试代码以便丰富测试用例的覆盖，等等。

B.3.1 开发者邮件列表

开源社区的沟通交流方式有很多种，如电子邮件列表、IRC[⊖]、wiki、博客、论坛等。

⊖ IRC（Internet Relay Chat 的缩写，意思是因特网中继聊天）是一种通过网络进行即时聊天的方式。其主要用于群体聊天，但同样也可以用于个人对个人的聊天。IRC 是一个分布式的客户端 / 服务器结构，通过连接到一个 IRC 服务器，我们可以访问这个服务器及它所连接的其他服务器上的频道。 要使用 IRC，必须先登录一个 IRC 服务器，如：一个常见的服务器为 irc.freenode.net。

一般来说，开发者的交流使用邮件列表比较多，普通用户则使用邮件列表、论坛、IRC 等多种方式。关于 KVM 和 QEMU 开发相关的讨论主要都依赖邮件列表。

电子邮件列表是互联网上最早的社区形式之一，其起源可以追溯到 20 世纪 70 年代。它是 Internet 上的一种重要工具，用于各种群体之间的信息交流和信息发布。邮件列表有两种基本形式：公告型（邮件列表），通常由一个管理者向小组中的所有成员发送信息，如电子杂志、新闻邮件等；讨论型（讨论组），所有的成员都可以向组内的其他成员发送信息，其操作过程简单来说就是发一个邮箱到小组的公共电子邮箱，通过系统处理后，将这封邮件分发给组内所有成员。KVM 和 QEMU 等开发社区使用的邮件列表是属于讨论型的邮件列表，任何人都可以向该列表中的成员发送电子邮件。

尽管非订阅用户也可以向 KVM、QEMU 等开发者邮件列表发送邮件，但如果需要查收邮件列表中的邮件，还是需要对相应的邮件列表进行订阅。下面分别介绍一下 KVM 和 QEMU 的邮件列表及其订阅方式。

KVM 开发者邮件列表是 kvm@vger.kernel.org，KVM 内核部分以及 QEMU 中与 KVM 相关部分的讨论都会在该邮件列表中进行。订阅方法是向 majordomo@vger.kernel.org 邮箱发送一封以“ subscribe kvm”为正文的邮件（可能需要邮箱验证确认）。在 Outlook 中查看 KVM 邮件列表中的邮件，如图 B-2 所示。KVM 邮件列表和 IRC 等交流方式的说明可参考 http://www.linux-kvm.org/page/Lists%2C_IRC。

Search KVM-devel (Ctrl+E)

Date: Today

From	Subject	Received	Size	Categories
Paolo Bonzini	Re: MAINTAINERS: remove Marcelo as KVM co-mainta...	2013/5/4 (...	13 KB	
Jan Kiszka	Re: CPU vendor in KVM	2013/5/4 (...	19 KB	
Jan Kiszka	Re: CPU vendor in KVM	2013/5/4 ...	17 KB	
Caraman Mihai Claudiu-B02008	RE: [PATCH] kvm/ppc/booke64: Hard disable interrup...	2013/5/4 (...	22 KB	
Marcelo Tosatti	MAINTAINERS: remove Marcelo as KVM co-maintainer	2013/5/4 (...	13 KB	
Marcelo Tosatti	Re: [PATCH v4 4/6] KVM: MMU: fast invalid all shad...	2013/5/4 ...	28 KB	
Marcelo Tosatti	Re: [PATCH v4 4/6] KVM: MMU: fast invalid all shad...	2013/5/4 ...	26 KB	
Scott Wood	Re: [PATCH] kvm/ppc/booke64: Hard disable interru...	2013/5/4 ...	19 KB	
Scott Wood	[PATCH] kvm/ppc/booke64: Hard disable interrupts ...	2013/5/4 ...	21 KB	
Scott Wood	Re: [PATCH] KVM: PPC: Book3E 64: Fix IRQs warnings ...	2013/5/4 (...	19 KB	
Caraman Mihai Claudiu-B02008	RE: [PATCH] KVM: PPC: Book3E 64: Fix IRQs warning...	2013/5/4 ...	20 KB	
Alex Williamson	VFIO VGA test branches	2013/5/4 (...	16 KB	
Scott Wood	Re: [PATCH] KVM: PPC: Book3E 64: Fix IRQs warning...	2013/5/4 ...	22 KB	
Benjamin Herrenschmidt	Re: [PATCH] KVM: PPC: Book3E 64: Fix IRQs warning...	2013/5/4 ...	16 KB	
Marcelo Tosatti	Re: [PATCH v17 RESEND] pvpanic: pvpanic device dr...	2013/5/4 ...	23 KB	
Caraman Mihai Claudiu-B02008	RE: [PATCH] KVM: PPC: Book3E 64: Fix IRQs warning...	2013/5/4 ...	21 KB	
Sasha Levin	[PATCH 4/8] kvm tools: init network devices only w...	2013/5/4 ...	21 KB	

图 B-2　在 Outlook 中查看 KVM 邮件

QEMU 开发者邮件列表是 qemu-devel@nongnu.org，QEMU 普通用户讨论的邮件列表是 qemu-discuss@nongnu.org。可以根据一个网页（http://lists.nongnu.org/mailman/listinfo/

qemu-devel）中的指导信息来订阅QEMU开发者邮件列表。QEMU邮件列表的说明可参考http://wiki.qemu.org/MailingLists。

在向KVM、QEMU等邮件列表发送邮件时，有几点需要注意：一是邮件内容都使用英文（包括个人签名和问候语）；二是邮件使用纯文本格式（如Outlook中写邮件时选择为“plain text”格式），而尽量不要使用HTML格式（当然，有时为了描述清楚问题也可能会附加图片或外部URL链接）；三是回复别人邮件时尽量在他人提问题的地方进行相应的回复，而不是直接将内容写在邮件的开头部分。

除了邮件列表之外，KVM的IRC讨论方式为：在irc.freenode.net服务器上的“#kvm”频道；QEMU的IRC讨论方式为：在irc.oftc.net服务器上的“#qemu”频道。

B.3.2 代码风格

代码风格是指程序开发人员编写程序源代码时的书写风格。良好的代码风格可以使代码易于阅读，也让源代码易于维护。代码风格就像人的衣着打扮，漂亮的一致的代码风格会给人以清爽、干净的良好形象。很多的软件项目都有自己比较统一的代码风格，并在写代码时严格遵守这一规范。如果每个人写的代码风格千变万化，那么会给阅读和维护代码带来很大的困难，从而可能影响项目的开发质量和开发进度。尽管代码风格并没有一个放之四海而皆准的规范，但随着时间的推移和项目的实践，也产生了一些较好的代码风格规范，如网上比较有名的有Linux内核代码风格、Google代码风格[1]等。KVM和QEMU都分别有各自的代码风格，下面对其进行简单介绍。

1. KVM内核部分的代码风格

由于KVM是Linux内核的一个模块，所有KVM内核代码都会最终被合并到Linux内核中，故KVM的代码风格完全遵循Linux内核规定的代码风格。Linux内核的代码风格在Linux内核代码仓库中的Documentation/process/coding-style.rst文件中有详细的说明，另外也可以查看其网页版本[2]。这里简单列举其中的几项代码风格。

（1）缩进

使用制表符来表示缩进而不是使用空格，一个制表符长度是8个字符，不要试图使用4个（甚至2个）字符长度来表示缩进。不过，在注释、文档和Kconfig中可以使用空格来表示缩进。8个字符长度的制表符的缩进可以让代码更容易阅读，还有一个好处是当函数嵌套太深的时候可以给出警告。不要把多个语句放在一行里，除非你有什么东西要隐藏；也不要在一行里放多个赋值语句。

在switch语句中消除多级缩进的首选方式是让“switch”和从属于它的“case”标签

[1] Google对开源项目代码风格的指导文档见https://github.com/google/styleguide。

[2] Linux内核代码风格的中英文版本分别为https://www.kernel.org/doc/html/latest/translations/zh_CN/codinstyle.html，https://www.kernel.org/doc/html/latest/process/coding-style.html。

对齐于同一列，而不要“两次缩进”“case”标签。一个正确示例如下：

```
switch (suffix) {
case 'G':
case 'g':
    mem <<= 30;
    break;
case 'M':
case 'm':
    mem <<= 20;
    break;
case 'K':
case 'k':
    mem <<= 10;
    /* fall through */
default:
    break;
}
```

（2）把长的行和字符串打散

每一行的长度的限制是 80 列，我们强烈建议关遵守这个惯例。长于 80 列的语句要打散成有意义的片段，每个片段要明显短于原来的语句，而且放置的位置也要明显靠右。同样的规则也适用于有很长参数列表的函数头。长字符串也要打散成较短的字符串。示例如下：

```
void fun(int a, int b, int c)
{
    if (condition)
        printk(KERN_WARNING "this is a long printk with"
            " 3 parameters a: %u b: %u "
                "c: %u \n", a, b, c);
    else
        next_statement;
}
```

（3）大括号的位置

在 C 语言风格中，一个常见问题是大括号的放置。和缩进大小不同，选择或弃用某种放置策略并没有多少技术上的原因，不过首选的方式，就像 Kernighan 和 Ritchie [⊖] 展示给我们的，是把起始大括号放在行尾，而把结束大括号放在行首，这适用于所有的非函数语句块（if、switch、for、while、do）。示例如下：

```
if (x is true) {
    we do y
```

⊖ Brian Kernighan 和 Dennis Ritchie 共同编写 C 语言中最经典的书籍《 C programming language 》（也称为 K&R C），Linux 内核中关于大括号的使用风格就是来自于 K&R C 中的规范。他们是 UNIX 操作系统的最主要的开发者中的两位，Brian Kernighan 是 AWK 编程语言的联合作者，Dennis Ritchie 发明了 C 语言（是“C 语言之父”）。

```
}
```

不过，有一个例外，那就是函数：函数的起始大括号放置于下一行的开头。示例如下：

```
int function(int x)
{
    body of function
}
```

结束大括号独自占据一行，除非它后面跟着同一个语句的剩余部分，也就是 do 语句中的“while”或者 if 语句中的“else”。示例如下：

```
do {
    body of do-loop
} while (condition);
```

当只有一个单独的语句的时候，不用加不必要的大括号。示例如下：

```
if (condition)
    action();
```

这点不适用于本身为某个条件语句的一个分支的单独语句，这时需要在两个分支里都使用大括号。示例如下：

```
if (condition) {
    do_this();
    do_that();
} else {
    otherwise();
}
```

（4）空格的使用

在 Linux 内核中，空格的使用方式（主要）取决于它是用于函数还是关键字。（大多数）关键字后要加一个空格。值得注意的例外是 sizeof、typeof、alignof 和 __attribute__，这些关键字在某些程度上看起来更像函数（它们在 Linux 中也常常伴随小括号而使用，尽管在 C 语言里这样的小括号不是必需的，就像“struct fileinfo info”声明过后的“sizeof info”）。所以可以在 if、switch、case、for、do、while 等这些关键字之后放一个空格，但是不要在 sizeof、typeof、alignof 或者 __attribute__ 这些关键字之后放空格。另外，也不要在小括号内的表达式两侧加空格。正确示例如下：

```
s = sizeof(struct file);
```

当声明指针类型或者返回指针类型的函数时，“*”的首选使用方式是使之靠近变量名或者函数名，而不是靠近类型名。示例如下：

```
char *linux_banner;
unsigned long long memparse(char *ptr, char **retptr);
char *match_strdup(substring_t *s);
```

在大多数二元和三元操作符两侧使用一个空格。例如下面这些操作符：

```
=  +  -  <  >  *  /  %  |  &  ^  <=  >=  ==  !=  ?  :
```

但是一元操作符后不要加空格。

```
&  *  +  -  ~  !  sizeof  typeof  alignof  __attribute__  defined
```

后缀自加和自减一元操作符（++ 和 --）前不加空格，前缀自加和自减一元操作符后不加空格。“.”和“->”结构体成员操作符前后不加空格。最后，也不要在行尾留空白。

（5）命名

C 是一个简朴的语言，在命名时也应该保持这样的风格。和 Modula-2 和 Pascal 程序员不同，C 程序员不使用类似 ThisVariableIsATemporaryCounter 这样华丽的名字。C 程序员会称那个变量为“tmp”，这样写起来会更容易，而且至少不会令其难于理解。

不过，虽然混用大小写的名字是不提倡使用的，但是全局变量还是需要一个具有描述性的名字。称一个全局函数为“foo”是一个难以饶恕的错误。全局变量（只有真正需要它们的时候才用它）需要有一个具有描述性的名字，就像全局函数。如果有一个可以计算活动用户数量的函数，应该叫它“count_active_users()”或类似的名字，不应该叫它“cntuser()”。

Linux 内核不会像“匈牙利命名法”[⊖]那样在函数名中包含函数类型。

本地变量名应该简短，而且能够表达相关的含义。如果有一些随机的整数型的循环计数器，应该称它为“i”。叫它“loop_counter”并无益处，如果它没有被误解的可能。类似的，“tmp”可以用来称呼任意类型的临时变量。

2. QEMU 的代码风格

作为 KVM 的用户态工具的 QEMU 的代码风格在 QEMU 代码仓库中名为 CODING_STYLE 的文件中有详细的讲述。QEMU 代码风格与 Linux 内核（包括 KVM）的不完全相同，主要包含以下几点规范。

（1）缩进

使用 4 个空格符作为 QEMU 中的代码缩进，一般不会用制表符。只有在 Makefile 中才使用制表符，因为 Makefile 的规范要求在某些情况下一定要用制表符。注意，QEMU 的缩进和 Linux 内核中的规定是不一样的，KVM 开发者在开发 KVM 内核程序时使用内核的代码风格，开发 QEMU 时使用 QEMU 的代码风格。

（2）每行的长度

每行最多是 80 个字符，如需更多字符时需要换行书写，这与 Linux 内核代码风格的要求是一致的。

⊖ 匈牙利命名法是 Microsoft 公司推荐的命名方法，可以参考如下网页：http://en.wikipedia.org/wiki/Hungarian_notation。

（3）命名规范

变量名是由小写字母和下划线组成的，如：lower_case_with_uderscores。结构体和枚举类型是由首字母大写的多个词组成，如：CamelCase。标量类型是由小写字母、下划线、最后加一个 _t 后缀组成的，如：target_phys_addr_t。当包装标准库函数时，一般使用“qemu_”为前缀，以便让读者知道他们看到的一个 QEMU 包装过的函数版本，如：qemu_gettimeofday()。

（4）语句块结构

每一个缩进的语句块都应该用大括号括起来，语句块只包含一个语句也是如此。示例如下：

```
if (a == 5) {
    printf("a was 5.\n");
} else if (a == 6) {
    printf("a was 6.\n");
} else {
    printf("a was something else entirely.\n");
}
```

注意，这个规范与 Linux 内核的不太一样（内核代码中只有一条语句的语句块一般不使用大括号括起来，只需要缩进标志即可）。

函数中大括号使用位置的示例如下（与 Linux 内核的风格相同）：

```
void a_function(void)
{
    do_something();
}
```

B.3.3 生成 patch

patch（中文称“补丁”）在计算机软件开发中是一个普遍使用的术语，在使用微软的 Windows 操作系统时，经常能收到为了修复某个安全漏洞而向用户提供的补丁。在开源软件的开发社区中，patch 是指用于添加新功能或者修复某个 bug 的代码修改，一般来说，它是两个代码版本的差异信息。patch 是 GNU diff 工具生成的输出内容，这种输出格式能够被 patch 工具正确读取并添加到相应的代码仓库中。当然，patch 文件还可以由一些源代码版本控制工具来生成，如：SVN、CSV、Mercurial、Git 等。

在 Linux 内核社区中，所有的开发代码都以 patch 的形式发送到开发者邮件列表中，然后经过讨论、审核、测试等步骤之后才会被项目（或子项目）维护者加入代码仓库中。QEMU/KVM 的功能开发和修复 bug 的代码也都是以 patch 的形式发送出去的。

在目前的 KVM 社区中，生成 KVM 内核部分的 patch 要基于 kvm.git 代码仓库的 next 或 master 分支来进行开发，而 QEMU 部分的 patch 要基于 qemu.git 代码仓库的 master 分支来开发。在动手修改代码做自己的 patch 之前，需要先将自己的工作目录切换到对应的开发分支，并更新到最新的代码中。示例如下：

```
[root@kvm-host kvm.git]# git checkout next
Branch next set up to track remote branch next from origin.
Switched to a new branch 'next'
[root@kvm-host kvm.git]# git branch
  master
* next
[root@kvm-host kvm.git]# git pull

[root@kvm-host qemu.git]# git branch
*  master
[root@kvm-host qemu.git]# git pull
```

下面以kvm.git代码仓库为例，分别介绍使用diff工具和使用Git工具生成patch的方法。生成QEMU的patch的方法和KVM内核中是完全一样的，只是修改各自代码时注意遵循各自并不完全相同的代码编写风格。

1. 使用diff工具生成patch

最简单的生成patch的方法是准备两个代码仓库，其中一个是未经任何修改的代码仓库，另一个就是经过自己修改后的代码仓库。假设kvm-my.git是经过修改后的代码仓库，kvm.git是修改前的原生代码仓库，可以使用如下的命令来生成patch：

```
[root@kvm-host kvm_demo]# diff -urN kvm.git/ kvm-my.git/ > my.patch
```

其中，-u标志表示生成的patch使用统一后的diff格式，以便于读懂；-r标志表示让diff工具循环遍历所有的目录，-N标志表示让diff工具将新增加的文件也添加到diff生成的patch中。

假设只是对virt/kvm/kvm_main.c文件做了一点修改，生成的my.patch文件中的内容示例如下：

```
diff -urN kvm.git/virt/kvm/kvm_main.c kvm-my.git/virt/kvm/kvm_main.c
--- kvm.git/virt/kvm/kvm_main.c 2013-05-26 16:39:37.837048437 +0800
+++ kvm-my.git/virt/kvm/kvm_main.c      2013-05-26 16:49:47.836021500 +0800
@@ -3105,6 +3105,8 @@
        int r;
        int cpu;

+       printk(KERN_INFO "Hey, KVM is initializing.\n");
+
        r = kvm_arch_init(opaque);
        if (r)
                goto out_fail;
```

当然，如果只是想对某个修改的文件或目录生成patch，则可以使用如下的命令：

```
[root@kvm-host kvm_demo]# diff -u kvm.git/virt/kvm/kvm_main.c kvm-my.git/virt/
    kvm/kvm_main.c > my.patch
```

```
[root@kvm-host kvm_demo]# diff -urN kvm.git/virt/kvm/ kvm-my.git/virt/kvm/ >
    my.patch
```

对于刚才这样生成的patch，在使用它时可以用如下命令：

```
[root@kvm-host kvm.git]# patch -p1 < ../my.patch
patching file virt/kvm/kvm_main.c
```

其中 -p1 表示跳过patch中的第1层目录（即忽略patch中的kvm-my.git和kvm.git这样的一级目录），因为patch使用者当前的目录可能与patch生成者使用的目录命名不一样。加上 -p1 参数后，patch使用者就不用考虑与patch生成者的目录一致性问题了。

diffstat这个工具可以生成patch引起的变化的统计信息，包括：修改的文件位置、被改动的文件个数、增加或删除的行数。在往邮件列表发送patch时，最好能够将diffstat工具统计的信息附加在patch之前。由于patch工具使用patch时，会忽略“diff”关键字之前的所有行中的信息，所以统计信息不会影响patch的使用。diffstat使用示例如下：

```
[root@kvm-host kvm_demo]# diffstat -p1 my.patch
    virt/kvm/kvm_main.c |    2 ++
    1 file changed, 2 insertions(+)
```

2. 使用Git工具生成patch

由于kvm.git和qemu.git代码仓库都是使用Git进行源代码版本管理的，所以在KVM的开发中也通常使用Git工具来生成patch。在Git代码仓库中，用Git工具生成patch只需要简单的两个步骤：第1步是使用“git commit”命令在本地仓库中提交修改内容；第2步是使用“git format-patch”命令生成所需的patch文件。如下的命令演示了使用Git生成一个patch并继续修改再生成另外一个patch的过程。

```
#假设前面已经对virt/kvm/kvm_main.c进行了修改
# 将修改的文件添加到git管理的索引中
[root@kvm-host kvm.git]# git add virt/kvm/kvm_main.c
# 提交修改到本地仓库
[root@kvm-host kvm.git]# git commit -m "just a demo"
[next 86abe87] just a demo
    1 files changed, 2 insertions(+), 0 deletions(-)
# 根据前面的修改，生成对应的patch
    [root@kvm-host kvm.git]# git format-patch -1
0001-just-a-demo.patch

# 做了另一些其他的修改之后，提交本次修改内容
[root@kvm-host kvm.git]# git commit -m "just another demo"
[next 486236a] just another demo
    1 files changed, 1 insertions(+), 0 deletions(-)
# 分别生成两次提交的patch
[root@kvm-host kvm.git]# git format-patch -2
0001-just-a-demo.patch
0002-just-another-demo.patch
```

其中，git commit 命令中的 -m 参数表示添加对本次提交的描述信息；git format-patch -N 命令表示从本地最新的提交开始往前根据最新的 N 次提交信息生成对应的 patch；而 git format-patch origin 命令则可以生成所有的本地提交对应的 patch 文件（在原来的代码仓库中已存在的信息则不会生成 patch）。

生成的两个 patch 中的第 1 个为 0001-just-a-demo.patch，内容如下：

```
From 86abe871f15004faa9a950f445dd710ec70f97bc Mon Sep 17 00:00:00 2001
From: Jay <smile665@gmail.com>
Date: Sun, 26 May 2013 17:56:49 +0800
Subject: [PATCH 1/2] just a demo

---
    virt/kvm/kvm_main.c |    2 ++
    1 files changed, 2 insertions(+), 0 deletions(-)

diff --git a/virt/kvm/kvm_main.c b/virt/kvm/kvm_main.c
index 302681c..f944735 100644
--- a/virt/kvm/kvm_main.c
+++ b/virt/kvm/kvm_main.c
@@ -3105,6 +3105,8 @@ int kvm_init(void *opaque, unsigned vcpu_size, unsigned
    vcpu_align,
        int r;
        int cpu;

+       printk(KERN_INFO "Hey, KVM is initializing.\n");
+
        r = kvm_arch_init(opaque);
        if (r)
                goto out_fail;
--
1.7.1
```

B.3.4 检查 patch

在前面代码风格中介绍了 KVM 内核和 QEMU 的代码规范，而且开源社区对代码规范的执行也比较严格，如果你发送的 patch 不符合代码风格，维护者是不会接受的，他们会觉得你太不专业从而鄙视你。所以，在将 patch 正式发送出去之前，非常有必要进行检查，至少用它们项目源代码仓库提供的自动检查脚本进行 patch 检查。使用脚本自动检查 patch 可以发现大多数的代码风格的问题，对于脚本检查发现的问题（包括错误和警告），原则上都应该全部解决（尽管偶尔也有可能遇到实际并不需要改正的警告信息）。

Linux 内核与 QEMU 分别提供了检查 patch 的脚本，它们的位置分别如下：

```
[root@kvm-host kvm.git]# ls scripts/checkpatch.pl
scripts/checkpatch.pl

[root@kvm-host qemu.git]# ls scripts/checkpatch.pl
```

```
scripts/checkpatch.pl
```

检查前面B.3.3节生成的patch，示例如下：

```
[root@kvm-host kvm.git]# scripts/checkpatch.pl 0001-just-a-demo.patch
WARNING: Prefer netdev_info(netdev, ... then dev_info(dev, ... then pr_info(...
    to printk(KERN_INFO ...
#18: FILE: virt/kvm/kvm_main.c:3108:
+       printk(KERN_INFO "Hey, KVM is initializing.\n");

ERROR: Missing Signed-off-by: line(s)

total: 1 errors, 1 warnings, 8 lines checked

0001-just-a-demo.patch has style problems, please review.

If any of these errors are false positives, please report
them to the maintainer, see CHECKPATCH in MAINTAINERS.
```

发现了一个错误和一个警告，错误是缺少“Signed-off-by:”这样的行，警告是printk(KERN_INFO ...)这样的写法是不推荐的（最好用pr_info()函数来代替）。所以需要再编辑patch，在其中添加“Signed-off-by: Jay <smile665@gmail.com>”这样的作者信息行，当然有多个作者可以用多行“Signed-off-by:”。另外，有时还可以根据需要添加其他的多行信息，如下：

```
"Reviewed-by:"  当有人做过审查代码时（一般是社区中资深人士）
"Acked-by:"  当有人表示响应和同意时（一般是社区中资深人士）
"Reported-by:"  当某人报告了一个问题，本patch就修复那个问题时
"Tested-by:"  当某人测试了本patch时
```

另外，可以在检查脚本中加--no-signoff参数来忽略对“Signed-off-by:”的检查，示例命令为：scripts/checkpatch.pl --no-signoff my.patch。当然，如果是用“git format-patch”命令来生成patch的，则可以在生成patch时就添加-s或--signoff参数，以便在生成patch文件时就添加上“Signed-off-by:”的信息行。

对于那个警告，使用pr_info()来替换printk(KERN_INFO ...)函数即可。最后，用“git format-patch -s origin”命令生成0001-just-a-demo.patch。示例如下：

```
From 2c2118137eaa86bdce3c85016819dff336ca61f7 Mon Sep 17 00:00:00 2001
From: Jay <smile665@gmail.com>
Date: Sun, 26 May 2013 22:19:19 +0800
Subject: [PATCH] just a demo


Signed-off-by: Jay <smile665@gmail.com>
---
    virt/kvm/kvm_main.c |    2 ++
    1 files changed, 2 insertions(+), 0 deletions(-)
```

```
diff --git a/virt/kvm/kvm_main.c b/virt/kvm/kvm_main.c
index 302681c..e0bbfe6 100644
--- a/virt/kvm/kvm_main.c
+++ b/virt/kvm/kvm_main.c
@@ -3105,6 +3105,8 @@ int kvm_init(void *opaque, unsigned vcpu_size, unsigned
    vcpu_align,
        int r;
        int cpu;

+       pr_info("Hey, KVM is initializing.\n");
+
        r = kvm_arch_init(opaque);
        if (r)
                goto out_fail;
--
1.7.1
```

在修正错误和警告后，用 checkpatch.pl 脚本重新检查生成的 patch，命令如下：

```
[root@kvm-host kvm.git]# scripts/checkpatch.pl 0001-just-a-demo.patch
total: 0 errors, 0 warnings, 8 lines checked

0001-just-a-demo.patch has no obvious style problems and is ready for submission.
```

可见，本次检查没有发现任何错误和警告，即没有明显的代码风格问题，可以向开源社区提交这个 patch 了。

B.3.5　提交 patch

准备好 patch 了后，最后要做的事情当然是提交 patch 了。KVM 和 QEMU 的 patch 提交都是通过发送到邮件列表来实现的，KVM 开发者邮件列表是 kvm@vger.kernel.org，QEMU 开发者邮件列表是 qemu-devel@nongnu.org。QEMU 代码中针对 KVM 相关修改的 patch，需要发送到 KVM 邮件列表，并且抄送 QEMU 邮件列表。

除了邮件列表之外，一般收件人或抄送人中还包含该项目或子模块的维护者，以便让维护者将 patch 添加到 upstream 中。那么如何才能找到 patch 相关的维护者呢？首先，可以根据 Linux 内核和 QEMU 项目源代码中的“MAINTAINERS”文件查看维护者的信息以及他们负责的模块，然后根据 patch 中的改动及其影响找到影响的维护者。其次，Linux 内核和 QEMU 代码仓库中都提供了一个根据 patch 查找到维护者的脚本，其位置都在源代码的“scripts/get_maintainer.pl”中。根据 patch 获得维护者信息的脚本的示例如下：

```
[root@kvm-host kvm.git]# scripts/get_maintainer.pl 0001-just-a-demo.patch
Paolo Bonzini <pbonzini@redhat.com> (supporter:KERNEL VIRTUAL MACHINE (KVM))
"Radim Kr?má?" <rkrcmar@redhat.com> (supporter:KERNEL VIRTUAL MACHINE (KVM))
kvm@vger.kernel.org (open list:KERNEL VIRTUAL MACHINE (KVM))
linux-kernel@vger.kernel.org (open list)
```

```
[root@kvm-host qemu.git]# scripts/get_maintainer.pl 0001-hello.patch
Paolo Bonzini <pbonzini@redhat.com> (maintainer:X86)
```

一般来说，发送patch邮件时需要将维护者放在“抄送人”这一栏。不过目前没有非常严格地要求将维护者放在抄送人一栏：有的人发patch时，将邮件列表作为收件人，将维护者作为抄送人；有的人将维护者作为收件人，将KVM或QEMU邮件列表作为抄送人；也有的人将维护者和邮件列表都作为收件人。另外，也可以将任何与这个patch相关的人员（如部门同事、经理、测试人员）加到你发送patch的收件人或抄送人列表中。

在向QEMU/KVM的邮件组发送patch时，有不少朋友在初次使用Linux开发相关邮件列表时都可能会犯一些与邮件格式相关的小错误。笔者根据经验总结了如下几个注意事项：

1）邮件内容使用纯文本格式，而不要使用HTML格式修饰得很复杂和漂亮（因为一些Linux开发者使用纯文本模式的邮件收发工具来处理邮件）。发往KVM相关邮件列表的邮件都应该使用英文来作为相互交流的语言，因为开发者来自世界各地（不要使用中文等非英语语言，否则会因不专业而受到批评）。

2）将patch的内容直接粘贴在邮件正文中（尽量不要使用附件，除非你的邮件客户端不方便编辑纯文本的邮件正文），因为一些维护者是直接使用邮件来生成patch的（这样就不需要复制和粘贴patch内容的过程）。

3）使用“[PATCH]”字符作为主题的开头来表明邮件是patch，以引起维护者的关注。一般来说，还要在主题的开始部分表明该patch属于QEMU/KVM中的哪个模块。

4）如果实现某一个功能的patch的代码量比较大，则尽量将一个大patch拆成多个相对独立的小patch。一个大的patch信息量较大，如果逻辑不是很清晰，则很容易引入bug，别人也不是很容易看懂，维护者当然也不会很快同意将此patch加入upstream中。另外将大patch拆分的过程也可以让作者自己重新理一下思路，从而减少一些错误。在将一个相关功能拆分成m个patch后，在发送其中第n个patch时，应将邮件主题标注为“[PATCH n/m]”，这样可以让看的人明白当前patch在这一系列patch中的位置。而且一般还会首先发一个[PATCH 0/m]作为第1个patch，这个数字编号0的patch通常用于书写本系列patch的概况信息。

5）根据社区的意见修改patch后，发送后续版本时，需要加上当前patch的版本号。比如，通过主题中类似“[PATCH v6 05/12]”这样关键字（可以用git format-patch命令的-v、-n参数直接生成）。特别是当patch修改的是比较核心的功能或添加一个较为重要的特性时，社区中可能有不少人会与你讨论，并给出对patch的意见，这时就需要根据一些意见来修改自己的patch，然后发出更新后的版本。笔者就在KVM邮件列表中见到过patch发送了超过10个版本才最终被维护者接受的案例，所以开发者不能一下就做出完美的patch，需要耐心地参加讨论，并持续更新patch的版本，直到被社区中的维护者和其他大牛们都接受为止。

关于发送 patch 时的其他问题，可咨询有经验人士或者仔细阅读 Linux 内核代码仓库中的文档 Documentation/process/submitting-patches.rst。

一般来说，可以使用 Outlook、Foxmail、Thunderbird 等客户端，或使用在线 Gmail 等邮箱来发送 patch 和接收邮件列表的邮件。另外，如果你对 Git 工具比较熟悉，还可以使用 git-email 安装包中的"git send-email"命令行工具来发送 patch。

最后，在发送了 patch 之后，就耐心地等待社区中开发者的回复吧。如果收到一些批评的意见，不要感到被打击了，一方面要检查自己是否的确可以将 patch 做得更完美，另一方面，如果你不同意别人给的批评意见，你也可以直接与之进行技术讨论，必要时甚至可以请社区中一些"德高望重"的大牛们来评判。收到别人的回复总比没人理你要好，因为一般来说，一个 patch 不会在没有任何人讨论或回复的情况下就被加入 upstream 中。偶尔也会在发送 patch 后几天都没有任何回复，这时你可以检查一下是否邮件格式、patch 内容、收件人等方面有问题，确认这些都没问题后可以发邮件提醒维护者或其他相关人员对你的 patch 给出评价。一般来说，当你收到维护者发给你的带有"applied"字样的回复时，恭喜你，你的 patch 就可以顺利进入 upstream 了。你的 patch 可能进入 QEMU 中，也可能进入 KVM 内核中，这样在下一个 Linux 内核发布版本中就很可能有你贡献的代码了。

B.4　提交 KVM 相关的 bug

有句话是这样说的，没有任何软件没有 bug。当然，QEMU/KVM 也不例外，在使用它们的过程中也可能遇到一些 bug，有一些严重的 bug 可能会导致客户机甚至是宿主机系统崩溃，有一些比较轻微的 bug 可能会导致在特殊的（通常是老旧的）硬件平台上某个版本客户机的某个小功能不可用。KVM 和 QEMU 作为开源软件，有着强大的开源社区的支持，在遇到 bug 时，就会提交出去让大家一起讨论。对于不会修复 bug 的新手，很可能遇到热心的开发者帮着一起解决 bug。本节将介绍如何在开源社区中提交 QEMU/KVM 相关的 bug 和用 git bisect 命令来定位 bug。

B.4.1　通过邮件列表提交 bug

在目前的 QEMU/KVM 开源社区中，比较简单、直接并可以很快得到反馈的提交 bug 的方式是使用开发者邮件列表来反映问题。邮件列表的详情可参考 B.3.1 节中的介绍。

对于 KVM 内核部分的 Bug，要发送邮件到 kvm@vger.kernel.org 邮件列表；对于 QEMU 部分的 bug，要发送邮件到 qemu-devel@nongnu.org（与 KVM 相关的，也同时发送到 KVM 的邮件列表）。如果认为可能是某个人引入了该 bug，或者知道某个人是这方面的专家，也可以在发往邮件列表的 bug 邮件中抄送相关的人员，请求他们协助解决。

在向邮件列表提交 bug 时，要注意将问题尽可能地描述清楚。这样做至少有两个原因：一是清晰的描述可以让其他开发者明白所遇到的问题，从而快速地帮你解决问题；二是详细的描述是请教的真诚和技术的专业性的表现。如果只有“can't boot a KVM guest（不能启动一个KVM客户机）”这样的内容而没有任何其他详细描述的内容，会被认为很不专业也没有诚意，也许很多人就不理会这个邮件。

下面是笔者根据经验总结的清晰地描述一个KVM相关bug的几个方面。

1. 测试环境

通常包括遇到bug时的硬件环境和软件环境。硬件环境主要包括：CPU架构（Intel的x86/x86-64还是ARM等，有时还需要提供具体的型号）、磁盘类型（如IDE、SATA、SAS、SSD等）、网卡型号（如Intel的E1000E类型的网卡或82599等10G网卡）、显卡类型（Intel的核心集成显卡还是Nvidia的独立显卡）等。当然，根据实际遇到的问题只需要选择性地提供其中的一部分硬件信息，不过一般最好把CPU架构介绍一下（如果别人不能从上文中看出来的话）。软件环境首先包括KVM内核的体系架构（x86、ARM、PowerPC等，当然和硬件CPU架构有关联）；然后是KVM内核的版本、QEMU的版本、客户机操作系统的版本（如RHEL7.4、Ubuntu16.04、Windows 10等，它们是32位系统还是64位系统）；最后是其他可能相关的一些特定软件（如客户机中因运行某个软件而发现了虚拟机的bug）。如果是在使用kvm.git和qemu.git代码仓库编译的KVM和QEMU时遇到的bug，需要提供准确的在Git工具的“git log”命令显示的commit ID。

2. 现象描述

当然，反映一个问题，需要将问题描述清楚。一般需要说明做了什么操作，得到什么结果，有时也可以加上所期望的结果是什么样的。另外，尽可能多做一点对比的实验，以便其他开发者可以方便快速定位问题。比如：使用某个i版本QEMU遇到了问题而j版本的QEMU是正常的；使用某个网卡遇到了问题但用另一个网卡却正常工作；Windows客户机不能启动但Linux客户机能启动，等等。最后，如果在使用kvm.git和qemu.git时遇到问题，而且刚好有一个可以正常工作和一个不正常工作的版本，可以考虑多做一些实验，通过二分法找到引入bug的点（详见B.4.3节中的介绍）。

3. 详细日志

对于很多bug仅仅通过前面的现象描述还是不能将问题讲清楚，此时一般需要提供尽可能详细的日志信息来辅助描述bug。日志信息主要包括：宿主机KVM内核的信息、QEMU命令行的错误、libvirt日志（如果使用的是libvirt）、客户机内核的信息、客户机中某个引发bug的应用软件的日志等。根据实际bug的情况不同，需要提供的日志信息差别也很大。如果bug导致宿主机或客户机内核都在打印一些错误了，那么它们的内核的日志是非常重要的，在Linux上可以通过dmesg命令来获取。如果bug导致宿主机或客户机系统直接崩溃，那么可以将它们的串口重定向到另外的地方，以便获取其崩溃之时打印的函数调用、堆栈、寄存器的信息。如果某个PCI设备不可用，那么可能需要内核信息中关于PCI设备的部分，也需要这个PCI设备的一些详情，比如可以通过“lspci -vvv $BDF”命令来获取 PCI 设备的一些信息。总之，对于 bug 分析，可能有用的日志信息都应该尽可能地提交到 bug 中，即使有一些信息是没用到的，社区开发者忽略便是。

4. 重现步骤

俗话说，如果能稳定重现一个 bug，那么这个 bug 就算修复了一半。KVM 虚拟化中的一些系统性的 bug 更是这样，一旦某个大牛能够稳定重现你的 bug，那么 bug 被修复也就指日可待了。所以，重现 bug 的操作步骤也是提交的 bug 中至关重要的信息。重现步骤要写得条理清晰且信息丰富，一般可分为 1、2、3 这样的步骤来书写，而且其中每个操作步骤涉及的命令也要完整地写出来（特别是 QEMU 命令行中启动客户机的命令是至关重要的）。可能有一些开发者会回复你说"不能重现你报的 bug"，这时你需要耐心地将你的测试环境和重现步骤更详细地告诉他们，让别人也能重现 bug，从而使问题得到快速解决。

提交 bug 的内容看起来比较复杂，注意事项也比较多，不过也不要被复杂吓退了，一个简单的方法就是：订阅邮件列表，然后关注里面关于提交 bug 相关的邮件，然后作为自己提交 bug 时的参考。

B.4.2　使用 bug 管理系统提交 bug

有时，在邮件列表中提交的一个 bug 并不能在几天时间内一下被解决，过了几个月基本上就没人会记得你报过的 bug，更别提修复 bug 了。所以除了通过邮件提交 bug 之外，还可以通过 KVM 和 QEMU 各自的 bug 跟踪系统来提交 bug。在 bug 跟踪系统中提交的 bug 更加便于长期的管理和今后的 bug 数据分析。KVM 作为 Linux 内核的一部分，使用 Linux 内核社区的 Bugzilla 系统来跟踪 bug。Bugzilla 是一个非常流行的、开源的、基于 Web 的 bug 管理系统，包括 Linux 内核、Xen、GNOME、Mozilla、Apache、Redhat、Novell 等很多著名的项目或组织都在使用它。QEMU 使用的 bug 跟踪系统是在 Launchpad 网站上的一个 bug 管理系统。下面分别介绍 KVM 和 QEMU 的 bug 管理系统及其使用的注意事项。

KVM 的 bug 管理系统网址是 https://bugzilla.kernel.org，在提交 bug 时需要选择" Virtualization"（虚拟化），然后在 bug 的具体描述中选择"KVM"这个组件为对象来提交 bug。在搜索 KVM 内核相关的 bug 时，也需要在搜索条件中选择" Virtualization"作为产品，选择"KVM"作为组件。

QEMU 的 bug 管理系统网址是 https://bugs.launchpad.net/qemu，在这里可以查看或搜索到目前哪些 bug 正在修复或讨论中。在网页的右边有" Report a bug"（报告一个 bug）链接供提交 bug 之用。尽管 QEMU 不是与 KVM 一样使用 Bugzilla 系统，不过 Launchpad 上的 QEMU bug 系统也是非常易于使用的。

在 bug 跟踪系统中提交的 bug 的基本要素与前一节中提到的清晰描述一个 bug 的注意事项是完全一样的，所以就不重复介绍了。笔者对 KVM 和 QEMU 两个项目都提交过不少的 bug，下面分别提供两个 bug 的网络地址，供大家提交 bug 时参考。

KVM bug 例子：https://bugzilla.kernel.org/show_bug.cgi?id=43328 和 https://bugzilla.kernel.org/show_bug.cgi?id=45931。

QEMU bug 例子：https://bugs.launchpad.net/qemu/+bug/1013467 和 https://bugs.launchpad.net/qemu/+bug/1096814。

B.4.3 使用二分法定位 bug

通常，一旦能够定位到 bug 是在某个准确的点引入的，那么修复这个 bug 一般都会比较容易了。如果定位到在 Linux 内核 3.10.2 版本中存在某个 bug，而在 3.10.1 版本中不存在该 bug，那么要修复这个 bug 就不难了：要么 revert 这两个版本之间的某些 patch，要么精确地找到哪里的代码错误并进行修正。

当然，并不是总能够很容易地找到一个可以正常工作和一个存在 bug 的代码版本。一般来说，在遇到 bug 时，应当清楚当前这个版本是有 bug 的版本。那么如何找到之前可以正常工作的版本呢？也没有特别好的方法，可以考虑找到几个月前的版本来试试，如果它依然是有这个 bug 的，那么只能再往前找（比如找一两年前的版本）。一般情况下，除非遇到的 bug 确实很偏门或者有非常新的特性（从来就没正常工作过），否则总可以找到一个版本会出现某个 bug，也能找到老的可以没有某 bug 的版本。

在找到的可以工作和有 bug 的版本之间发布的时间相隔较长、差异较大时，可以使用二分法来进一步定位引入 bug 的具体版本。假设已知 3.10.8 版本是有某个 bug 的版本，而 3.10.0 版本是可以正常工作的，使用二分法来查找的示例方法为：先测试它们的中间版本 3.10.4 版本，如果可以正常工作的，则在 3.10.4 和 3.10.8 之间再次做二分法，应该继续测试 3.10.6 版本；如果 3.10.6 版本是有 bug 的，则查找 3.10.4 和 3.10.6 之间的版本（自然就是 3.10.5 版本了）；如果 3.10.5 是可以正常工作，那么就可以确认 bug 是由 3.10.5 和 3.10.6 版本之间的 patch 引入的。

对 KVM 和 QEMU 开源社区来说，它们的源代码仓库都是使用 Git 工具来做代码控制管理的，而 Git 工具提供了便捷的命令工具"git bisect"来支持通过二分法查找引入 bug 的代码修改。当使用 kvm.git 和 qemu.git 这样的 Git 管理的代码仓库编译遇到问题时，使用"git bisect"工具定位 bug 是非常方便的。下面对其进行简单的介绍。

"git bisect"的基本原理是：开始执行二分法查找后，需要先告诉 Git 一个有 bug 的版本（标记为 bad）和一个正常工作的版本（标记为 good），然后 Git 会自动切换当前代码库到二者中间的版本；接着经过测试后告诉 Git 当前版本是正常的还是有 bug 的；Git 根据它得到的信息再次切换到相应的一个中间版本，如此循环，直到 Git 发现一个版本是有 bug 的而它的前一个版本是没有 bug 的，这时 Git 就会报告找到了第 1 个引入 bug 的版本。

下面的命令行示例是使用"git bisect"工具来进行二分法查找引入某个 bug 的第 1 个版本的过程。

```
# 开始Git的二分查找
[root@kvm-host kvm.git]   # git bisect start

# 标记当前版本为有bug的
[root@kvm-host kvm.git]   # git bisect bad

# 标记以前的8b19d450ad18版本为正常工作的版本
[root@kvm-host kvm.git]# git bisect good 8b19d450ad18
Bisecting: 316 revisions left to test after this (roughly 8 steps)
[ff9129b06cfb05cb5920f1151c75506afe1586fe] Merge tag 'devicetree-for-linus' of
    git://git.secretlab.ca/git/linux
# Git已经将当前版本切换到了中间的一个版本

# 经过编译、测试后，告诉Git当前版本是一个正常工作的版本
[root@kvm-host kvm.git]# git bisect good
Bisecting: 153 revisions left to test after this (roughly 7 steps)
[cbfd2cd7195cf4500d428a04c79509445aa3924e] Merge tag 'mfd-fixes-3.10-1' of git://
    git.kernel.org/pub/scm/linux/kernel/git/sameo/mfd-fixes
# 经过编译、测试后，告诉Git当前版本是有bug的
[root@kvm-host kvm.git]# git bisect bad
Bisecting: 82 revisions left to test after this (roughly 6 steps)
[622f223488517f2b0a5a5e518b2a6c950cf0a2ee] Merge tag 'hwmon-for-linus' of git://
    git.kernel.org/pub/scm/linux/kernel/git/groeck/linux-staging

# ……（经过多次的编译、测试，以及和Git交互后）

# 在最后一次标记为bad时，Git就查找到了第1次引入bug的commit
[root@kvm-host kvm.git]# git bisect bad
29589f06d2430efb76c227b0117029ebd3101eec is the first bad commit
commit 29589f06d2430efb76c227b0117029ebd3101eec
Author: XXX <XX@xxx.com>
Date:   Sun May 12 15:19:46 2013 +0200

drivers/ata: don't check resource with devm_ioremap_resource

    Signed-off-by: XXX <XX@xxx.com>

:040000 040000 2eca78d5482dea95549994ee56da9732d96752c0 b1d60c470f6fc92bc866ff73
    ae9807388f99c081 M      drivers
```

在使用“git bisect”进行查找过程中，可能遇到切换到中间某个版本不能编译或有其他 bug 存在而不能对查找中的 bug 进行验证的情况，那么可以使用“git bisect skip”命令跳过当前版本。“git bisect log”命令可以显示出本次使用二分法的具体过程，包括哪些 commit 被标记为 good，哪些被标记为 bad。对于已知某个目录的代码引入了这个 bug，在执行二分法查找时，可以指定仅对某个目录来做，如：“git bisect start -- arch/x86/kvm/”。

每次 Git 切换 KVM 的当前工作代码目录到某个版本后，都需要经过编译和测试，这时

根据具体情况需要重启宿主机系统或者重新加载kvm、kvm_intel等模块。而对QEMU进行二分法查找时，由于QEMU是用户态工具，故不需要重启宿主机系统而只需要用新编译的QEMU工具重新创建客户机即可验证bug。

另外，有的时候，比如要向后移植某个patch来解决某个bug时，我们可能也需要找到修复这个bug的精确版本。这时，如果完全按照寻找引入bug的第1个版本的思路和操作来做，是不能达到目的的，因为“git bisect”命令设计的初衷是找到引入bug的具体版本，当标记为good的版本比标记为bad的版本要新时，Git就会报错。在这种情况下，可以反向操作一下：将有bug的版本（较老的）标记为good，而将没有bug的版本（较新的）标记为bad，然后再使用“git bisect”工具向前面示例的那样操作即可。当Git告诉你第一次引入bug的版本时，那个版本即是你要寻找的修复某个bug的具体版本。

推荐阅读

深度实践
OpenStack
基于Python的OpenStack组件开发

OpenStack
高可用集群
（上册）
原理与架构

OpenStack
高可用集群
（下册）

Spring Cloud微服务
全栈技术与案例解析

Service Mesh实战
基于Linkerd和Kubernetes的微服务实践

深入浅出Serverless
技术原理与应用实践

重新定义
Spring Cloud实战

OpenStack
CI/CD
原理与实践

Ceph
设计原理与实现

推荐阅读

Kubernetes进阶实战

ISBN：978-7-111-61445-6 定价：109.00元

涵盖Kubernetes架构、部署、核心组件、扩缩容、存储与网络策略、安全、系统扩展等话题

开源容器云OpenShift：构建基于Kubernetes的企业应用云平台

ISBN：978-7-111-56951-0 定价：69.00元

Red Hat官方资深技术撰写，从开发和运维两个维度系统讲解OpenShift的架构、功能、应用和落地要点

基于Kubernetes的容器云平台实战

ISBN：978-7-111-60814-1 定价：69.00元

涵盖Docker到Kubernetes的原理、关键技术和应用，辅以丰富实践案例与主流热点技术

Service Mesh实战：基于Linkerd和Kubernetes的微服务实践

ISBN：978-7-111-61220-9 定价：69.00元

基于Linkerd和Kubernetes，详细讲解Service Mesh工作原理， Linkerd的管理、运维和监控